매트랩/시뮬링크 기반

디지털통신 실습

김한종 저

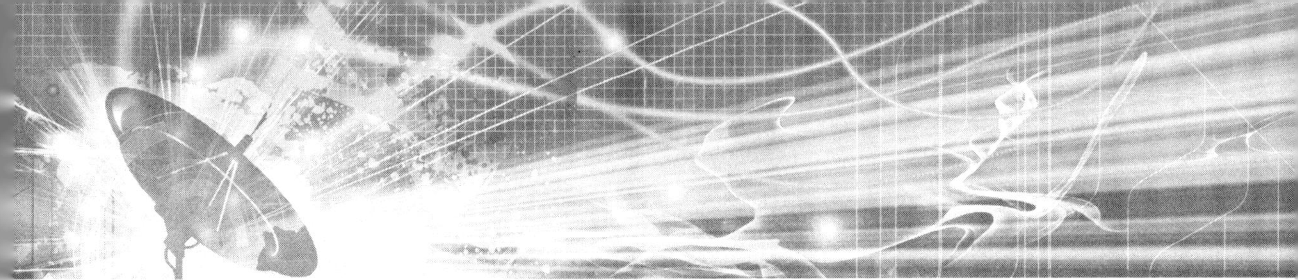

머리말

현대의 무선통신시스템은 일부 방송시스템을 제외하고 거의 모든 통신시스템이 디지털통신을 사용하여 멀티미디어 데이터를 송수신하고 있다. 디지털통신의 기본 원리s 예전이나 지금이나 변함이 없으며 기본 원리를 토대로 발전을 거듭해 오고 있다. 이러한 관점에서 이 채은 디지털통신 시스템의 원리에 초점을 맞추어 통신공학을 전공하려고 하는 학생들에게 통신의 길잡이가 될 수 있는 기초 지식을 전달하고자 노력을 하였다. 시중에 나와 있는 수많은 무선통신시스템에 관련된 교재들은 수식 위주의 이론적 교재가 대다수이며 실습관련 교재들은 키트를 사용하여 실험을 함으로써 자세한 원리 및 설계를 할 수 없고 단순히 파형을 관찰하는 수준에 머물 수밖에 없는 단점을 가지고 있다. 이에 최소한으로 필요한 이론을 바탕으로 무선통신시스템을 이해하고, 분석 및 설계 과정을 직접 수행해 볼 수 있도록 매트랩 및 시뮬링크 소프트웨어를 이용하여 통신시스템을 시뮬레이션을 통해 설계하고 구현해 볼 수 있는 실습 교재 개발을 목표로 하였다.

이 책은 총 12장으로 이루어져 있으며 0장에서는 본 교재에서 다루고 있는 MATLAB R2013b 버전을 사용하여 시뮬링크 사용법을 익히기 위한 장을 별도로 마련하였다. 1장부터 5장까지는 아날로그신호를 디지털신호로 변환시키기 위하여 필요한 소스코덱과 관련된 이론을 학습하고 이를 실습을 통해 확인하고 설계해 볼 수 있도록 구성되어 잇다. 제6장에서는 디지털신호로 변환된 신호를 기저대역으로 송수신하기 위하여 필요한 전송이론과 검파이론과 관련된 송수신 구조에 대하여 설명하였다. 제7장부터 12장까지는 디지털통신의 가장 핵심적인 디지털 변복조 방식에 대하여 각 방식의 특성, 비트에러율, 시간 및 주파수 특성 등에 대하여 이론적으로 살펴보고 이를 실습을 통하여 확인하며 주어진 조건에서 설계를 해 볼 수 있도록 구성을 하였다. 이 책에 포함된 이론 및 실습절차를 따라해 봄으로써 무선통신시스템의 동작을 명쾌하게 이해함은 물론 무선통신시스템을 설계할 수 있는 능력을 배양할 수 있기를 기대합니다.

이 책은 위에서 설명한 통신기술에 필요한 기초이론과 실습을 수행해 볼 수 있도록 구성을 하였으나 미흡한 내용이 많이 있으리라 생각되며 독자들의 충고와 조언을 토대로 계속 수정 보완하여 독자들에게 유익한 책자가 되도록 노력할 것입니다. 끝으로 이 책이 출판되기까지 물심양면으로 많은 도움을 주신 LINC 사업단과 도서출판 YOUNG에 깊은 감사를 드립니다.

2015년 1월

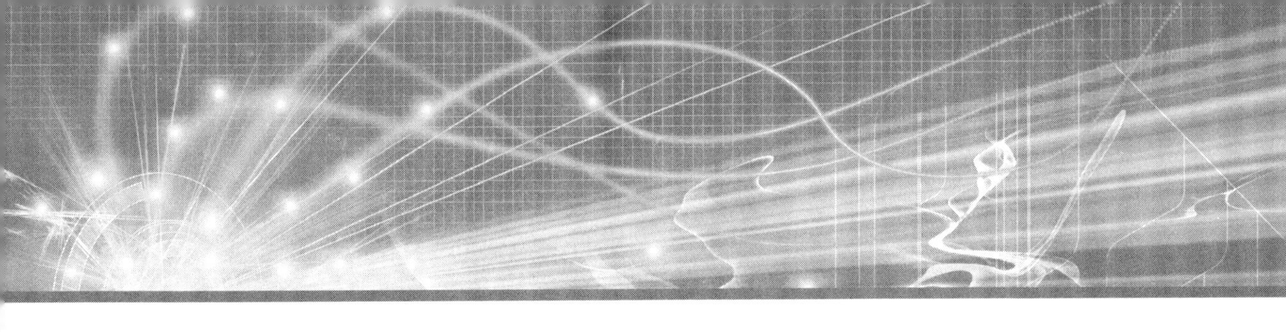

제0장 시뮬링크 익히기

0.1 시뮬링크(Simulink)의 개념
0.2 시뮬링크의 기본 동작
0.3 시뮬링크 모델 생성방법 I
0.4 시뮬링크 모델 생성방법 II
0.5 시뮬링크 모델 창에서의 편집
0.6 서브시스템(subsystem) 만들기
0.7 시뮬레이션하기

0.1 시뮬링크(Simulink)의 개념

매트랩(Matlab)에서 사용하는 데이터는 시간에 대하여 정적인 데이터를 취급한다. 즉, 임의의 그래프 또는 계산을 시간에 따라서 수행해 주는 것이 아니라, 일단 계산을 모두하고 나서 완성된 데이터를 다양한 그래프로 표현해 주는 기능을 수행한다. 물론, 에니메이션 기능도 있지만 이것이 시간에 의존하는 동적인 데이터를 모두 표현해 주기에는 역부족인 것이 사실이다. 이와 같이 시간에 의존하는 동적인 데이터를 처리해 주기 위해서 만든 것이 시뮬링크(Simulink)이다. 과거 시뮬링크는 NI(National Instruments)에서 개발한 Labview에 비해서 기능이 다소 부족한 것이 사실이었다. Labview는 외부 하드웨어에 쉽게 연결하여 마치 digital logic analyzer와 같이 외부 하드웨어의 동작을 살펴 볼 수 있고 또한 labview를 사용하여 쉽게 외부 하드웨어에 기능을 부여 할 수 있다. 그러나 Matlab6.X 버전부터는 labview와 같이 외부 하드웨어에 대한 수많은 paths를 지원하는 Toolbox를 제공하고 있다. 이처럼, 외부에서 시간에 따라서 끊임없이 변화하는 데이터를 실시간으로 보여주고, 외부 하드웨어에 기능을 부여해주는 가장 기본이 되는 Toolbox가 시뮬링크이다. 시뮬링크는 이처럼 동적인 데이터를 분석하고 그래프로 표현해 주고 또한 알고리듬을 개발할 수 있게 도와준다.

시뮬링크는 매트랩에 포함된 강력한 도구중의 하나이다. 시뮬링크는 dynamic system을 컴퓨터를 사용하여 모델링하고 시뮬레이션하여 시스템을 해석하기 위해서 사용되는 패키지이며 선형(linear) 또는 비선형(nonlinear) 시스템 모두를 해석할 수 있다. 시스템을 모델링하기 위해서 시뮬링크에서는 블록 다이어그램으로 된 GUI 환경을 제공하므로 사용자는 단지 마우스를 사용하여 블록을 드래그하여 모델을 구성하면 되므로 굉장히 편리하다. 시뮬링크를 사용하기 위해서는 기본적으로 매트랩을 설치할 때 시뮬링크를 선택한 후 매트랩을 설치해야 한다. 그리고 매트랩에서의 Toolbox와 비슷한 기능을 수행하는 시뮬링크를 위한 Toolbox인 Blocksets를 설치하면 특정 목적에 사용되는 시뮬링크 블록을 사용할 수 있다. 매트랩은 년 2회 업그레이드 되는데 본 교재에서는 "MATLAB R2013b" 버전을 사용하여 설명을 하도록 한다.

0.2 시뮬링크의 기본 동작

시뮬링크는 매트랩 내에서만 실행되므로 시뮬링크를 실행하기 위해서는 먼저 매트랩을 실행시킨다. 매트랩을 실행시키기 위해서 바탕화면에 있는 매트랩 아이콘을 두 번 더블클릭하면 [그림

0-1]과 같은 매트랩 창(MATLAB Window)가 나타난다. 여기에서 시뮬링크를 실행시키기 위해서는 matlab command window에서 ①과 같이 ">>simulink" 라고 입력하고 엔터를 치거나 ②와 같이 "Simulink Library" 아이콘을 클릭하면 [그림0-2]와 같은 Simulink Library Browser window가 나타난다.

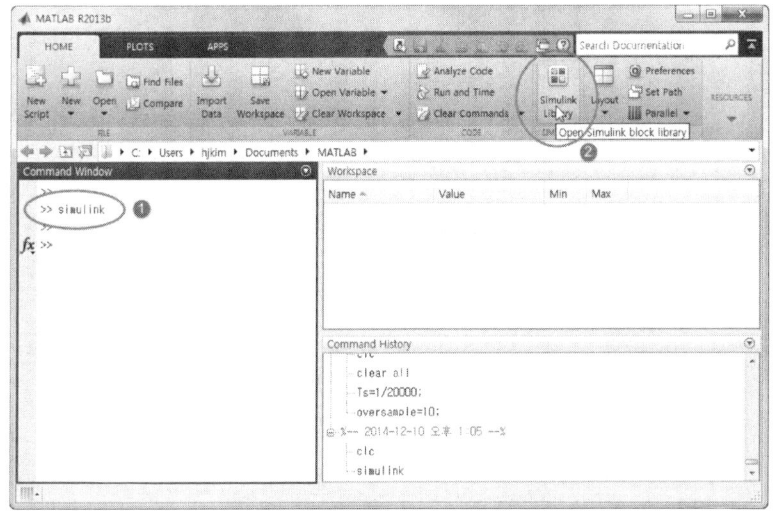

[그림0–1] Simulink start 방법

[그림0-2]의 Simulink Library Browser의 왼쪽 창을 보면 Simulink Library와 다양한 Toolbox들로 구성되어 있는 것을 확인 할 수 있다. Simulink Library에는 Commonly Used Blocks, Continuous, sources, sinks 등등의 library (source 라고도 부름) 들이 있으며 각 library에는 여러 블록(block) 들로 구성되어 있다. 각 Toolbox들 또한 여러 library들로 구성되고 각 library에는 여러 블록들이 있다.

시뮬링크를 사용하여 새로운 모델(Model)를 만들기 위해서는 매트랩처럼 M-file을 작성하는 것이 아니라 [그림0-3]과 같이 "New model" 아이콘을 클릭하여 만들어진 시뮬링크 창(Simulink window)에 각각의 Library에 있는 블록(block)들을 가지고 와서 배치시키고, 선(line)으로 연결을 하여 하나의 모델(model)을 개발한다. 그리고 M-file과 달리 *.mdl 확장자로 저장한다.

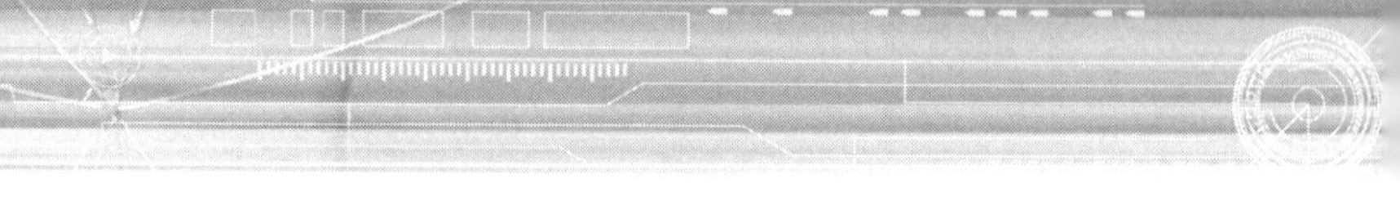

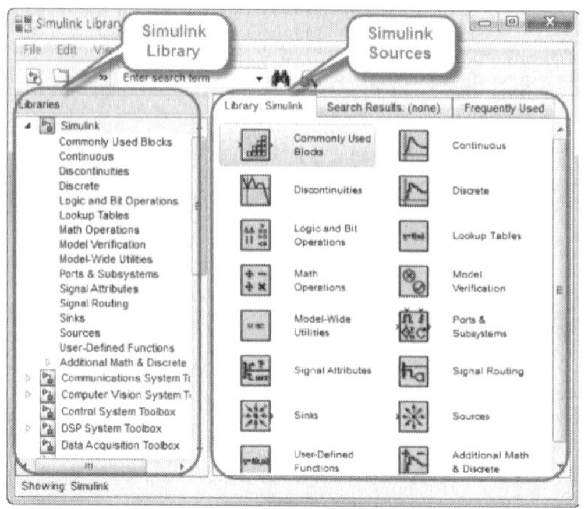

[그림0-2] Simulink library browser window

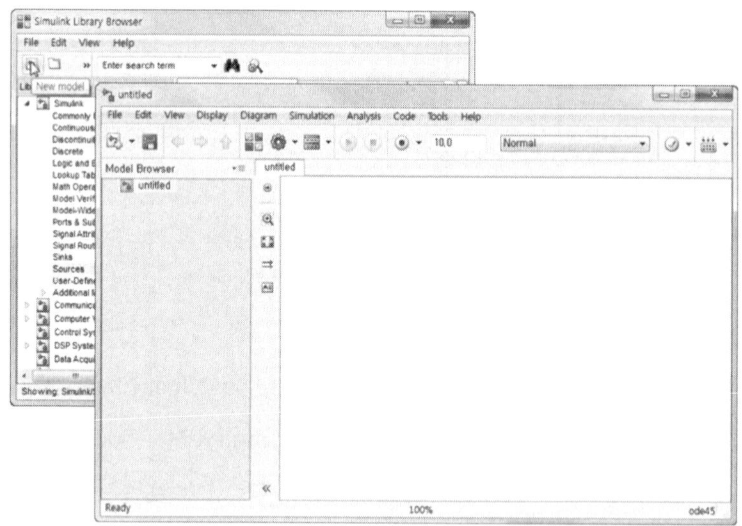

[그림0-3] 시뮬링크 창

0.3 시뮬링크 모델 생성방법 I

이제 간단한 예제를 들어가면서 시뮬링크 모델(Simulink model)을 생성하는 방법을 설명하도록 하자. 예를 들어서 (식0-1)과 같은 특성을 갖는 시뮬링크 모델을 만들어 보자.

$$y = k \cdot \sin(x) \qquad \text{(식0–1)}$$

여기서 입력은 x이고 시간 축을 나타내며, 그에 따른 출력은 y이고, k는 일정한 이득(gain)이라

고 하자. 또한 시간축을 나타내는 입력 x의 범위는 0부터 10초까지라고 하자. 일반적으로 시뮬링크로 임의의 모델을 만들기 위해서는 [그림0-2]에 보여준 simulink library browser에서 원하는 블록들을 선택하여 [그림0-3]과 같은 시뮬링크 창에 배치해 주어야 한다. (식0-1)을 만족하는 모델을 만들기 위해서는 simulink library에 있는 다음과 같은 블록들이 필요하다.

1) Sources library에 있는 Sine Wave Block
2) Sinks library에 있는 Scope Block
3) Math Operations Library에 있는 Gain Block

시뮬링크에서 사용하는 블록은 자신만의 고유한 기능들을 가지고 있는데, 이와 같은 블록들이 모여 있는 Sources, Sinks, Math Library 및 Simulink Library를 Blockset이라고 부른다. 어쨌든, [그림0-3]에 만들어 놓은 시뮬링크 창에 Sine Wave Block을 배치시켜 보자. Sine Wave Block을 배치시키기 위해서는 [그림0-4]와 같이 Simulink Library Browser의 왼쪽 면에서, Simulink/Sources를 선택한 후(즉 ①번) Simulink Library Browser의 오른쪽 면에서, Sine Wave Block을 마우스로 선택하고(즉, ②번), 이것을 drag하여 시뮬링크 창의 원하는 위치에서 마우스를 release(즉, ③)해 주면 된다.

[그림0-4]에서 Sine Wave Block을 drag한 뒤에 Simulink window 상의 원하는 위치에서 마우스를 놓아주면 [그림0-4]와 같이 Sine Wave Block이 배치된다. 같은 방식으로 Scope Block과 Gain Block을 [그림0-5]와 같이 배치 시켜보자.

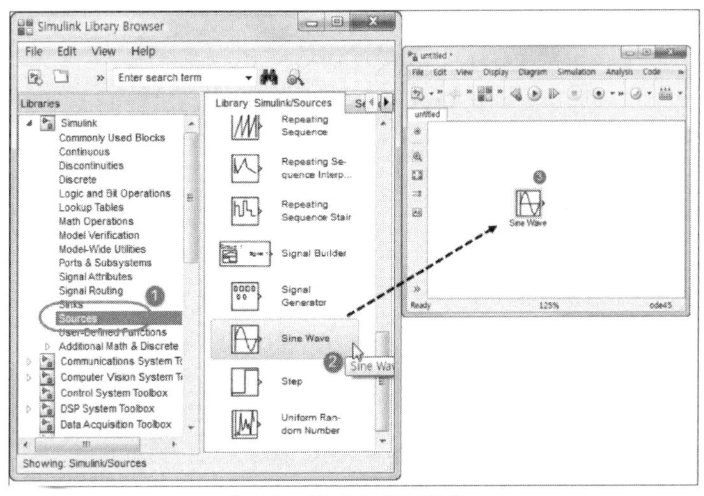

[그림0-4] 블록 배치 방법

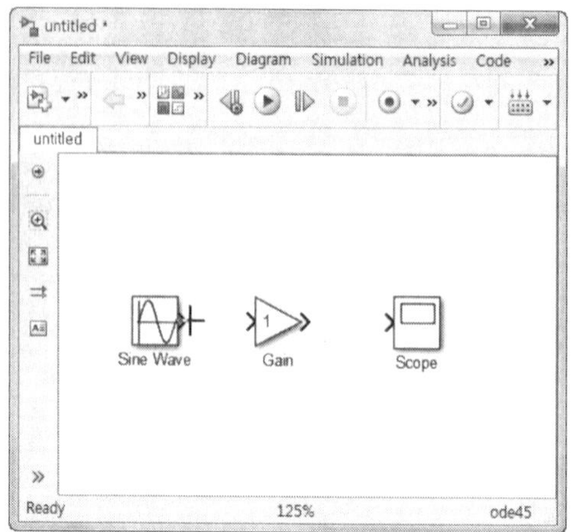

[그림0-5] 모델 생성 과정

모든 배치가 끝났으면, 각각의 블록 간에 연결을 해주어야 한다. 직관적으로 볼 때, 신호는 Sine wave에서 만들어 진 뒤에 Gain Block 거칠 것이다. 그리고 나서, 그 결과 데이터가 Scope Block에 나타나게 하면 된다. Sine Wave에서 Gain Block으로 진행하는 signal line을 만들기 위해서는 우선, 출발점인 Sine Wave 출력단자에 마우스를 갖다 대면 [그림0-5]와 같이 '+'자로 변하게 되는데 이때 오른쪽 마우스를 클릭하고, 그 뒤에 목표지점인 Gain Block까지 마우스를 drag해 준 뒤에 release 해 주면 된다. 또는 출발점인 Sine Wave Block을 마우스로 클릭하여 선택한 뒤에 Ctrl 버튼을 누른 상태에서 목표지점인 Gain Block을 마우스로 클릭해 주면, Sine Wave Block과 Gain Block 간에 신호 선(signal line)이 자동으로 첨가된다. 같은 방법으로 Gain Block과 Scope Block을 연결해 준다.

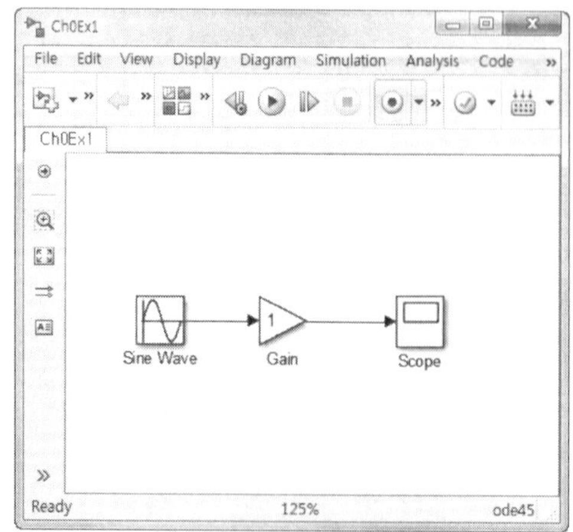

[그림0-6] 에 대한 시뮬링크 모델

그리고, 메뉴탭의 File/Save As.. 를 선택하고 Ch0Ex1.mdl 화일로 저장한다. 그러면 시뮬링크 창의 명칭이 Ch0Ex1으로 바뀔 것이다. 2개의 블록들을 연결시켜주는 신호 선은 직선 형태를 취하지 않는 경우가 발생한다. 이럴 때는 임의의 한 개 블록을 마우스로 선택한 뒤에 마우스로 drag하여 신호 선이 직선이 되게 하거나, 또는 키보드의 상, 하, 좌, 우 버튼을 이용하여 블록을 옮겨주면 된다. 또한 블록의 크기를 조정하고 싶은 경우에는 해당 블록을 마우스로 선택한 뒤에, 블록 주위에 생기는 handle pointer를 마우스로 drag하여 주면 된다. [그림0-6]은 (식0-1)을 modeling한 시뮬링크 창이다.

이제 예제에 대한 시뮬레이션 모델이 완성되었으므로 시뮬레이션을 해 보자. 시뮬레이션을 수행하기 전에 먼저 시뮬레이션 시간을 설정하여야 하는데 [그림0-7]과 같이 Simulation/Model Configuration Parameters를 선택한다. 그러면 [그림0-8]과 같이 시뮬레이션 파라미터(simulation Parameters) 값을 입력할 수 있는 창이 뜨고 창에 원하는 값을 입력한 후 OK 버튼을 누른다. 시뮬레이션 파라미터에 대해서는 나중에 자세히 설명하도록 하겠고 여기서는 시뮬레이션 시작 시간(Start time)과 종료 시간(stop time)에 대해서만 알고 넘어가자. 시작 시간은 시뮬레이션을 하기 시작하는 시간을 의미하고, 종료 시간은 시뮬레이션을 끝내는 시간을 의미한다. 여기서는 시작 시간을 0으로 종료시간을 10으로 설정한다. 시뮬레이션 시간을 설정하는 또 다른 방법은 [그림0-9]와 같이 시뮬레이션 모델 창에서 바로 시간을 입력할 수 도 있다.

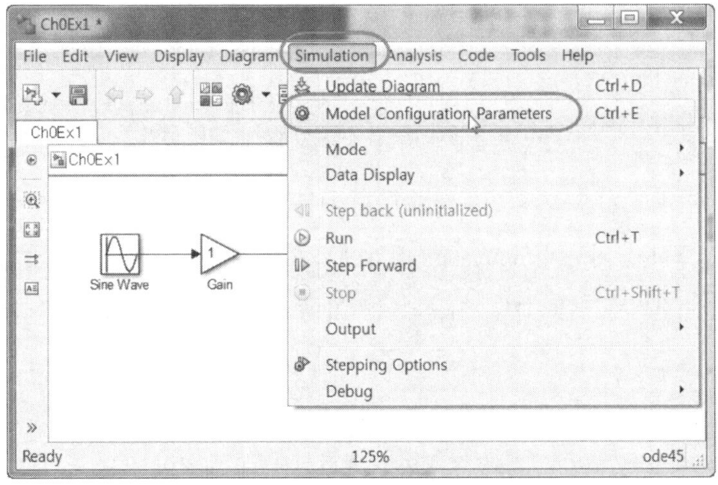

[그림0-7] 시뮬레이션 파라미터 설정

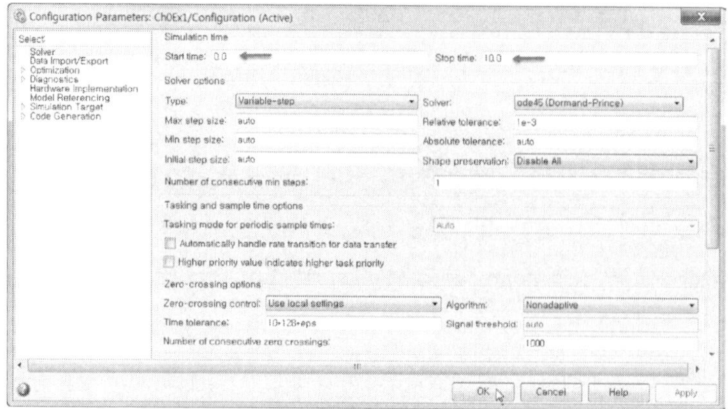

[그림0-8] 시뮬레이션 시간 설정

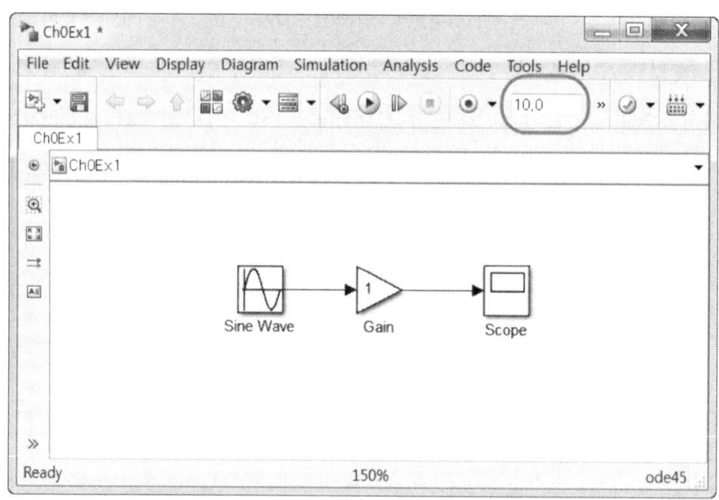

[그림0-9] 시뮬레이션 시간을 설정하는 다른 방법

시뮬레이션 파라미터 값을 모두 입력하고 나면 시뮬레이션을 시작할 준비가 모두 끝났으므로 시뮬레이션을 실행하기 위하여 Simulation 메뉴에서 Run 메뉴를 선택하던지 [그림0-10]과 같이 Run 아이콘을 클릭한다. [그림0-11]은 시뮬레이션이 종료된 후 Scope 블록을 클릭할 때 나오는 출력 파형창이다.

Scope 창에는 [그림0-12]와 같이 많은 아이콘들이 등록되어 있다. Auto-scale 아이콘을 클릭하면 시뮬링크가 자동으로 계산된 결과 그래프를 표현하는 데 최적의 좌표 범위를 조정하여 준다. Parameters 아이콘을 클릭하면 [그림0-13]과 같은 창이 나타나는데 "Number of axes:" 창에 입력한 숫자만큼의 Scope 창이 나타나게 된다. Scope 창의 Y축 최대값과 최소값을 원하는 범위로 조절하기 위해서는 [그림0-14]와 같이 Scope 창에 마우스를 올려놓고 오른쪽 버튼을 누르면 창이 나타나고 "Axes Properties"를 선택한다. "Axes Properties"를 선택 후 나타나는 새로운 창에 [그림0-15]와 같이 Y축 최대값과 최소값을 입력하면 Scope 창의 Y축 값을 조절할 수 있다.

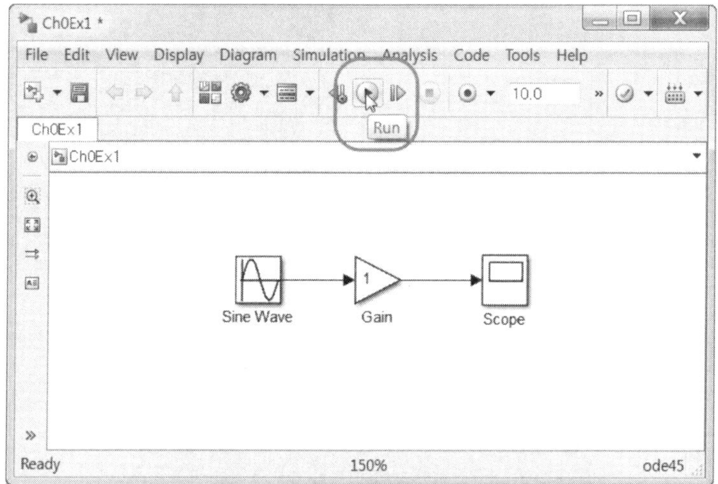

[그림0-10] 시뮬레이션 실행

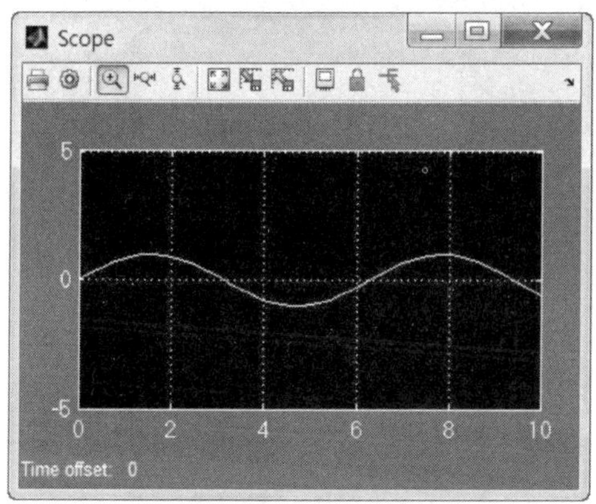

[그림0-11] 시뮬레이션 결과

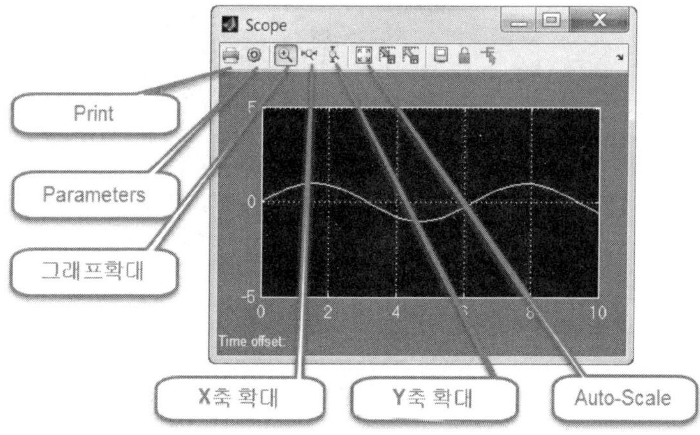

[그림0-12] 시뮬레이션 결과

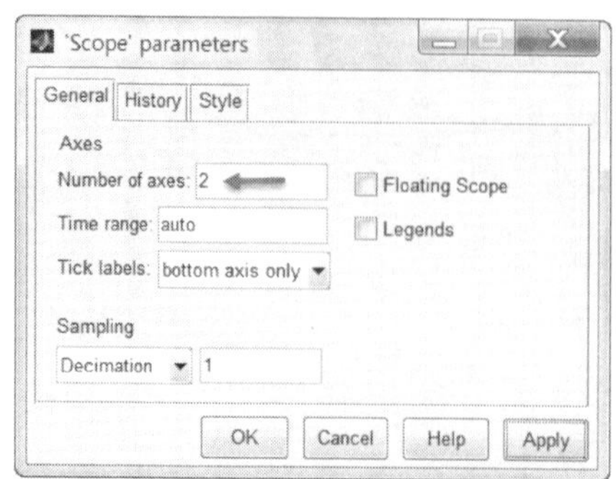

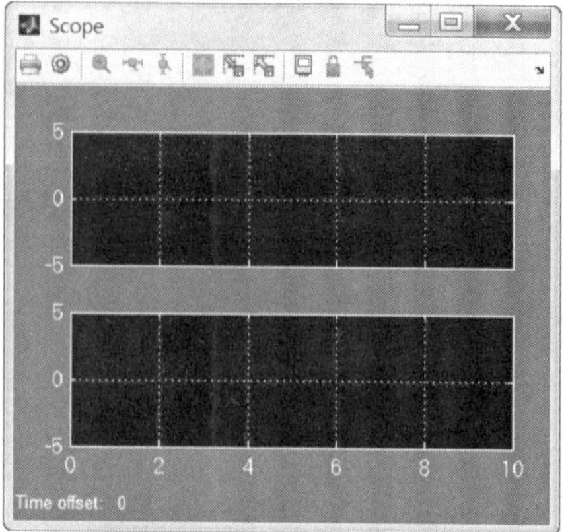

[그림0-13] Scope Parameters 창

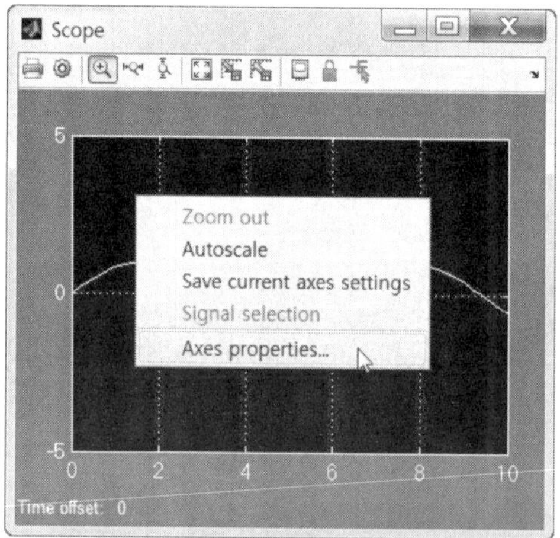

[그림0-14] Y축 값 조정 (1)

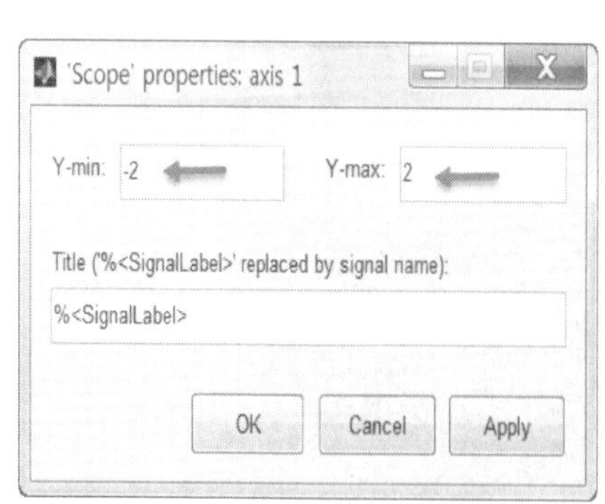

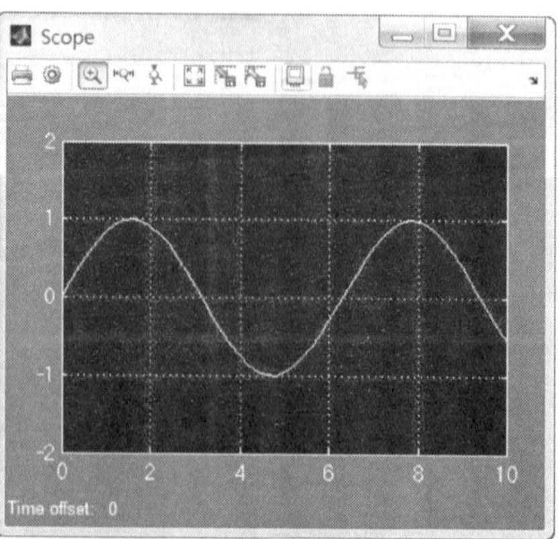

[그림0-15] Y축 값 조정 (2)

이제 마지막으로 Ch0Ex1.mdl 모델에서 사용한 이득 블록(Gain Block)의 이득 파리미터(Gain parameter)를 "1"에서 "2"로 바꾸어 준 뒤에 Scope 2개의 창에서 시뮬레이션 결과를 살펴보자. 일단 [그림0-13]과 같이 Scope의 창이 2개가 되도록 설정하고 [그림0-16]과 같이 이득 블록의 입력과 출력을 Scope에 연결한다. [그림0-17]과 같이 Parameter를 바꾸어 줄 이득 블록(Gain Block)을 더블 클릭하면"Function Block Parameters : Gain" 창이 나타난다. 이제, Gain Parameters를 [그림0-17]과 같이 "2"로 바꾸어 준 뒤에 OK 버튼을 클릭해 준다. 그러면 Ch0Ex1.mdl 모델에 있던 Gain Block 내부의 수치가 "1"에서 "2"로 바뀔 것이다. 이제, 저장한 뒤에 시뮬레이션을 수행하면 $y = 1 \cdot sin(x)$ 와 $y = 2 \cdot sin(x)$의 계산된 그래프가 Scope Block에 나타날 것이다. [그림0-18]은 시뮬레이션 결과를 Y축 최대값 2와 최소값 -2 범위에서 나타낸 것이다. 이때 Scope창에서 Auto-Scale 아이콘을 클릭하면 [그림0-19]아 같이 크기가 자동으로 조절된다. 시뮬링크에 있는 모든 블록들은 [그림0-17]과 같은 Block Parameters window를 가지고 있다. 이 window에서 해당 블록의 특성을 조정해 주면 된다.

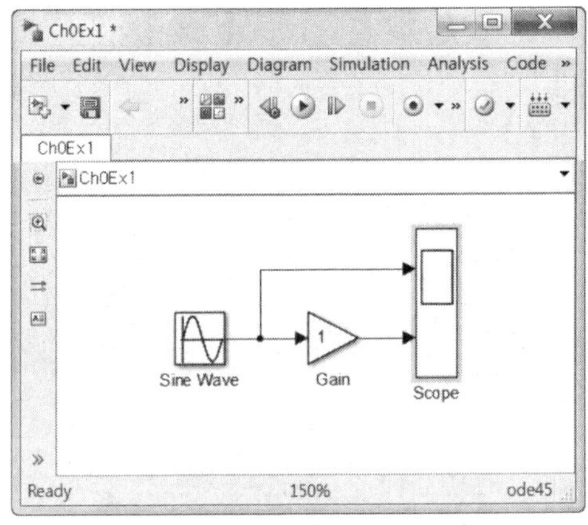

[그림0-16]

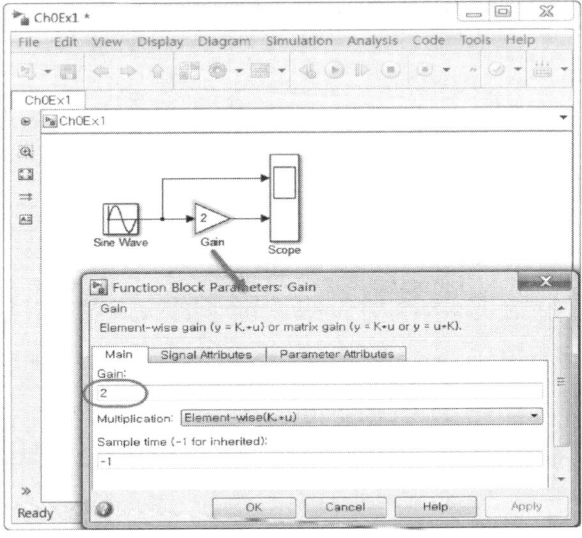

[그림0-17] Block Parameters : Gain

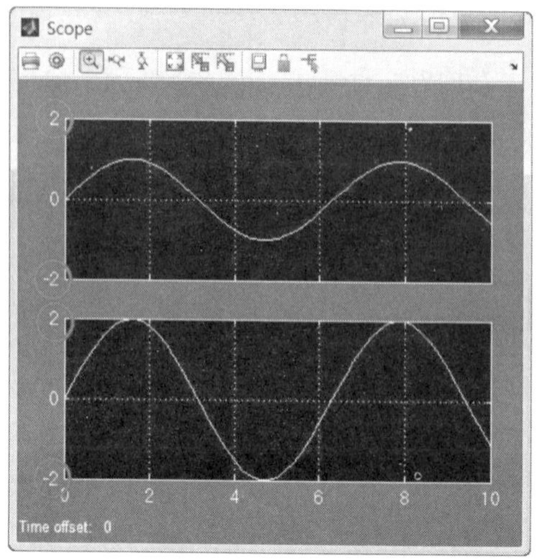

[그림0-18] 시뮬레이션 결과

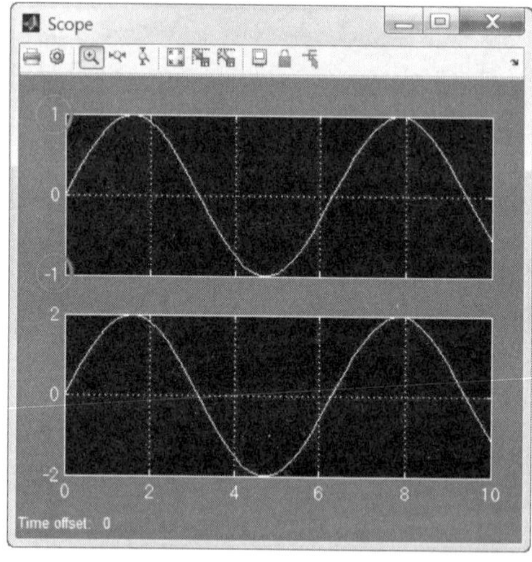

[그림0-19] Auto-Scale 아이콘 클릭 결과

0.4 시뮬링크 모델 생성방법 II

또 하나의 예제를 통해서 시뮬링크 모델(simulink model)을 만드는 방법을 설명한다. 이 예제를 통해서 여러분은 모델(model)을 만드는데 필요한 기본 조작법을 배우게 된다. 어떠한 시스템을 모델링하고 해석하기 위해서 Simulink Library Browser를 사용하여 원하는 블록을 현재 만들고 있는 모델 창으로 가져와야 한다.

예제 Sine 파형의 합을 화면에 출력하라

주어진 조건 :

① $y_0(t) = \sum_{n}^{N} cos(2\pi n f_0 t)$ 여기에서 N = 3, f_0=1

② 샘플링 시간 : T_s= 1/1000

예제에서 제시된 문제를 시뮬링크에서 만들어 보자

(1) 새로운 모델 창을 만든다.

매트랩에서 M-file이 하나의 프로그램이 되는 것과 마찬가지로 시뮬링크에서 MDL-file도 하나의 프로그램이 된다. M-file은 MATLAB Editor/Debugger와 같은 Editor 편집기를 통해서 직접 코드를 작성하지만 MDL-file은 마우스를 사용하여 MDL 모델 창에서 블록들을 연결함으로써 그래픽적으로 만들어진다. 새로운 모델을 만들기 위해서 [그림0-3]과 같이 새로운 시뮬링크 모델 창을 만든다.

(2) 필요한 블록을 Simulink Library Browser에서 마우스를 사용하여 모델창으로 복사한다.

예제를 해결하기 위해서 Sine파 블록, ADD 블록 그리고 파형을 볼 수 있는 Scope 블록이 필요하다. Simulink Library Browser에서 필요한 블록을 찾은 다음 마우스를 사용하여 모델 창으로 모두 복사한다. 사용되는 블록들의 위치는 다음과 같다.

- Simulink/Sources library/Sine Wave block
- Simulink/Math Operations library/Add block
- Simulink/Sinks library/Scope block

예제를 구현하기 위해 위의 블록들을 모두 끌어와서 [그림0-20]과 같이 배치한다.

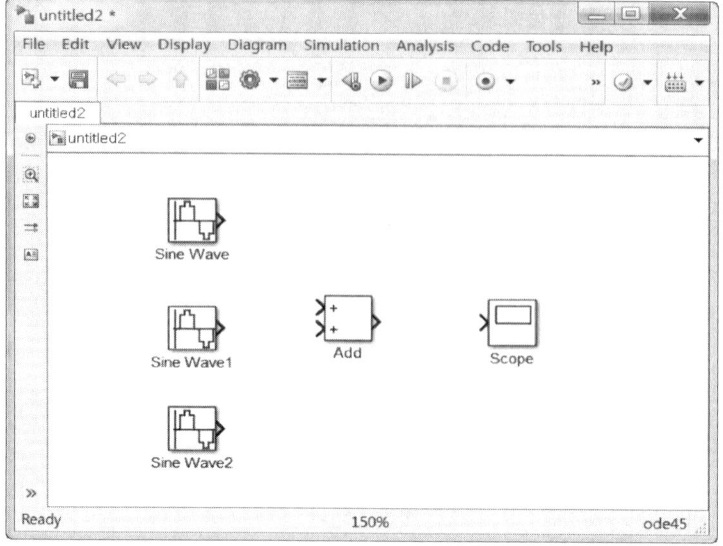

[그림0-20] 필요한 모든 블록을 복사한 모델 창

(3) 모델 창의 각 블록의 입, 출력포트의 수 및 방향을 조정한다.

입, 출력포트는 Sine Wave인 경우 출력포트만 1개 있고, Add 블록의 경우 3개의 Sine Wave을 합하기 위하여 3개의 입력이 필요하므로 Add 블록을 더블 클릭하고 파라미터 창에서 [그림0-21]과 같이 입력한다. Scope의 경우 3개의 Sine Wave 신호와 합을 표시하기 위하여 4개의 입력포트가 필요하다. Scope를 더블 클릭하고 [그림0-12]와 같은 Scope 창에서 Parameters 아이콘을 클릭한 후 [그림0-22]와 같이 "Number of axes:" 창에 4라는 숫자를 입력한다. 그러면 축이 4개인 Scope 창이 만들어지고, 입력 포트의 수도 4개가 된다.

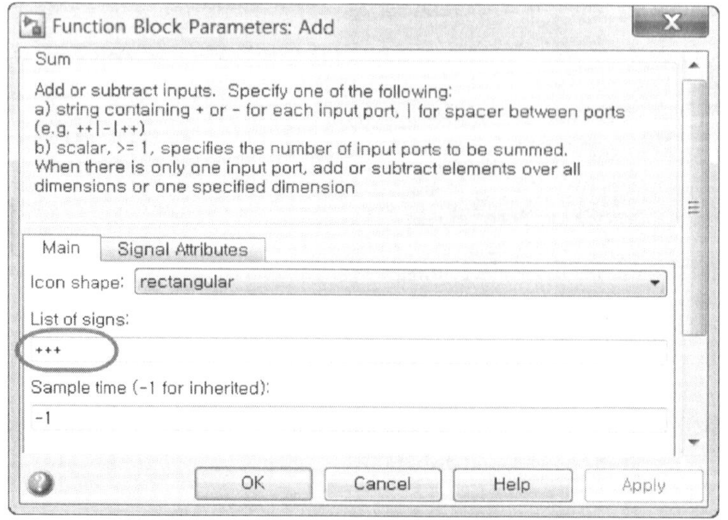

[그림0-21] Add parameters 창

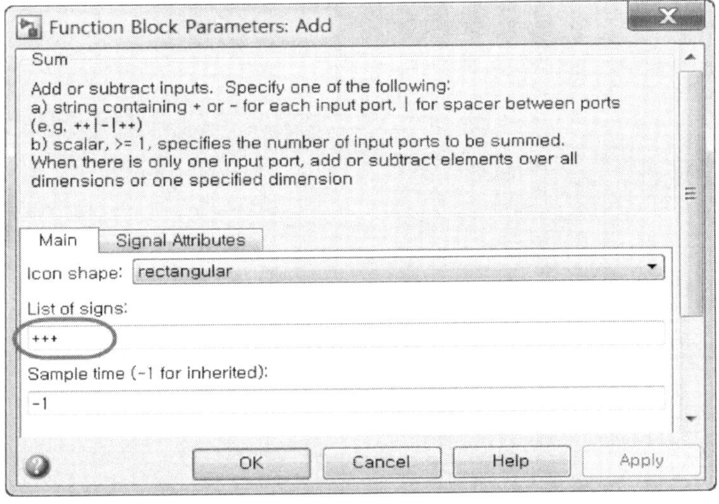

[그림0–22] Scope parameters 창

(4) 각 블록의 입,출력 단자를 연결한다.

Sine Wave부터 차례대로 각 블록을 연결하기 위해서 우선 Sine Wave를 클릭한 후에 블록의 출력포트에 마우스를 놓으면 '+'자 모형이 나타난다. '+'자 모형이 나타나면 블록과 블록 사이를 연결할 선이 준비된 것이다. '+'자 모형이 나타난 상태에서 오른쪽 마우스를 누르고 Add 블록의 입력포트까지 드래그 한 다음 클릭을 풀면 화살표가 그어지면서 블록이 연결된다. 여기서 화살표의 꼬리 부분은 출력포트를 의미하고 머리부분은 입력포트를 의미한다. 나머지 블록도 동일한 방법으로 블록 사이를 연결하면 [그림0-23]과 같이 된다

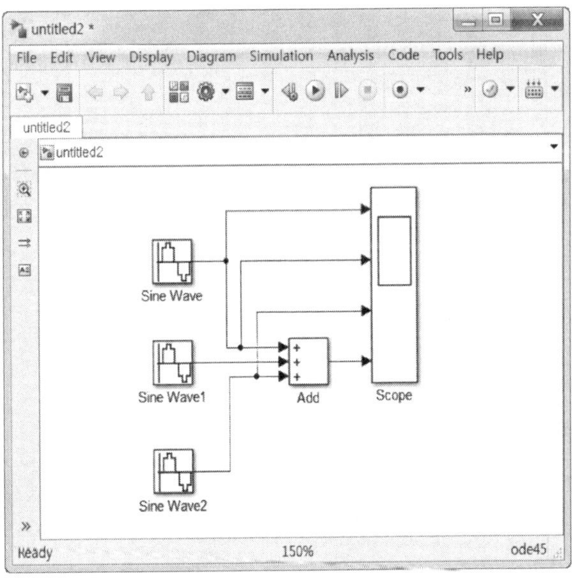

[그림0–23] 블록 연결하기

(5) 각 블록의 파라미터 값을 정해준다

Sine Wave, Sine Wave1, Sine Wave2 각 블록의 파라미터 값을 정해주기 위해 각 블록을 더블 클릭하면 Block Parameters 창이 뜨고 Parameters의 값을 [그림 0-24]와 같이 정해준다. Sine Wave의 경우 주파수는 [rad/sec]의 단위이므로 주파수가 1이면 [그림0-24] (a)와 같이 설정한다. 또한 cos 파형을 만들기 위하여 위상 90을 [rad] 단위로 입력한다. 나머지 파라미터도 [그림0-24]와 같이 설정한다.

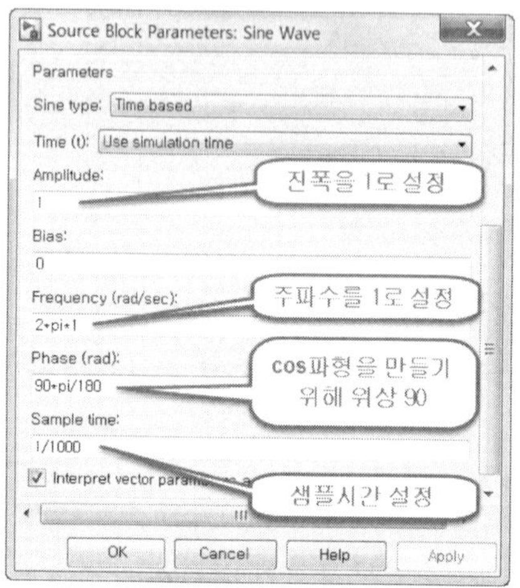

(a) Sine Wave 블록

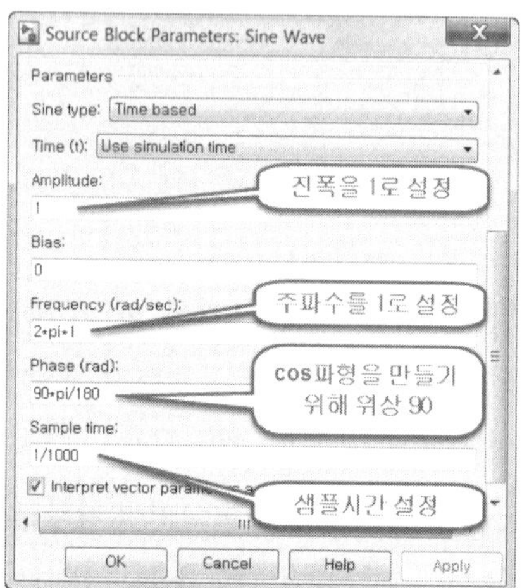

(b) Sine Wave1 블록

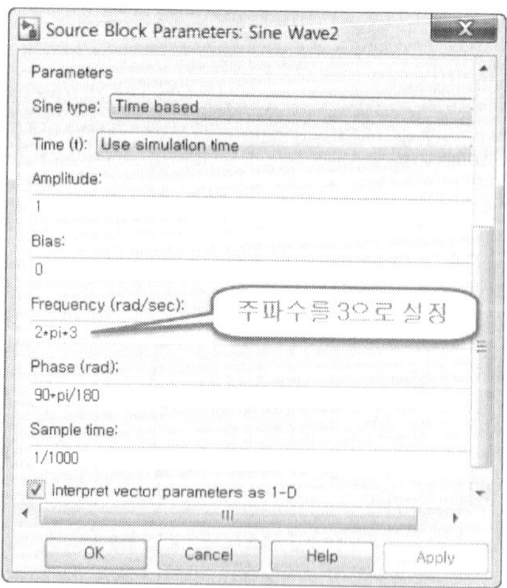

(c) Sine Wave2 블록

[그림0-24] 파라미터 값 설정

(6) 시뮬레이션 파리미터 값을 결정하고 시뮬레이션을 한다.

이제 예제에 대한 시뮬레이션 모델이 완성되었으므로 시뮬레이션을 해 보자. 시뮬레이션을 수행하기 전에 먼저 시뮬레이션 시간을 설정하여야 하는데 시뮬레이션 시간을 설정하기 위하여 [그림0-25]와 같이 시뮬레이션 모델 창에서 바로 시간을 입력할 수 있다. 여기서는 시뮬레이션 종료 시간을 5초로 설정한다.

시뮬레이션 파라미터 값을 모두 입력하고 나면 시뮬레이션을 시작할 준비가 모두 끝났으므로 시뮬레이션을 실행하기 위하여 [그림0-25]와 같이 Run 아이콘을 클릭한다. [그림0-26]은 시뮬레이션이 종료된 후 Scope 블록을 클릭하고 Auto-Scale 아이콘을 클릭했을 때 나오는 출력 파형이다.

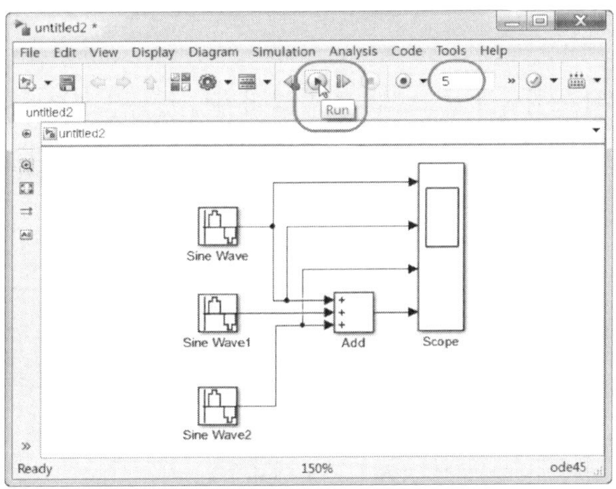

[그림0-25] 시뮬레이션 시간 설정 및 실행

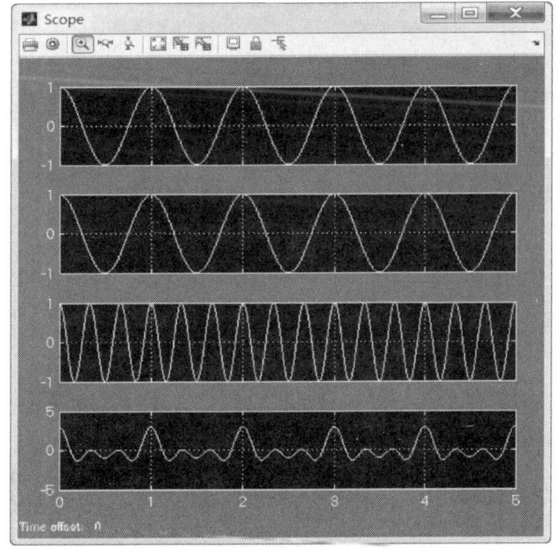

[그림0-26] 시뮬레이션 결과 출력된 Scope 창

(7) 완성된 시뮬레이션 블록을 저장한다.

완성된 시뮬레이션 모델 블록을 저장하기 위해서는 File 메뉴에서 "Save As" 버튼을 누르고 저장할 디렉토리를 설정한 다음에 파일 이름을 입력한다. 이때 확장자는 xxx.mdl로 저장된다. 지금까지 시뮬링크를 사용하여 시스템을 모델링하고 시뮬레이션하는 과정에 대하여 예를 통해 설명하였다. 복잡한 시스템의 경우도 과정은 예제와 같다. 다만 블록 다이어그램이 좀 더 복잡해지고 그에 따라 사용되는 블록의 종류와 수가 늘어날 뿐이다.

0.5 시뮬링크 모델 창에서의 편집

(1) 블록 선택

하나의 블록을 선택하기 위해서는 [그림0-27]과 같이 해당 블록을 마우스로 클릭한다.

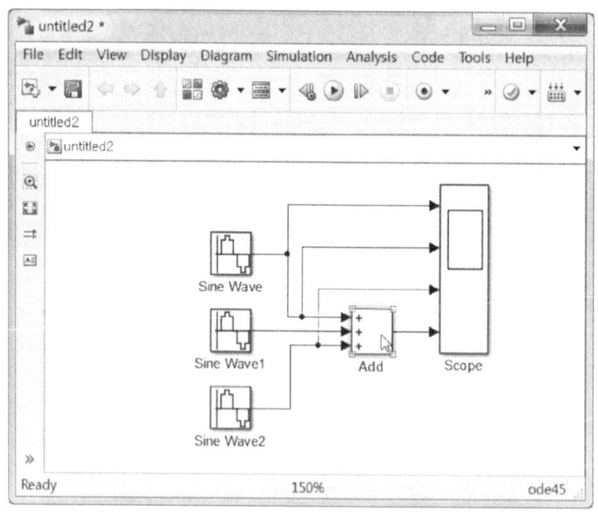

[그림0-27] 하나의 블록 선택하기

여러 개의 블록을 함께 선택하려면 [그림0-28]과 같이 마우스 왼쪽 버튼을 누른 상태에서 원하는 영역까지 마우스를 드레그하면 파란색의 사각형이 만들어진다. 이 사각형 내에 들어오는 블록이 모두 선택된다. 만일 블록들 사이에 연결선으로 연결되어 있으면 선택한 블록을 연결한 연결선도 함께 선택된다.

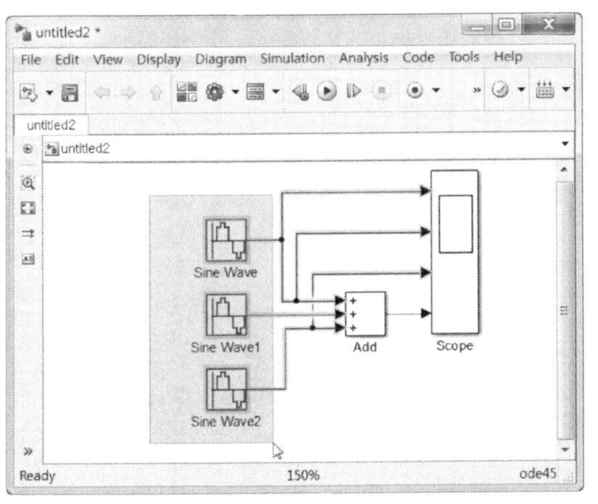

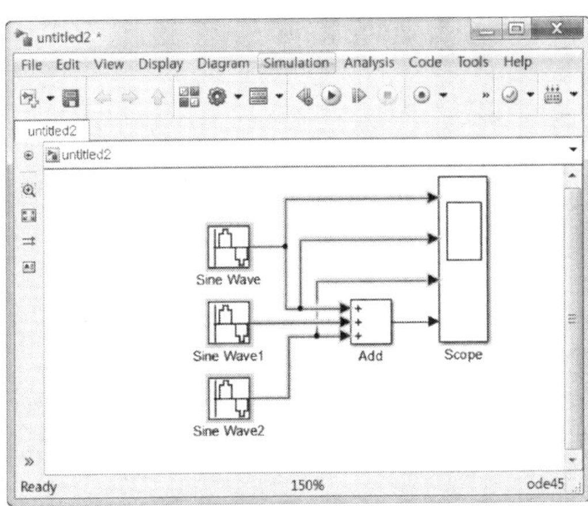

(a) 블록 범위를 선택하는 사각형 (b) 선택된 범위내의 연결선과 블록들

[그림0-28] 여러개의 블록 선택하기

(2) 블록 편집

(가) 블록 복사(copy) 및 붙여 넣기(paste)

해당 블록을 선택한 다음 키보드를 이용하여 Ctrl+C를 누르거나 Edit 메뉴에서 Copy메뉴를 누르면 해당 블록을 복사할 수 있고, 키보드로 Ctrl+V를 누르거나 Edit메뉴에서 Paste 메뉴를 누르면 해당 블록을 붙여 넣을 수 있다. 또 한 가지의 방법은 오른쪽 마우스로 해당블록을 누르고 드래그를 하면 블록이 복사된다.

(나) 블록 이동(move)

하나 이상의 블록을 이동시키기 위해서는 [그림0-29]와 같이 하나 또는 그 이상의 블록을 선택하여 마우스의 왼쪽 버튼을 누른 채 마우스를 옮기고 싶은 곳으로 이동시키면 된다.

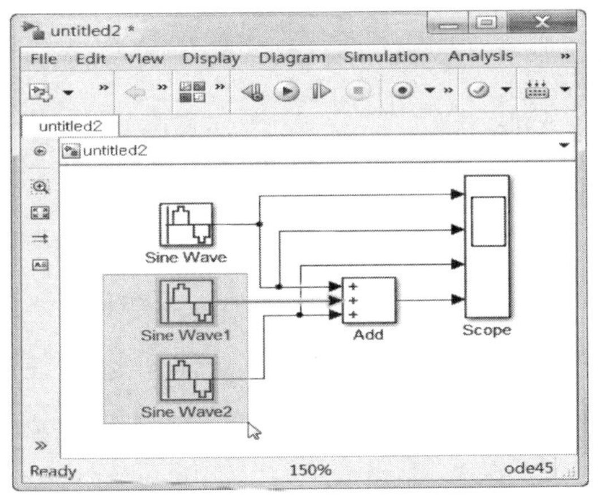

(a) 블록 이동 전 (b) 블록 이동 후

[그림0-29] 블록 이동하기

(다) 블록 복제(duplicate)

[그림0-30]과 같이 임의의 블록을 복제하려면 해당 블록을 선택한 다음 ??Ctrl+마우스 왼쪽 버튼??을 누른 상태에서 복제하고 싶은 위치로 드래그 하거나, 마우스의 오른쪽 버튼을 클릭한 상태에서 원하는 위치로 드래그 한다.

(라) 블록의 방향 변경

블록의 방향을 변경하기 위해 사용되는 메뉴는 Diagram 메뉴의 Rotate&Flip을 선택한 후 clockwise(Ctrl+R), counterclockwise(Ctrl+Shift+R) 또는 Flip Block(Ctrl+I)을 선택하면 된다. Flip Block은 블록을 180도 회전시키고 Rotate Block은 블록을 시계방향 또는 반시계방향으로 90도 회전하는데 사용된다.

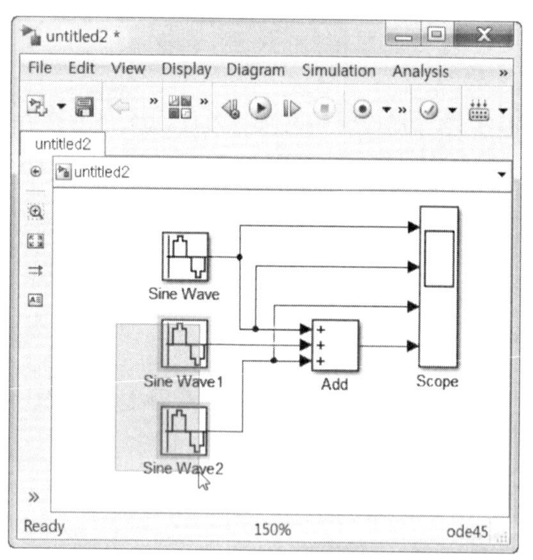

(a) 블록 복제 전

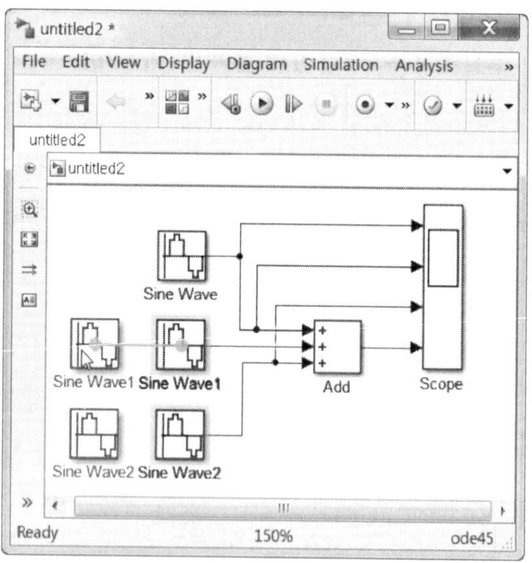

(b) 블록 복제 후

[그림0-30] 블록 복제

(마) 블록의 크기 변경

블록은 기본적으로 일정한 크기를 가지고 있다. 블록의 입,출력 단자가 잘 보이지 않거나 주석문 등을 달기 위해서 블록의 크기를 조정하고자 하면 해당 블록을 선택한 다음 마우스 왼쪽 버튼을 누른 채 원하는 방향으로 끌면 된다. [그림0-31]에서 Scope블록의 크기를 변경해 보자. Scope 블록의 네 귀퉁이 중의 어느 한곳에 마우스를 놓으면 크기를 변경할 수 있도록 양방향 화살표가 나타난다. 이때 마우스의 왼쪽 버튼을 클릭한 상태에서 드래그하면 원하는 만큼 블록의 크기를 늘리거나 줄일 수 있다.

(바) 블록 이름 변경

하나의 시뮬링크 모델에서 모든 블록은 각각의 고유한 블록 이름을 가져야 한다. 블록 이름은 기본적으로 해당 라이브러리 블록 이름으로 되고 만약 같은 이름의 블록이 있을 경우에는 블록 이름 뒤에 1, 2, 3, … 와 같은 숫자가 붙게 된다. 블록 이름을 변경하고 싶으면 블록 이름이 있는 곳을 마우스로 선택하여 키보드를 사용하여 편집할 수 있다. 임의의 블록을 복제하면 매트랩에서는 자동적으로 블록 이름에 번호를 만들어 주므로 특별히 신경 쓸 필요는 없다.

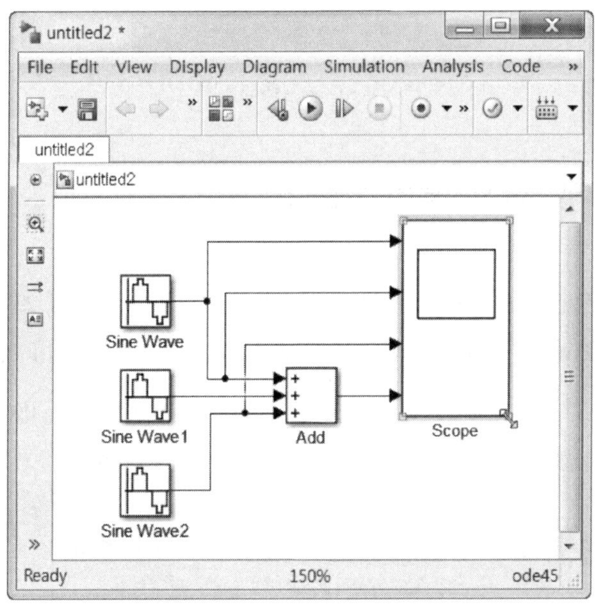

[그림0-31] Scope 블록의 크기 조절

(사) 블록 이름 보이기와 감추기

블록 이름을 보이거나 감추고 싶을 때는 해당블록을 선택한 후 [그림0-32]와 같이 Diagram 메뉴에서 Format을 선택하고 Show Block Name을 체크하면 블록이름이 보여지며 체크를 하지 않으면 블록이름이 감추어진다.

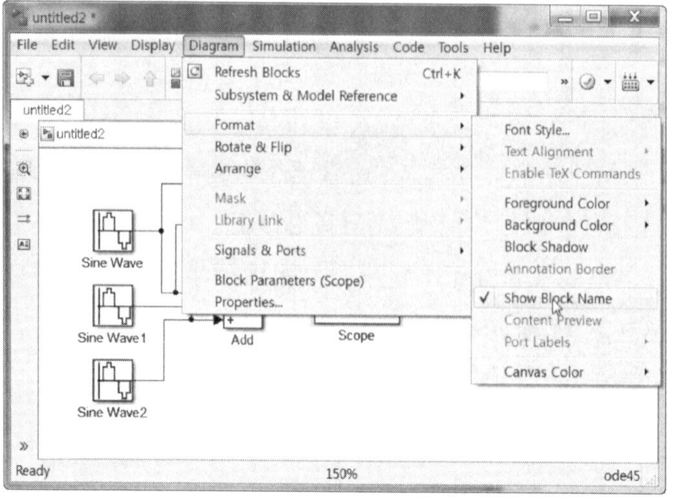

[그림0-32] Scope 블록의 이름 감추기

0.6 서브시스템(subsystem) 만들기

복잡한 블록을 하나의 Subsystem으로 만드는 방법을 설명한다. 먼저 [그림0-33]과 같은 블록을 구성한 후 마우스 왼쪽 버튼을 사용하여 범위를 지정한다. 그 다음 [그림0-34]와 같이 Diagram 메뉴의 Subsystem&Model Reference를 선택 후 Create Subsystem from Selection을 선택한다. 그러면 앞의 3개의 블록이 [그림0-35]와 같이 하나의 Subsystem 으로 묶이게 된다.

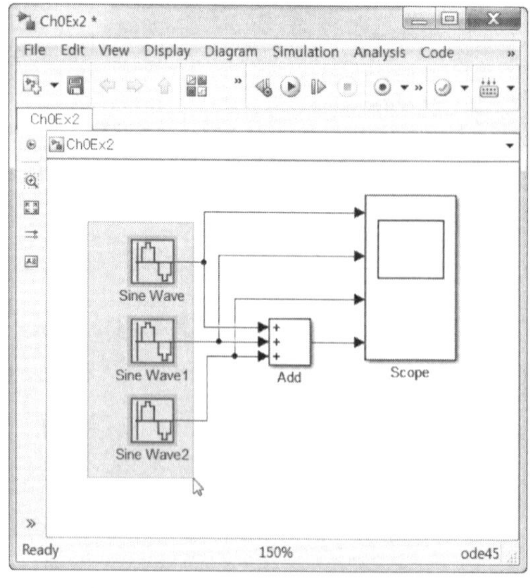

[그림0-33] Subsystem 만들기 (과정 1)

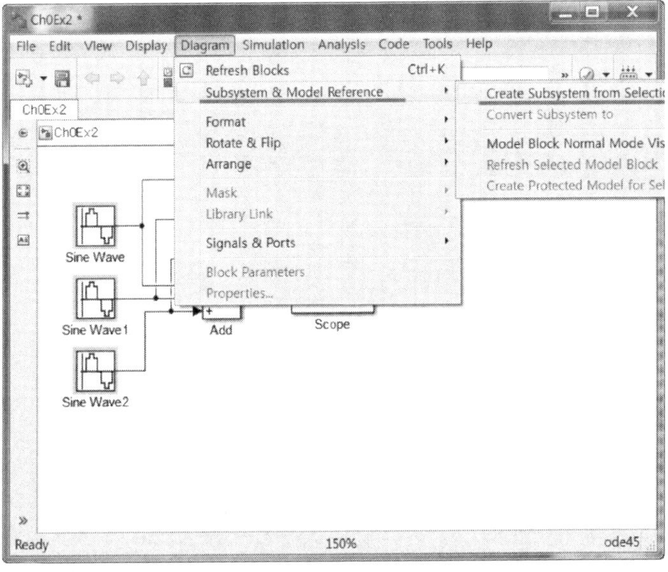

[그림0-34] Subsystem 만들기 (과정 2)

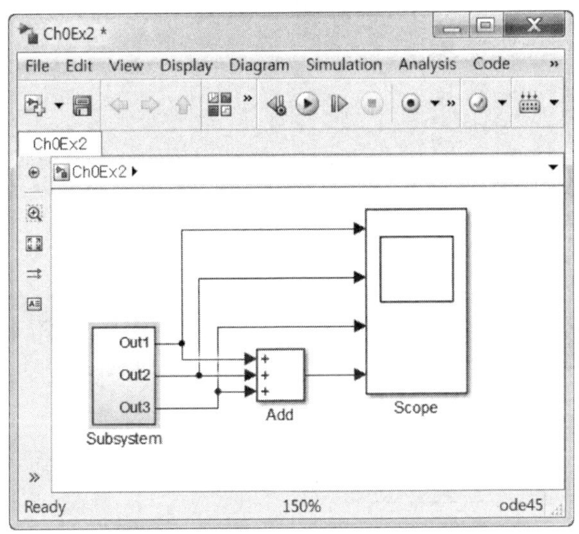

[그림0-35] Subsystem 만들기 (과정 3)

이제 Subsystem에서 파라미터를 설정하는 방법을 알아보자. 설정하고 싶은 블록들의 파라미터 값을 실수 값 대신 변수 값으로 기입하게 되면 묶여진 블록 외부에서 시스템 내부의 파라미터를 설정 할 수 있다. [그림0-35]의 Subsystem을 더블 클릭하면 내부 블록을 볼 수 있다. 내부 블록들인 Sine Wave, sine Wave1, Sine Wave2의 파라미터에서 frequency와 Sample time을 [그림0-36]과 같이 임의의 변수로 설정한다.

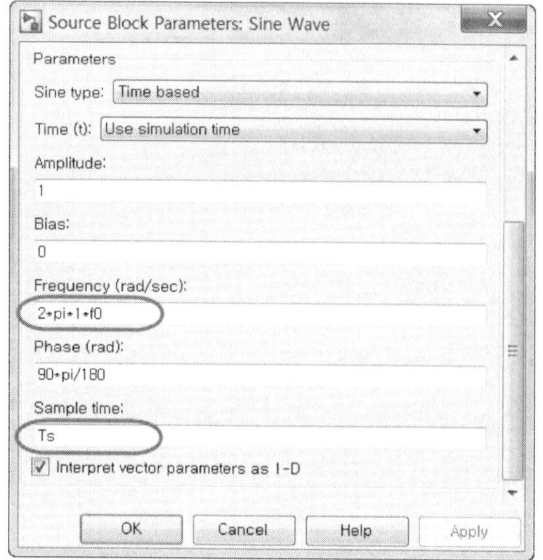

(a) Sine Wave 블록

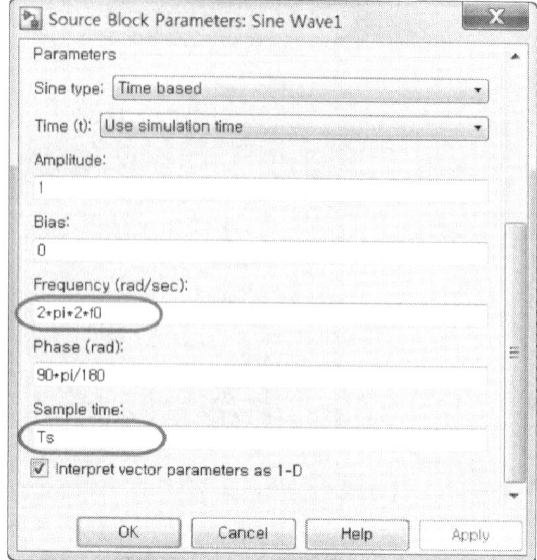

(b) Sine Wave1 블록

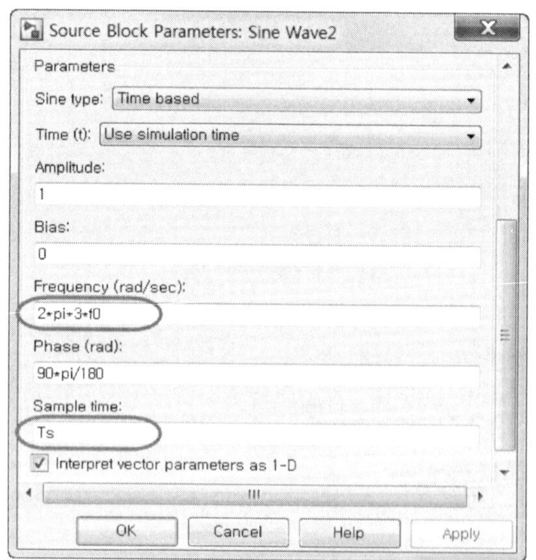

(c) Sine Wave2 블록

[그림0-36] Subsystem에서의 파라미터 설정(과정 1)

[그림0-37]과 같이 Diagram 메뉴에서 Mask를 클릭 한 후 Create Mask를 선택하면 [그림0-38]과 같은 Mask Editor 창이 나타난다. Parameters & Dialog 탭을 선택 후 왼쪽 창에서 Edit를 선택하고 [그림0-39]과 같이 변수로 사용했던 f0를 Name에 기입하고 Subsystem에서 표시될 파라미터 명 "Frequency f0 (Hz) :" 를 Prompt에 기입한다. 또 다른 변수 Ts도 동일한 방법으로 기입해주면 되는데 Ts를 Name에 기입하고 Subsystem에서 표시될 파라미터 명 "Sampling Time Ts:" 를 Prompt에

기입하였다. [그림0-40]과 같이 두 변수를 기입하고 나서 Apply를 클릭한다. 그 결과를 확인하기 위해서 Subsystem 블록을 클릭하면 [그림0-41]과 같은 파라미터 입력 창이 나타나고 이제 파라미터 값을 설정해 줄 수 있게 된다.

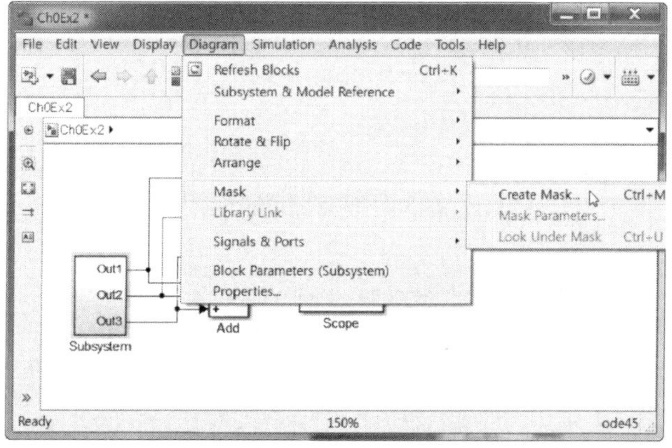

[그림0-37] Subsystem에서의 파라미터 설정 (과정 2)

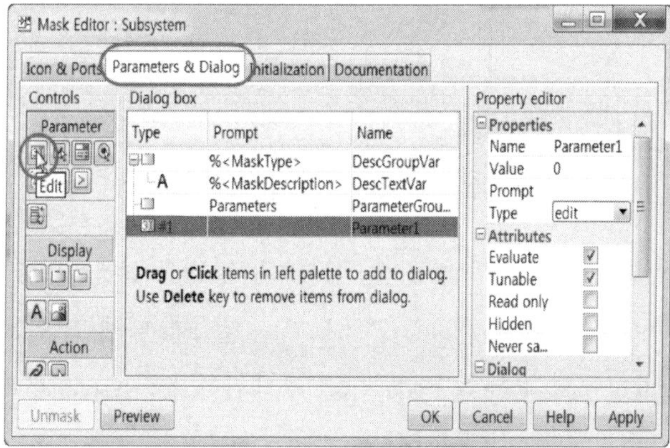

[그림0-38] Subsystem에서의 파라미터 설정 (과정 3)

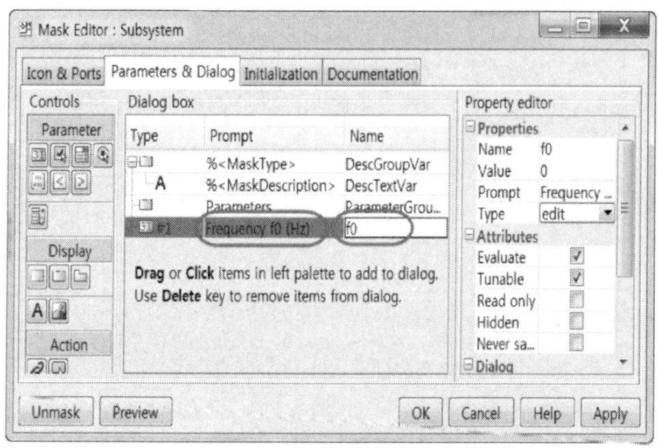

[그림0-39] Subsystem에서의 파라미터 설정 (과정 4)

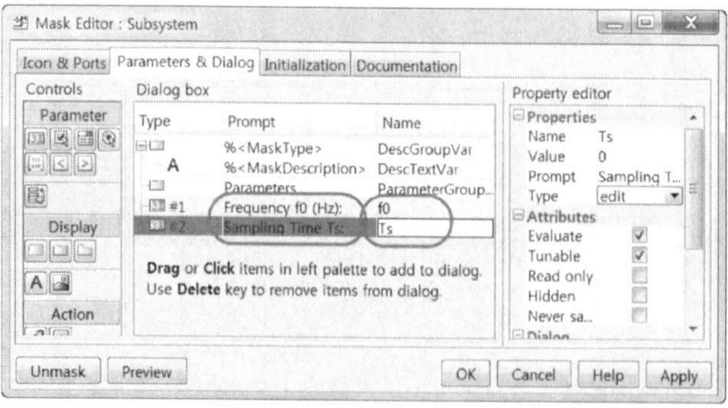

[그림0-40] Subsystem에서의 파라미터 설정(과정 5)

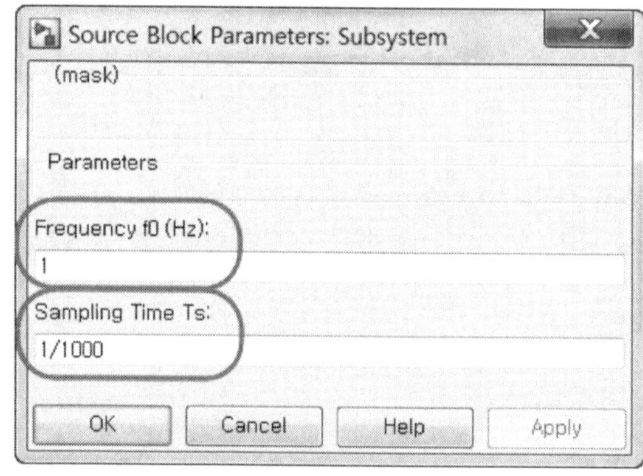

[그림0-41] Subsystem parameters

지금까지 Subsystem을 만들어서 Parameter를 정해주는 방법을 설명하였다. 다음으로 Subsystem 블록을 나타내는 Subsystem의 Icon Name을 표시하는 방법에 대해 알아보자. 먼저 [그림0-38]의 subsystem Mask Editor에서 "Icon & Ports" 탭을 선택한다. Subsystem 블록의 Icon Name은 [그림0-42]와 같이 Drawing commands에 disp('Icon Name')을 넣어주면 Subsystem의 블록 내에 기입

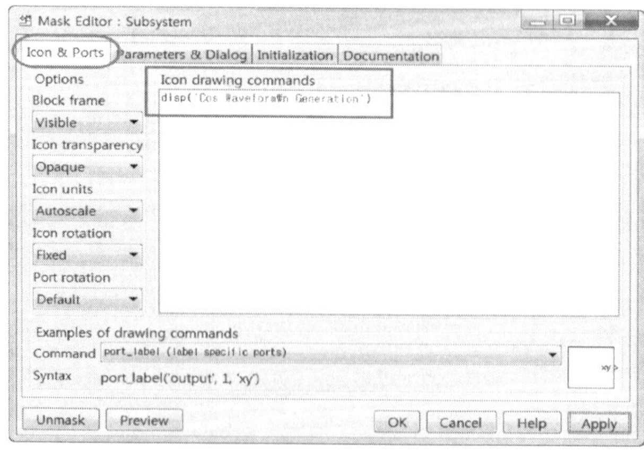

[그림0-42] Subsystem의 Icon Name

한 Icon Name이 표시된다. Icon Name을 Cos Waveform\n Generation??으로 하자. 여기에서 \n 은 개행을 의미한다. 변경된 아이콘 이름은 [그림0-43]과 같다. Block frame, Icon Transparency, Icon rotation, Port Rotation 등의 파라미터에 대해서는 여러분이 직접 바꾸어 보기 바란다.

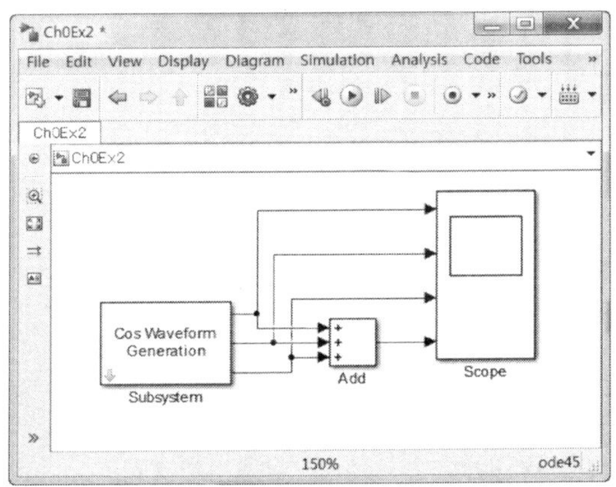

[그림0-43] Subsystem의 Icon Name 표시

0.7 시뮬레이션하기

시뮬링크를 사용하기 위해서는 먼저 시뮬레이션 하고자 하는 시스템을 블록 다이어그램으로 나타내어야 한다. 그 다음 블록 다이어그램을 시뮬링크 모델로 만드는 작업은 단순히 적당한 블록들을 찾아서 블록들을 서로 연결시킨 후 블록 파라미터 값을 넣어주면 된다. 그 모든 과정이 끝난 후에는 시뮬레이션 할 준비가 되었으므로 Simulation 메뉴에서 Model Configuration Parameters를 선택한([그림0-7])후 시뮬레이션 파리미터 값을 입력한다. 시뮬레이션 파라미터 값을 입력 할 수 있는 창은 [그림0-44]와 같다.

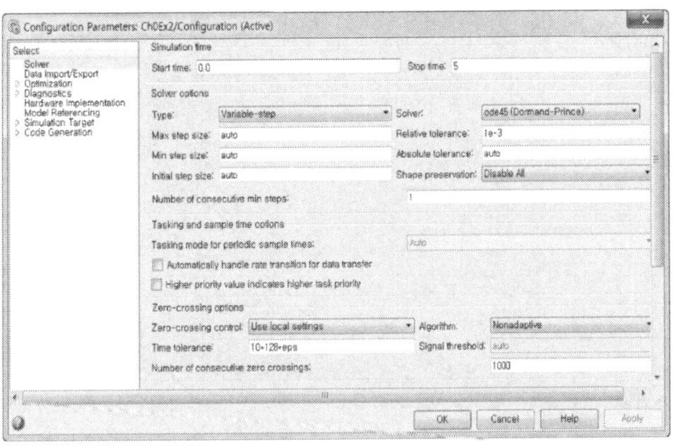

[그림0-44] Configuration Parameter 창

(1) Configuration Parameters 창

Simulation Parameters 창은 Solver, Data Import/Export, Optimization, Diagnostics, Hardware Implementation, Model Referencing, Simulation Target, Code Generation 으로 구성되어 있고 기본적으로 시뮬레이션 시간이나 시뮬레이션 결과를 저장하는 옵션 등과 관련된 항목을 결정하거나 Real-Time Workshop 을 위한 코드를 만드는 기능을 한다.

(2) Solver

Solver는 시뮬레이션 시작(Start), 끝(Stop) 시간(Time), 미분방정식을 풀 Solver options, 출력 옵션을 결정한다.

(가) Simulation time

여기서는 시뮬레이션 시작 시작과 종료 시간을 결정한다. Start time과 Stop time에 원하는 시간 값을 입력한다. Default 는 각각 0.0sec과 10.0sec이다. 주의할 것은 여기서 시간이란 실제 시계에서의 시간이 아니라 미분 방정식을 풀 때 사용되어지는 시간을 말하므로 실제 시간과는 아무런 관계가 없다.

(나) Solver options

시뮬레이션하기 위해 사용되어지는 solver를 선택하는 항목으로 시뮬링크 에서 모델을 시뮬레이션 한다는 것은 결국 미분 방정식으로 표현되는 주어진 모델을 수치적분하는 것이다. 시뮬레이션을 빠르고 정확학 수행하기 위해서는 문제의 특성에 맞는 solver options을 선택하여야 한다.

- **Variable–step type** : Variable-step type은 시뮬레이션 동안에 적분 간격인 step size를 변경할 수 있다.

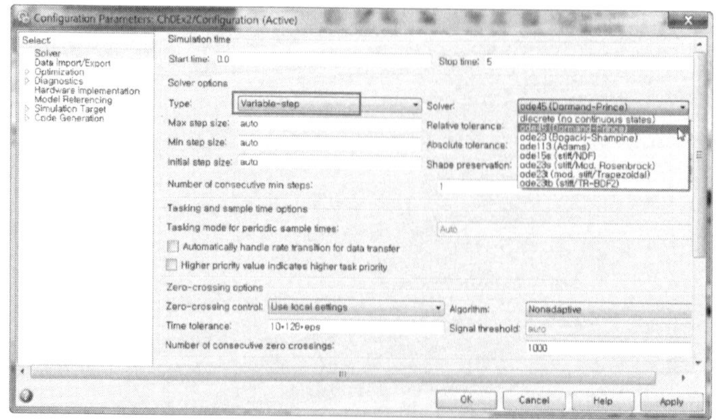

[그림0–45] Solver options에서 Variable–step

Discrete(no continuous states) : 시뮬링크 모델이 연속 신호 블록 없이 이산 신호 블록만으로 이루어진 경우에만 사용할 수 있다. Variable-step type에서 discrete solver는 가능한 가장 큰 시간 간격을 취하여 step 을 결정한다.

Ode45(Dormand–Prince) : ode45는 미분 방정식을 풀 때 가장 많이 사용되는 solver로써 4차 또는 5차 Runge-Kutta method를 사용한다. 보통 시뮬링크 모델을 만든 후 첫 번째 solver로 사용하고 다른 solver를 사용한 결과와 큰 차이가 없는 경우에는 ode45를 solver로 사용하는 경우가 가장 일반적이다. Variable-step에서는 이 방식이 default 로 되어 있다.

Ode32(Bogacki–Shampine) : 2차 또는 3차 Runge-Kutta method 를 사용한다. 모델이shiff한 경우에는 ode45보다는 효율적이다.

Ode113(Adams) : Adams-Bashforth-Moulton PECE(predictor-corrector)를 사용한다. Adams-Bashforth-Moulton PECE는 Adams-Bashforth predictor에서 수정된 방법으로 corrector를 사용하여 predictor만을 사용한 경우보다 정확도를 향상시켰다.

Ode15a(stiff/NDF) : 수치 미분법을 사용하는 방법으로 모델이 stiff하여 다른 solver를 사용하여 시뮬레이션을 수행하기 곤란할 때 사용된다. 만약 모델이 stiff하여 ode45를 사용하여 시뮬레이션에 실패하거나 시뮬레이션을 하기가 어려운 경우에는 ode15s를 사용하여 시뮬레이션을 하기 바란다.

Ode23s(mod. Stiff/Mod. Rosenbrock) : modified Rosenbrock method를 사용하는 solver로 ode15s를 사용했을 때 효율적인 모델의 경우에 사용한다.

Max step size : Max step size는 solver가 가질수 있는 가장 큰 시뮬레이션 시간 간격을 결정한다. Default값은 다음과 같이 시뮬레이션 시작 시간과 종료시간으로 결정한다.

$$h_{\max} = \frac{t_{stop} - t_{start}}{50}$$

Initial step size : 시뮬레이션을 시작할 때 참고가 되는 시뮬레이션 시간 간격을 결정한다.정확한 시간 간격값은 solver가 입력된 값을 사용하여 오차 계산을 한 후 오차 한계를 만족할 경우에는 입력된 값을 사용하고 오차 한계를 만족하지 못할 경우에는 그 크기를 줄여서 사용한다.

- **Fixed-step type** : Fixed-step type은 시뮬레이션 동안에 적분 간격인 step size 를 변경할 수 없다

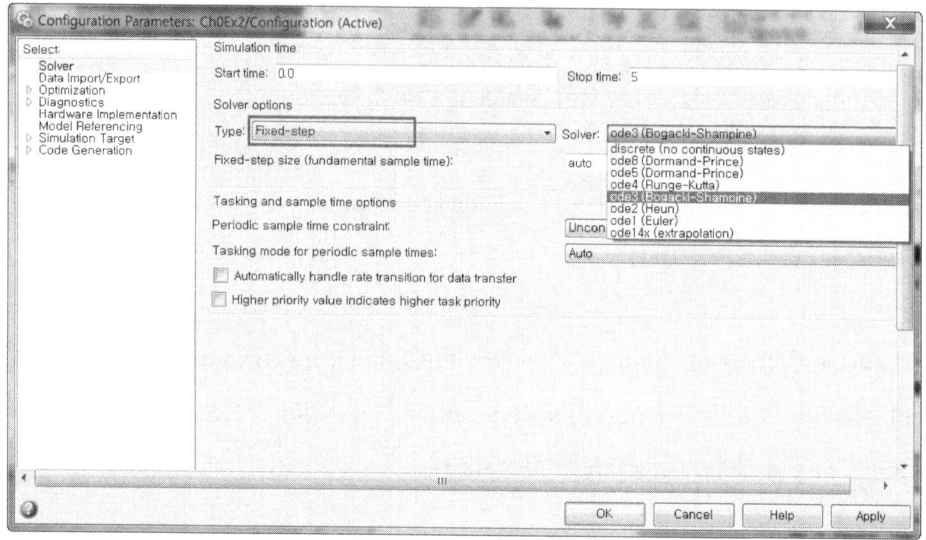

[그림0-46] Solver options에서 Fixed-step type

Discrete(no continuous states) : 시뮬링크 모델에서 연속 신호 블록없이 이산 신호 블록만으로 이루어진 경우에만 사용할 수 있다. Variable-step type 에서의 discrete와 다른점은 variable-step type에서 간격을 취하여 step 을 결정하지만 Fixed-step type에서는 sample time이 변하지 않고 그대로 시간 간격으로 사용된다는 것이다.

Ode5(Dormand-Prince) : ode45에서 step size가 변하지 않는 경우로 4차 또는 5차 Runge-Kutta method 를 사용한다.

Ode4(Runge-Kutta) : 4차 Runge-Kutta method 를 사용한다.

Ode3(Bogacki-Shampine) : ode32에서 step size가 변하지 않는 경우로 2차 또는 3차 Runge-Kutta method를 사용한다.

Ode2(Heun) : 향상된 Euler 방법(Heun method)를 사용한다.

Ode1(Euler) : Euler 방법을 사용한다

지금까지 여러 solver에 대하여 소개하였지만 사실 한 시뮬링크 모델에 대하여 단 한 번에 가장 적합한 solver를 결정할 수는 없다. 가장 일반적인 방법은 처음에 ode45를 사용하고 다음 여러 가지 solver를 사용하여 시뮬레이션을 수행한 후 그 결과를 가지고 solver를 결정해야 한다.

(다) Output options

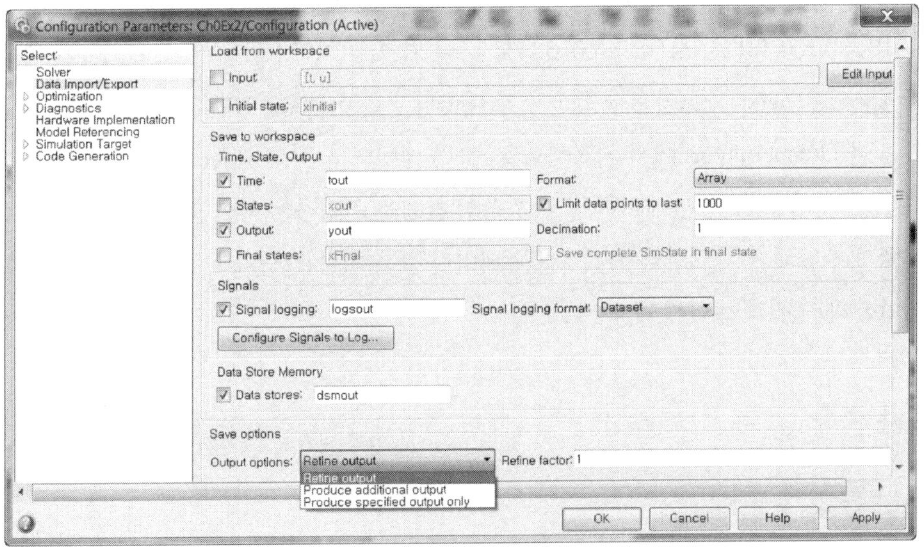

[그림0-47] Output options

● Refine output : Refine output은 시뮬레이션 출력 값이 너무 거친 경우(각 시간 간격이 너무 큰 경우)부가적인 출력 점을 더한다. 예를 들어서 Refine factor 가 2이면 시간 간격과 그 사이에서 시뮬레이션 결과를 출력한다. 즉, Refine factor가 1이면 1:1로 출력하지만 Refine factor가 2이면 각 시간간격마다 한 번씩 더 출력 값이 나온다. 따라서 보통 부드러운 시뮬레이션 출력 값을 얻고자 하면 적분간격을 줄이는 것보다 Refine factor를 증가시키는 것이 유리하다.

● Produce additional output : Refine output은 전체 시뮬레이션 시간동안 각 시간 간격사이에서 정해진 간격으로 출력 값을 더하는 반면에 Produce additional output은 Output times에 정의된

벡터 데이터의 요소에 해당하는 시간에 대한 출력 값을 더한다. 따라서 시뮬레이션 결과는 각 시간 간격에서의 결과와 Output times에 정의된 시간 간격에서의 결과가 함께 출력된다.

- Produce specified output only : Produce specified output only 는 Output times에 정의된 벡터 데이터의 요소에 해당하는 시간에 대한 출력 값만을 출력한다. 예를 들어 어떤 모델에 대하여 Solver options에서 Variable-step type의 ode45를 Max step size와 Initial step size를 0.05로 하여 시뮬레이션을 했다면 default 시간 데이터 값은 0, 0.05, 0.10, 0.15, 0.20, 0.25,⋯ 과 같이 된다. 이때 만약 Output options에서 Refine output으로 설정한 다음 Refine factor를 2로 하면 시간 데이터 값은 0, 0.025, 0.050, 0.075, 0.100, 0.125, 0.150, 0.175, ⋯로 되고 만약, output times를 [0.001 0.0043 0.014 0.16]으로 한 Produce additional output 을 사용하면 시간 데이터 값은 0, 0.001, 0.0043, 0.014, 0.025, 0.050, 0.075, 0.100, 0.125, 0.150, 0.160, 0.175, ⋯ 이 되고, 마지막으로 같은 output times 에 대하여 Produce specified output only를 사용하면 시간 데이터 값은 0, 0.001, 0.0043, 0.014, 0.16,⋯ 이 된다. 주의할 것은 Output options 에서 결정해 주는 출력 데이터 값들은 시뮬레이션 적분 간격을 조정하는 것이 아니라 단지 시간 데이터와 출력 값의 간격을 결정하는 역할만을 한다. 따라서 Output options에서 추가되거나 고정되어지는 시간 데이터 값은 적분 간격과는 아무런 관련이 없으므로 시뮬레이션 해석 결과도 변하지 않는다.

#0. 고래소리 모델링을 통한 시뮬링크 사용 방법 실습

학습목표 :

고래소리를 시뮬링크 블록(Simulink Block)으로 모델링하고 시간 영역 및 주파수 영역에서 신호를 관찰하여 본다. 또한 스피커를 통해 소리를 들어본다.

실습과제 :

실습 #0-1 : 고래소리를 모델링하기 위한 시뮬링크 블록(Simulink Block) 구성

실습 #0-2 : 시간/주파수 영역에서 신호 관찰 및 스피커를 통해 소리 듣기

실습 #0-3 : MATLAB Function 블록 사용하기

실습 #0-4 : 서브시스템 사용하기

실습 #0-5 : 모델초기화함수 사용하기

실습 #0-6 : 스크립모드 m-화일 작성

실습 #0-7 : 함수모드 m-화일 작성

실습과제 :

① 고래소리 : $y(t) = A \bullet e^{-Bt} \bullet sin(2\pi f_m t) \bullet y_0(t)$

$$y_0(t) = \sum_{n}^{N} sin(2\pi n f_0 t)$$

A=2, B=1.5, f_m= 0.65, N=3, f_0=175

② 샘플링 시간 : T_s= 1/4000

실습 #0-1 : 고래소리를 모델링하기 위한 Simulink Block 구성

[실험절차]

(1) Matlab을 실행한다.

(2) [그림 1]과 같이 메뉴 바에서 Simulink Library 버튼을 click하면 [그림 2]와 같이 Simulink Library Browser가 나타난다.

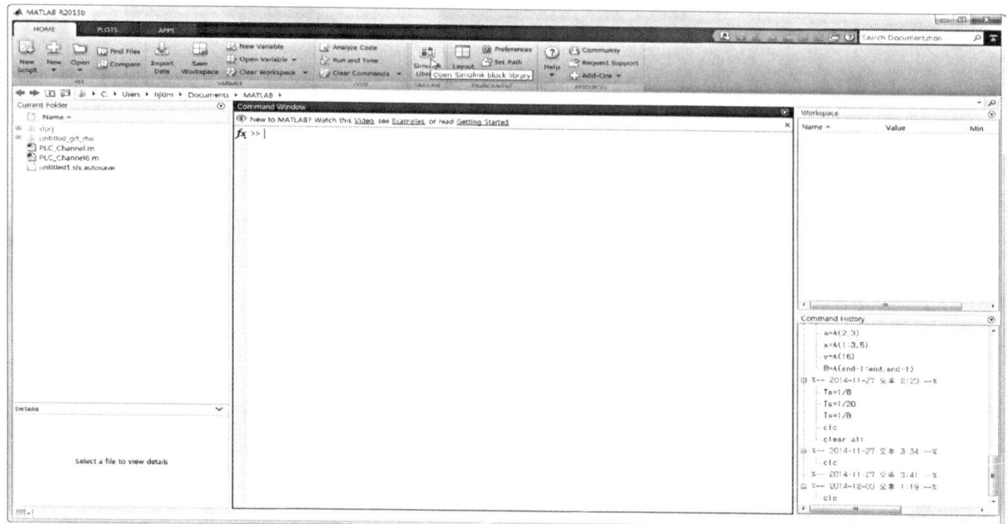

[그림 1]

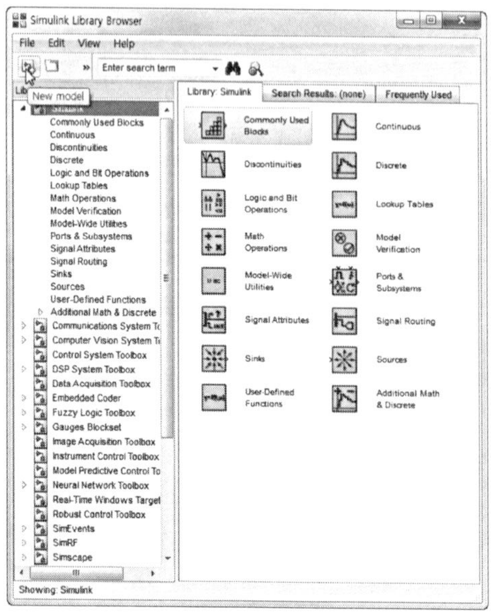

[그림 2]

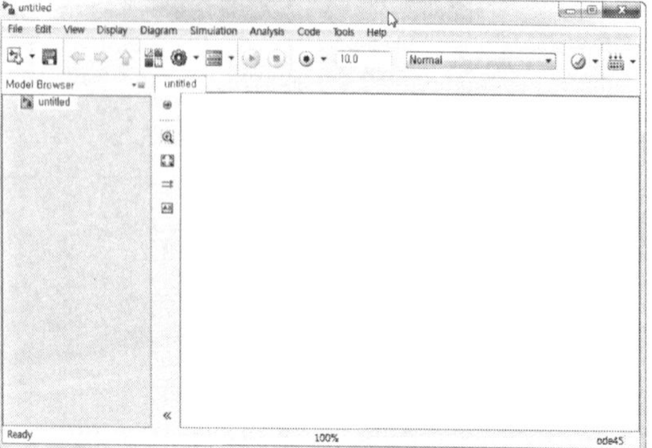

[그림 3]

(3) Simulink Library Browser의 menu 바에서, FILE/NEW/MODEL 을 선택하게 되면 [그림3]과 같이 untitled window 창이 나타난다.

(4) 고래소리의 $y_0(t) = \sum_{n}^{N} sin(2\pi n f_0 t)$는 기본주파수 f_0의 정수배 부분이 합해지는 것이므로 기본주파수 f_0 부분을 구현하기 위하여 [그림 4]와 같이 Simulink Library Browser의 왼쪽 면에서, DSP System Toolbox/Sources를 선택한다. [그림 5]와 같이 Simulink Library Browser의 오른쪽 면에서 Sine Wave를 왼쪽 마우스로 누른다.

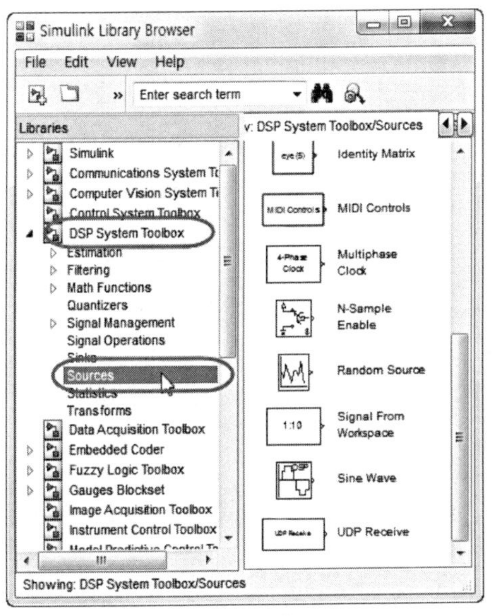

[그림 4]

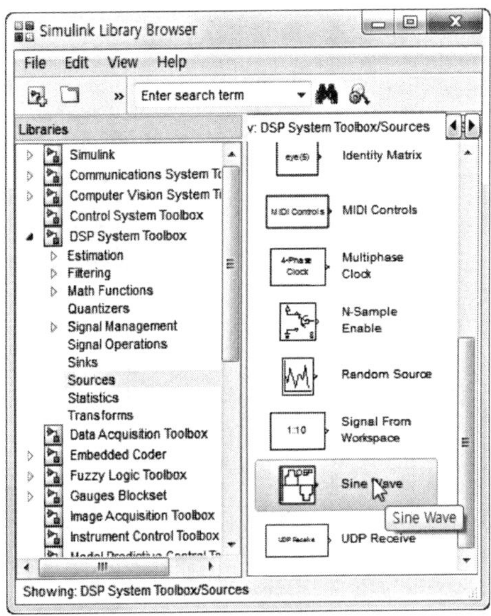

[그림 5]

(5) [그림 6]과 같이 untitled window 창에 Sine Wave를 끌고 와서 내려놓는다.

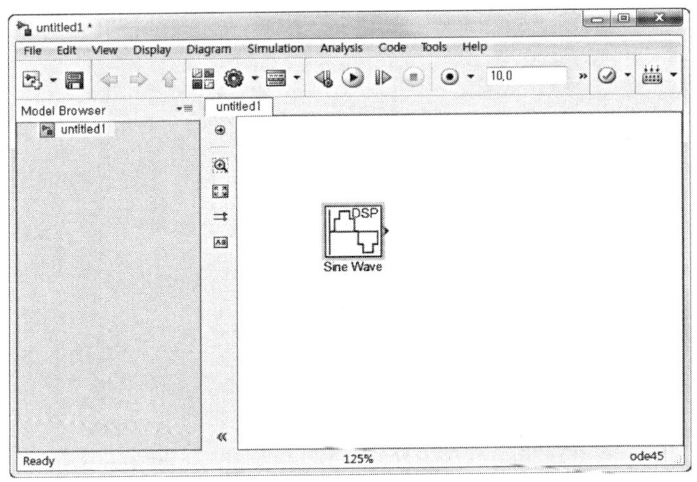

[그림 6]

(6) untitled window를 Bluewhale이라는 이름으로 저장한다.

(7) [그림 6]에서 Sine Wave 블록을 2번 클릭한 후 [그림 7]과 같이 입력한다.

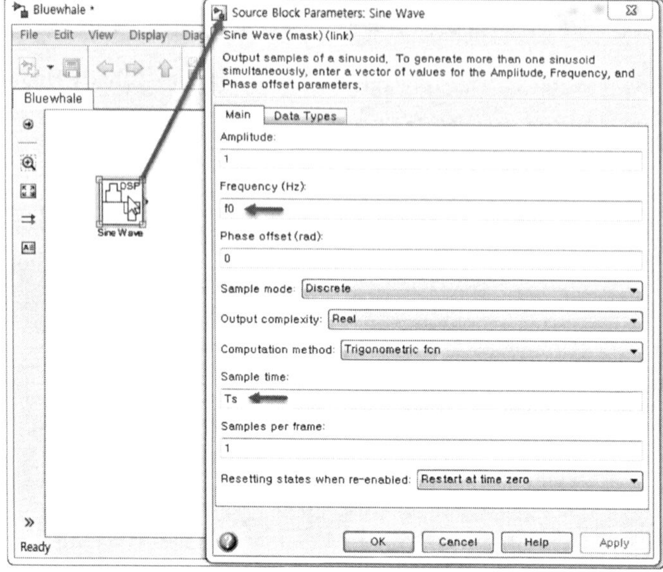

[그림 7]

(8) 고래소리의 $y_0(t) = \sum_{n}^{N} sin(2\pi n f_0 t)$는 기본주파수 f_0의 정수배 부분이 합해지는 것이므로 [그림 8]와 같이 [그림 7]의 Sine Wave를 복사하여 사용한다.

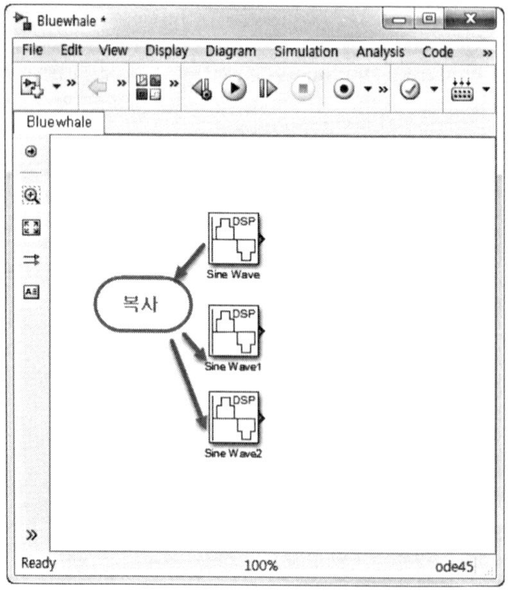

[그림 8]

(9) [그림 8]의 Sine Wave1과 Sine Wave2를 2번 클릭한 후 [그림 9]과 같이 파라미터 값을 입력한다.

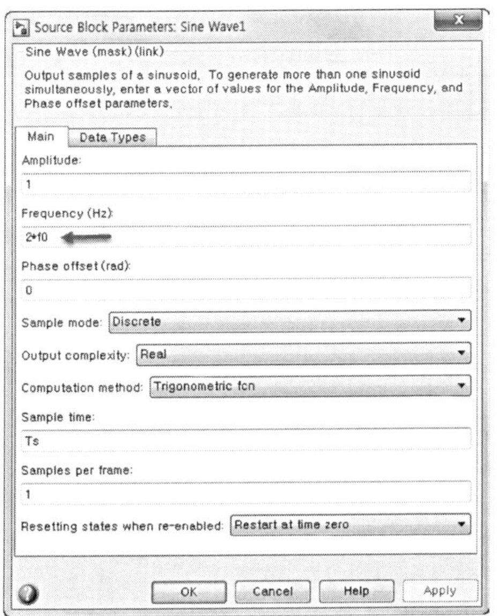

(a) Sine Wave 1

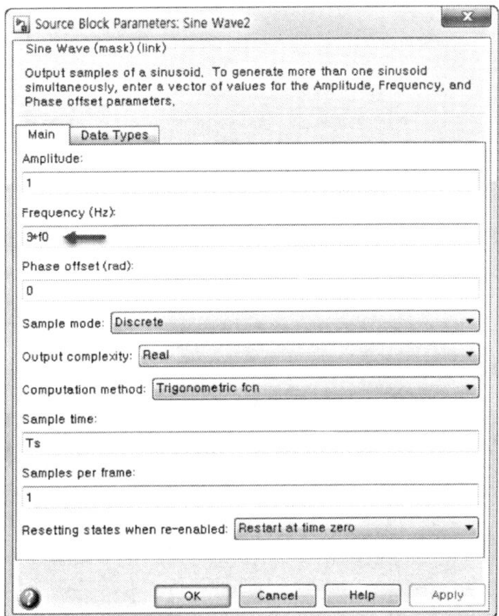

(b) Sine Wave 2

[그림 9]

(10) 기본주파수 f_0와 정수배 부분을 합하기 위하여 Simulink/Math Operation/Sum 블록을 [그림 10]과 같이 창에 내려놓는다. Sum 블록을 2번 클릭하고 [그림 10]과 같이 입력한 후 블록들을 연결한다.

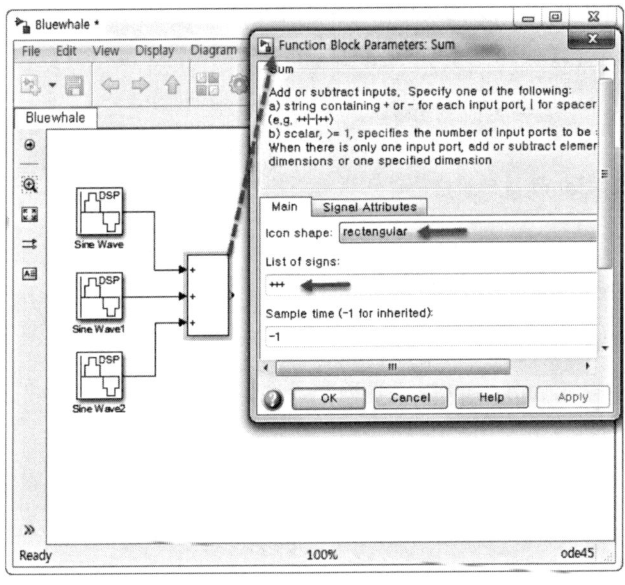

[그림 10]

(11) 고래소리 중 $sin(2\pi f_m t)$부분을 구현하기 위하여 [그림 11]과 같이 Sine Wave 블록을 복사하여 사용하고 [그림 11]과 같이 파라미터 값을 입력한다.

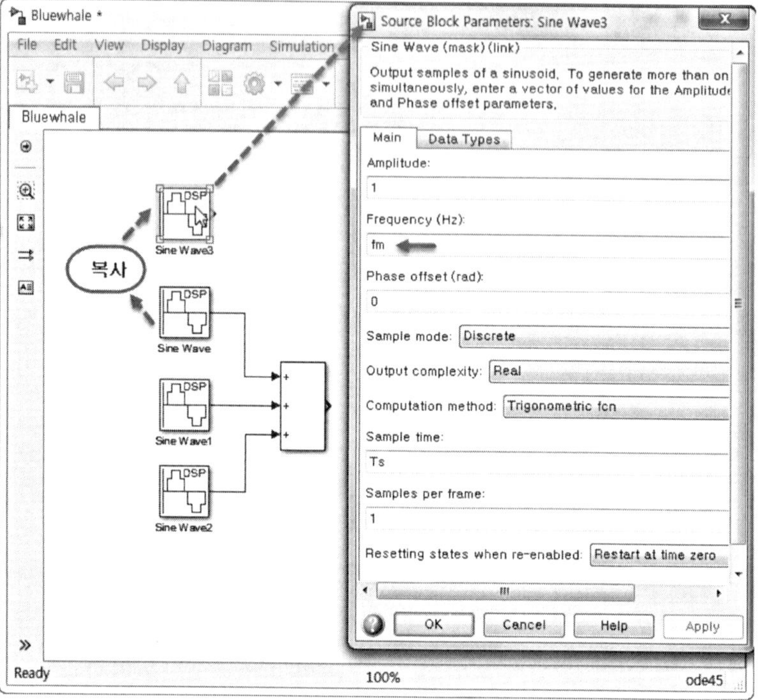

[그림 11]

(12) 고래소리 e^{-Bt} 부분을 구현하기 위해서는 기울기가 B인 함수를 샘플하고 -1을 곱한 후 지수함수를 취하여야 하므로 [그림 12]와 같이 블록들을 가지고 와서 연결하고 파라미터 값을 입력한다. 이때 사용한 블록들은 다음과 같다.

Simulink/Sources/Ramp 블록

Simulink/Sources/Constant 블록

Simulink/Discrete/Zero-Order Hold 블록

Simulink/Math Operation/Product 블록

Simulink/Math Operation/Math Function 블록

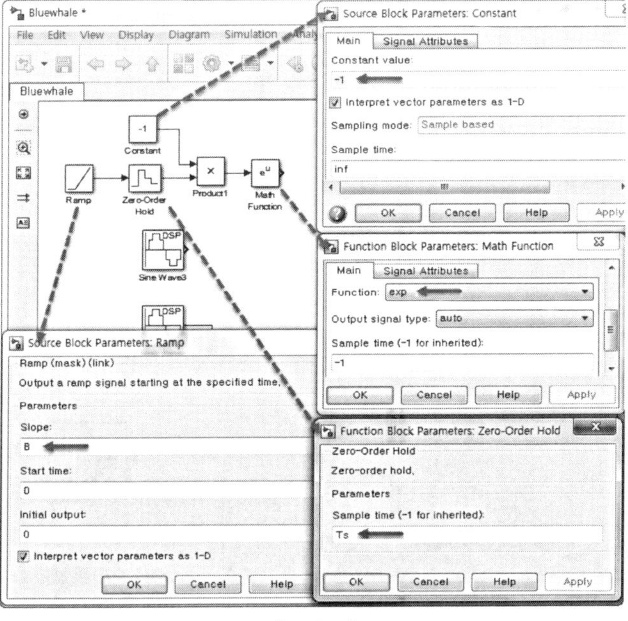

[그림 12]

(13) 마지막으로 고래소리 $y_0(t) = A \cdot e^{-Bt} \cdot sin(2\pi f_m t) \cdot y_0(t)$에서 각 부분과 상수 A을 곱하기 위하여 [그림 13]과 같이 블록들을 가지고 와서 연결하고 파라미터 값을 입력한다. 이때 사용한 블록들은 다음과 같다.

Simulink/Sources/Constant 블록

Simulink/Math Operation/Product 블록

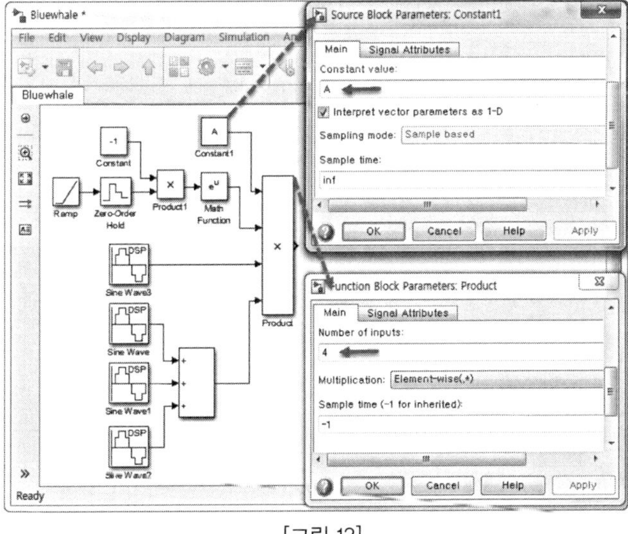

[그림 13]

(14) 시간영역에서 신호를 관찰하기 위하여 Simulink/Sinks/Scope 블록을, 또한 주파수영역에서 신호를 관찰하기 위하여 DSP System Toolbox/Sinks/Spectrum Analyzer 블록을 [그림 14]와 같이 연결한다. 고래소리를 스피커를 통해서도 듣기 위하여 DSP System Toolbox/Sinks/ToAudio Device 블록도 가지고 와서 연결한다.

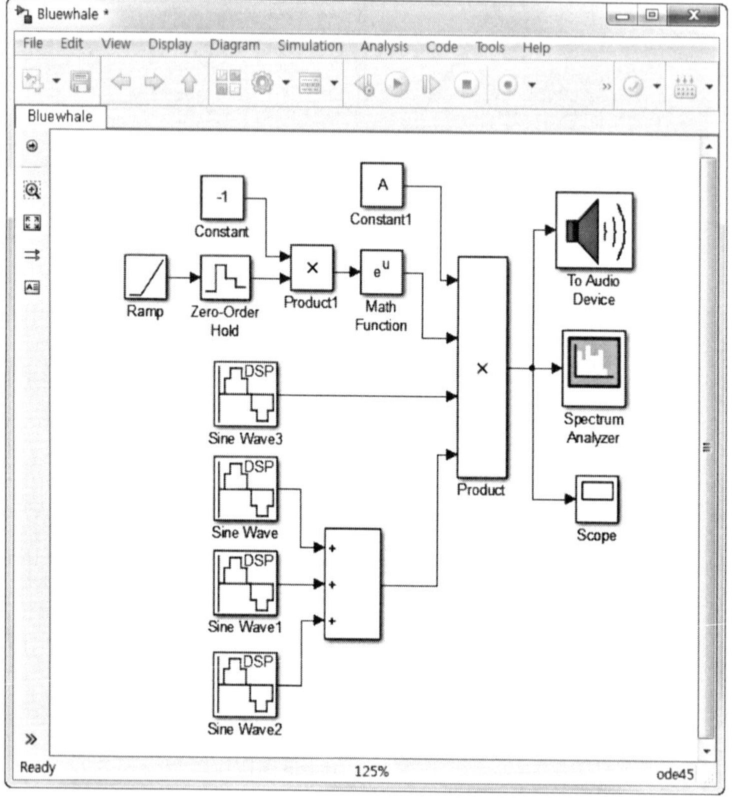

[그림 14]

실습 #0-2 : 시간/주파수 영역에서 신호 관찰 및 스피커를 통해 소리 듣기

(1) 고래소리를 모델링하기 위한 시뮬레이션 모델을 완성하였으며 모델을 실행시키기 위해서는 변수들에 값을 할당하여야 한다. Matlab Command window 상에서 [그림 15]와 같이 변수들에 값을 입력을 하면 Workspace에 변수가 생성이 되며, [그림 14]에 있는 모델의 변수들은 Workspace 메모리에 있는 변수 값들을 참조하여 실행을 한다.

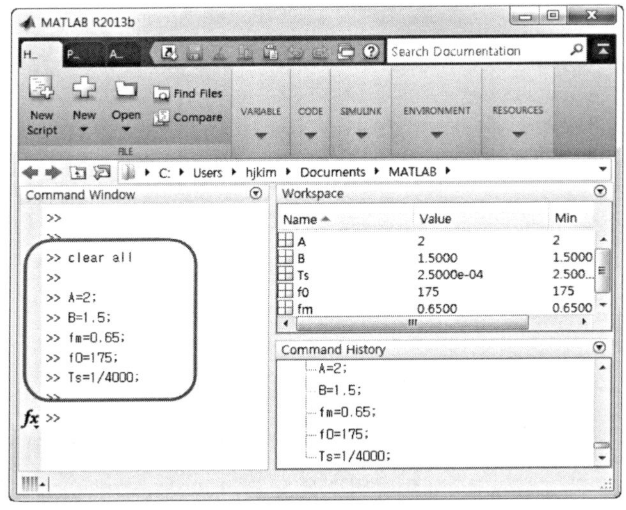

[그림 15]

(2) 2초 동안 시뮬레이션을 수행하기 위해서는 [그림 16]과 같이 Bluewhale 창의 Simulation/Model Configuration Parameters를 선택한 후 [그림 17]와 같이 Stop time을 2초로 설정한다.

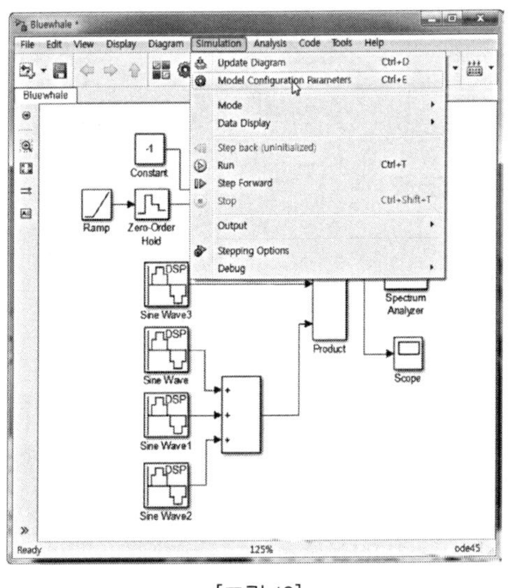

[그림 16]

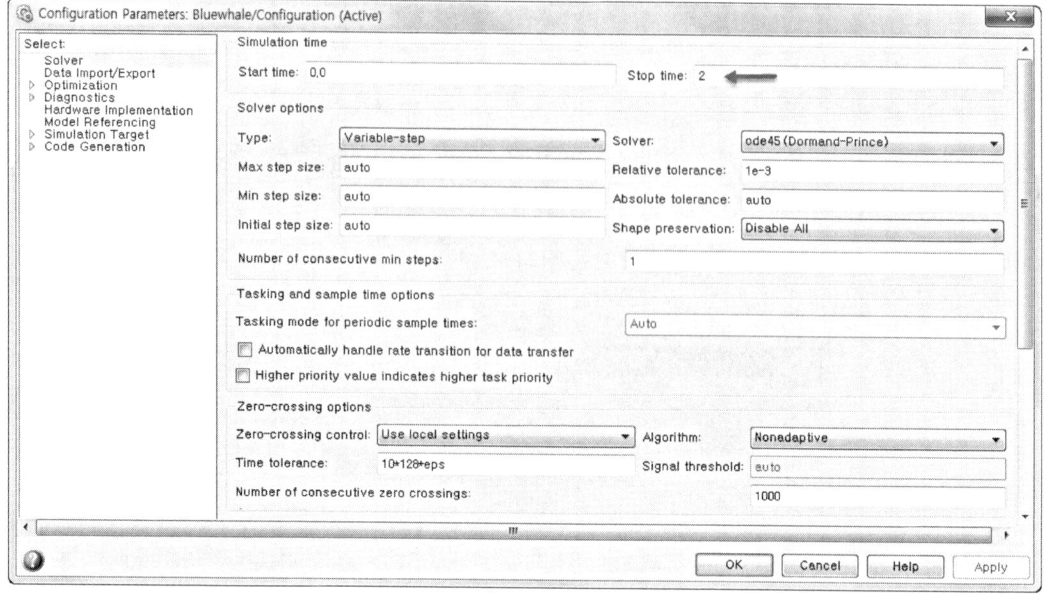

[그림 17]

(3) [그림 17]과 같이 설정을 하면 [그림 18]과 같이 시뮬레이션 시간이 설정되므로 [그림 17]의 과정 대신에 [그림 18]의 시뮬레이션 시간 창에 2초를 바로 입력할 수도 있다. 시뮬레이션을 실행시키기 위해 [그림 18]과 같이 Simulation Run 버튼을 누르면 고래소리와 함께 [그림 19]와 같은 주파수 영역 신호가 얻어진다. [그림 19]로부터 175Hz, 350Hz, 525Hz신호를 확인할 수 있다. 시간영역에서 신호를 관찰하기 위해 Scope 버튼을 클릭하면 [그림 20]과 같은 결과를 얻는다.

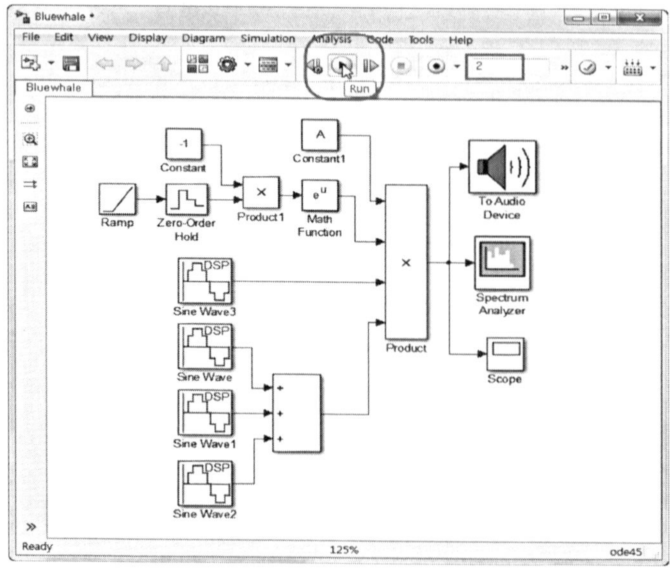

[그림 18]

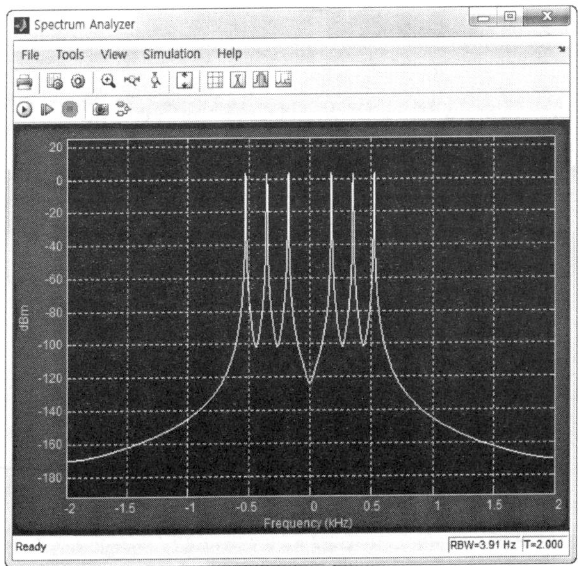
Spectrum Analyzer
File Tools View Simulation Help
20
0
-20
-40
-60
-80
-100
-120
-140
-160
-180
dBm
-2 -1.5 -1 -0.5 0 0.5 1 1.5 2
Frequency (kHz)
Ready
RBW=3.91 Hz
T=2.000

[그림 19]

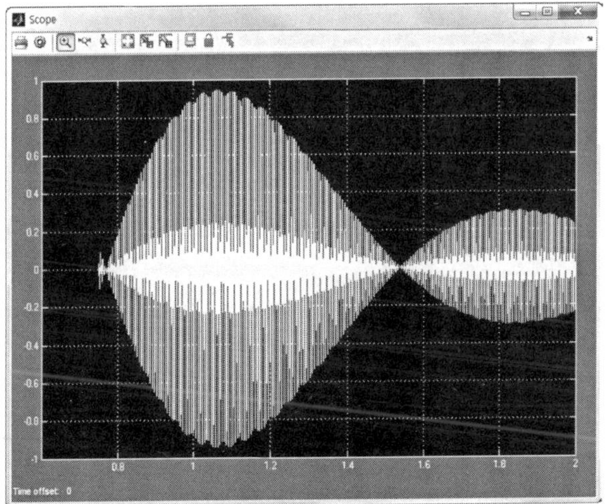
Scope
1
0.8
0.6
0.4
0.2
0
-0.2
-0.4
-0.6
-0.8
-1
0.8 1 1.2 1.4 1.6 1.8 2
Time offset: 0

[그림 20]

실습 #0-3 : MATLAB Function 블록 사용하기

(1) 고래소리를 모델링한 [그림 18]에서 [그림 21]과 같이 e^{-Bt}에서 Bt가 처리되는 부분과 상수 A값이 곱해지는 부분을 MATLAB Function 블록을 사용하여 m-화일로 작성해 보기로 하자.

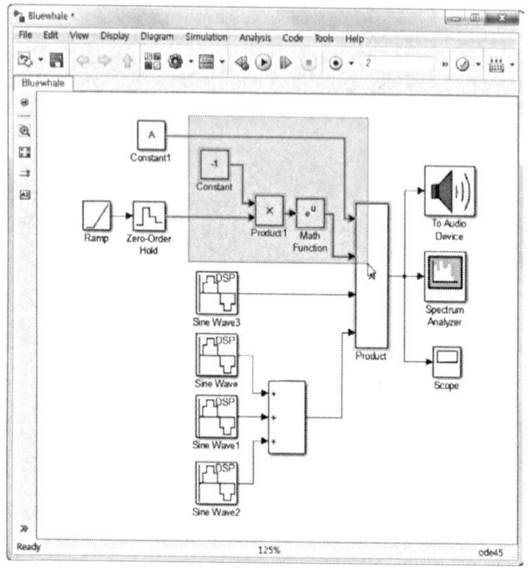

[그림 21]

(2) 먼저 [그림 22]와 같이 MATLAB Function 블록으로 처리를 할 부분의 연결을 제거한다. 상수 A와 곱해지는 부분까지를 MATLAB Function 블록으로 구현하기 위하여 Product의 입력 포트를 3으로 수정하고 [그림 22]와 같이 연결한다.

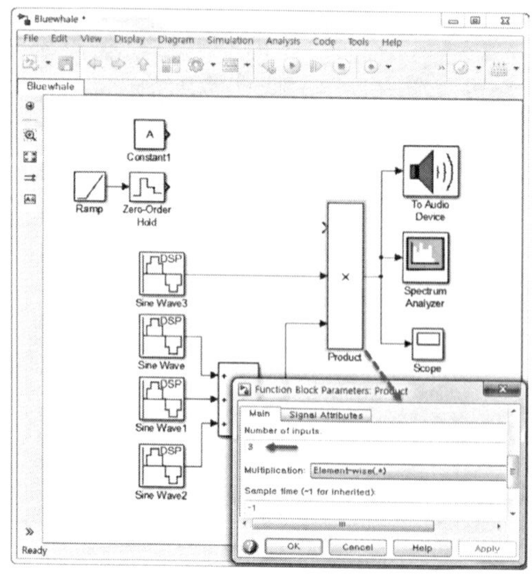

[그림 22]

(3) [그림 23]과 같이 Simulink/User-Defined Functions/MATLAB Function 블록을 가지와 Bluewhale 창에 내려놓는다.

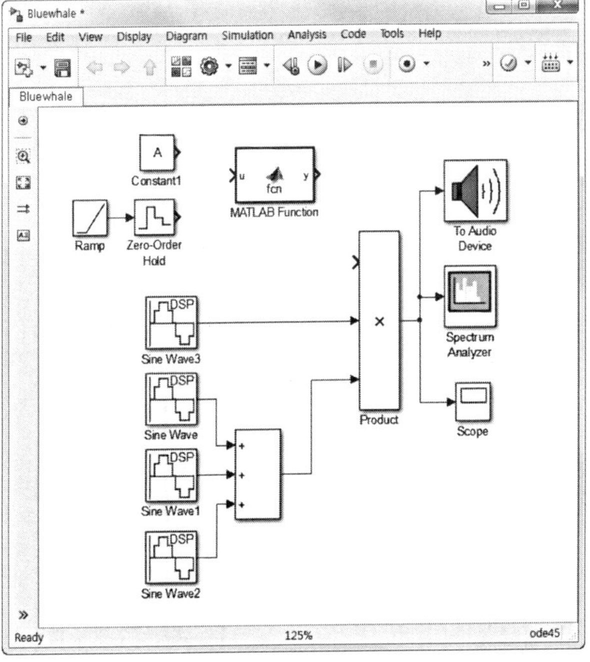

[그림 23]

(4) [그림 23]의 MATLAB Function 블록을 클릭하고 [그림 24]와 같이 입력을 한다.

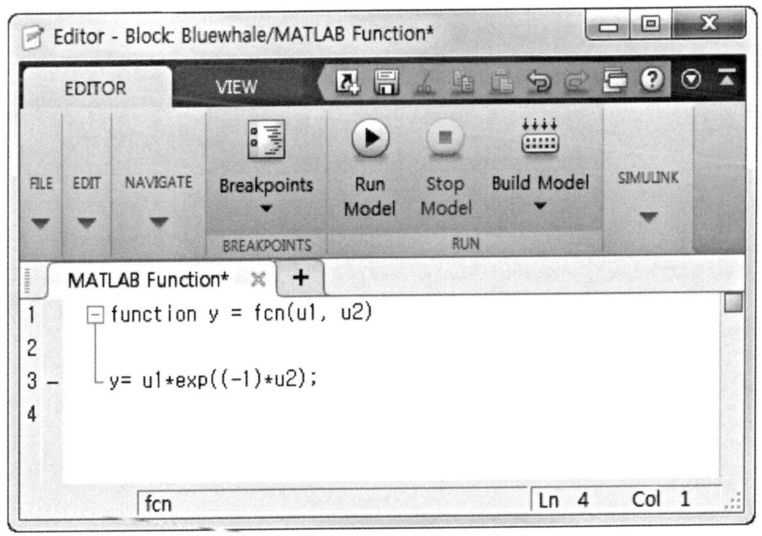

[그림 24]

(5) [그림 25]와 같이 연결을 한 후, 시뮬레이션을 수행하기 위하여 [그림 15]와 같이 변수값을 입력하고, 시뮬레이션 시간을 2초로 설정한 후 Simulation Run 버튼을 누르면 [그림 19], [그림 20]과 동일한 결과를 확인할 수 있다.

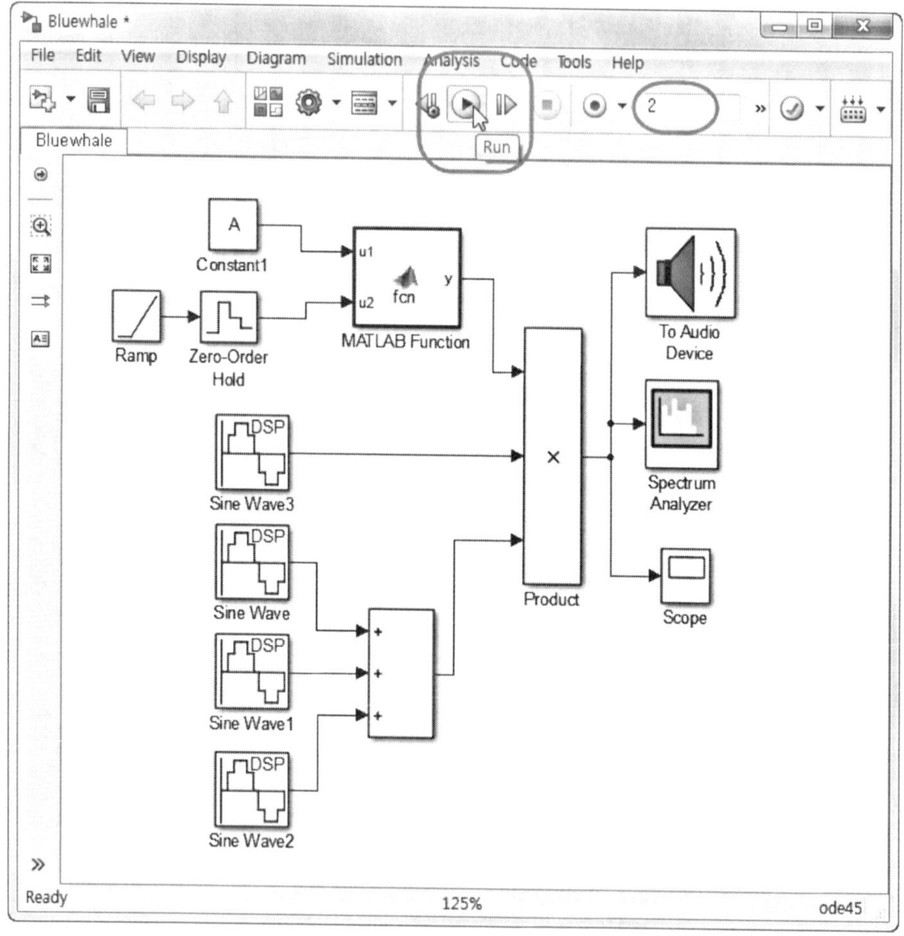

[그림 25]

실습 #0-4 : 서브시스템 사용하기

(1) 고래소리를 모델링한 [그림 18]에서 $y_0(t) = \sum_{n}^{N} sin(2\pi n f_0 t)$ 부분을 서브시스템을 사용하여 그룹화하여 보자. 먼저 [그림 26]과 같이 서브시스템으로 그룹화를 할 부분을 왼쪽 마우스로 선택한다.

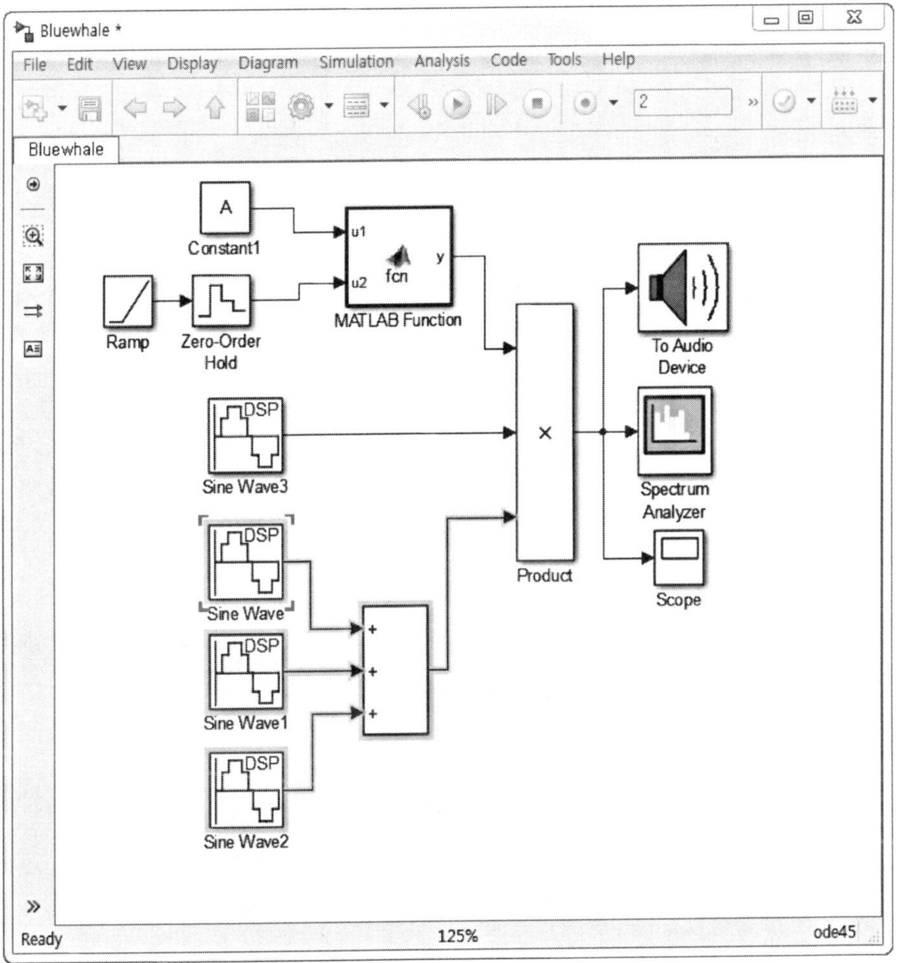

[그림 26]

(2) 왼쪽 마우스를 떼면 [그림 27]과 같은 결과를 얻을 것이며 Bluewhale 창의 그룹화된 부분에 마우스를 놓고 오른쪽 마우스를 누르면 [그림 28]과 같은 창이 나타나고 Create Subsystem from Selection을 선택한다. 그러면 [그림 29]과 같이 subsystem이 생길 것이다.

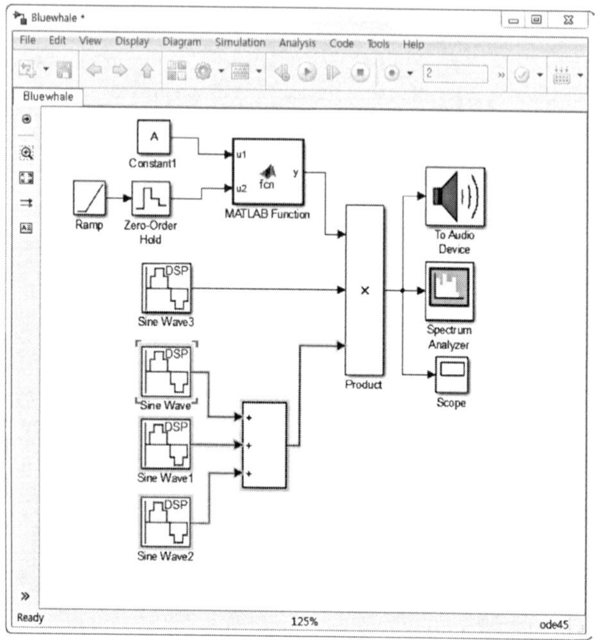

[그림 27]

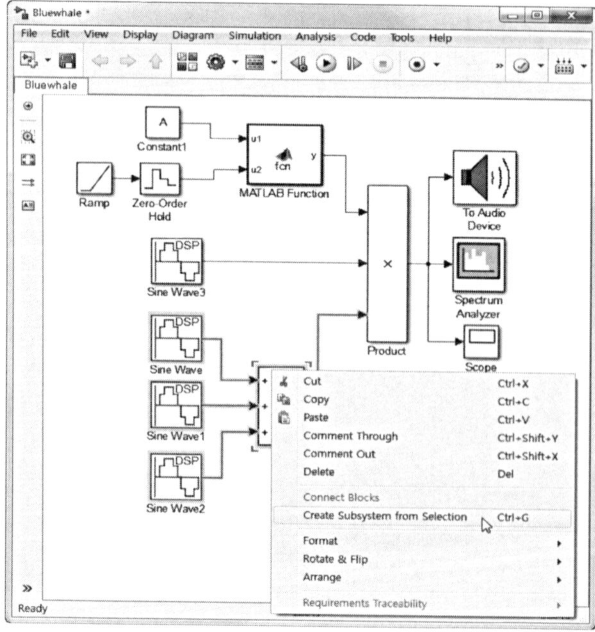

[그림 28]

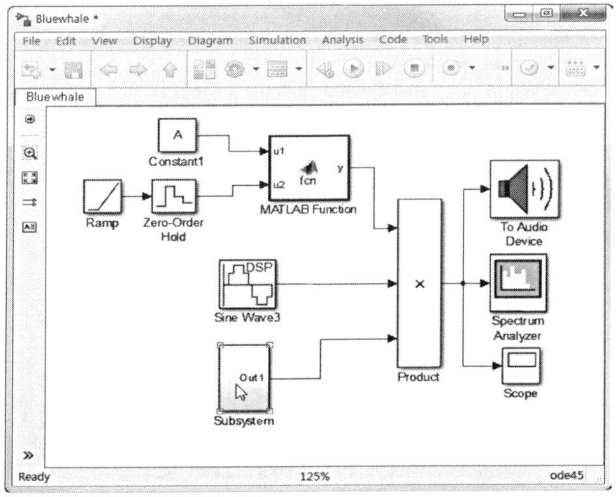

[그림 29]

(3) [그림 30]과 같이 Subsystem에 마우스를 대고 오른쪽 마우스를 누른 후 Mask/Create Mask을 선택한다. 그러면 [그림 31]과 같이 Mask Edit 창이 나타나게 되고 [그림 31]과 같이 입력을 한다. 그러면 [그림 32]와 같이 그룹화를 원하는 블록들에 대한 subsystem이 생기고 이 subsystem에 원하는 명칭을 부여할 수 있게 된다.

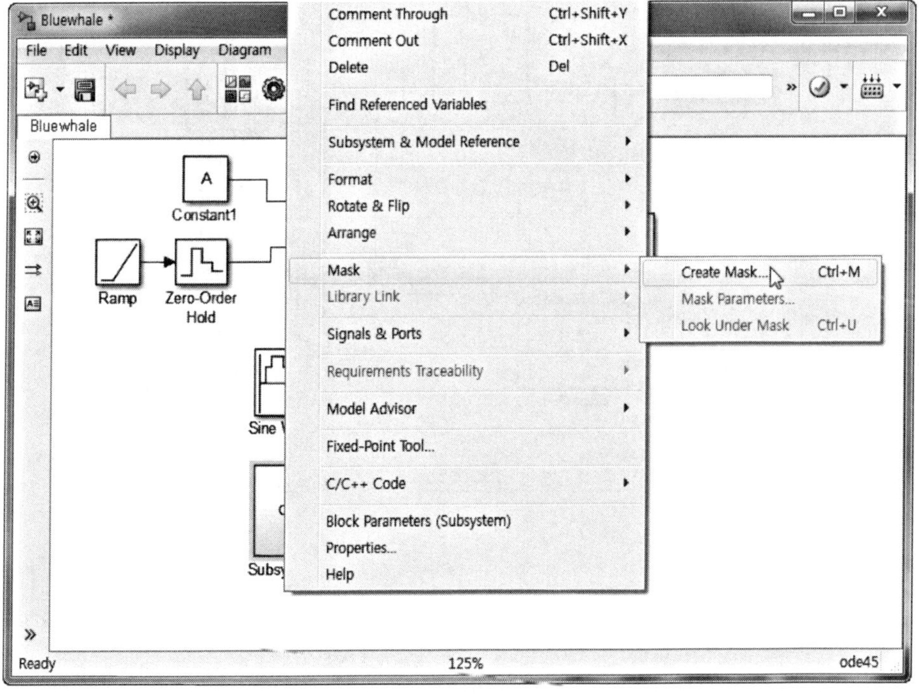

[그림 30]

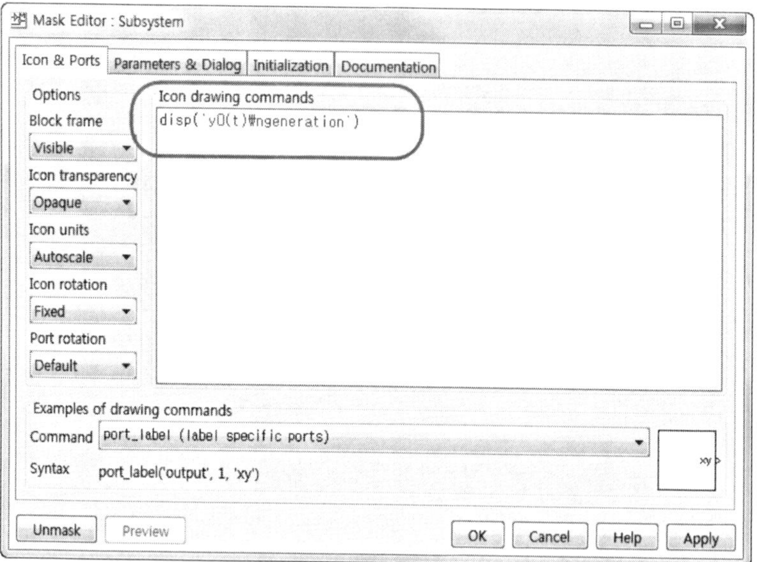

Mask Editor : Subsystem
Icon & Ports
Parameters & Dialog
Initialization
Documentation
Options
Block frame
Visible
Icon transparency
Opaque
Icon units
Autoscale
Icon rotation
Fixed
Port rotation
Default
Icon drawing commands
disp('y0(t)₩ngeneration')
Examples of drawing commands
Command
port_label (label specific ports)
Syntax
port_label('output', 1, 'xy')
Unmask
Preview
OK
Cancel
Help
Apply

[그림 31]

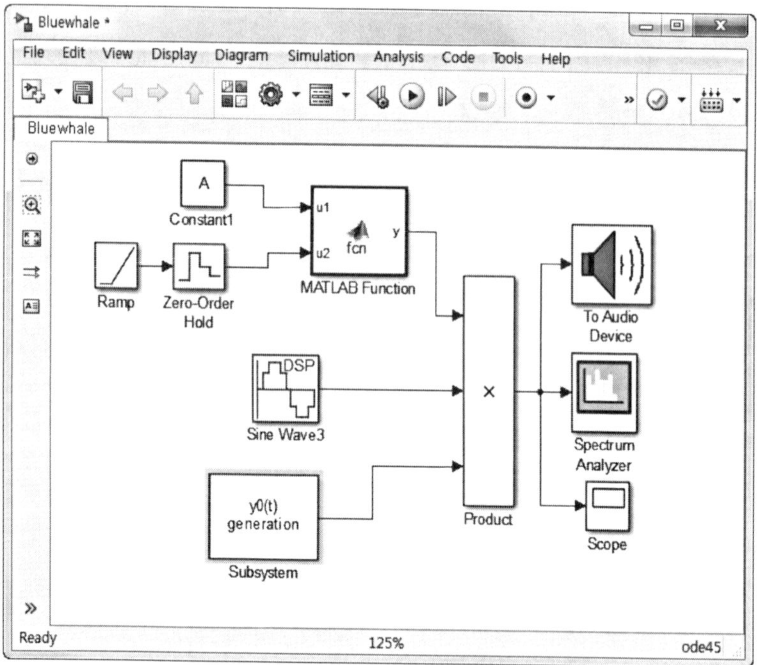

Bluewhale *
File
Edit
View
Display
Diagram
Simulation
Analysis
Code
Tools
Help
Bluewhale
A
Constant1
u1
u2
fcn
y
MATLAB Function
Ramp
Zero-Order
Hold
DSP
Sine Wave3
y0(t)
generation
Subsystem
Product
To Audio
Device
Spectrum
Analyzer
Scope
Ready
125%
ode45

[그림 32]

실습 #0-5 : 모델초기화함수 사용하기

(1) 고래소리를 모델링하기 위한 시뮬레이션 모델을 완성한 후 모델을 실행시키기 위해서는 변수들에 값을 할당하여야 한다. Matlab Command window 상에서 [그림 15]와 같이 변수들에 값을 입력을 하면 Workspace에 변수가 생성이 되며, [그림 14]에 있는 모델의 변수들은 Workspace 메모리에 있는 변수 값들을 참조하여 실행을 한다. 변수에 값을 할당하는 다른 방법에 대하여 살펴보자. [그림 33]과 같이 Bluewhale 창에서 메뉴바에 있는 File을 누르고 Model Properties/Model Properties를 선택한다. 그러면 [그림 34]와 같은 Model Properties 창이 나타난다.

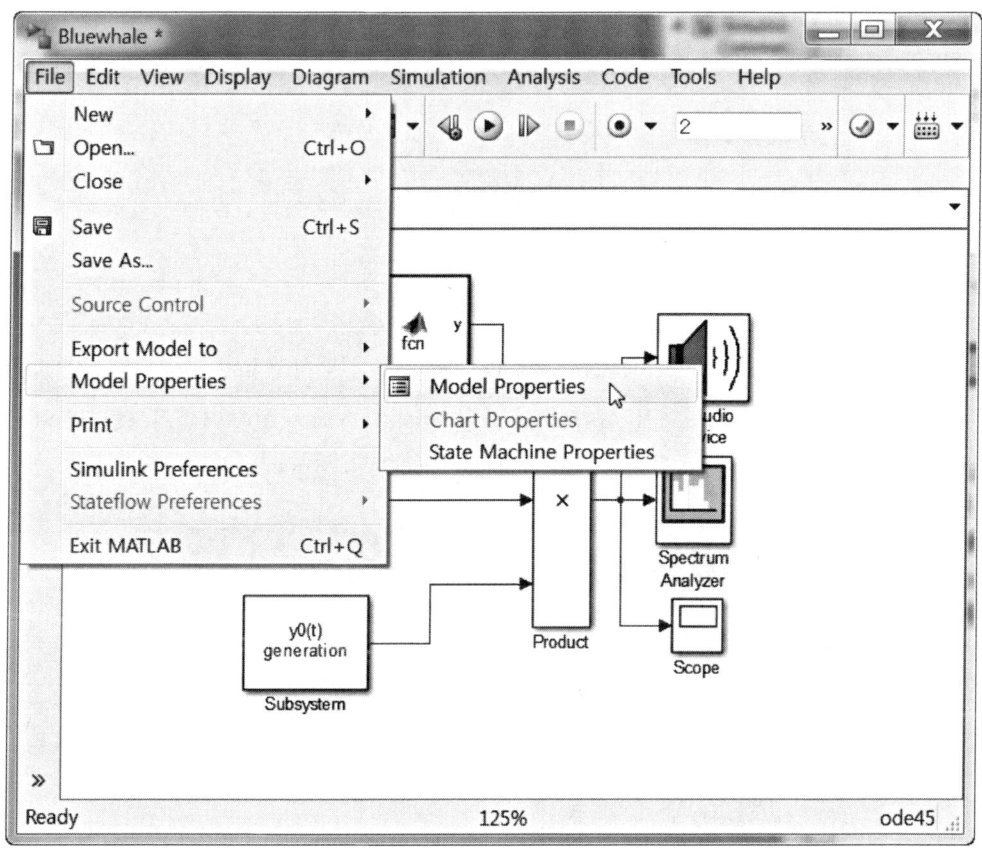

[그림 33]

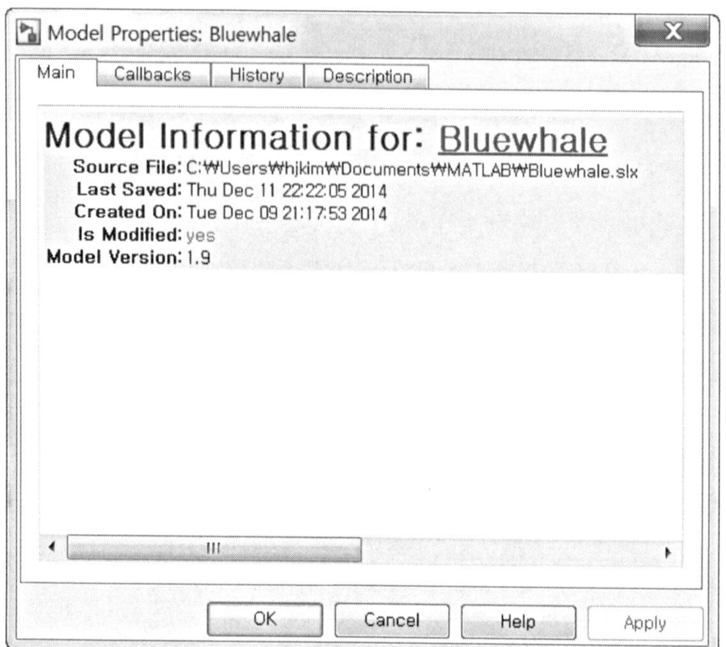

[그림 34]

(2) [그림 35]와 같이 Model Properties 창에서 Callbacks 탭을 선택하고 InitFcn을 선택한다. InitFcn은 모델 초기화 함수로 모델을 실행할 때 제일 먼저 참조되는 함수이다. [그림 35]와 같이 "Model initialization function:" 부분에 초기값들로 변수들에 할당할 값들을 나열한다,

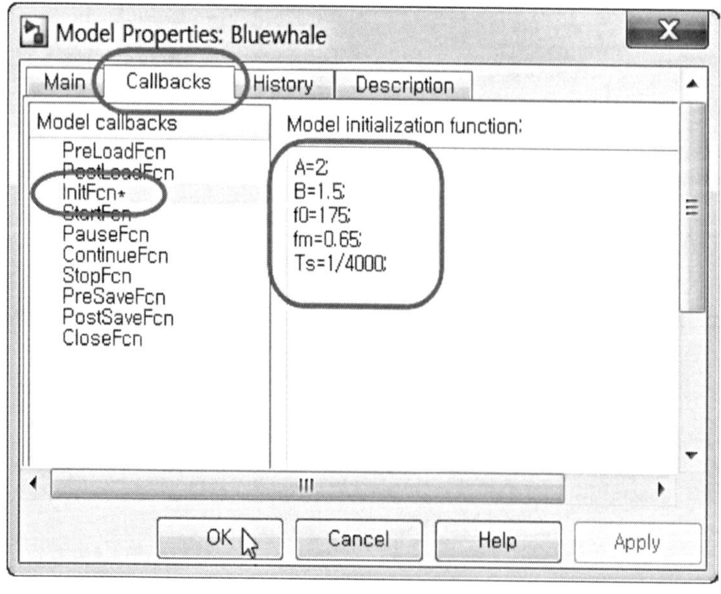

[그림 35]

(3) [그림 36]과 같이 Simulation Run 버튼을 누르면 동일한 고래소리와 동일한 시간영역과 주파수 영역 결과가 얻어 진다.

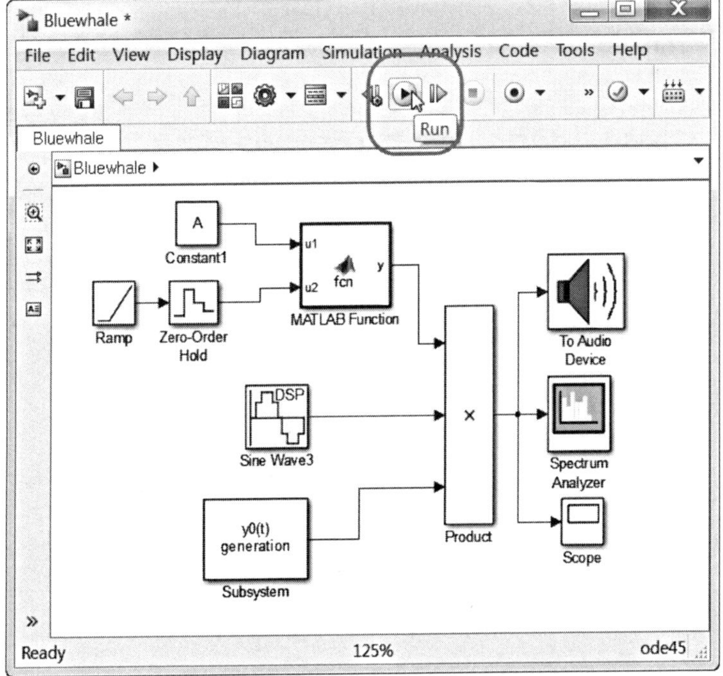

[그림 36]

실습 #0-6 : 스크립모드 m-화일 작성

(1) 고래소리를 스크립모드 m-화일로 작성하여 동일한 결과를 얻기 위하여 [그림 37]과 같이 메트랩 창에서 "New Script" 메뉴를 선택한다. 그러면 [그림 38]과 같이 빈 Editor 창이 나타난다.

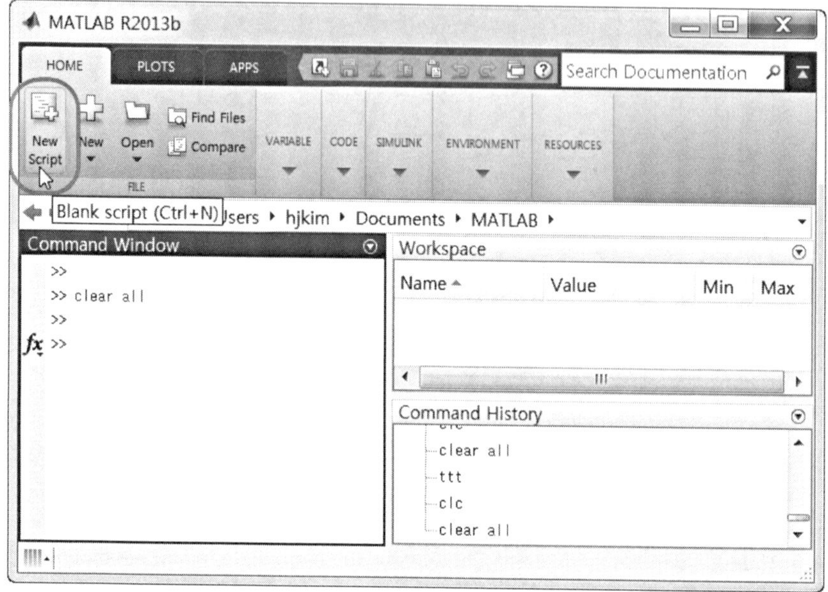

[그림 37]

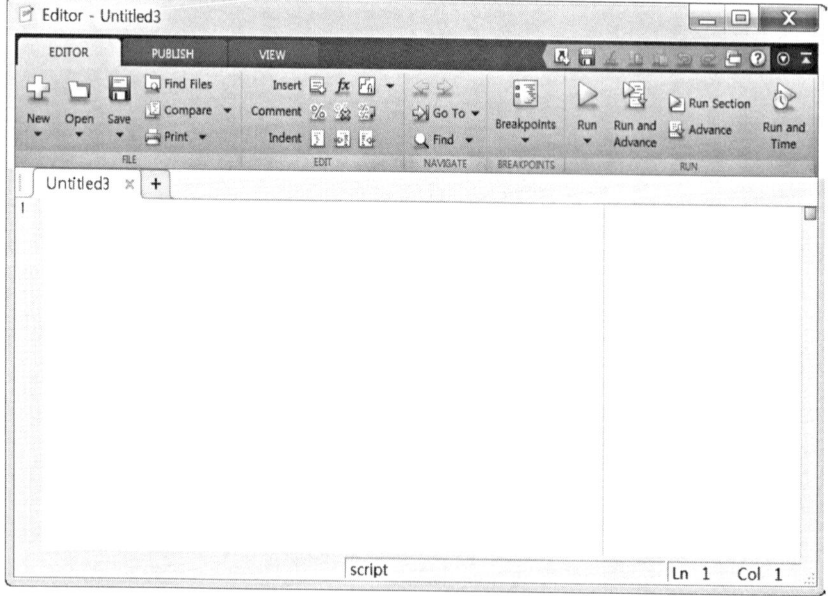

[그림 38]

(2) [그림 39]와 같이 빈 Editor 창에 고래소리를 모델링하기 위한 스크립모드 m-화일을 작성한다. 이 파일을 bluewhale_script.m 파일로 저장하고 [그림 39]와 같이 Run 버튼을 누르면 동일한 소리와 동일한 시간 영역 신호를 얻을 수 있다.

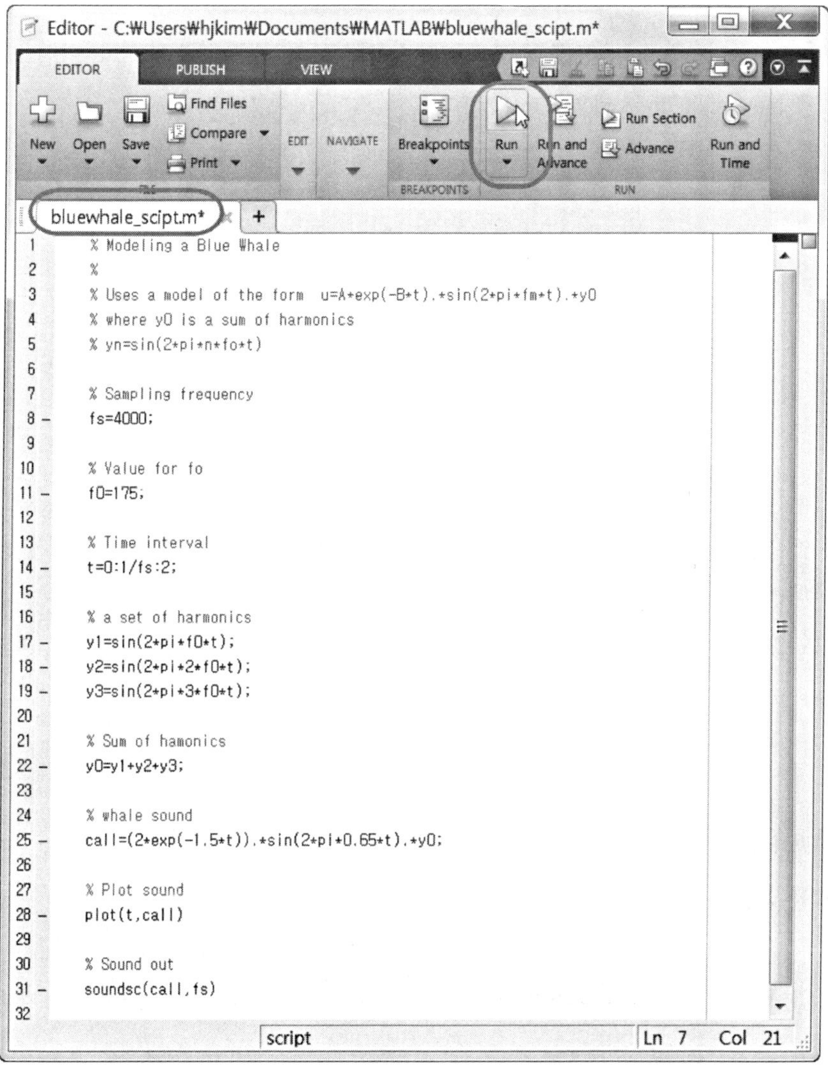

[그림 39]

실습 #0-7 : 함수모드 m-화일 작성

(1) 고래소리를 함수모드 m-화일로 작성하여 동일한 결과를 얻기 위하여 [그림 37]과 같이 메트랩 창에서 "New Script" 메뉴를 선택한다. 그러면 [그림 38]과 같이 빈 Editor 창이 나타난다.

(2) [그림 40]과 같이 빈 Editor 창에 고래소리를 모델링하기 위한 함수모드 m-화일을 작성한다. 이 파일을 bluewhale_fn.m 파일로 저장한다.

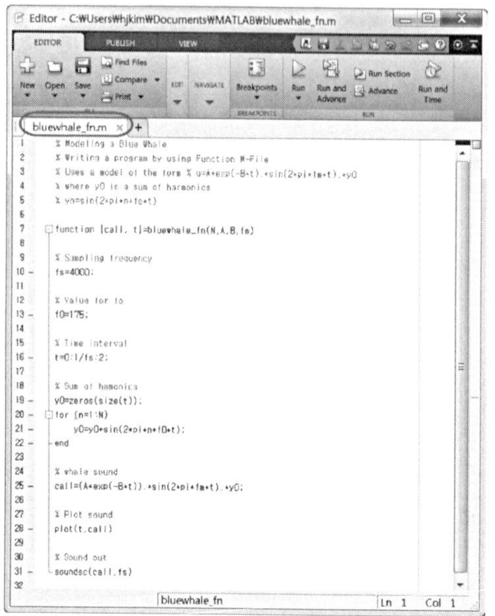

[그림 40]

(3) [그림 41]과 같이 command window 창에서 함수를 호출해 주면 동일한 소리와 동일한 시간 영역 신호를 얻을 수 있다.

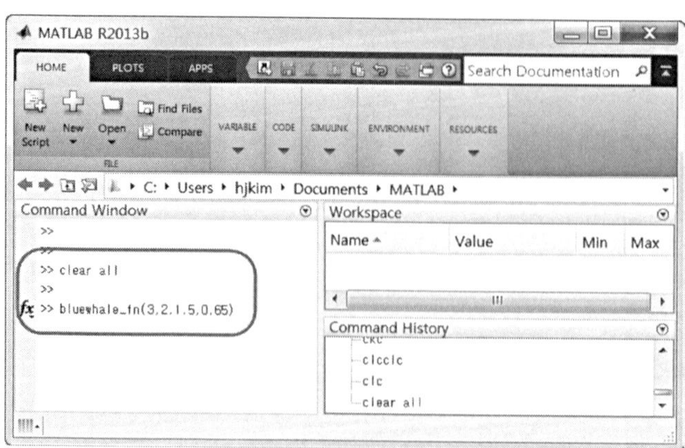

[그림 41]

제1장 표본화정리

1.1 표본화 정리(Sampling Theorem)

1.1 표본화 정리(Sampling Theorem)

전송하고자 하는 신호가 아날로그 형태일 때 이를 디지털 방식으로 처리하여 전송하기 위해서는 디지털 신호로 변환되어야 하는데 이를 위해 표본화 과정과 양자화 과정을 거치게 된다. 연속적인 아날로그 신호를 이산적(discrete)인 형태로 바꾸는 표본화 과정은 수신단에서 다시 이산적인 형태의 신호를 아날로그 형태의 원 신호로 역 변환하여 복원시킬 때 원 신호의 정보가 손실되지 않은 상태로 복원되어야 한다.

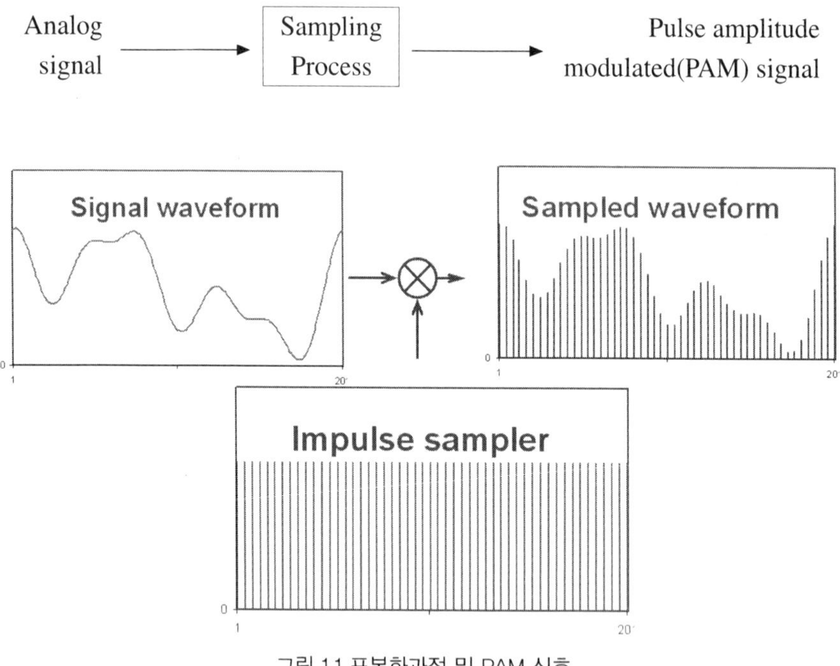

그림 1.1 표본화과정 및 PAM 신호

따라서, 표본화(sampling)에 있어서 가장 중요한 점은 어떻게 하면 원 신호를 손상시키지 않고도 표본점들을 최소화하여 디지털 신호로 변환할 수 있겠는가 하는 점이다. 이에 대한 해답을 줄 수 있는 것이 바로 표본화 정리(sampling theorem)이며 다음과 같이 정리된다.

> "f_m[Hz]로 주파수 대역이 제한되어 있는 신호는 식 (1.1)의 조건을 만족하는 T_s초 이하의 시간 간격으로 표본화할 경우 이들 표본화된 값들을 가지고 원 신호를 완전히 복원할 수 있다"

$$T_s \leq \frac{1}{2f_m} \tag{1.1}$$

이때, T_s를 표본화 간격(sampling interval)이라하며 표본화율(sampling rate)을 $f_s = 1/T_s$[samples/sec]로 나타낼 수 있으므로 식(1.1)은 f_s를 이용하여 다시 식(1.2)와 같이 표현할 수 있다.

$$f_s \geq 2f_m \tag{1.2}$$

위 식에서 나타난 표본화 조건을 나이퀴스트 조건(Nyquist condition)이라 하며 $f_s = 2f_m$을 나이퀴스트 율(Nyquist rate)이라 한다. 나이퀴스트 조건의 타당성은 다음과 같이 푸리에변환(Fourier transform)의 주파수 콘볼루션 특성을 이용하여 쉽게 설명할 수 있다. 그림 1.2(b)와 같이 f_m[Hz]로 대역 제한된 신호 x(t)를 원 신호(original signal)라 하자. 표본화 간격을 T_s로 하고 $f_s = 1/T_s = 2f_m$인 나이퀴스트 율로 표본화할 경우 원 신호 x(t)의 표본화는 x(t)와 임펄스 열 p(t)의 곱으로 볼 수 있다. 이때, p(t)는

$$p(t) = \sum_{n=-\infty}^{\infty} \delta(t - nT_s) \tag{1.3}$$

이며 δ(t)는 단위 충격파함수(unit impulse function)이다.

x(t)를 표본화한 함수 $x_s(t)$는 x(t)와 임펄스 열 p(t)의 곱이므로 다음과 같이

$$\begin{aligned} x_s(t) &= x(t)\,p(t) = \sum_{n=-\infty}^{\infty} x(t)\,\delta(t-nT_s) \\ &= \sum_{n=-\infty}^{\infty} x(nT_s)\,\delta(t-nT_s) \end{aligned} \tag{1.4}$$

나타낼 수 있는데 이는 식(1.5)와 같은 충격파함수의 이동 특성(shift property)을 이용한 것이다.

$$x(t)\,\delta(t-t_0) = x(t_0)\,\delta(t-t_0) \tag{1.5}$$

한편, 그림 1.2(d)는 임펄스 열 함수 p(t)의 푸리에 변환 형태로 p(t)의 주파수 성분 또한 임펄스

열의 형태를 띄고 있음을 알 수 있으며 다음 식과 같이 나타낼 수 있다.

$$P(f) = \frac{1}{T_s} \sum_{n=-\infty}^{\infty} \delta(f - nf_s) \tag{1.6}$$

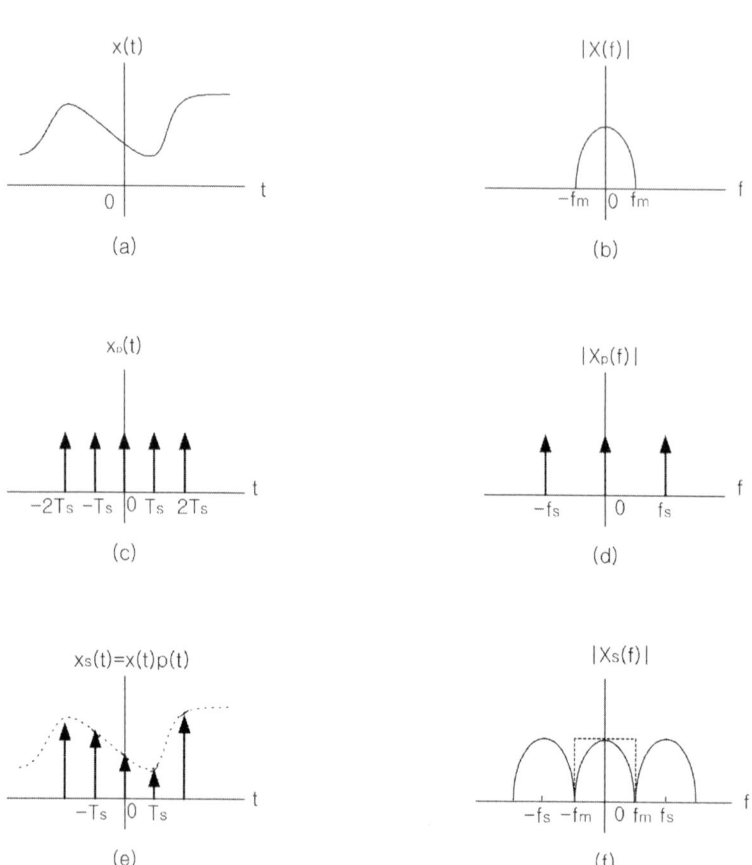

그림 1.2 표본화된 신호와 주파수 스펙트럼

표본화된 함수 $x_s(t)$는 x(t)와 p(t)의 곱으로 표시되므로 $x_s(t)$의 주파수 스펙트럼 형태는 푸리에변환의 주파수 콘볼루션 특성에 의해 그림 1.2 (f)와 같이 나타난다. 임의의 함수 X(f)와 임펄스 함수 $\delta(f-nf_s)$의 콘볼루션은

$$X(f) * \delta(f-nf_s) = X(f - nf_s) \tag{1.7}$$

와 같은 이동특성을 나타내므로 $X_s(f)$는 다음과 같이 표현된다.

$$X_s(f) = X(f) * \left[\frac{1}{T_s}\sum_{n=-\infty}^{\infty}\delta(f - nf_s)\right]$$
$$= \frac{1}{T_s}\sum_{n=-\infty}^{\infty} X(f - nf_s) \quad (1.8)$$

따라서, 표본화된 신호 함수 $x_s(t)$의 주파수 스펙트럼 $X_s(f)$는 원 신호 x(t)의 주파수 스펙트럼 X(f)와 동일한 모양이 주기적으로 반복된 형태임을 알 수 있다. 이는 표본화에 사용된 충격함수 열과 원 신호의 주파수 스펙트럼의 콘볼루션에 의한 결과인데 충격함수가 위치해 있는 곳에 원 신호의 주파수 스펙트럼이 복제되는 특성에 기인한 것이며 다만 크기가 $(1/T_s)$ 배 변 할 뿐이다. 이상적인 저역통과 여파기를 가정하면 그림 1.2(f)와 같이 여파작용을 통해 아날로그 형태의 원 신호를 복원할 수 있다.

표본화율을 $f_s = 2f_m$ 으로 선택할 경우 $|X(f)|$의 모양이 f_s[Hz] 간격으로 반복되므로 이상적인 여파기를 사용하여 원 신호를 완벽하게 복원할 수 있다. 그러나, 이상적인 여파기를 구현하는 것은 불가능하므로 복제 스펙트럼 간의 여유 간격이 생기도록 $f_s > 2f_m$의 표본화 율을 선택해야 할 것이다. 실제로 CD에 사용되는 디지털 오디오의 표본화 율은 약 $f_s \geq 2.2f_m$을 만족하도록 요구되고 있다. 만일, $f_s < 2f_m$의 표본화율을 가질 경우 복제 스펙트럼 간의 간격이 좁아져 그림 1.3(b)와 같이 서로 겹치는 현상이 발생하는데 이를 에일리어징(aliasing)이라 한다. 에일리어징이 발생한 스펙트럼 부분은 특별한 경우가 아니고서는 복구되지 않는 데이터이므로 표본화 율을 크게 하여 이를 방지하여야 한다.

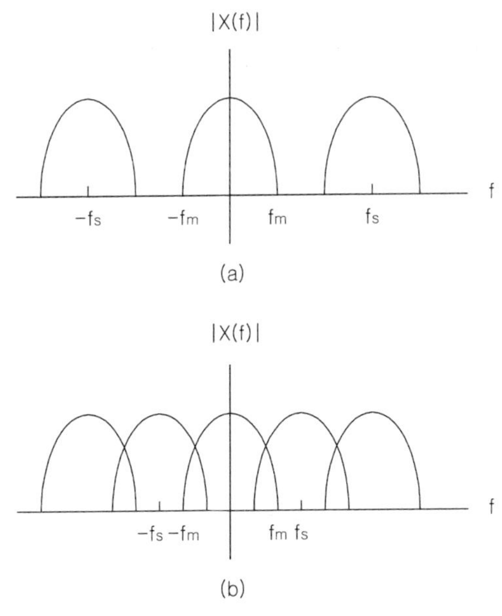

그림 1.3 (a) oversampling($f_s > 2f_m$) (b)undersampling ($f_s < 2f_m$)

예제 1.1 아래와 같이 대역제한된 신호 $x(t)$를 19샘플/초로 샘플하고 차단주파수가 10Hz인 저역통과 필터를 통과한 경우에 대하여 에일리어징 에러를 구하시오.

$$x(t) = \frac{sin20\pi t}{\pi t}$$

A,B,C점에서 신호에 대한 푸리에변환을 아래에 나타내었다.

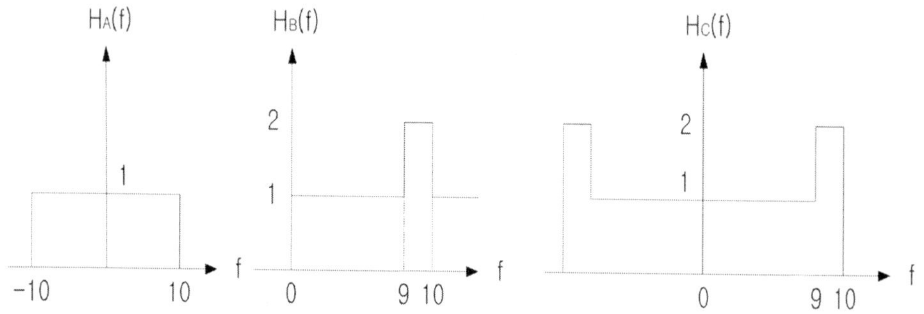

C점에서 출력시간함수는 $H_C(f)$ 의 역푸리에변환에 해당되므로

$$x_o(t) = \frac{sin20\pi t}{\pi t} + 2\frac{sin\pi t}{\pi t}cos19\pi t$$

이다. 그러므로 위 식의 두 번째 항이 에일리어징 에러에 해당된다.

#1. 표본화정리 실습

학습목표 :

주어진 아날로그 신호에 대하여 표본화정리를 테스트하기 위한 Simulink Block를 구성하고 시간 영역 및 주파수 영역에서 신호를 분석하고 고찰한다.

실습과제 :

실습 #1-1 : 표본화정리를 실습하기 위한 Simulink Block을 구성

실습 #1-2 : 시간/주파수 영역에서 신호 관찰

주어진 조건 :

① 아날로그 신호 : $s(t) = \mathrm{A} \bullet cos2\pi ft = 1 \bullet cos2\pi 5t$ (진폭=1, 주파수(f)=5)

② 샘플링 시간 : 1) $T_S = 1/20$ 2) $T_S = 1/8$

③ 아날로그 필터 : Low Pass Filter(LPF)

- Butterworth Type LPF
- Filter order = 8
- Pass band edge frequency : f = 10

실습 #1-1 : 표본화정리를 실습하기 위한 Simulink Block 구성

[실험절차]

(1) Matlab을 실행한다.

(2) [그림 1]과 같이 메뉴 바에서 Simulink Library 버튼을 click하면 [그림 2]와 같이 Simulink Library Browser가 나타난다.

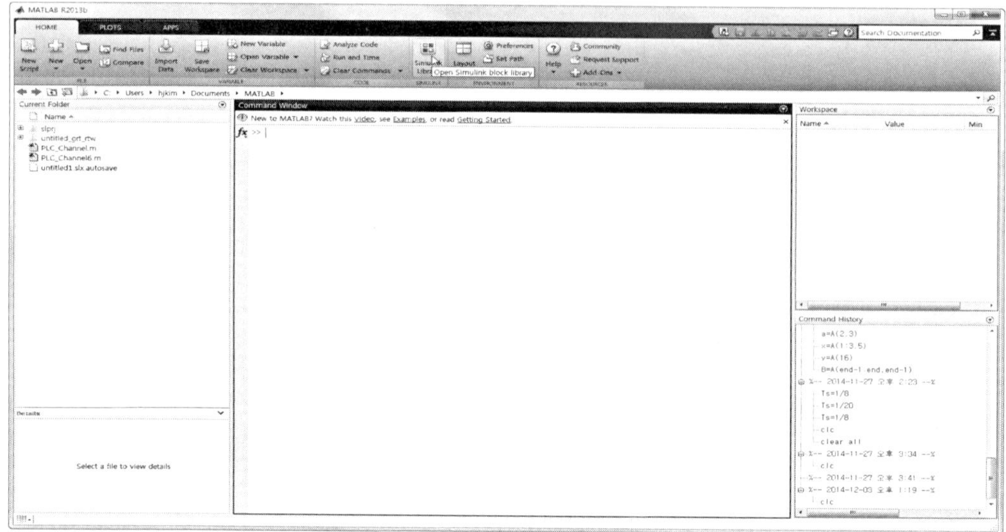

[그림 1]

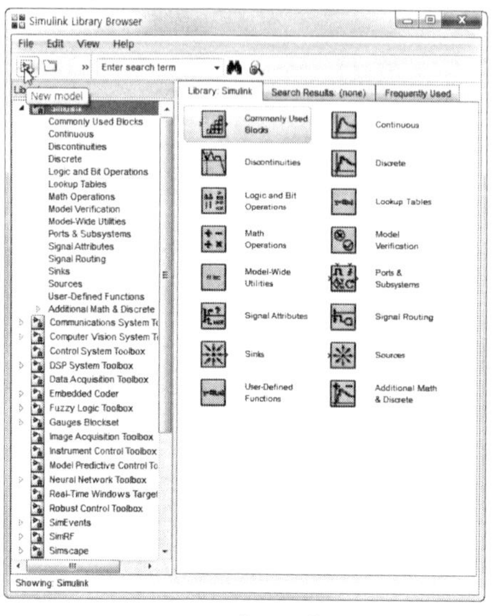

[그림 2]

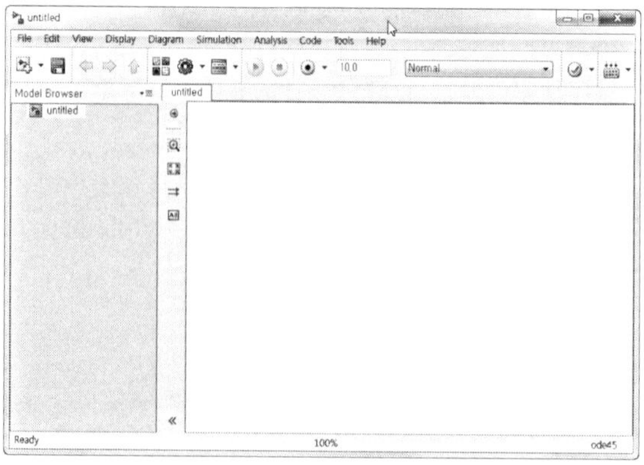

[그림 3]

(3) Simulink Library Browser의 menu 바에서, FILE/NEW/MODEL 을 선택하게 되면 [그림3]과 같이 untitled window 창이 나타난다.

(4) [그림 4]와 같이 Simulink Library Browser의 왼쪽 면에서, Simulink/Sources를 선택한다. [그림 5]와 같이 Simulink Library Browser의 오른쪽 면에서 Sine Wave를 왼쪽 마우스로 누른다.

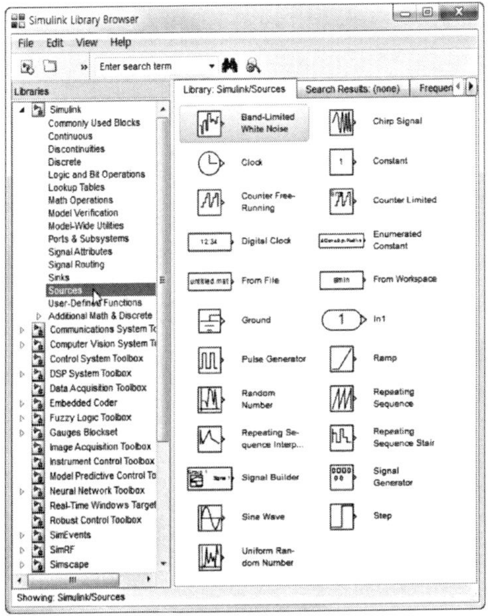

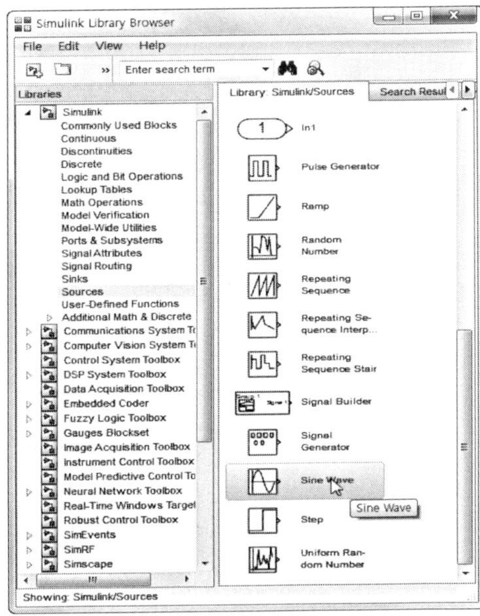

[그림 4] [그림 5]

(5) [그림 6]과 같이 untitled window 창에 Sine Wave를 끌고 와서 내려놓는다.

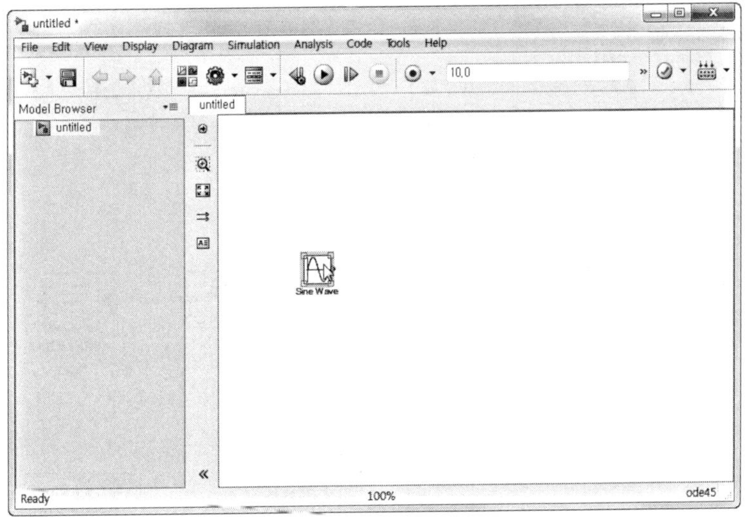

[그림 6]

(6) untitled window를 Sampling이라는 이름으로 저장한다.

(7) 아날로그 신호로 사용할 Sine Wave 블록을 2번 클릭한 후 [그림 7]과 같이 입력한다.

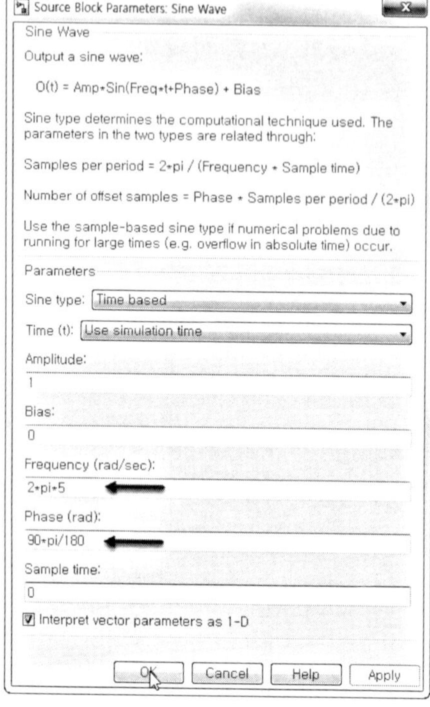

[그림 7]

(8) 샘플링을 수행하는 블록으로 Simulink Library Browser의 왼쪽 면에서, Simulink/Discrete를 선택하고, 오른쪽 면에서 Zero-Order Hold를 [그림 8]과 같이 Sampling 창에 내려 놓는다.

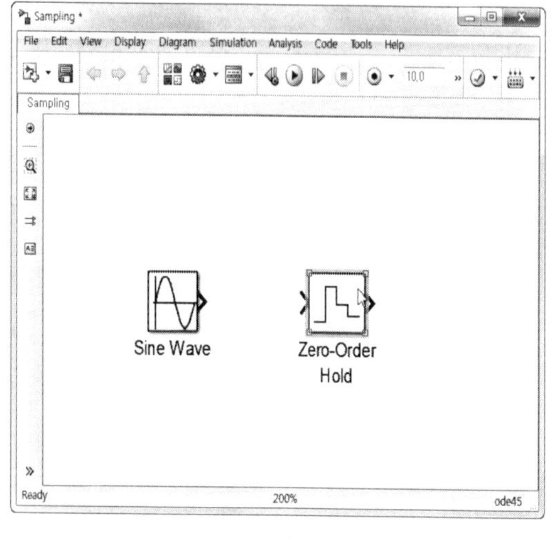

[그림 8]

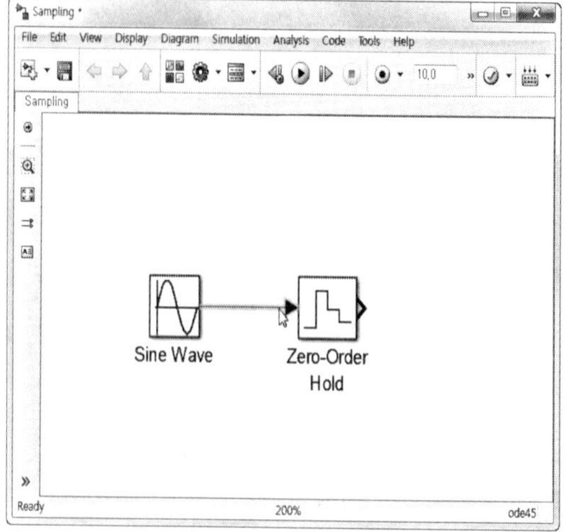

[그림 9]

(9) [그림 9]와 같이 두 블록을 연결한 후 Zero-Order Hold 블록을 2번 클릭한 후 [그림 10]과 같이 샘플링 시간을 입력한다.

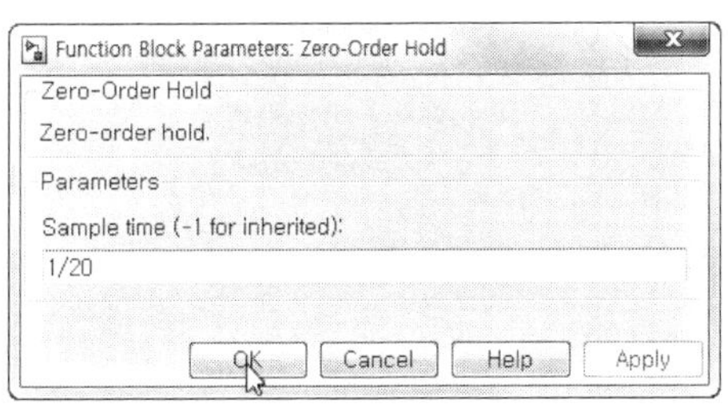

[그림 10]

(10) 샘플링의 역과정을 수행하기 위하여 Simulink Library Browser의 왼쪽 면에서, DSP System Toolbox/Filtering/Filter Implementation을 선택하고, 오른쪽 면에서 Analog Filter Design을 [그림 11]과 같이 Sampling 창에 내려놓고 Zero-Order Hold와 연결을 한다.

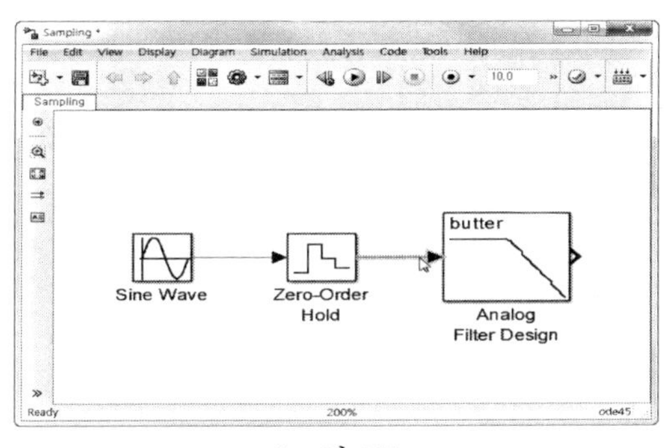

[그림 11]

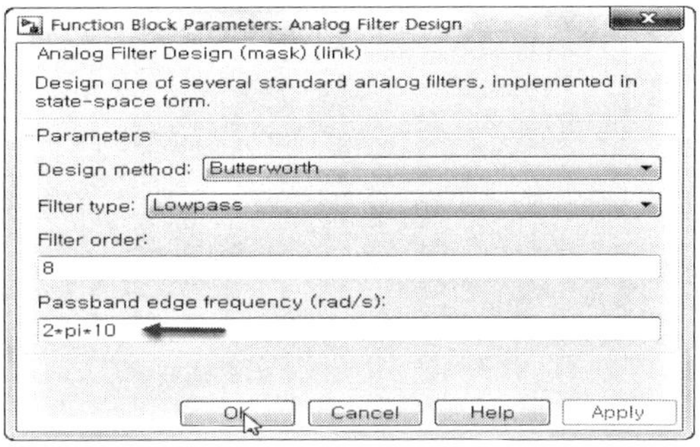

Function Block Parameters: Analog Filter Design

Analog Filter Design (mask) (link)

Design one of several standard analog filters, implemented in state-space form.

Parameters

Design method: Butterworth

Filter type: Lowpass

Filter order:

8

Passband edge frequency (rad/s):

2*pi*10

OK Cancel Help Apply

[그림 12]

(11) Analog Filter Design 블록을 2번 클릭하고 [그림 12]와 같이 입력한다.

(12) 시간영역에서 신호를 관찰하기 위하여 Simulink Library Browser의 왼쪽 면에서, Simulink/Sinks을 선택하고, 오른쪽 면에서 Scope를 Sampling 창에 내려 놓고 Scope의 창이 3개가 열리도록 설정 한 후 [그림 13]과 같이 연결을 한다.

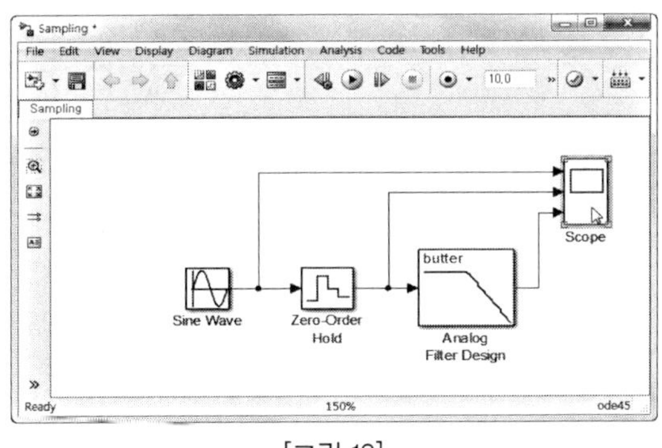

[그림 13]

(13) [그림 14]와 같이 Sampling 창의 Simulation/Model Configuration Parameters를 선택한 후 [그림 15]와 같이 Stop time을 1초로 설정한다.

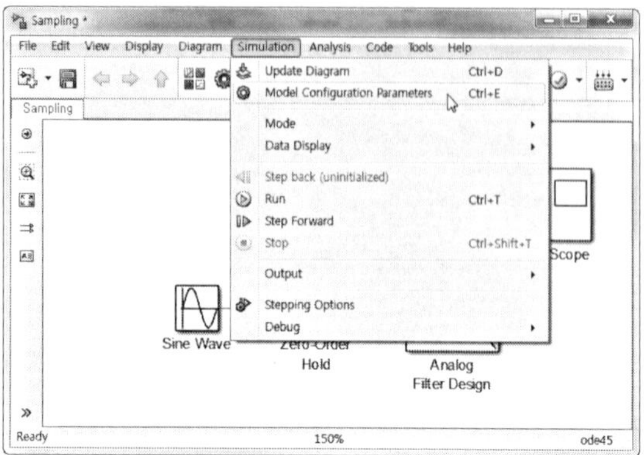

[그림 14]

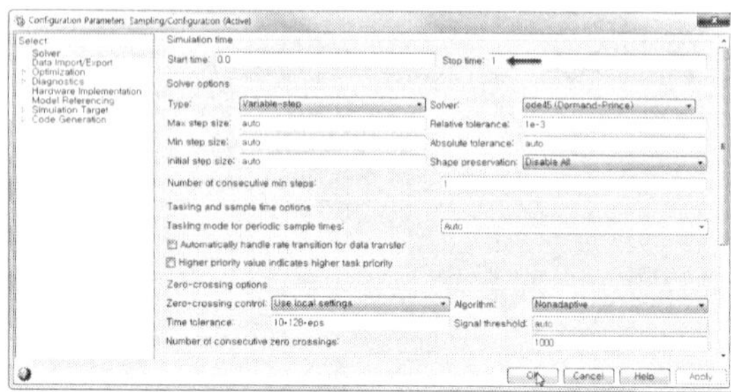

[그림 15]

(14) [그림 16]과 같이 Start Simulation 버튼을 누른 후 Scope 버튼을 클릭하면 [그림 17]과 같은 결과를 얻는다.

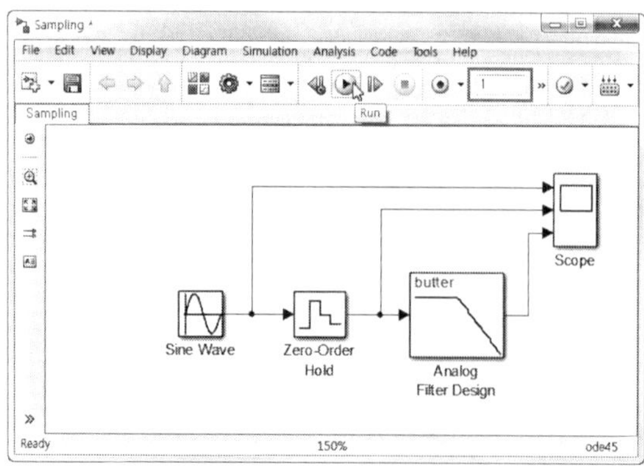

[그림 16]

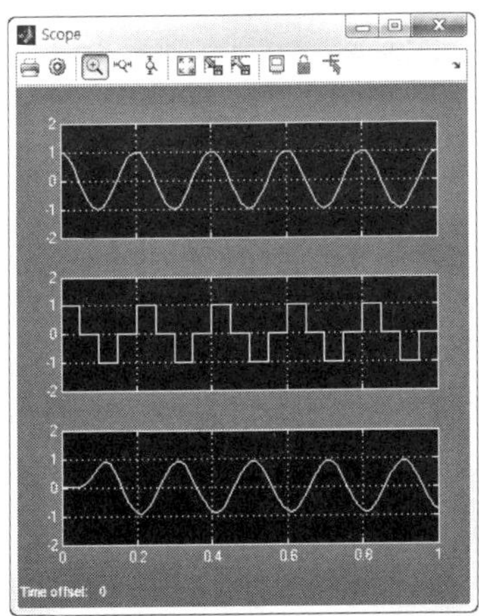

[그림 17]

(15) [그림 16]의 Zero-Order Hold 블록을 2번 클릭한 후 [그림 18]과 같이 샘플링 시간을 입력한다.

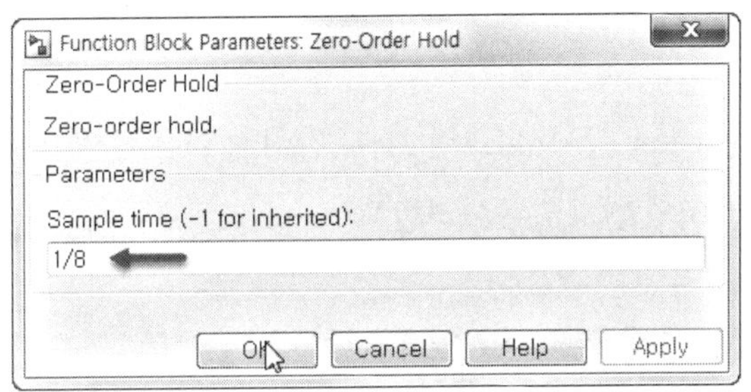

[그림 18]

(16) Start Simulation 버튼을 누른 후 Scope 버튼을 클릭하면 [그림 19]와 같은 결과를 얻는다.

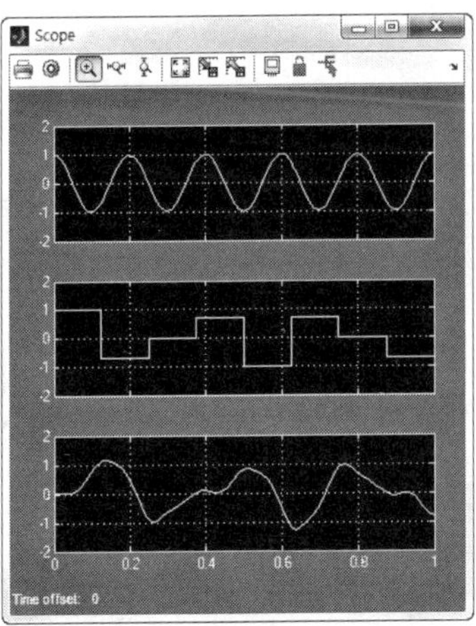

[그림 19]

□ Zero-Order Hold 블록의 샘플링 시간을 변경하고 싶을 때 마다 Zero-Order Hold 블록을 2번 클릭한 후 샘플링 값을 변경하여야 한다. 이러한 번거로움을 해결하기 위하여 Matlab Command window 상에서 값을 지정하는 방법에 대하여 살펴보자.

① Zero-Order Hold 블록을 2번 클릭한 후 [그림 20]과 같이 샘플링 시간을 입력한다.

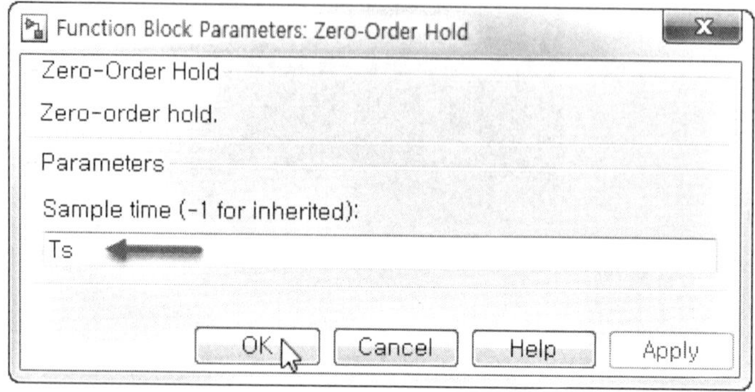

[그림 20]

② Matlab Command window 상에서 [그림 21]과 같이 입력을 하면 Workspace에 T_s라는 변수가 생성이 되며, [그림 20]의 변수 T_s는 이러한 Workspace 메모리에 있는 변수를 참조한다.

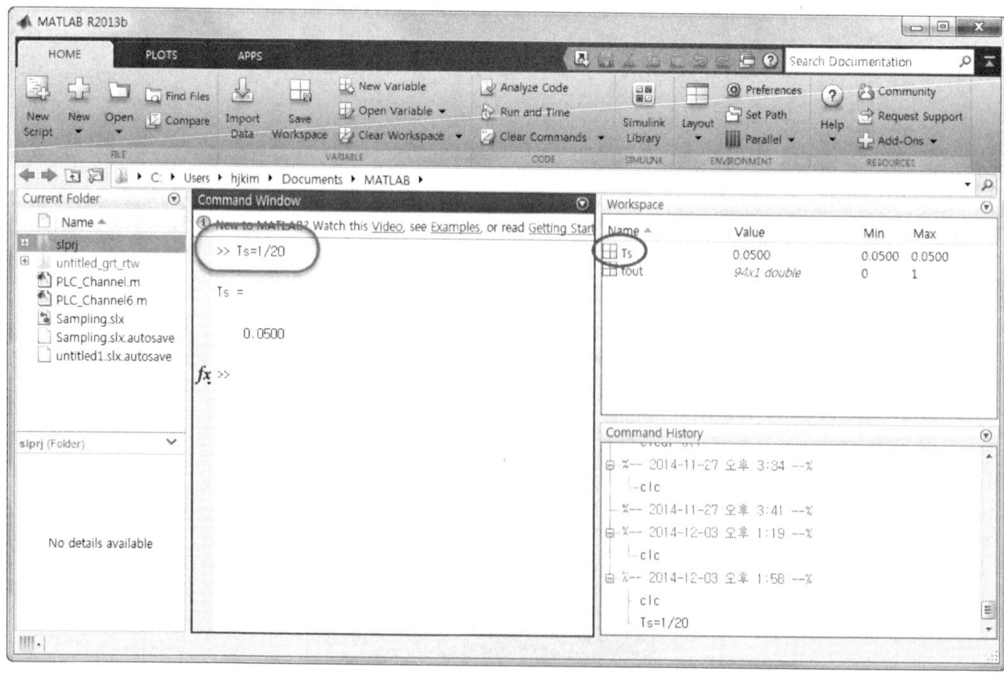

[그림 21]

③ Start Simulation 버튼을 누른 후 Scope 버튼을 클릭하면 [그림 17]과 같은 결과를 얻는다.

④ Matlab Command window 상에서 [그림 22]와 같이 입력을 하고 Start Simulation 버튼을 누른 후 Scope 버튼을 클릭하면 [그림 19]와 같은 결과를 얻는다.

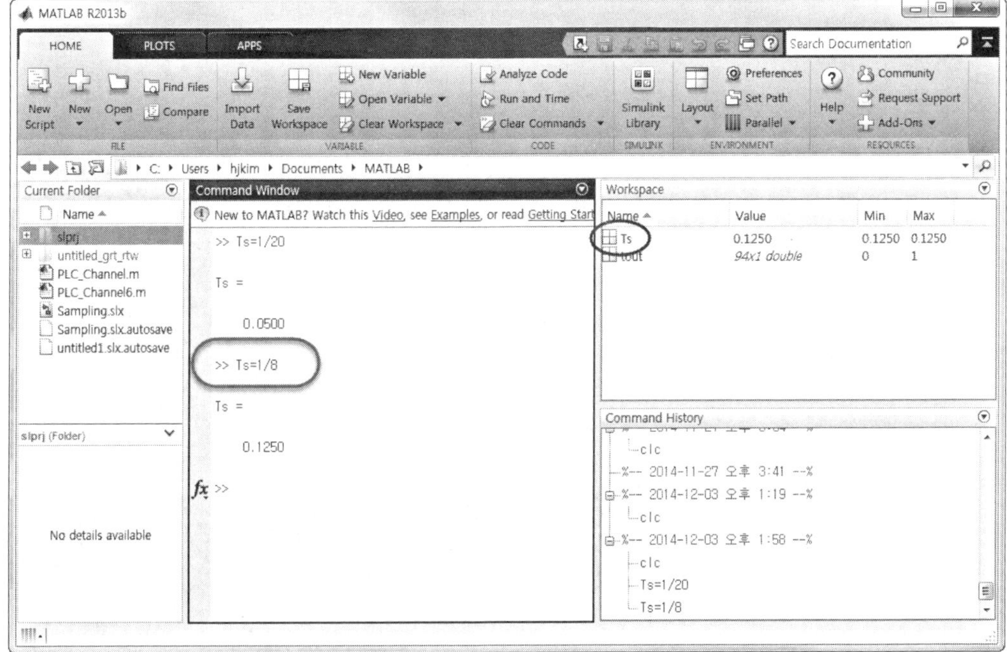

[그림 22]

실습 #1-2 : 시간/주파수 영역에서 신호 관찰

1. [그림 21]과 같이 T_s = 1/20인 경우

가. 시간 영역에서 신호 관찰

[그림 23]과 같이 1초에 20번 샘플을 한다.

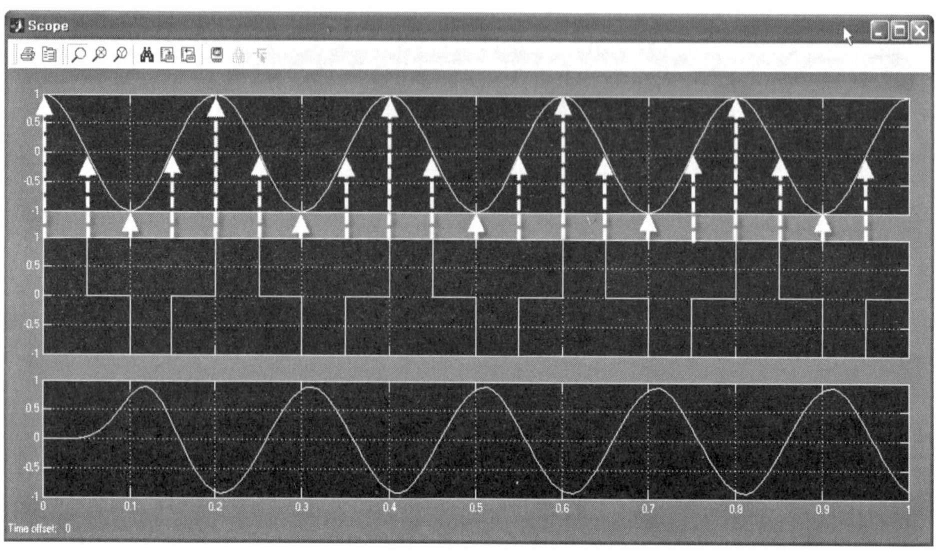

[그림 23]

나. 주파수 영역에서 신호 관찰

(1) Simulink Library Browser의 왼쪽 면에서, DSP System Toolbox/Sinks을 선택하고, 오른쪽 면에서 Spectrum Analyzer를 [그림 24]와 같이 연결한다.

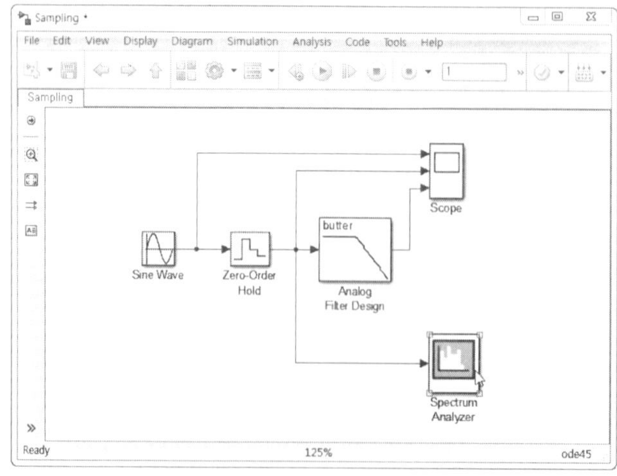

[그림 24]

(2) [그림 14]와 같이 Sampling 창의 Simulation/Model Configuration Parameters를 선택한 후 Stop time을 10000초로 설정한다.

(3) Start Simulation 버튼을 클릭하면 [그림 25]와 같은 결과를 얻는다.

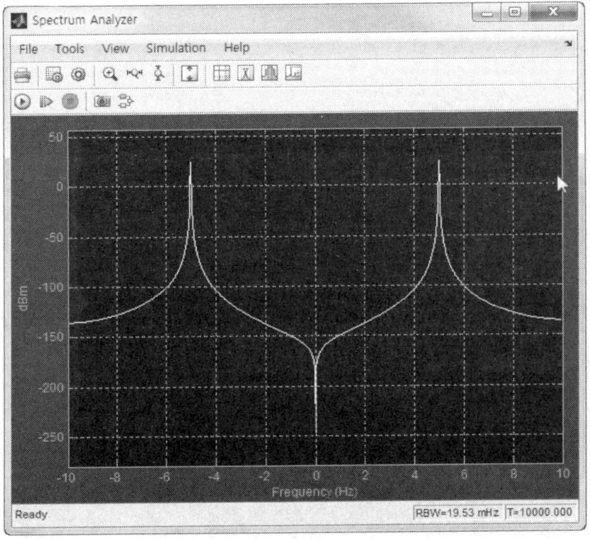

[그림 25]

2. [그림 22]와 같이 $T_s = 1/8$인 경우

가. 시간 영역에서 신호 관찰

[그림 26]과 같이 1초에 8번 샘플을 한다.

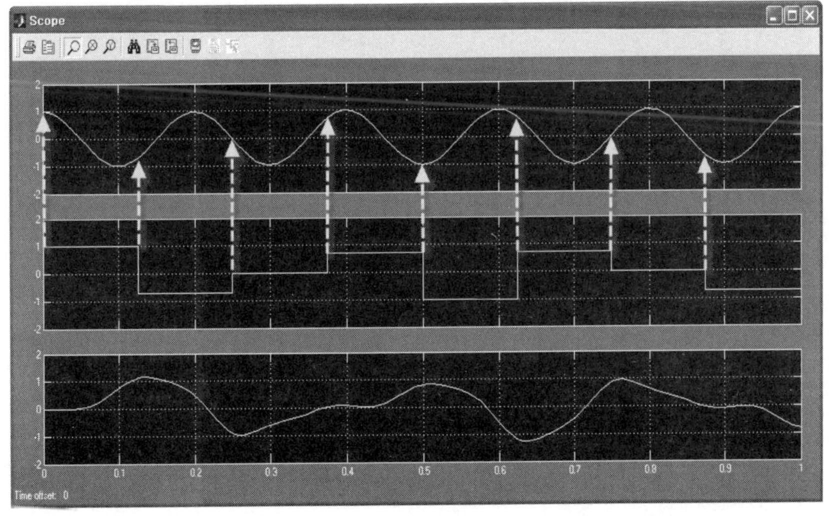

[그림 26]

나. 주파수 영역에서 신호 관찰

Stop time을 10000초로 설정하고 Start Simulation 버튼을 클릭하면 [그림 27]과 같은 결과를 얻는다.

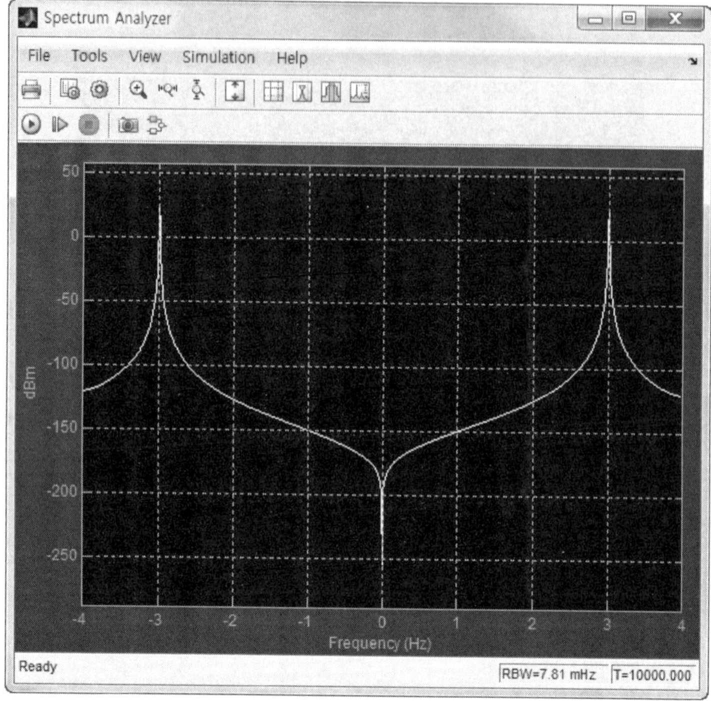

[그림 27]

실습과제 #1 : 실험 결과 및 고찰 보고서

1. 주어진 아날로그 신호에 대한 나이퀴스트 샘플링 간격(T_s)은 얼마인가?

2. [그림 21]과 [그림 22]에서 어느 것이 over sampling이고 어느 것이 under sampling 인가? 또한 어느 경우에 에일리어징(aliasing) 현상이 발생하는가?

3. [그림 23]의 시간영역 신호에서 출력 파형이 지연되어 나온 이유를 설명하시오.

4. [그림 25]의 결과가 어떻게 나오는지 설명하시오. 또한 이상적으로는 어떠한 결과가 나오는지 수학적으로 풀어보시오.

5. [그림 27]의 결과가 어떻게 나오는지 설명하시오. 또한 이상적으로는 어떠한 결과가 나오는지 수학적으로 풀어보시오.

실습과제 #1 설계 보고서

학습목표 :

주어진 아날로그 신호에 대하여 표본화정리를 테스트하기 위한 Simulink Block를 구성하고 시간 및 주파수 영역에서 신호를 분석하고 고찰한다.

주어진 조건 :

① 아날로그 신호 : $s(t) = A \cdot sin2\pi ft = 1 \cdot sin2\pi 5t$

② 샘플링 시간 : 1) $T_S = 1/20$ 2) $T_S = 1/10$ 3) $T_S = 1/8$

③ 아날로그 필터 : Low Pass Filter(LPF)

- Butterworth Type LPF
- Filter order = 8
- Pass band edge frequency : f = 10

설계 :

표본화정리를 실습하기 위한 Simulink Block를 설계하고 파라미터 값을 입력

분석 및 고찰 :

1. T_S = 1/20인 경우

가. 시간 영역에서 신호 관찰

Stop time을 1초로 설정하고 Start Simulation 버튼을 클릭한 후 Scope의 결과를 복사하여 붙이시오.

나. 주파수 영역에서 신호 관찰

Stop time을 10000초로 설정하고 Start Simulation 버튼을 클릭한 후 Spectrum Scope의 결과를 복사하여 붙이고 결과를 분석하여 보시오.

2. T_S = 1/10인 경우

가. 시간 영역에서 신호 관찰

Stop time을 1초로 설정하고 Start Simulation 버튼을 클릭한 후 Scope의 결과를 복사하여 붙이시오.

나. 주파수 영역에서 신호 관찰

Stop time을 10000초로 설정하고 Start Simulation 버튼을 클릭한 후 Spectrum Scope의 결과를 복사하여 붙이고 결과를 분석하여 보시오.

3. T_S = 1/8인 경우

가. 시간 영역에서 신호 관찰

Stop time을 1초로 설정하고 Start Simulation 버튼을 클릭한 후 Scope의 결과를 복사하여 붙이시오.

나. 주파수 영역에서 신호 관찰

Stop time을 10000초로 설정하고 Start Simulation 버튼을 클릭한 후 Spectrum Scope의 결과를 복사하여 붙이고 결과를 분석하여 보시오.

제2장 양자화

2.1 양자화

2.1 양자화

표본화정리를 통하여 음성 신호와 같은 아날로그 파형은 표본화 과정을 통해 표본값들로 표현하여도 원 신호로 다시 복원 시킬 수 있음을 알았다. 이와 같이 표본화된 값 들은 연속적인 크기를 나타내므로 이들을 잡음이 존재하는 채널을 통해 전송했을 경우 수신기는 전송되어온 표본들의 정확한 값을 판별해 낼 수가 없게 된다. 이러한 잡음의 영향은 표본값들을 미리 정해진 특정 값들로 대응시켜 전송함으로써 최소화시킬 수 있는데 이를 양자화(quantization)라고 한다. 표본화는 시간 측면에서 볼 때 연속적인 시간값을 이산 시간값을 갖는 신호로 변환시키는 반면, 양자화는 크기(amplitude) 측면에서 볼 때 연속적인 크기 값의 신호를 이산 크기(discrete amplitude) 값을 갖는 신호로 변환해 주는 과정으로 볼 수 있다. 그림 2.1은 이러한 양자화 과정을 잘 설명해 주고 있다.

양자화기(quantizer)의 입력신호 $x(kT_s)$는 아날로그 신호를 나이퀴스트 조건을 충족시키는 표본화 율로 표본화시킨 신호이며 다음 식과 같이 미리 정해진 규칙에 의해 L 개의 레벨 $m_1, m_2, ..., m_L$로 변환된다.

$$x_q(kT_s) = m_i,\ \text{단},\ x_{i-1} \leqq x(kT_s) < x_i,\ \ x_0 = -\infty,\ x_L = +\infty \tag{2.1}$$

양자화기의 출력은 미리 정해진 레벨 값이며 그림에서 나타나는 바와 같이 식(2.2)로 표현할 수 있다.

$$x_q(t) = x_q(kT_s),\ \ kT_s \leqq t < (k+1)T_s \tag{2.2}$$

따라서, 양자화된 신호 형태는 원 신호를 근사화한 형태이며 근사화 정도는 x_i 값의 간격에 따라 좌우되는데, 표본점의 실제값 $x(kT_s)$와 이를 정해진 레벨로 양자화시킨 값 $x_q(kT_s)$의 차를 양자화 잡음(quantization noise)이라 한다.

$$q(kT_s) = x_q(kT_s) - x(kT_s),\ \ kT_s \leqq t < (k+1)T_s \tag{2.3}$$

여기서, $q(kT_s)$는 k 번째 표본점에서 발생한 양자화 오류이다. 양자화의 성능은 신호의 평균전력과 양자화 잡음의 평균전력의 비로 다음과 같이 정의된다.

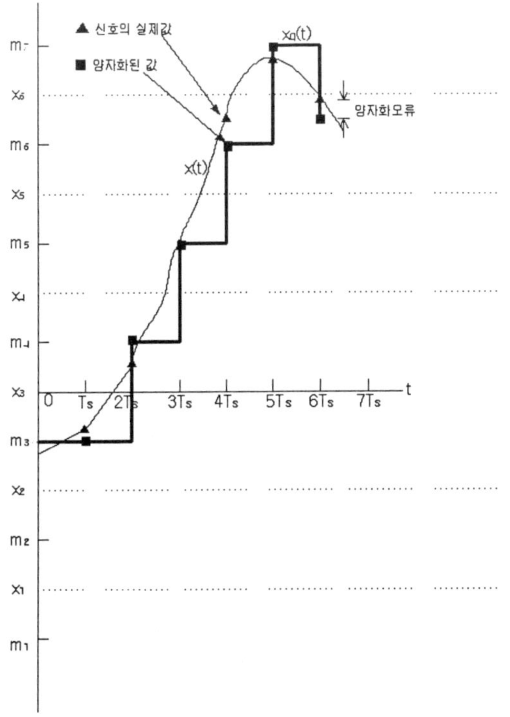
▲ 신호의 실제값
■ 양자화된 값
양자화오류
x(t)
t
0
Ts
2Ts
3Ts
4Ts
5Ts
6Ts
7Ts

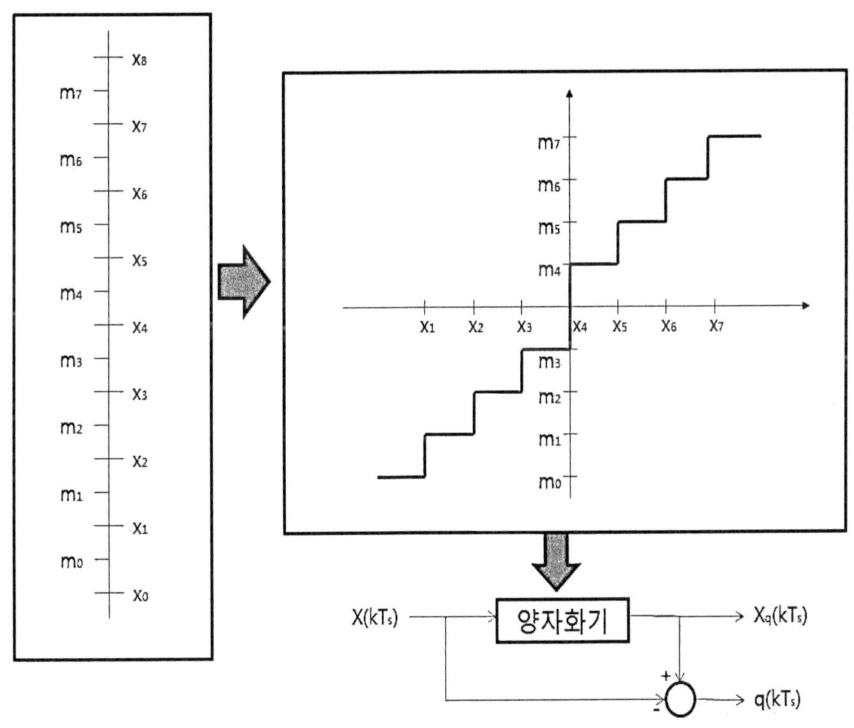
양자화기
X(kTs)
Xq(kTs)
q(kTs)
+
-

그림 2.1 양자화

$$\frac{S_0}{N_q} = \frac{\overline{x^2(t)}}{E[q^2]} \tag{2.4}$$

전송하고자 하는 원 신호 x(t)의 피크 값(peak amplitude)을 라 m_p하면 신호의 크기 범위 ($-m_p$, m_p)를 L 개의 균일한 간격으로 나눌 경우 그림 2.1에서 양자화 레벨의 간격은 $\Delta\upsilon = 2m_p/L$ 이고 표본화된 값은 표본값이 속한 양자화 레벨 구간의 중앙점에 근사화되므로 양자화 오류의 최대값은 $\pm\Delta\upsilon/2$이다. 결국, 양자화 오류는 ($-\Delta\upsilon/2$, $\Delta\upsilon/2$) 범위 내에 존재하며 이 범위 안에서 균일한 분포를 가진다고 하면 양자화 오류의 자승 평균은

$$\begin{aligned} \overline{q^2} &= \int_{-\Delta v/2}^{\Delta v/2} \left(\frac{1}{\Delta v}\right) q^2\, dq \\ &= \frac{(\Delta v)^2}{12} \\ &= \frac{m_p^2}{3L^2} \end{aligned} \tag{2.5}$$

이다. 결국, 이는 양자화 잡음의 평균전력을 의미한다.

$$\overline{q_2} = \frac{m_p^2}{3L^2} = N_q \tag{2.6}$$

원 신호 x(t)의 평균전력은

$$S_0 = \overline{x^2(t)} \tag{2.7}$$

이므로 신호 대 양자화 잡음비는 식 (2.8)과 같이 나타낼 수 있을 것이다.

$$\frac{S_0}{N_q} = \frac{12 \cdot \overline{x^2(t)}}{(\Delta v)^2} = 3L^2\left(\frac{\overline{x^2(t)}}{m_p^2}\right) \tag{2.8}$$

예제 2.1 다음의 오디오 신호 x(t)에 대하여 10비트 PCM을 사용하는 경우 신호 대 양자화 잡음 비를 구하시오.

$$x(t) = 3cos500t$$

식 (2.7)에 의하여 원신호 $x(t)$의 평균 전력은

$$\overline{x^2(t)} = \frac{1}{T}\int_{-T/2}^{T/2} 9cos^2 500t \cdot dt = \frac{9}{2} = 4.5 \ [W]$$

이며 10비트 PCM을 사용하는 경우 양자화 레벨수는 2^{10}개 이고 양자화레벨 간격은

$$\Delta v = \frac{6V}{2^{10}} = 5.86 \times 10^{-3}$$

이다. 결국 신호 대 양자화 잡음 비는 식 (2.8)에 의하여

$$\frac{S_0}{N_q} = \frac{12 \cdot 4.5}{(5.86 \times 10^{-3})^2} = 1.57 \times 10^6$$

이며 dB로 표현하면 62dB이다.

$$\frac{S_0}{N_q}[dB] = 10 \times log(1.57 \times 10^6) = 62 \ dB$$

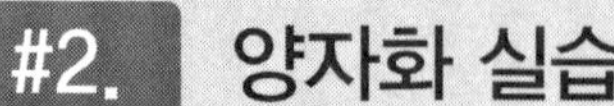

#2. 양자화 실습

학습목표 :

주어진 아날로그 신호를 나이퀴스트 율 이상으로 표본화를 한 후 양자화를 수행하는 Simulink Block를 구성한 후, 신호를 분석하고 고찰한다. 또한 양자화 잡음의 평균전력을 계산하여 본다.

학습목표 :

실습 #2-1 : 양자화과정을 수행하기 위한 Simulink Block을 구성

실습 #2-2 : 시간 영역에서 신호 관찰

실습 #2-3 : 양자화잡음 측정

주어진 조건 :

① 아날로그 신호 : $s(t) = A \cdot sin(2\pi ft + \theta) = 1 \cdot sin(2\pi 5t + 45^{\circ})$

② 샘플링 시간 : $T_S = 1/20$

③ 양자화기 : 4레벨(2비트) 양자화기

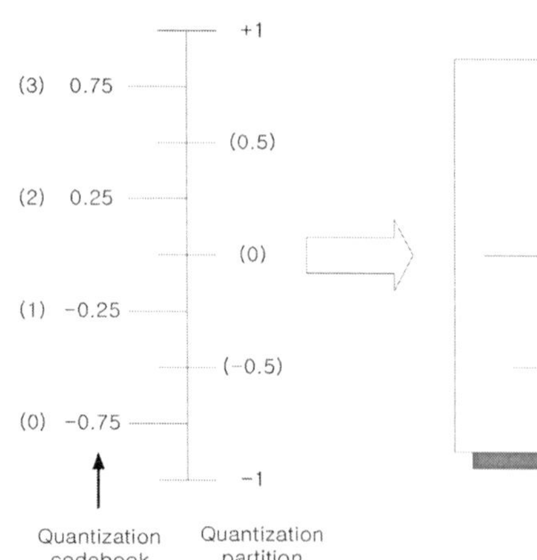

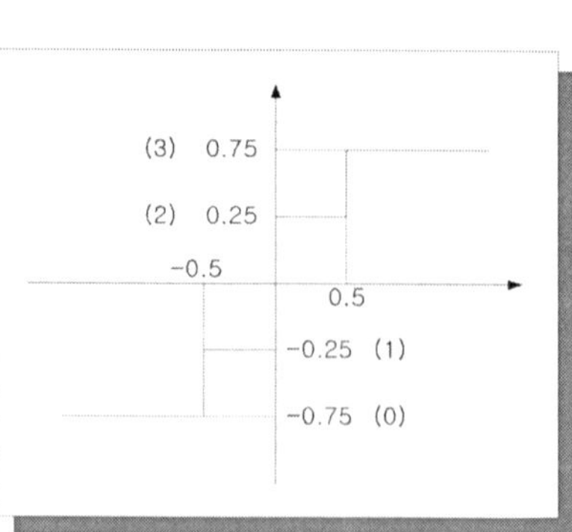

④ 아날로그 필터 : Low Pass Filter(LPF)
- Butterworth Type LPF, - Filter order=8,
- Pass band edge frequency : f=10

실습 #2-1 : 양자화과정을 수행하기 위한 Simulink Block 구성

[실험절차]

(1) Matlab을 실행한다.

(2) [그림 1]과 같이 메뉴 바에서 Simulink Library 버튼을 click하면 [그림 2]와 같이 Simulink Library Browser가 나타난다.

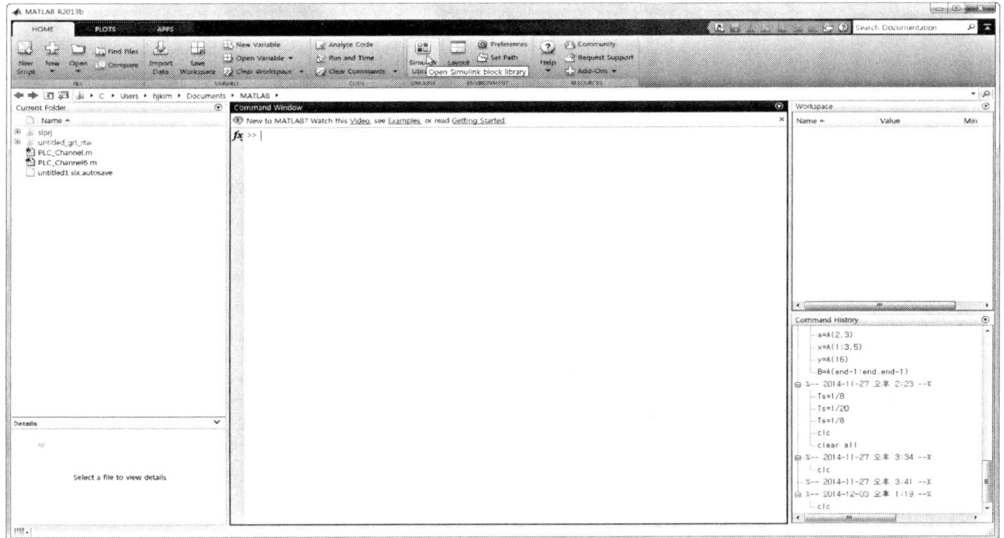

[그림 1]

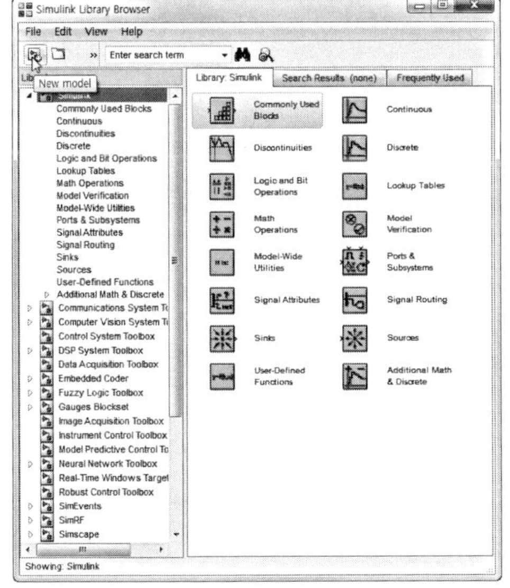

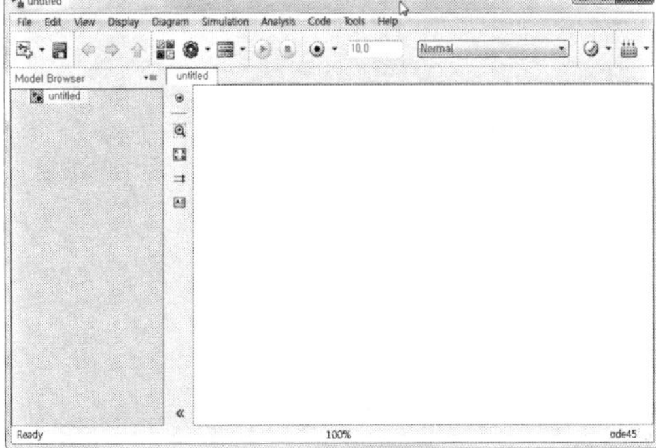

[그림 2]

[그림 3]

(3) Simulink Library Browser의 menu 바에서, FILE/NEW/MODEL 을 선택하게 되면 [그림3]과 같이 untitled window 창이 나타난다.

(4) [그림 4]와 같이 Simulink Library Browser의 왼쪽 면에서, Simulink/Sources를 선택한다. [그림 5]와 같이 Simulink Library Browser의 오른쪽 면에서 Sine Wave를 왼쪽 마우스로 누른다.

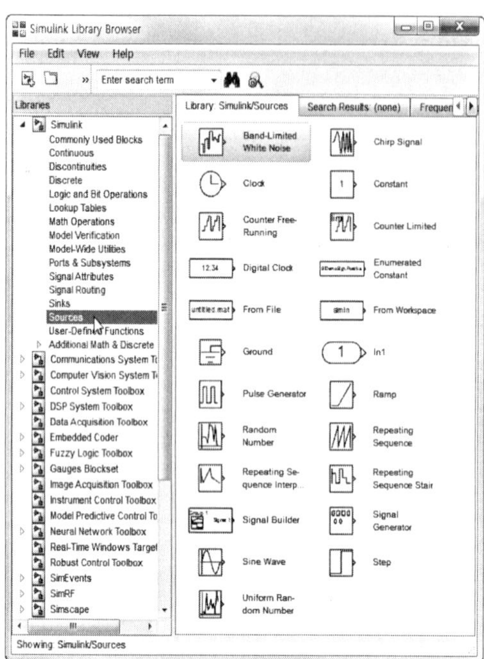

[그림 4]

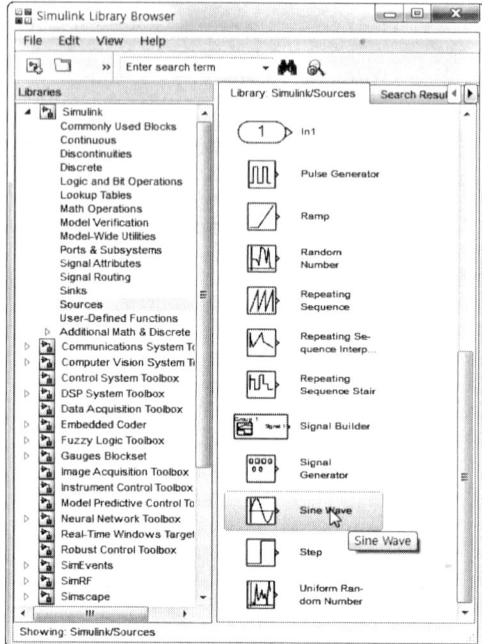

[그림 5]

(5) [그림 6]과 같이 untitled window 창에 Sine Wave를 끌고 와서 내려놓는다.

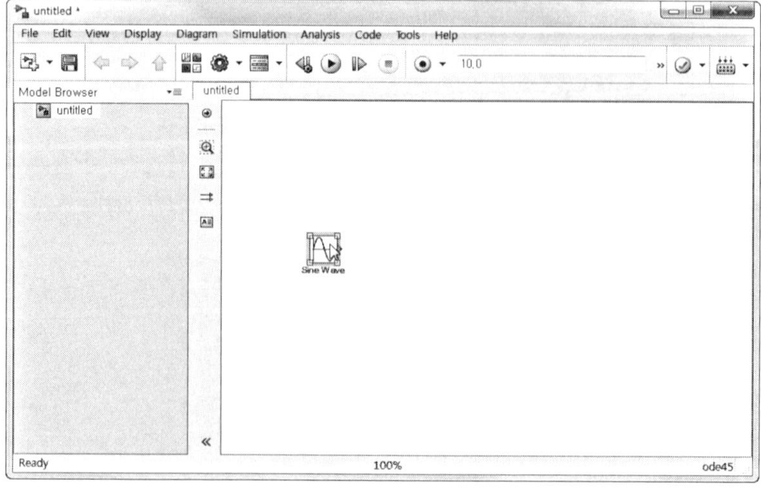

[그림 6]

(6) 아날로그 신호로 사용할 Sine Wave 블록을 2번 클릭한 후 [그림 7]과 같이 입력한다.

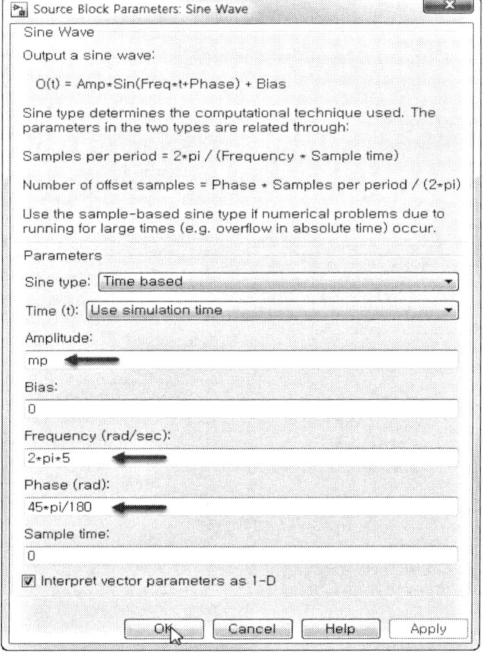

[그림 7]

(7) Untitled window를 Quantization 이라는 이름으로 저장한다.

(8) 샘플링을 수행하는 블록을 가져오기 위하여 Simulink Library Browser의 왼쪽 면에서, Simulink/Discrete를 선택하고, 오른쪽 면에서 Zero-Order Hold를 Quantization 창에 내려놓고, [그림 8]과 같이 두 블록을 연결한 다. Zero-Order Hold 블록을 2번 클릭하고 [그림 9]와 같이 샘플링 시간을 입력한다.

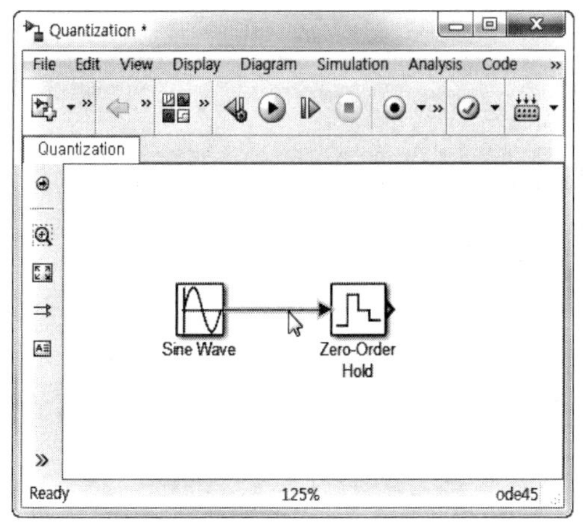

[그림 8]

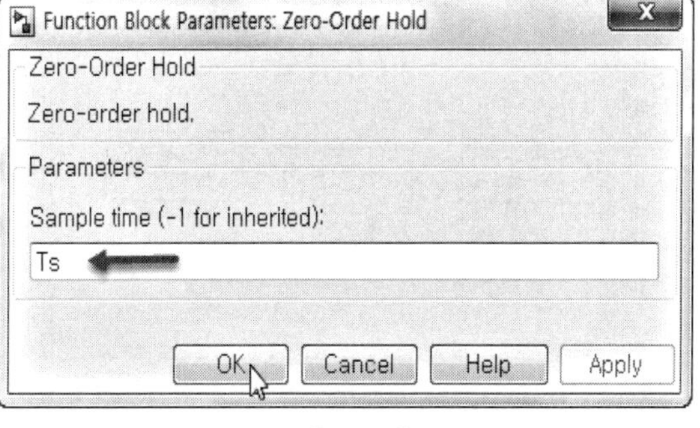

[그림 9]

(9) 양자화기를 가져오기 위하여 Simulink Library Browser의 왼쪽 면에서, Communications System Toolbox/Source Coding을 선택하고, 오른쪽 면에서 Quantizing Encoder를 [그림 10]과 같이 Quantization 창에 내려놓고 Zero-Order Hold와 연결을 한다.

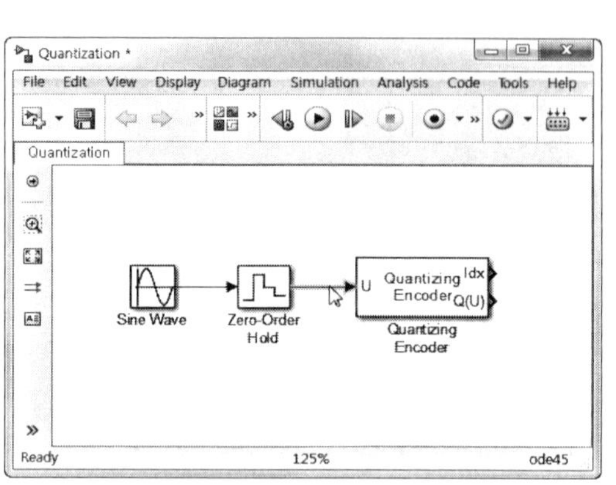

[그림 10]

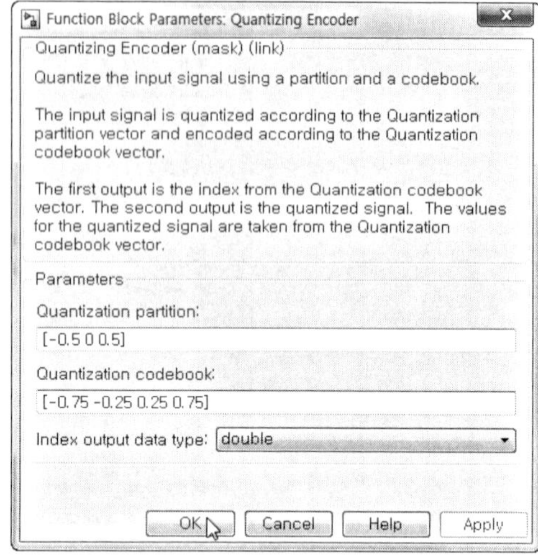

[그림 11]

(10) Quantizing Encoder 블록을 2번 클릭한 후 4레벨(2비트) 양자화기를 위하여 [그림 11]과 같이 파라미터 값들을 입력한다.

(11) 양자화기의 역 과정을 수행하기 위하여 Simulink Library Browser의 왼쪽 면에서, Communications System Toolbox/Source Coding을 선택하고, 오른쪽 면에서 Quantizing Decoder를 [그림 12]와 같이 연결을 한다. Quantizing Decoder 블록을 2번 클릭한 후 [그림 13]과 같이 파라미터 값들을 입력한다. 이때 Quantization codebook 값은 [그림 11]의 Encoder Quantization codebook 값과 동일하여야 한다.

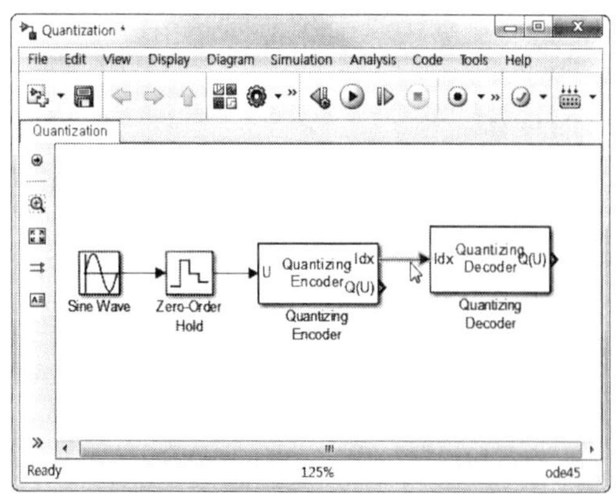

[그림 12]

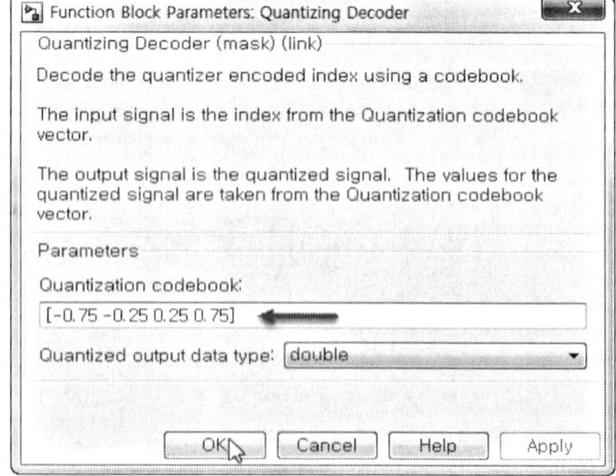

[그림 13]

(12) 샘플링의 역 과정을 수행하기 위하여 Simulink Library Browser의 왼쪽 면에서, DSP System Toolbox/Filtering/Filter Implementation을 선택하고, 오른쪽 면에서 Analog Filter Design을 [그림 14]와 같이 연결을 한다. Analog Filter Design 블록을 2번 클릭한 후 [그림 15]와 같이 파라미터 값들을 입력한다.

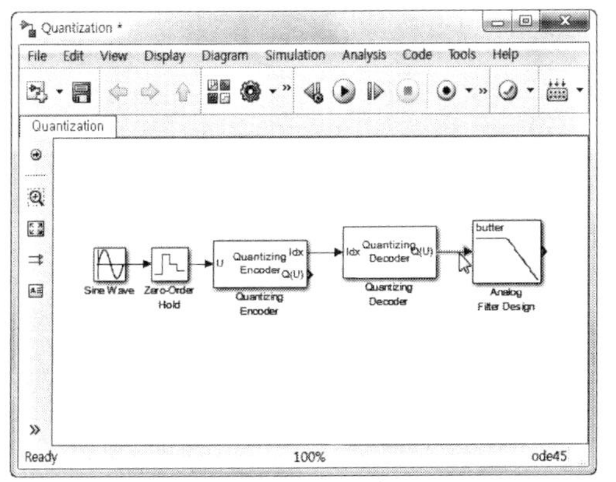

[그림 14]

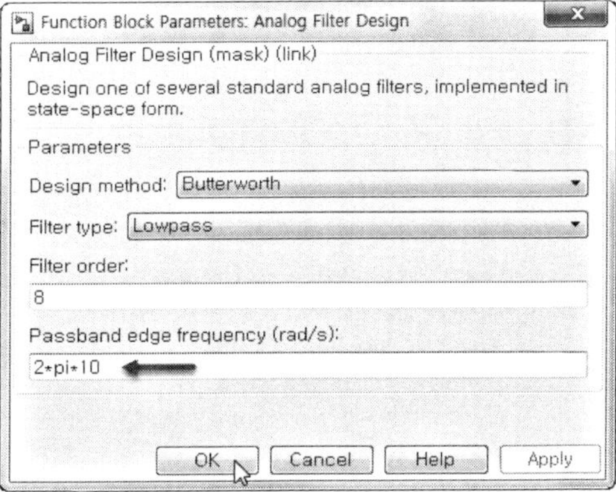

[그림 15]

(13) Simulink/Signal Routing/Mux, Simulink/Sinks/Scope와 Simulink/Sinks/Terminator를 [그림 16]과 같이 연결하시오. 이때 Mux 블록을 2번 클릭한 후 [그림 17]과 같이 파라미터 값들을 입력한다.

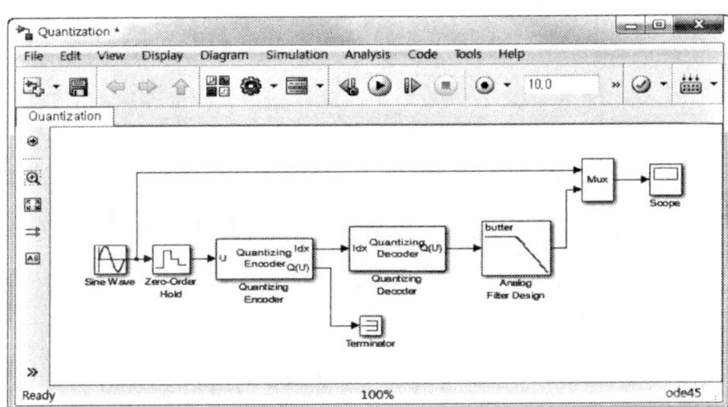

[그림 16]

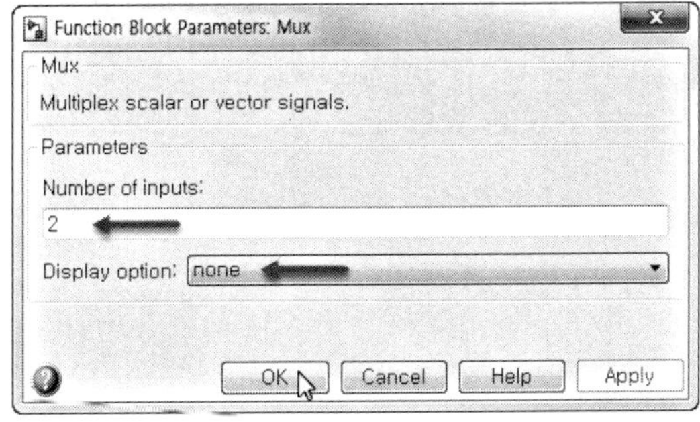

[그림 17]

(14) Matlab Command window 상에서 [그림 18]과 같이 변수 mp, T_s에 값을 지정한다.

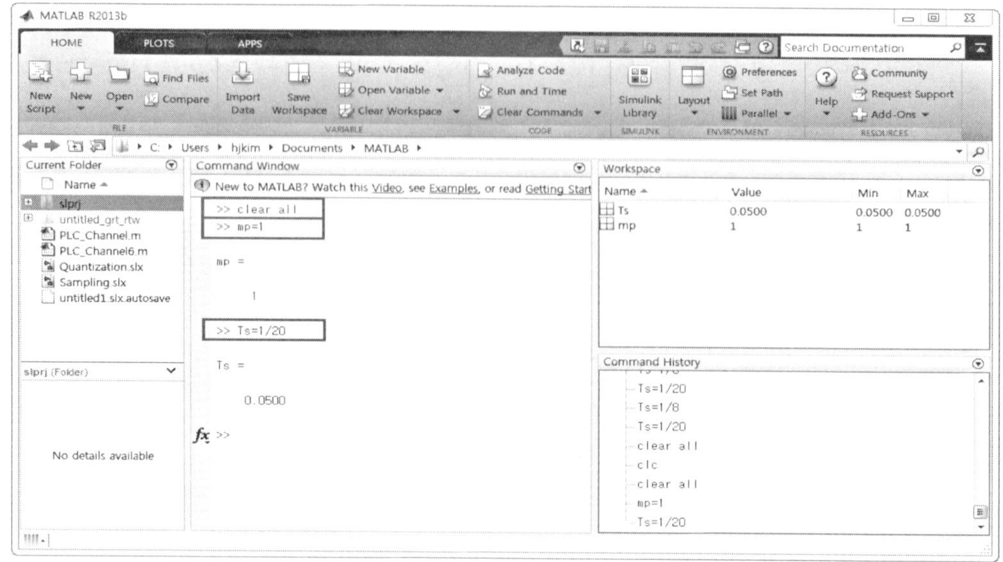

[그림 18]

(15) Quantization 창의 Simulation/Model Configuration Parameters를 선택한 후, Stop time을 1초로 설정하고, Start Simulation 버튼을 누른 후 Scope 버튼을 클릭하면 [그림 19]와 같은 결과를 얻는다.

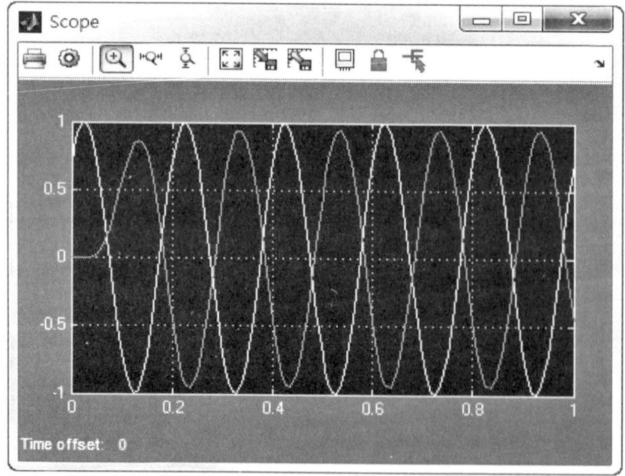

[그림 19]

(16) 진폭(y축)의 범위를 조절하기 위하여 [그림 19]와 같이 Scope의 화면에 마우스를 대고 오른쪽 마우스 버튼을 누르면 [그림 20]과 같은 창이 나타난다. Axes Properties을 선택한 후 [그림 21]과 같이 파라미터 값들을 입력하고 OK 버튼을 누른다. 그러면 [그림 22]와 같은 결과를 얻는다.

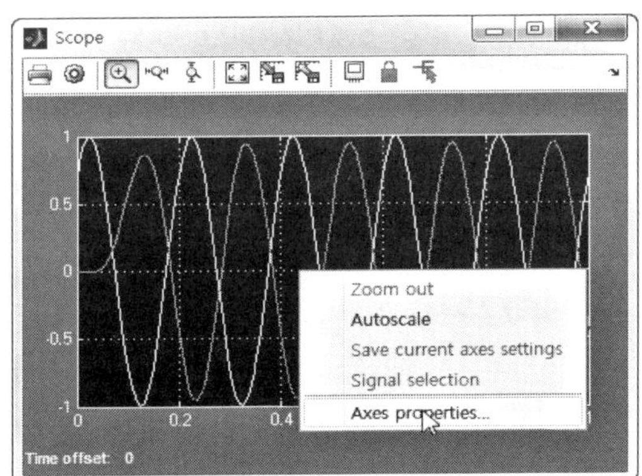

[그림 20]

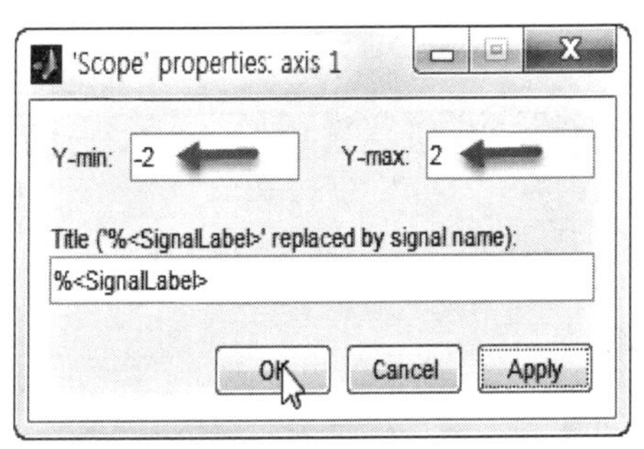

[그림 21]

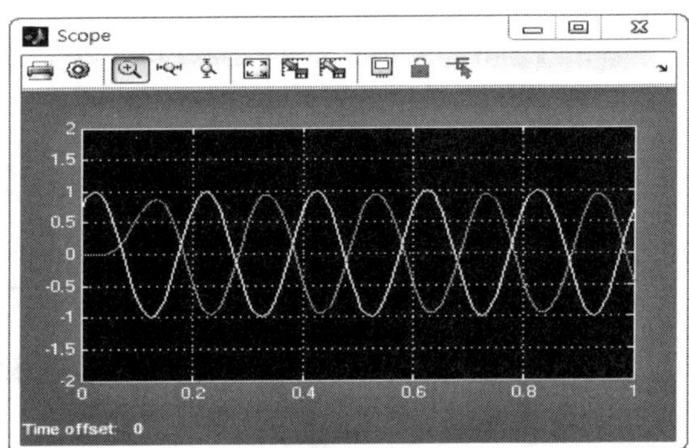

[그림 22]

□ [그림 11]의 Quantizing Encoder 블록에서 레벨 수가 증가하게 되면 Quantization Partition과 Quantization Codebook 값을 일일이 나열하는 것이 매우 번거로운 일일 것이다. 이러한 번거로움을 해결하기 위하여 Matlab 콜론(:) 오퍼레이터를 사용하여 값을 지정할 수 있다.

① Quantizing Encoder 블록을 2번 클릭한 후 [그림 23]과 같이 콜론(:) 오퍼레이터를 사용하여 파라미터 값을 입력한다.

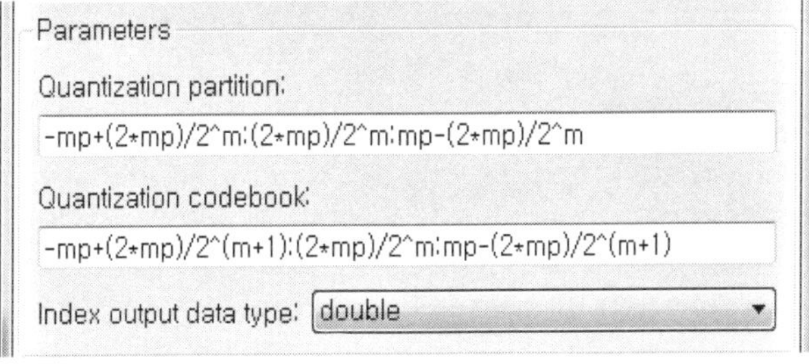

[그림 23]

② Quantizing Decoder 블록을 2번 클릭한 후 [그림 24]와 같이 파라미터 값들을 입력한다.

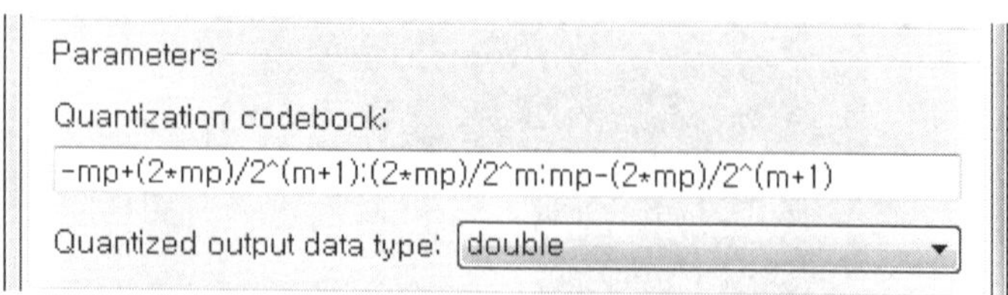

[그림 24]

③ Matlab Command window 상에서 [그림 25]과 같이 입력을 하고 Start Simulation 버튼을 누른 후 Scope 버튼을 클릭하면 [그림 19]와 동일한 결과를 얻는다.

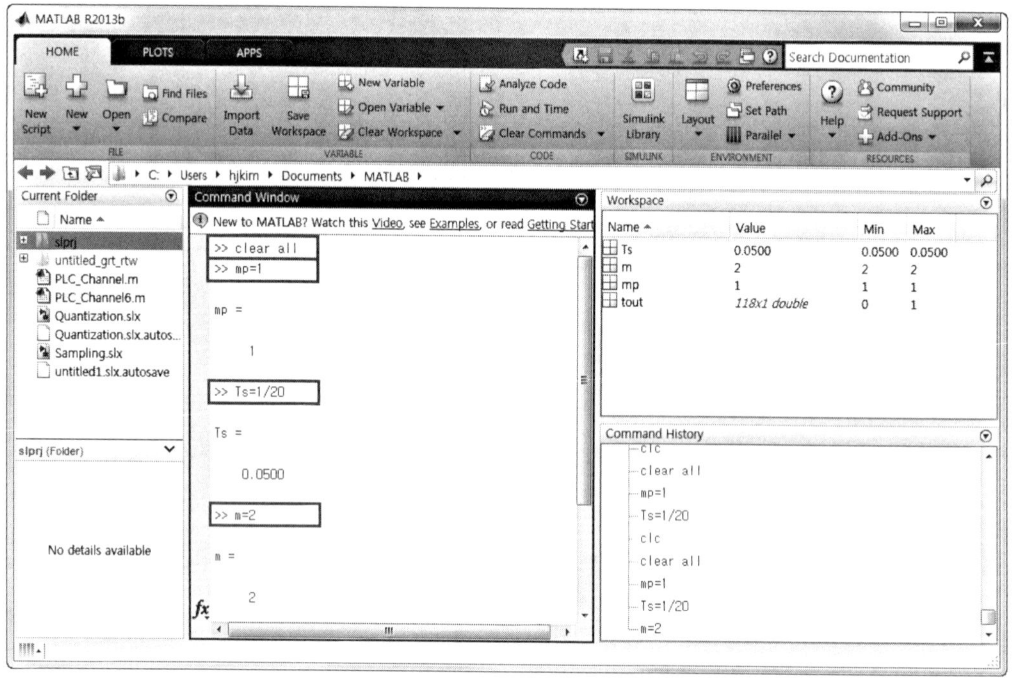

[그림 25]

실습 #2-2 : 시간 영역에서 신호 관찰

1. 시간 영역에서 신호 파형 관찰

(1) 시간 영역에서 신호를 관찰하기 위하여 [그림 26]과 같이 연결하시오.

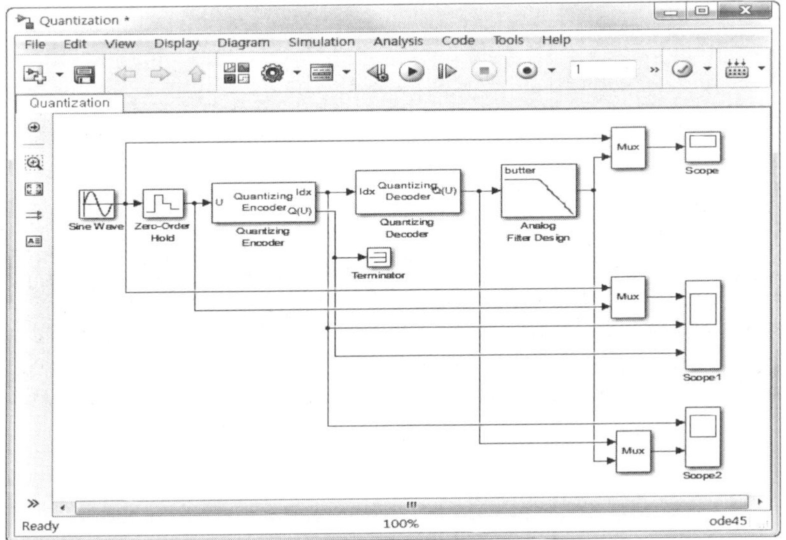

[그림 26]

(2) Stop time을 1초로 설정하고 Start Simulation 버튼을 클릭하여 시뮬레이션을 수행한다.

(3) Scope1 블록을 두 번 클릭하면 [그림 27]과 같은 결과를 얻는다.

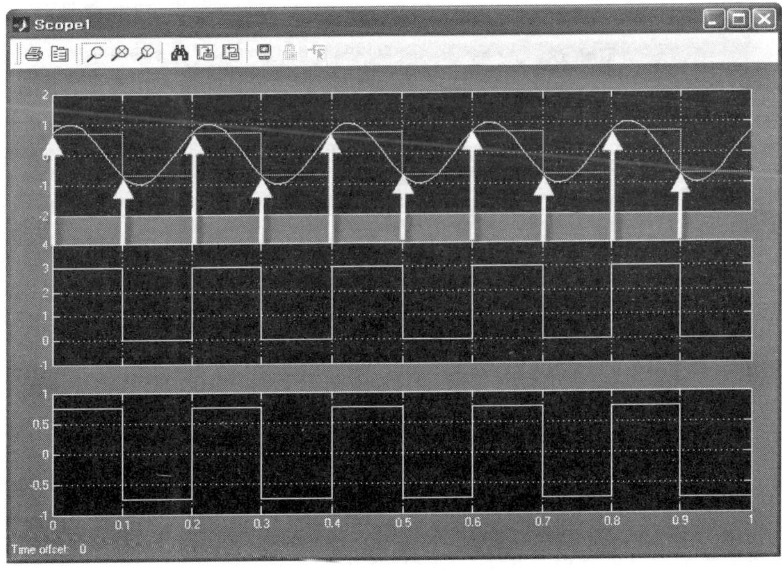

[그림 27]

(4) Scope2 블록을 두 번 클릭하면 [그림 28]과 같은 결과를 얻는다.

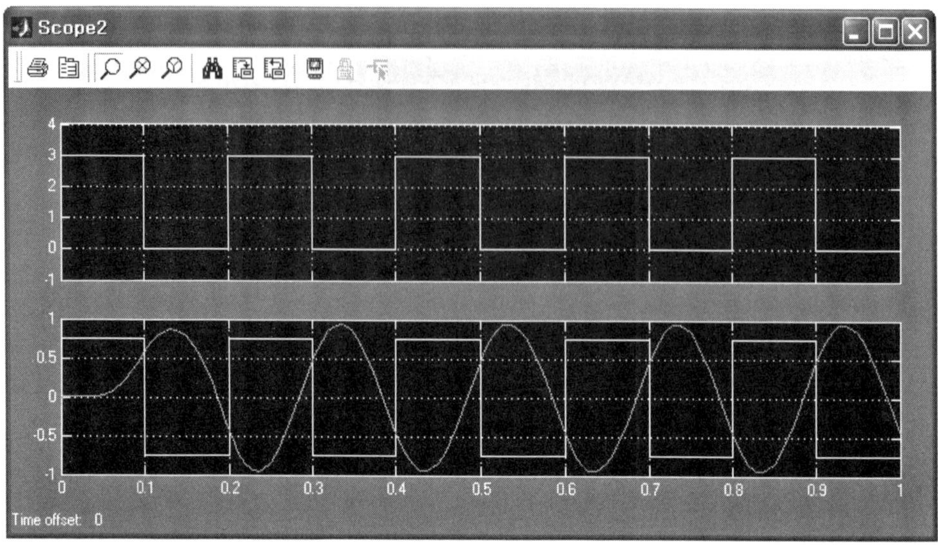

[그림 28]

2. 시간 영역에서 신호 값 관찰

(1) 시간 영역에서 신호 값을 관찰하기 위하여 Simulink/Sinks/To Workspace를 Quantization 창에 놓고 [그림 29]와 같이 연결하시오.

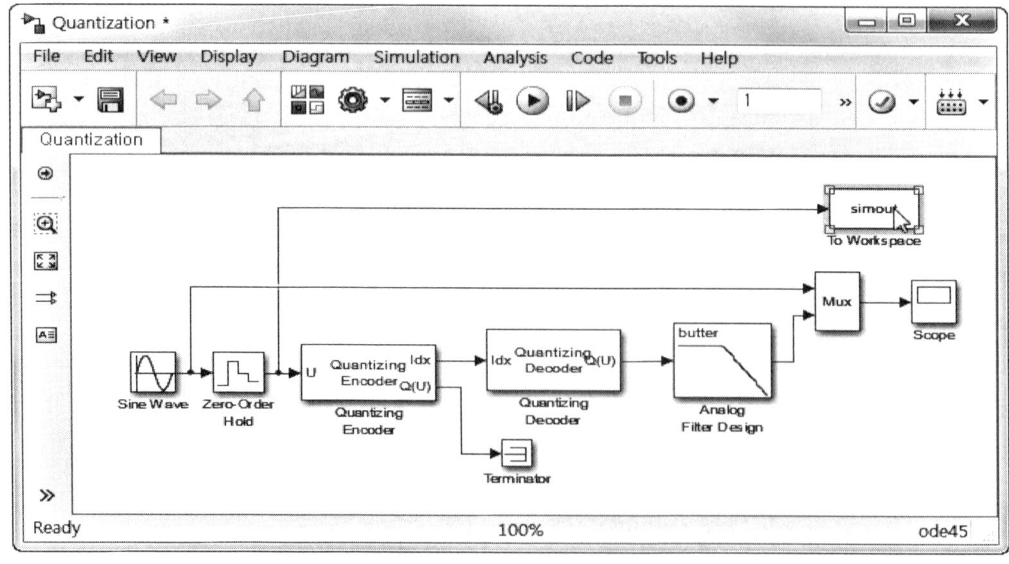

[그림 29]

(2) To Workspace 블록을 두 번 클릭하고 [그림 30]과 같이 파라미터 값을 입력한다.

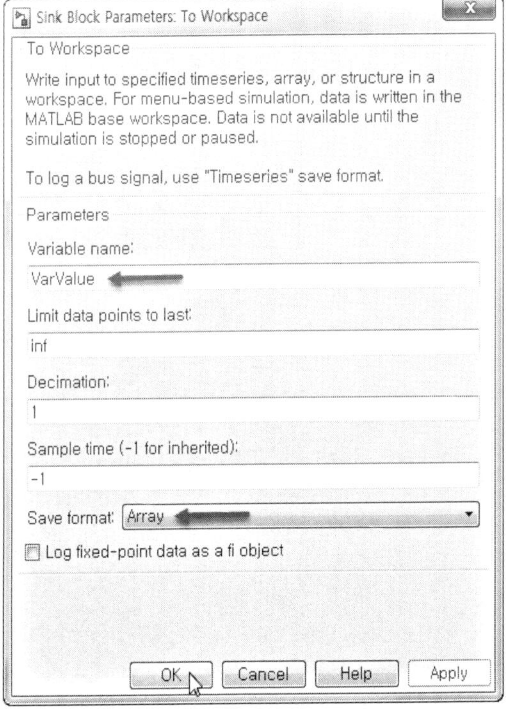

[그림 30]

(3) 동일한 방법으로 [그림 31]과 같이 연결하시오.

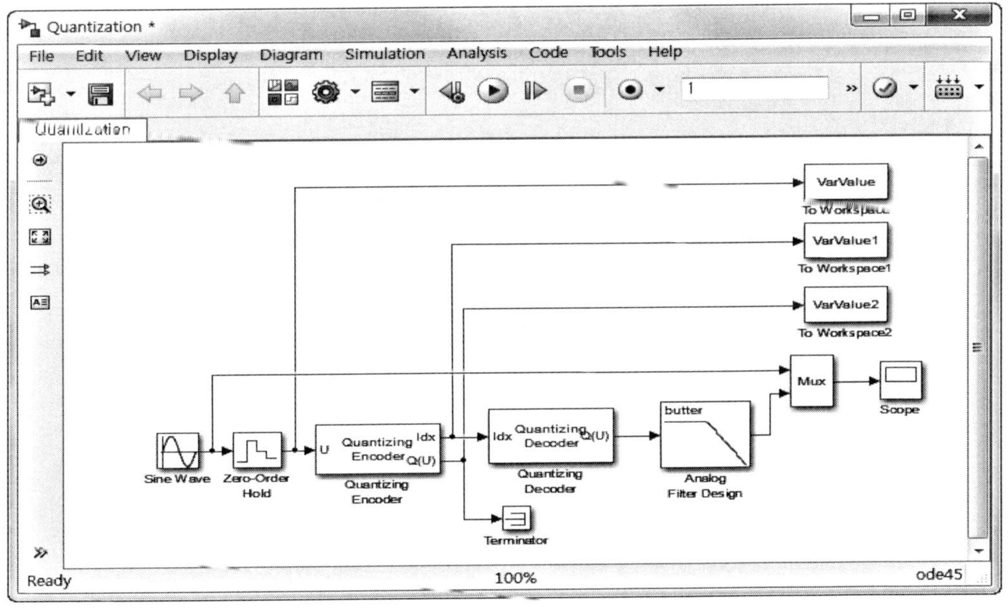

[그림 31]

(4) Matlab Workspace 공간에서 3개의 변수 VarValue, VarValue1, VarValue2 값을 읽기 위해 [그림 32]와 같이 마우스를 누르면 [그림 33]과 같이 값을 확인할 수 있다.

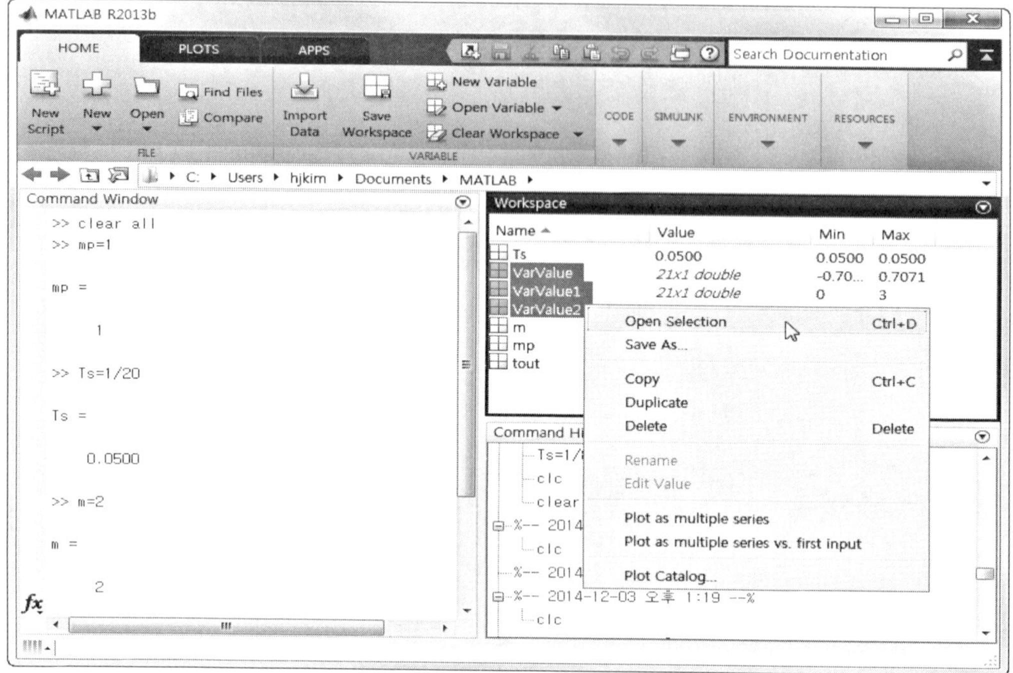

[그림 32]

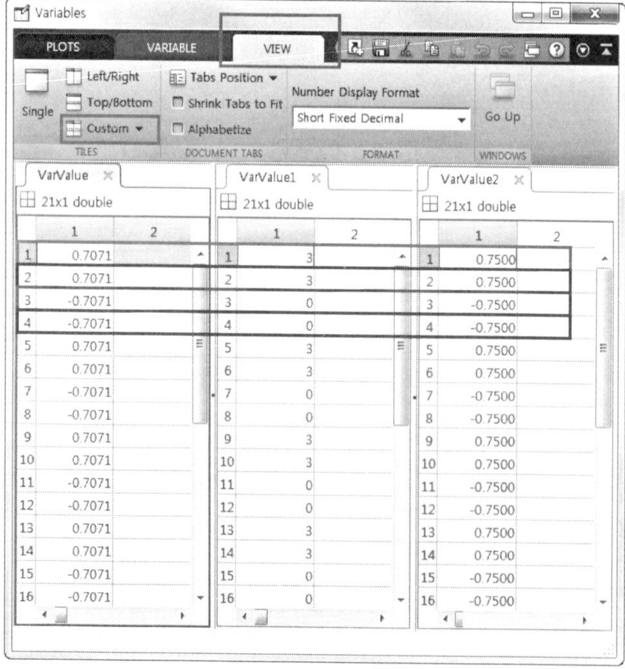

	VarValue	VarValue1	VarValue2
1	0.7071	3	0.7500
2	0.7071	3	0.7500
3	-0.7071	0	-0.7500
4	-0.7071	0	-0.7500
5	0.7071	3	0.7500
6	0.7071	3	0.7500
7	-0.7071	0	-0.7500
8	-0.7071	0	-0.7500
9	0.7071	3	0.7500
10	0.7071	3	0.7500
11	-0.7071	0	-0.7500
12	-0.7071	0	-0.7500
13	0.7071	3	0.7500
14	0.7071	3	0.7500
15	-0.7071	0	-0.7500
16	-0.7071	0	-0.7500

[그림 33]

실습 #2-3 : 양자화잡음 측정

(1) 양자화에 의한 양자화잡음을 측정하기 위하여 [그림 34]와 같이 Simulink/Ports & Subsystems/Subsystem 블록을 Quantization 창에 끌고 와서 내려놓는다.

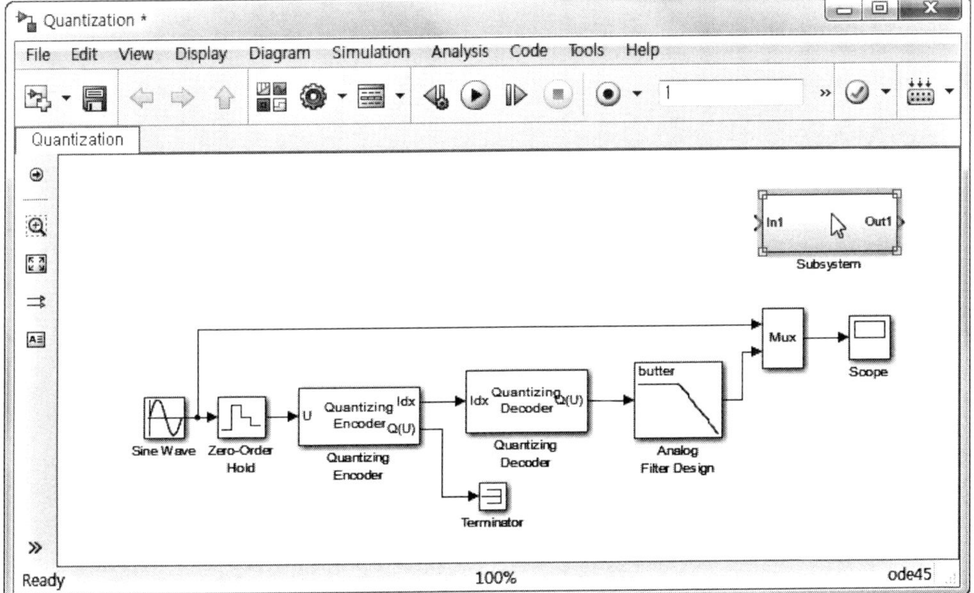

[그림 34]

(2) Subsystem을 두 번 클릭하면 [그림 35]와 같은 창이 나타나게 된다.

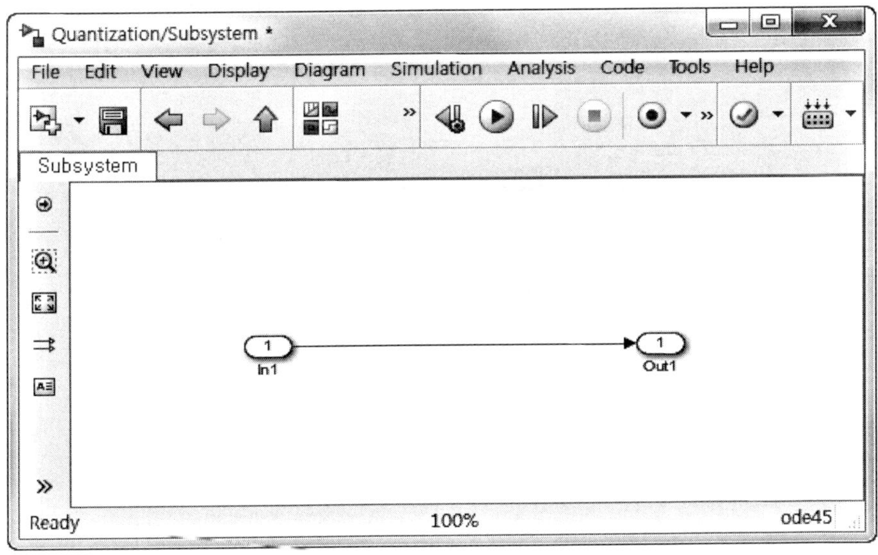

[그림 35]

(3) 이 창에 [그림 36]과 같이 블록들을 가지고 와서 연결을 하시오. 이때 사용되는 블록의 위치는 다음과 같다.

Simulink/Math Operations/Sum

Simulink/Math Operations/Math Function

Simulink/Discrete/Unit Delay

Simulink/Signal Routing/Mux

Simulink/User-Defined Functions/Fcn

Simulink/Sources/Constant

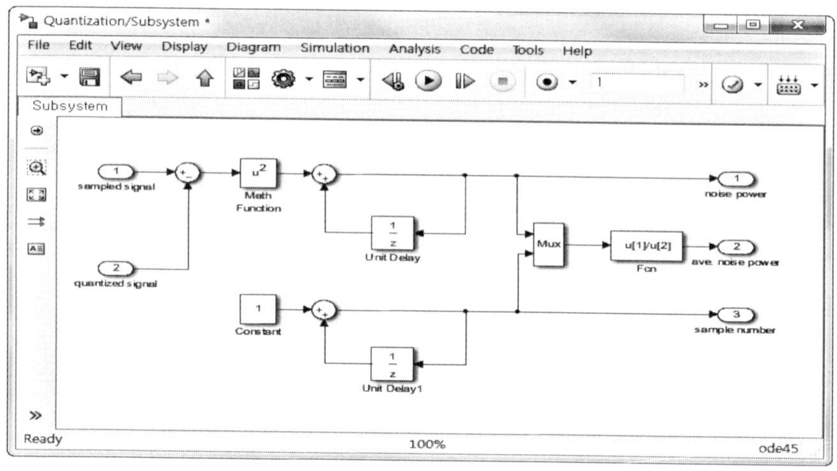

[그림 36]

(4) [그림 36]의 각 블록들을 두 번 클릭하고 [그림 37]과 같이 파라미터 값들을 입력한 후 창을 닫는다.

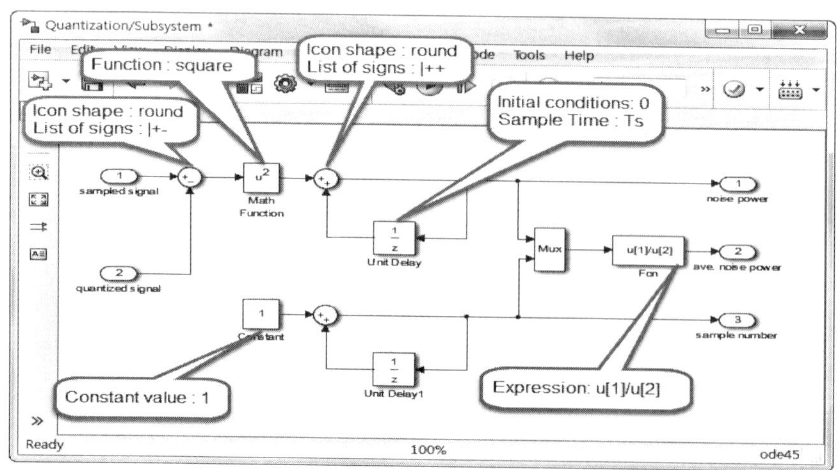

[그림 37]

(5) [그림 38]과 같이 Subsystem 블록 및 Simulink/Sinks/Display 블록을 연결을 한다.

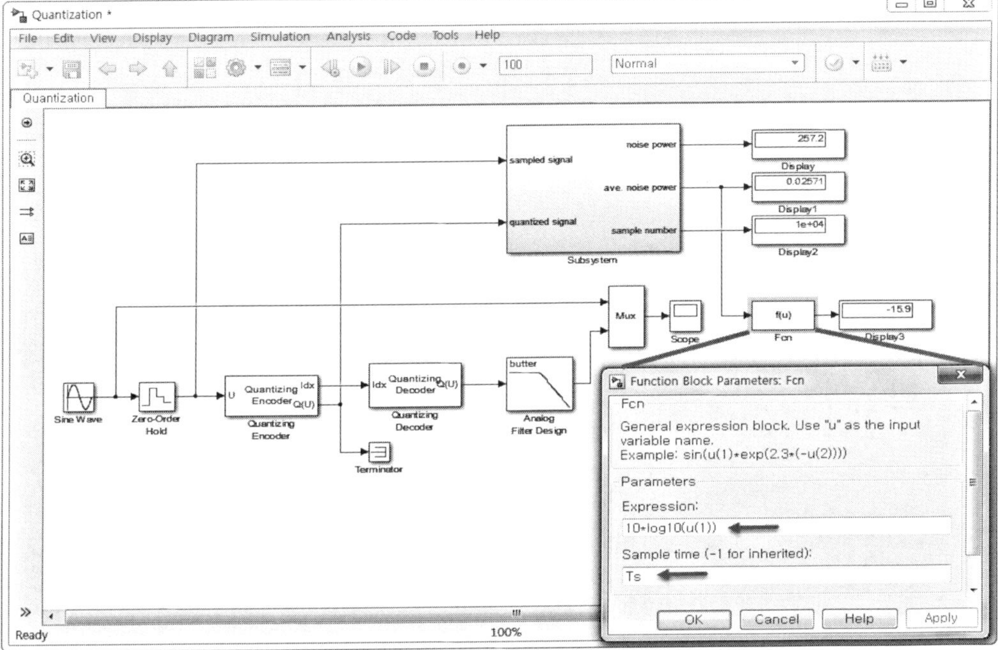

[그림 38]

(6) Matlab Command window 상에서 [그림 39]와 같이 입력을 하고, Stop time을 100초로 설정하고 Start Simulation 버튼을 클릭하면 [그림 40]과 같은 시뮬레이션 결과를 얻는다.

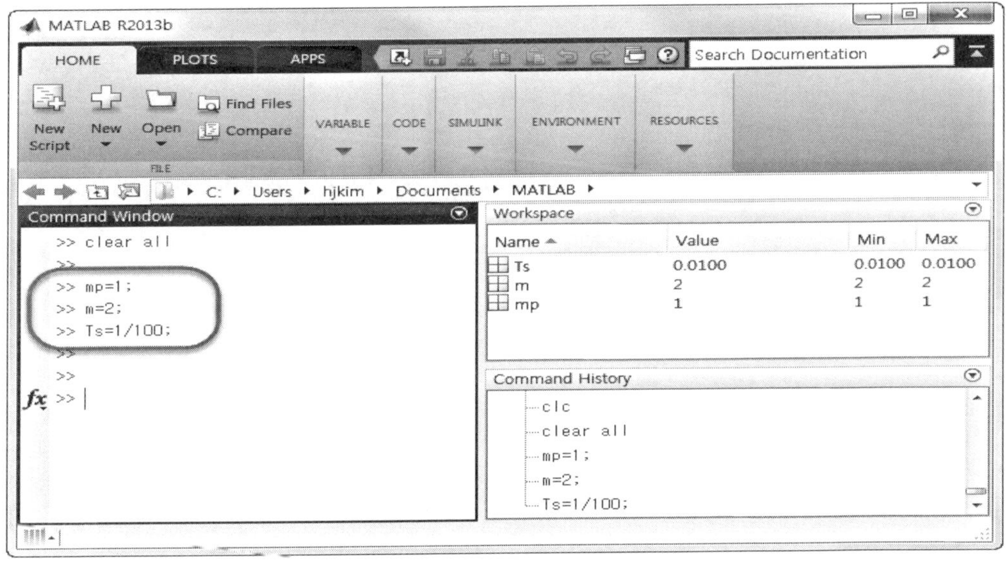

[그림 39]

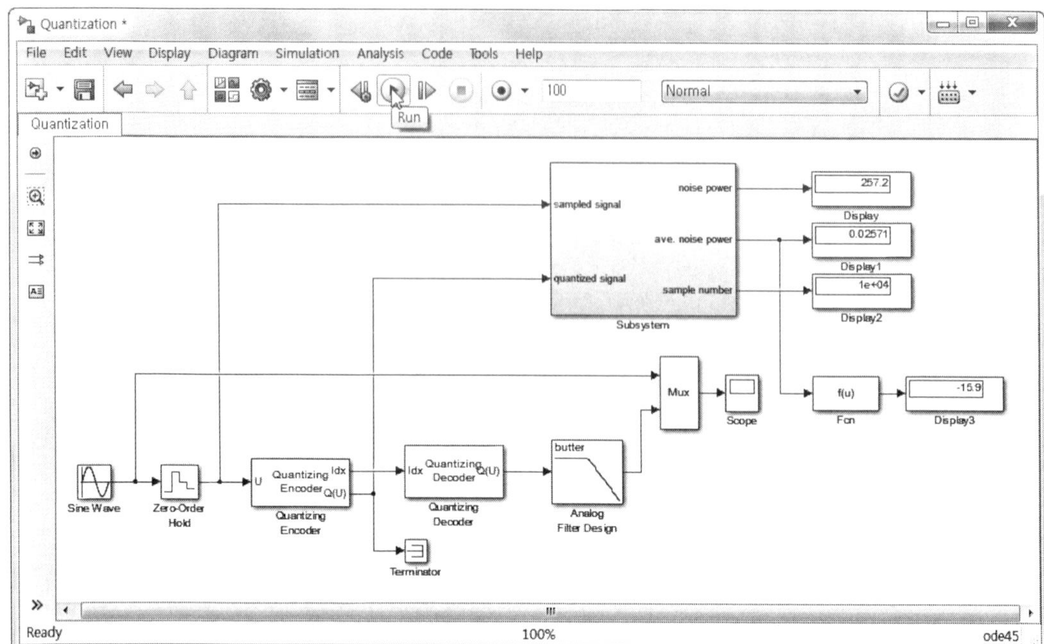
Quantization *
File Edit View Display Diagram Simulation Analysis Code Tools Help
100
Normal
Run
Quantization
sampled signal
noise power
ave. noise power
quantized signal
sample number
Subsystem
257.2
Display
0.02571
Display1
1e+04
Display2
Mux
Scope
f(u)
Fcn
-15.9
Display3
butter
Sine Wave
Zero-Order Hold
U
Quantizing Encoder
Idx
Q(U)
Quantizing Encoder
Idx
Quantizing Decoder
Q(U)
Quantizing Decoder
Analog Filter Design
Terminator
Ready
100%
ode45

[그림 40]

실습과제 #2 : 실험 결과 및 고찰 보고서

1. 주어진 조건에서 양자화기는 균일양자화기인가 불균일양자화기 인가?

2. 주어진 샘플링 율과 양자화기에서 양자화기의 출력에서 비트 율은 얼마인가?

3. [그림 27]의 시간영역 신호에서 처음 4 샘플에 대하여 신호를 해석하여 보시오.

4. [그림 40]에서 평균양자화 잡음전력 값을 나타내시오. 또한 수식을 이용하여 양자화 잡음의 평균 전력 값을 계산하여 보시오.

실습과제 #2 설계 보고서 (1)

학습목표 :

주어진 아날로그 신호를 나이퀴스트 율 이상으로 표본화를 한 후 양자화를 수행하는 Simulink Block를 구성한 후 신호를 분석하고 고찰한다. 또한 양자화 잡음의 평균전력을 계산하여 본다.

주어진 조건 :

① 아날로그 신호 : $s(t) = A \cdot sin(2\pi ft + \theta) = 1 \cdot sin(2\pi 5t + 45^\circ)$

② 샘플링 시간 : $T_S = 1/40$

③ 양자화기 : 1) 8레벨 양자화기 2) 16레벨 양자화기

④ 아날로그 필터 : Low Pass Filter(LPF)

- Butterworth Type LPF
- Filter order = 8
- Pass band edge frequency : f = 10

설계 :

양자화를 수행하는 Simulink Block을 설계하고 파라미터 값을 입력

분석 및 고찰 :

1. 8레벨 양자화기의 경우

1) 8레벨은 샘플 당 몇 비트인가?

2) 주어진 샘플링 율에서 양자화기의 출력 비트 율은?

3) 양자화 잡음의 평균 전력 값은?

4) 시간 영역에서 신호 관찰 : Stop time을 1초로 설정하고 Start Simulation 버튼을 클릭한 후 [그림 27]과 같이 Scope의 결과를 복사하여 붙이시오. 또한 처음 5 샘플에 대하여 신호를 해석하여 보시오.

5) 시간 영역에서 신호 관찰 : [그림 28]과 같이 Scope의 결과를 복사하여 붙이시오.

2. 16레벨 양자화기의 경우

1) 16레벨은 샘플 당 몇 비트인가?

2) 주어진 샘플링 율에서 양자화기의 출력 비트 율은?

3) 양자화 잡음의 평균 전력 값은?

4) 시간 영역에서 신호 관찰 : Stop time을 1초로 설정하고 Start Simulation 버튼을 클릭한 후 [그림 27]과 같이 Scope의 결과를 복사하여 붙이시오. 또한 처음 5 샘플에 대하여 신호를 해석하여 보시오.

5) 시간 영역에서 신호 관찰 : [그림 28]과 같이 Scope의 결과를 복사하여 붙이시오.

3. 8레벨 양자화기 및 16레벨양자화기의 비교

1) 16레벨 양자화기가 8레벨 양자화기에 비해 갖는 장점은 무엇인가?

2) 16레벨 양자화기가 8레벨 양자화기에 비해 갖는 단점은 무엇인가?

4. 양자화 잡음 전력을 −40dB이하로 설계하고자 한다. 최소 몇 레벨 양자화기를 사용하여야 하는지 결정하시오?

실습과제 #2 설계 보고서 (2)

주어진 조건 :

① 아날로그 신호 : $s(t) = A \cdot sin(2\pi ft + \theta) = 1 \cdot sin(2\pi 5t + 45^\circ)$

② 샘플링 시간 : $T_S = 1/40$

③ 양자화기 : 1) 8레벨 양자화기 2) 16레벨 양자화기

④ 아날로그 필터 : Low Pass Filter(LPF)

- Butterworth Type LPF
- Filter order = 8
- Pass band edge frequency : f = 10

설계 :

[그림 40]의 창에서 양자화잡음을 측정하기 위한 Subsystem 블록을 MATLAB Function 블록을 사용하여 동일한 기능을 수행하도록 설계하시오.

분석 및 고찰 :

1. [그림 41]과 같이 Simulink/User-Defined Functions/MATLAB Function 블록을 가지고 온 후 블록을 클릭하고 [그림 42]와 같이 입력을 한다.

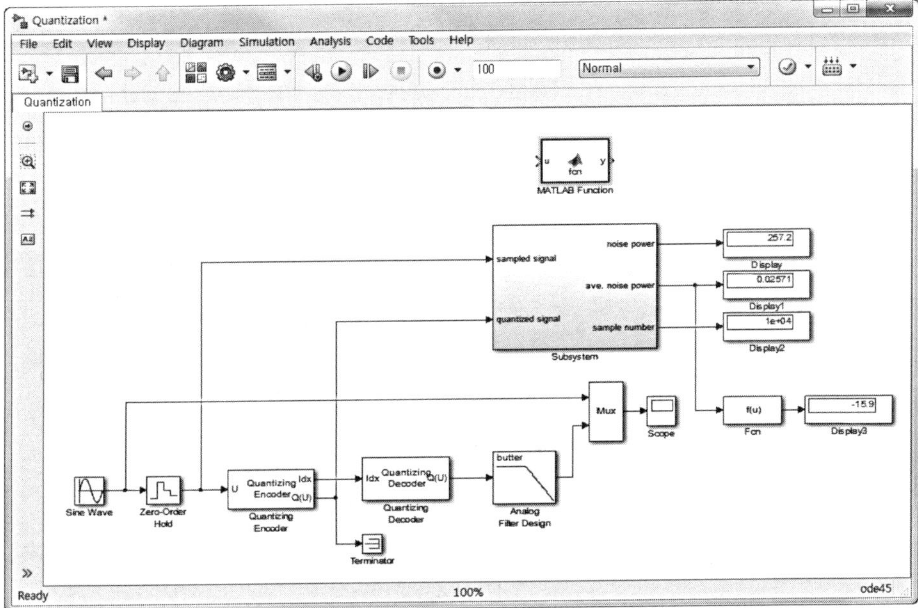

[그림 41]

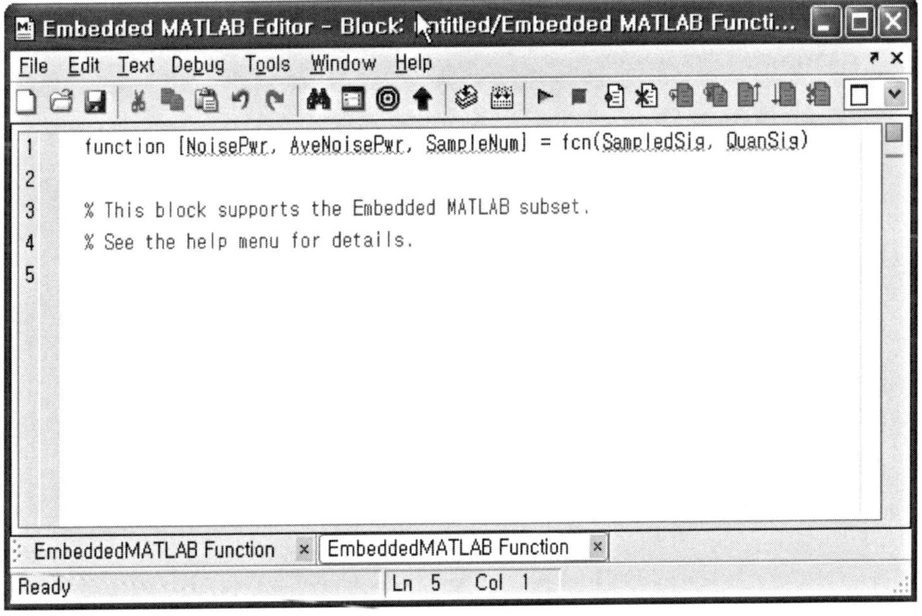

[그림 42]

2. [그림 43]과 같이 연결을 하고 양자화잡음을 측정하기 위한 Subsystem 블록과 동일한 기능을 수행하는 MATLAB Function 블록을 설계하시오.

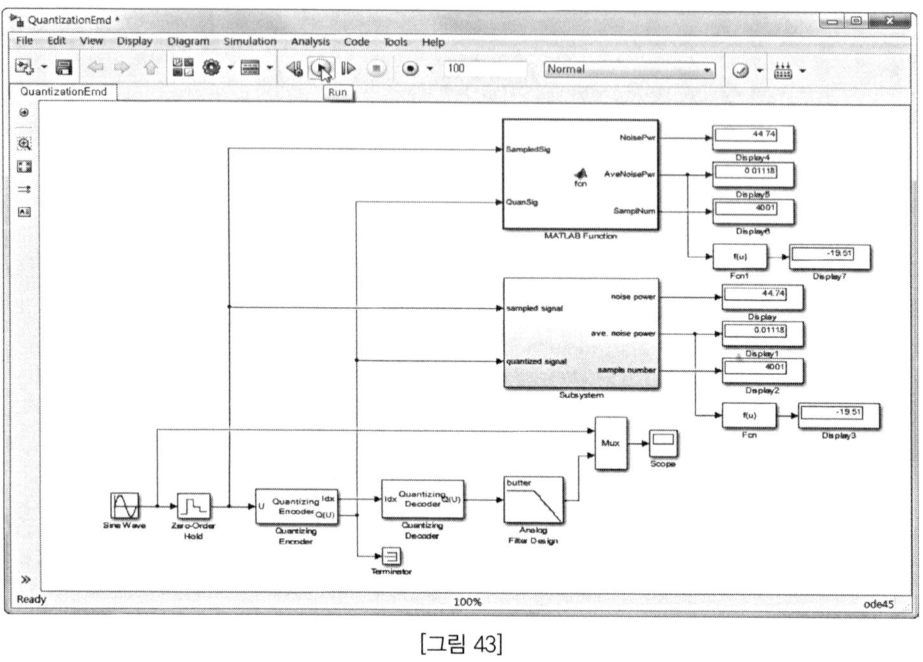

[그림 43]

3. 설계된 MATLAB Function 블록을 아래에 제시하시오.

제3장 PCM(Pulse Coded Modulation)

3.1 PCM

3.1 PCM

펄스부호변조(PCM : Pulse Coded Modulation)란 양자화된 PAM 신호 값을 이진 디지털 부호로 부호화하여 얻은 펄스 형태의 기저대역(baseband) 신호를 이용하여 정보를 전송하는 방식으로 표본화, 양자화 및 부호화의 세가지 단계를 거쳐 PCM 신호 값이 생성된다. 그림 3.1은 PCM 시스템의 블록도를 나타낸 것이다. 표본화기에 입력되는 신호는 f_m으로 대역제한 되어 있다고 가정하며, 실제적으로는 이상적으로 대역이 제한되어 있는 신호는 존재하지 않으므로 그림 3.2와 같이 표본화기 앞 단에서 여파기(presampling filter 또는 anti-aliasing filter)를 사용해 f_m 대역 이외의 주파수 성분은 미리 제거하는 것이 일반적이다. 물론, 표본화 과정에서는 신호 복원 시 사용되는 여파기의 특성이 완만함을 고려하여 보호대역(guard band)을 가질 수 있도록 표본화 율이 나이퀴스트 율보다 더 높아야 할 것이다.

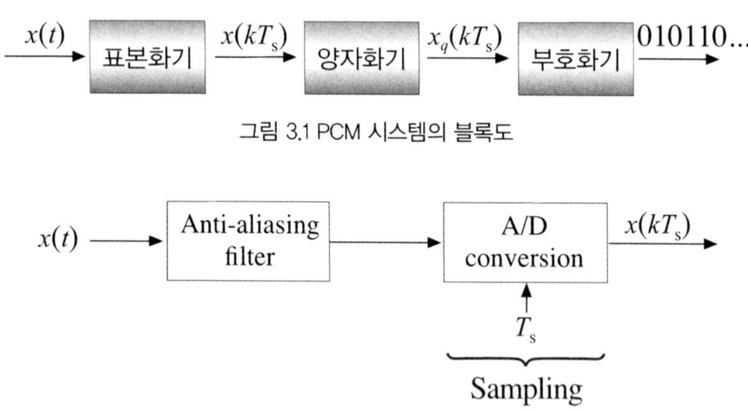

그림 3.1 PCM 시스템의 블록도

그림 3.2 anti-aliasing filter

표본화된 신호 값은 양자화기에 입력되어 균일 혹은 불균일 형태로 양자화되어 출력될 것이며 균일양자화 혹은 불균일 양자화를 할 것인가는 원 신호의 특성에 좌우된다. 양자화기의 출력은 υ 비트 길이의 이진 부호로 부호화(encoding)되는 데 이때, 2^{υ}는 양자화 레벨의 총 수이다. 예를 들어, 그림 3.3에서 양자화 레벨의 총 수가 8인 경우를 보여주고 있는데 이 경우, $8 = 2^3$이므로 3[bits]의 PCM 부호로 부호화됨을 알 수 있다.

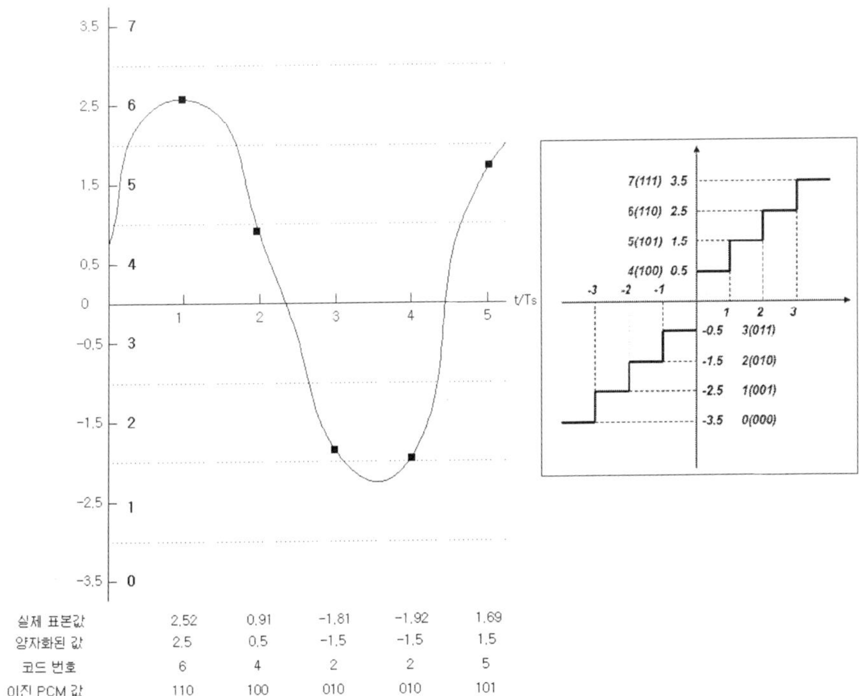

그림 3. PCM 부호 값의 생성

예제 3.1 다음의 오디오 신호 $x(t)$에 대하여 생각해 보자.

$$x(t) = 16\cos(200\pi t)\cos(100\pi t) - 8\cos(100\pi t)$$

① 표본화율을 나이퀴스트율의 2배로 한다고 할 때 표본화율을 구하시오.

$x(t)$를 풀어보면

$$\begin{aligned} x(t) &= 16\cos(200\pi t)\cos(100\pi t) - 8\cos(100\pi t) \\ &= 16\{(1/2)\cos(300\pi t) + (1/2)\cos(100\pi t)\} - 8\cos(100\pi t) \\ &= 8\cos(300\pi t) \end{aligned}$$

나이퀴스트율은 $f_N = 2f_m = 2 \cdot 150 = 300$ 이므로

$\therefore f_s = 2f_N = 600$ $[sps]$

② 6비트 PCM을 하는 경우 양자화레벨 간격을 구하시오.

$$\therefore\ \Delta\upsilon = \frac{16V}{2^6} = 0.25$$

③ ①의 샘플링율에서 6비트 PCM을 하는 경우 비트율을 구하시오.

$$\therefore\ R_b = f_s \bullet 6 = 3600\ [bits/s]$$

#3. PCM 실습

학습목표 :

주어진 아날로그 신호를 PCM 과정을 통하여 디지털 데이터로 변환하는 과정, 즉 표본화, 양자화, 부호화 과정을 수행하는 Simulink Block를 구성한 후 신호를 분석하고 고찰한다.

실습과제 :

실습 #3-1 : PCM 과정을 수행하기 위한 Simulink Block을 구성

실습 #3-2 : 시간 영역 및 주파수 영역에서 신호 관찰

주어진 조건 :

① 아날로그 신호 : $s(t) = A \bullet sin(2\pi ft + \theta) = 1 \bullet sin(2\pi 5t + 30^\circ)$

② 샘플링 시간 : $T_S = 1/20$

③ 양자화기 : 4레벨(2비트) 양자화기

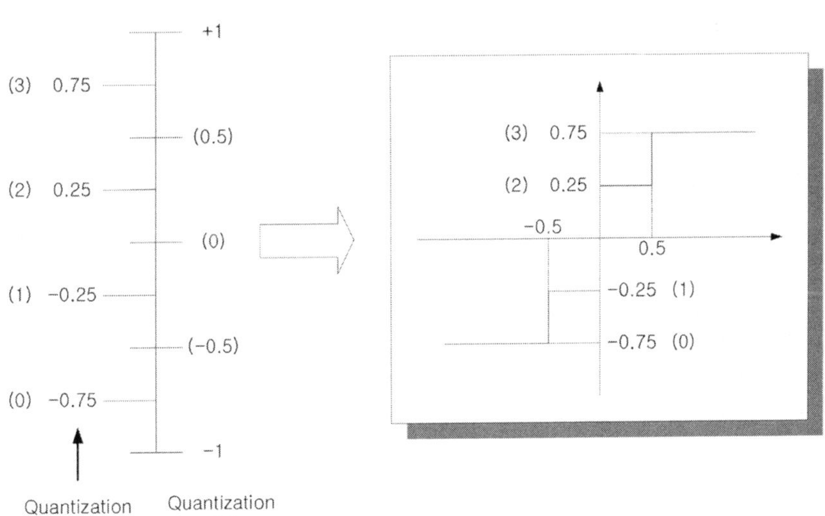

④ 아날로그 필터 : Low Pass Filter(LPF)

- Butterworth Type LPF, - Filter order=8,

- Pass band edge frequency : f=10

실습 #3-1 : PCM과정을 수행하기 위한 Simulink Block 구성

[실험절차]

(1) Matlab을 실행한다.

(2) [그림 1]과 같이 메뉴 바에서 Simulink Library 버튼을 click하면 [그림 2]와 같이 Simulink Library Browser가 나타난다.

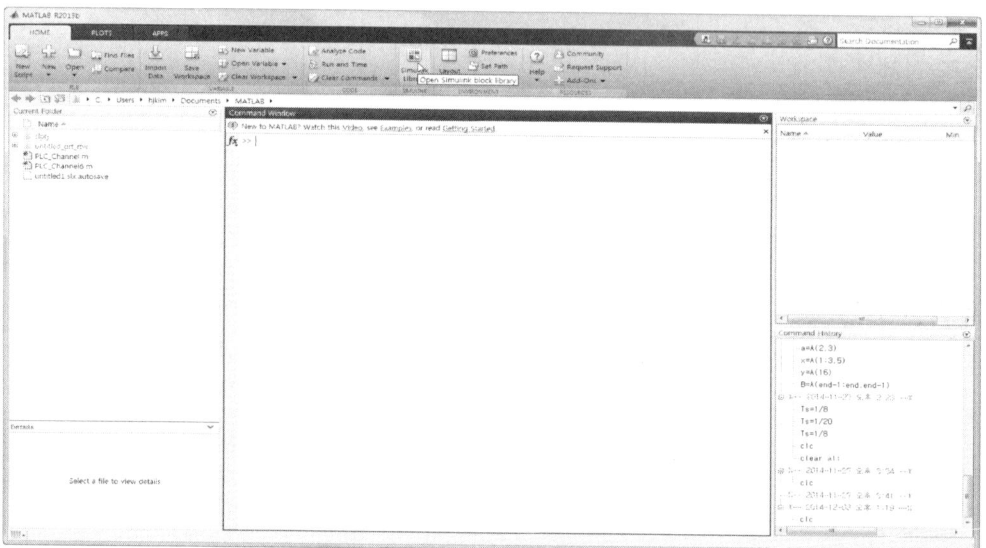

[그림 1]

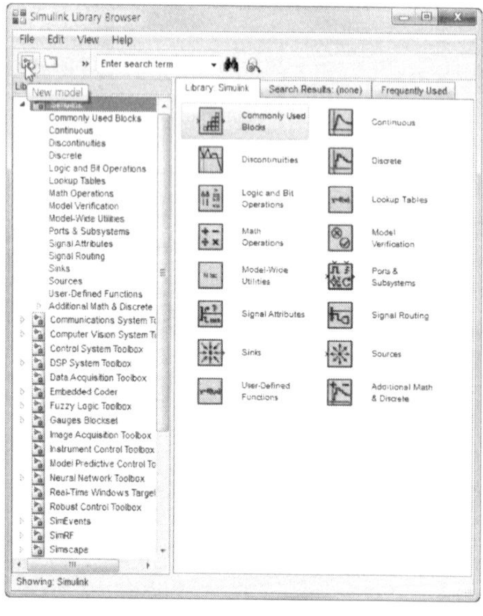

[그림 2]

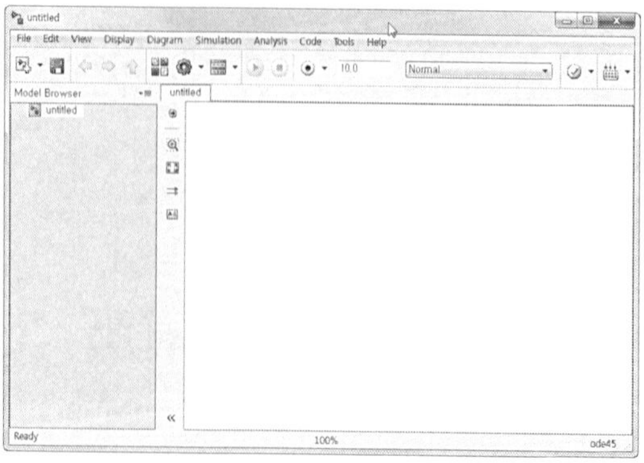

[그림 3]

(3) Simulink Library Browser의 menu 바에서, FILE/NEW/MODEL 을 선택하게 되면 [그림3]과 같이 untitled window 창이 나타난다.

(4) [그림 4]와 같이 Simulink Library Browser의 왼쪽 면에서, Simulink/Sources를 선택한다. [그림 5]와 같이 Simulink Library Browser의 오른쪽 면에서 Sine Wave를 왼쪽 마우스로 누른다.

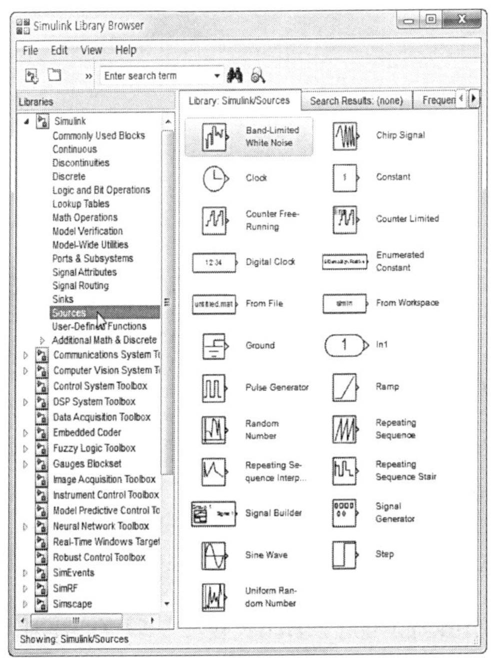

[그림 4]

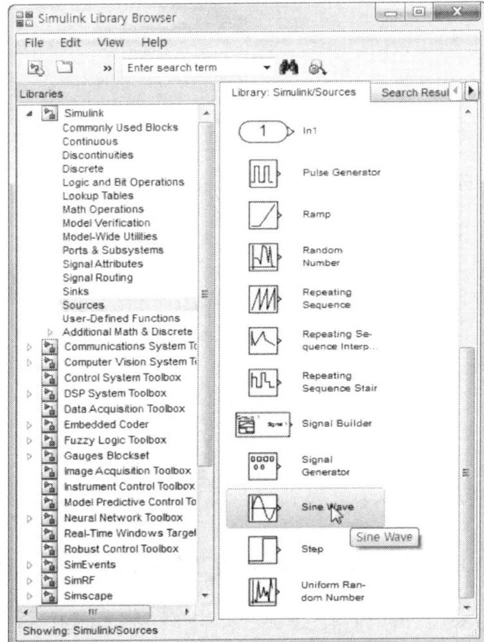

[그림 5]

(5) [그림 6]과 같이 untitled window 창에 Sine Wave를 끌고 와서 내려놓는다.

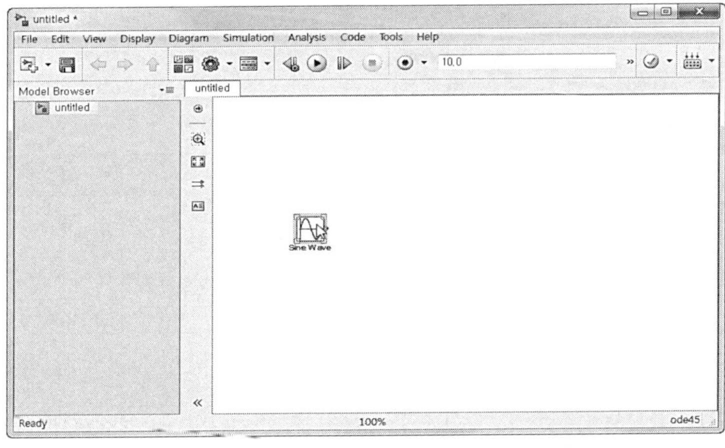

[그림 6]

(6) 아날로그 신호로 사용할 Sine Wave 블록을 2번 클릭한 후 [그림 7]과 같이 입력한다.

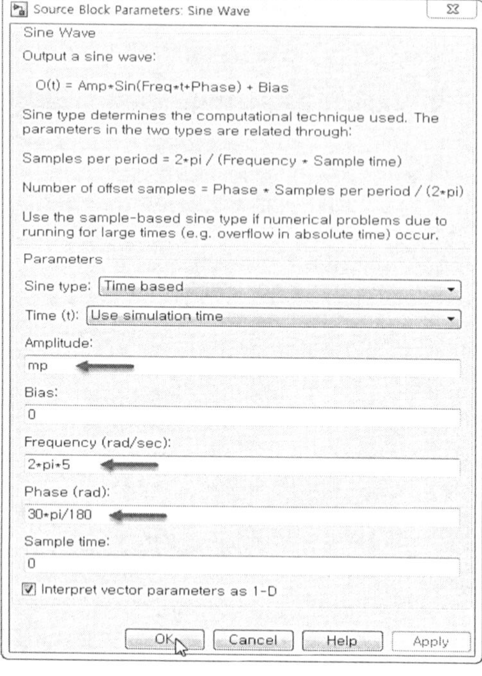

[그림 7]

(7) Untitled window를 PCM 이라는 이름으로 저장한다.

(8) 샘플링과정을 수행하기 위하여 Simulink Library Browser의 왼쪽 면에서, Simulink/ Discrete를 선택하고, 오른쪽 면에서 Zero-Order Hold를 PCM 창에 내려놓고 [그림 8]과 같이 두 블록을 연결한 다. Zero-Order Hold 블록을 2번 클릭하고 [그림 9]와 같이 샘플링 시간을 입력한다.

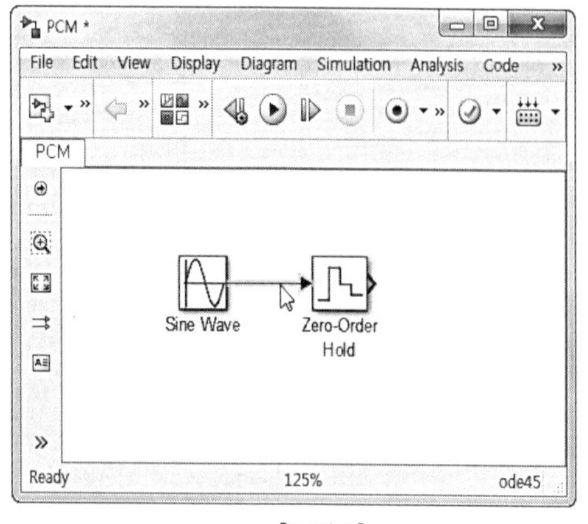

[그림 8]

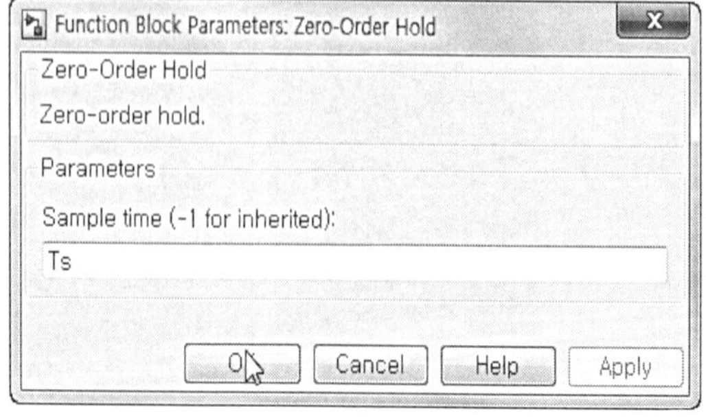

[그림 9]

(9) 양자화과정을 수행하기 위하여 Simulink Library Browser의 왼쪽 면에서, Communications System Toolbox/Source Coding을 선택하고, 오른쪽 면에서 Quantizing Encoder를 [그림 10]과 같이 PCM 창에 내려놓고 Zero-Order Hold와 연결을 한다.

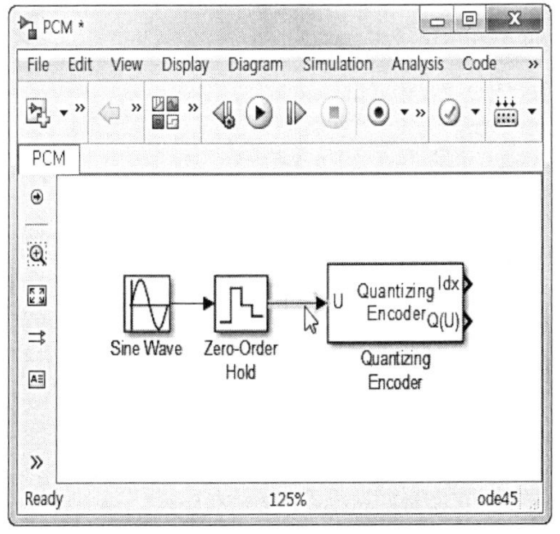

[그림 10]

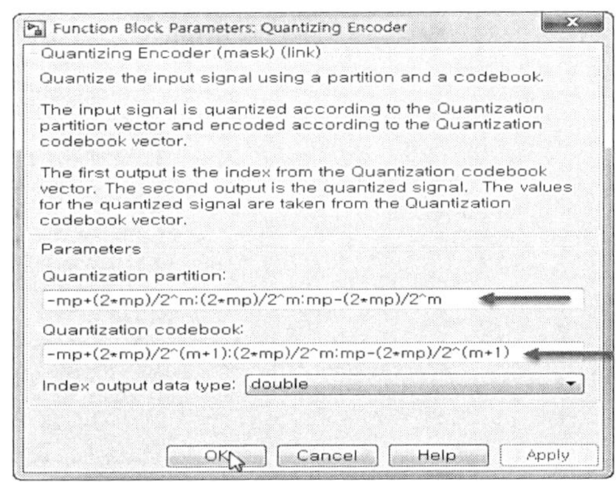

[그림 11]

(10) Quantizing Encoder 블록을 2번 클릭한 후 [그림 11]과 같이 파라미터 값들을 입력한다.

(11) 부호화과정을 수행하기 위하여 Communication System Toolbox/Utlity Blocks/Integer to Bit Converter을 [그림 12]와 같이 연결한다. Integer to Bit Converter 블록을 2번 클릭한 후 [그림 13]과 같이 파라미터 값들을 입력한다.

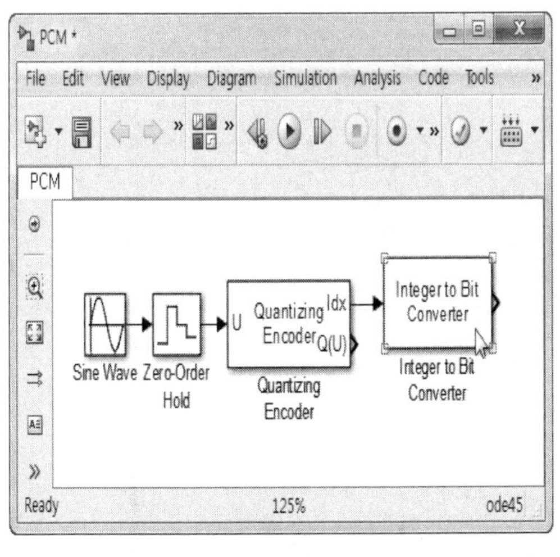

[그림 12]

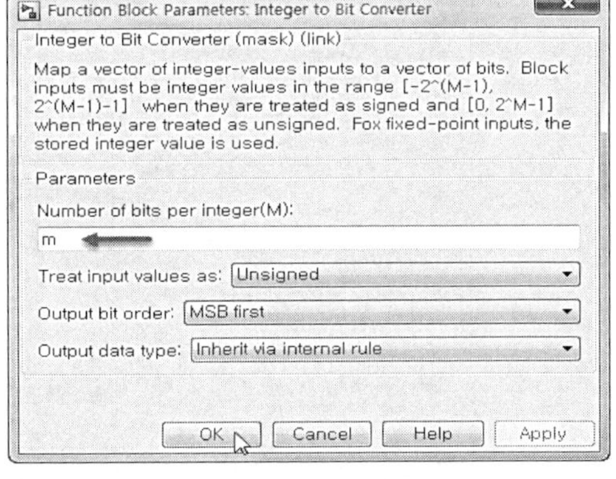

[그림 13]

(12) Simulink Library Browser의 왼쪽 면에서, Simulink/Math Operations를 선택하고, 오른쪽 면에서 Reshape를 PCM 창에 내려놓고 [그림 14]와 같이 Integer to Bit Converter와 연결을 한다. Reshape 블록을 2번 클릭하고 [그림 14]와 같이 입력한다.

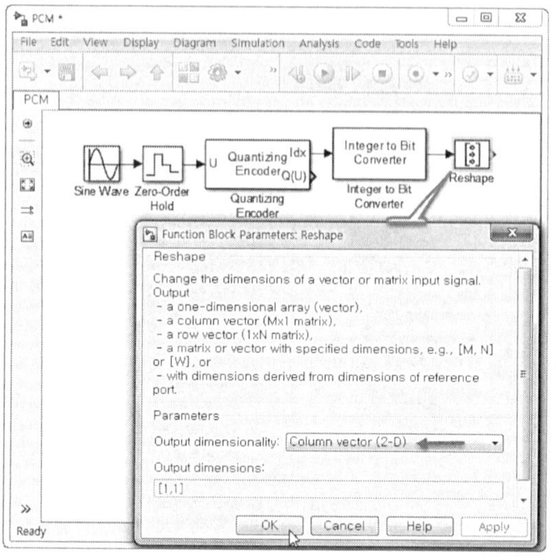

[그림 14]

(13) Simulink Library Browser의 왼쪽 면에서, DSP System Toolbox/Signal Management/Signal Attributes을 선택하고, 오른쪽 면에서 Frame Conversion을 또한 DSP System Toolbox/Signal Management/Buffers을 선택하고, 오른쪽 면에서 Unbuffer을 [그림 15]와 같이 연결하고 파라미터 값들을 입력한다. 이와 같이 (11)(12)(13)과정을 통하여 부호화과정이 수행된다.

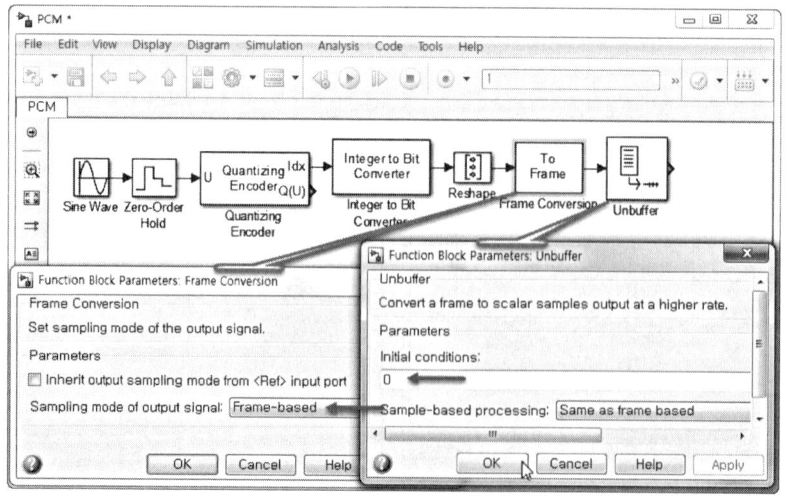

[그림 15]

(14) 부호화의 역 과정으로 [그림 16]과 같이 DSP System Toolbox/Signal Management/Buffers/Buffer를 선택하여 연결하고 파라미터 값을 입력한다.

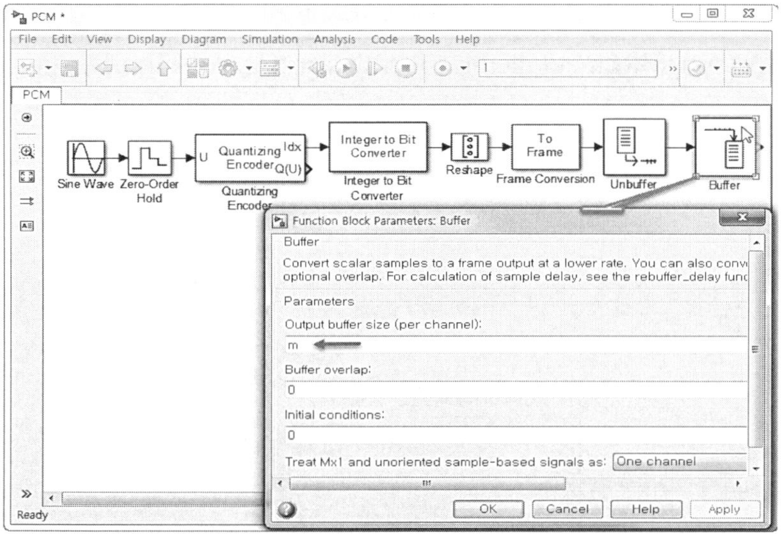

[그림 16]

(15) Buffer 블록 출력을 [그림 17]과 같이 블록들을 가지고 와서 연결을 한다. 이때 사용되는 블록의 위치는 다음과 같다. 각 블록들을 2번 클릭한 후 [그림 17]과 같이 파라미터 값들을 입력한다. 이와 같이 (14)(15) 과정을 통하여 부호화의 역과정이 수행된다.

Communications System Toolbox/Utility Blocks/Integer to Bit Converter

DSP System Toolbox/Signal Management/Signal Attributes/Frame Conversion

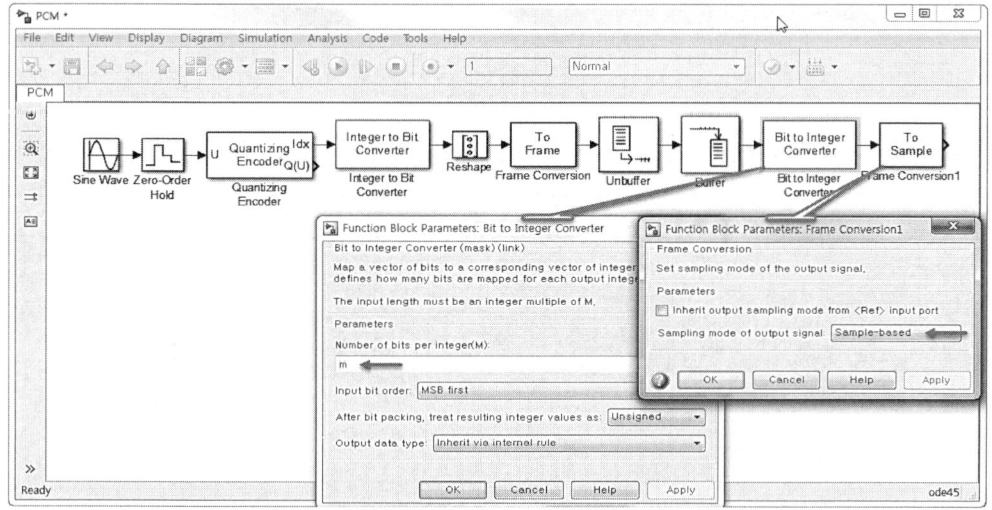

[그림 17]

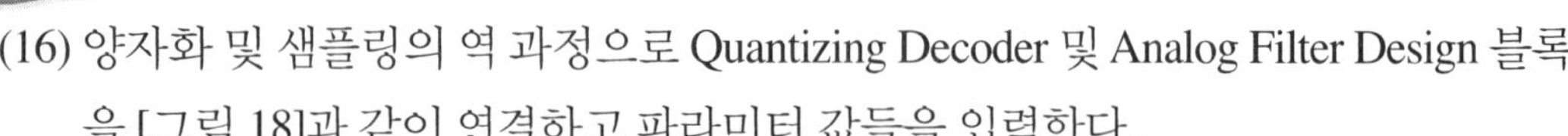

(16) 양자화 및 샘플링의 역 과정으로 Quantizing Decoder 및 Analog Filter Design 블록을 [그림 18]과 같이 연결하고 파라미터 값들을 입력한다.

Communications Blockset/Source Coding/Quantizing Decode

Signal Processing Blockset/Filtering/Filter Designs/Analog Filter Design

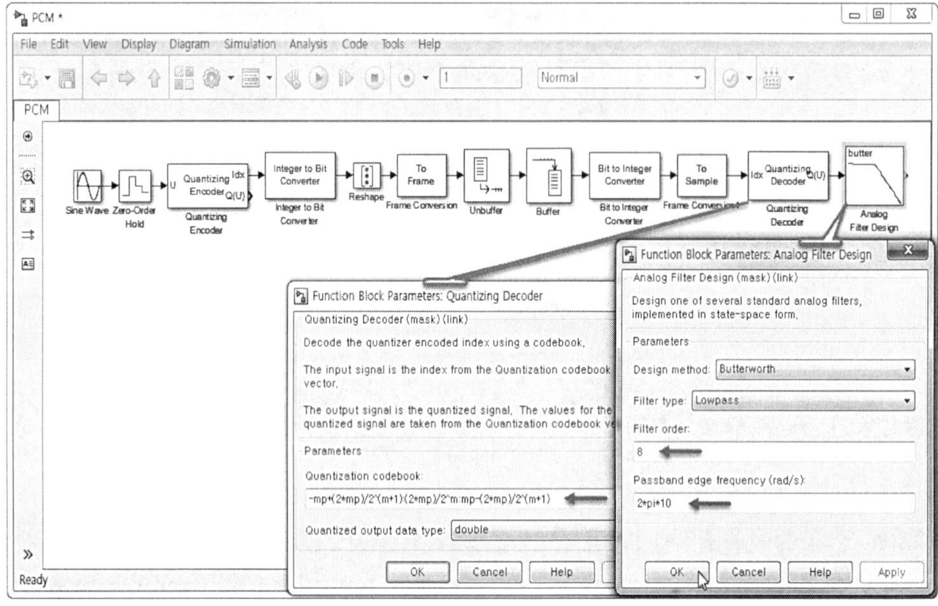

[그림 18]

(17) Simulink/Signal Routing/Mux, Simulink/Sinks/Scope와 Simulink/Sinks/Terminator를 [그림 19]와 같이 연결한다. 이때 Mux 블록을 2번 클릭한 후 [그림 20]과 같이 파라미터 값을 입력한다.

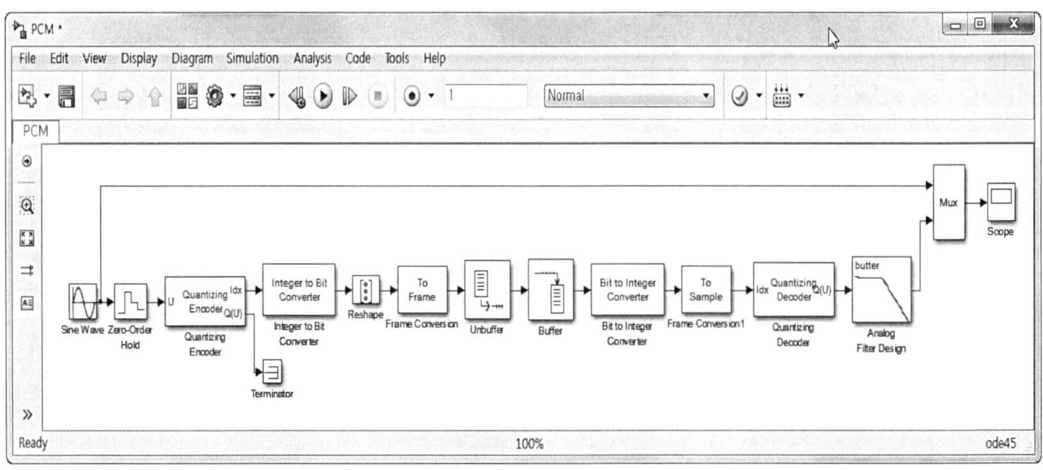

[그림 19]

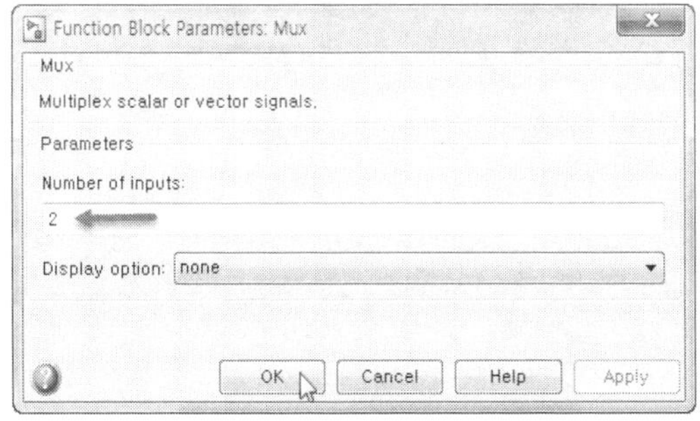

[그림 20]

(18) Matlab Command window 상에서 [그림 21]과 같이 변수 mp, T_s, m에 값을 지정한다.

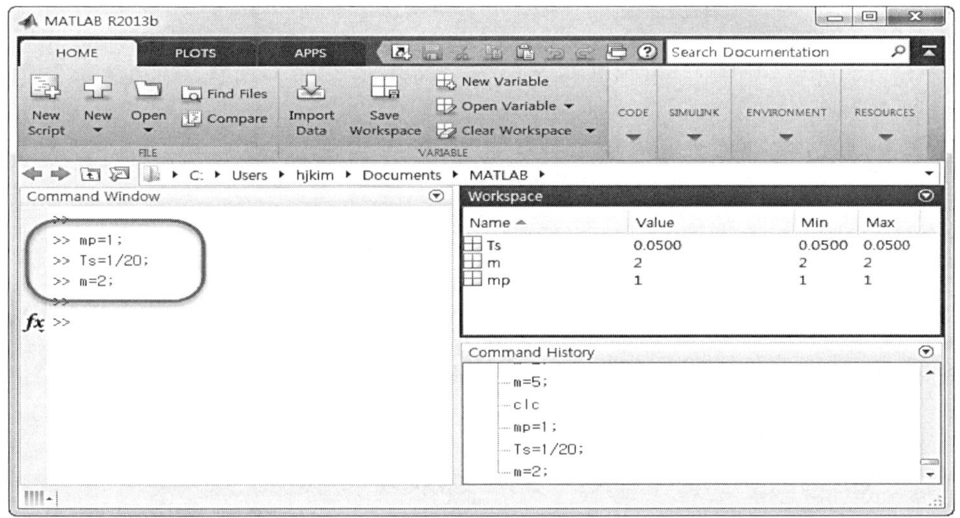

[그림 21]

(19) PCM 창의 Simulation/Simulation Parameters를 선택한 후, Stop time을 1초로 설정하고, Start Simulation 버튼을 누른 후 Scope 버튼을 클릭하면 [그림 22]와 같은 결과를 얻는다. 이때 Scope의 최소값과 최대값이 -2와 2가 되도록 설정한다.

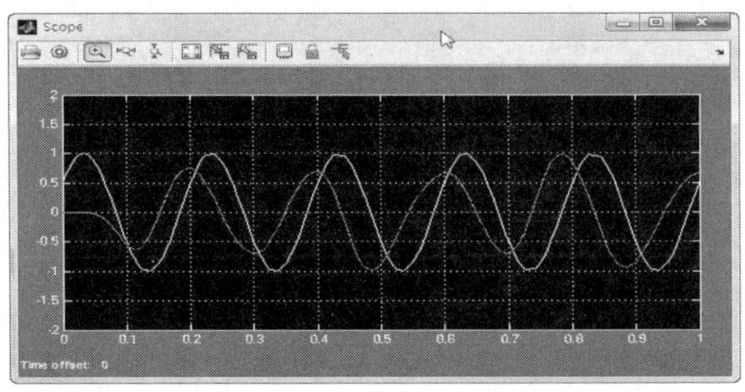

[그림 22]

실습 #3-2 : 시간/주파수 영역에서 신호 관찰

1. 시간 영역에서 신호 파형 관찰

(1) 시간 영역에서 신호를 관찰하기 위하여 [그림 23]과 같이 연결하시오.

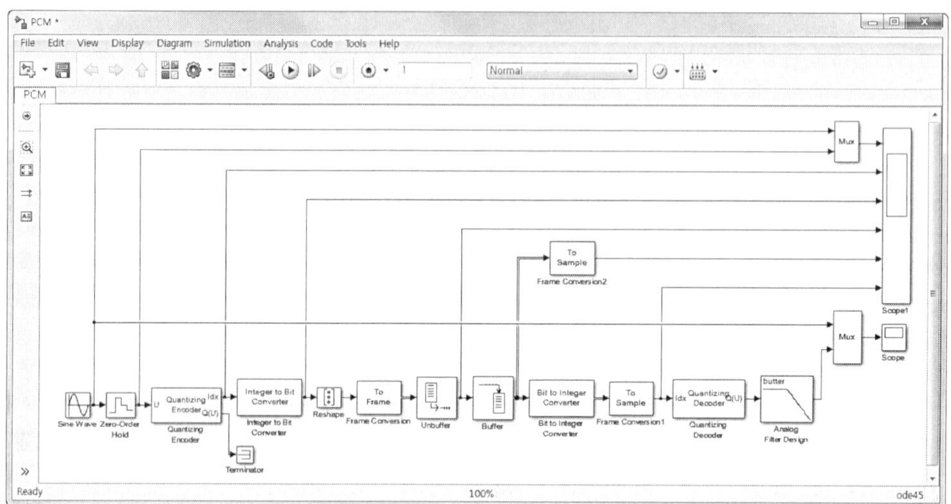

[그림 23]

(2) Stop time을 1초로 설정하고 시뮬레이션을 수행한다.

(3) Scope1 블록을 두 번 클릭하면 [그림 24]와 같은 결과를 얻는다.

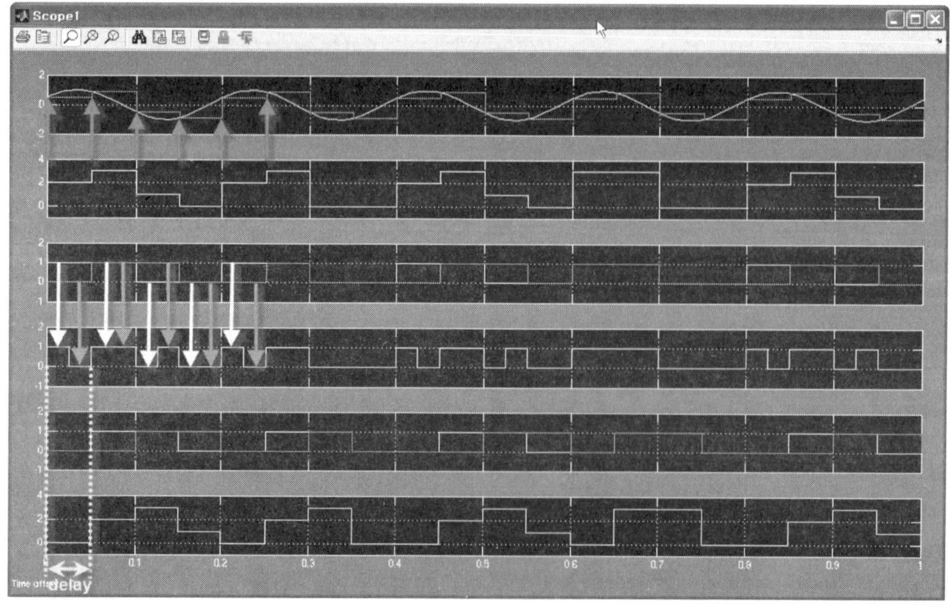

[그림 24]

2. 시간 영역에서 신호 값 관찰

(1) 시간 영역에서 신호 값을 관찰하기 위하여 Simulink/Sinks/To Workspace를 PCM 창에 놓고 [그림 25]와 같이 연결하시오.

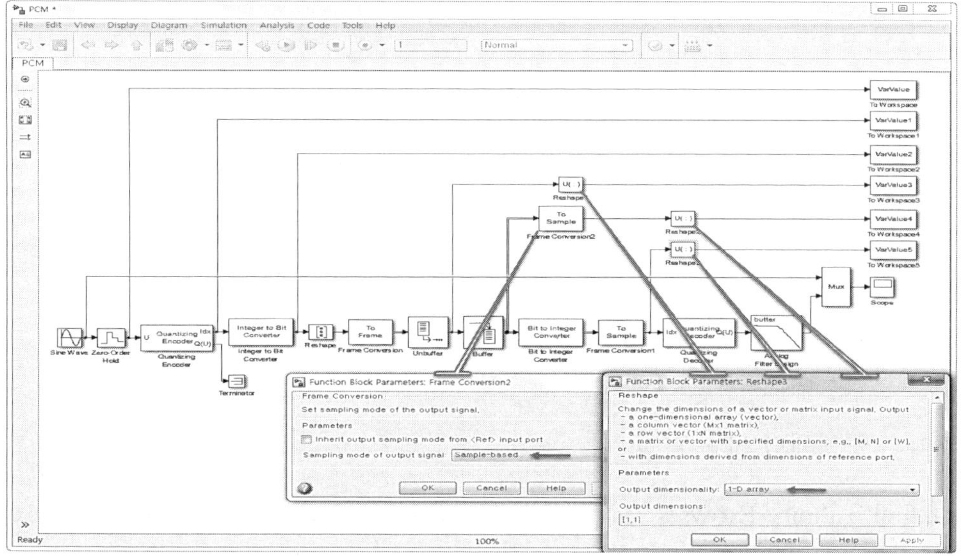

[그림 25]

(2) 시뮬레이션을 수행한 후 Matlab Workspace 공간에서 6개의 변수 VarValue, VarValue1, VarValue2, VarValue3, VarValue4, VarValue5 값을 읽기 위해 [그림 26]와 같이 마우스를 누르면 [그림 27]과 같은 값을 확인할 수 있다.

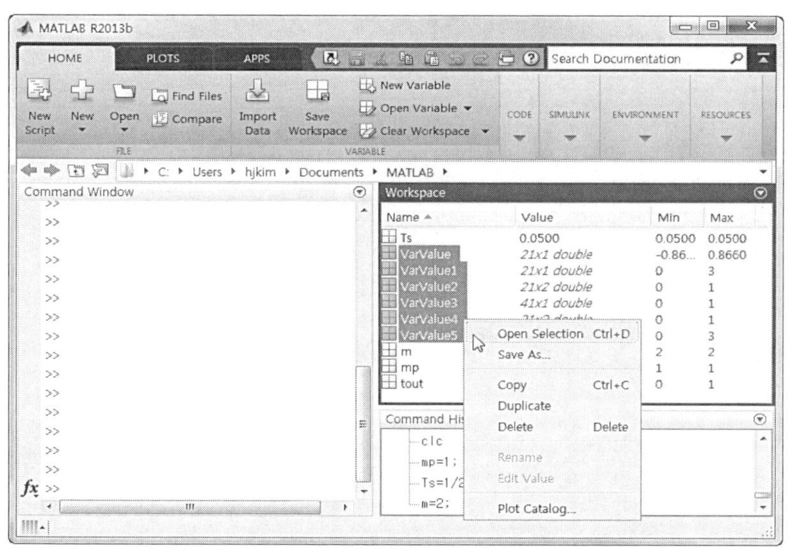

[그림 26]

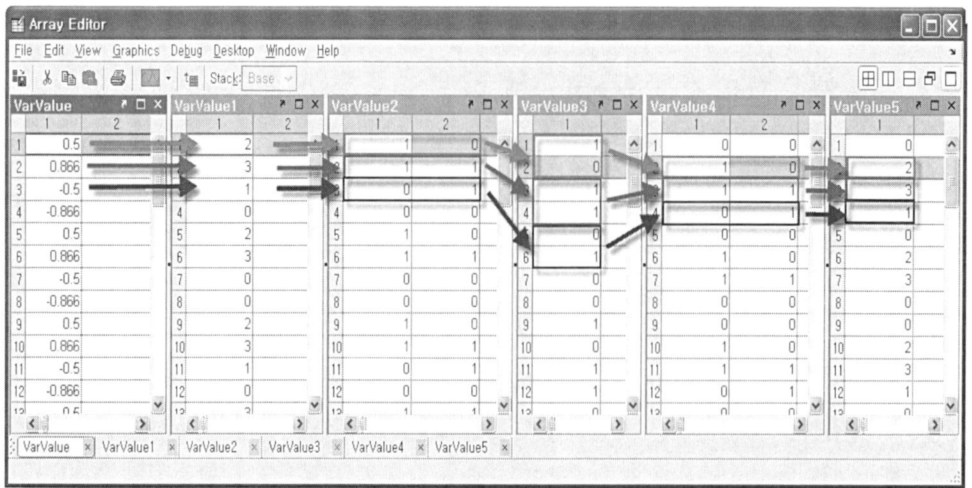

[그림 27]

3. 주파수 영역에서 신호 관찰

(1) imulink Library Browser의 왼쪽 면에서, DSP System Toolbox/Signal Processing Sinks을 선택하고, 오른쪽 면에서 Spectrum Analyzer를 [그림 28]과 같이 연결한다. 또한 Simulink/Lookup Tables/Lookup Table 블록과 Simulink/Discrete/Zero-Order Hold 블록을 연결한다. Zero-Order Hold 블록과 Lookup Table 블록 파라미터 값을 [그림 28]과 같이 입력한다.

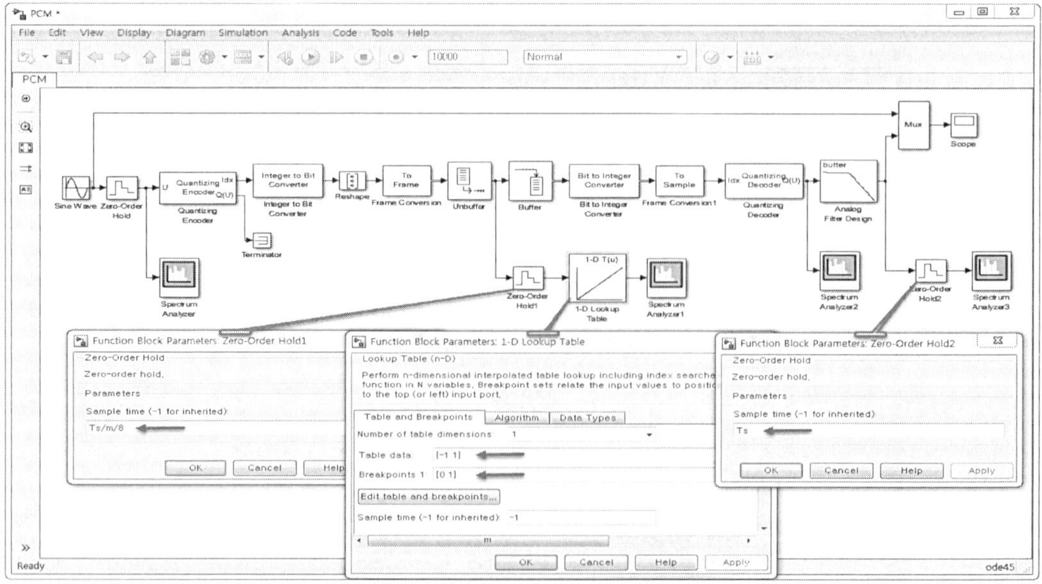

[그림 28]

(2) Matlab Command window 상에서 [그림 29]와 같이 $m_p = 1, T_s = 1/50, m = 4$을 입력한다.

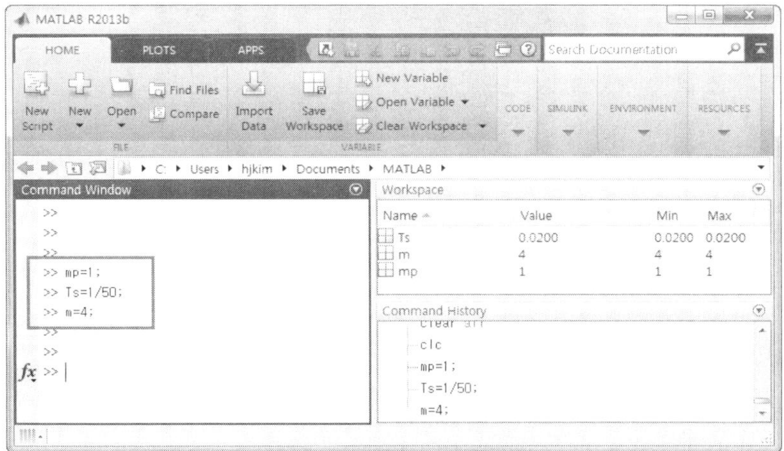

[그림 29]

(3) PCM 창의 Simulation/Simulation Parameters를 선택한 후, Stop time을 10000초로 설정하고, Start Simulation 버튼을 클릭하면 [그림 30]과 같은 결과를 얻는다.

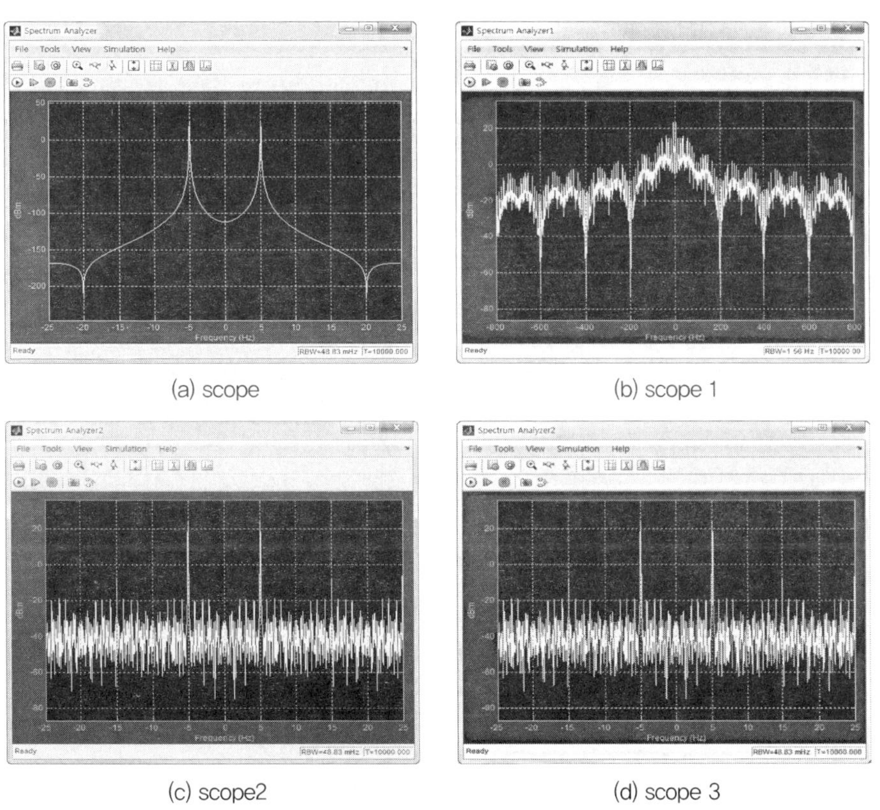

(a) scope (b) scope 1

(c) scope2 (d) scope 3

[그림 30]

실습과제 #3 : 실험 결과 및 고찰 보고서

1. [그림 21]의 경우, PCM 과정을 통해 출력되는 비트 율은 얼마인가?
2. [그림 29]의 경우, PCM 과정을 통해 출력되는 비트 율은 얼마인가?
3. [그림 27]의 시간영역 신호에서 처음 4 샘플에 대하여 신호를 해석하여 보시오.
4. [그림 30] (b) scope1 의 그림에서 첫 번째 널이 0.2kHz에서 발생하게 된 이유를 설명하시오.

실습과제 #3 설계 보고서 (1)

학습목표 :

주어진 아날로그 신호를 PCM화하기 위한 표본화, 양자화, 부호화 과정을 수행하는 Simulink Block를 구성한 후 신호를 분석하고 고찰한다.

주어진 조건 :

① 아날로그 신호 : $s(t) = A \bullet sin(2\pi ft + \theta) = 1 \bullet sin(2\pi ft + 30^{\circ})$

② 샘플링 시간 : T_S

③ 양자화기 : 32 레벨 양자화기

④ 아날로그 필터 : Low Pass Filter(LPF)

- Butterworth Type LPF, - Filter order=8, - Pass band edge frequency : f=25

⑤ [그림 28]의 각 scope에서의 파형

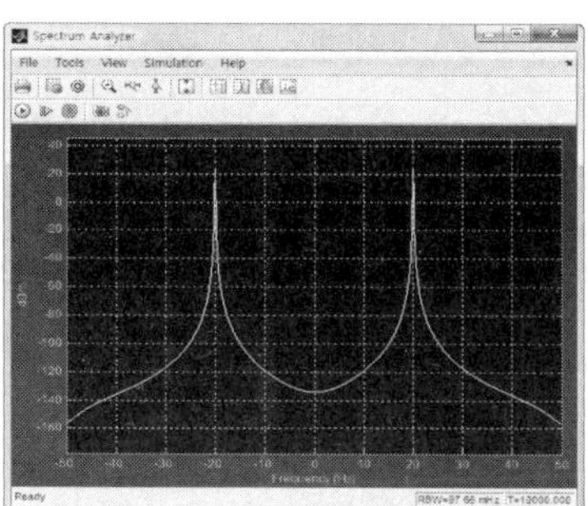

(a) scope

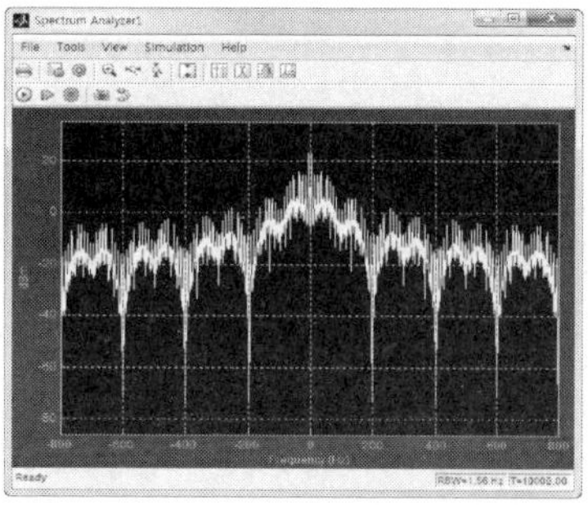

(b) scope 1

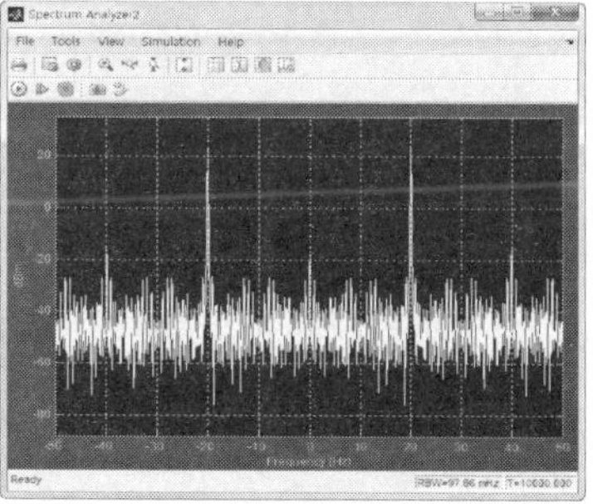

(c) scope 2

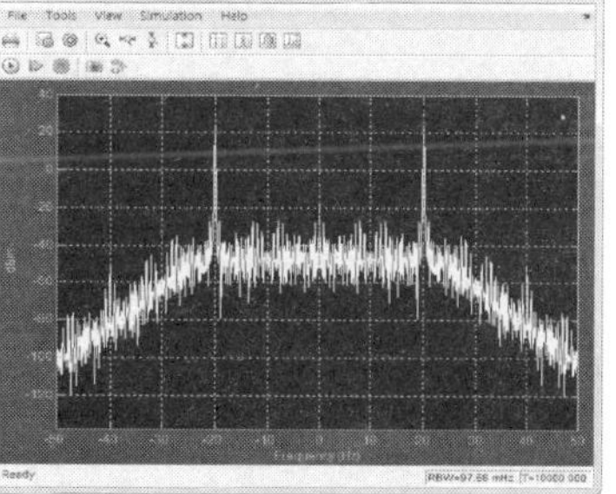

(d) scope 3

설계 :

PCM 과정을 수행하는 Simulink Block을 설계하고 파라미터 값을 입력

분석 및 고찰 :

1. 양자화 레벨이 32레벨로 고정된 경우

1) 아날로그 신호 : $s(t) = A \cdot sin(2\pi ft + \theta) = 1 \cdot sin(2\pi ft + 30^\circ)$에서 주파수 f를 결정하시오.

2) 샘플링 시간 (T_s)를 결정하시오.

3) 출력 비트 율은?

4) 시간 영역에서 신호 관찰 : Stop time을 1초로 설정하고 Start Simulation 버튼을 클릭한 후 [그림 24]와 같이 Scope의 결과를 복사하여 붙이시오. 또한 처음 5 샘플에 대하여 신호를 해석하여 보시오.

실습과제 #3 설계 보고서 (2)

학습목표 :

주어진 아날로그 신호를 PCM화하기 위한 표본화, 양자화, 부호화 과정을 수행하는 Simulink Block를 구성한 후 신호를 분석하고 고찰한다.

주어진 조건 :

① 아날로그 신호 : $s(t) = A \cdot sin(2\pi ft + \theta) = 1 \cdot sin(2\pi 100t + 30^{\circ})$

② 샘플링 율은 나이퀴스 율의 1.25배로 설정

③ 1) 4비트 PCM 2) 6비트 PCM

④ 아날로그 필터 : Low Pass Filter(LPF)

- Butterworth Type LPF
- Filter order = 8
- Pass band edge frequency : f = 125

설계 :

PCM 과정을 수행하는 Simulink Block을 설계하고 파라미터 값을 입력

분석 및 고찰 :

1. 4비트 PCM의 경우

1) 샘플링 시간 (T_s)를 결정하시오.

2) 출력 비트 율은?

3) [그림 28]에서 scope 1의 결과를 복사하여 붙이시오. 신호의 대역폭은 얼마인가?

2. 6비트 PCM의 경우

1) 샘플링 시간 (T_s)를 결정하시오.

2) 출력 비트 율은?

3) [그림 28]에서 scope 1의 결과를 복사하여 붙이시오. 신호의 대역폭은 얼마인가?

3. 4비트 PCM 및 6비트 PCM의 비교

1) 6비트 PCM이 4비트 PCM에 비해 갖는 장점은 무엇인가?

2) 6비트 PCM이 4비트 PCM에 비해 갖는 단점은 무엇인가?
(각각에 대한 scope 1의 결과를 가지고 설명하시오.)

4. 양자화 잡음 전력을 −40dB이하로 설계하고자 한다. 몇 비트 PCM을 사용하여야 하는지 결정하시오?

제4장 컴팬딩(Companding)

4.1 컴팬딩 (압신, Compression+Expansion
=> Companding)

4.1 컴팬딩 (압신, Compression+Expansion => Companding)

균일양자화의 경우 $x(t)$의 최대값 x_{max}에 대한 양자화 레벨 수 L이 정해지면 양자화 잡음은 $(x^2_{max}/3L^2)$의 값으로 고정된다. 그러나, 신호 전력 $s_0 = \overline{x^2(t)}$는 음성신호의 경우 통화자에 따라 크게 변화하고 회선의 구조에 의해서도 그 변화량이 크다. 특히, 음성 신호의 경우 그림 4.1과 같이 통화하는 동안의 신호 크기는 작은 신호 크기를 갖는 것이 대부분이므로 신호대 양자화 잡음 비는 거의 모든 시간에 걸쳐 낮은 값을 가질 수 밖에 없다. 이러한 문제의 근본 원인은 양자화 간격이 균일하다는 데에 있으며 그림 4.2으로부터 이 사실을 쉽게 알 수 있다.

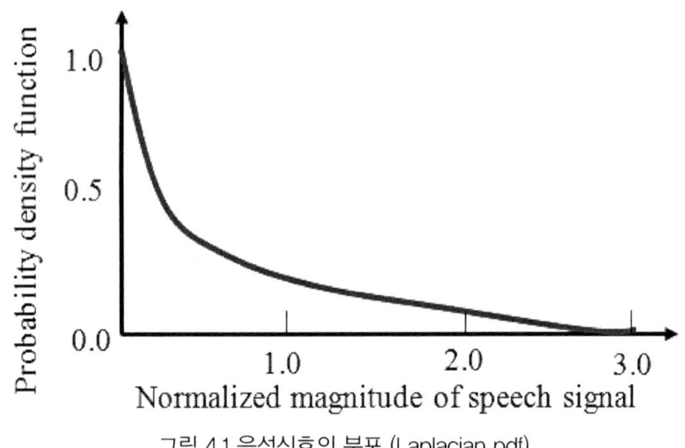

그림 4.1 음성신호의 분포 (Laplacian pdf)

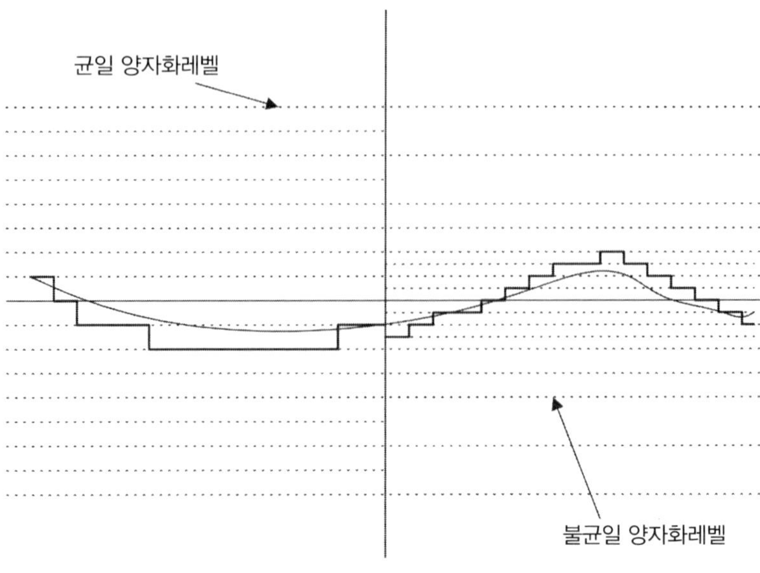

그림 4.2 균일 양자화와 불균일 양자화

양자화 간격이 균일할 때 발생하는 문제들은 불균일 양자화를 통해 해결할 수 있다. 불균일 양자화는 그림 4.3(a) 와 같은 입 · 출력 특성을 갖는 불균일 양자화기를 통해 구현할 수도 있으나 그림 4.3(b)와 같이 신호를 먼저 압축시킨 후 균일 양자화기를 통과시켜 구현하는 것이 더 일반적이다.

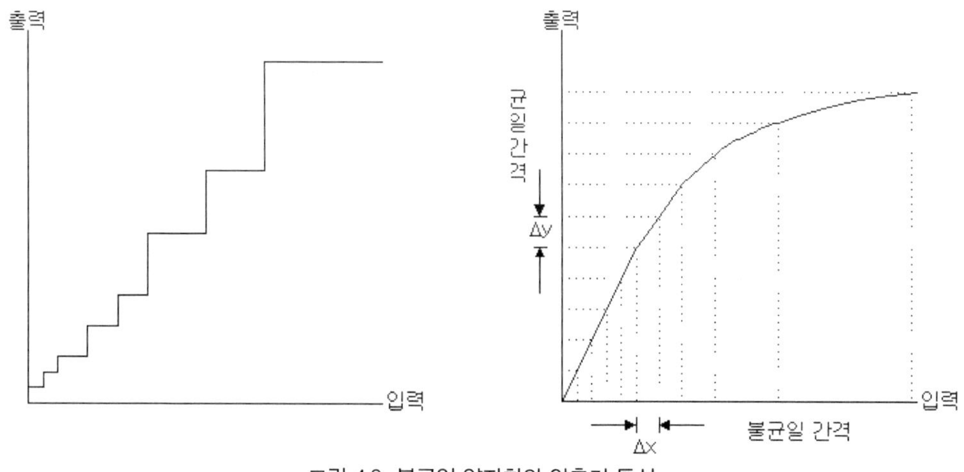

그림 4.3 불균일 양자화와 압축기 특성

그림 4.3(a)의 불균일 양자화의 원리는 작은 크기 레벨의 신호에 대해서는 양자화 간격을 작게 하고 큰 레벨의 신호에 대해서는 작은 레벨의 신호에 비해 양자화 간격을 더 크게 하므로써 양자화 잡음에 의한 오차를 줄이는 것이다.

그림 4.3(b)는 압축기(compressor)의 입 · 출력 특성을 나타낸 것으로 수평축은 정규화된 입력 신호이고 수직축은 압축기의 출력신호이다. 압축기는 작은 입력신호에 대해서는 신호 Δx간격 보다 더 큰 간격 Δy로 대응시켜주고 큰 입력 신호에 대해서는 반대로 대응시키므로써 작은 크기의 입력신호에 대한 양자화 잡음을 줄일 수 있다. 다시 말해, 신호의 크기가 작은 부분은 보다 크게 대응시켜주고 크기가 큰 부분은 보다 작은 크기로 대응시켜 출력하므로 압축기의 출력은 크기 변화가 일정하게 되며 이러한 형태의 신호를 균일하게 양자화하면 양자화 잡음 전력도 그 만큼 줄어들게 되는 것이다. 결국, 상당한 범위에 걸쳐 신호 전력에 대한 양자화 잡음 비는 입력 신호 전력 $\overline{x^2(t)}$에 무관하게 된다.

그림 4.4는 송신기에서 이와 같은 압축기(Compressor)를 사용하여 신호의 분포를 균일하게 만든 후 균일양자화를 수행하고 수신기에서는 압축기의 역특성을 사용하여 압축된 값을 신장하여 다시 원래의 표본값을 갖도록 신장기(Expander)를 사용하는 컴팬딩(압신, Compression+Expansion => Companding) 과정을 보여주고 있다.

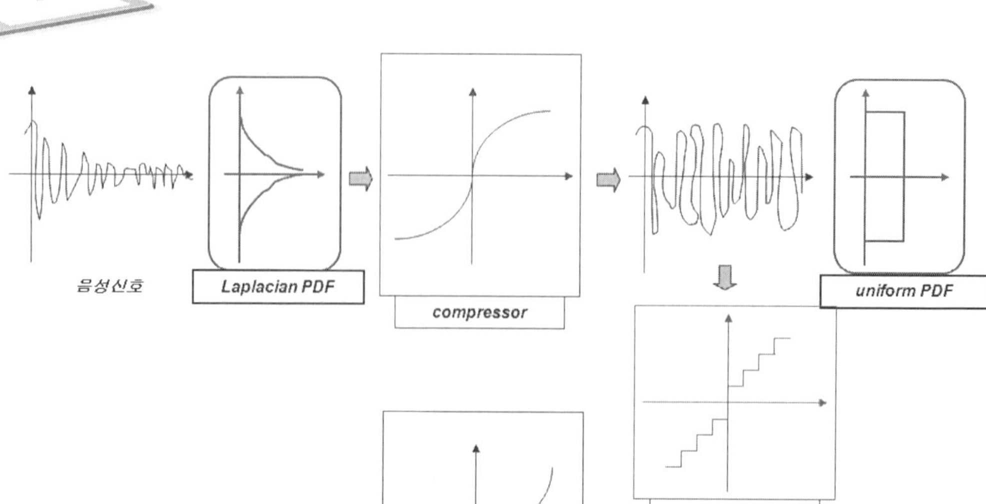

그림 4.4 컴팬딩 과정

초기 PCM 시스템의 압축은 비교적 완만한 로그-압축 함수를 이용하였으나, 현재에는 CCITT에서 두 가지 형태의 압축 법칙이 표준으로 인정되고 있다. 먼저, 북미와 일본에서 사용하는 것으로 μ-법칙이 있는데 이는 다음 식과 같이 나타낼 수 있다.

$$y = \frac{sgn(x)}{ln(1+\mu)} ln\left(1 + \mu\left|\frac{x}{x_{max}}\right|\right), \quad \left|\frac{x}{x_{max}}\right| \le 1 \tag{4.1}$$

이때, sgn(x)은 다음 식과 같이 주어진다.

$$sgn\ x = \begin{cases} +1 & ,x \ge 0 \\ -1 & ,x < 0 \end{cases} \tag{4.2}$$

한편, 파라미터 μ는 양의 상수이며 x와 y는 입력과 출력 전압을 의미한다. 그림4.5(b)는 μ-법칙에 대한 압축 특성을 나타낸 것이다. 우리나라는 압축특성으로 μ 값이 255인 μ-법칙을 사용하고 있다.

유럽의 경우 A-법칙을 사용하는데 이는 식(4.3)과 같이 표현된다.

$$y = \begin{cases} \frac{A}{1+lnA}\left(\left|\frac{x}{x_{max}}\right|\right) & ,\left|\frac{x}{x_{max}}\right| \le \frac{1}{A} \\ \frac{sgn(x)}{1+lnA}\left[1+lnA\left|\frac{x}{x_{max}}\right|\right] & ,\frac{1}{A} \le \left|\frac{x}{x_{max}}\right| \end{cases} \tag{4.3}$$

그림 4.5(a)는 A-법칙에 따른 압축 특성을 잘 나타내고 있으며 이때 A는 양의 상수이다.

일반적으로, 신호 크기가 크게 변해도 일정한 신호 대 양자화 잡음비를 얻기 위해서는 압축 파라미터 μ=100 이상의 값을 가져야 하며 A의 경우 87.6의 값이 CCITT에 의해 표준값으로 인정되고 있다.

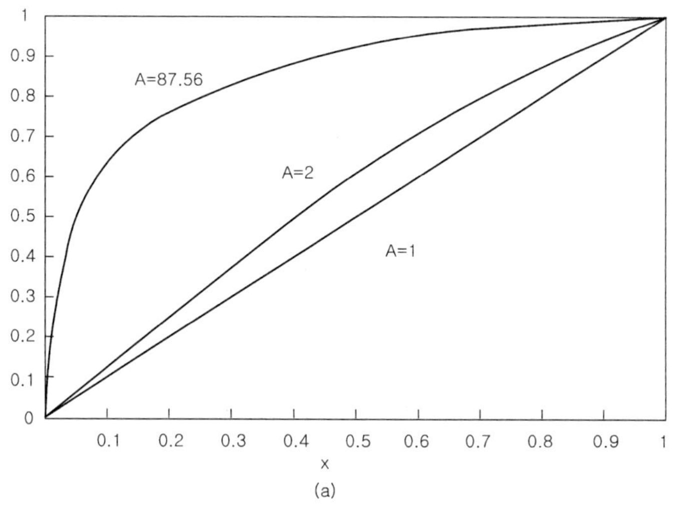

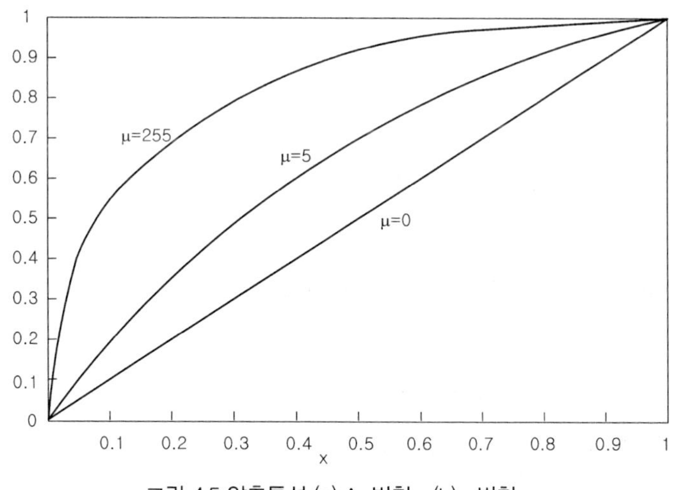

그림 4.5 압축특성 (a) A–법칙 (b) –법칙

#4. 컴팬딩(Companding) 실습

학습목표 :

아날로그 신호의 진폭 분포가 균일하지 않은 경우에 균일양자화기를 사용하여 PCM을 하는 대신에 양자화잡음전력을 줄이기 위하여 companding 기술을 사용하여 PCM 과정을 수행하는 Simulink Block를 구성한 후 신호를 분석하고 고찰한다.

실습과제 :

실습 #4-1 : Companding 기술을 사용하여 PCM 과정을 수행하기 위한 Simulink Block을 구성

실습 #4-2 : 시간 영역에서 신호 관찰

실습 #4-3 : Companding 사용 유무에 따른 양자화잡음 전력 측정

주어진 조건 :

〈m비트 PCM 과정〉

① 아날로그 신호 : 평균이 0이고 분산이 1인 가우시안 잡음을 필터링한 신호

- Butterworth Type LPF, - Filter order=20,
- Pass band edge frequency : f=20

② 샘플링 시간 : $T_s = 1/100$

③ 양자화기 : 2^m레벨(m비트) 양자화기

④ 압축기(Compressor)와 신장기(Expander)의 mu(μ) 값 : 255

⑤ 아날로그 필터 : Low Pass Filter(LPF)

- Butterworth Type LPF, - Filter order=8,
- Pass band edge frequency : f=25

실습 #4-1 : Companding기술을 사용하여 PCM 과정을 수행하기 위한 Simulink Block 구성

[실험절차]

(1) Matlab을 실행한다.

(2) [그림 1]과 같이 메뉴 바에서 Simulink LIbrary 버튼을 click하면 [그림 2]와 같이 Simulink Library Browser가 나타난다.

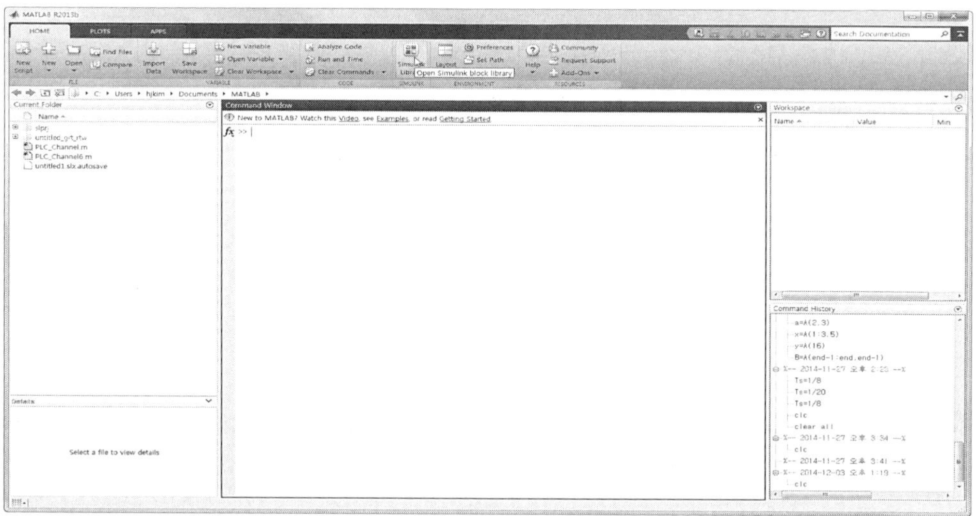

[그림 1]

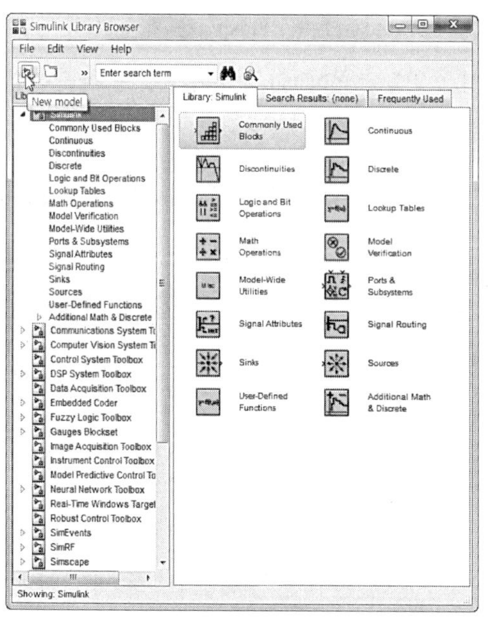

[그림 2]

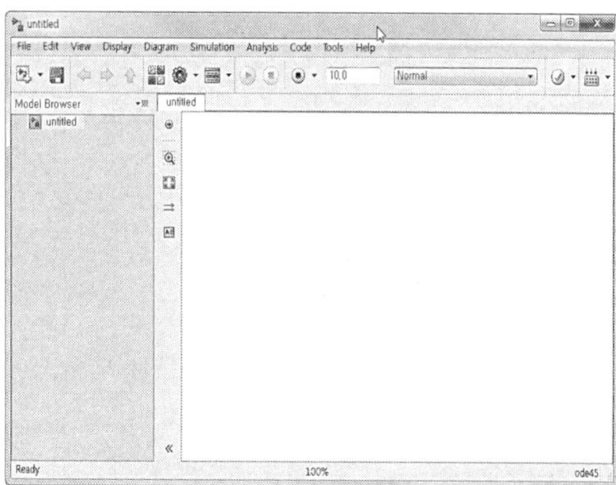

[그림 3]

(3) Simulink Library Browser의 menu 바에서, FILE/NEW/MODEL 을 선택하게 되면 [그림3]과 같이 untitled window 창이 나타난다.

(4) Communications System Toolbox/Comm Sources/Noise Generators/Gaussian Noise Generator를 아날로그 신호로 사용하기 위하여 [그림 4]와 같이 untitled window 창에 끌고 와서 내려놓는다. Gaussian Noise Generator 블록을 2번 클릭한 후 [그림 5]과 같이 입력한다.

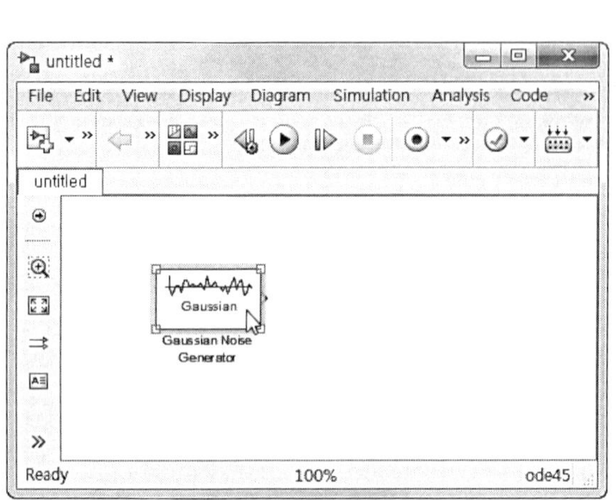

[그림 4]

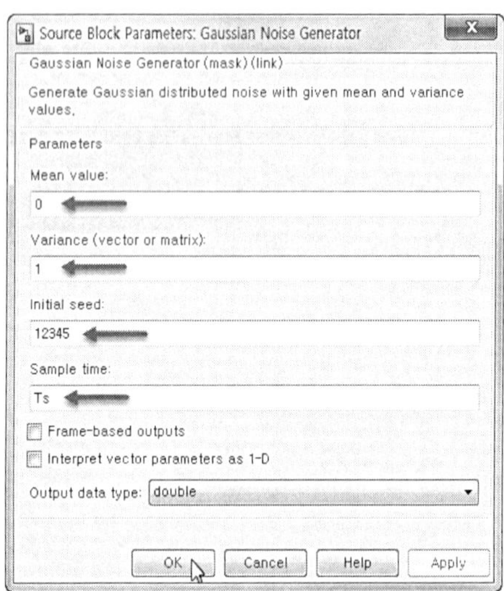

[그림 5]

(5) Untitled window를 Companding 이라는 이름으로 저장한다.

(6) DSP System Toolbox/Filtering/Filter Implementations/Analog Filter Design을 가지고 와서 [그림 6]과 같이 연결한다. Analog Filter Design 블록들을 2번 클릭하고 [그림 7]과 같이 파라미터 값들을 입력한다.

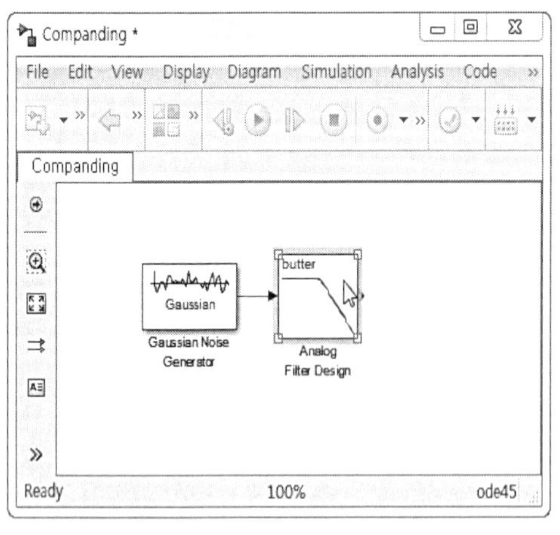

[그림 6]

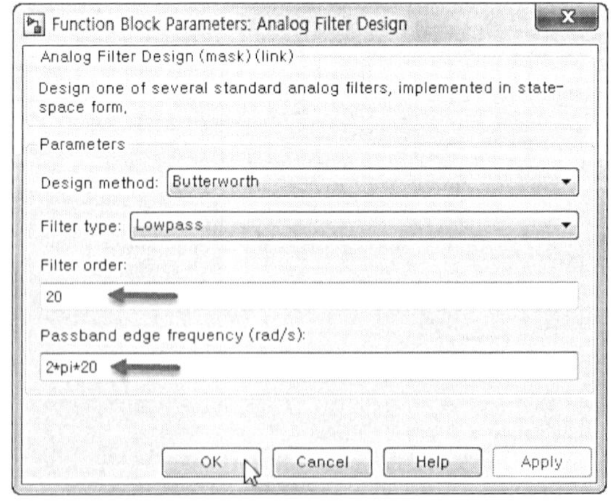

[그림 7]

(7) 샘플링과정을 위하여 Simulink/Discrete/Zero-Order Hold 블록을 선택하고 companding 창에 내려놓고 [그림 8]과 같이 두 블록을 연결한다. Zero-Order Hold 블록을 2번 클릭하고 샘플링 시간을 입력한다.

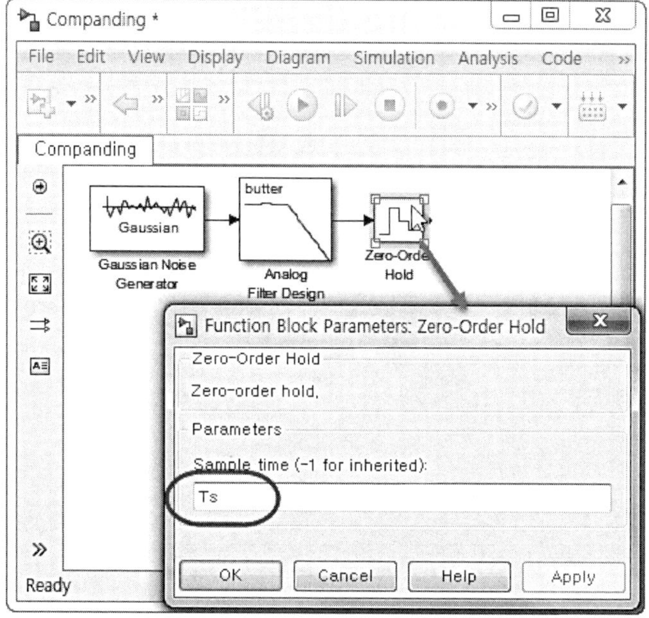

[그림 8]

(8) 압축기(Compressor) 블록으로 Communications System Toolbox/Source Coding/Mu-Law Compressor 블록을 [그림 9]와 같이 Companding 창에 내려놓고 Zero-Order Hold와 연결을 한다. Mu-Law Compressor 블록을 2번 클릭하고 [그림 10]과 같이 파라미터 값을 입력한다.

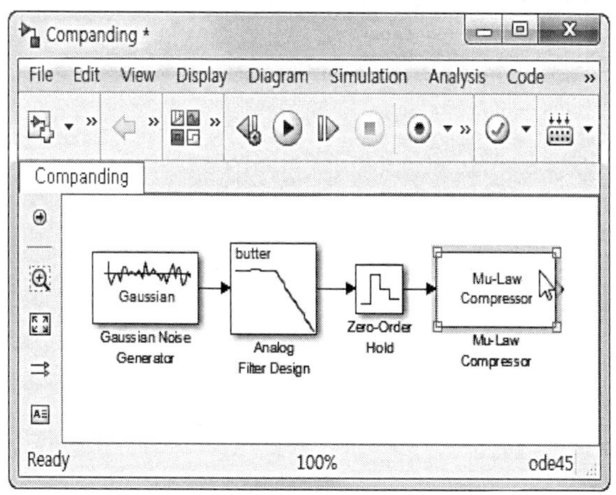

[그림 9]

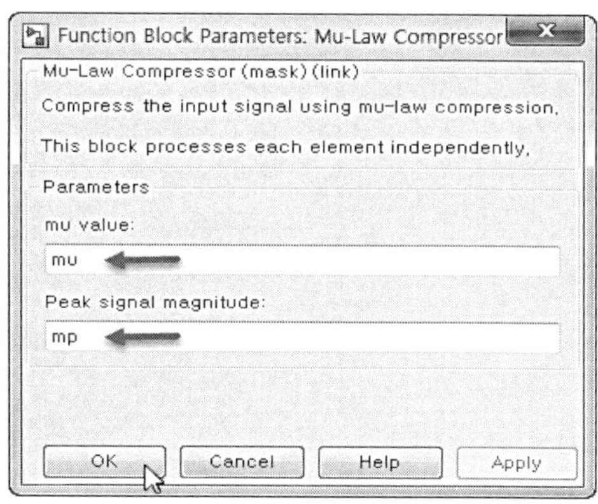

[그림 10]

(9) 균일양자화기를 가져오기 위하여 Simulink Library Browser의 왼쪽 면에서, Communications System Toolbox/Source Coding을 선택하고, 오른쪽 면에서 Quantizing Encoder를 [그림 11]과 같이 Companding 창에 내려놓고 Mu-Law Compressor 블록과 연결을 한다.

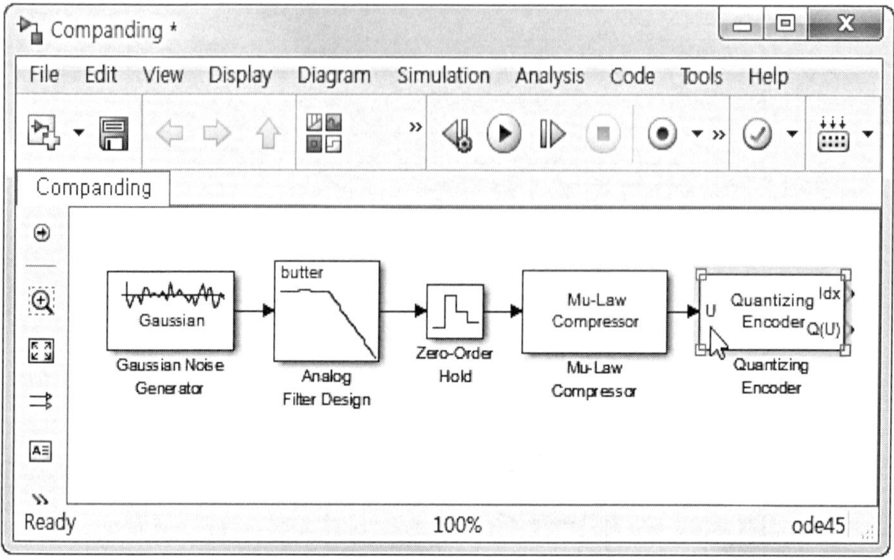

[그림 11]

(10) Quantizing Encoder 블록을 2번 클릭한 후 [그림 12]와 같이 파라미터 값들을 입력한다.

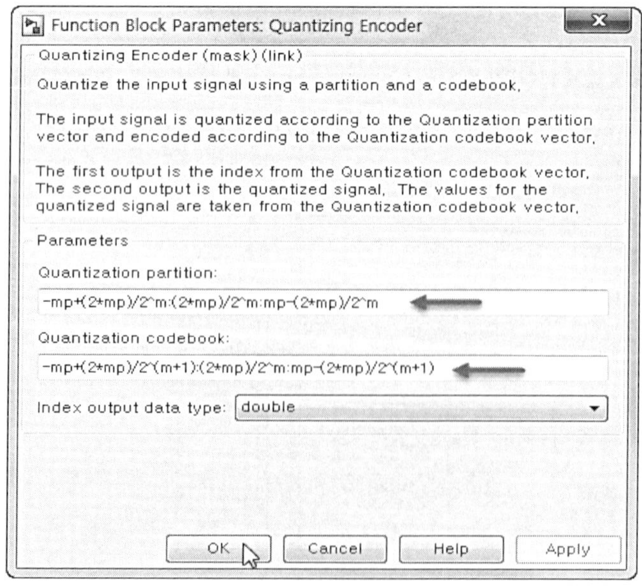

[그림 12]

(11) 양자화기의 역 과정을 수행하기 위하여 Communications System Toolbox/Source Coding/Quantizing Decoder 블록을 [그림 13]과 같이 연결을 한다. Quantizing Decoder 블록을 2번 클릭한 후 [그림 14]와 같이 파라미터 값들을 입력한다.

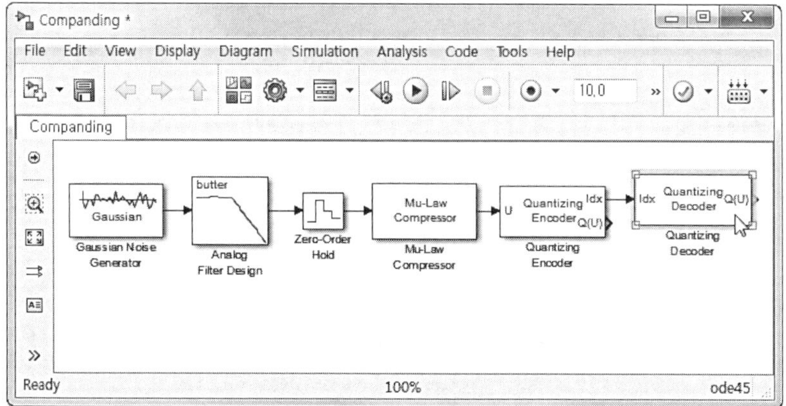

[그림 13]

Function Block Parameters: Quantizing Decoder

Quantizing Decoder (mask) (link)

Decode the quantizer encoded index using a codebook.

The input signal is the index from the Quantization codebook vector.

The output signal is the quantized signal. The values for the quantized signal are taken from the Quantization codebook vector.

Parameters

Quantization codebook:

-mp+(2*mp)/2^(m+1):(2*mp)/2^m:mp-(2*mp)/2^(m+1)

Quantized output data type: double

OK | Cancel | Help | Apply

[그림 14]

(12) 신장기(Expander) 블록으로 Communications System Toolbox/Source Coding/Mu-Law Expander 블록을 [그림 15]와 같이 Companding 창에 내려놓고 Quantizing Decoder 블록과 연결을 한다. Mu-Law Expander 블록을 2번 클릭하고 파라미터 값을 입력한다.

(13) 샘플링의 역 과정을 수행하기 위하여 DSP System Toolbox/Filtering/Filter Implementations을 선택하고, 오른쪽 면에서 Analog Filter Design을 [그림 16]과 같이 연결을 한다. Analog Filter Design 블록을 2번 클릭한 후 파라미터 값들을 입력한다.

(14) Simulink/Sinks/Scope와 Simulink/Sinks/Terminator를 [그림 17]과 같이 연결한다.

(15) Matlab Command window 상에서 [그림 18]과 같이 변수 mp, T_s, m, mu에 값을 지정한다.

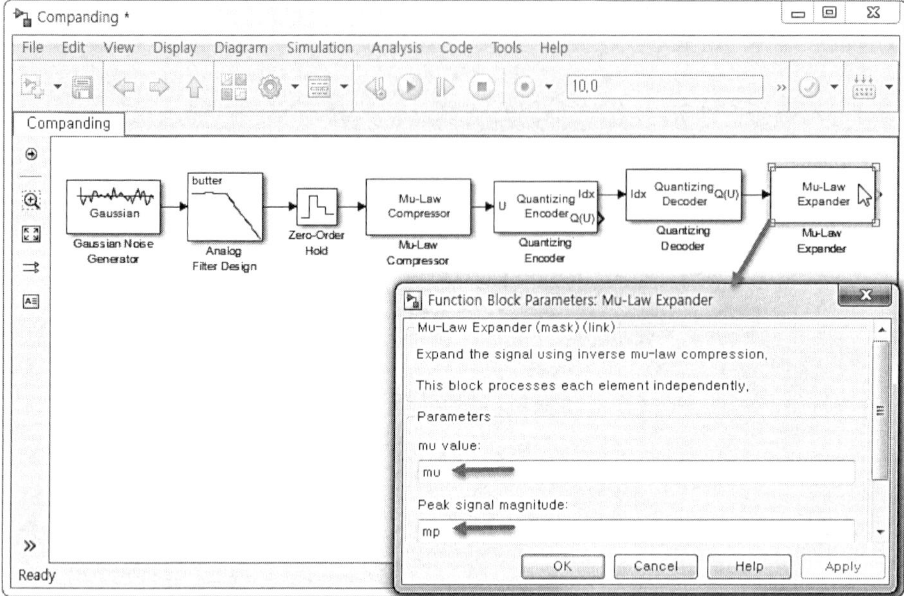

[그림 15]

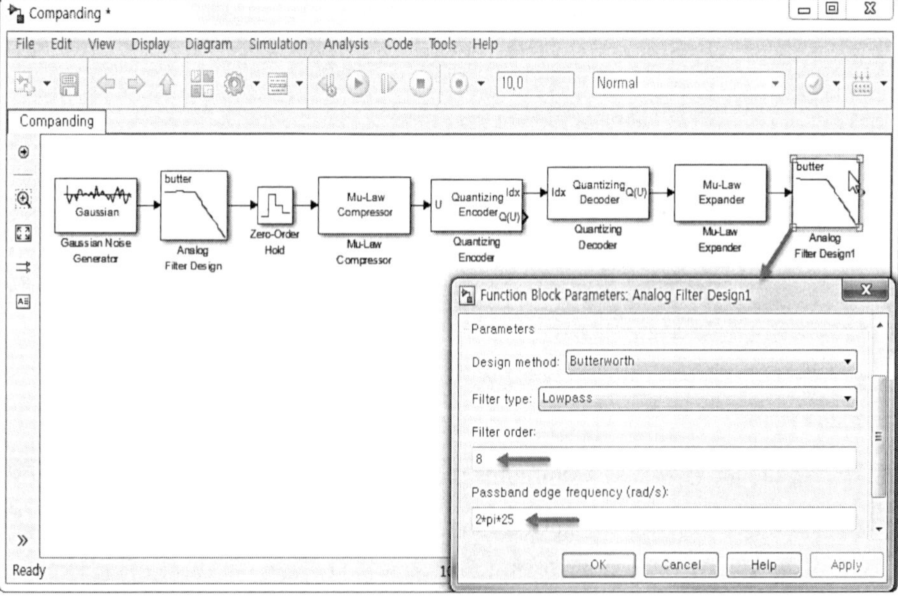

[그림 16]

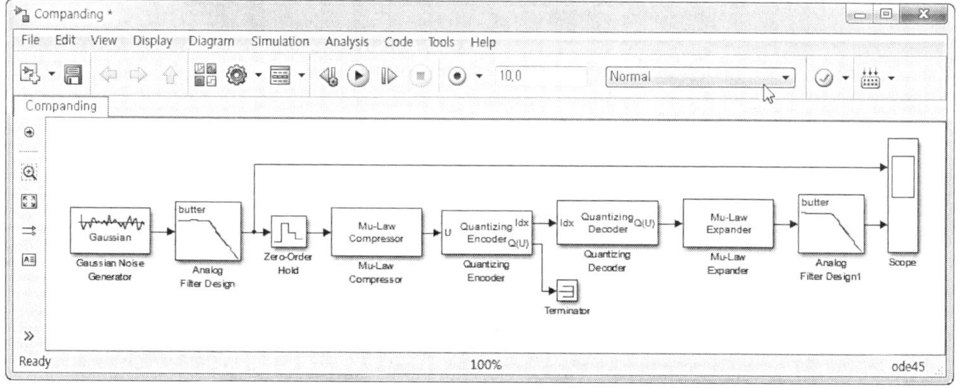
Companding *
File Edit View Display Diagram Simulation Analysis Code Tools Help
Normal
Gaussian
Gaussian Noise Generator
butter
Analog Filter Design
Zero-Order Hold
Mu-Law Compressor
Quantizing Encoder
Quantizing Decoder
Mu-Law Expander
Analog Filter Design1
Scope
Terminator
Ready
100%
ode45

[그림 17]

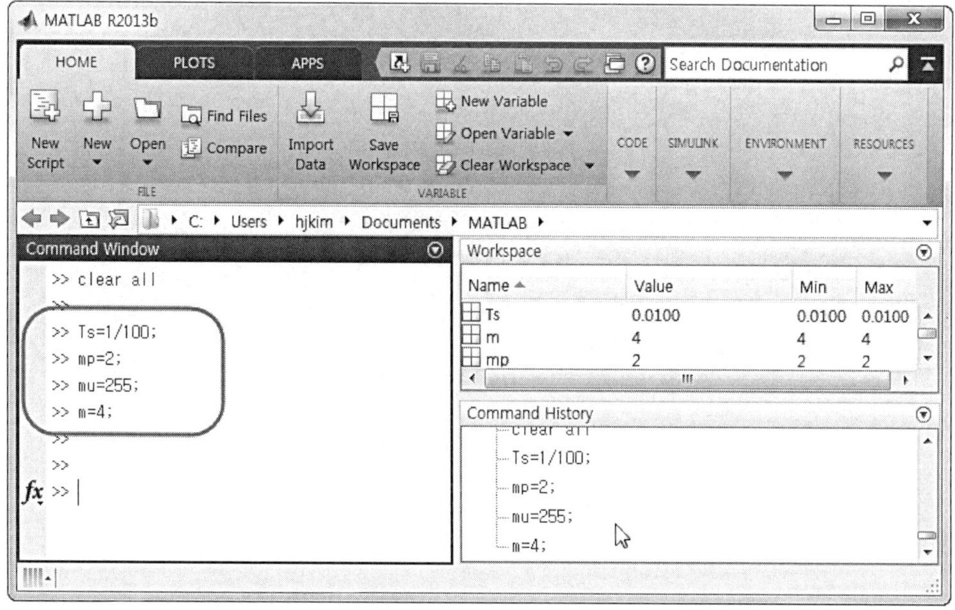
MATLAB R2013b
HOME PLOTS APPS
Search Documentation
New Script
New
Open
Find Files
Compare
Import Data
Save Workspace
New Variable
Open Variable
Clear Workspace
CODE SIMULINK ENVIRONMENT RESOURCES
C: Users hjkim Documents MATLAB
Command Window
>> clear all
>> Ts=1/100;
>> mp=2;
>> mu=255;
>> m=4;
Workspace
Name Value Min Max
Ts 0.0100 0.0100 0.0100
m 4 4 4
mp 2 2 2
Command History
clear all
Ts=1/100;
mp=2;
mu=255;
m=4;

[그림 18]

(16) Companding 창의 Simulation/Configuration Parameters를 선택한 후, Stop time을 1초로 설정하고, Start Simulation 버튼을 누른 후 Scope 버튼을 클릭하면 [그림 19]와 같은 결과를 얻는다. 이때 Scope의 최소값과 최대값이 -2와 2가 되도록 설정한다.

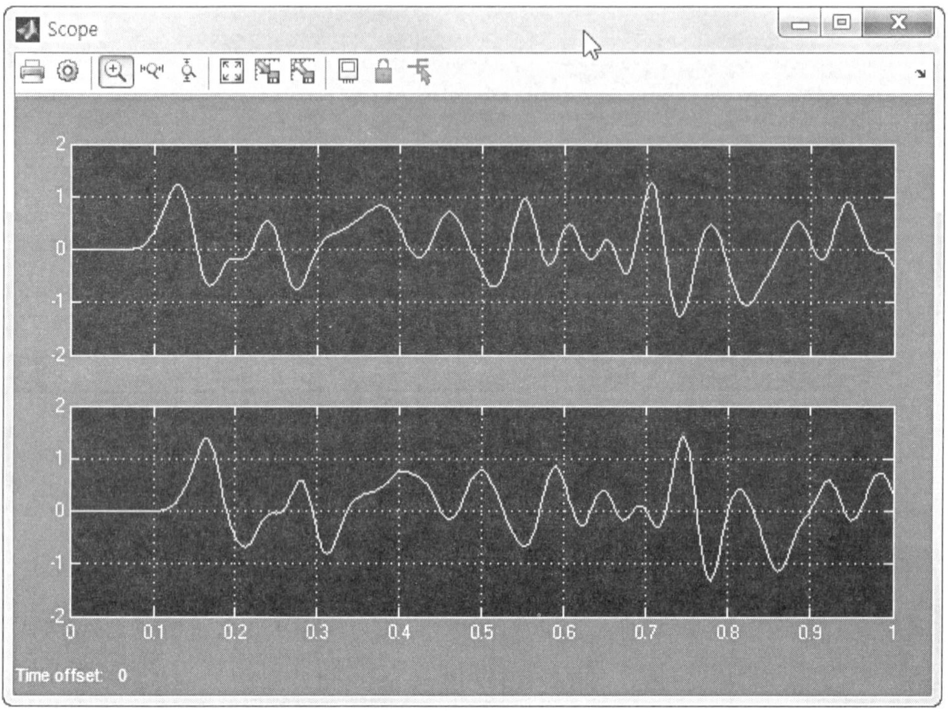

[그림 19]

실습 #4-2 : 시간 영역에서 신호 관찰

1. 시간 영역에서 신호 파형 관찰

(1) 시간 영역에서 신호를 관찰하기 위하여 [그림 20]과 같이 연결하시오.

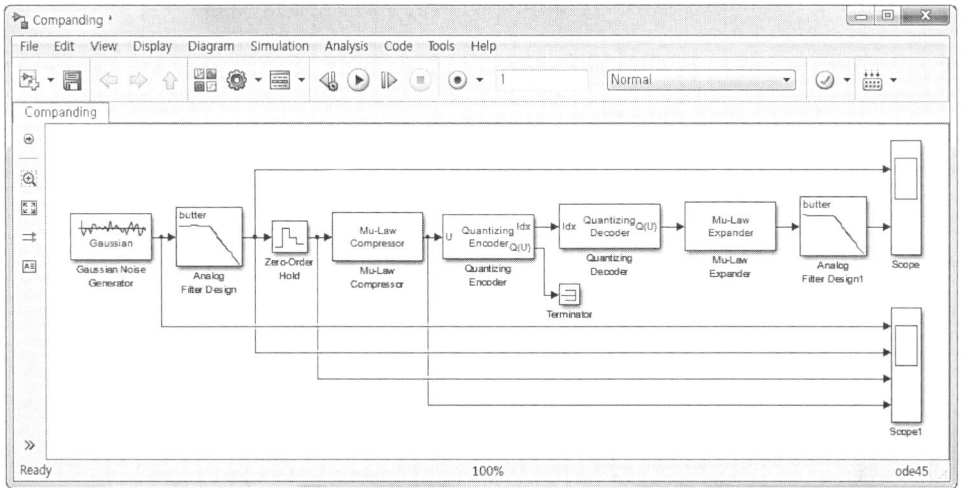

[그림 20]

(2) Stop time을 10초로 설정하고 Start Simulation 버튼을 클릭하여 시뮬레이션을 수행한다.

(3) Scope1 블록을 두 번 클릭하면 [그림 21]과 같은 결과를 얻는다.

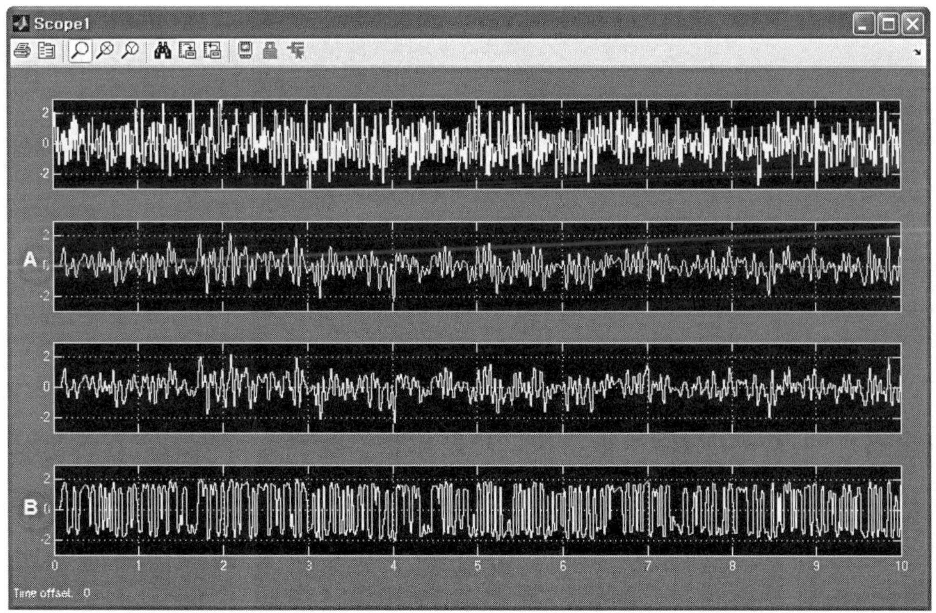

[그림 21]

실습 #4-3 : Companding 사용 유무에 따른 양자화잡음 측정

1. Mu 값이 255로 고정된 경우

(1) Companding 사용 유무에 따른 양자화에 의한 양자화잡음을 측정하기 위하여 [#2 양자화 실습]의 [그림 38]에 있는 양자화 잡음 전력을 측정하는 블록을 사용하여 [그림 22]와 같이 연결하시오. Companding을 사용하지 않은 경우와 사용한 경우에 동일한 quantizing encoder를 사용한다.

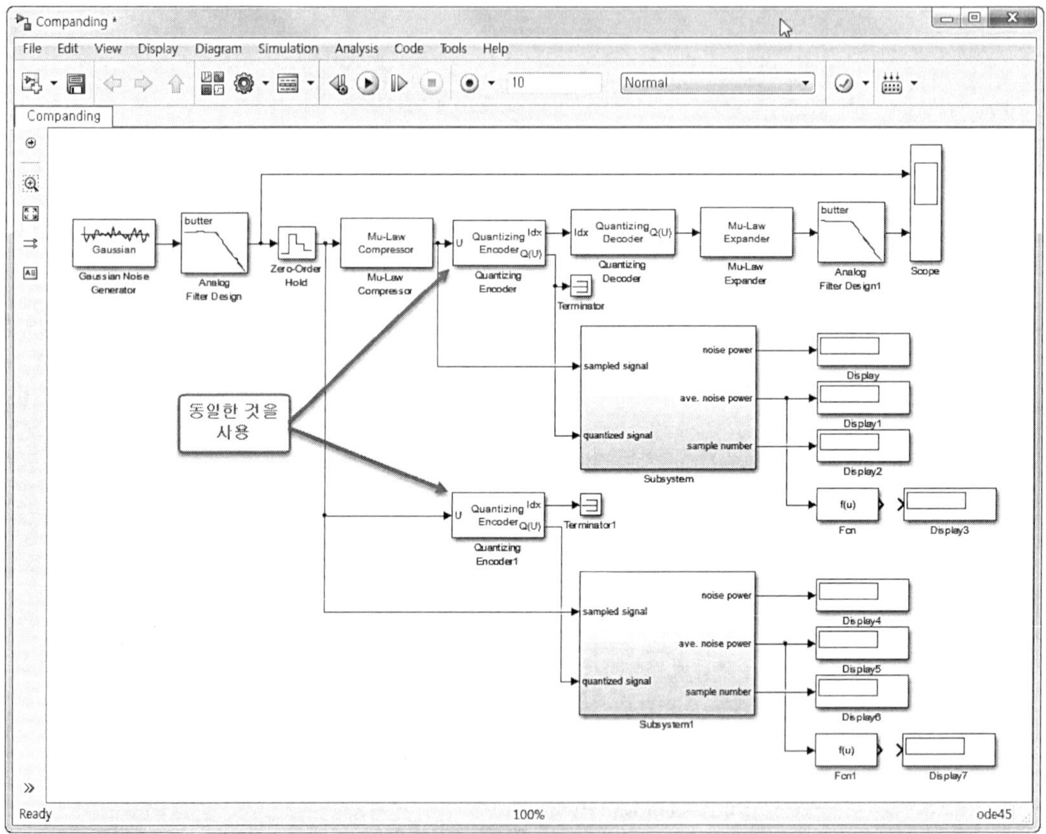

[그림 22]

(2) Matlab Command window 상에서 [그림 23]과 같이 변수 mp, T_s, m, mu에 값을 지정한다.

(3) Stop time을 1000초로 설정하고 Start Simulation 버튼을 클릭하여 시뮬레이션을 수행한다.

(4) m값이 3 경우에 대하여, Companding을 사용한 경우와 사용하지 않은 경우에 대하여 평균양자화잡음전력(dB) 값을 읽어보고 기록하여 두시오.

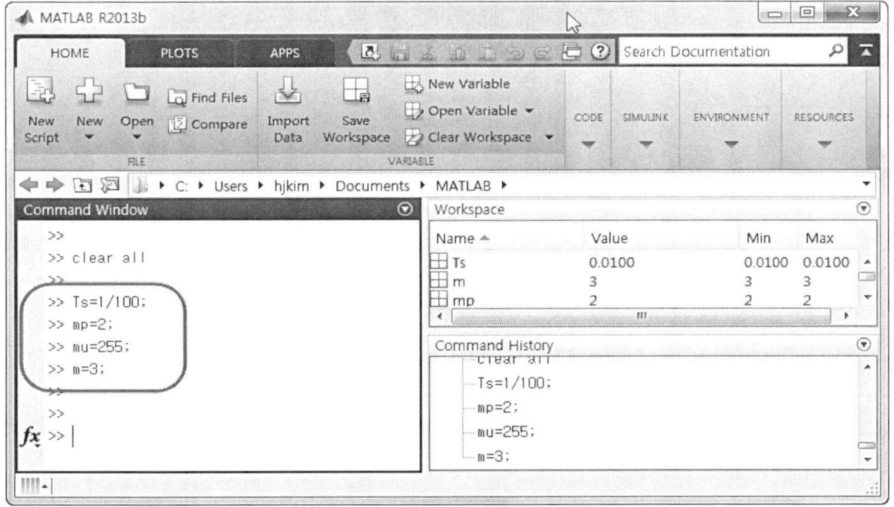

[그림 23]

2. m값이 8로 고정된 경우

(1) Matlab Command window 상에서 [그림 24]와 같이 변수 mp, T_s, m, mu에 값을 지정한다.

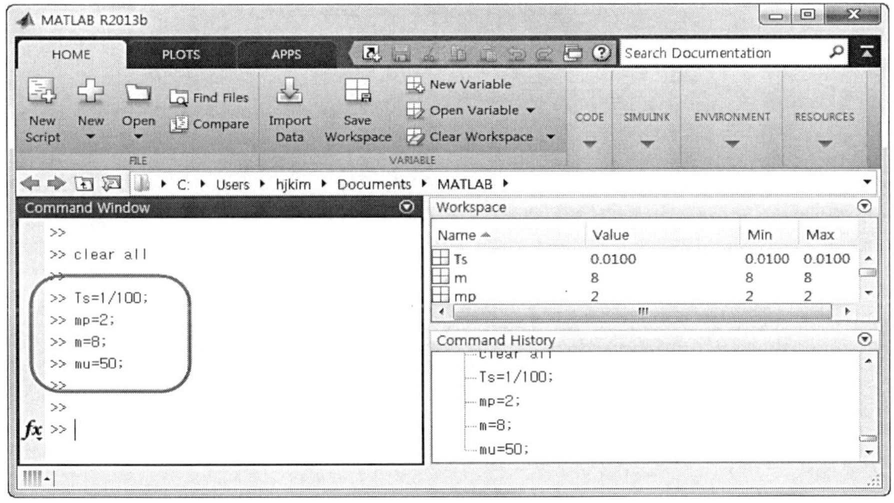

[그림 24]

(2) Stop time을 1000초로 설정하고 Start Simulation 버튼을 클릭하여 시뮬레이션을 수행한다.

(3) mu값이 50 경우에 대하여, Companding을 사용한 경우와 사용하지 않은 경우에 대하여 평균양자화잡음전력(dB) 값을 읽어보고 기록하여 두시오.

실습과제 #4 : 실험 결과 및 고찰 보고서

1. [그림 21]의 Scope 출력에서 Ⓐ와 Ⓑ중에서 어느 출력이 더 균일분포에 가까워 보이는가?

2. Mu 값이 255로 고정 된 경우 m값을 변화시켜 가면서 Companding 사용 유무에 따른 평균양자화잡음전력(dB) 값을 측정하고 아래의 표에 기록하시오.

[표 1]

m값 / 사용유무	3	3	4	5	7	8	9
Companding 사용							
Companding 미사용							

3. 위의 [표 1]에서 평균양자화잡음전력(dB)을 -40dB 이하로 설계하고자 할 때 Companding을 사용할 경우에는 최소 몇 비트 PCM을 사용하여야 하는가? 또한 Companding을 사용하지 않을 경우에는 최소 몇 비트 PCM을 사용하여야 하는가?

4. 위의 3에 대하여 Companding 사용 유무에 따른 출력 비트 율은 얼마인가? 또한 Companding을 사용할 경우 가지는 장점을 대역폭의 관점에서 설명하시오?

5. m 값이 8로 고정 된 경우 mu값을 변화시켜 가면서 Companding 사용 유무에 따른 평균양자화잡음전력(dB) 값을 측정하고 아래의 표에 기록하시오.

[표 2]

m값 / 사용유무	50	100	150	200	255
Companding 사용					
Companding 미사용					

6. 위의 [표 2]에서 평균양자화잡음전력(dB)을 최소화한다는 관점에서 최적의 mu 값을 결정하시오.

실습과제 #4 설계 보고서

학습목표 :

아날로그 신호의 진폭 분포가 균일하지 않은 경우에 균일양자화기를 사용하여 PCM을 하는 대신에 양자화잡음전력을 줄이기 위하여 companding 기술을 사용하여 PCM 과정을 수행하는 Simulink Block를 구성한 후 신호를 분석하고 고찰한다.

주어진 조건 :

아래와 같은 조건하에서 평균양자화잡음전력(dB)을 -40dB 이하로 하는 Companding을 사용하는 PCM 시스템을 설계하고자 한다.

① 아날로그 신호 : 평균이 0이고 분산이 1인 가우시안 잡음을 필터링한 신호

- Butterworth Type LPF, - Filter order = 40
- Pass band edge frequency : f = 50

② 샘플링 시간 : $T_s = 1/500$

③ 양자화기 : 2^m 레벨(m비트) 양자화기

④ 압축기(Compressor)와 신장기(Expander)의 mu(μ) 값 : 255

⑤ 아날로그 필터 : Low Pass Filter(LPF)

- Butterworth Type LPF, - Filter order = 8,
- Pass band edge frequency : f = 55

설계 :

[그림 25]와 같이 Companding을 사용하는 m비트 PCM 과정을 수행하는 Simulink Block을 설계하고 파라미터 값을 입력 (과제 3을 참조하여 구성)

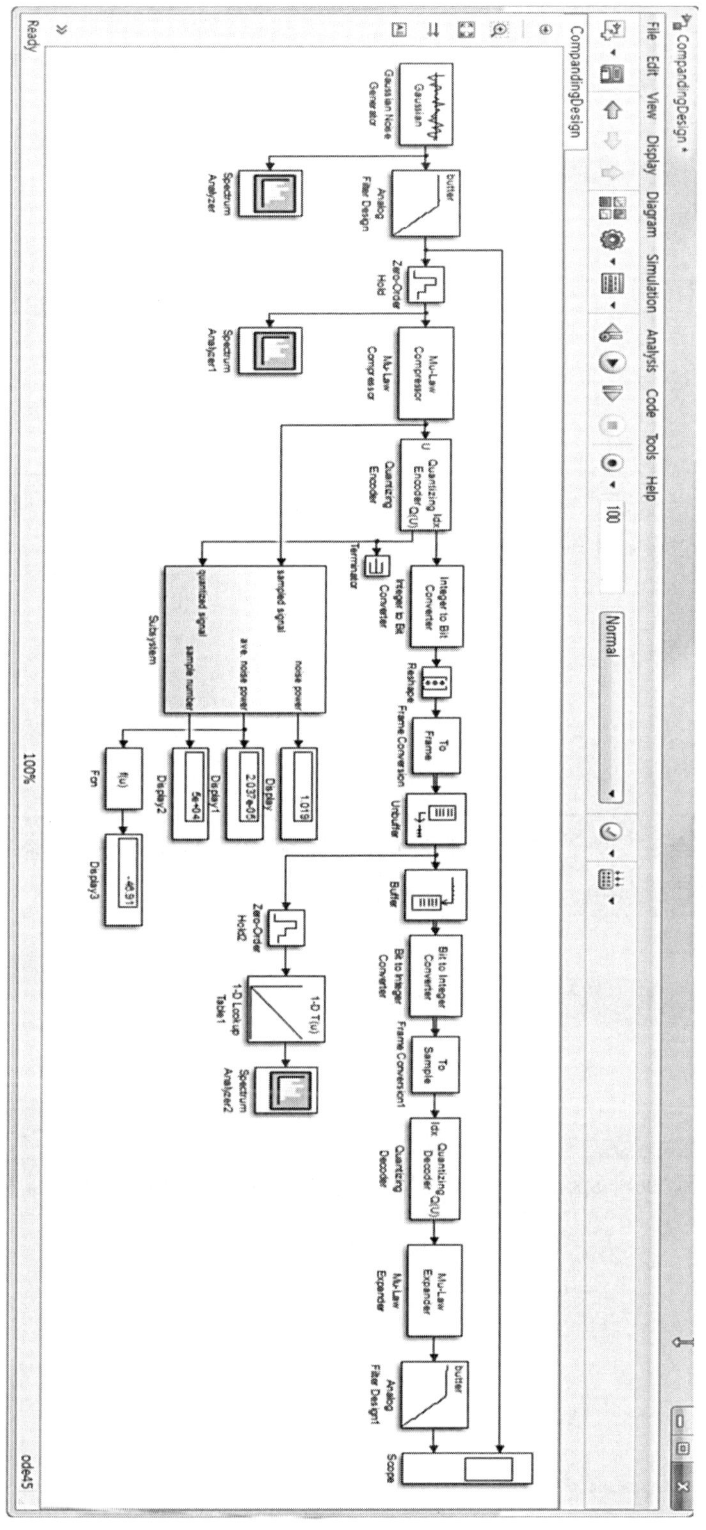
CompandingDesign *
File Edit View Display Diagram Simulation Analysis Code Tools Help
100
Normal
CompandingDesign
Gaussian
Gaussian Noise Generator
butter
Analog Filter Design
Spectrum Analyzer
Zero-Order Hold
Mu-Law Compressor
Mu-Law Compressor
Spectrum Analyzer1
Quantizing Encoder
U
Idx
Q(U)
Quantizing Encoder
Terminator
Integer to Bit Converter
Integer to Bit Converter
Reshape
To Frame
Frame Conversion
Unbuffer
Buffer
Bit to Integer Converter
Bit to Integer Converter
To Sample
Frame Conversion1
Quantizing Decoder
Idx
Q(U)
Quantizing Decoder
Mu-Law Expander
Mu-Law Expander
butter
Analog Filter Design1
Scope
sampled signal
quantized signal
noise power
ave. noise power
sample number
Subsystem
1.019
Display
2.037e-05
Display1
5e+04
Display2
f(u)
Fcn
-46.91
Display3
Zero-Order Hold2
1-D T(u)
1-D Lookup Table1
Spectrum Analyzer2
Ready
100%
ode45

[그림 25]

분석 및 고찰 :

1. Mu 값이 255로 고정된 경우

1) Mu 값이 255로 고정 된 경우 m값을 변화시켜 가면서 Companding 사용 유무에 따른 평균양자화잡음전력(dB) 값을 측정하고 아래의 표에 기록하시오.
(Stop time을 100으로 설정하고 시뮬레이션을 수행하시오.)

m값 / 사용유무	3	3	4	5	7	8	9
Companding 사용							

2) 위 표로부터 평균양자화잡음전력(dB)을 -40dB 이하로 설계하고자 할 때 최소 몇 비트 PCM을 사용하여야 하는가?

3) 출력 비트 율은 얼마인가? 아래에 Spectrum Scope2의 결과를 복사하여 붙이고 계산한 결과와 비교를 하시오.

4) Spectrum Scope와 Spectrum Scope1의 결과를 복사하여 붙이고 결과를 해석하여 보시오.

2. Companding 기술에 대한 정리

1) Companding 기술은 어느 때 사용하여야 하는가?

2) Companding 기술을 사용하여 얻어지는 장점은 무엇인가?

제5장 DM (Delta Modulation)

5.1 차동PCM(DPCM : differential PCM)

PCM 시스템의 경우 각 표본값 들은 독립적으로 양자화된다. 그러나, 대역 제한된 랜덤 신호를 나이퀴스트 율 이상으로 표본화하는 경우 각 표본값들 사이에는 상관성(correlation)이 존재하는 것이 대부분이다(예를 들어, 음성신호나 TV신호). 이는 이전 표본값이 다음 표본값에 대한 정보를 포함하고 있음을 의미하며 이러한 정보를 적절히 이용하면 몇 개의 이전 신호를 이용하여 다음 신호를 예측(prediction)할 수 있다. 이러한 예측기(predictor)를 적절히 이용하여 PCM 시스템의 성능을 개선할 수 있는데, 가장 대표적인 것이 **차동PCM(DPCM : differential PCM)**이라 할 수 있다.

DPCM은 신호의 표본값에 포함된 리던던시(redundancy)를 줄이고자 인접 표본값 간의 상관성을 이용한다. PCM 시스템과 같이 각 표본값에 대해 독립적으로 양자화하는 것이 아니라 수 개의 이전 표본값들을 이용해 다음 표본값을 추정하고 이 추정 값과 실제 표본값의 차(difference)에 대해 양자화하는 기법이다. 그림 5.1은 예측기를 이용한 DPCM 시스템의 구조를 나타낸 것이다.

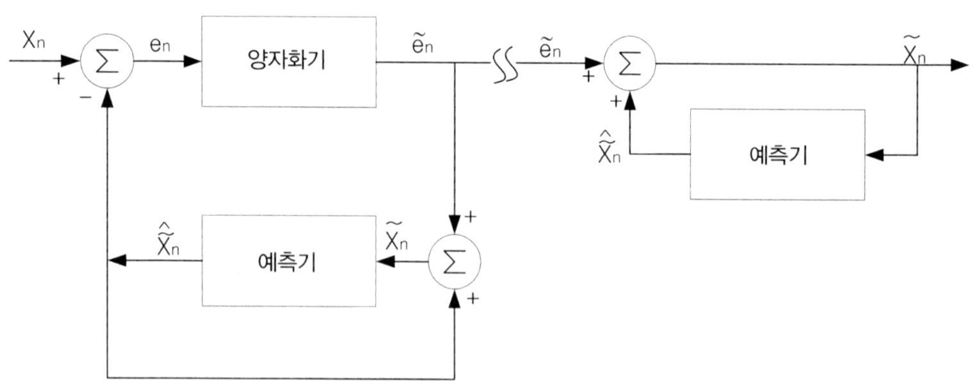

그림 5.1 예측기를 이용한 DPCM 시스템

그림 5.1에서 예측기는 p개의 이전 표본값을 이용해 현재 값을 예측한다. x_n을 원 신호로부터 표본화한 현재 시간의 표본값이라 하고 $\hat{x}_n$을 x_n의 예측값이라 하면 $\hat{x}_n$은 다음과 같이 정의된다.

$$\hat{x}_n = \sum_{i=1}^{p} a_i x_{n-i} \tag{5.1}$$

a_i는 예측기 계수이며 a_i의 가중치를 갖는 이전 심볼 x_{n-i} 들의 선형 조합으로 $\hat{x}_n$이 구성된다. 이때,

x_n과 $\hat{x}_n$의 차를 예측오류(predictive error)라 하며 a_i는 예측오류가 최소화되도록 결정된다. 그림 5.1의 DPCM 구조에서 예측기의 입력은 신호 표본값 x_n을 양자화한 값에 해당하며 $\tilde{x}_n$으로 표시한다. 따라서, 예측기의 출력은

$$\hat{\tilde{x}}_n = \sum_{i=1}^{p} a_i \tilde{x}_{n-i} \tag{5.2}$$

이고 x_n과의 차를 e_n으로 표시하여 예측 오류라 한다. 즉, 예측오류는

$$e_n = x_n - \hat{\tilde{x}}_n \tag{5.3}$$

으로 표시할 수 있으며 이때, e_n은 양자화기의 입력으로 인가된다. 양자화기의 출력값을 $\tilde{e}_n$이라 하면 $\tilde{e}_n$이 이진값으로 부호화되어 채널을 통해 전송되는 것이다. 양자화된 예측오류 $\tilde{e}_n$은 예측 값 $\hat{\tilde{x}}_n$와 더해진 후 $\tilde{x}_n$이 발생되어 예측기에 입력된다.

수신단에서는 송신단에서 사용된 동일한 예측기가 사용되며 채널을 통해 전송되어온 $\tilde{e}_n$에 예측기 출력 $\hat{\tilde{x}}_n$이 더해져 $\hat{x}_n$이 발생되며 여파기를 거쳐 신호 $\tilde{x}(t)$가 복원된다. 이때, $\tilde{x}(t)$에 포함된 오류는 e_n의 양자화 오류인 $q_n = \tilde{e}_n - e_n$ 인데 이는 다음 식을 통해 쉽게 설명된다.

$$\begin{aligned} q_n &= \tilde{e}_n - e_n \\ &= \tilde{\mathrm{e}}_\mathrm{n} - \left(\mathrm{x}_\mathrm{n} - \hat{\tilde{\mathrm{x}}}_\mathrm{n}\right) \\ &= \tilde{\mathrm{x}}_\mathrm{n} - \mathrm{x}_\mathrm{n} \end{aligned} \tag{5.4}$$

따라서, $\tilde{x}_n = x_n + q_n$이므로 양자화된 표본값 $\tilde{x}_n$에 포함된 오류는 q_n임을 쉽게 알 수 있다.

5.2 DM (delta modulation)

델타변조(DM : delta modulation)는 DPCM을 간단한 형태로 변형시킨 방식으로 1 비트 DPCM으로 볼 수 있으며 이의 구조는 그림 5.2와 같다. DM이 1-비트 DPCM으로 간주되는 것은 DPCM의 입력신호와 추정된 입력신호의 차(difference)를 2-레벨로 양자화하여 전송하는 것이 DM 구조이기 때문이다. 따라서, DM에서는 양자화기의 출력은 단일 이진 비트로 표현되며 이는 입력신호의 차(difference) 값의 부호를 의미하게 된다. DM 시스템은 M-ary PCM 혹은 M-ary DPCM에 비해 송?수신단의 하드웨어가 상대적으로 간단한 구조를 갖는다.

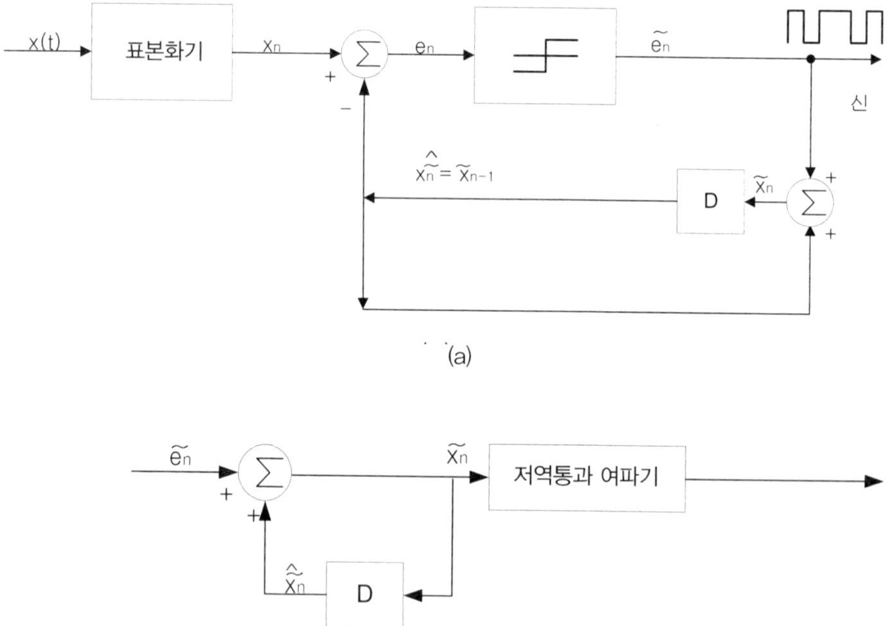

그림 5.2 델타 변조 시스템 (a) 인코더 (b) 디코더

그림 5.2에서 지연소자를 예측기로 적용하면,

$$\hat{\tilde{x}}_n = \tilde{x}_{n-1} = \hat{\tilde{x}}_{n-1} + \tilde{e}_{n-1} \tag{5.5}$$

이고 e_n의 양자화 오류는

$$q_n = \tilde{e}_n - e_n = \tilde{e}_n - (x_n - \hat{\hat{x}}_n) \quad (5.6)$$

이므로 식 (5.5), (5.6)에서

$$\hat{\hat{x}}_n = x_{n-1} + q_{n-1} \quad (5.7)$$

임을 알 수 있다. 다시 말해, 식 (5.5), (5.7)을 고려하면

$$\hat{\hat{x}}_n = \tilde{x}_{n-1} = x_{n-1} + q_{n-1} \quad (5.8)$$

가 성립함을 알 수 있다. 한편, 식 (5.5)에서

$$\hat{\hat{x}}_n = \hat{\hat{x}}_{n-1} + \tilde{e}_{n-1} \quad (5.9)$$

이므로 예측기는 $\tilde{e}_{n-1}$을 입력으로 하는 누적기(accumulator)의 동작을 수행한다고 볼 수 있다. 일반적으로, DM 시스템의 송신단 인코더는 원 신호 x(t)를 선형 계단함수로 근사화하는 작용을 하며 좋은 성능을 얻기 위해서는 신호 x(t)가 표본화율에 비해 완만히 변화해야 한다. 이는 실제 표본화율이 나이퀴스트 율 보다 훨씬 커야함을 의미한다.

표본화 율(sampling rate)이 고정되어 있을 경우 DM 시스템의 성능은 그림 5.3과 같이 두 가지 형태의 왜곡(distortion)에 의해 좌우된다.

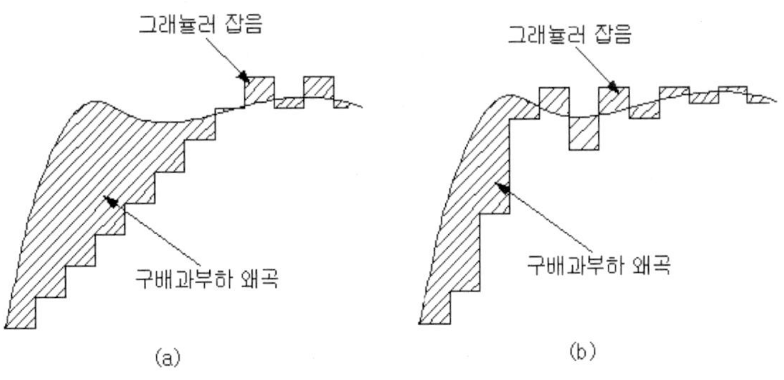

그림 5.3 (a) DM 시스템의 잡음 (b) ADM 시스템의 잡음

하나는, 구배 과부하 왜곡(slope overload distortion)으로 스텝 크기 Δ가 너무작아 신호의 큰 경사(slope)에 해당하는 부분을 즉시 따라가지 못해 발생하는 왜곡이다. 다른 하나는 신호의 변화가 완만함에 비해 Δ의 크기가 너무 커서 발생하는 것으로 그래뉼러 왜곡(granular distortion)이라 한다. 이러한 왜곡을 줄이기 위해 Δ 값을 선정함에 있어 두가지 왜곡은 서로 상충되는 특징을 가지고 있기 때문에 두 왜곡에 대한 평균 자승값의 합을 구하여 그 합을 최소화시키는 Δ 값이 선정되어야 한다. 그러나, 이러한 방법도 그다지 만족스러운 성능향상을 가져오지 못하는데 그 대안으로 적응델타변조(ADM : adaptive delta modulation)를 들 수 있다.

5.3 ADM (adaptive delta modulation)

ADM은 원 신호 x(t)의 변화 특성에 따라 스텝 크기 Δ를 조정하는 것으로 신호 경사가 크면 Δ를 크게 하고 완만한 경사 부분에 대해서는 Δ 크기를 작게 조정한다. 그림 5.3(b)는 ADM의 원리를 나타낸 것이다. Δ의 크기를 조정하는 방법에는 여러 가지가 있으나 양자화된 오류 $\tilde{e}_n$을 이용해 신호의 경사특성을 측정하는 방법이 가장 널리 사용된다. 즉, $\tilde{e}_n$의 값이 연속적으로 그 부호가 변화하면 그 부분의 신호 파형이 완만함을 나타내므로 Δ 값을 작게하고 반대로 $\tilde{e}_n$의 값이 연속적으로 동일하면 신호의 경사가 큰 것으로 보아 Δ 값을 크게 조정하는 방법이다. 경사를 측정하는 방법으로, 1970년대에 Jayant에 의해 고안된 알고리듬은 다음 식에 의해 스텝크기가 변화된다.

$$\Delta_n = \Delta_{n-1} K^{\tilde{e}_n \cdot \tilde{e}_{n-1}} \qquad n = 1, 2... \tag{5.10}$$

이때 K는 1보다 큰 상수이고 전체 왜곡 값이 최소화되도록 결정된다. 그림 5.4는 Jayant ADM 시스템의 블록도를 나타낸 것이다. 이밖에도 여러 가지 형태의 ADM 시스템들이 변형되어 왔는데 비교적 널리 이용되는 것으로는 Greenfkes에 의해 제안된 CVSD(continuously variable slope delta modulation)과 CFDM(constant factor delta modulation) 등을 들 수 있다.

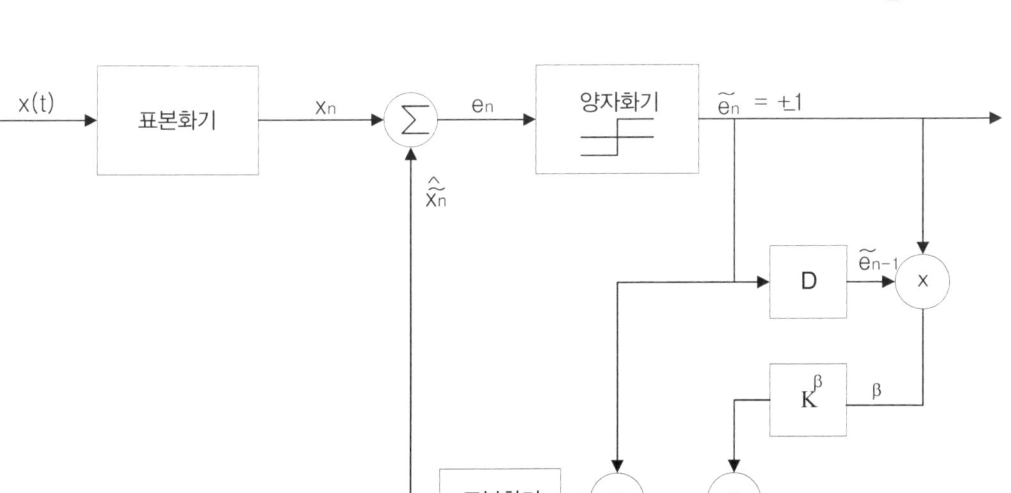

(a) 부호기

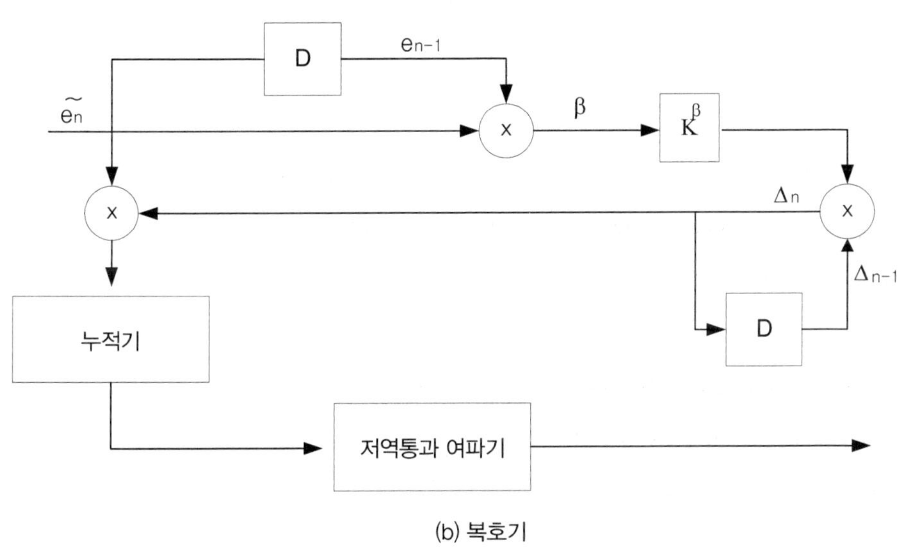

(b) 복호기

그림 5.4 ADM 시스템의 구성 예

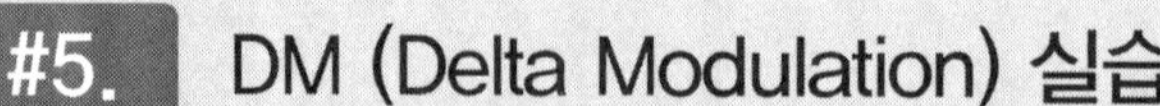

#5. DM (Delta Modulation) 실습

학습목표 :

주어진 아날로그 신호를 나이퀴스트 율 이상으로 표본화 한 후 표본 값들 간의 상관성을 이용하여 1비트로 양자화하는 델타변조(DM) 인코더와 디코더 Simulink Block을 구성한 후 신호를 분석하고 고찰한다.

실습과제 :

실습 #5-1 : DM 인코더와 디코더 Simulink Block을 구성

실습 #5-2 : 시간 영역에서 신호 관찰

실습 #5-3 : 샘플링율과 델타크기 변화에 따른 양자화잡음 전력 측정

주어진 조건 :

① 아날로그 신호 : $s(t) = A \cdot sin(2\pi ft + \theta) = 2 \cdot sin(2\pi 5t + 45^{\circ})$

② 샘플링 시간 : 가변 (T_s = 1/100, 1/200, 1/300, 1/400, 1/500)

③ 델타크기 : 가변 ($\Delta = 0.1, 0.2, 0.3, 0.4, 0.5$)

④ 아날로그 필터 : Low Pass Filter(LPF)

- Butterworth Type LPF, - Filter order = 8,

- Pass band edge frequency : f = 10

실습 #5-1 : DM 인코더와 디코더 Simulink Block 구성

[실험절차]

(1) Matlab을 실행한다.

(2) [그림 1]과 같이 메뉴 바에서 Simulink Library 버튼을 click하면 [그림 2]와 같이 Simulink Library Browser가 나타난다.

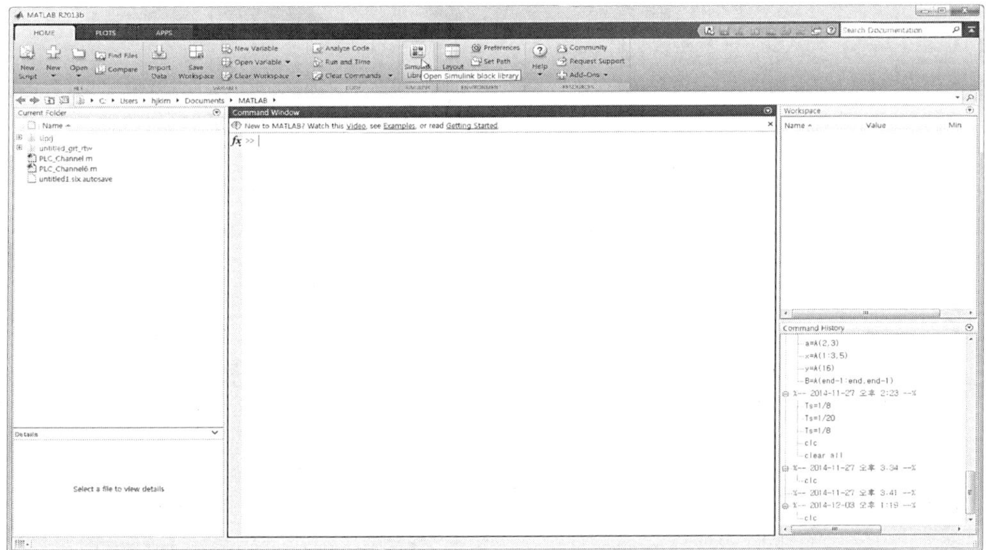

[그림 1]

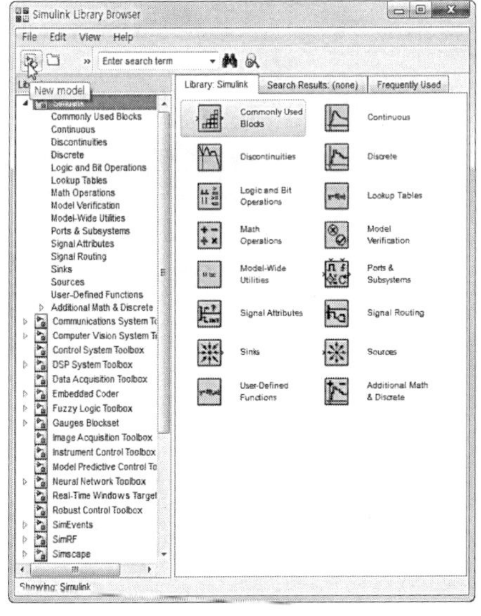

[그림 2]

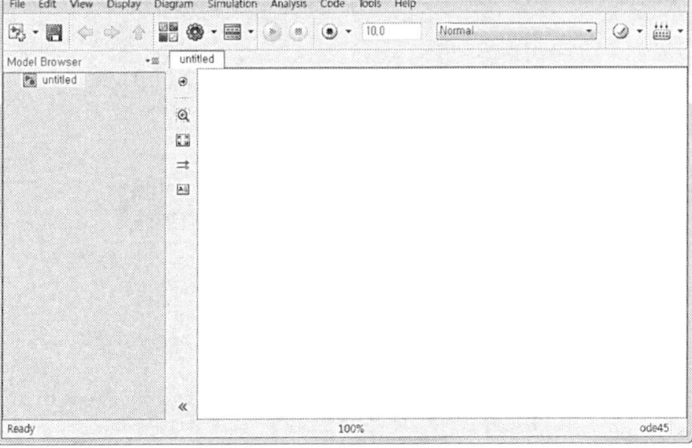

[그림 3]

(3) Simulink Library Browser의 menu 바에서, FILE/NEW/MODEL 을 선택하게 되면 [그림3]과 같이 untitled window 창이 나타난다.

(4) [그림 4]와 같이 Simulink Library Browser의 왼쪽 면에서, Simulink/Sources를 선택한다. [그림 5]와 같이 Simulink Library Browser의 오른쪽 면에서 Sine Wave를 왼쪽 마우스로 누른다.

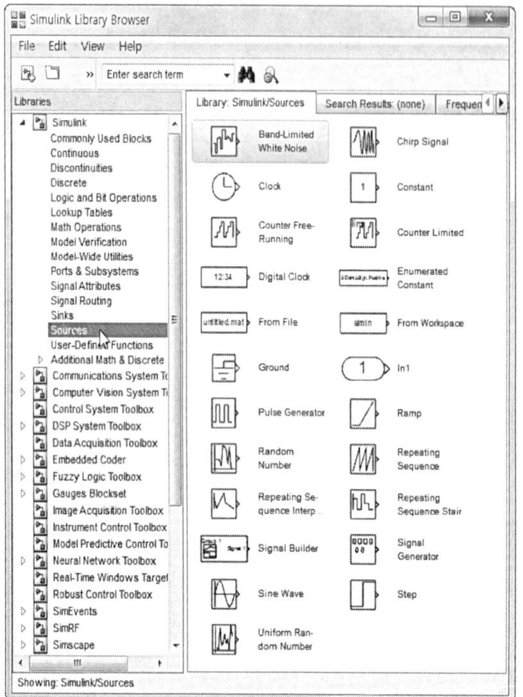

[그림 4]

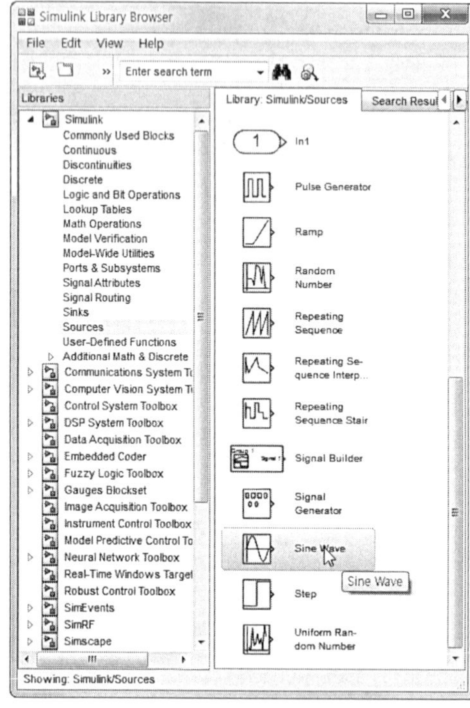

[그림 5]

(5) [그림 6]과 같이 untitled window 창에 Sine Wave를 끌고 와서 내려놓는다.

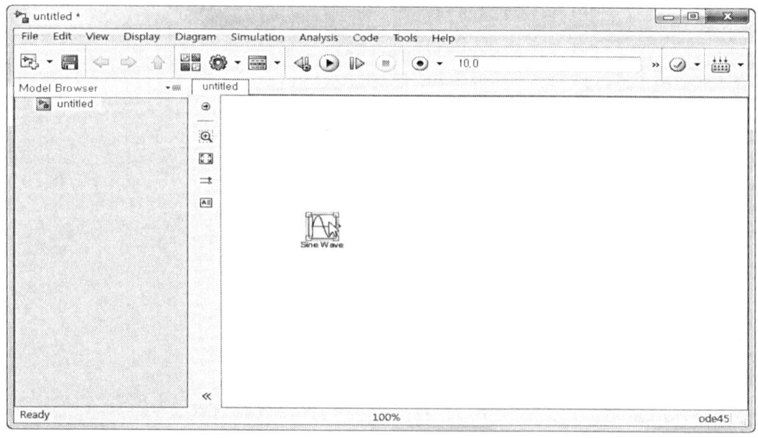

[그림 6]

(6) 아날로그 신호로 사용할 Sine Wave 블록을 2번 클릭한 후 [그림 7]과 같이 입력한다.

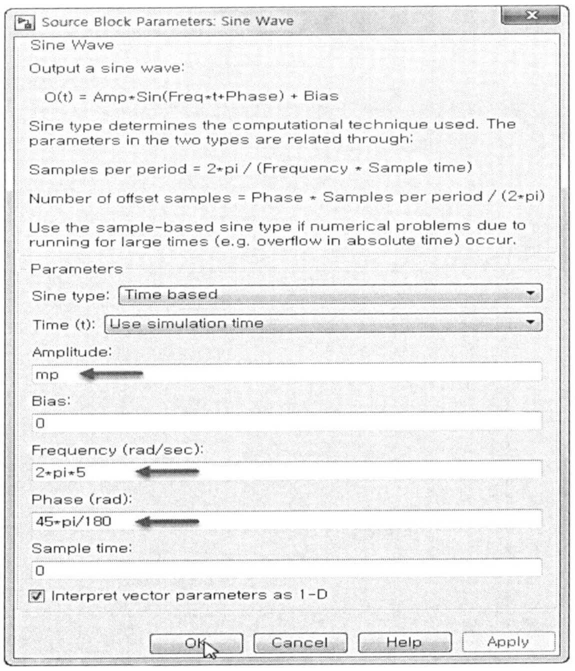

[그림 7]

(7) Untitled window를 DM이라는 이름으로 저장한다.

(8) 샘플링 블록으로 Simulink Library Browser의 왼쪽 면에서, Simulink/Discrete를 선택하고, 오른쪽 면에서 Zero-Order Hold를 DM 창에 내려놓고 [그림 8]과 같이 두 블록을 연결한다. Zero-Order Hold 블록을 2번 클릭하고 샘플링 시간을 입력한다.

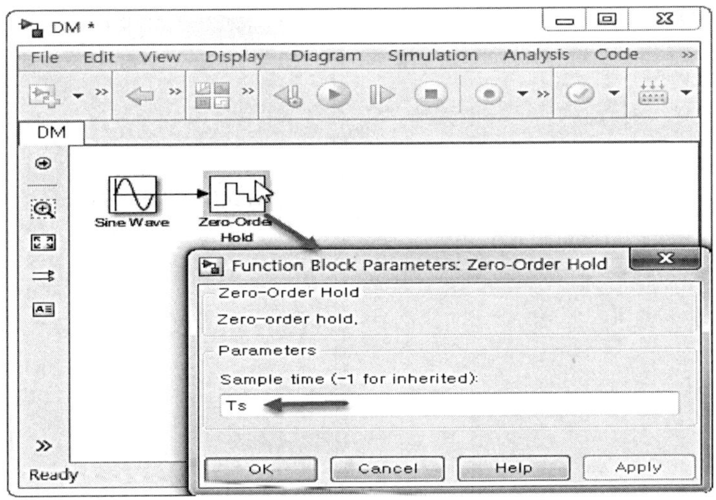

[그림 8]

(9) Simulink/Math Operations/Sum 블록을 DM 창에 내려놓고 [그림 9]과 같이 두 블록을 연결한다. Sum 블록을 2번 클릭한 후 파라미터 값들을 입력한다.

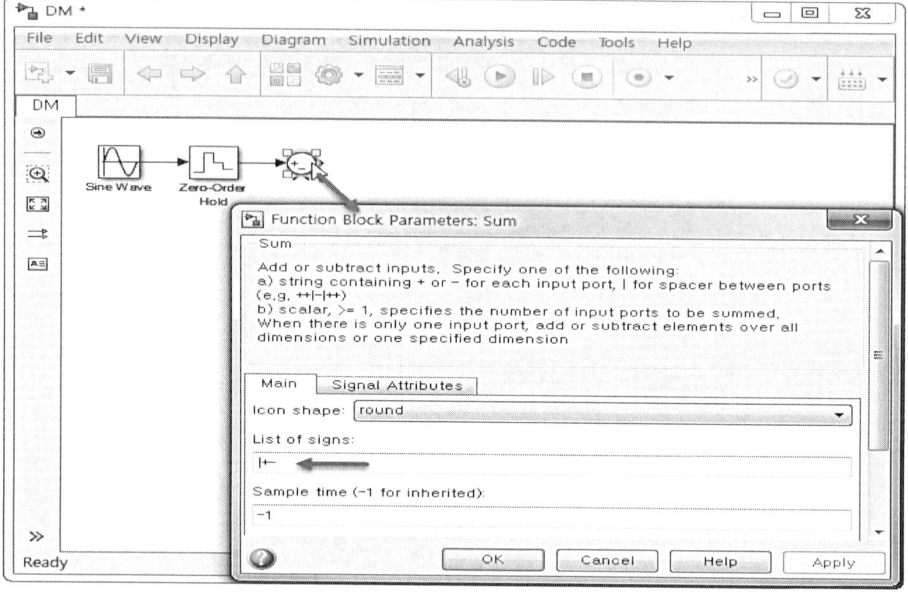

[그림 9]

(10) Communication System Toolbox/Source Coding/Quantizing Encoder를 [그림 10]과 같이 연결을 한다. Quantizing Encoder 블록을 2번 클릭한 후 파라미터 값들을 입력한다.

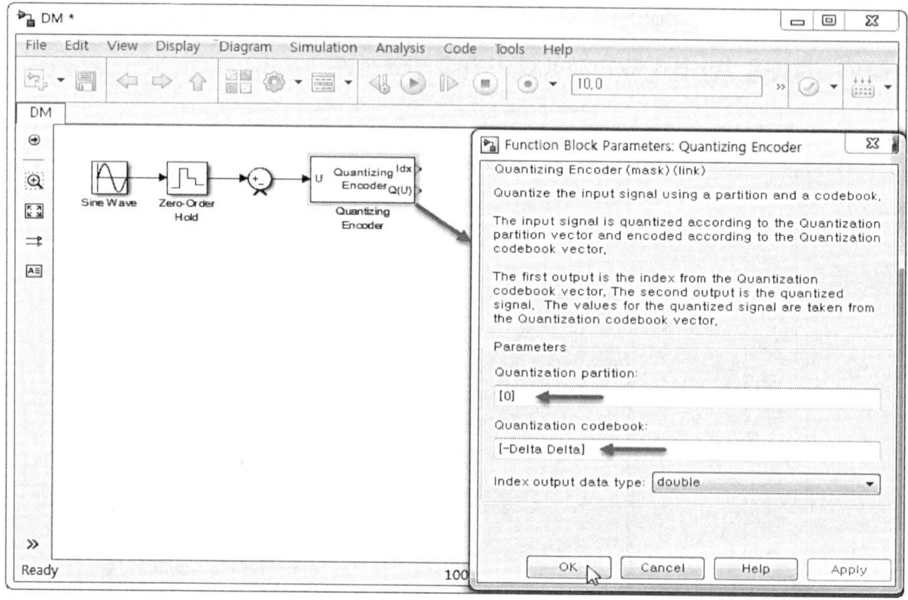

[그림 10]

(11) [그림 11]과 같이 블록들을 가지고 와서 연결을 한다. 이때 사용되는 블록의 위치는 다음과 같다. 또한 각 블록들을 2번 클릭한 후 파라미터 값들을 입력한다.

Simulink/Math Operations/Sum

Simulink/Math Operations/Gain

Simulink/Discrete/Unit Delay

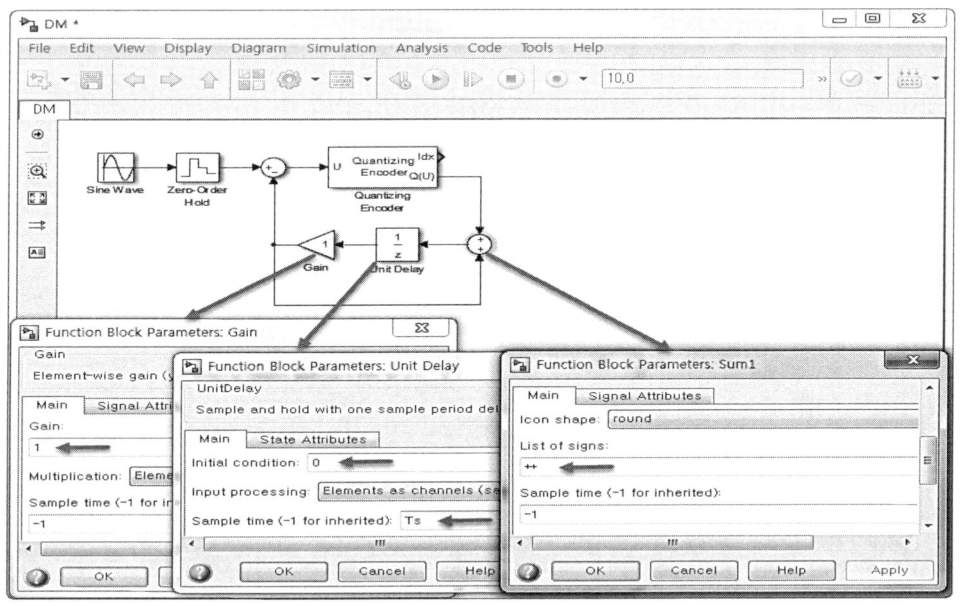

[그림 11]

(12) [그림 12]와 같이 블록들을 가지고 와서 연결을 한다. 이때 사용되는 블록의 위치는 다음과 같다. 또한 각 블록들을 2번 클릭한 후 파라미터 값들을 입력한다.

Simulink/Signal Routing/Switch

Simulink/Sources/Constant

(13) 블록들을 그룹화하기 위하여 [그림 13]과 같이 왼쪽 마우스를 누르고 그룹화를 원하는 블록들을 선택한다. 왼쪽 마우스를 띠면 [그림 14]와 같은 결과를 얻을 것이며 [그림 15]와 같이 DM 창의 메뉴 바에서 Diagram/Subsystem & Model Reference/Create Subsystem from Selection을 선택한다. 그러면 [그림 16]과 같이 subsystem이 생길 것이다. [그림 17]과 같이 Subsystem에 마우스를 대고 오른쪽 마우스를 누른 후 Mask/Create Mask을 선택한다. 그러면 [그림 18]과 같이 Mask Edit 창이 나디나게 되고 [그림 18]과 같이 입력을 한다. 그러면 [그림19]와 같이 그룹화를 원하는 블록들에 대한 subsystem이 생기고 이 subsystem에 원하는 명칭을 부여할 수 있게 된다.

(14) 디코더를 구성하기 위하여 [그림 20]과 같이 연결을 한다. 이때 사용되는 블록의 위치는 다음과 같다. 또한 각 블록들을 2번 클릭한 후 파라미터 값들을 입력한다.

Simulink/Math Operations/Sum

Simulink/Math Operations/Gain

Simulink/Discrete/Unit Delay

Signal Processing Blockset/Filtering/Filter Design/Analog Filter Design

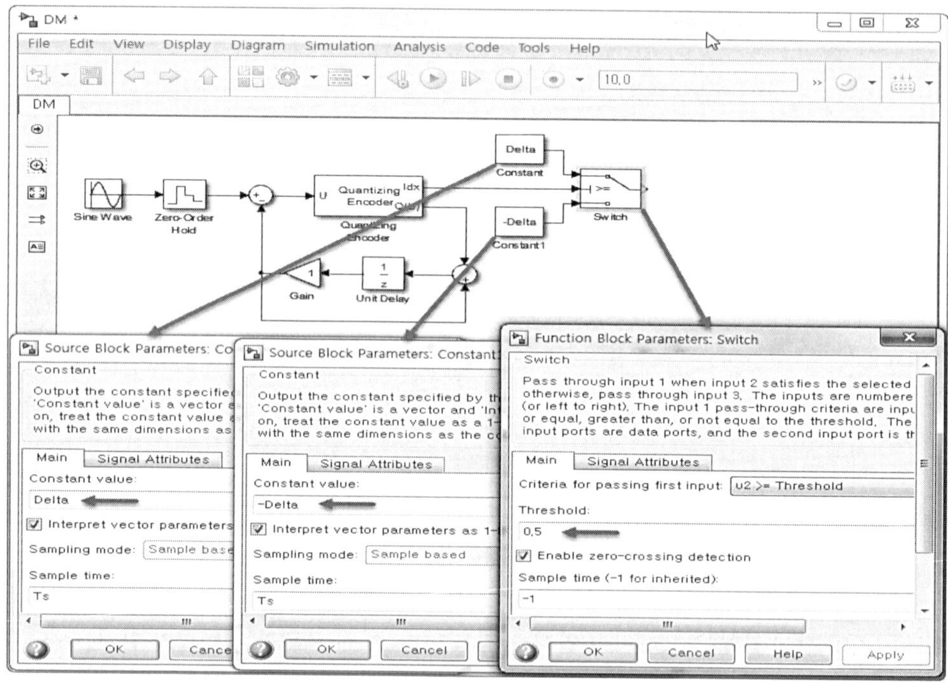

[그림 12]

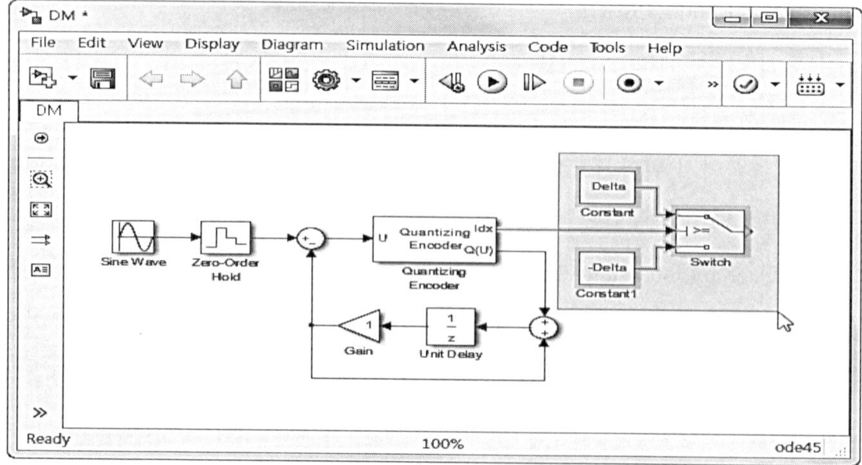

[그림 13]

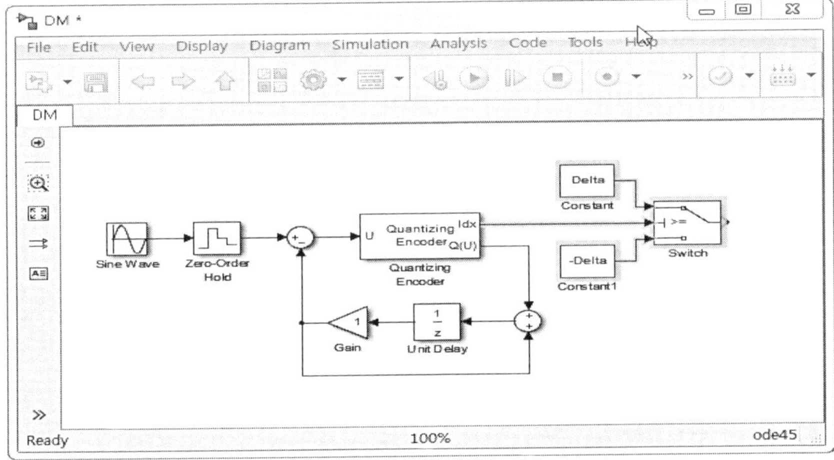

[그림 14]

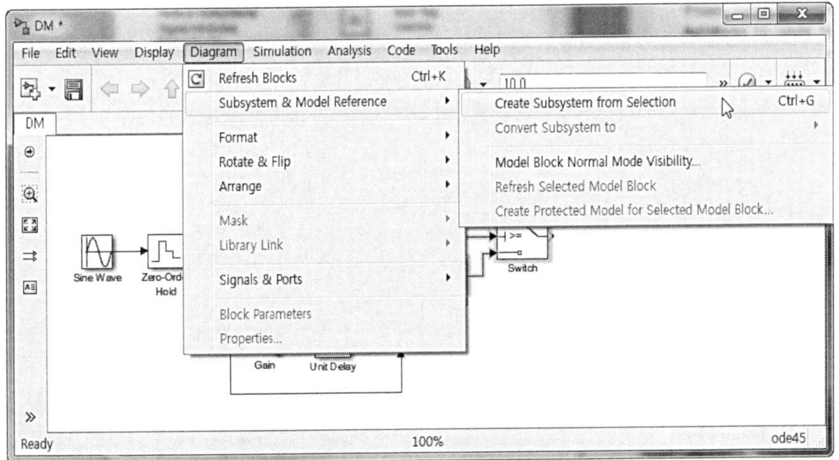

[그림 15]

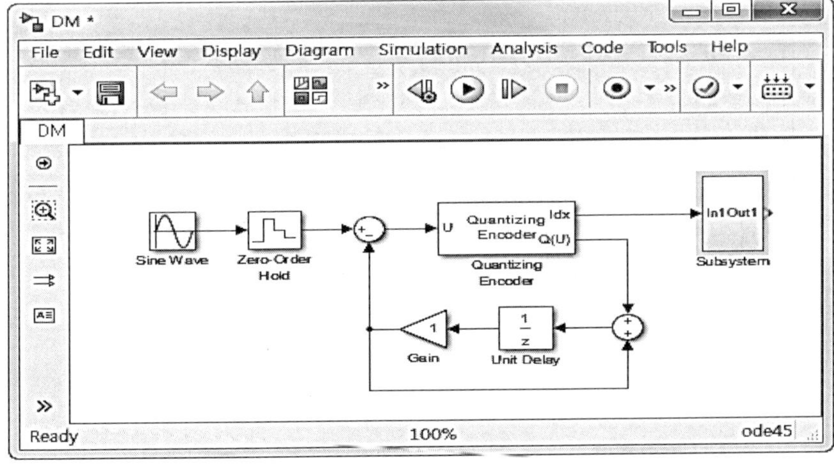

[그림 16]

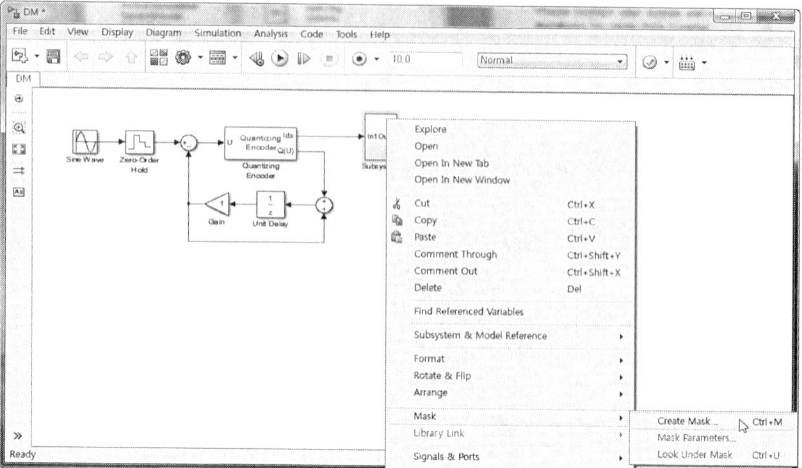

[그림 17]

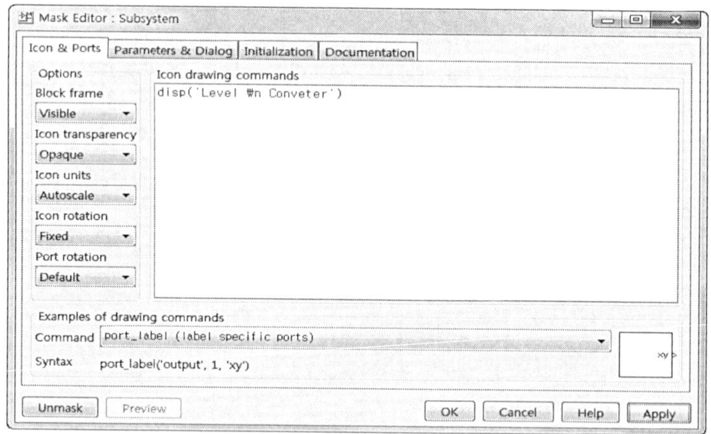

[그림 18]

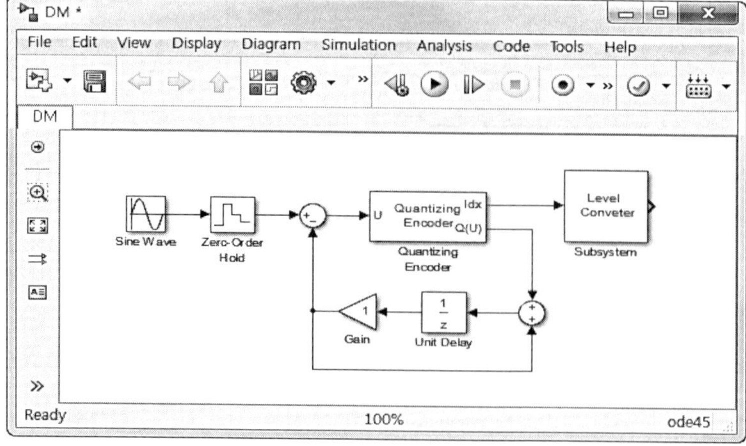

[그림 19]

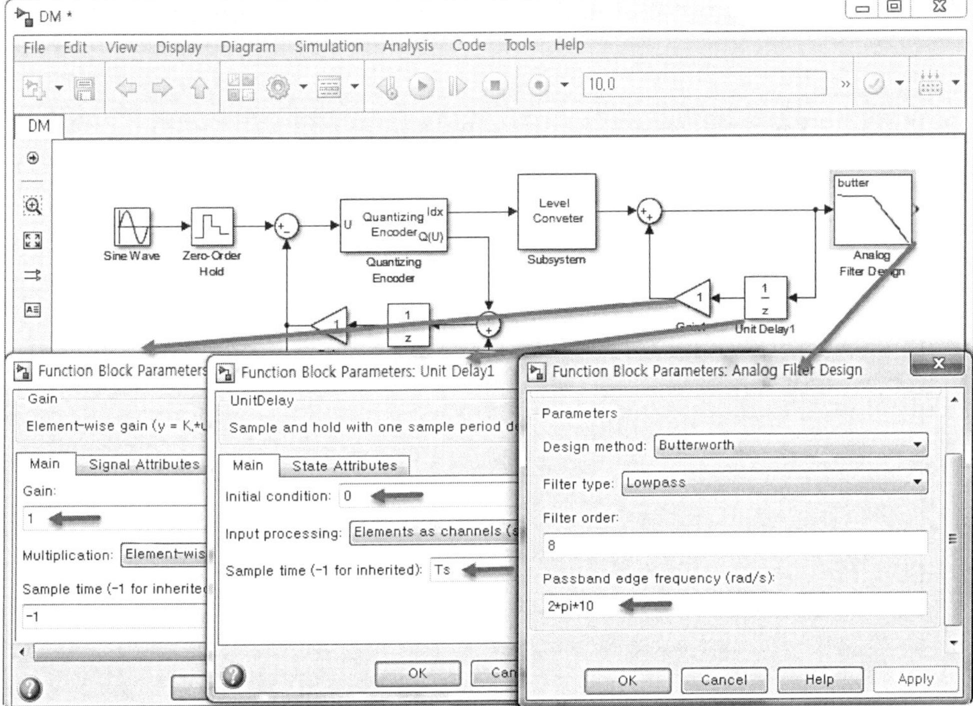

[그림 20]

(13) Simulink/Signal Routing/Mux와 Simulink/Sinks/Scope를 [그림 21]과 같이 연결하시오.

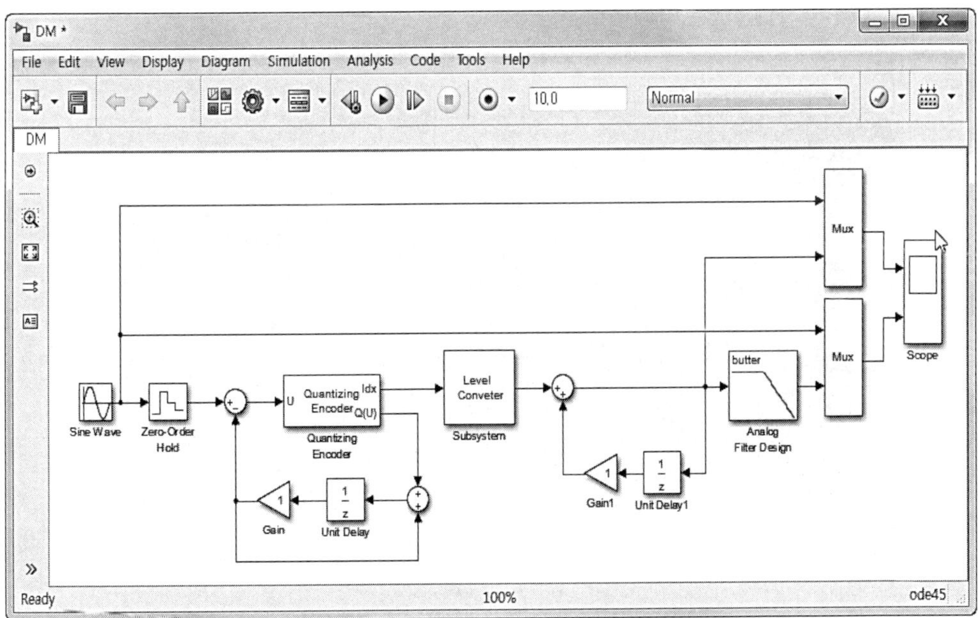

[그림 21]

(14) Matlab Command window 상에서 [그림 22]와 같이 변수 mp, T_s, Delta에 값을 지정한다.

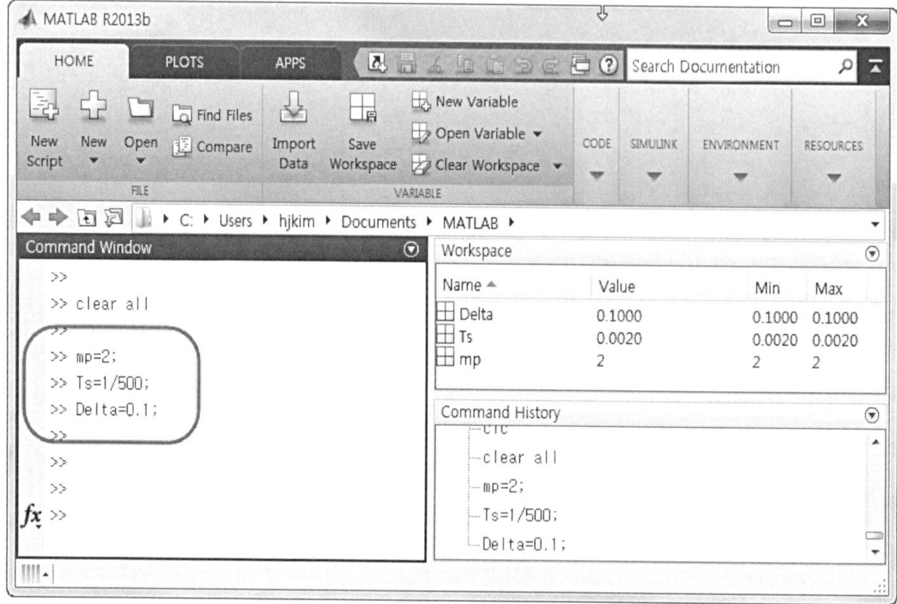

[그림 22]

(15) DM 창의 Simulation/Configuration Parameters를 선택한 후, Stop time을 1초로 설정하고, Start Simulation 버튼을 누른 후 Scope 버튼을 클릭하면 [그림 23]과 같은 결과를 얻는다. 이때 최소값과 최대값을 -3과 3으로 선택한다.

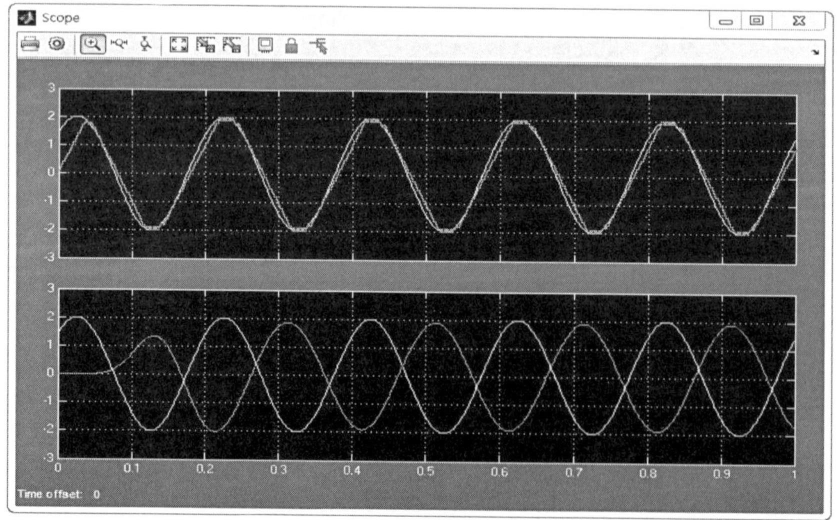

[그림 23]

실습 #5-2 : 시간 영역에서 신호 관찰

1. 시간 영역에서 신호 파형 관찰

(1) 시간 영역에서 신호를 관찰하기 위하여 [그림 24]와 같이 연결하시오.

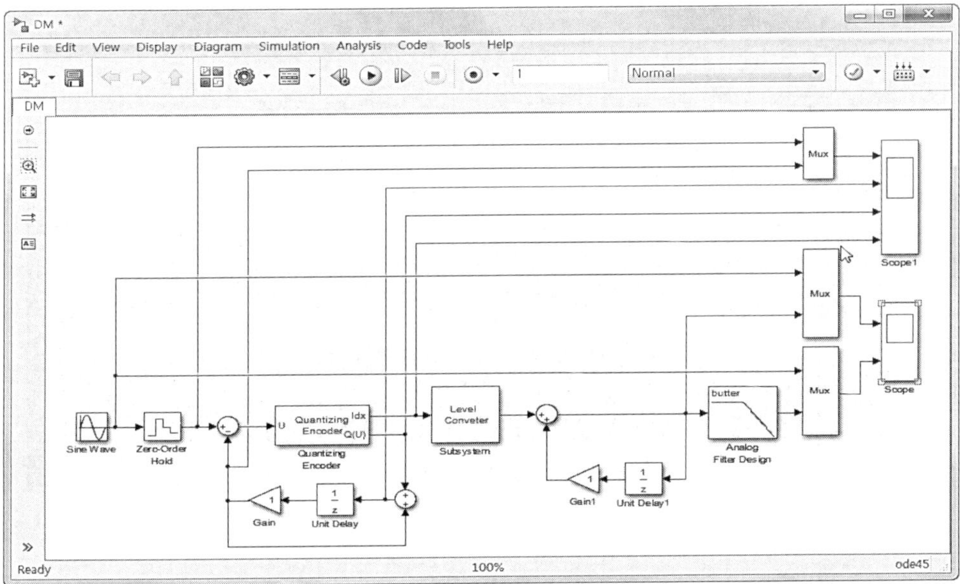

[그림 24]

(2) Matlab Command window 상에서 [그림 25]와 같이 변수 mp, T_s, Delta에 값을 지정한다.

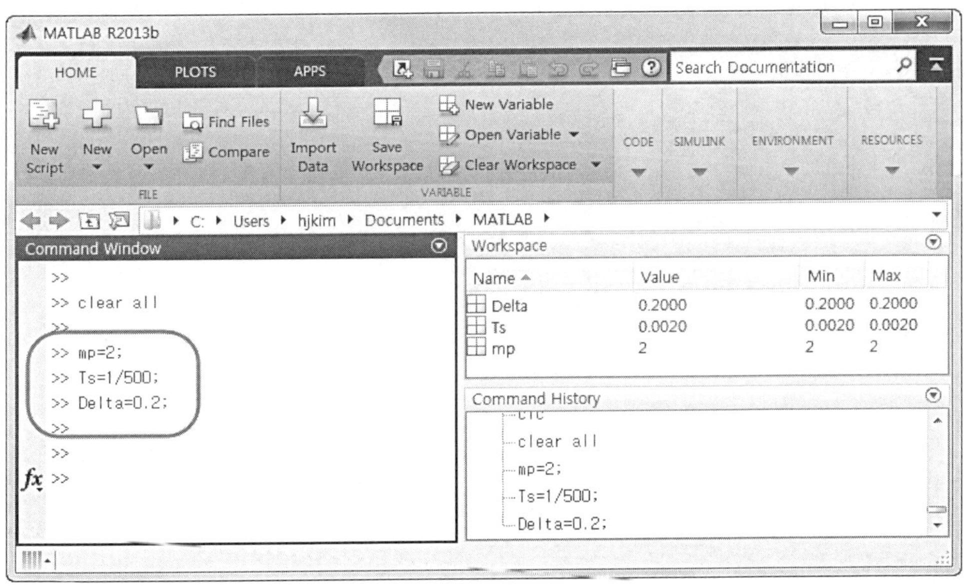

[그림 25]

(3) Stop time을 0.05초로 설정하고 시뮬레이션을 수행한다.

(4) Scope1 블록을 두 번 클릭하면 [그림 26]과 같은 결과를 얻는다.

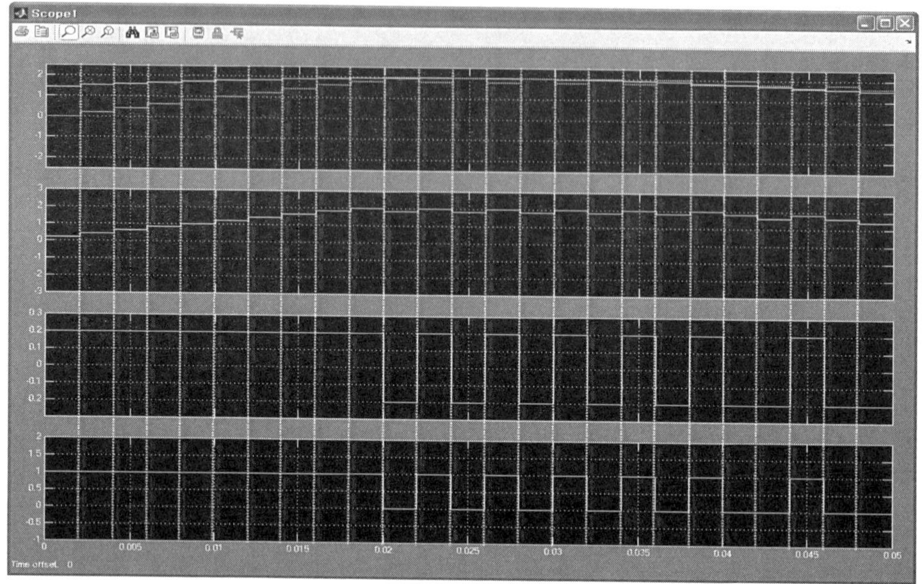

[그림 26]

2. 시간 영역에서 신호 값 관찰

(1) 시간 영역에서 신호 값을 관찰하기 위하여 Simulink/Sinks/To Workspace를 DM 창에 놓고 [그림 27]과 같이 연결하시오.

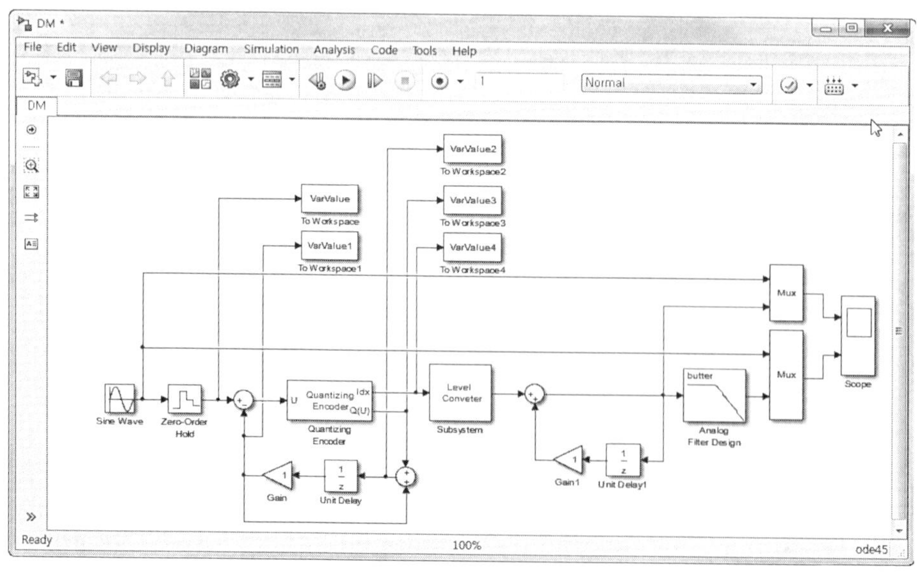

[그림 27]

(2) 왼쪽 맨위에 있는 To Workspace 블록을 [그림 28]과 같이 파라미터 값을 입력한다.

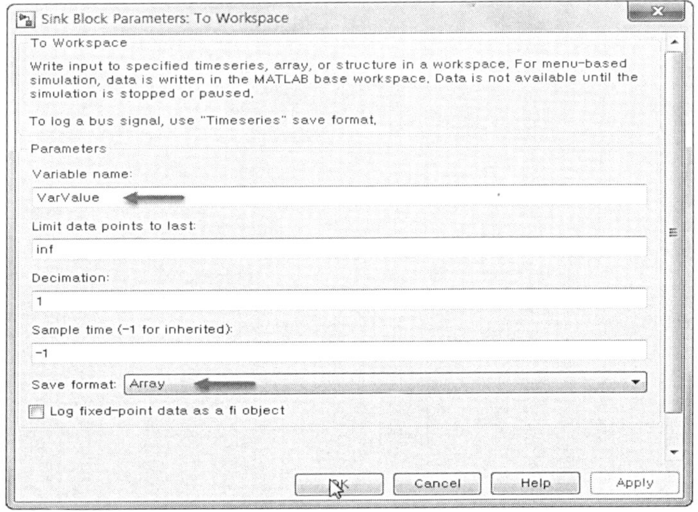

[그림 28]

(3) 다른 To Workspace 블록에 대하여 동일한 방법으로 파라미터 값을 입력한다.

(4) Matlab Workspace 공간에서 5개의 변수 VarValue, VarValue1, VarValue2, VarValue3, VarValue4 값을 읽기 위해 [그림 29]와 같이 마우스를 누르면 [그림 30]과 같이 값을 확인할 수 있다.

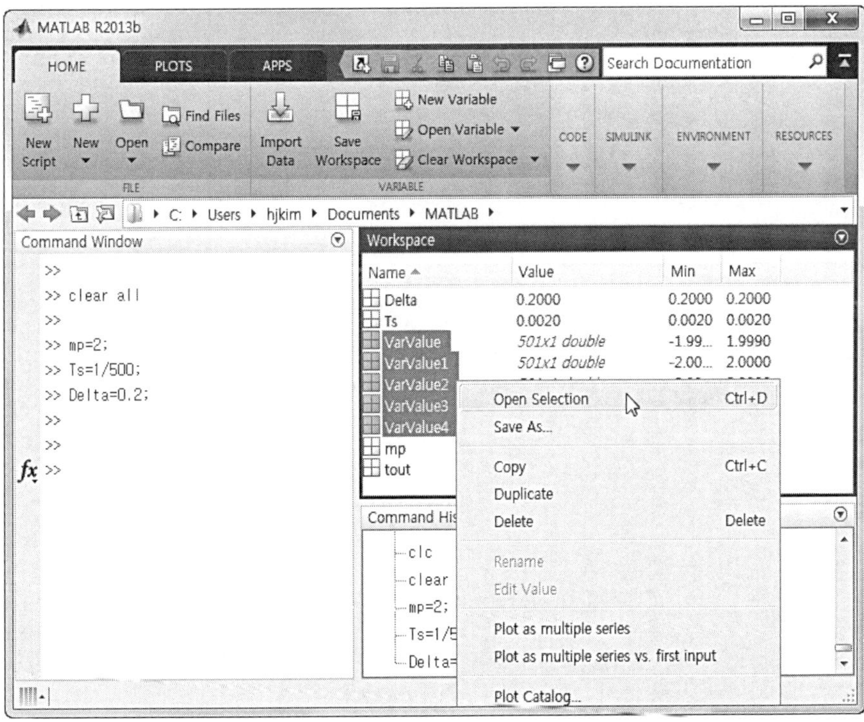

[그림 29]

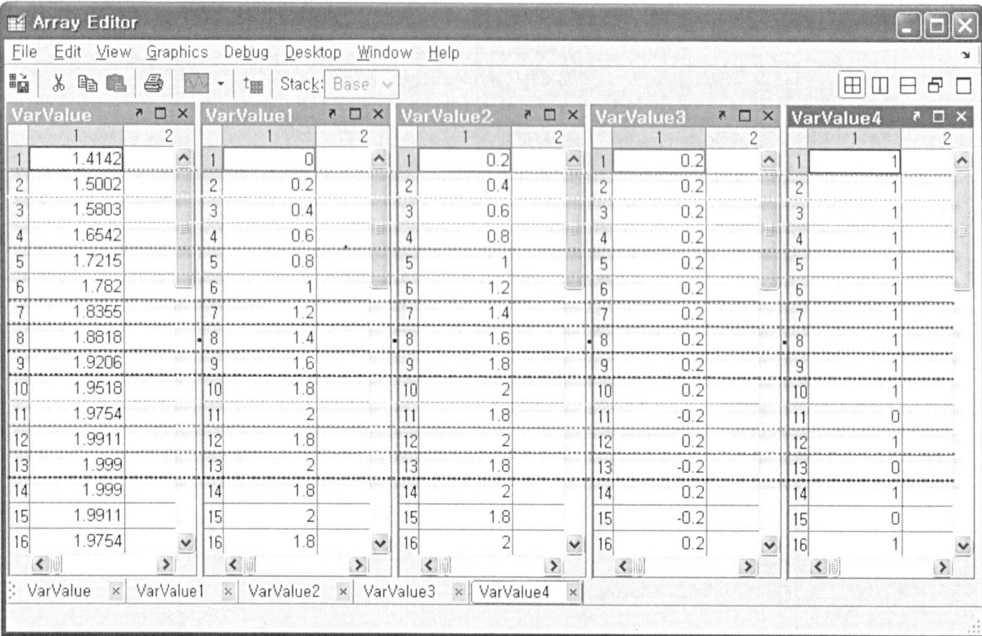

	VarValue	VarValue1	VarValue2	VarValue3	VarValue4
1	1.4142	0	0.2	0.2	1
2	1.5002	0.2	0.4	0.2	1
3	1.5803	0.4	0.6	0.2	1
4	1.6542	0.6	0.8	0.2	1
5	1.7215	0.8	1	0.2	1
6	1.782	1	1.2	0.2	1
7	1.8355	1.2	1.4	0.2	1
8	1.8818	1.4	1.6	0.2	1
9	1.9206	1.6	1.8	0.2	1
10	1.9518	1.8	2	0.2	1
11	1.9754	2	1.8	-0.2	0
12	1.9911	1.8	2	0.2	1
13	1.999	2	1.8	-0.2	0
14	1.999	1.8	2	0.2	1
15	1.9911	2	1.8	-0.2	0
16	1.9754	1.8	2	0.2	1

[그림 30]

실습 #5-3 : 샘플링율과 델타크기 변화에 따른 양자화잡음 전력 측정

(1) 샘플링율과 델타크기 변화에 따른 양자화잡음 전력을 측정하기 위하여 [#2 양자화 실습]의 [그림 38]에 있는 양자화 잡음 전력을 측정하는 블록을 사용하여 [그림 31]과 같이 연결하시오.

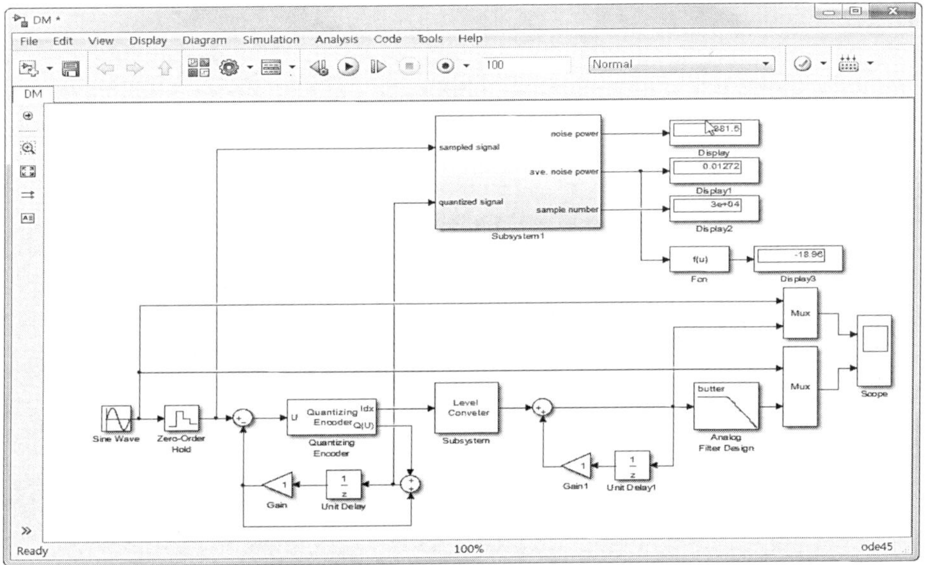

[그림 31]

(2) Matlab Command window 상에서 [그림 32]와 같이 입력을 하고, Stop time을 100초로 설정한 후 시뮬레이션을 수행하면 [그림 33]과 같은 시뮬레이션 결과를 얻는다.

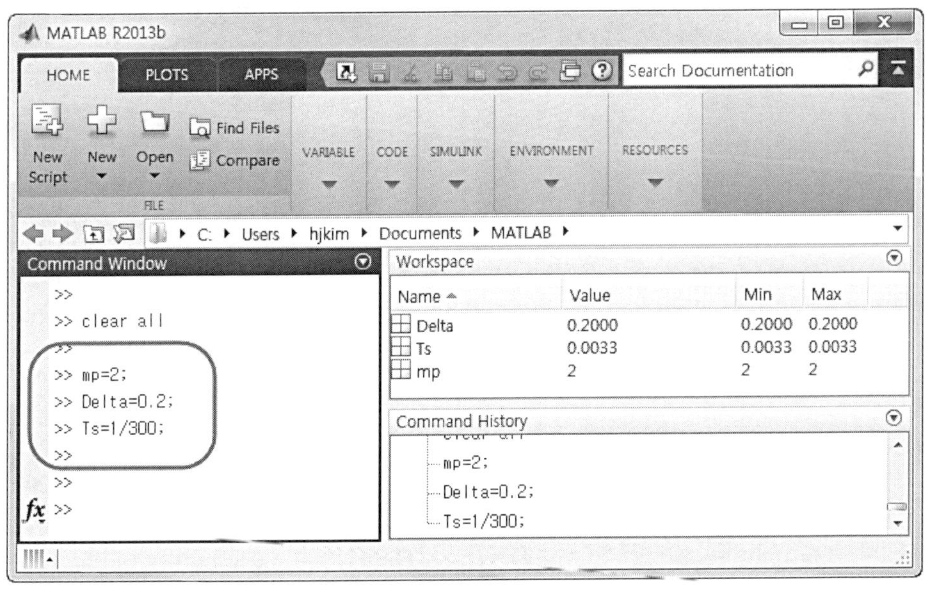

[그림 32]

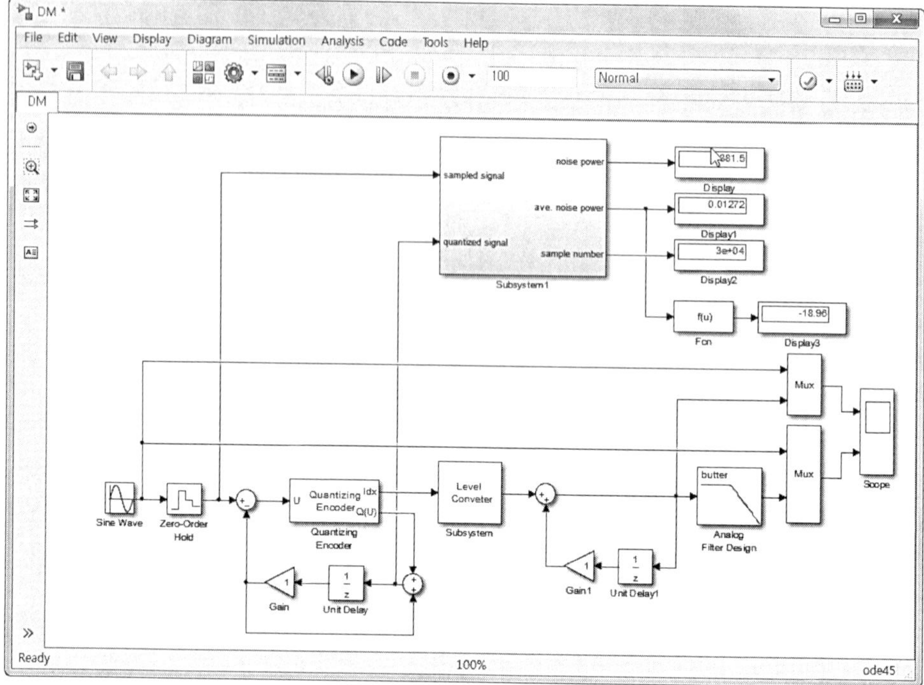

DM *
File Edit View Display Diagram Simulation Analysis Code Tools Help
100
Normal
DM
sampled signal
quantized signal
noise power
ave. noise power
sample number
Subsystem1
281.5
Display
0.01272
Display1
3e+04
Display2
f(u)
Fcn
-18.96
Display3
Mux
Mux
Scope
Sine Wave
Zero-Order Hold
U
Quantizing Encoder
Idx
Q(U)
Quantizing Encoder
Level Conveter
Subsystem
butter
Analog Filter Design
1
Gain
1/z
Unit Delay
1
Gain1
1/z
Unit Delay1
Ready
100%
ode45

[그림 33]

실습과제 #5 : 실험 결과 및 고찰 보고서

1. [그림 26]의 신호 파형 및 [그림 30]의 신호 값을 이용하여 처음 12샘플에 대한 DM 인코더 동작을 설명하시오.

2. [그림 25]와 같이 파라미터 값을 설정한 경우, [그림 24]의 DM 인코더에서 출력되는 비트 율은 얼마인가?

3. [그림 31]의 DM 시스템에서 델타크기를 고정시킨 상태에서 샘플링 율을 변화시켜 가면서 양자화잡음 전력을 측정하고자 한다. 델타크기를 0.2로 고정시키고 샘플링 율을 아래와 같이 변화시켜 가면서 평균양자화잡음전력(dB) 값을 측정하고 표에 기록하시오.
이때 시뮬레이션 시간은 Stop time을 100초로 설정한다.

[표 1]

T_s값	1/100	1/200	1/300	1/400	1/500
평균양자화잡음전력(dB)					

4. 위의 [표 1]에서 평균양자화잡음전력(dB)을 최소로 설계하고자 할 때 T_s 값은 얼마로 설정하여야 하는가?

5. 이번에는 [그림 31]의 DM 시스템에서 샘플링 율을 고정시킨 상태에서 델타크기를 변화시켜 가면서 양자화잡음 전력을 측정하고자 한다. 샘플링 시간 T_s=1/300 로 고정시키고 델타크기를 아래와 같이 변화시켜 가면서 평균양자화잡음전력(dB) 값을 측정하고 표에 기록하시오. 이때 시뮬레이션 시간은 Stop time을 100초로 설정한다.

[표 2]

델타크기	0.1	0.2	0.3	0.4	0.5
평균양자화잡음전력(dB)					

6. 위의 [표 2]에서 평균양자화잡음전력(dB)을 최소로 설계하고자 할 때 델타크기를 얼마로 설정하여야 하는가?

실습과제 #5 설계 보고서 (1)

학습목표 :

주어진 아날로그 신호를 나이퀴스트 율 이상으로 표본화 한 후 표본 값들 간의 상관성을 이용하여 1비트로 양자화하는 델타변조(DM) 인코더와 디코더 Simulink Block을 구성한 후 신호를 분석하고 고찰한다.

주어진 조건 :

① 아날로그 신호 : $s(t) = A \cdot sin(2\pi ft + \theta) = 2 \cdot sin(2\pi 10t + 45^{\circ})$

② 샘플링 율은 나이퀴스 율의 20배로 설정

③ 아날로그 필터 : Low Pass Filter(LPF)

- Butterworth Type LPF
- Filter order = 8
- Pass band edge frequency : f = 15

설계 :

DM 과정을 수행하는 Simulink Block을 설계하고 파라미터 값을 입력

분석 및 고찰 :

1. 샘플링 율이 고정된 경우

1) 샘플링 율을 나이퀴스 율의 20배로 고정시키고 델타크기를 아래와 같이 변화시켜 가면서 평균양자화잡음전력(dB) 값을 측정하고 표에 기록하시오. 이때 시뮬레이션 시간은 Stop time을 100초로 설정한다.

델타크기	0.1	0.2	0.3	0.4	0.5
평균양자화잡음전력(dB)					

2) 위 표로부터 평균양자화잡음전력(dB)을 최소로 설계하고자 할 때 델타크기를 얼마로 설정하여야 하는지 결정하시오?

3) DM 인코더에서 출력되는 출력 비트 율은 얼마인가?

2. 델타 값이 고정된 경우

1) 델타크기를 0.2로 고정시키고 샘플링 율을 아래와 같이 변화시켜 가면서 평균양자화잡음전력(dB) 값을 측정하고 표에 기록하시오. 이때 시뮬레이션 시간은 Stop time을 100초로 설정한다.

T_s값	1/100	1/200	1/300	1/400	1/500
평균양자화잡음전력(dB)					

2) 위 표로부터 평균양자화잡음전력(dB)을 최소로 설계하고자 할 때 값은 얼마로 설정하여야 하는지 결정하시오?

3) DM 인코더에서 출력되는 출력 비트 율은 얼마인가?

3. 위의 실험들로부터 DM의 성능을 결정짓는 두 가지의 중요한 파라미터는 무엇인가?

실습과제 #5 설계 보고서 (2)

주어진 조건 :

① 아날로그 신호 : $s(t) = 10 \cdot cos(2\pi 3t) + 17 \cdot cos(2\pi 8t)$

② 샘플링 율 : $f_s = 1/200$

③ 경사측정 알고리듬 : Jayant 알고리듬 (K = 2)

④ 델타크기 : 가변

⑤ 아날로그 필터 : Low Pass Filter(LPF)

- Butterworth Type LPF
- Filter order = 8
- Pass band edge frequency : f = 10

설계 :

Jayant 알고리듬을 사용하는 ADM Simulink Block을 설계하고 파라미터 값을 입력

분석 및 고찰 :

1. ADM 시스템의 시뮬링크 모델

2. DM 및 ADM의 평균양자화잡음

1DM 및 ADM에 대하여 델타크기를 아래와 같이 변화시켜 가면서 평균양자화잡음전력(dB) 값을 측정하고 표에 기록하시오. 이때 시뮬레이션 시간은 Stop time을 100초로 설정한다.

델타크기		0.1	0.2	0.3	0.4	0.5
평균양자화잡음전력(dB)	DM					
	ADM					

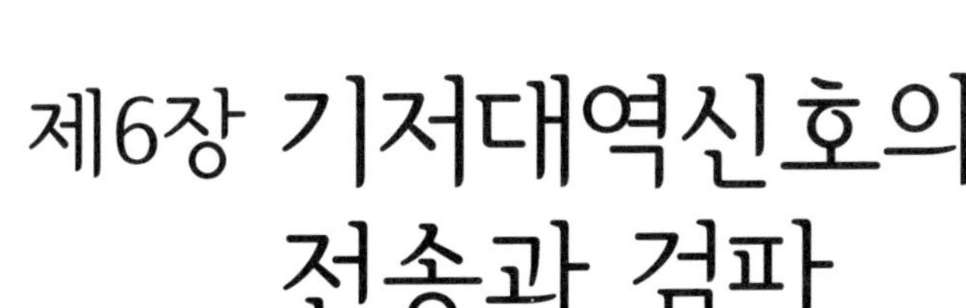

제6장 기저대역신호의 전송과 검파

6.1 기저대역 신호의 종류 및 특성

6.2 기저대역 신호 전송 시스템의 개요

6.3 정합여파기(Matched Filter)와 상관수신기(Correlation Receiver)

6.4 ML 수신기(Maximum Likelihood Receiver)의 구조

6.1 기저대역 신호의 종류 및 특성

아날로그 통신에 있어서 기저대역 신호는 변조를 거치지 않고 그대로 전송되는 아날로그 정보 신호이다. 예를 들면 음성통신인 경우 가청주파수 신호를 기저대역 신호로 생각할 수 있다. 그러나 디지털 통신에 있어서 기저대역 신호는 음성신호나 영상신호와 같은 아날로그 신호를 2진 또는 다진의 펄스열로 변환시킨 디지털 신호나 데이터 열이다. 이와 같이 디지털화된 정보나 데이터를 전송로에 적합한 펄스 파형으로 변환시켜 전송하는 방식을 기저대역 전송(baseband transmission)이라 한다. 이와 달리 디지털 신호에 따라 반송파의 진폭, 주파수, 위상을 변조 시켜서 디지털 신호를 전송하는 방식을 대역전송(bandpass transmission)이라 한다.

1. 각종 2진 전송부호

실용성이 높은 주요한 전송부호의 예를 들면 다음과 같다.

[1] 단극부호(파형)

펄스전송에 있어서 가장 기본적인 부호로서, 단극(unipolar) 파형은 입력신호가 1이면 양(+)전위의 펄스를 전송하고 입력신호가 0이면 펄스를 전송하지 않는 방식이다. 입력신호의 비트간격이 T인 그림 6.1(a)와 같은 2진 부호에 대한 단극파형은 6.1(b)와 같다. 이 펄스는 1부호간격 T를 완전히 차지(펄스점유율 100%)하고 있기 때문에 NRZ(nonreturn-to-zero)형식이라고 부른다. 1부호간격 T보다 더 좁은 펄스(펄스점유율 100% 미만, 대표적으로는(T/2)는 그림 6.1(c)와 같이 한 번은 0으로 돌아가므로 RZ(return-to-zero) 형식이라고 한다. RZ 형식의 파형은 NRZ 형식보다 넓은 주파수 대역폭을 요구한다.

[2] 양극부호

양극(polar) 신호 형식의 예는 그림 6.1(d)와 같다. 데이터 0과 1에 대하여 각각 양(+)과 음(-)의 펄스를 대응시키는 방식이다. 물론 그 극성을 반대로 대응시킬 수도 있다. 그림 6.1(d)는 NRZ 형식이지만 RZ 형식도 가능하다. 이 경우에는 부호의 간격이 T보다 펄스폭이 좁다 (대표적으로는 (T/2)). 동일한 진폭과 T인 경우 양극 NRZ 파형이 양극 RZ 파형보다 잡음에 대한 성능이 우수하다. 그러나 RZ 형식은 매 부호간격 마다 항상 레벨의 변동(two level transition)을 가지므로 수신시 NRZ보다 동기가 용이하다.

그림 6.1 디지털 전송부호의 종류

[3] 맨체스터(Mancester) 부호

맨체스터(Manchester) 부호는 다음과 같은 2레벨 방식이다.

$$
\begin{aligned}
&f_1(t) = \begin{cases} A, & 0 \leq t \leq T/2 \\ -A, & T/2 \leq t \leq T \end{cases} \\
&f_2(t) = -f_1(t)
\end{aligned}
\tag{6.1}
$$

위 부호의 예는 그림 6.1(f)와 같다. 즉 입력신호 1은 한 펄스폭을 2개로 나누어 반구간 (T/2)동안은 양펄스를, 남은 반구간(T/2)동안은 음펄스로 구성된 2개의 펄스에 대응시키고 0은 1의 경우와 반대되는 펄스로 대응시키는 방법이다. 이와 같은 파형은 대역폭은 증가하지만, 강한 타이밍 정보 확보, 직류분 억압을 달성하는 부호형식이다.

[4] 다진부호

지금까지 설명한 전송부호는 2진 신호에 관한 것이다. 제한된 대역폭에 보다 고속의 정보전송이 필요한 경우에는 동일한 신호속도를 유지하면서 레벨의 수를 증가시켜 전송용량을 높일 수 있다. 이와 같은 다진부호(multilevel code)의 정보전송속도 R은 다음 식으로 주어진다.

$$R_b = \frac{1}{T} log_2 M \qquad [bps]$$

여기서 M은 다치 레벨의 수, T는 신호지속시간이며 신호속도 1/T을 심볼율(symbol rate:R_s)이라 부른다. 위 식을 심볼율로 다시쓰면

$$R_s = R_b / log_2 M \qquad [symbols/sec]$$

이 된다. 그림 6.2는 심볼당 2비트를 보내는 4레벨 전송형식의 예이다. 입력데이터 비트율 R_b를 2400[bps]로 가정한다면 단극펄스의 경우 심볼율 R_s는 2400 [symbols/sec]이나 4원 부호의 경우에는 1200 [symbols/sec]이 되어 2진 신호전송에 비해 전송 대역폭이 반으로 줄어든다.

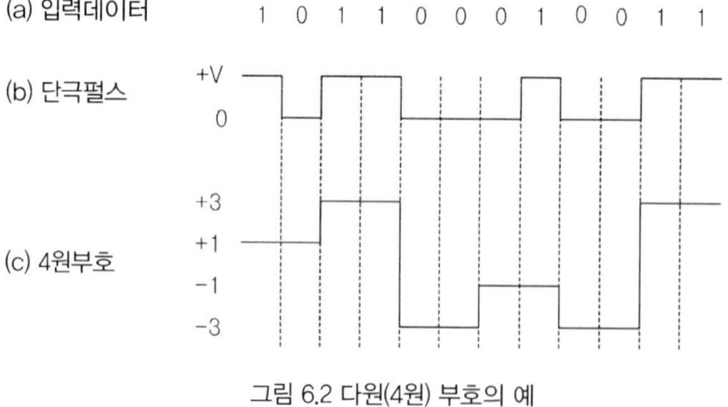

그림 6.2 다원(4원) 부호의 예

6.2 기저대역 신호 전송 시스템의 개요

신호폭이 T로 전송되는 2진 신호를

$$s_i(t) = \begin{cases} s_1(t) & ; \quad 0 \leq t \leq T \ (\text{2진 부호가 “0”인 경우}) \\ s_2(t) & ; \quad 0 \leq t \leq T \ (\text{2진 부호가 “1”인 경우}) \end{cases}$$

라 하고 수신기의 수신 신호를

$$r(t) = s_i(t) + n(t), \qquad i = 1,2 \quad ; \quad 0 \leq t \leq T \tag{6.2}$$

라 하자. 여기서 $n(t)$는 평균이 0인 부가백색가우시안잡음(AWGN:Additive White Gaussian Noise)이다. 수신기의 검파 과정은 그림 6.3에 보인 바와 같이 2개의 블록으로 나누어 생각될 수 있다.

첫 번째 과정은 수신된 파 $r(t)$를 선형 필터 즉, 정합여파기(matched filter)나 상관기(correlator)와 표본기(sampler)에 의해서 단순한 값 $Z(t = T)$로 만드는 것이다. 가우시안 잡음은 선형 필터를 통과하여도 역시 가우시안 잡음이다. 그러나 비선형 검파기가 사용되면 그 출력은 가우시안이 아니므로 여기에서는 취급하지 않는다. $t = T$에서 표본화된 블록 1의 출력은

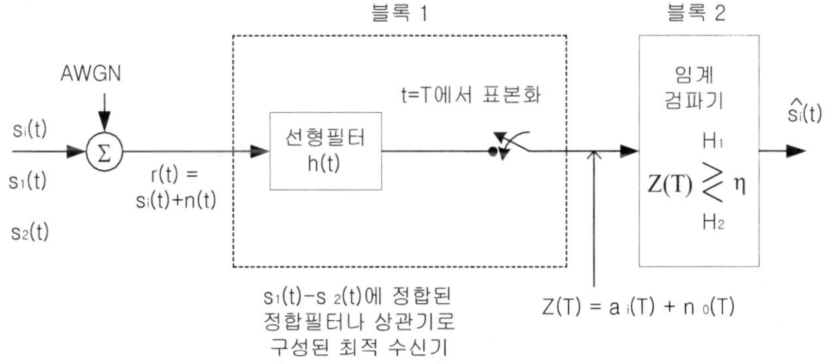

그림 6.3 디지털 신호 검파 설명도

$$Z(T) = a_i(T) + n_o(T), \qquad i = 1,2 \tag{6.3}$$

이다. 여기서 a_i(T)는 $Z(T)$의 신호성분이고 $n_0(T)$는 잡음성분이다. 표현의 편의상 식 (6.3)을 다음과 같이 나타낸다.

$$Z = a_i + n_o, \qquad i = 1,2$$

잡음성분 n_0가 평균이 영인 가우시안 랜덤변수이면 Z는 전송된 2진 신호에 따라 평균값이 a_1 또는 a_2인 가우시안 랜덤변수이다. 따라서 가우시안 랜덤 잡음 n_0의 확률밀도함수는

$$f_N(n_o) = \frac{1}{\sqrt{2\pi\sigma_o^2}} exp[-\frac{1}{2}(\frac{n_o}{\sigma_o})^2] \tag{6.4}$$

같이 표현될 수 있다. 여기서 σ_0^2는 잡음의 분산이다. 그러므로 식 (6.3)과 식 (6.4)로부터 조건부 확률밀도 $fz(z/s_1)$ 과 $fz(z/s_2)$는

$$f_Z(z/s_1) = \frac{1}{\sqrt{2\pi\sigma_o^2}} exp[-\frac{1}{2}(\frac{z-a_1}{\sigma_o})^2] \tag{6.5}$$

$$f_Z(z/s_2) = \frac{1}{\sqrt{2\pi\sigma_o^2}} exp[-\frac{1}{2}(\frac{z-a_2}{\sigma_o})^2] \tag{6.6}$$

과 같이 표현될 수 있다. 이와 같은 조건부 확률밀도함수(pdf)를 그림으로 나타내면 그림 6.4와 같다.

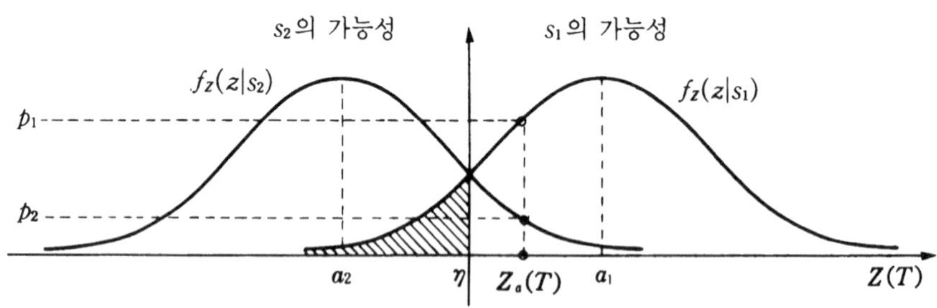

그림 6.4 조건부 확률밀도함수 $fz(z/s_1)$과 $fz(z/s_2)$

오른쪽에 있는 $fz(z/s_1)$은 $s_1(t)$가 전송된 경우에 해당하는 검파 출력 $Z(T)$의 확률밀도함수를 설명하는 곡선이고 왼쪽에 있는 $fz(z/s_2)$는 $s_2(t)$가 전송된 경우에 해당하는 $Z(T)$ 의 확률밀도함수를

나타내는 곡선이다. 횡축의 $Z(T)$는 가능한 모든 표본의 출력값을 나타낸다.

신호검파의 2번째 과정은 $s_1(t), s_2(t)$중 어느 신호가 전송된 것인지를 예측하기 위하여 $Z(T)$를 임계값(threshold) η와 비교하는 것으로 블록 2의 최종과정은 다음과 같은 판정을 하는 것이다.

$$Z(T) \underset{H_2}{\overset{H_1}{\gtrless}} \eta \tag{6.7}$$

여기에서 H_1과 H_2는 2개의 가능한 가설(hypothesis)이다. H_1의 선택은 신호 $s_1(t)$가 전송되었다고 판정하는 것에 해당하고, H_2의 선택은 신호 $s_2(t)$가 전송되었다고 판정하는 것에 해당된다. 위 식의 부등식 관계에 의하여 $Z(T)>\eta$이면 H_1이 선택되고 $Z(T)<\eta$이면 H_2가 선택된다.

6.3 정합여파기(Matched Filter)와 상관수신기(Correlation Receiver)

정합여파기는 전송되는 심볼 파형이 주어지는 경우 출력에서 신호대잡음비(SNR)가 최대가 되도록 설계된 선형여파기이다. 알려진 신호 $s(t)$에 부가 백색가우시안잡음(AWGN) $n(t)$가 더해져 그림 6.3에 보여준 것과 같이 선형 시불변 여파기와 샘플러로 입력되는 경우를 생각해보자. $t = T$ 시간에서 수신기 출력 $Z(T)$는 신호성분 a_i와 잡음성분 n_0로 구성된다. 출력 잡음의 분산을 σ_0^2로 표시하면 $t = T$ 시간에서 블록 1의 출력에서 순간 신호전력대평균잡음전력비 $(S/N)_T$는 식 (6.8)과 같다.

$$\left(\frac{S}{N}\right)_T = \frac{a_i^2}{\sigma_0^2} \tag{6.8}$$

여기에서 우리는 식 (6.8)을 최대로하는 최적여파기의 전달함수 $H_0(f)$ 를 찾고자 한다. 여파기 출력에서 신호 $a(t)$는 여파기 전달함수 $H(f)$ 의 항으로 식 (6.9)와 같이 표현할 수 있다.

$$a(t) = \mathcal{F}^{-1}\{H(f)S(f)\} - \int_{-\infty}^{\infty} H(f)S(f)e^{j2\pi ft}df \tag{6.9}$$

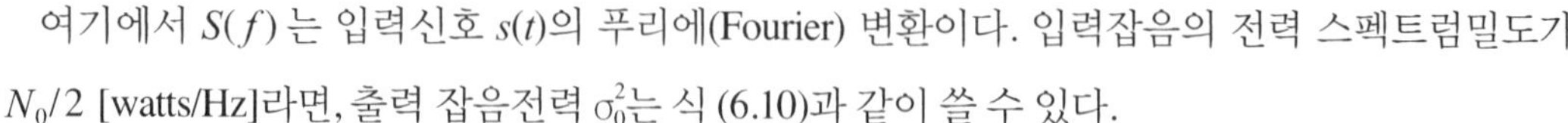

여기에서 $S(f)$ 는 입력신호 $s(t)$의 푸리에(Fourier) 변환이다. 입력잡음의 전력 스펙트럼밀도가 $N_0/2$ [watts/Hz]라면, 출력 잡음전력 σ_0^2는 식 (6.10)과 같이 쓸 수 있다.

$$\sigma_0^2 = \frac{N_o}{2}\int_{-\infty}^{\infty} |H(f)|^2 df \tag{6.10}$$

식 (6.9)와 (6.10)을 식 (6.8)에 대입하고, $t = T$ 시간에서

$$\left(\frac{S}{N}\right)_T = \frac{\left|\int_{-\infty}^{\infty} H(f)S(f)e^{j2\pi fT}df\right|^2}{\frac{N_o}{2}\int_{-\infty}^{\infty} |H(f)|^2 df} \tag{6.11}$$

이다. 그런데 Schwartz 부등식은

$$\left|\int_{-\infty}^{\infty} f_1(x)f_2(x)dx\right|^2 \le \int_{-\infty}^{\infty} |f_1(x)|^2 dx \int_{-\infty}^{\infty} |f_2(x)|^2 dx \tag{6.12}$$

이며, 이 식의 등식조건은 다음과 같은 경우에만 존재한다.

$$f_1(x) = cf_2^*(x) \tag{6.13}$$

여기서 c는 임의의 상수이다. 그러므로 식 (6.12)를 식 (6.11)의 분자식에 적용하면

$$\left|\int_{-\infty}^{\infty} H(f)S(f)e^{j2\pi fT}\right|^2 \le \int_{-\infty}^{\infty} |H(f)|^2 df \int_{-\infty}^{\infty} |S(f)|^2 df \tag{6.14}$$

가 된다. 이 결과를 식 (6.11)에 대입하면

$$\left(\frac{S}{N}\right)_T \le \frac{2}{N_o}\int_{-\infty}^{\infty} |S(f)|^2 df \tag{6.15}$$

를 얻을 수 있다. 그런데 $s(t)$의 에너지는

$$E_s = \int_{-\infty}^{\infty} s^2(t)dt = \int_{-\infty}^{\infty} |S(f)|^2 df \tag{6.16}$$

이며 최대의 $(S/N)_T$는 다음 식과 같다.

$$max\left(\frac{S}{N}\right)_T = \frac{2E_s}{N_o} \tag{6.17}$$

그러므로 최대 출력$(S/N)_T$은 입력신호 에너지와 잡음의 전력 스펙트럼밀도에 의존하며 파형의 모양에는 의존하지 않는다. 식 (6.17)의 등식은 오직 다음과 같은 경우에

$$H(f) = H_o(f) = cS^*(f)e^{-j2\pi fT} = cS(-f)e^{-j2\pi fT} \tag{6.18}$$

이 성립하므로 최적시스템의 임펄스 응답 $h(t)$는 다음과 같다.

$$\begin{aligned} h(t) &= \mathcal{F}^{-1}\{cS^*(f)e^{-j2\pi fT}\} \\ &= cs^*(T-t) \end{aligned} \tag{6.19}$$

편의상 $c = 1$이라 놓으면 입력신호 $s(t)$가 실함수(real time function)인 경우

$$h(t) = \begin{cases} s(T-t) & 0 \leq t \leq T \\ 0 & \text{기타} \end{cases} \tag{6.20}$$

가 된다. 그러므로 신호대잡음비를 최대로 출력하는 여파기의 임펄스응답은 신호 $s(t)$의 역상(mirror image)에 심볼지속시간 T만큼 지연시킨 것이다. 이러한 의미로 즉, 입력신호에 정합되었다고 해서 정합여파기라 부른다. 그림 6.5에 정합기의 특성을 도식적으로 나타내었다.

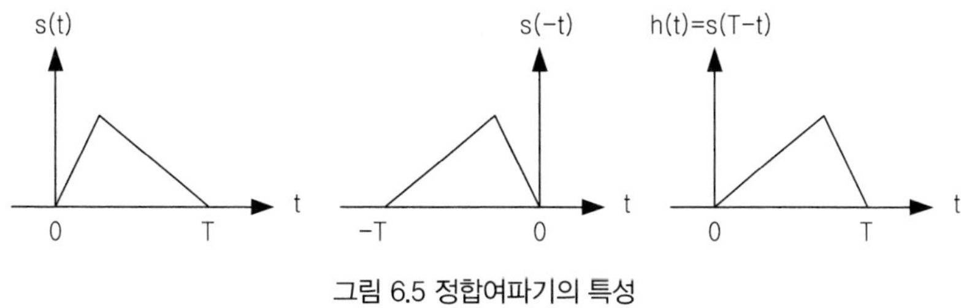

그림 6.5 정합여파기의 특성

그림 6.5에서 신호파형이 $s(t)$라면 여파기의 임펄스응답은 먼저 역상 $s(-t)$을 취하고 T초 만큼 지연시킨 $s(T-t)$이다. 여파기 출력 $Z(T)$는 시간영역에서 수신신호 $r(t)$와 여파기 임펄스응답 $h(t)$와의 콘벌루션이다. 즉

$$Z(t) = r(t)*h(t) = \int_0^t r(\tau)h(t-\tau)d\tau \tag{6.21}$$

이다. 식 (6.20)의 $h(t)$를 식 (6.21)의 $h(t-\tau)$ 에 대입하면

$$\begin{aligned} Z(t) &= \int_0^t r(\tau)s[T-(t-\tau)]d\tau \\ &= \int_0^t r(\tau)s(T-t+\tau)d\tau \end{aligned} \tag{6.22}$$

이며 $t = T$일 때

$$Z(T) = \int_0^T r(\tau)s(\tau)d\tau \tag{6.23}$$

이다. 따라서 식 (6.23)의 동작은 수신신호 $r(t)$에 전송된 신호 $s(t)$를 곱하고 심볼구간에 걸쳐 적분한 것으로 $r(t)$와 $s(t)$의 상관(correlation)이라 부른다. 이러한 이유로 정합필터를 종종 상관기(correlator)라 부르며 정합여파기와 상관기를 그림 6.6에 나타내었다.

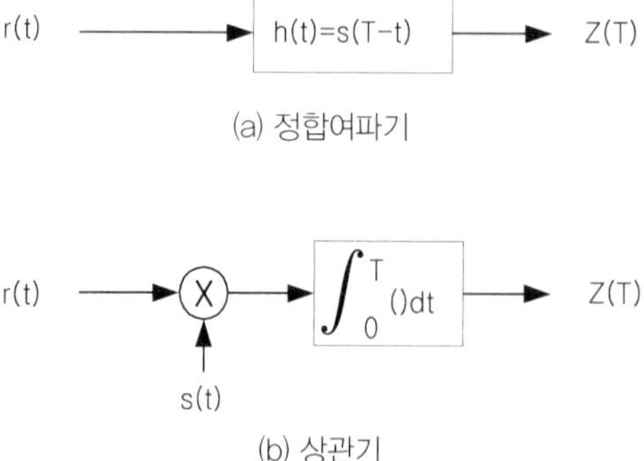

그림 6.6 정합여파기와 상관기

6.4 ML 수신기(Maximum Likelihood Receiver)의 구조

그림 6.3의 디지털 2진 신호 결정에 있어서 임계값 η를 결정하는 잘 알려진 대중적인 기준(criterion)은 에러확률을 최소로 하는 것이다. 즉, 최소에러확률 기준을 사용하여 가능도비시험을 쓰면 다음과 같다.

$$\frac{f_Z(z/s_1)}{f_Z(z/s_2)} \underset{H_2}{\overset{H_1}{\gtrless}} \frac{P(s_2)}{P(s_1)} \tag{6.24}$$

여기에서 조건부 확률밀도 $f_z(z/s_i)$는 신호 s_i의 가능도이며 $P(s_1)$과 $P(s_2)$는 신호 $s_1(t)$와 $s_2(t)$가 전송될 즉, 두 개의 가능한 가설 H_1과 H_2에 대한 사전확률이다. 식 (6.24)의 최소에러확률 기준이란 가능도비가 사전확률비 $P(s_2)/P(s_1)$보다 클 때 H_1을 선택하는 것이다. 사전확률이 동일하고 $P(s_2) = P(s_1)$, 가능도함수 $f_z(z/s_i)$가 대칭이라면 식 (6.5)와 식 (6.6)을 대입하고 풀어보면 식 (6.25)를 얻는다.

$$Z(T) \underset{H_2}{\overset{H_1}{\gtrless}} \frac{a_1 + a_2}{2} = \eta_o \tag{6.25}$$

여기에서 a_1은 $s_1(t)$가 전송되었을 때 $Z(T)$의 신호성분이며 a_2는 $s_2(t)$가 전송되었을 때 $Z(T)$의 신호성분이다. 임계값 $\eta_o = \frac{a_1 + a_2}{2}$는 틀리게 결정을 내릴 확률을 최소로하는 최적의 임계값이다. 동일한 확률을 갖는 신호에 있어서 최적의 임계값 η_0는 그림 6.4에 보인 것과 같이 가능도함수들의 교차점을 통과한다. 그래서 식 (6.25)에 의해 결정단에서는 최대가능도(maximum likelihood)를 갖는 신호에 대응되는 가설을 선택한다. 예를 들면, 그림 6.4에서와 같이 임의의 검파기 출력값 $Z_a(T)$가 주어졌을 때 $Z_a(T)$가 $s_1(t)$ 또는 $s_2(t)$에 속할 영보다 큰 가능도가 있다. 가능도 값 $f(z_a/s_1)$과 $f(z_a/s_2)$에 대한 가능도비시험을 생각할 수 있으며 최대 pdf에 대응되는 신호가 가장 가능성이 있는 신호로 선택될 것이다. 다시 말해서 검파기는 다음과 같이 $f(z_a/s_1)>f(z_a/s_2)$이면 $s_1(t)$을 선택하고 아니면 $s_2(t)$를 선택한다. 그림 6.4에서 $f(z_a/s_1) = p_1$이며 $f(z_a/s_2) = p_2$이다. 이때 $s_1(t)$에 대한 가능도 값이 $s_2(t)$에 대한 가능도 값보다 크기 때문에 수신기는 $s_1(t)$를 선택한다. 위에서 설명한

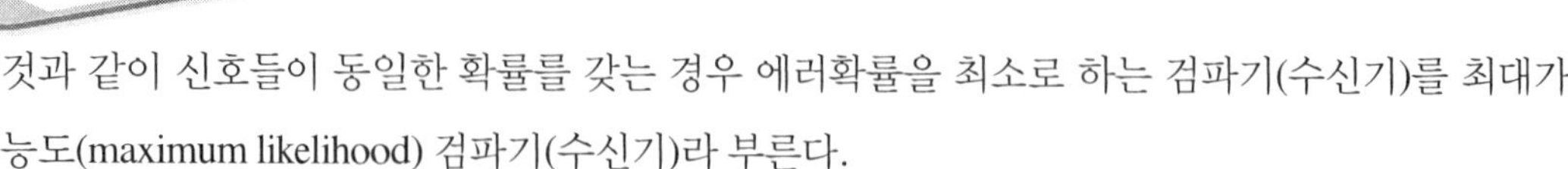

것과 같이 신호들이 동일한 확률를 갖는 경우 에러확률을 최소로 하는 검파기(수신기)를 최대가능도(maximum likelihood) 검파기(수신기)라 부른다.

예제 6.1 양극 NRZ 기저대역 신호 전송의 에러확률

평균이 0이고 전력스펙트럼밀도가 인 부가백색가우시안채널(AWGN)을 통해 전송확률이 동일한 $p(s_1) = p(s_2)$두 메시지가 다음과 같은 양극 NRZ 기저대역신호로 전송되는 시스템에서 에러확률을 구하여 보자.

$$s_1(t) = A \quad 0 \leq t \leq T \quad \text{입력신호 “1”}$$
$$s_2(t) = -A \quad 0 \leq t \leq T \quad \text{입력신호 “0”}$$

이러한 2진 파형은 대척(antipodal)신호이며 대척신호에 대한 상관 수신기 구조를 그림 6.7에 나타내었다.

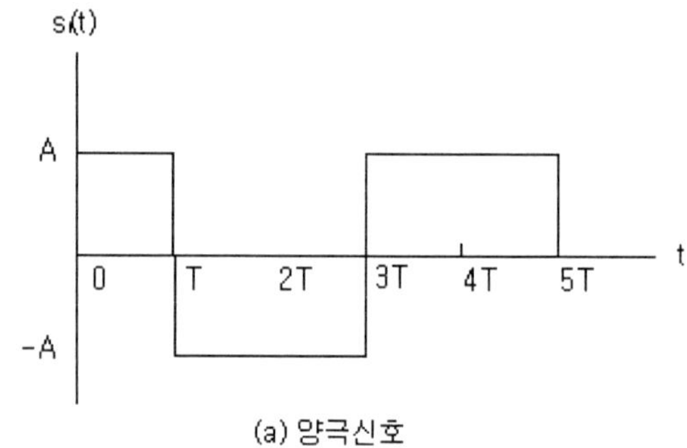

(a) 양극신호

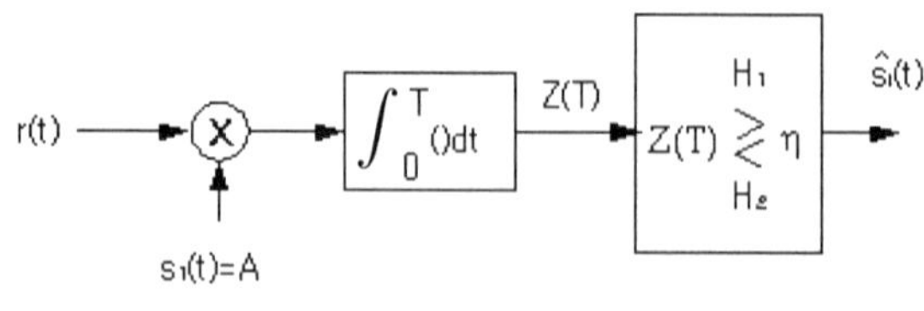

(b) 상관기 검파기

그림 6.7 양극 NRZ 기저대역 신호의 검파

1) 상관기 출력 $Z(T)$의 신호 성분

송신기에서 $s_1(t)$ 신호가 전송되었다고 가정하면, 수신된 신호는

$$r(t) = s_1(t) + n(t) = A + n(t) \quad (0 \leq t \leq T) \tag{6.26}$$

이며 상관기의 출력신호는 다음과 같다.

$$z(T) = \int_0^T r(t)s_1(t)dt = \int_0^T (A + n(t))Adt = \int_0^T (A^2 + An(t))dt$$

신호성분을 구하기 위하여 평균을 취하여 그림 6.4에서 a_1값을 구할 수 있다.

$$a_1 = E\ \{z(T)\}\ = E\{\int_0^T r(t)s_1(t)dt\} = A^2T$$

동일한 방법으로 송신기에서 $s_2(t)$ 신호가 전송되었다고 가정하면, 상관기 출력에서 신호 성분 a_2는 다음과 같다.

$$a_2 = E\ \{z(T)\} = E\{\int_0^T r(t)s_1(t)dt\} = E\{\int_0^T (-A + n(t))Adt\} = -A^2T$$

2) 상관기 출력 $Z(T)$의 잡음 성분의 분산

잡음성분은

$$n_o(T) = \int_0^T An(t)dt = A\int_0^T n(t)dt$$

이고 잡음 성분의 분산값은 위 식의 제곱 평균값으로 다음과 같다.

$$\begin{aligned}
\sigma^2 &= E\{n_0^2(T)\} \\
&= E\left\{A^2\int_0^T \int_0^T n(t)n(\tau)dtd\tau\right\} \\
&= A^2\int_0^T \int_0^T E\{n(t)n(\tau)\}\ dtd\tau \\
&= A^2\int_0^T \int_0^T [\frac{N_o}{2}\delta(t-\tau)dt]d\tau \\
&= \frac{A^2N_oT}{2}
\end{aligned}$$

3) ML 검파기에서 임계값

대척신호는 $a_1 = -a_2$이므로 ML 검파기에서 임계값은 다음과 같다.

$$\eta_o = \frac{a_1 + a_2}{2} = 0$$

4) 에러확률

그림 6.4의 2진 전송 예의 경우, 에러가 발생할 수 있는 두 가지 경우가 있다. 즉, $s_1(t)$가 전송되었을 때 채널잡음에 의해 수신기 출력 $Z(T)$가 η_0보다 작다면 에러 e가 발생한다. 이러한 에러는 식 (6.27)과 같다.

$$P(e/s_1) = P(H_2/s_1) = \int_{-\infty}^{\eta_o} f(z/s_1)dz \tag{6.27}$$

이것은 그림 6.4의 η_0 왼쪽에 빗금친 부분에 해당된다. 같은 방법으로 $s_1(t)$가 전송되었을 때 $Z(T)$가 η_0보다 크다면 에러가 발생되며 이것이 발생될 확률은 식 (6.28)과 같다.

$$P(e/s_2) = P(H_1/s_2) = \int_{\eta_o}^{\infty} f(z/s_2)dz \tag{6.28}$$

이때 에러확률 $P(e)$는

$$\begin{aligned} P(e) = \sum_{i=1}^{2} P(e, s_i) &= P(e/s_1)P(s_1) + P(e/s_2)P(s_2) \\ &= P(H_2/s_1)P(s_1) + P(H_1/s_2)P(s_2) \end{aligned} \tag{6.29}$$

이다. 사전발생 확률이 동일하다면 즉, $P(s_1) = P(s_2) = \frac{1}{2}$

$$P(e) = \frac{1}{2}P(H_2/s_1) + \frac{1}{2}P(H_1/s_2) \tag{6.30}$$

이며 확률밀도 함수가 대칭이기 때문에

$$P(e) = P(H_2/s_1) = P(H_1/s_2) \tag{6.31}$$

이다. 그러므로 비트에러 확률 $P(e)$는 식 (6.32)와 같다.

$$P(e) = \int_{\eta_o = 0}^{\infty} f(z/s_2)dz \tag{6.32}$$

여기에서 $\eta_0 = 0$는 최적의 임계값이며 위 식은 다음과 같다.

$$P(e) = \int_{0}^{\infty} \frac{1}{\sqrt{2\pi}\,\sigma} exp[-\frac{1}{2}\left(\frac{z + A^2T}{\sigma}\right)^2]dz \tag{6.33}$$

이며 여기에서 σ^2은 상관기 출력에서의 잡음의 분산이다. $u = \dfrac{z + A^2T}{\sqrt{2}\,\sigma}$ 으로 변수 변환하면 $\sqrt{2}\,\sigma du = dz$ 이고 식 (6.33)은

$$P(e) = \int_{\frac{A^2T}{\sqrt{2}\sigma}}^{\infty} \frac{1}{\sqrt{\pi}} e^{-u^2} du \tag{6.34}$$

이다. 다음과 같은 보수오차함수 $erfc(x)$을 이용하면

$$erfc(x) = \frac{2}{\sqrt{\pi}} \int_{x}^{\infty} e^{-u^2} du \tag{6.35}$$

비트에러확률은 식 (6.36)과 같다.

$$P(e) = \frac{1}{2} erfc\left(\frac{A^2T}{\sqrt{2}\,\sigma}\right) = \frac{1}{2} erfc\left(\sqrt{\frac{A^2T}{N_0}}\right) \tag{6.36}$$

2개의 신호에 대한 평균에너지는 다음과 같이 정의되므로

$$E_b = \frac{1}{2}\int_{0}^{T} \left[s_1^2(t) + s_2^2(t)\right]dt = A^2T$$

양극 NRZ 신호전송에 대한 비트에러확률은 다음과 같이 표현된다.

$$P(e) = \frac{1}{2} erfc\left(\sqrt{\frac{E_b}{N_0}}\right) \tag{6.37}$$

#6. 기저대역신호의 전송과 검파 실습

학습목표 :

PCM과 같은 원천부호화 방법을 통해 아날로그신호를 디지털신호로 변환하였다면, 송신단에서는 변환된 디지털신호를 전송로에 적합한 펄스 파형으로 변환시키고 채널을 통해 전송하며 수신단에서는 수신된 신호로부터 디지털신호를 검파하여야 한다. 이러한 기저대역 신호의 전송과 검파를 수행하는 Simulink Block을 구성한 후 신호를 분석하고 고찰한다.

실습과제 :

실습 #6-1 : 양극(bipolar) NRZ 신호의 전송과 검파를 수행하는 Simulink Block을 구성

실습 #6-2 : 시간/주파수 영역에서 신호 관찰

실습 #6-3 : 비트에러율(BER : Bit Error Rate) 측정

주어진 조건 :

① 펄스 파형 : 양극(bipolar) NRZ 기저대역 펄스

② 샘플링 시간 (T_s) : 가변

③ 채널 : AWGN

④ 검파 : 최대가능도(ML:Maximum Likelihood)

실습 #6-1 : 양극(bipolar) NRZ 신호의 전송과 검파를 수행하는 Simulink Block 구성

[실험절차]

(1) Matlab을 실행한다.

(2) [그림 1]과 같이 메뉴 바에서 Simulink Library 버튼을 click하면 [그림 2]와 같이 Simulink Library Browser가 나타난다.

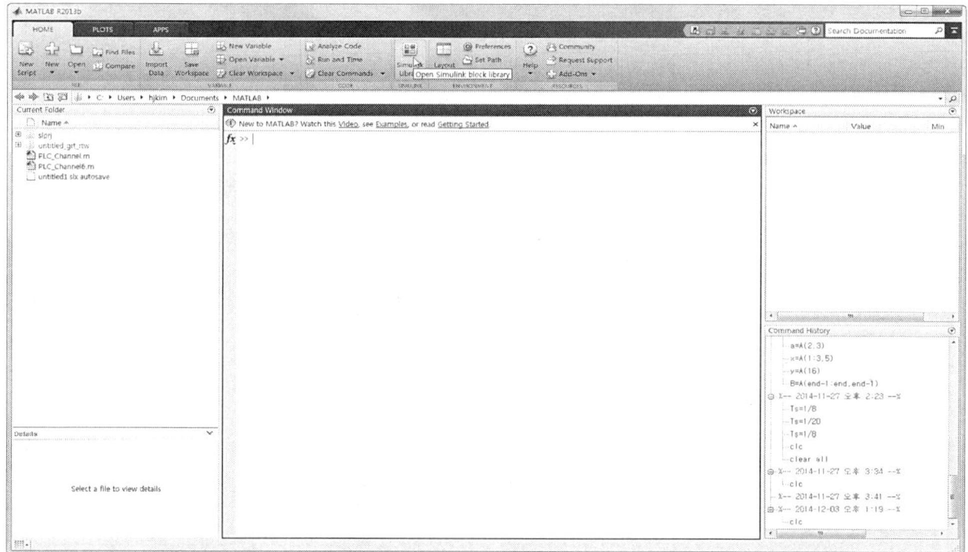

[그림 1]

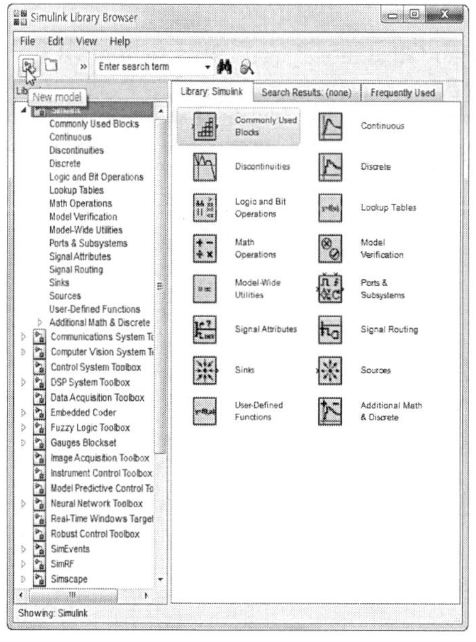

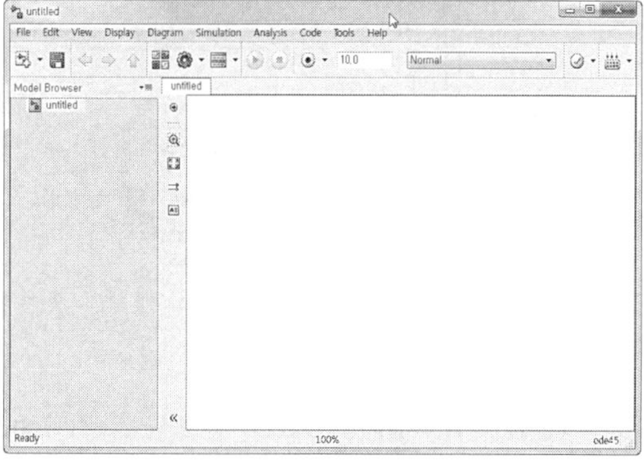

[그림 2]

[그림 3]

(3) Simulink Library Browser의 menu 바에서, FILE/NEW/MODEL 을 선택하게 되면 [그림3]과 같이 untitled window 창이 나타난다.

(4) [그림 4]와 같이 Simulink Library Browser의 왼쪽 면에서, Communications System Toolbox/Comm Sources/Random Data Sources를 선택한다. [그림 5]와 같이 Simulink Library Browser의 오른쪽 면에서 Random Integer Generator를 왼쪽 마우스로 누른다.

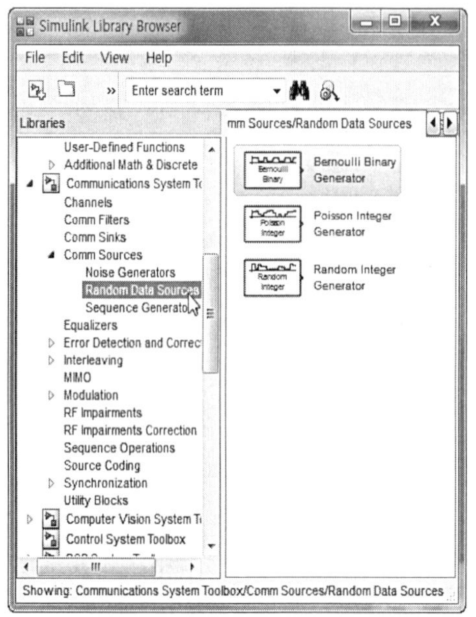

[그림 4]

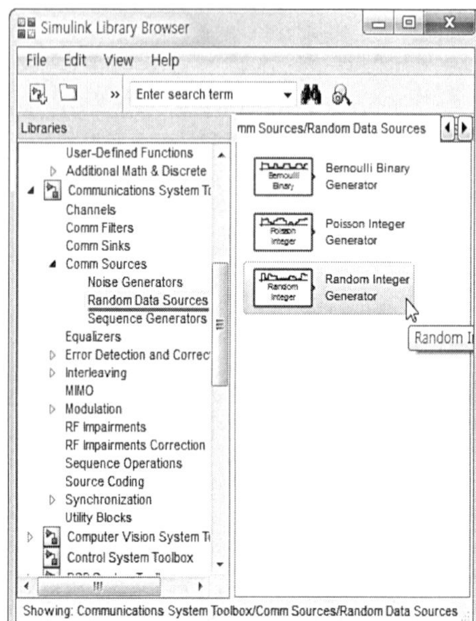

[그림 5]

(5) [그림 6]과 같이 untitled window 창에 Random Integer Generator를 끌고 와서 내려놓는다.

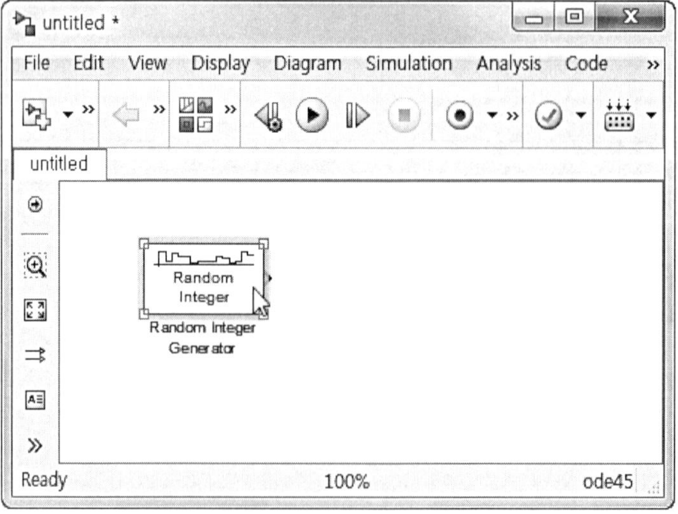

[그림 6]

(6) 원천부호화 과정을 거쳐 변환된 디지털데이터 신호로 사용할 Random Integer Generator 블록을 2번 클릭한 후 [그림 7]과 같이 입력한다.

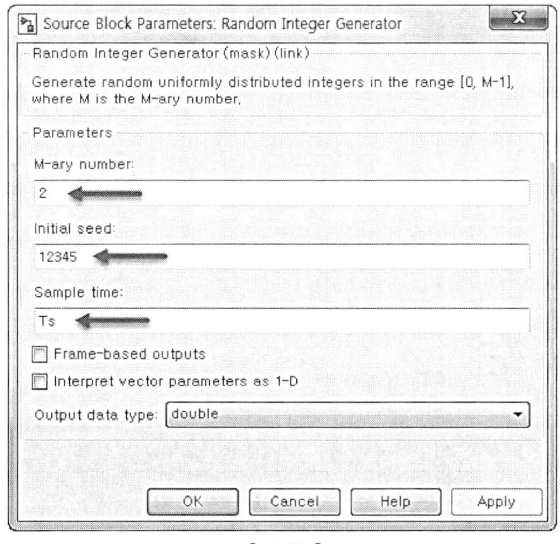

[그림 7]

(7) Untitled window를 BasebandNRZ라는 이름으로 저장한다.

(8) 디지털데이터를 양극 NRZ 펄스로 변환시키기 위하여 Simulink Library Browser의 왼쪽 면에서, Simulink/Lookup Tables를 선택하고, 오른쪽 면에서 1-D Lookup Table을 BasebandNRZ 창에 내려놓고 [그림 8]과 같이 두 블록을 연결한다. 1-D Lookup Table 블록을 2번 클릭하고 파라미터 값들을 입력한다.

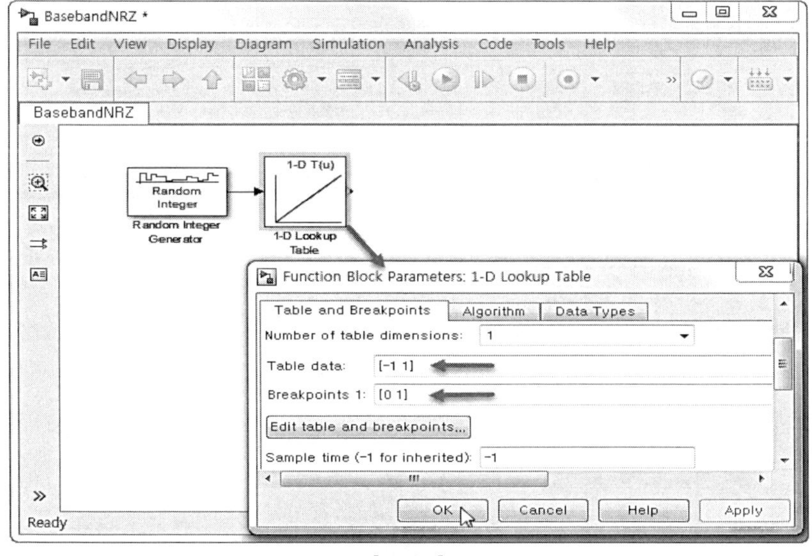

[그림 8]

(9) 전송펄스를 oversampling 하기 위하여 Simulink/Discrete/Zero-Order Hold 블록을 BasebandNRZ 창에 내려놓고 [그림 9]과 같이 두 블록을 연결한다. Zero-Order Hold 블록을 2번 클릭한 후 파라미터 값들을 입력한다.

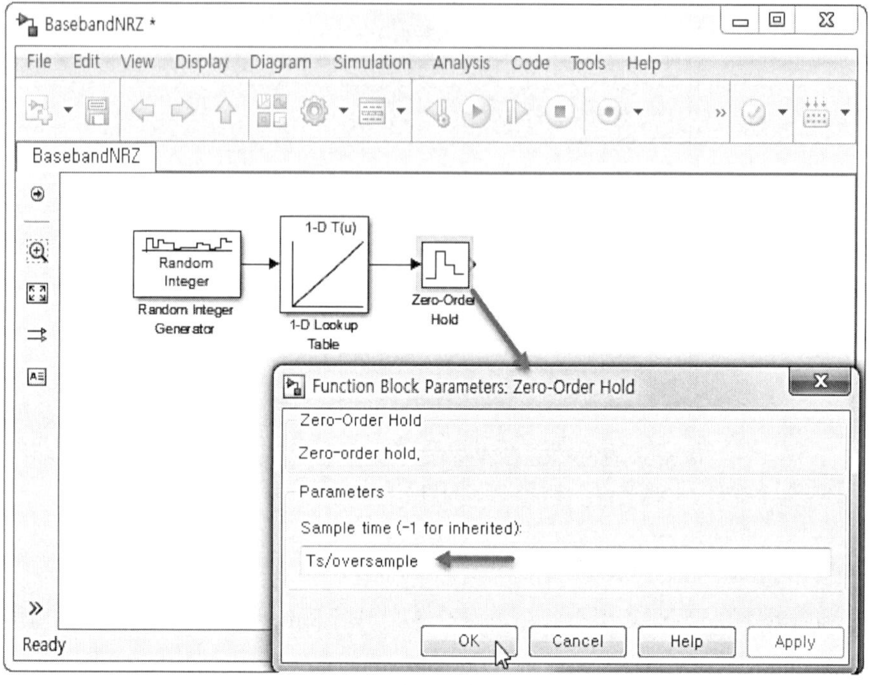

[그림 9]

(10) Communications System Toolbox/Channels/AWGN Channel 블록을 [그림 10]과 같이 연결을 한다.

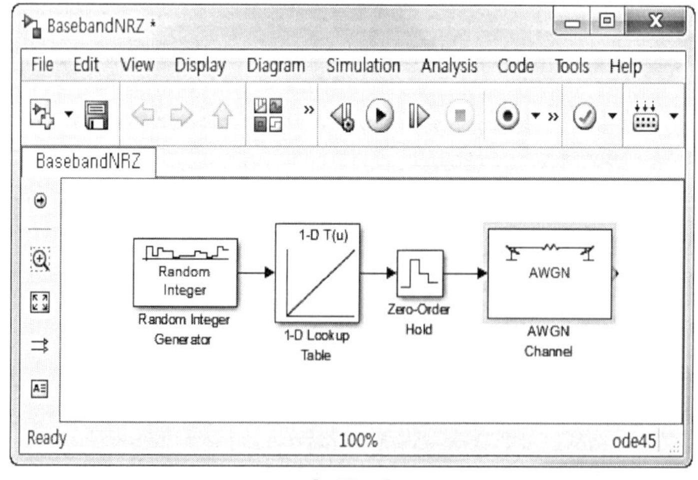

[그림 10]

(11) AWGN Channel 블록을 2번 클릭한 후 [그림 11]과같이 파라미터 값들을 입력한다. 양극 NRZ 펄스의 경우 심볼(펄스)구간과 비트구간이 동일하므로 $E_s = E_b$가 되고 [그림 11]과 같이 $E_s / N_0 = E_b / N_0$가 5dB가 되도록 입력한다.

Function Block Parameters: AWGN Channel

AWGN Channel (mask) (link)

Add white Gaussian noise to the input signal. The input signal can be real or complex. This block supports multichannel processing.

When using either of the variance modes with complex inputs, the variance values are equally divided among the real and imaginary components of the input signal.

Parameters

Input processing: Columns as channels (frame based)

Initial seed:

1234567

Mode: Signal to noise ratio (Es/No)

Es/No (dB):

5

Input signal power, referenced to 1 ohm (watts):

1

Symbol period (s):

Ts

OK Cancel Help Apply

[그림 11]

(12) 상관기의 곱셈기 부분을 구현하기 위하여 [그림 12]와 같이 블록들을 가지고 와서 연결을 한다. 이때 사용되는 블록의 위치는 다음과 같다. 또한 각 블록들을 2번 클릭한 후 파라미터 값들을 입력한다.

Simulink/Math Operations/Product　　　　Simulink/Sources/Constant

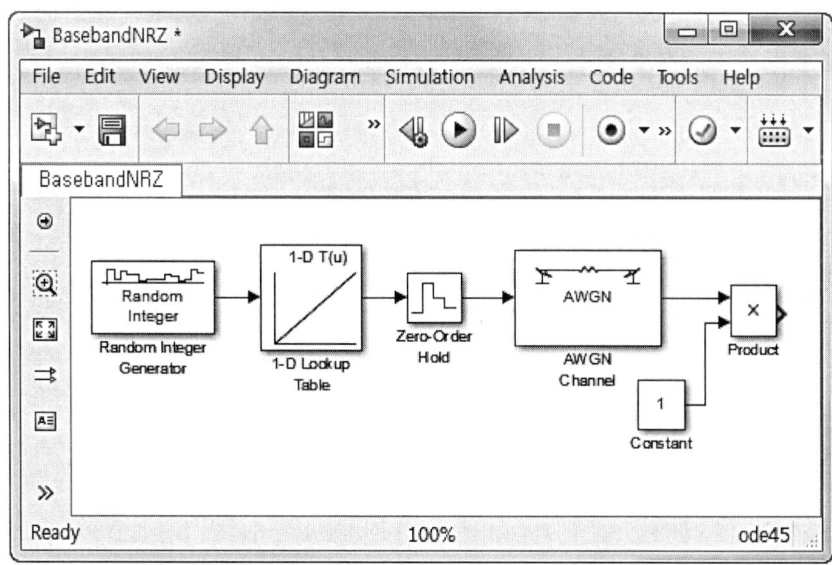

[그림 12]

(13) 상관기의 적분기 부분을 구현하기 위하여 Communications System Toolbox/Comm Filters/Integrate and Dump 블록을 [그림 13]과 같이 연결을 한다. Integrate and Dump 블록을 2번 클릭한 후 [그림 14]와 같이 파라미터 값들을 입력한다.

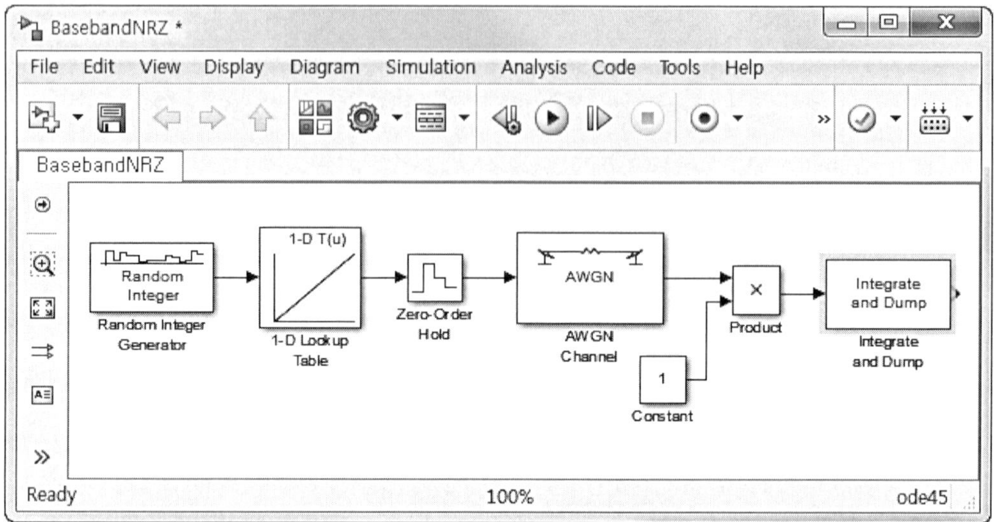

[그림 13]

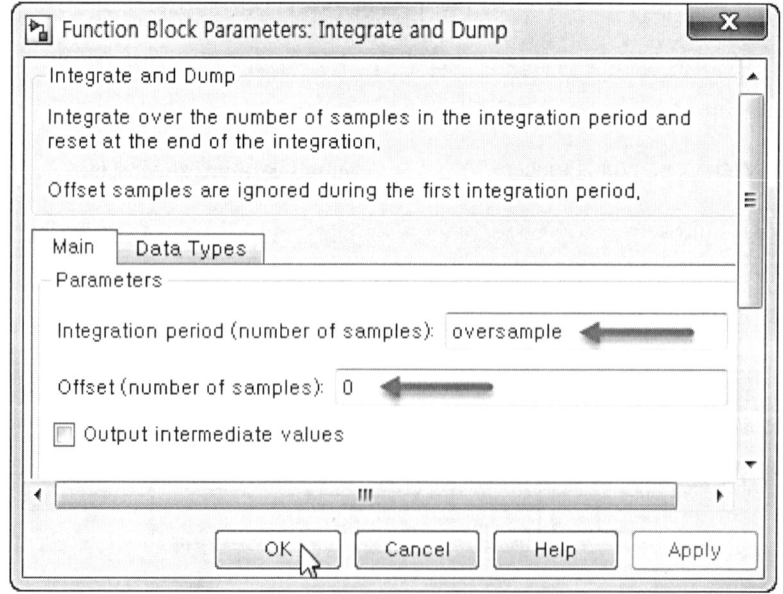

[그림 14]

(14) 적분기의 출력을 송신된 값과 동일하게 조정하기 위하여 [그림 15]와 같이 Simulink/Math Operations/Gain 블록을 가지고 와서 연결을 하고 파라미터 값을 입력한다.

(15) ML 검파기 부분을 구현하기 위하여 [그림 16]과 같이 블록들을 가지고 와서 연결을 한다. 또한 각 블록들을 2번 클릭한 후 파라미터 값들을 입력한다.

Simulink/Discrete/Zero-Order Hold

Simulink/Signal Routing/Switch

Simulink/Sources/Constant

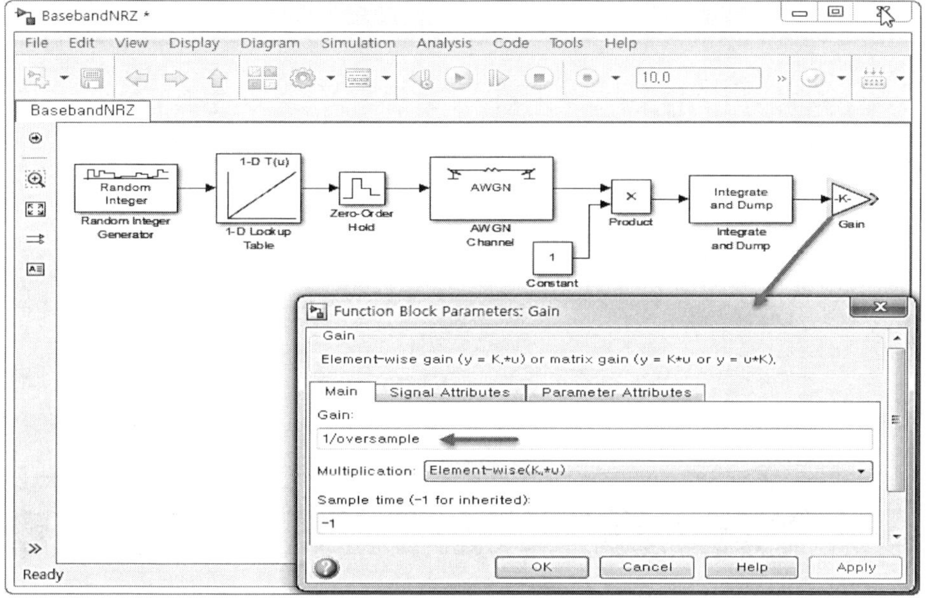

[그림 15]

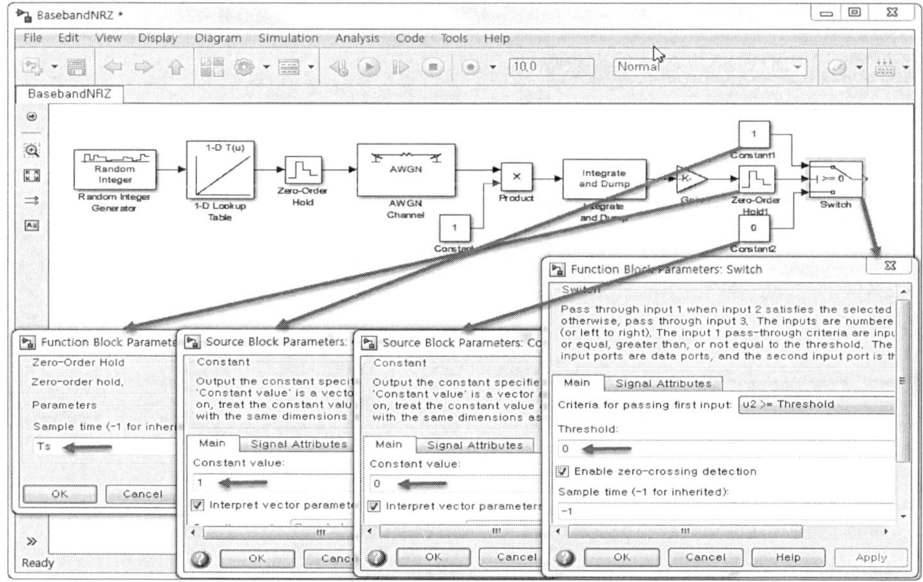

[그림 16]

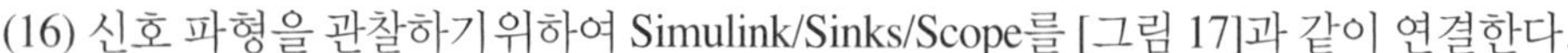

(16) 신호 파형을 관찰하기위하여 Simulink/Sinks/Scope를 [그림 17]과 같이 연결한다.

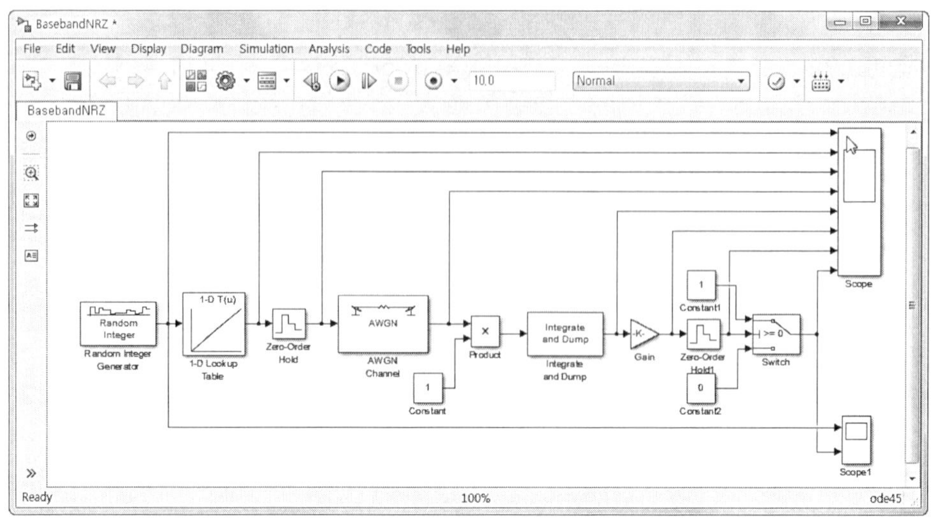

[그림 17]

(17) Matlab Command window 상에서 [그림 18]과 같이 변수 T_s 및 oversample에 값을 지정한다.

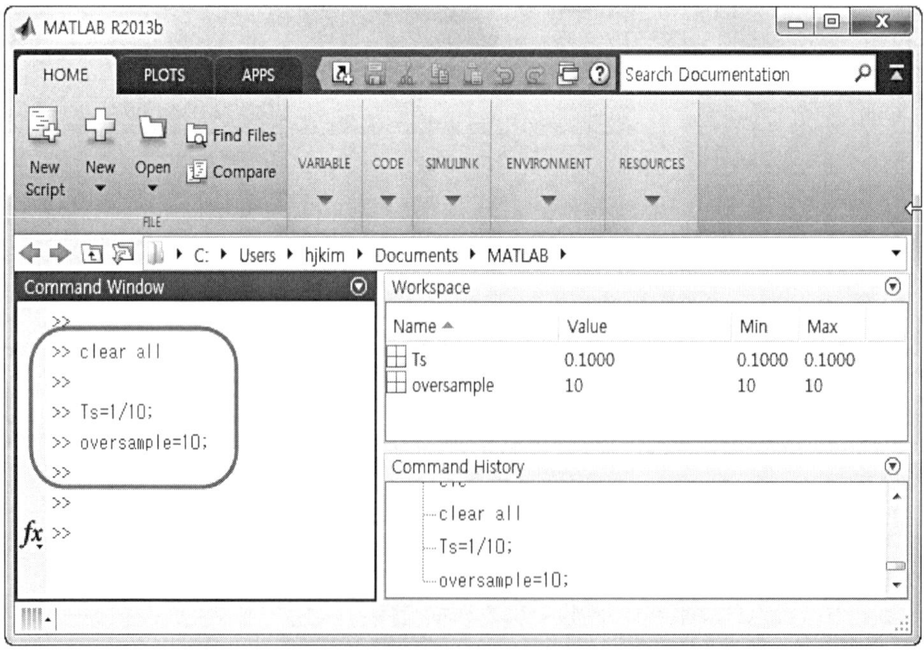

[그림 18]

(18) BasebandNRZ 창의 Simulation/Simulation Parameters를 선택한 후, Stop time을 1초로 설정하고, Start Simulation 버튼을 누른 후 Scope1 버튼을 클릭하면 [그림 19]와 같은 결과를 얻는다. 이때 최소값과 최대값을 -2와 2로 선택한다.

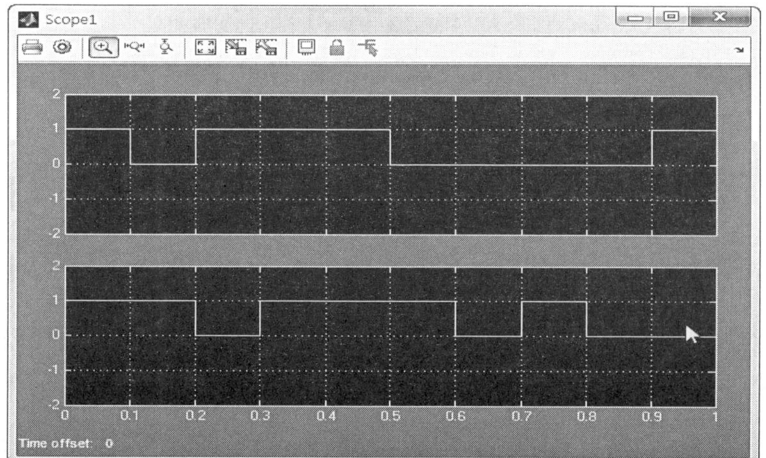

[그림 19]

실습 #6-2 : 시간/주파수 영역에서 신호 관찰

1. 시간 영역에서 신호 파형 관찰

(1) [그림 17]에서 Scope 블록을 두 번 클릭하면 [그림 20]과 같은 결과를 얻는다.

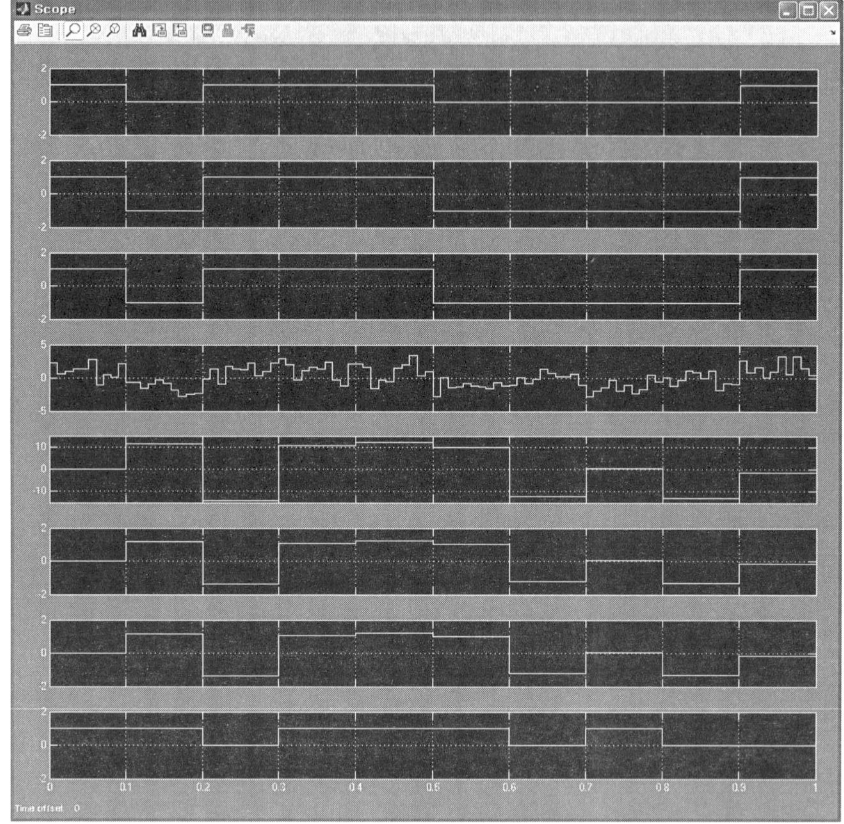

[그림 20]

(2) 송신 데이터와 검파된 데이터만을 보기 위하여 Scope1을 두 번 클릭하면 [그림 21]과 같은 결과를 얻는다.

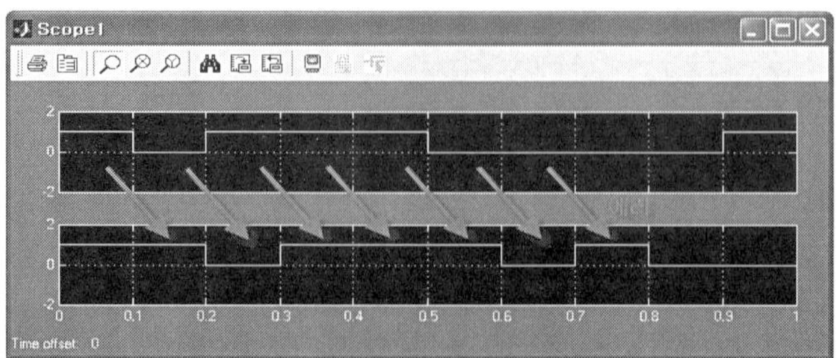

[그림 21]

2. 주파수 영역에서 신호 관찰

(1) Simulink Library Browser의 왼쪽 면에서, DSP System Toolbox/Signal Processing Sinks을 선택하고, 오른쪽 면에서 Spectrum Analyzer를 [그림 22]와 같이 연결한다.

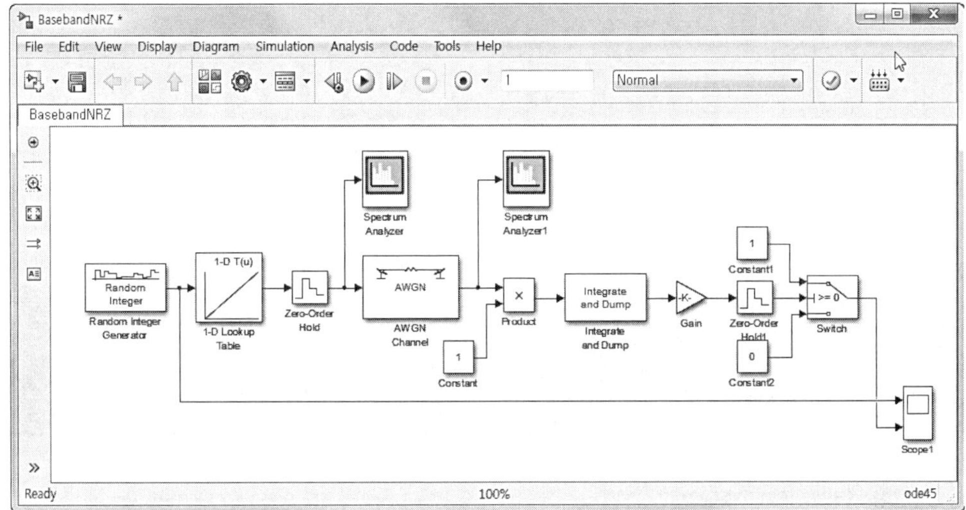

[그림 22]

(2) Matlab Command window 상에서 [그림 23]과 같이 $T_s = 1/10000$을 입력한다.

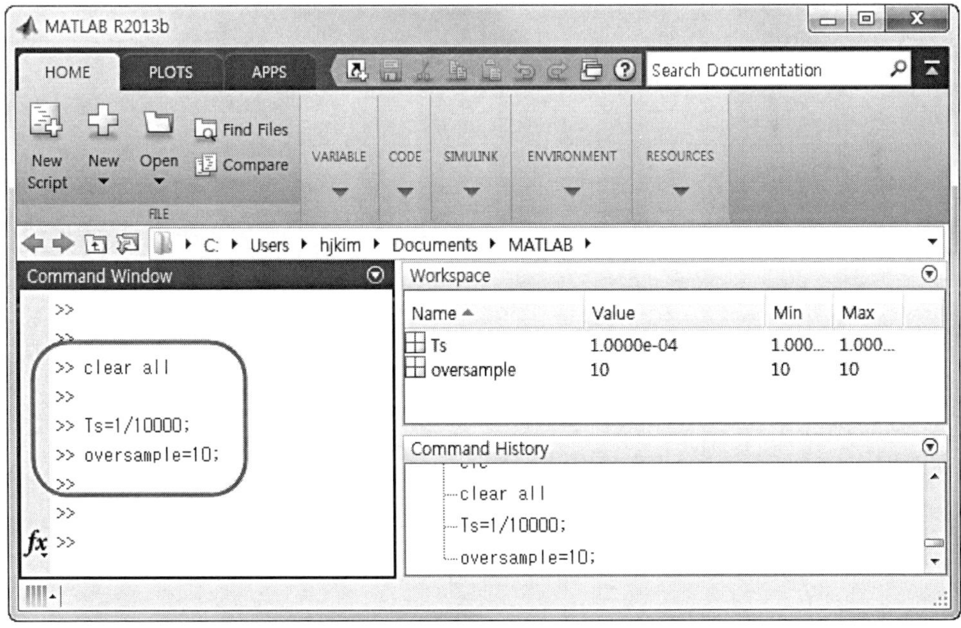

[그림 23]

(3) BasebandNRZ창의 Simulation/Simulation Parameters를 선택한 후, Stop time을 100초로 설정하고, Start Simulation 버튼을 클릭하면 [그림 24]와 같은 결과를 얻는다.

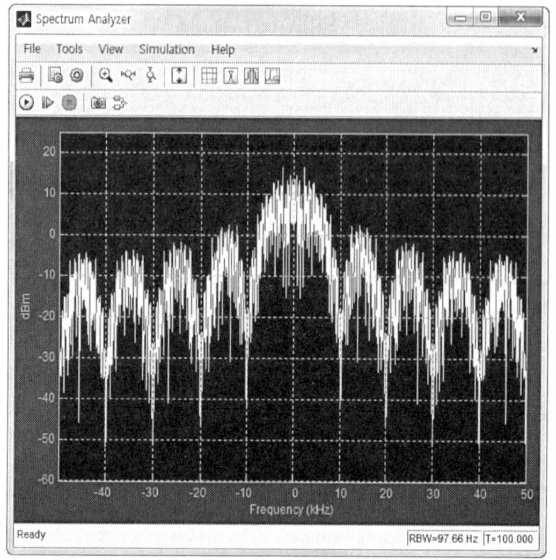

(a) spectrum scope

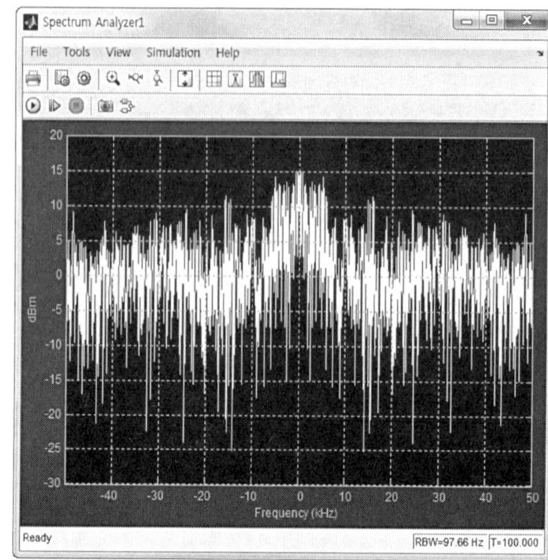

(b) spectrum scope 1

[그림 24]

실습 #6-3 : 비트에러율(BER) 측정

(1) 양극 NRZ 신호를 AWGN 채널로 전송 시, E_b/N_0 값에 따른 비트에러율(BER)을 측정하기 위하여 Communications System Toolbox/Comm Sinks/Error Rate Calculation 블록을 [그림 25]과 같이 연결하시오.

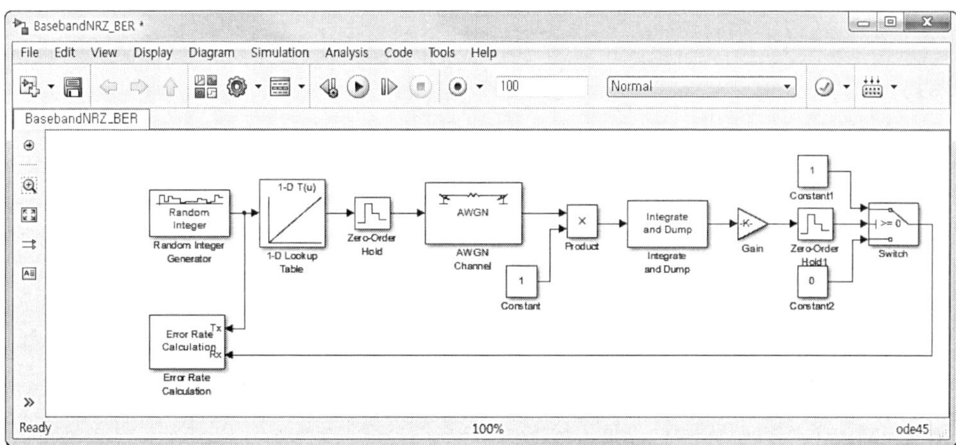

[그림 25]

(2) Error Rate Calculation 블록을 2번 클릭한 후 [그림 26]과 같이 파라미터 값들을 입력한다.

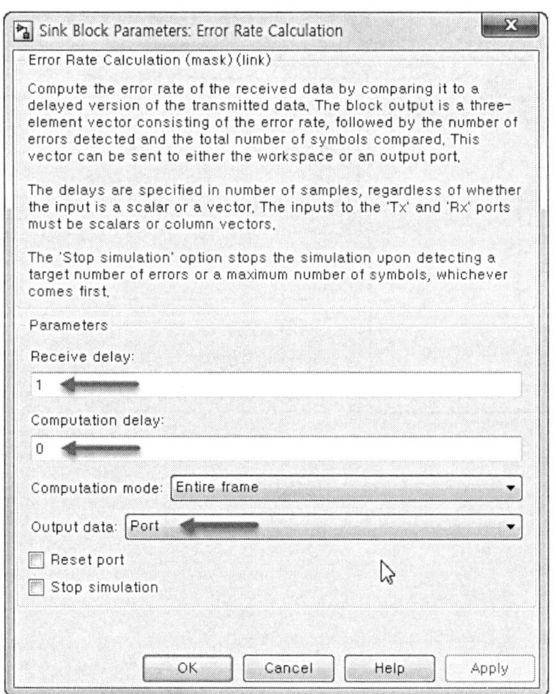

[그림 26]

(3) 에러율을 표시하기 위하여 Simulink/Sinks/Display 블록을 [그림 27]과 같이 연결한다.

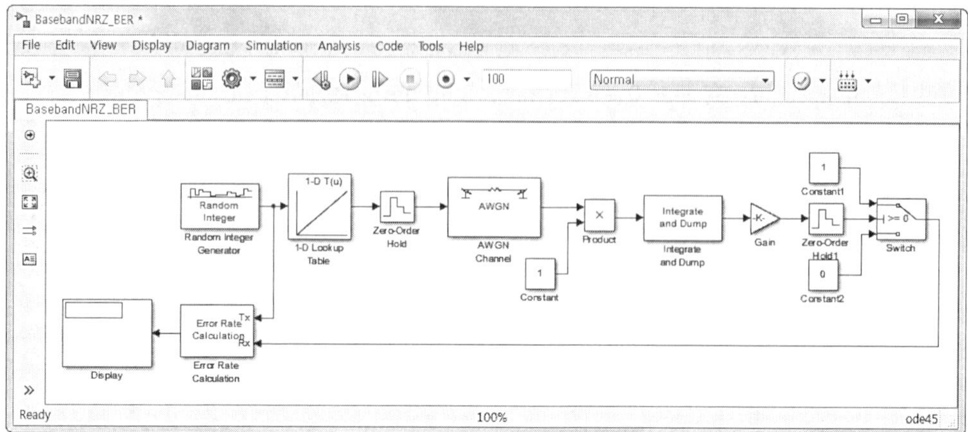

[그림 27]

(4) Matlab Command window 상에서 [그림 28]과 같이 T_s = 1/10000을 입력한다.

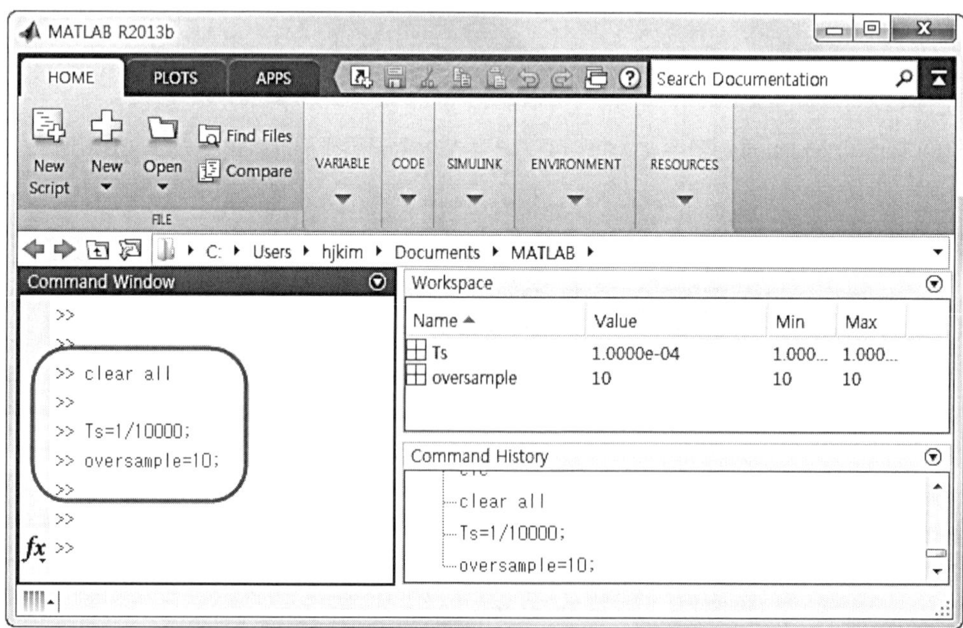

[그림 28]

(5) BasebandNRZ창의 Simulation/Configuration Parameters를 선택한 후, Stop time을 100초로 설정하고, Start Simulation 버튼을 클릭하면 [그림 29]와 같은 결과를 얻는다.

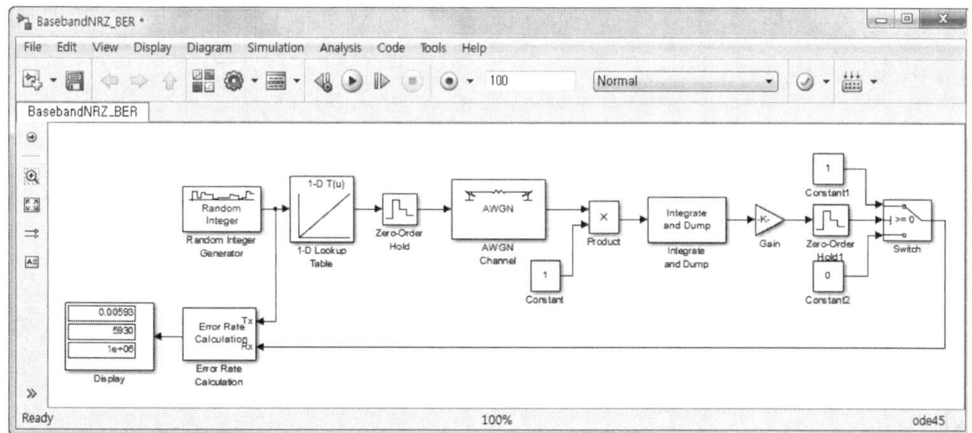

[그림 29]

실습과제 #6 : 실험 결과 및 고찰 보고서

1. [그림 21]의 송신 데이터와 검파된 데이터에서 검파된 데이터가 1비트 지연이 발생한 이유를 설명하시오.

2. [그림 24] (a)scope 그림에서 첫 번째 널이 10kHz에서 발생한 이유를 설명하시오.

3. 양극 NRZ신호를 AWGN 채널로 전송 하였을 때 이론적인 BER 값은 무엇인가?
   에러율을 E_b/N_0항으로 표현하시오.

4. T_s = 1/10000, Stop time을 100초로 설정한 후 [그림 27]을 이용하여 E_b/N_0 값에 따른 시뮬레이션 BER 값을 [표 1]에 기록한다.

E_b/N_0	이론 BER 값	시뮬레이션 BER 값
0 dB		
1 dB		
2 dB		
3 dB		
4 dB		
5 dB		
6 dB		
7 dB		

5. 다음의 m 파일을 이용하여 [표 1]의 값을 그려보자. (Box 안에 시뮬레이션 BER 값을 입력한다.)

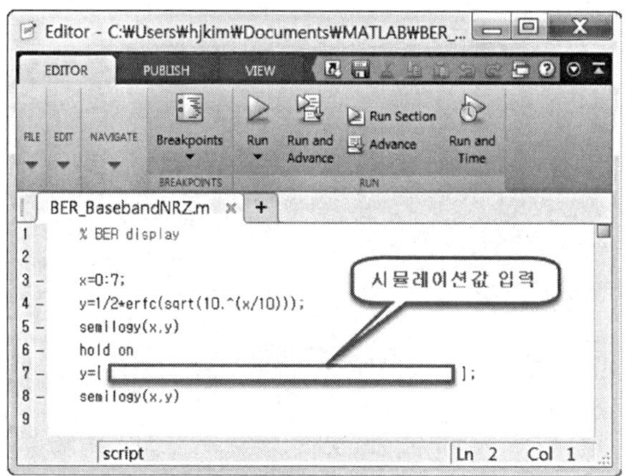

6. 위의 5의 성능곡선의 결과를 도시하시오.

실습과제 #6 설계 보고서

학습목표 :

PCM과 같은 원천부호화 방법을 통해 아날로그신호를 디지털신호로 변환하였다면, 송신단에서는 변환된 디지털신호를 전송로에 적합한 펄스 파형으로 변환시키고 채널을 통해 전송하며 수신단에서는 수신된 신호로부터 디지털신호를 검파하여야 한다. 이러한 기저대역 신호의 전송과 검파를 수행하는 Simulink Block을 구성한 후 신호를 분석하고 고찰한다.

주어진 조건 :

① 펄스 파형 : 단극(unipolar) NRZ 기저대역 펄스

② 샘플링 시간 (T_s) : 가변

③ 전송신호의 스펙트럼

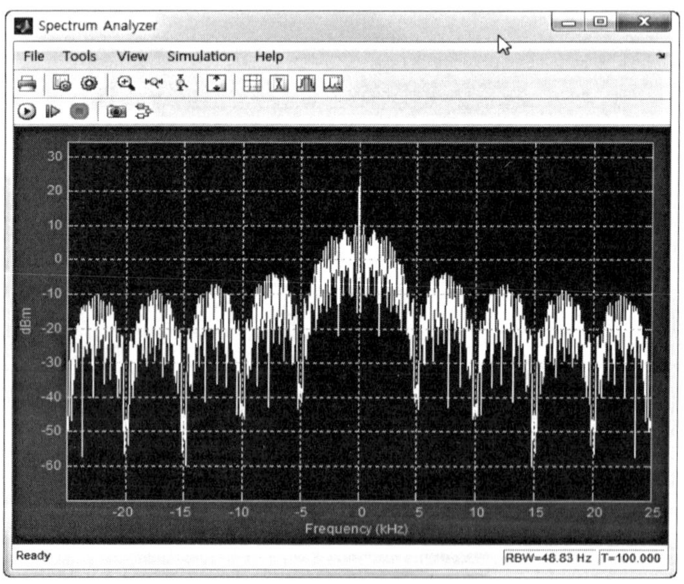

④ 채널 : AWGN

⑤ 검파 : 최대가능도(ML:Maximum Likelihood)

설계 :

단극(unipolar) NRZ 신호의 전송과 검파를 수행하는 Simulink Block을 설계하고 적절한 파라미터 값을 입력한 후 비트에러율(BER)을 측정

분석 및 고찰 :

1. 샘플링 시간 (T_s) 값을 결정하시오

2. 단극 NRZ신호를 AWGN 채널로 전송 하였을 때 이론적인 BER 값은 무엇인가? 에러율을 E_b/N_0 항으로 표현하시오.

3. Stop time을 100초로 설정한 후 E_b/N_0 값에 따른 시뮬레이션 BER 값을 [표 2]에 기록한다.

[표2]

E_b/N_0	이론 BER 값	시뮬레이션 BER 값
0 dB		
1 dB		
2 dB		
3 dB		
4 dB		
5 dB		
6 dB		
7 dB		
8 dB		
9 dB		
10 dB		

4. 위 3의 성능곡선의 결과를 도시하시오.

5. 양극 NRZ 신호의 시뮬레이션 BER 성능곡선과 단극 NRZ 신호의 시뮬레이션 BER성능곡선을 도시하고, 10^{-3}의 BER을 얻기 위해서 양극 NRZ 신호는 몇 dB가 필요하며 단극 NRZ 신호는 몇 dB가 필요한가? 결론적으로 10^{-3}의 BER을 얻기 위해서 어떤 전송방식이 몇 dB의 전력효율(성능향상)을 얻을 수 있는가?

제7장 동기 BPSK

7.1 동기 BPSK 변 · 복조 시스템

위상전이키잉(Phase Shift Keying : PSK)은 진폭과 주파수 모두가 일정한 정현 반송파를 이용하여 그 위상을 전송 부호에 대응시켜 변화 시키는 방식인데 비트 에러율 및 대역폭 양면에 있어 우수하다. BPSK는 정현 반송파에 π[rad]만큼 서로 떨어진 두 가지 위상에 대응시키므로 2진 심볼 1과 0을 나타내기 위한 한 쌍의 신호 $s_1(t)$와 $s_2(t)$는 다음과 같이 정의된다.

$$s_1(t) = \sqrt{\frac{2E_b}{T_b}} cos(2\pi f_c t) \tag{7.1}$$

$$s_2(t) = \sqrt{\frac{2E_b}{T_b}} cos(2\pi f_c t + \pi) = -\sqrt{\frac{2E_b}{T_b}} cos(2\pi f_c t) \tag{7.2}$$

여기서, $0 \leqq t \leqq T_b$ 이고, E_b 는 비트당 전송신호에너지이다. 각각의 전송 비트가 정수 주기의 반송파를 포함하기 위해, 어떤 정해진 정수 n_c에 대하여 반송파 주파수 f_c는 n_c/T_b와 같도록 선택된다. 식 (7.1)과 식 (7.2)에 정의된 180°의 상대적 위상차이만 나는 이 한 쌍의 정현파를 대척신호(antipodal signal)라 한다. 이 한 쌍의 방정식으로부터 PSK의 경우, 다음 식과 같은 단 하나의 단위 에너지 기준함수가 정의된다.

$$\phi_1(t) = \sqrt{\frac{2}{T_b}} cos(2\pi f_c t), \quad 0 \leqq t \leqq T_b \tag{7.3}$$

$\phi_1(t)$를 써서 전송신호 $s_1(t)$와 $s_2(t)$를 다음과 같이 다시 쓸 수 있다.

$$s_1(t) = \sqrt{E_b}\ \phi_1(t), \quad 0 \leqq t \leqq T_b \tag{7.4}$$

$$s_2(t) = -\sqrt{E_b}\ \phi_1(t), \quad 0 \leqq t \leqq T_b \tag{7.5}$$

따라서, 동기 2진 PSK 시스템은 그림 7.1에 보인 바와 같이, 1차원 신호공간을 갖고(즉, $N = 1$) 두 개의 메시지점으로 이루어진 신호 성상도(signal constellation)을 갖는 (즉, $M = 2$) 시스템으로 특성 지워진다.

메시지점들의 좌표는

$$
\begin{aligned}
s_{11}(t) &= \int_0^{T_b} s_1(t)\phi_1(t)dt \\
&= +\sqrt{E_b}
\end{aligned}
\tag{7.6}
$$

와

$$
\begin{aligned}
s_{21}(t) &= \int_0^{T_b} s_2(t)\phi_1(t)dt \\
&= -\sqrt{E_b}
\end{aligned}
\tag{7.7}
$$

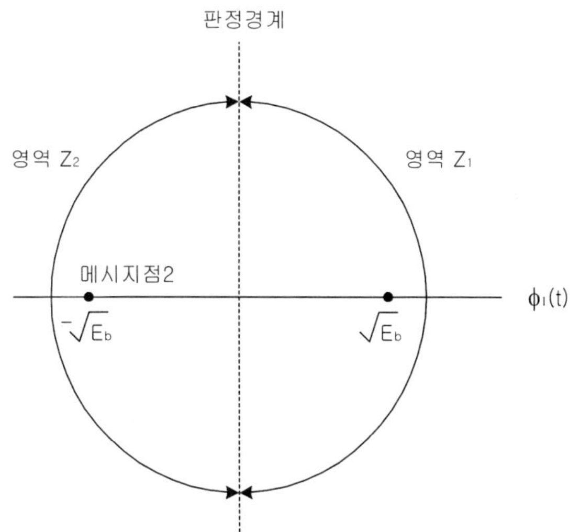

그림 7.1 동기 2진 PSK 시스템에 대한 신호 성상도

이다. $s_1(t)$에 해당하는 메시지점은 $s_{11} = +\sqrt{E_b}$에 위치하고, $s_2(t)$에 해당하는 메시지점은 $s_{21} = -\sqrt{E_b}$에 위치한다.

심볼 1 또는 심볼 0 판정에 대한 규칙을 정하기 위해 부록 식 (A.1.27)을 적용하기로 한다. 그림 7.1의 신호공간을 다음의 두 영역으로 나눈다.

- $+\sqrt{E_b}$에 위치한 메시지점에 가장 근접한 점들의 집합
- $-\sqrt{E_b}$에 위치한 메시지점에 가장 근접한 점들의 집합

이러한 신호공간의 분리는 두 메시지점을 잇는 선의 중점을 찾아 여기에 적절한 판정영역을 구분하는 경계선을 그어 행한다. 그림 7.1에 이들 판정영역이 메시지점을 기준으로 Z_1과 Z_2로 표기

되어 있다. 이제, 판정규칙은 단순히 수신신호점이 영역 Z_1에 있으면 신호 $s_1(t)$ (즉, 2진 심볼 1)가 송신된 것으로 판정하고, 수신신호점이 영역 Z_2에 있으면 신호 $s_2(t)$ (즉, 2진 심볼 0)가 송신된 것으로 판정하는 것이다. 하지만, 여기서 두 종류의 판정오차가 생길 수 있다. 신호 $s_2(t)$가 송신되었을 때, 잡음의 영향으로 수신신호점이 영역 Z_1에 위치하고, 따라서, 수신기가 신호 $s_1(t)$가 송신되었다고 판정하는 경우. 반대로 신호 $s_1(t)$가 송신되었을 때 잡음의 영향으로 수신신호점이 영역 Z_2에 위치하고 따라서, 수신기가 신호 $s_2(t)$가 송신된 것으로 판정하는 경우가 판정오차에 해당한다.

첫 번째 종류의 오차확률을 계산하기 위해 먼저, 그림 7.1을 고려하자. 그림에서 심볼 1 또는 신호 $s_1(t)$와 연계된 판정영역은

$$Z_1 \quad : \quad 0 \leqq x_1 \leqq \infty \tag{7.8}$$

이다. 여기서 관측 요소 x_1은 수신신호 $x(t)$와 아래와 같이 관련되어 있다.

$$x_1 = \int_0^{T_b} x(t)\phi_1(t)dt \tag{7.9}$$

심볼 0 (즉, $s_2(t)$신호)가 송신되었을 때에 대한 확률함수는 다음 식과 같이 정의된다.

$$\begin{aligned} f_{X_1}(x_1 \mid 0) &= \frac{1}{\sqrt{\pi N_0}} exp[-\frac{1}{N_0}(x_1 - s_{21})^2] \\ &= \frac{1}{\sqrt{\pi N_0}} exp[-\frac{1}{N_0}(x_1 + \sqrt{E_b})^2] \end{aligned} \tag{7.10}$$

따라서, 심볼 0이 송신되었을 때 수신기가 심볼 1이 보내진 것으로 판정할 조건부 에러확률은

$$\begin{aligned} P_{e0} &= \int_0^{\infty} f_{X_1}(x_1 \mid 0)dx_1 \\ &= \frac{1}{\sqrt{\pi N_0}} \int_0^{\infty} \exp[-\frac{1}{N_0}(x_1 + \sqrt{E_b})^2]dx_1 \end{aligned} \tag{7.11}$$

이고, 여기에

$$z = \frac{1}{N_0}(x_1 + \sqrt{E_b}) \tag{7.12}$$

을 대입하고 적분변수를 x_1에서 z로 바꾸면 식 (7.11)은 다음 식과 같이 간결한 형태로 나타낼 수 있다.

$$\begin{aligned} P_{e0} &= \frac{1}{\pi}\int_{\sqrt{E_b/N_0}}^{\infty} \exp(-z^2)dz \\ &= \frac{1}{2}erfc(\sqrt{\frac{E_b}{N_0}}) \end{aligned} \tag{7.13}$$

여기서, erfc(·)는 보수에러함수(complementary error function)이다.

다음으로 두 번째 종류의 오차를 고려해 보자. 그림 7.1의 신호공간은 원점에 대해 대칭이므로 심볼 1이 송신되었을 때, 수신기가 심볼 0 이 송신된 것으로 판정할 조건부 확률 P_{e1}은 식 (7.13)과 같은 값을 갖는다. 따라서 조건부 에러확률 P_{e0}와 P_{e1}을 평균하여 다음 식과 같은 동기 2진 PSK에 대한 평균 심볼 에러확률 또는 동일하게, 비트 에러율을 구할 수 있다.

$$P_e = \frac{1}{2}erfc\left(\sqrt{\frac{E_b}{N_0}}\right) \tag{7.14}$$

비트당 송신신호에너지 E_b를 증가시킴에 따라, 특정한 잡음 스펙트럼밀도 N_0에 대해 심볼 1과 0에 해당하는 메시지점들은 더욱 더 멀리 떨어지게 되고 따라서, 식 (7.14)와 같은 평균 에러확률은 감소하게 된다.

7.2 동기 BPSK 신호의 생성과 검파

식 (7.1)부터 (7.3)에서 2진 PSK 신호를 생성하기 위해, 입력 2진 시퀀스를 일정한 진폭레벨 $+\sqrt{E_b}$ 와 $-\sqrt{E_b}$ 로 각각 표현되는 심볼 1과 0의 극 형식을 나타내야 한다. 이 신호전송 부호화는 NRZ 레벨 부호화기에 의해 수행된다. 결과적인 2진 파형 (극 형태)과 정현 반송파 $\phi_1(t)$ [어떤 고정된 정수 n_c에 대해 주파수 $f_c = (n_c/T_b)$]는 그림 7.2(a)와 같이 곱변조기(product modulator)에 인가된다. 반송파와 2진 파형을 생성하기 위한 타이밍 펄스는 보통 한 개의 공통 마스터 클럭(master clock)으로부터 뽑아 내어진다. 원하는 PSK 파형은 변조기 출력에서 얻어진다.

1과 0으로 이루어진 원래의 2진 시퀀스를 검출하기 위해, 채널 출력에서 잡음이 섞인 PSK 신호 $x(t)$를 상관기에 인가한다. 상관기는 그림 7.2(b)와 같이 국부적으로 생성된 동기기준신호 $\phi_1(t)$를 갖는다. 상관기 출력 x_1은 임계값 "0"과 비교되며 만약, $x_1>0$이면 수신기는 심볼 1이 송신된 것으로 판정하고 반면 $x_1<0$ 이면 심볼 0이 송신된 것으로 판정한다. 만약 x_1이 정확히 0이면 수신기는 심볼 0과 1중 랜덤한 판정을 한다.

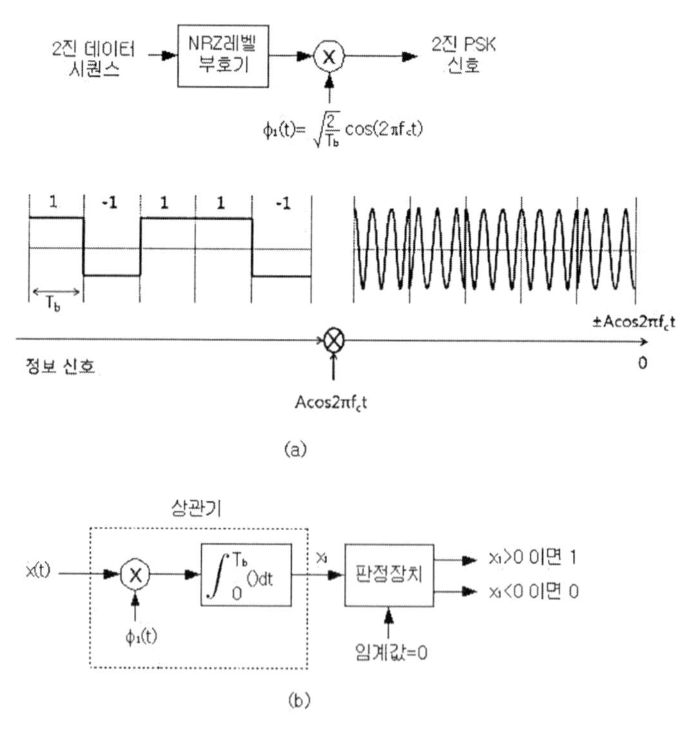

그림 7.2 (a) 2진 PSK 송신기 (b) 2진 PSK 수신기

#7. 동기 BPSK 실습

학습목표 :

디지털신호를 무선채널로 전송하기 위한 방법 중에서 동기 BPSK 변 · 복조 시스템에 대하여 살펴본다. 송신단에서는 BPSK 변조 후 AWGN 채널을 통해 전송하며 수신단에서는 동기 BPSK 복조를 통해 디지털 신호를 검파한다. 이러한 동기 BPSK 변조와 복조를 수행하는 Simulink Block을 구성한 후 신호를 분석하고 고찰한다.

실습과제 :

실습 #7-1 : 동기 BPSK 변조와 복조를 수행하는 Simulink Block을 구성
실습 #7-2 : 시간/주파수 영역에서 신호 관찰
실습 #7-3 : 비트에러율(BER : Bit Error Rate) 측정

주어진 조건 :

① 변조 : BPSK
② 샘플링 시간 (T_s) : 가변
③ 반송파주파수 (f_s) : 비트율의 2배 ($fc = (1/T_s) \times 2$)
④ 채널 : AWGN
⑤ 복조 : 동기 BPSK
⑥ 검파 : 최대가능도(ML:Maximum Likelihood)

실습 #7-1 : 동기 BPSK 변조와 복조를 수행하는 Simulink Block 구성

[실험절차]

(1) Matlab을 실행한다.

(2) [그림 1]과 같이 메뉴 바에서 Simulink Library 버튼을 click하면 [그림 2]와 같이 Simulink Library Browser가 나타난다.

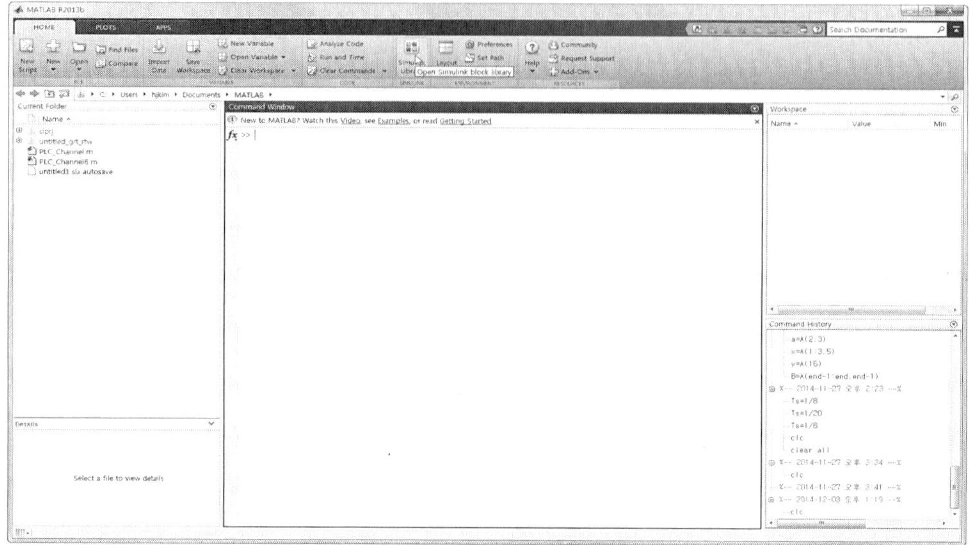

[그림 1]

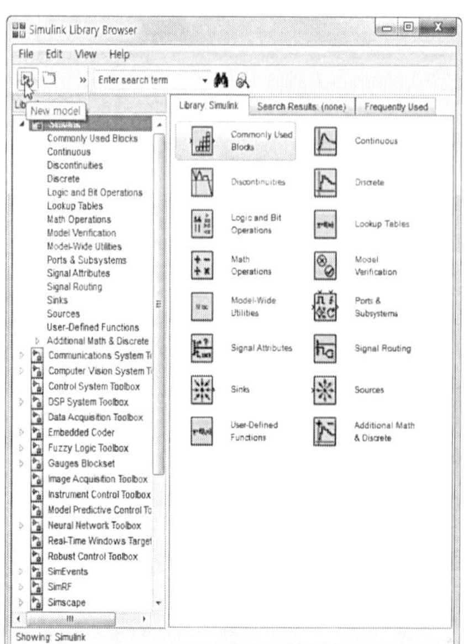

[그림 2]

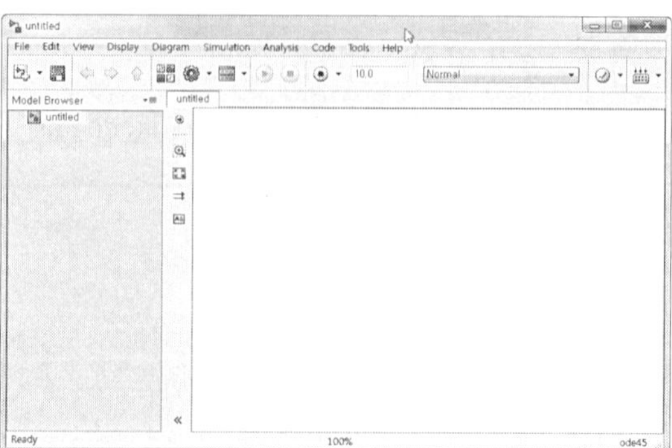

[그림 3]

(3) Simulink Library Browser의 menu 바에서, FILE/NEW/MODEL 을 선택하게 되면 [그림3]과 같이 untitled window 창이 나타난다.

(4) [그림 4]와 같이 Simulink Library Browser의 왼쪽 면에서, Communications System Toolbox/Comm Sources/Random Data Sources를 선택한다. [그림 5]와 같이 Simulink Library Browser의 오른쪽 면에서 Random Integer Generator를 왼쪽 마우스로 누른다.

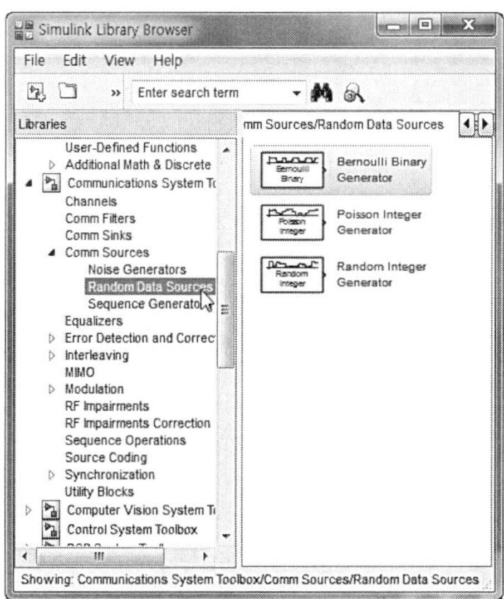

[그림 4]

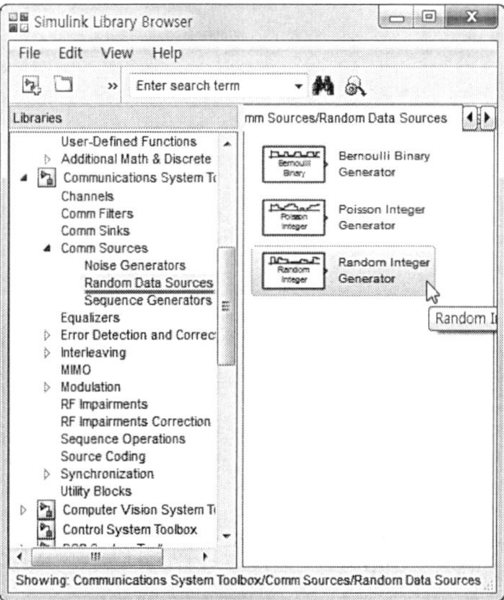

[그림 5]

(5) [그림 6]과 같이 untitled window 창에 Random Integer Generator를 끌고 와서 내려놓는다.

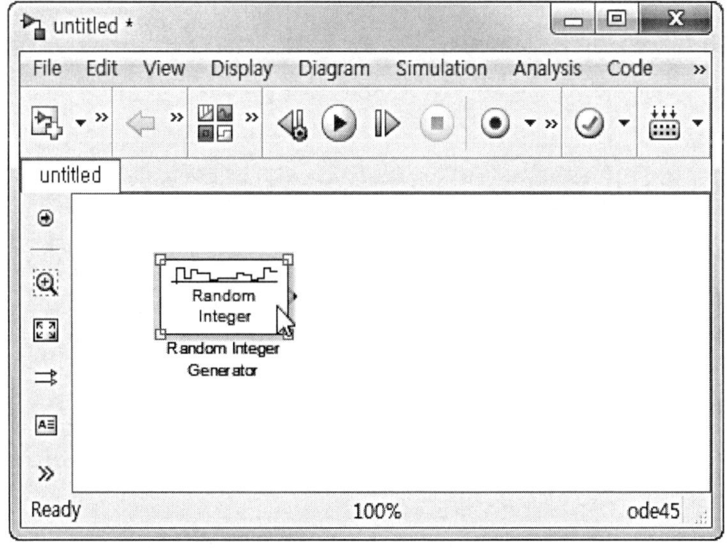

[그림 6]

(6) Random Integer Generator 블록을 2번 클릭한 후 [그림 7]과 같이 입력한다.

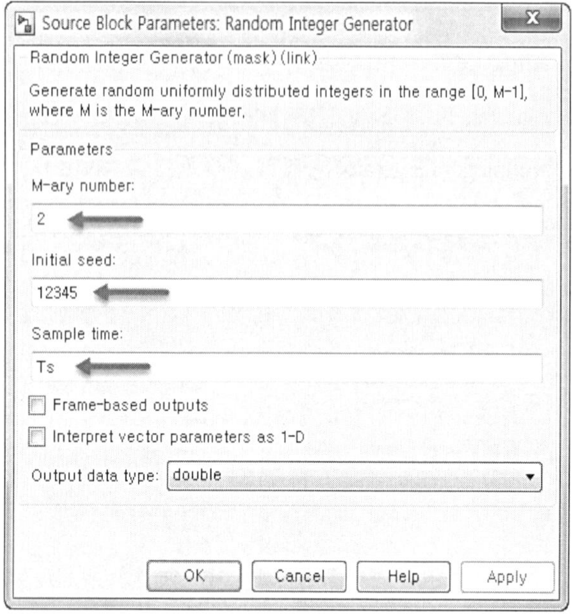

[그림 7]

(7) Untitled window를 BPSK라는 이름으로 저장한다.

(8) Simulink Library Browser의 왼쪽 면에서, Simulink/Lookup Tables를 선택하고, 오른쪽 면에서 1-D Lookup Table을 BPSK 창에 내려놓고 [그림 8]과 같이 두 블록을 연결한다. 1-D Lookup Table 블록을 2번 클릭하고 파라미터 값들을 입력한다.

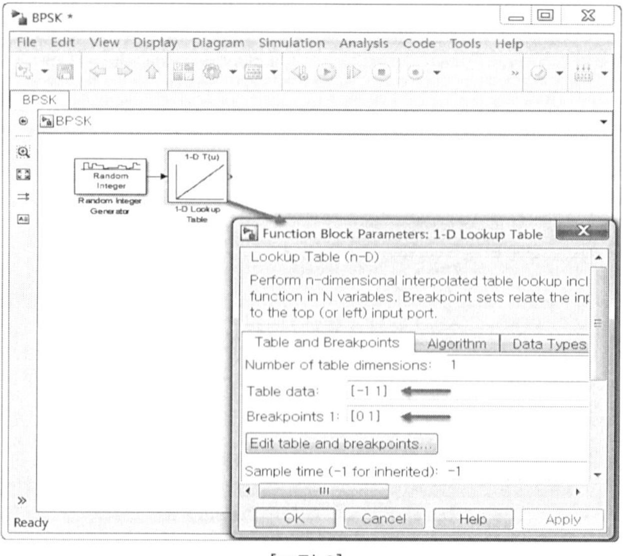

[그림 8]

(9) Simulink/Discrete/Zero-Order Hold 블록을 BPSK 창에 내려놓고 [그림 9]과 같이 두 블록을 연결한다. Zero-Order Hold 블록을 2번 클릭한 후 파라미터 값들을 입력한다.

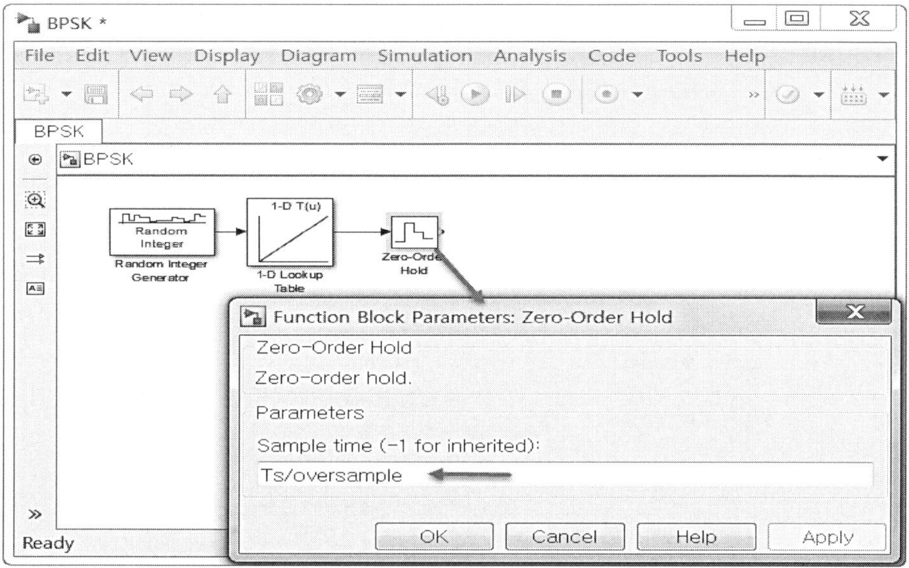

[그림 9]

(10) [그림 10]과 같이 블록들을 가지고 와서 연결을 한다. 이때 사용되는 블록의 위치는 다음과 같다.

Simulink/Math Operations/Product

Simulink/Sources/Sine Wave

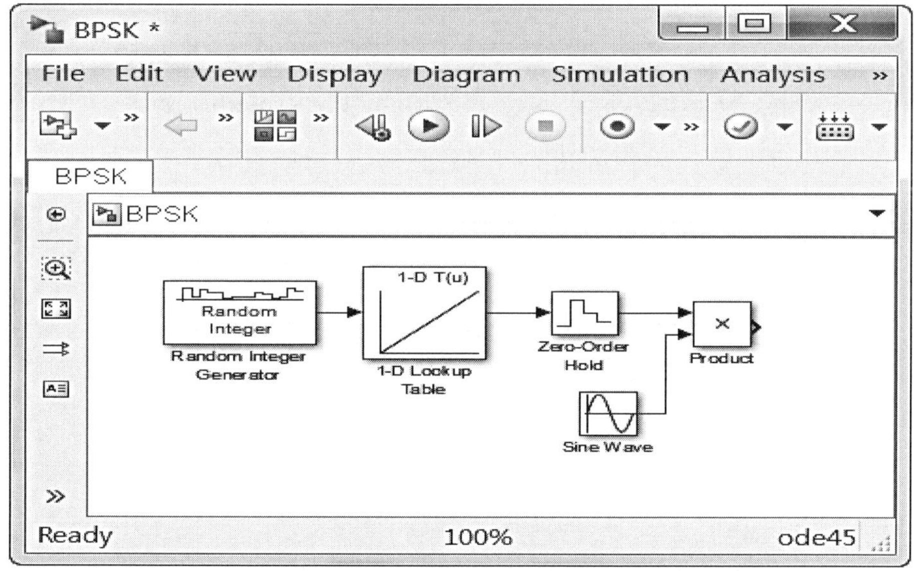

[그림 10]

(11) [그림 10]에서 Sine Wave 블록을 2번 클릭한 후 [그림 11]과같이 파라미터 값들을 입력한다.

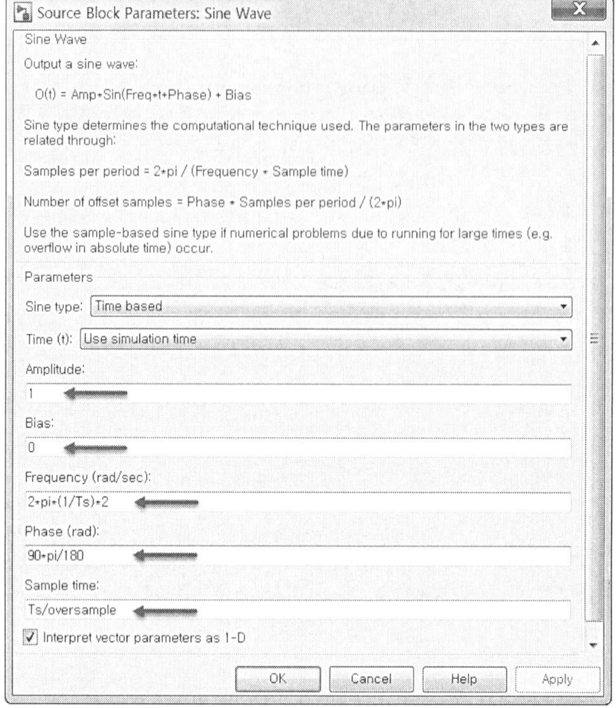

[그림 11]

(12) Communications System Toolbox/Channels/AWGN Channel 블록을 [그림 12]와 같이 연결을 한다.

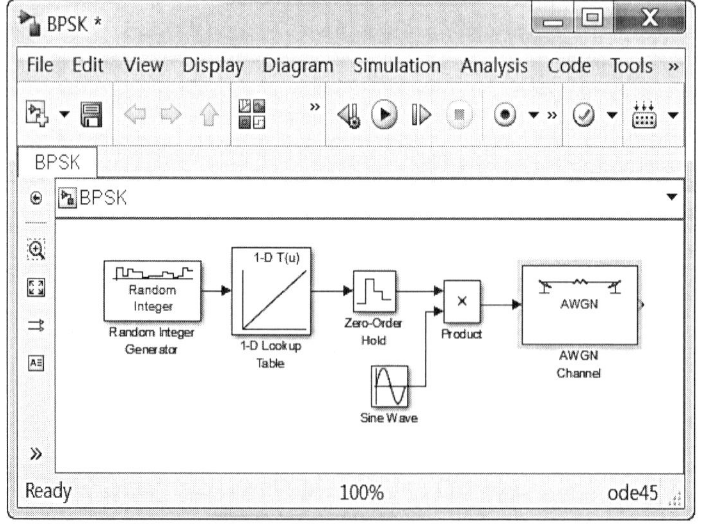

[그림 12]

(13) AWGN Channel 블록을 2번 클릭한 후 [그림 13]과같이 파라미터 값들을 입력한다.

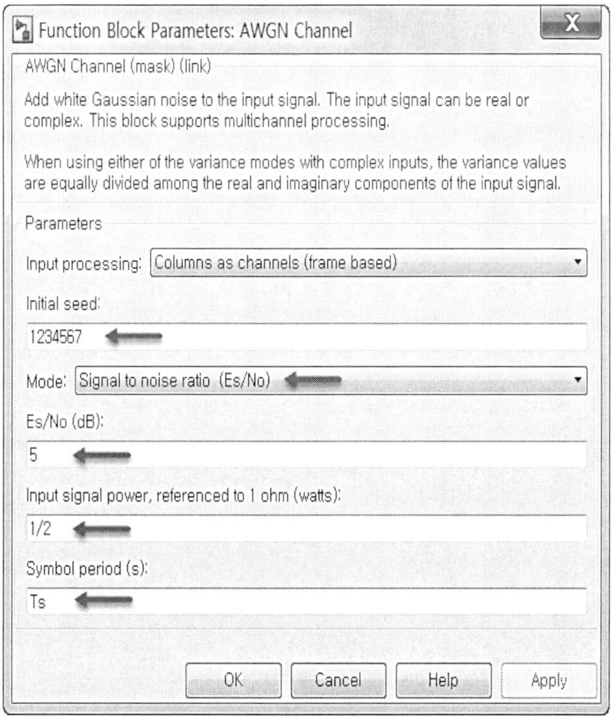

Function Block Parameters: AWGN Channel

AWGN Channel (mask) (link)

Add white Gaussian noise to the input signal. The input signal can be real or complex. This block supports multichannel processing.

When using either of the variance modes with complex inputs, the variance values are equally divided among the real and imaginary components of the input signal.

Parameters

Input processing: Columns as channels (frame based)

Initial seed:

1234567

Mode: Signal to noise ratio (Es/No)

Es/No (dB):

5

Input signal power, referenced to 1 ohm (watts):

1/2

Symbol period (s):

Ts

OK Cancel Help Apply

[그림 13]

(14) [그림 14]와 같이 블록들을 가지고 와서 연결을 한다. 이때 사용되는 블록의 위치는 다음과 같다.

Simulink/Math Operations/Product

Simulink/Sources/Sine Wave

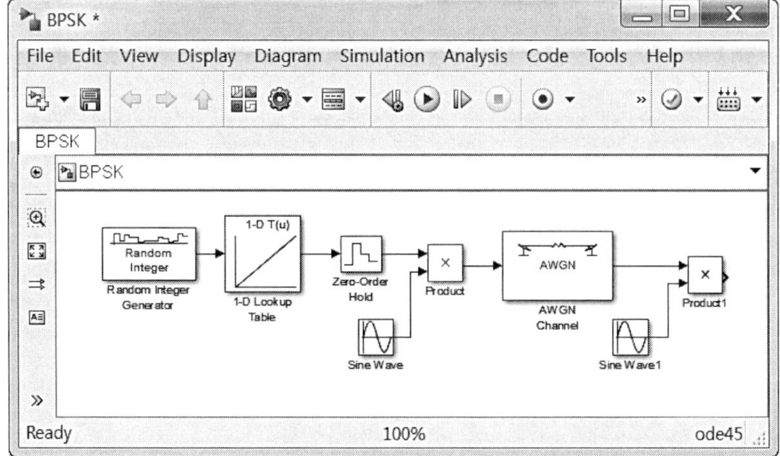

[그림 14]

(15) [그림 14]에서 Sine Wave 블록을 2번 클릭한 후 [그림 15]과같이 파라미터 값들을 입력한다.

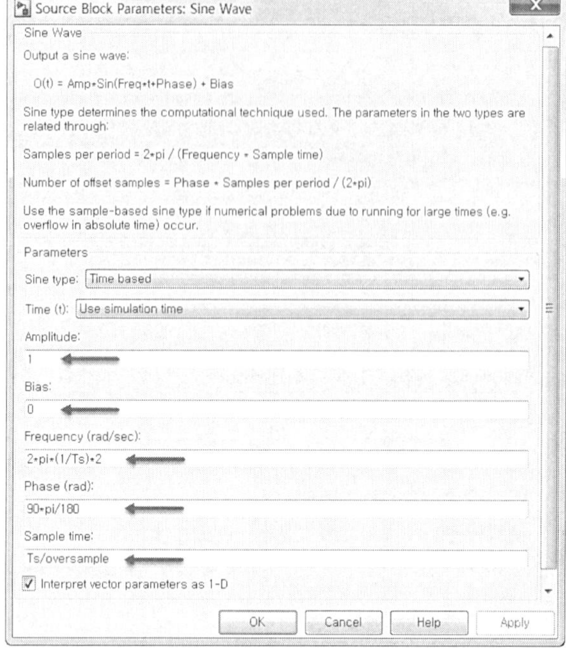

[그림 15]

(16) Communications System Toolbox/Comm Filters/Integrate and Dump 블록을 [그림 16]과 같이 연결을 한다. Integrate and Dump 블록을 2번 클릭한 후 [그림 17]과 같이 파라미터 값들을 입력한다.

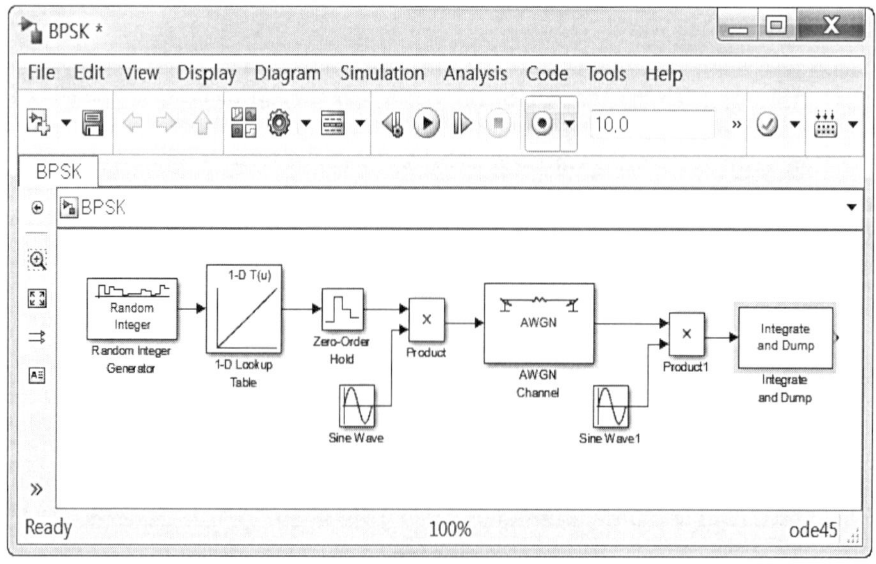

[그림 16]

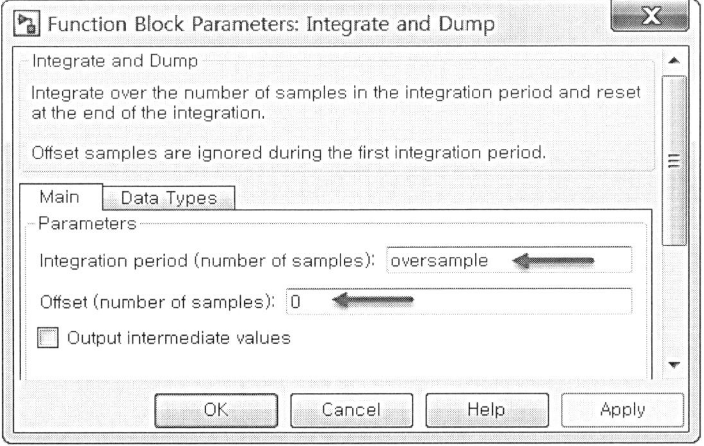

[그림 17]

(17) [그림 18]와 같이 Simulink/Math Operations/Gain 블록을 가지고 와서 연결을 하고 [그림 19]와 같이 파라미터 값을 입력한다.

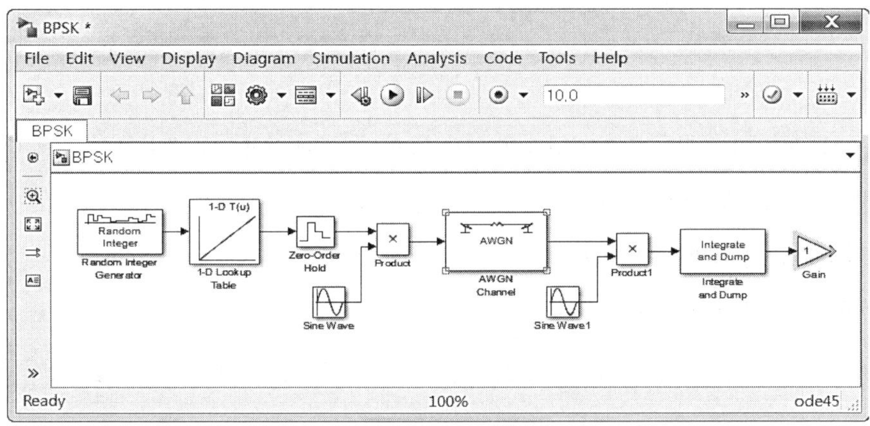

[그림 18]

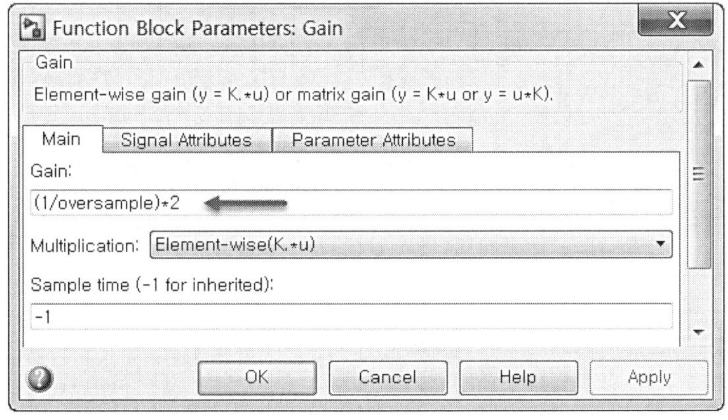

[그림 19]

(18) [그림 20]과 같이 Simulink/Discrete/Zero-Order Hold 블록을 가지고 와서 연결을 하고, 블록을 2번 클릭한 후 파라미터 값들을 입력한다.

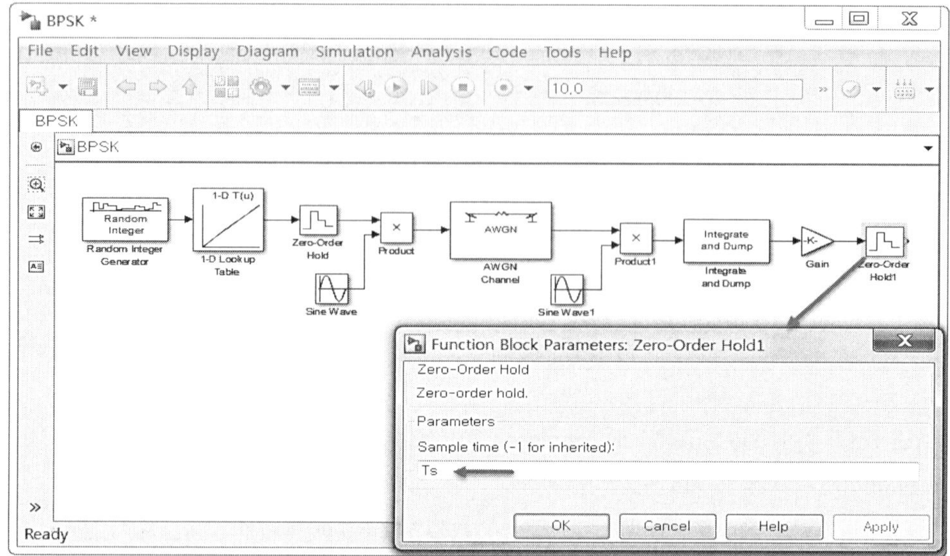

[그림 20]

(19) [그림 21]과 같이 블록들을 가지고 와서 연결을 한다. 이때 사용되는 블록의 위치는 다음과 같다. 또한 각 블록들을 2번 클릭한 후 파라미터 값들을 입력한다.

Simulink/Signal Routing/Switch

Simulink/Sources/Constant

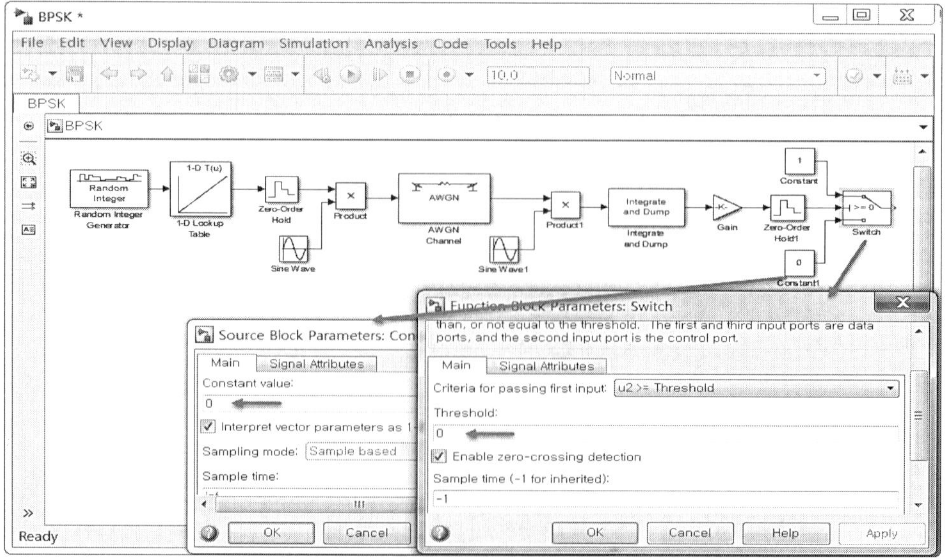

[그림 21]

(20) 신호 파형을 관찰하기위하여 Simulink/Sinks/Scope를 [그림 22]와 같이 연결한다.

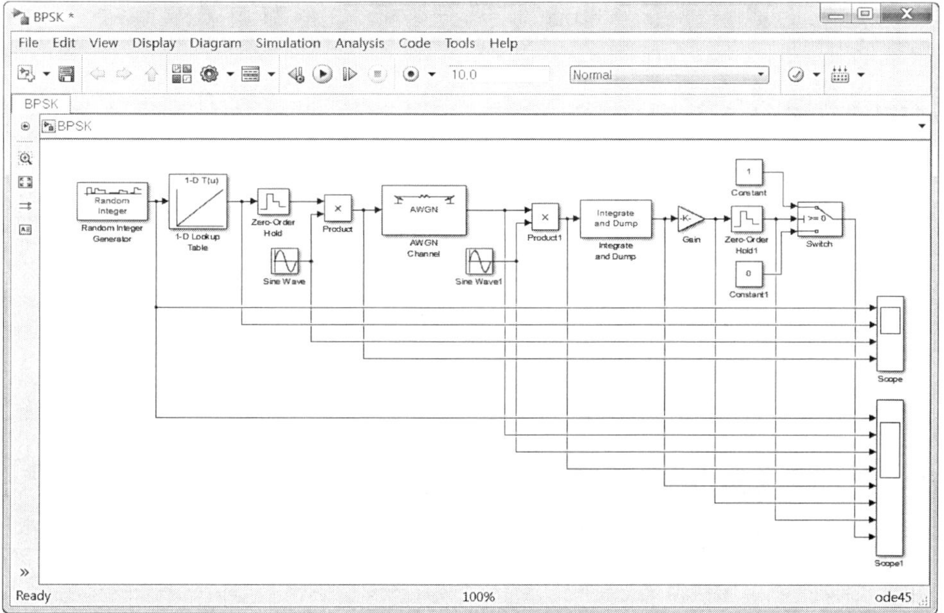

[그림 22]

(21) Matlab Command window 상에서 [그림 23]과 같이 변수 T_s에 값을 지정한다.

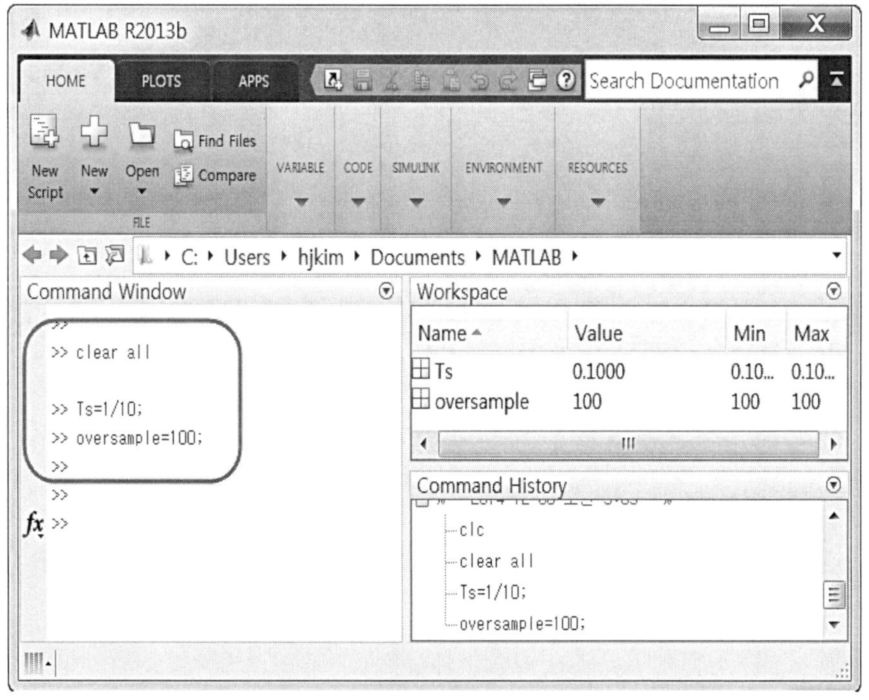

[그림 23]

(22) BPSK 창의 Simulation/Configuration Parameters를 선택한 후, Stop time을 1초로 설정하고, Start Simulation 버튼을 누른 후 Scope 버튼을 클릭하면 [그림 24]와 같은 결과를 얻는다. 이때 최소값과 최대값을 -2와 2로 선택한다.

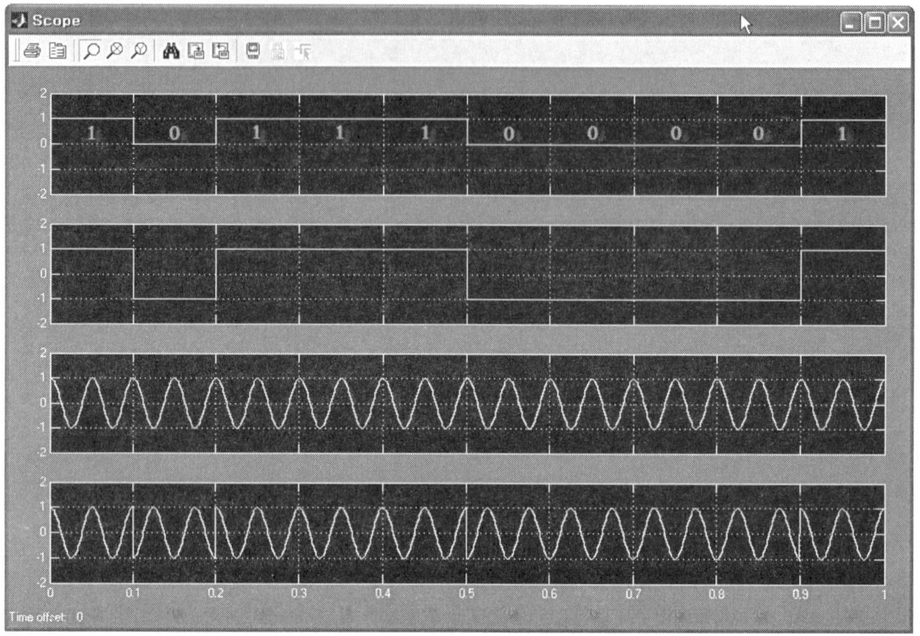

[그림 24]

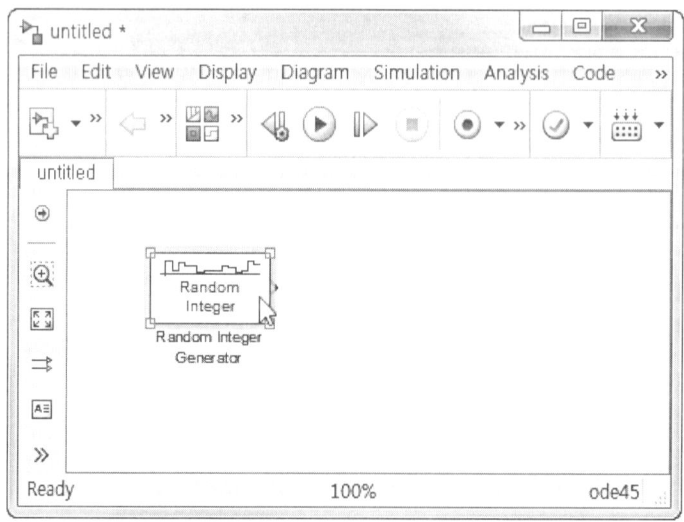

실습 #7-2 : 시간/주파수 영역에서 신호 관찰

1. 시간 영역에서 신호 파형 관찰

(1) [그림 22]에서 Scope 블록을 두 번 클릭하면 [그림 25]과 같은 결과를 얻는다.

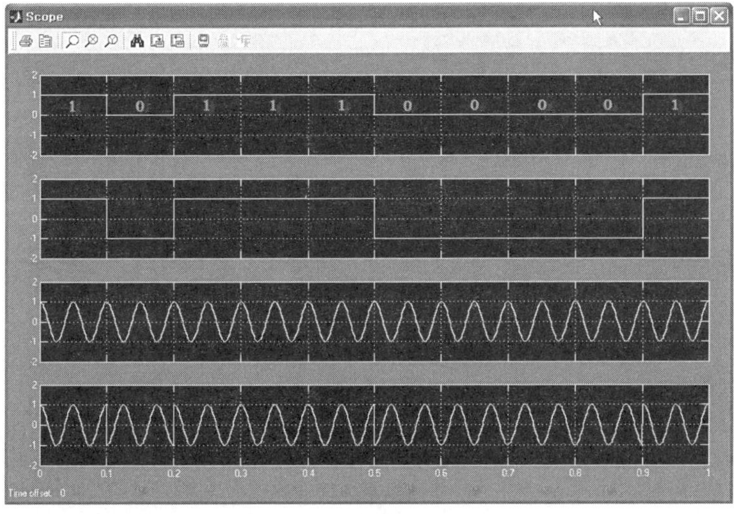

[그림 25]

(2) 또한 Scope1을 두 번 클릭하면 [그림 26]과 같은 결과를 얻는다.

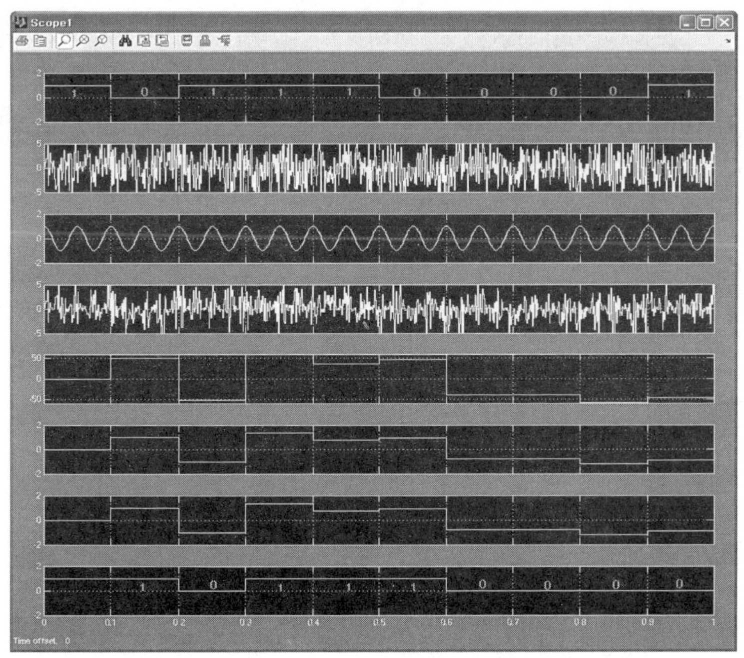

[그림 26]

2. 주파수 영역에서 신호 관찰

(1) Simulink Library Browser의 왼쪽 면에서, DSP System Toolbox/Sinks을 선택하고, 오른쪽 면에서 Spectrum Analyzer를 [그림 27]과 같이 연결한다.

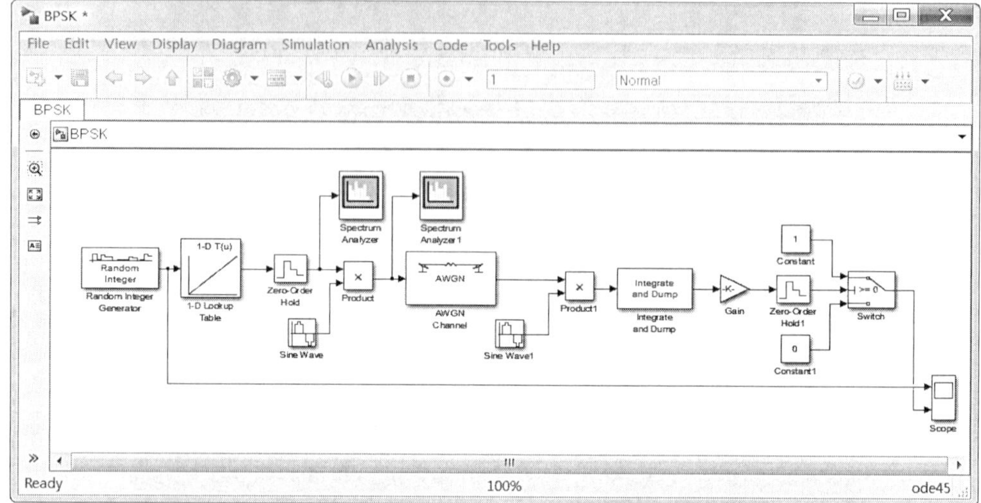

[그림 27]

(2) Matlab Command window 상에서 [그림 28]과 같이 T_s = 1/10000 및 oversample 값을 입력한다.

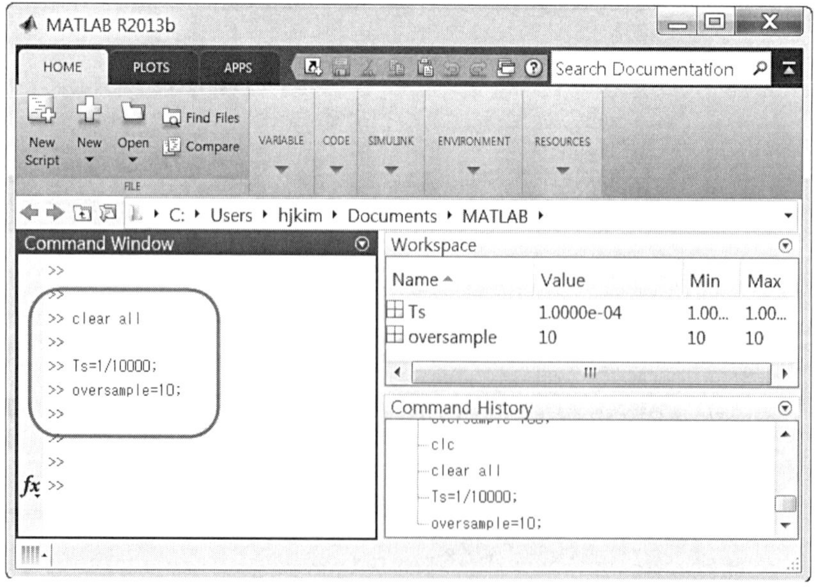

[그림 28]

(3) Simulation/Configuration Parameters를 선택한 후, Stop time을 100초로 설정하고, Start Simulation 버튼을 클릭하면 [그림 29]와 같은 결과를 얻는다.

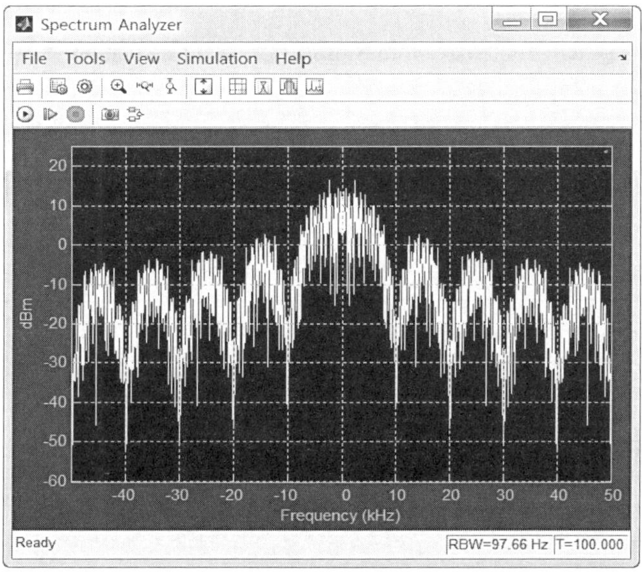

(a) scope

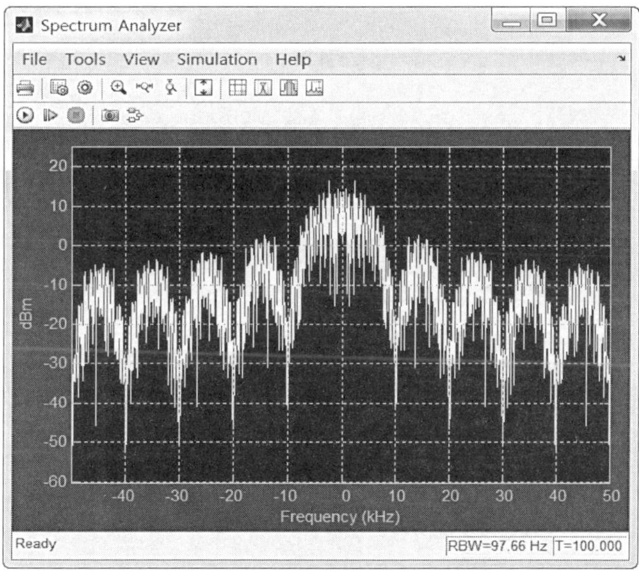

(b) scope 1

[그림 29]

실습 #7-3 : 비트에러율(BER) 측정

(1) BPSK 신호를 AWGN 채널로 전송 시, E_b/N_0 값에 따른 비트에러율(BER)을 측정하기 위하여 Communications System Toolbox/Comm Sinks/Error Rate Calculation 블록을 [그림 30]과 같이 연결하시오.

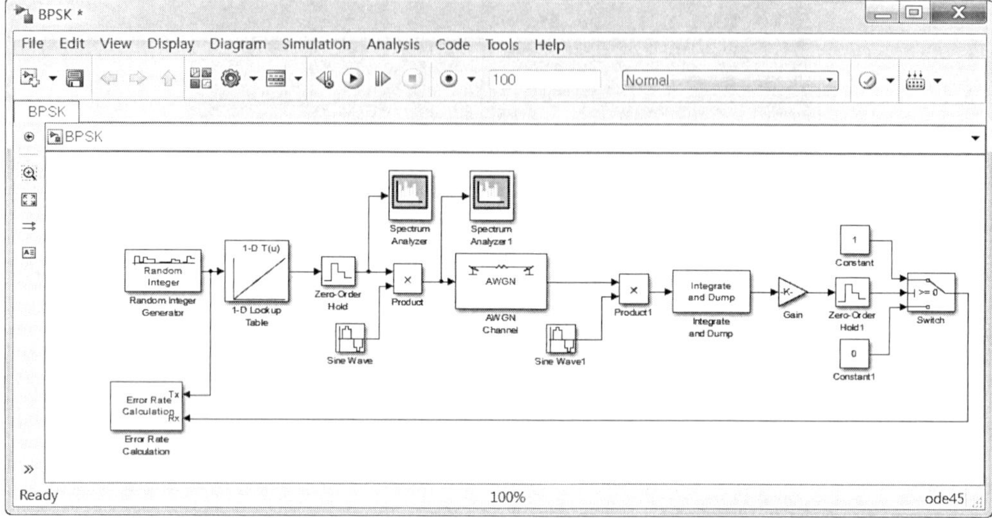

[그림 30]

(2) Error Rate Calculation 블록을 2번 클릭한 후 [그림 31]과 같이 파라미터 값들을 입력한다.

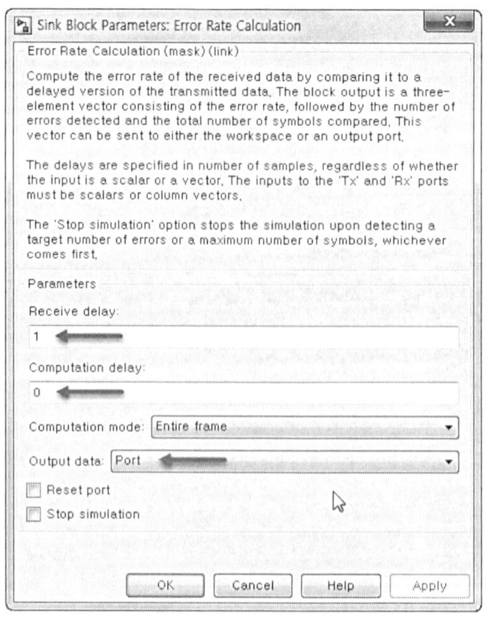

[그림 31]

(3) 에러율을 표시하기 위하여 Simulink/Sinks/Display 블록을 [그림 32]와 같이 연결한다.

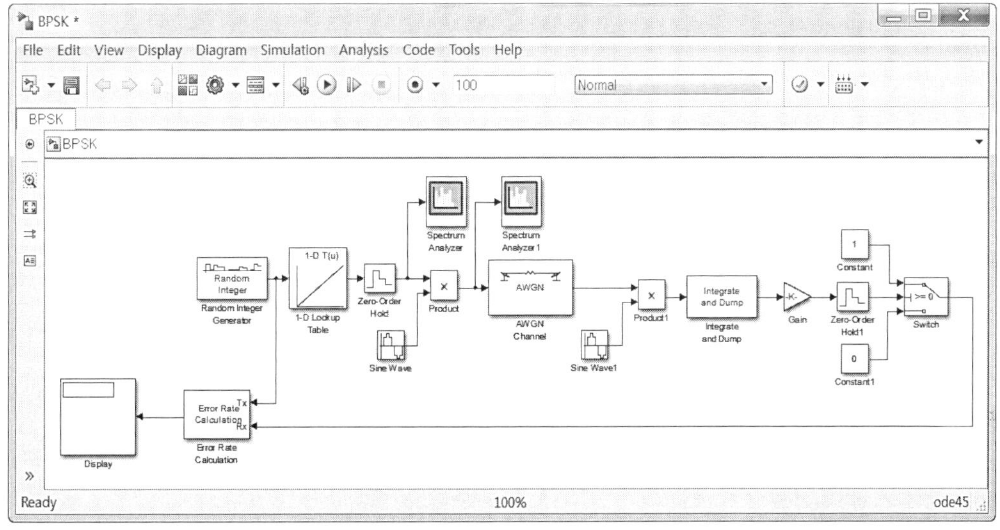

[그림 32]

(4) Matlab Command window 상에서 [그림 33]과 같이 $T_s = 1/10000$ 및 oversample 값을 입력한다.

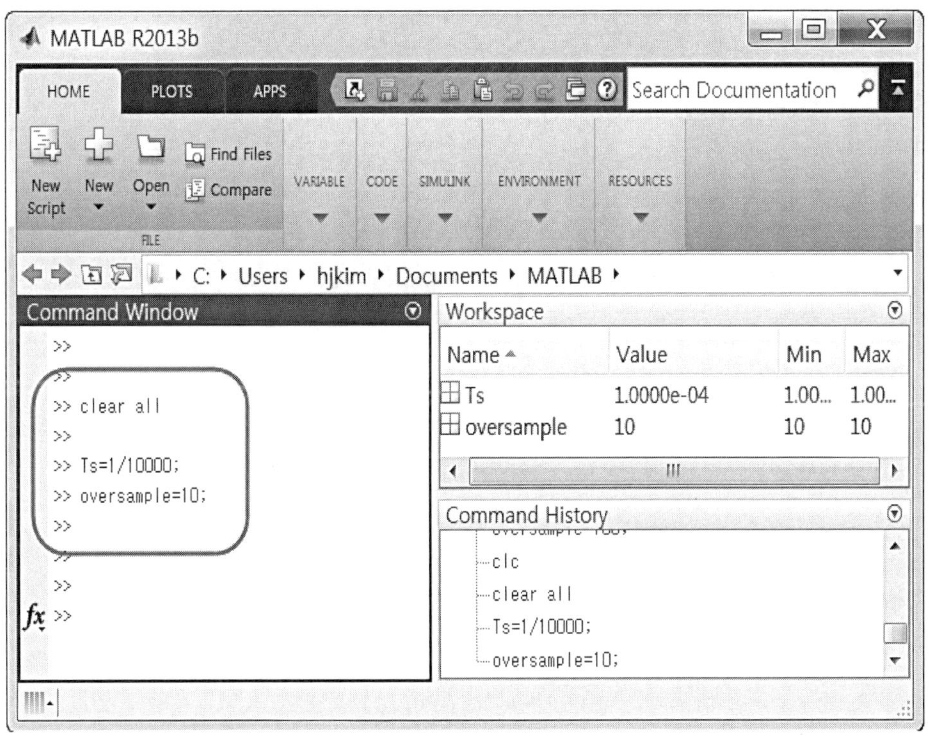

[그림 33]

(4) BPSK창의 Simulation/Configuration Parameters를 선택한 후, Stop time을 100초로 설정하고, Start Simulation 버튼을 클릭하면 [그림 34]와 같은 결과를 얻는다.

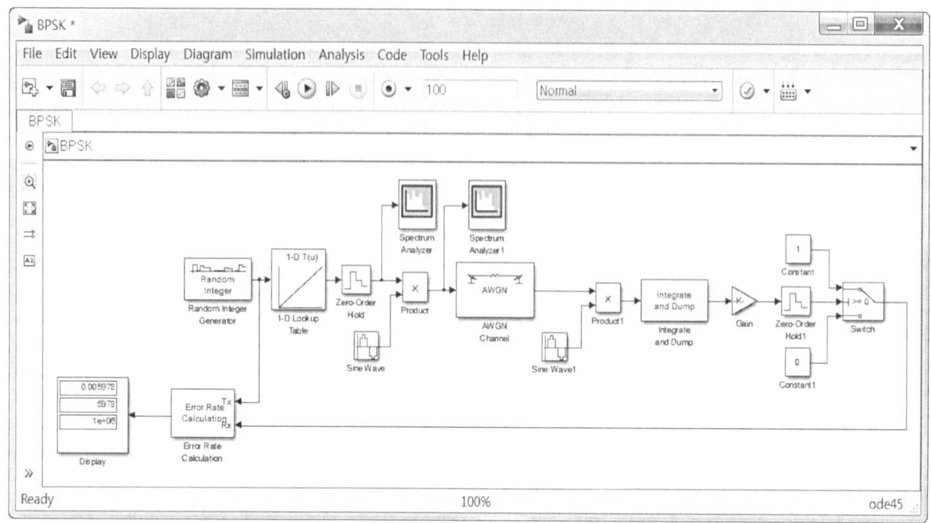

[그림 34]

실습과제 #7 : 실험 결과 및 고찰 보고서

1. [그림 26]의 송신 데이터와 검파된 데이터에서 검파된 데이터가 1비트 지연이 발생한 이유를 설명하시오.

2. [그림 29] (a) scope 그림에서 대역폭을 구하시오. 또한 (b) scope1에서 반송파주파수와 대역폭을 구하시오.

3. 동기 BPSK신호를 AWGN 채널로 전송 하였을 때 이론적인 BER 값은 무엇인가? 에러율을 E_b/N_0항으로 표현하시오.

4. T_s = 1/10000, Stop time을 100초로 설정한 후 [그림 30]을 이용하여 E_b/N_0 값에 따른 시뮬레이션 BER 값을 [표 1]에 기록한다.

[표 1]

E_b/N_0	이론 BER 값	시뮬레이션 BER 값
0 dB		
1 dB		
2 dB		
3 dB		
4 dB		
5 dB		
6 dB		
7 dB		

5. 다음의 m 파일을 이용하여 [표 1]의 값을 그려보자. (Box 안에 시뮬레이션 BER 값을 입력한다.)

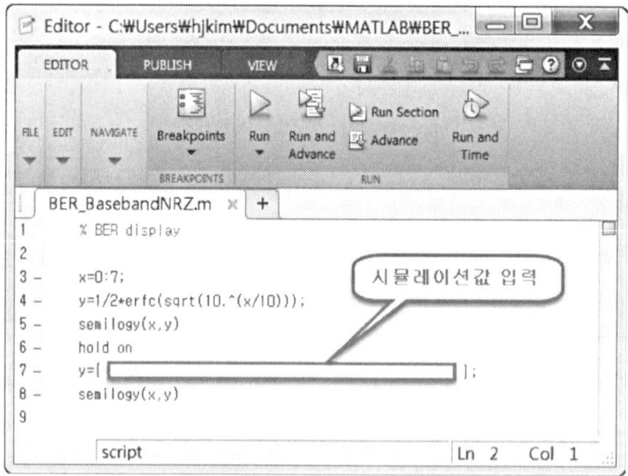

6. 위의 5의 성능곡선의 결과를 도시하시오.

실습과제 #7 설계 보고서

학습목표 :

디지털신호를 무선채널로 전송하기 위한 방법 중에서 동기 BPSK 변·복조 시스템에 대하여 살펴본다. 송신단에서는 BPSK 변조 후 AWGN 채널을 통해 전송하며 수신단에서는 동기 BPSK 복조를 통해 디지털 신호를 검파한다. 이러한 동기 BPSK 변조와 복조를 수행하는 Simulink Block을 구성한 후 신호를 분석하고 고찰한다.

주어진 조건 :

① 변조 : BPSK

② 샘플링 시간 (T_s) : 가변

③ 스펙트럼

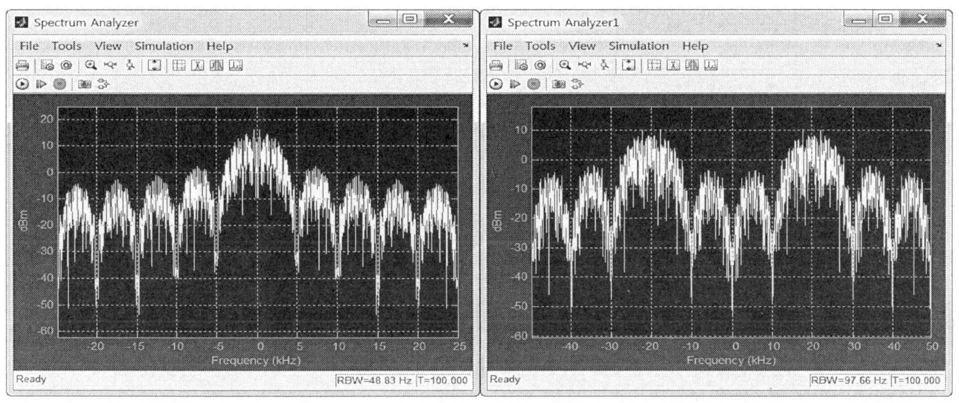

〈기저대역 스펙트럼〉 〈대역통과 스펙트럼〉

④ 채널 : AWGN

⑤ 복조 : 동기 BPSK

⑥ 검파 : 최대가능도(ML:Maximum Likelihood)

설계 :

동기 BPSK 신호의 전송과 검파를 수행하는 Simulink Block을 설계하고 파라미터 값을 입력

분석 및 고찰 :

1. 샘플링 시간 (T_s) 값을 결정하시오

2. 반송파 주파수와 대역통과 신호의 대역폭을 결정하시오.

3. [그림 34]에서 Sine wave 블록의 파라미터 값들을 결정하시오.
   (반송파주파수는 비트율의 몇 배 인가?)

4. 양극 NRZ신호를 AWGN 채널로 전송 하였을 때 이론적인 BER 값과 동기 BPSK 신호를 AWGN 채널로 전송 하였을 때 이론적인 BER 값은 무엇인가? 에러율을 N_b/N_0 항으로 표현하시오.

제8장 동기 QPSK

8.1 QPSK 변 · 복조 시스템

디지털 통신시스템 설계에 있어 한 가지 중요한 목적은 낮은 에러확률을 갖도록 하는 것이며 다른 하나는 채널대역폭을 효율적으로 이용하는 것이다. 이 장에서는 쿼드러츄어 반송파 다중화(quadrature-carrier multiplexing)의 일예로서, 동기 4위상전이키잉으로 알려진 대역폭을 효율적으로 이용하는 변조기법에 대해 학습한다.

2진 PSK와 마찬가지로, 4위상전이키잉(quadriphase-shift keying : QPSK)에서 전달되는 정보는 신호의 위상에 담겨지게 된다. 보통 반송파의 위상은 π/4, 3π/4, 5π/4, 7π/4의 네 개의 동일한 간격으로 배치된 위상 중 하나를 취한다. 이 위상 집합에 대해 송신신호를 다음과 같이 정의할 수 있다.

$$s_i(t) = \begin{cases} \sqrt{\frac{2E}{T}} cos[2\pi f_c t + (2i-1)\frac{\pi}{4}], & 0 \leq t \leq T \\ 0 & \text{기타} \end{cases} \tag{8.1}$$

여기서, i = 1,2,3,4이며 는 E심볼당 송신 에너지이고 T는 심볼 지속시간이다. 그리고 반송파 주파수 f_c는 어떤 고정된 정수 n_c에 대해 n_c/T와 같다. 각각의 가능한 위상값은 다이비트(dibit)라 불리는 한 쌍의 비트에 해당한다. 예를 들어, 그레이(Gray) 부호화된 다이비트의 집합 10, 00, 01, 11을 나타내기 위해 앞의 위상집합을 이용할 수 있다.

식 (8.1)에 삼각함수 식을 적용하여 송신신호 $s_i(t)$를 $0 \leq t \leq T$에 대해 다음과 같은 형태로 다시 쓸 수 있다.

$$\begin{aligned} s_i(t) &= \sqrt{\frac{2E}{T}} cos\left[(2i-1)\frac{\pi}{4}\right]\cos(2\pi f_c t) \\ &\quad - \sqrt{\frac{2E}{T}} sin\left[(2i-1)\frac{\pi}{4}\right]\sin(2\pi f_c t) \end{aligned} \tag{8.2}$$

여기서, 이다. 이 표현식을 근거로 다음과 같은 사항들을 알 수 있다.

- $s_i(t)$의 전개식에는 $\phi_1(t)$와 $\phi_2(t)$의 두 개의 직교정규 기준함수만이 존재한다. $\phi_1(t)$와 $\phi_2(t)$는 한 쌍의 쿼드러츄어 반송파에 의해 다음과 같이 정의된다.

$$\phi_1(t) = \sqrt{\frac{2}{T}} cos(2\pi f_c t), \quad 0 \leq t \leq T \tag{8.3}$$

$$\phi_2(t) = \sqrt{\frac{2}{T}} sin(\pi f_c t), \quad 0 \leq \qquad (8.4)$$

• 4개의 메시지점에 대한 신호벡터는 다음과 같이 정의된다.

$$s_i = \begin{bmatrix} \sqrt{E}\cos((2i-1)\frac{\pi}{4}) \\ -\sqrt{E}\,sin((2i-1)\frac{\pi}{4}) \end{bmatrix} \qquad (8.5)$$

신호벡터의 요소 s_{i1}과 s_{i2}의 값은 표 8.1에 요약되어 있다. 이 표의 처음 두 열은 다이비트 값과 QPSK 신호의 위상값을 나타낸다. 결과적으로 QPSK 신호는 그림 8.1에 나타낸 바와 같이, 2차원의 신호공간을 갖고 (즉, $N = 2$) 4개의 메시지점을 갖는다 (즉, $M = 4$). 또한 4개의 메시지점에 해당하는 신호성상도 상의 위상을 마지막 열에 나타내었다.

표 8.1 QPSK 신호공간의 특성

입력 다이비트 0≤t≤T	QPSK 신호의 위상 (radians)	메시지점의 좌표		성상도 상의 위상 (radians)
		s_{i1}	s_{i2}	
10	π/4	$+\sqrt{E/2}$	$-\sqrt{E/2}$	7π/4
00	3π/4	$-\sqrt{E/2}$	$-\sqrt{E/2}$	5π/4
01	5π/4	$-\sqrt{E/2}$	$+\sqrt{E/2}$	3π/4
11	7π/4	$+\sqrt{E/2}$	$+\sqrt{E/2}$	π/4

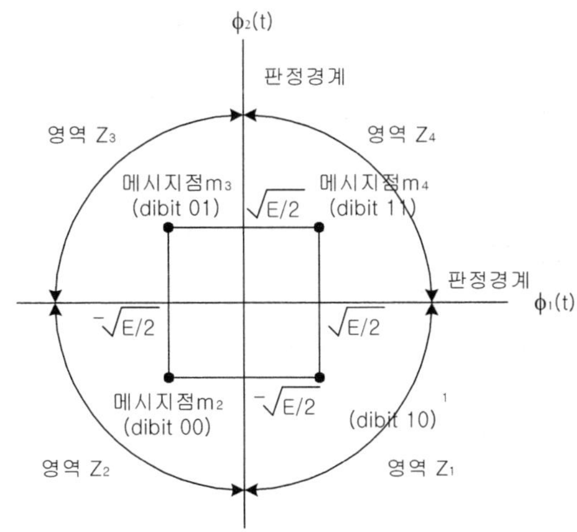

그림 8.1 동기 QPSK 시스템의 신호 성상도

예제 8.1 그림 8.2는 QPSK 신호의 생성과 관련된 시퀀스와 파형을 나타낸다. 그림 8.2(a)에 입력 2진 시퀀스 01101000이 나타나있다. 이 시퀀스는 짝수번째 비트들과 홀수번째 비트들로 구성된 두 개의 시퀀스로 나누어진다. 이들 두 시퀀스를 그림 8.2(b)와 8.2(c)에 각각 나타내었다. QPSK 신호의 인페이즈(in-phase) 성분(I 채널)과 쿼드러츄어 성분(Q 채널)을 나타내는 파형 역시 그림 8.2(b)와 8.2(c)에 각각 나타내었다. 이들 두 파형은 각각 개별적으로 2진 PSK 신호로 볼 수 있다. 이 두 신호를 합하여 그림 8.2(d)와 같은 QPSK 파형을 얻을 수 있다.

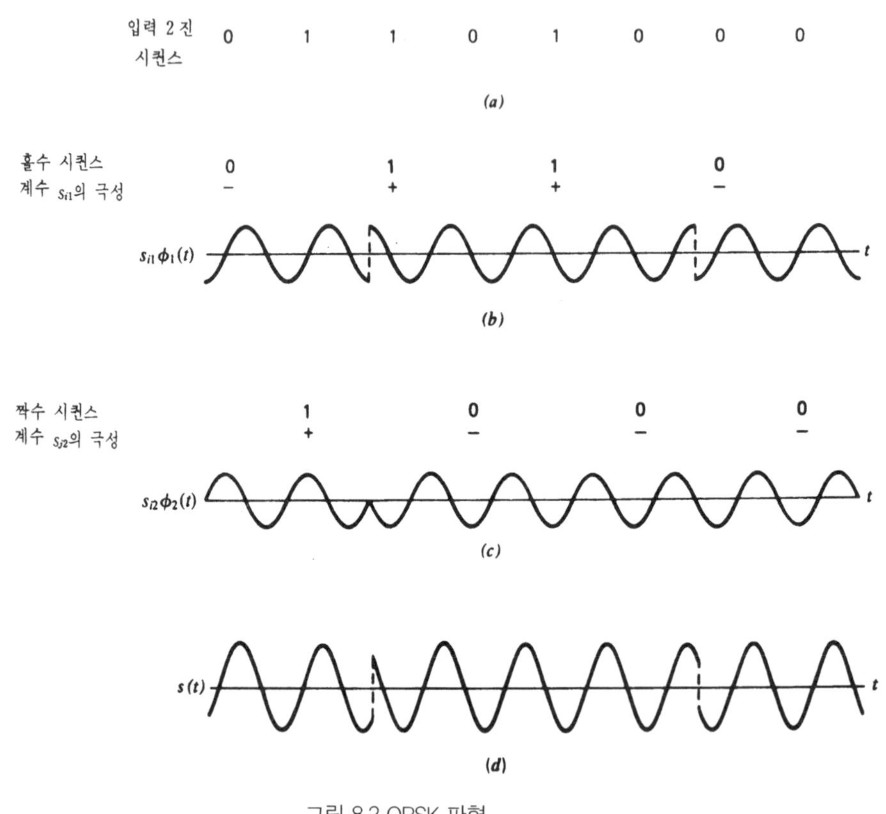

그림 8.2 QPSK 파형

송신된 데이터 시퀀스의 검출을 위한 판정규칙을 정의하기 위해 신호공간을 부록 식 (A.1.27)에 따라 4개의 영역으로 나눈다. 각각의 영역은 신호벡터 s_1, s_2, s_3, s_4에 의해 표현되는 메시지점에 가장 근접한 점들의 집합으로 정의되며 이것은 4개의 메시지점들을 이어 생기는 수직 이등분선들에 의해 쉽게 정의된다. 이렇게 정의된 판정영역들은 정점이 원점인 4분원이 되고 이 영역들은 그림 8.1에 연관된 메시지점들에 따라 각각 Z_1, Z_2, Z_3, Z_4로 표시되어 있다.

동기 QPSK 시스템에서 수신신호 $x(t)$는 다음과 같이 정의된다.

$$x(t) = s_i(t) + w(t), \quad \begin{cases} 0 \leq t \leq T \\ i = 1,2,3,4 \end{cases} \tag{8.6}$$

여기서, $w(t)$는 평균이 0이고 전력 스펙트럼밀도가 $N_0/2$ 백색가우시안잡음의 표본함수이다. 관측벡터 x는 두 개의 요소 x_1과 x_2를 가지며 각각은 다음과 같이 정의된다.

$$\begin{aligned} x_1(t) &= \int_0^T x(t)\phi_1(t)dt \\ &= -\sqrt{E}cos\left[(2i-1)\frac{\pi}{4}\right] + w_1 \\ &= \pm\sqrt{\frac{E}{2}} + w_1 \end{aligned} \tag{8.7}$$

$$\begin{aligned} x_2 &= \int_0^T x(t)\phi_2(t)dt \\ &= -\sqrt{E}sin\left[(2i-1)\frac{\pi}{4}\right] + w_2 \\ &= \mp\sqrt{\frac{E}{2}} + w_2 \end{aligned} \tag{8.8}$$

따라서, 관측 가능한 요소 x_1과 x_2는 각각 평균이 $\pm\sqrt{E/2}$ 와 $\mp\sqrt{E/2}$ 이고 하나의 공통 분산 $N_0/2$를 갖는 독립적인 가우시안 랜덤변수의 표본값이다.

판정규칙은 관측벡터 x로 표현되는 수신신호점이 영역 Z_1에 위치하게 되면 $s_1(t)$가 송신된 것으로 판정하고, 수신신호점이 영역 Z_2에 위치하게 되면 $s_2(t)$가 송신된 것으로 판정하는 것 등이다. 여기서도 역시 판정오차가 발생할 수 있다. 예를 들어, 신호 $s_4(t)$가 송신되었으나 잡음 $w(t)$의 영향으로 수신 신호점이 영역 Z_4 바깥에 위치할 경우 판정오차가 발생한다.

평균 심볼 에러확률을 계산하기 위해, 식 (8.2)로부터 동기 QPSK 시스템은 사실상 병렬로 동작하고, I 채널과 Q 채널 두 개의 반송파를 이용하는 두 개의 동기 2진 PSK 시스템과 같다는 사실에 주목하자. I 채널 출력 x_1과 Q 채널 출력 x_2는 (즉, 관측벡터 x의 두 요소) 두개의 동기 2진 PSK 시스템의 개별적인 출력으로 볼 수 있다. 식 (8.7)과 (8.8)로부터 이들 두 2진 PSK 시스템은 다음과 같이 특징지울 수 있다.

- 비트당 신호에너지는 $\sqrt{E/2}$ 이다.
- 잡음 스펙트럼밀도는 $N_0/2$ 이다.

따라서, 동기 2진 PSK 시스템의 평균 비트 에러확률에 대한 7장의 식 (7.14)를 이용하면, 동기 QPSK 시스템에서 각 채널의 평균 비트 에러확률은 다음과 같음을 알 수 있다.

$$\begin{aligned} P' &= \frac{1}{2} erfc\left(\sqrt{\frac{E/2}{N_0}} \right) \\ &= \frac{1}{2} erfc\left(\sqrt{\frac{E}{2N_0}} \right) \end{aligned} \tag{8.9}$$

또 하나 주목해야 할 사항은 동기 QPSK 시스템의 I 채널 및 Q 채널의 비트에러는 서로 통계적으로 독립이라는 사실이다. I 채널은 QPSK 신호의 한 심볼(다이비트)을 구성하는 두 비트 중 하나에 대해 판정을 내리며, Q 채널의 나머지 한 비트에 대해 판정을 내린다. 따라서, 두 채널의 조합된 동작으로부터 평균 바른판정(correct decision) 확률은 다음과 같다.

$$\begin{aligned} P_c &= (1-P')^2 \\ &= \left[1 - \frac{1}{2} erfc\left(\sqrt{\frac{E}{2N_0}} \right) \right]^2 \\ &= 1 - erfc\left(\sqrt{\frac{E}{2N_0}} \right) + \frac{1}{4} erfc^2\left(\sqrt{\frac{E}{2N_0}} \right) \end{aligned} \tag{8.10}$$

따라서, 동기 QPSK의 평균 심볼 에러확률은 다음과 같다.

$$\begin{aligned} P_e &= 1 - P_c \\ &= erfc\left(\sqrt{\frac{E}{2N_0}} \right) - \frac{1}{4} erfc^2\left(\sqrt{\frac{E}{2N_0}} \right) \end{aligned} \tag{8.11}$$

$(E/2N_0) \gg 1$인 영역에서 식 (8.11)의 우변 두 번째 항은무시할 수 있다. 따라서, 동기 QPSK의 평균 심볼 에러확률은 다음과 같이 근사화할 수 있다.

$$P_e \simeq erfc\left(\sqrt{\frac{E}{2N_0}} \right) \tag{8.12}$$

QPSK 시스템에서 심볼당 2개의 비트가 존재하므로 심볼당 송신신호에너지는 비트당 신호에너지의 두 배이다. 즉,

$$E = 2E_b \tag{8.13}$$

따라서, 평균 심볼 에러확률을 E_b/N_0를 이용하여 표현하면 다음과 같다.

$$P_e \simeq erfc\left(\sqrt{\frac{E_b}{N_0}}\right) \tag{8.14}$$

입력 다이비트를 위해 사용된 그레이(Gray) 부호화에 대해, 식 (8.9)와 (8.13)으로부터 QPSK의 비트 에러 확률은

$$P_e = \frac{1}{2}erfc\left(\sqrt{\frac{E_b}{N_0}}\right) \tag{8.15}$$

임을 알 수 있다. 이상의 결과로부터 동기 QPSK 시스템은 동기 2진 PSK 시스템과 같은 비트율, 즉 동일 E_b/N_0에 대해 동일한 평균 비트 에러를 가짐을 알 수 있다. 그러나, 2진 PSK 시스템에 비해 절반의 대역폭만을 필요로 한다. 바꾸어 표현하면, 동일한 E_b/N_0와 동일한 평균 비트 에러확률에 대해 동기 QPSK 시스템은 같은 채널대역폭을 통해 동기 2진 PSK 시스템의 두 배 비트율로 정보를 전송할 수 있다.

8.2 동기 QPSK 신호의 생성과 검파

다음으로 QPSK 신호의 생성과 검파에 대해 살펴보자. 그림 8.3(a)는 전형적인 QPSK 송신기 블럭도를 나타낸 것이다. 입력 2진 데이터 시퀀스는 먼저 NRZ 레벨 부호기에 의해 극형태로 변환된다. 따라서, 심볼 1과 0은 각각 $+\sqrt{E_b}$ 와 $-\sqrt{E_b}$ 로 표현된다. 이 2진 파형은 다시 직병렬변환기에 의해 각각 짝수번째 입력 비트와 홀수번째 입력 비트로 구성된 두 개의 2진 파형으로 분리된다. 예를 들면 그림 8.3(a)와 같이 NRZ 부호를 나타내는 입력 데이터 열 $\{dk\} = \{d_0, d_1, \cdots\}$를 다음과 같이 I 채널과 Q 채널로 나누어 이들을 각각 $\{d_I(t)\}$와 $\{d_Q(t)\}$라 하면 다음과 같다.

$\{d_I(t)\} = d_0, d_2, d_4 \cdots$ (짝수비트)

$\{d_Q(t)\} = d_1, d_3, d_5 \cdots$ (홀수비트)

여기에서 주의할 것은 $\{d_I(t)\}$와 $\{d_Q(t)\}$는 $\{d_k\}$ 전송속도의 1/2 이라는 점이다. 즉, 신호간격 $T = 2T_b$ 이다. 모든 신호간격에 대해, $d_I(t)$ 와 $d_Q(t)$의 진폭은 송신되는 특정 다이비트에 따라 s_{i1}과 s_{i2}와 같다. 두 개의 2진 파형 $d_I(t)$와 $d_Q(t)$는 한쌍의 쿼드러츄어 반송파 또는 직교정규 기준함수 $\phi_1(t)$와 $\phi_2(t)$를

변조하기 위해 사용된다. 여기서, $\phi_1(t)$는 $\sqrt{2/T}\cos(2\pi f_c t)$이고, $\phi_2(t)$는 $\sqrt{2/T}\sin(2\pi f_c t)$이다. 변조결과는 한 쌍의 2진 PSK 신호이며, 각각은 $\phi_1(t)$와 $\phi_2(t)$의 직교성에 의해 각각 독립적으로 검파되게 된다. 마지막으로 두 2진 PSK 신호는 서로 더해져 원하는 QPSK 신호가 만들어진다.

QPSK 수신기는 그림 8.3(b)와 같이 한 개의 공통입력과 국부적으로 발생되는 동기 기준신호 $\phi_1(t)$와 $\phi_2(t)$를 갖는 두 개의 상관기로 구성된다. 수신신호 $x(t)$에 대한 응답으로서 생기는 상관기 출력 x_1과 x_2 각각은 임계값(threshold) 0과 비교된다. 만약 $x_1 > 0$이면 I 채널에 대해 심볼 1이 송신되었다고 판정하고, $x_1 < 0$이면 심볼 0이 송신되었다고 판정한다. 동일한 방법으로, $x_2 > 0$이면 Q 채널에 대해 심볼 1이 송신되었음을 판정하고, $x_2 < 0$이면 심볼 0이 송신된 것으로 판정한다. 마지막으로 I와 Q 채널 출력의 두 2진 시퀀스는 병직렬변환기에 의해 원래 2진 시퀀스로 재구성되게 된다.

8.3 동기 오프셋 4위상전이 키잉

오프셋 4위상전이키잉(offset QPSK)은 QPSK와 같이 식 (8.1)로 표현할 수 있다. 그러나 두 변조방법의 차이점은 직교하는 두 채널(I와 Q 채널)의 데이터 간의 주기를 그림 8.4에 보인 바와 같이 1비트의 주기 T_b만큼 상대적인 시간차를 갖도록 한 것이다. 따라서 QPSK에서는 반송파의 위상이 신호간격 $T = 2T_b$동안 $d_I(t)$와 $d_Q(t)$의 값에 따라 표 8.1에서 보인 바와 같이 4개의 위상중의 한 값을 갖는다. 그 다음 신호간격 $T = 2T_b$동안 만약 두 채널의 데이터 $d_I(t)$와 $d_Q(t)$의 부호가 모두 변하지 않으면 동일한 위상의 반송파를 유지하지만 그 중에서 어느 한 채널의 데이터가 변하면 $\pm 90^\circ$의 위상변화가 발생한다. 그러나 그 채널의 데이터가 동시에 변하면 반송파의 위상에 180°의 위상변화가 발생한다. 주어진 입력 데이터에 대한 QPSK파는 그림 8.3(a)에 보인 바와 같다. 그러나 OQPSK인 경우에는 그림 8.4에 보인 바와 같이 $d_I(t)$가 $d_Q(t)$보다 T_b만큼의 시간지연이 있으므로 2 채널의 데이터가 동시에 변화하지 않는다. 이는 반송파에 대하여 180°의 위상변화가 일어날 수 없음을 의미한다. 따라서 그림 8.4에 보인 바와 같이 한 번에 한 개의 위상 변화만이 발생하므로 반송파의 위상 변화는 0°와 $\pm 90^\circ$에 국한된다. 변조된 QPSK파는 180°의 순간적인 위상변화로 그 진폭의 변동이 OQPSK 보다 클 뿐만 아니라, QPSK파의 측대파 주파수를 감소시키기 위하여 필터를 사용하면 또 다른 진폭변동을 일으킨다. 그러므로 비선형 전력 증폭기를 사용하는 경우 QPSK 신호보다 OQPSK파를 사용하는 것이 더욱 효율적이다. OQPSK는 비트열을 한 비트 만큼 지연시키는 것만이 다르므로 OQPSK의 에러확률은 QPSK의 평균 에러확률과 동일하다.

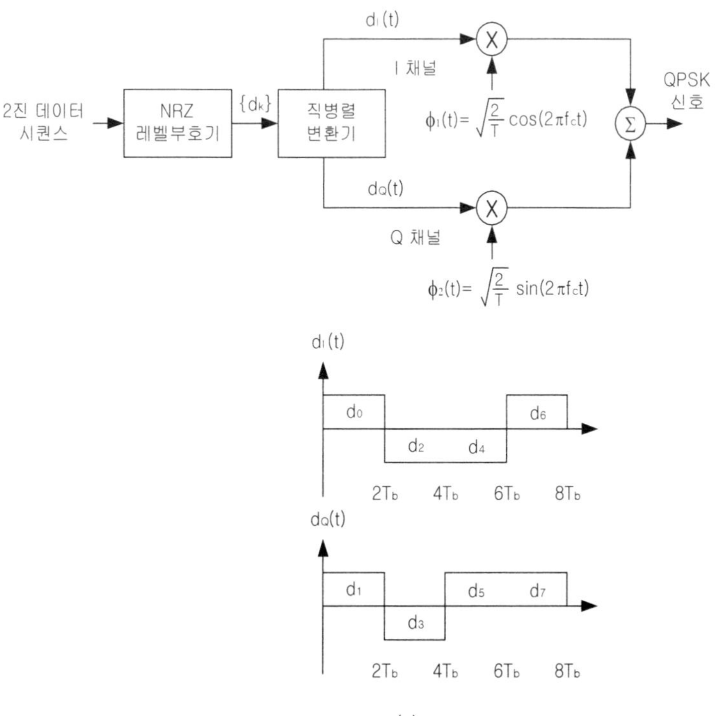

(a)

그림 8.3 (a) QPSK 송신기 블록도 (b) QPSK 수신기 블록도

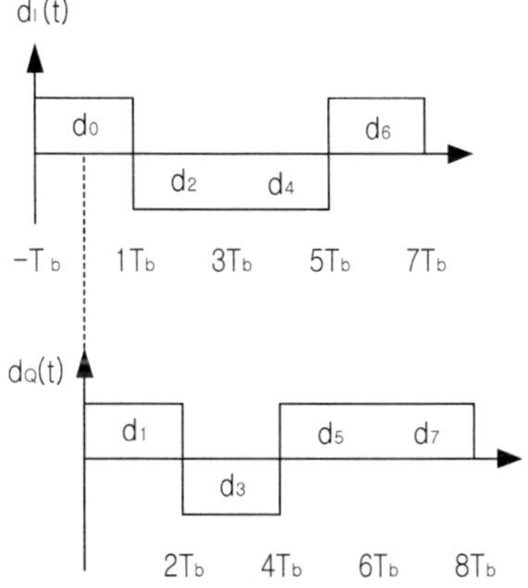

그림 8.4 OQPSK의 I 채널과 Q 채널의 신호 형태

#8. 동기 QPSK 실습

학습목표 :

디지털신호를 무선채널로 전송하기 위한 방법 중에서 동기 QPSK 변·복조 시스템에 대하여 살펴본다. 송신단에서는 QPSK 변조 후 AWGN 채널을 통해 전송하며 수신단에서는 동기 QPSK 복조를 통해 디지털 신호를 검파한다. 이러한 동기 QPSK 변조와 복조를 수행하는 Simulink Block을 구성한 후 신호를 분석하고 고찰한다.

실습과제 :

실습 #8-1 : 동기 QPSK 변조와 복조를 수행하는 Simulink Block을 구성

실습 #8-2 : 시간/주파수 영역에서 신호 관찰

실습 #8-3 : 비트에러율(BER : Bit Error Rate) 측정

주어진 조건 :

① 변조 : BPSK

② 샘플링 시간 (T_s) : 가변

③ 반송파주파수 (f_s) : 비트율의 2배 ($fc = (1/T_s) \times 2$)

④ 채널 : AWGN

⑤ 복조 : 동기 BPSK

⑥ 검파 : 최대가능도(ML:Maximum Likelihood)

실습 #8-1 : 동기 QPSK 변조와 복조를 수행하는 Simulink Block 구성

[실험절차]

(1) Matlab을 실행한다.

(2) [그림 1]과 같이 메뉴 바에서 Simulink Library 버튼을 click하면 [그림 2]와 같이 Simulink Library Browser가 나타난다.

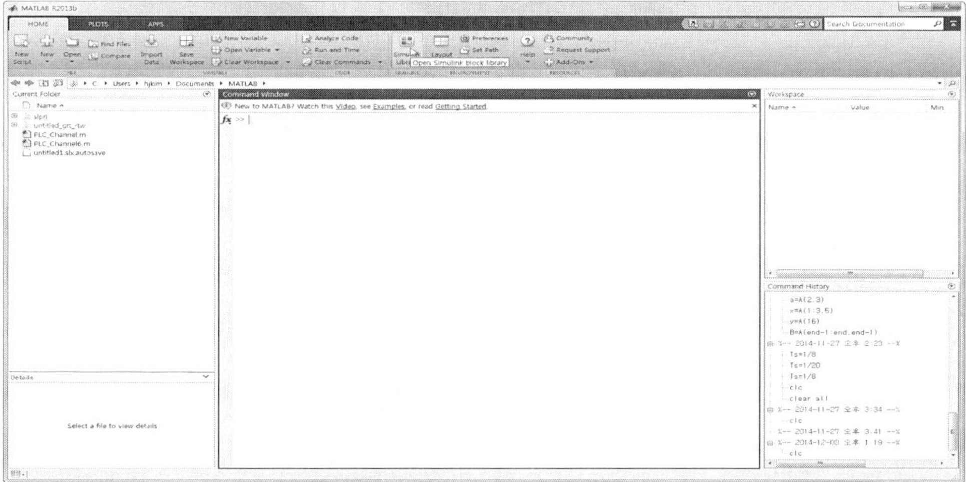

[그림 1]

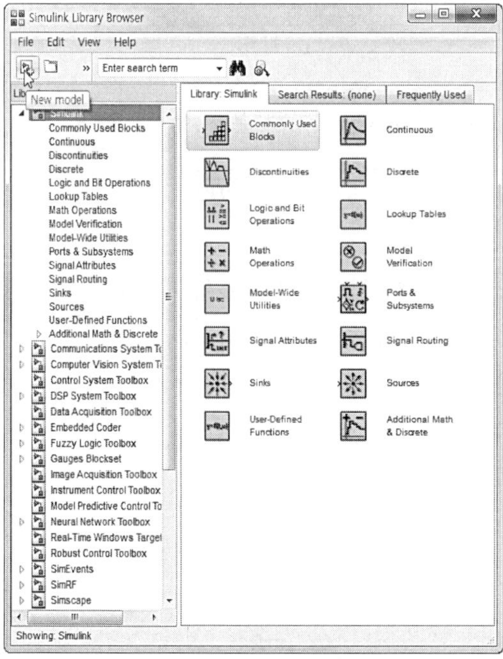

[그림 2]

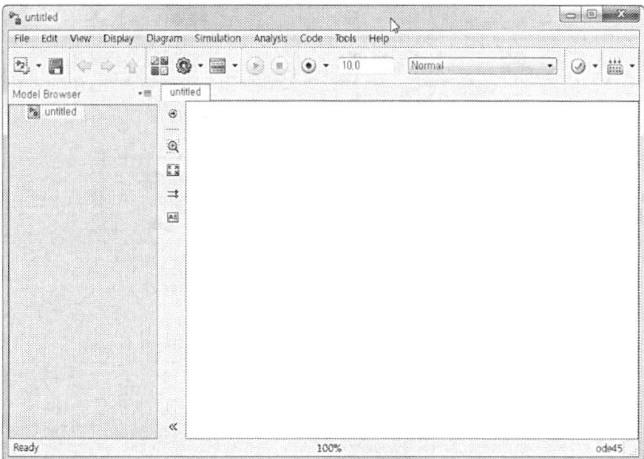

[그림 3]

(3) Simulink Library Browser의 menu 바에서, FILE/NEW/MODEL 을 선택하게 되면 [그림3]과 같이 untitled window 창이 나타난다.

(4) [그림 4]와 같이 Simulink Library Browser의 왼쪽 면에서, Communications System Toolbox/Comm Sources/Random Data Sources를 선택한다. [그림 5]와 같이 Simulink Library Browser의 오른쪽 면에서 Random Integer Generator를 왼쪽 마우스로 누른다.

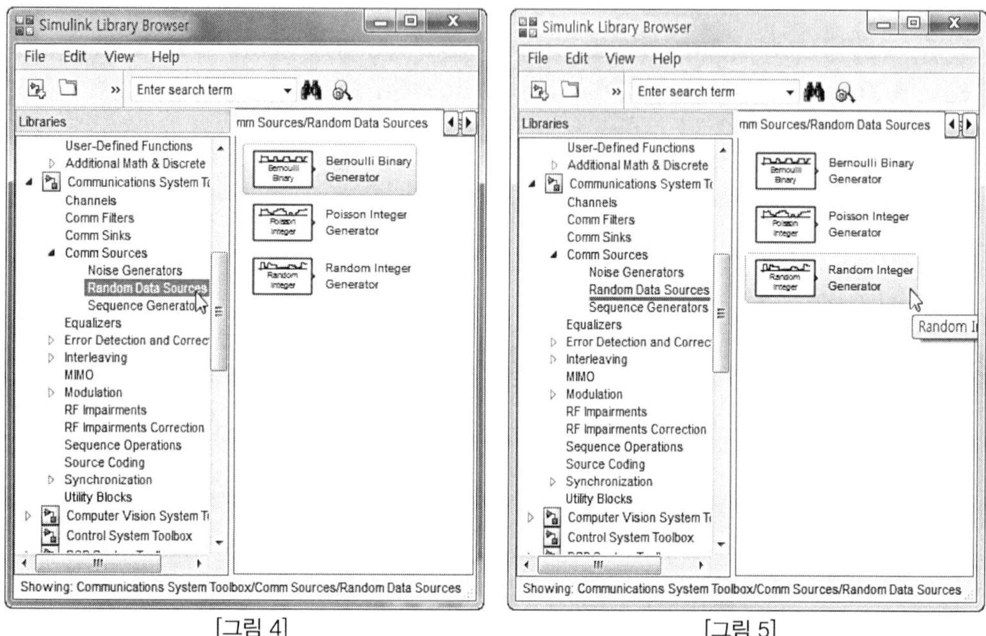

[그림 4] [그림 5]

(5) [그림 6]과 같이 untitled window 창에 Random Integer Generator를 끌고 와서 내려놓는다.

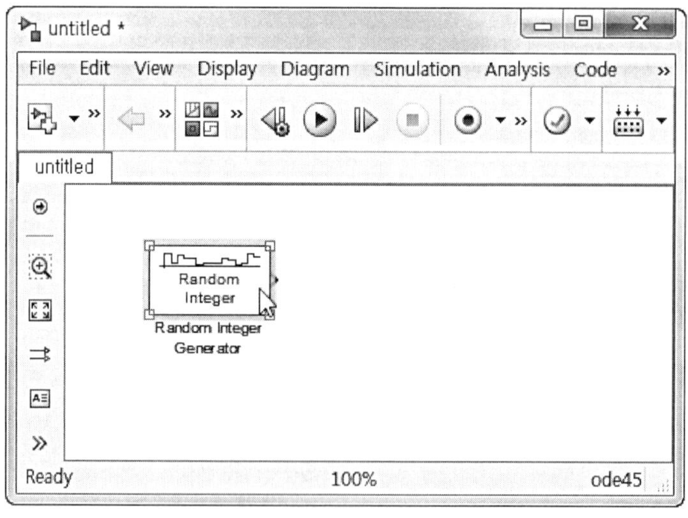

[그림 6]

(6) Random Integer Generator 블록을 2번 클릭한 후 [그림 7]과 같이 입력한다.

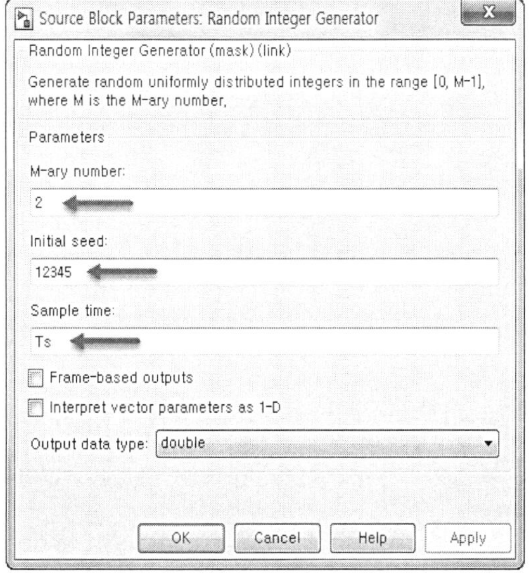

[그림 7]

(7) Untitled window를 QPSK라는 이름으로 저장한다.

(8) Simulink/Discrete/Unit Delay 와 Simulink/Discrete/Zero-Order Hold 블록을 가지고 와서 QPSK 창에 내려놓고 [그림 8]과 같이 블록들을 연결한다. 또한 블록을 2번 클릭하고 파라미터 값들을 입력한다.

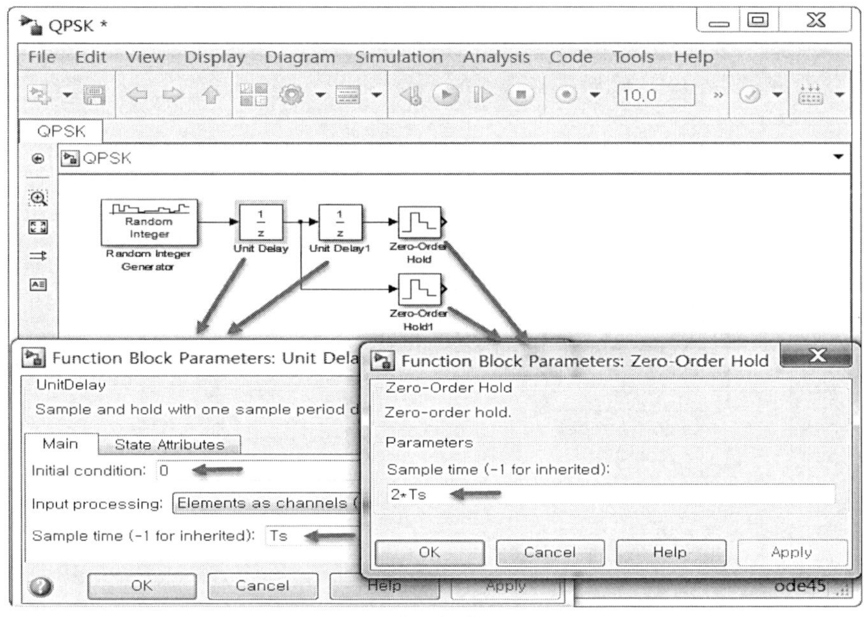

[그림 8]

(9) <#5 DM실습>에서 블록들을 그룹화 하였던 방법에 따라서 [그림 9]와 같이 왼쪽마우스를 누르고 그룹화를 원하는 블록들을 선택한다. 이와 같이 그룹화를 원하는 블록들에 대하여 [그림 10]과 같이 "직병렬 변환기" subsystem 블록을 만드시오.

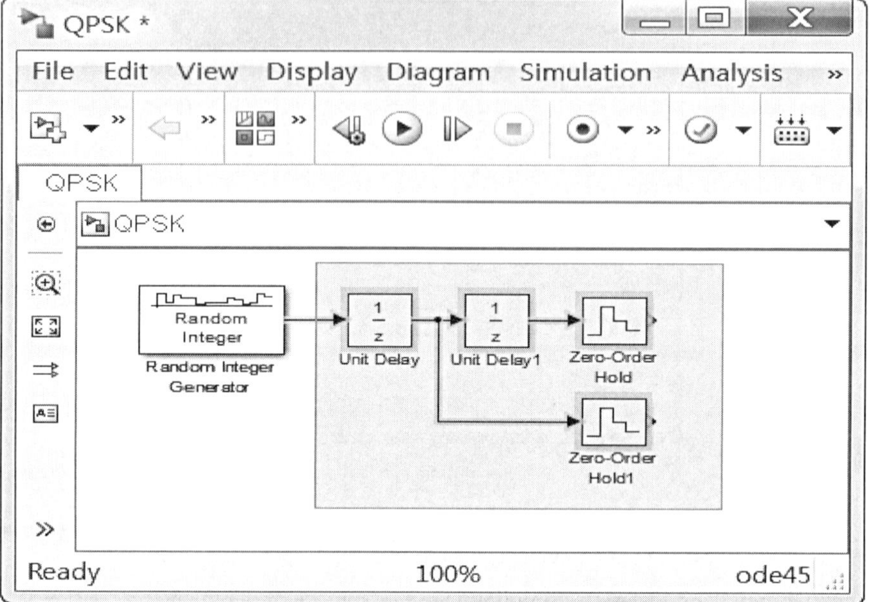

[그림 9]

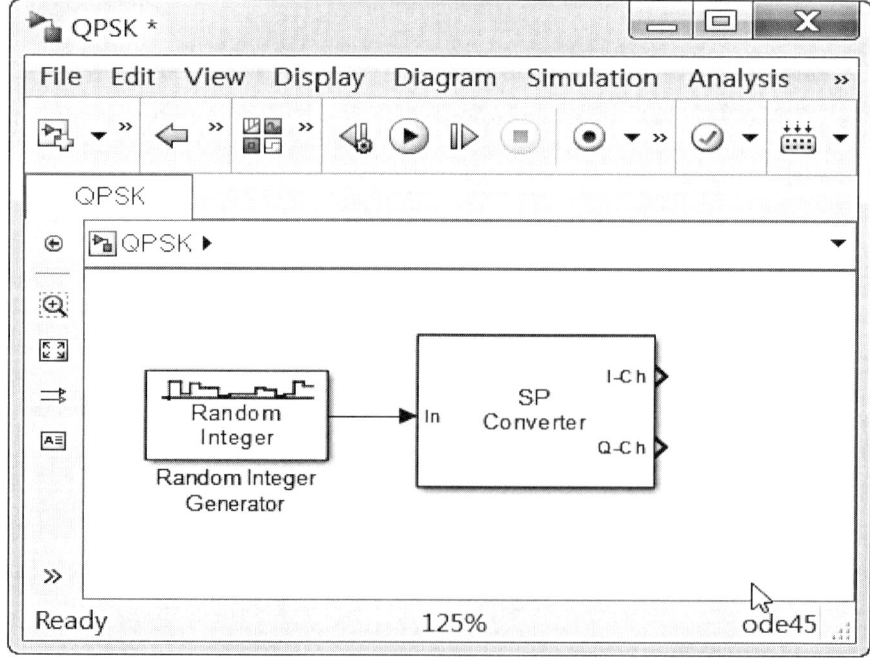

[그림 10]

(10) Simulink/Lookup Tables/1-D Lookup Table을 QPSK 창에 내려놓고 [그림 11]과 같이 블록들을 연결한다. 또한 블록을 2번 클릭하고 파라미터 값들을 입력하고 블록 명칭을 BPSK Mapper 라고 변경을 한다.

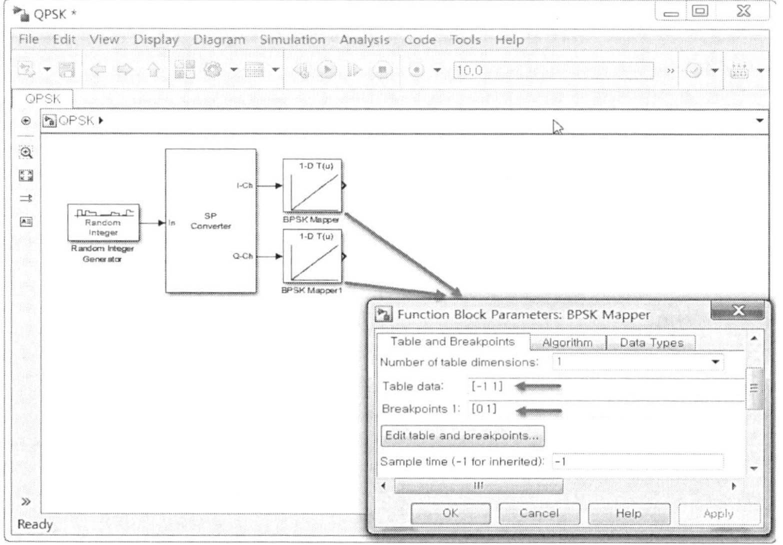

[그림 11]

(11) I-Ch과 Q-Ch 신호에 직교 반송파를 곱하여 변조하기 위하여 [그림 12]와 같이 블록들을 가지고 와서 연결을 한다. 이때 사용되는 블록의 위치는 다음과 같다.

Simulink/Discrete/Zero-Order Hold

Simulink/Math Operations/Product

Simulink/Sources/Sine Wave

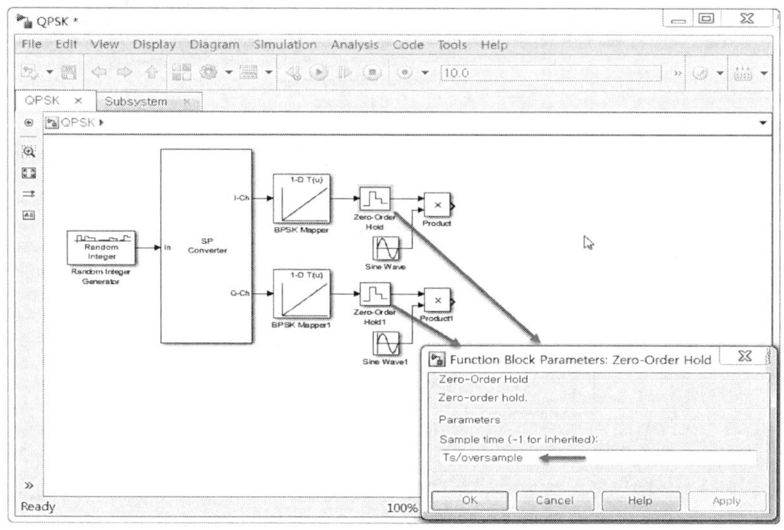

[그림 12]

(12) [그림 12]에서 Sine Wave 블록과 Sine Wave1 블록을 2번 클릭한 후 [그림 13]과같이 파라미터 값들을 입력하여 Cosine파 와 Sine파를 만든다.

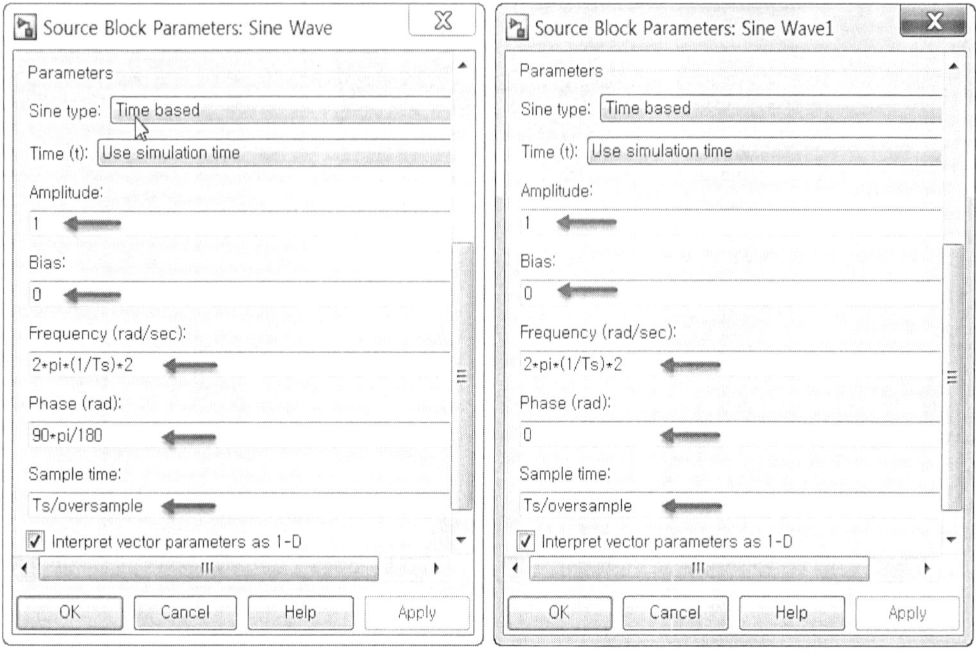

[그림 13]

(13) 그룹화 방법을 이용하여 [그림 14]와 같이 블록들을 선택하고 [그림 15]와 같이 "QPSK Modulator" subsystem 블록을 만드시오.

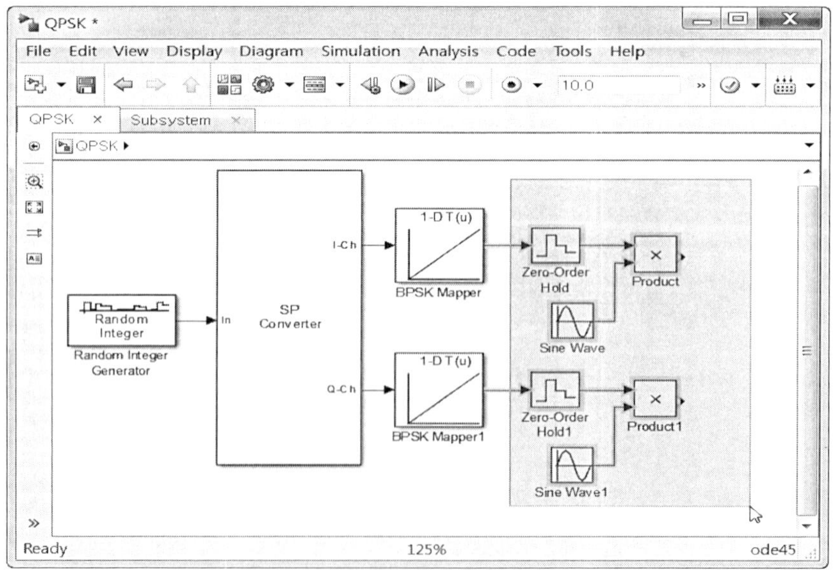

[그림 14]

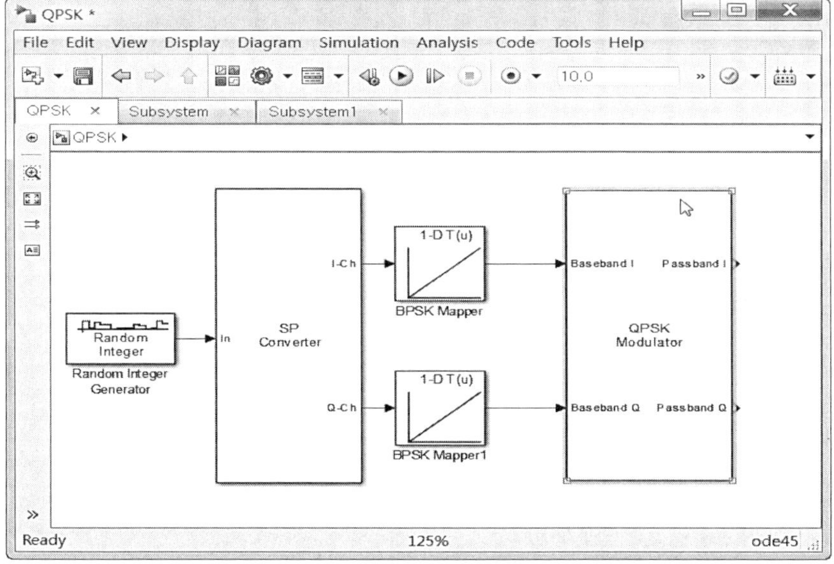

[그림 15]

(14) [그림 16]과 같이 블록들을 가지고 와서 연결을 한다. 이때 사용되는 블록의 위치는 다음과 같다.

- Simulink/Math Operations/Real-Imag to Complex
- Communications System Toolbox/Channels/AWGN Channel
- Simulink/Math Operations/Complex to Real-Imag

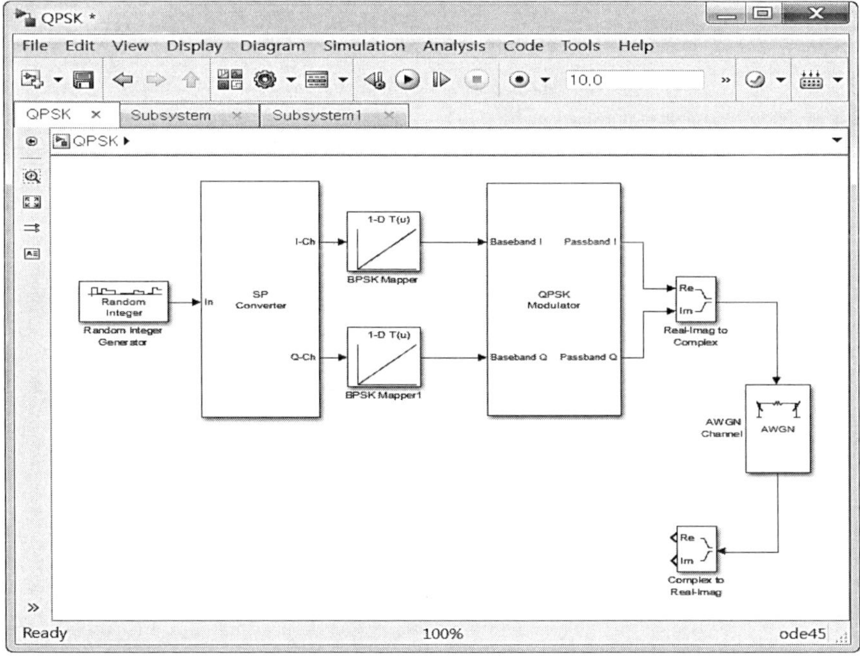

[그림 16]

(15) AWGN Channel 블록을 2번 클릭한 후 [그림 17]과같이 파라미터 값들을 입력한다.

Function Block Parameters: AWGN Channel

AWGN Channel (mask) (link)

Add white Gaussian noise to the input signal. The input signal can be real or complex. This block supports multichannel processing.

When using either of the variance modes with complex inputs, the variance values are equally divided among the real and imaginary components of the input signal.

Parameters

Input processing: Columns as channels (frame based)

Initial seed:

1234567

Mode: Signal to noise ratio (Es/No)

Es/No (dB):

5+10*log10(2)

Input signal power, referenced to 1 ohm (watts):

1

Symbol period (s):

2*Ts

OK | Cancel | Help | Apply

[그림 17]

(16) [그림 14]의 Cos Wave 블록, Sin Wave 블록 및 Product 블록을 복사하고 붙이기를 하여 [그림 18]과 같이 블록을 연결한다.

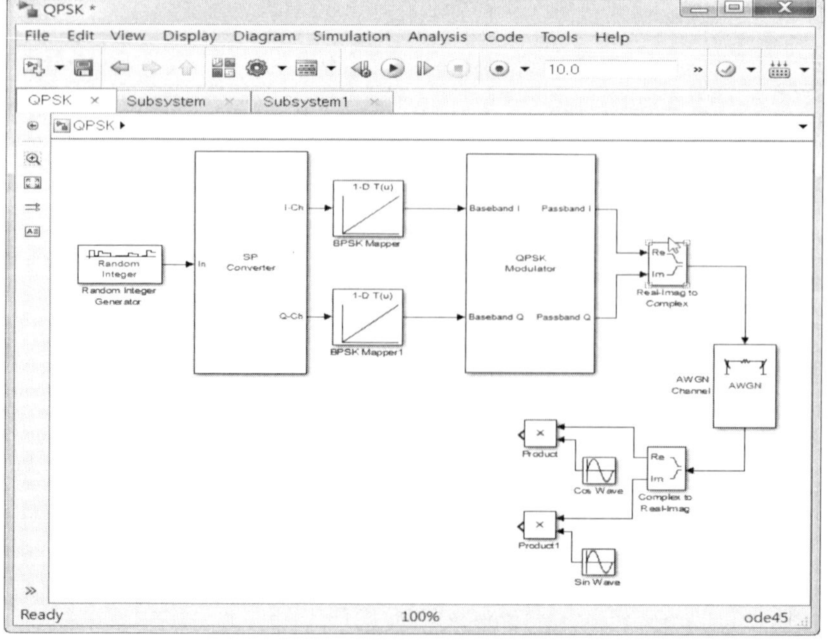

[그림 18]

(17) Communications System Toolbox/Comm Filters/Integrate and Dump 블록, Simulink/Math Operations/Gain 블록 및 Simulink/Discrete/Zero-Order Hold 블록을 가지고 와서 [그림 19]과 같이 연결을 하고 파라미터 값들을 입력한다.

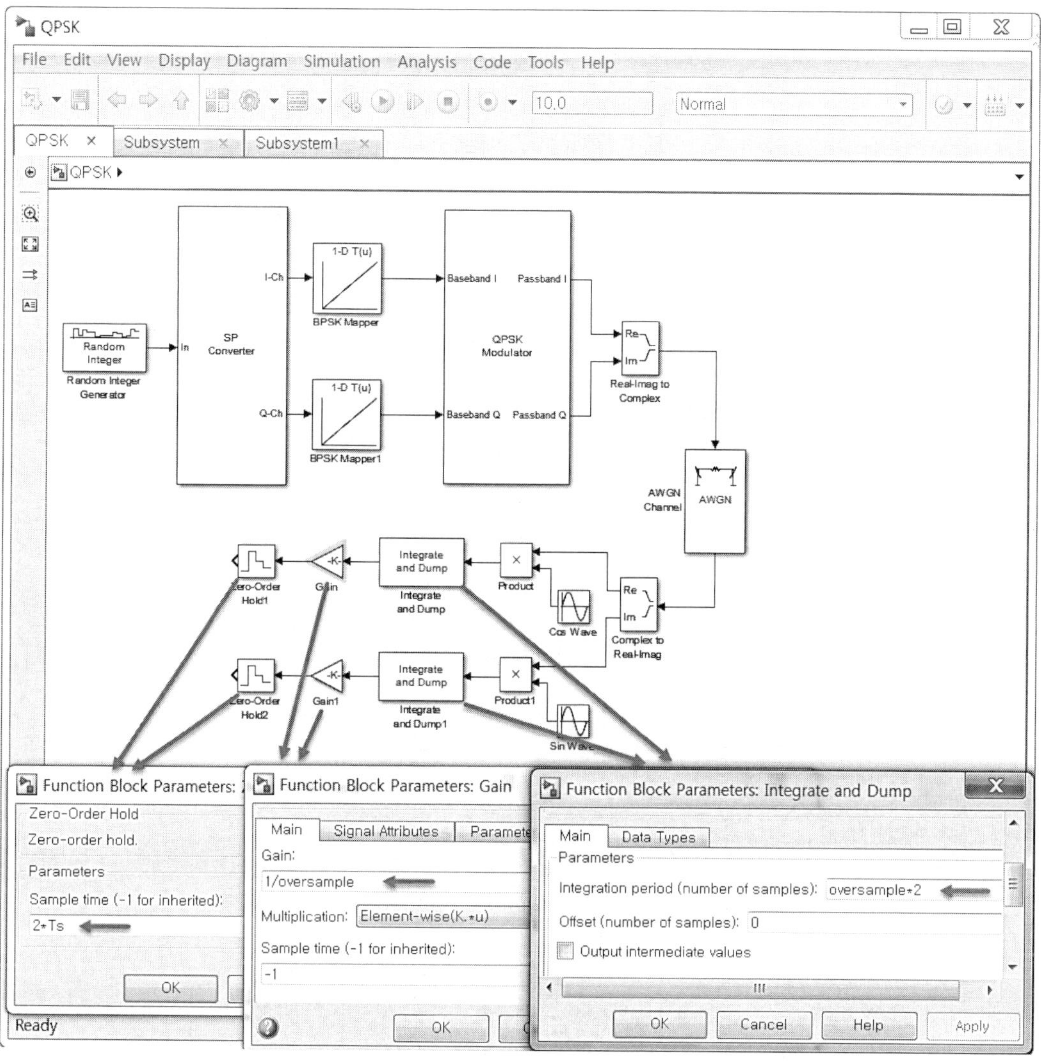

[그림 19]

(18) 그룹화 방법을 이용하여 [그림 20]과 같이 블록들을 선택하고 [그림 21]과 같이 “QPSK Demodulator” subsystem 블록을 만드시오.

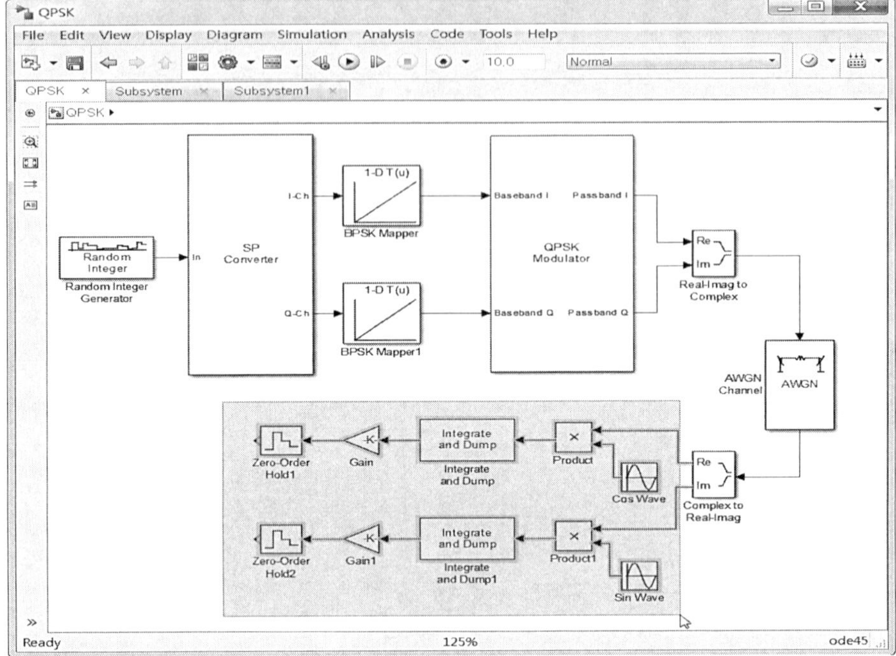

[그림 20]

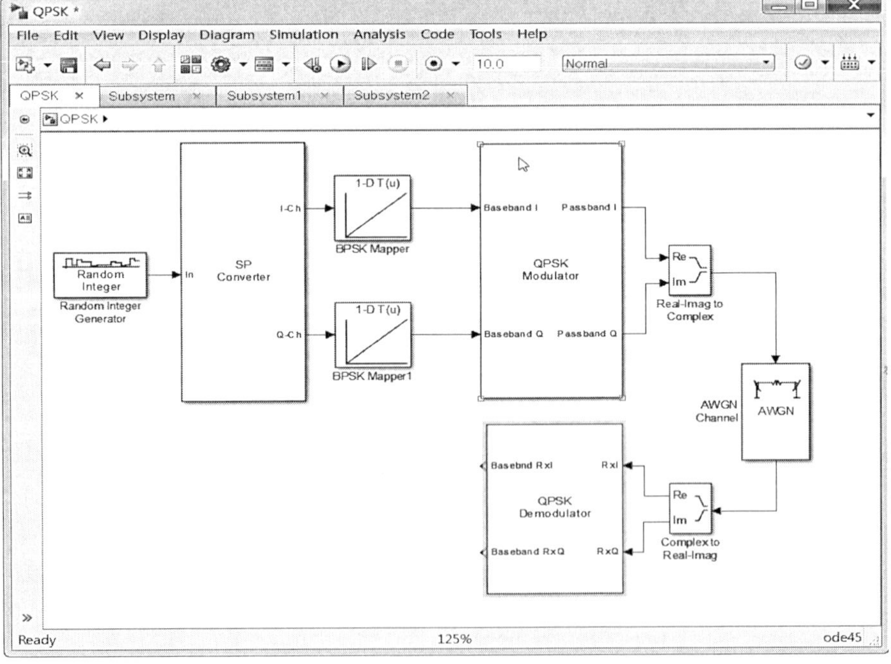

[그림 21]

(19) [그림 22]와 같이 블록들을 가지고 와서 연결을 한다. 이때 사용되는 블록의 위치는 다음과 같다. 또한 각 블록들을 2번 클릭한 후 파라미터 값들을 입력한다.

Simulink/Signal Routing/Switch

Simulink/Sources/Constant

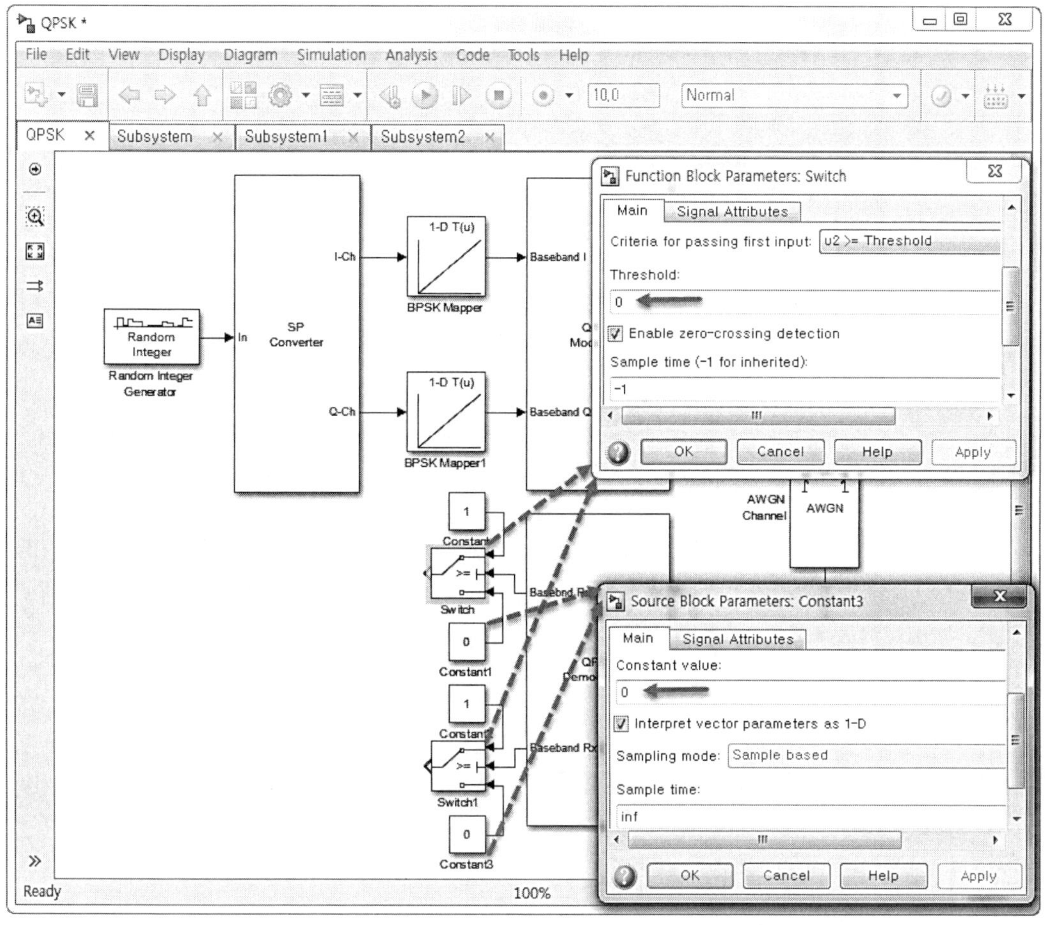

[그림 22]

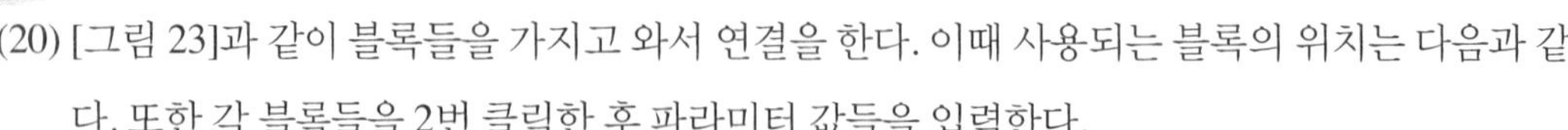

(20) [그림 23]과 같이 블록들을 가지고 와서 연결을 한다. 이때 사용되는 블록의 위치는 다음과 같다. 또한 각 블록들을 2번 클릭한 후 파라미터 값들을 입력한다.

Simulink/Signal Routing/Switch

Simulink/Discrete/Unit Delay

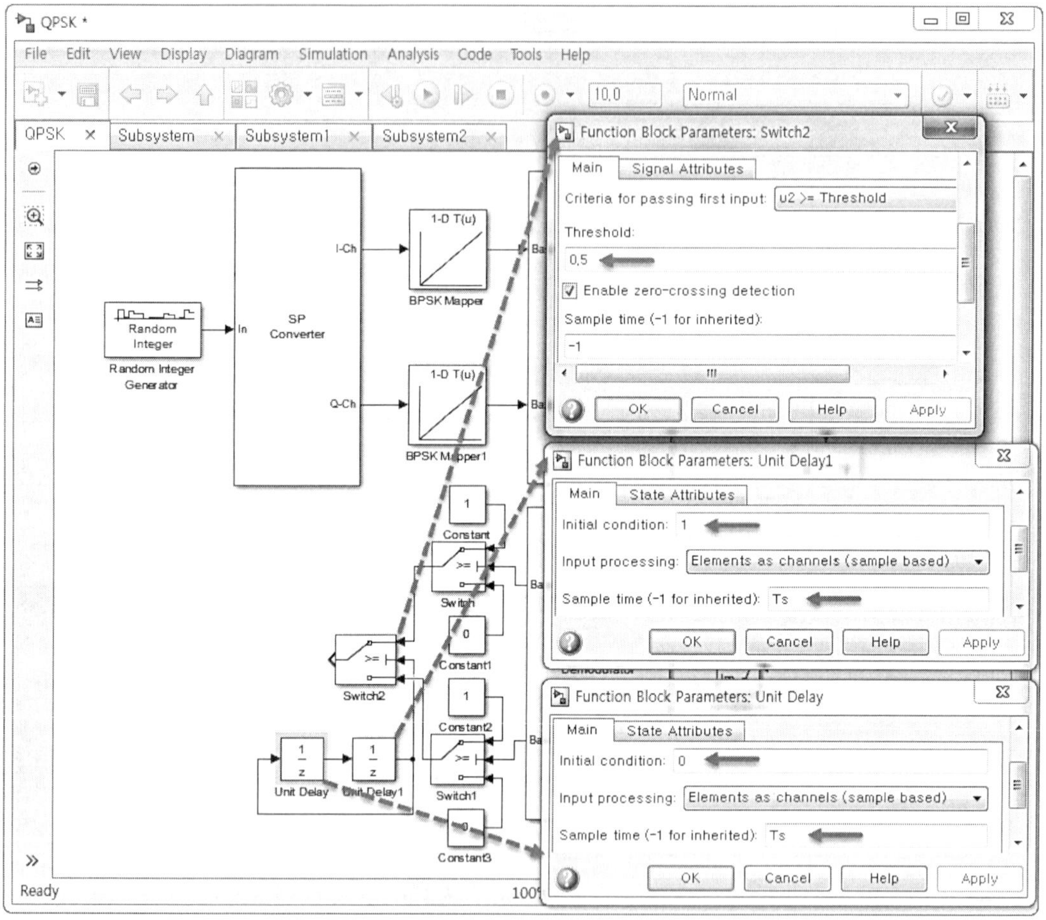

[그림 23]

(21) 그룹화 방법을 이용하여 [그림 24]와 같이 블록들을 선택하고 [그림 25]과 같이 "P/S Converter" subsystem 블록을 만드시오.

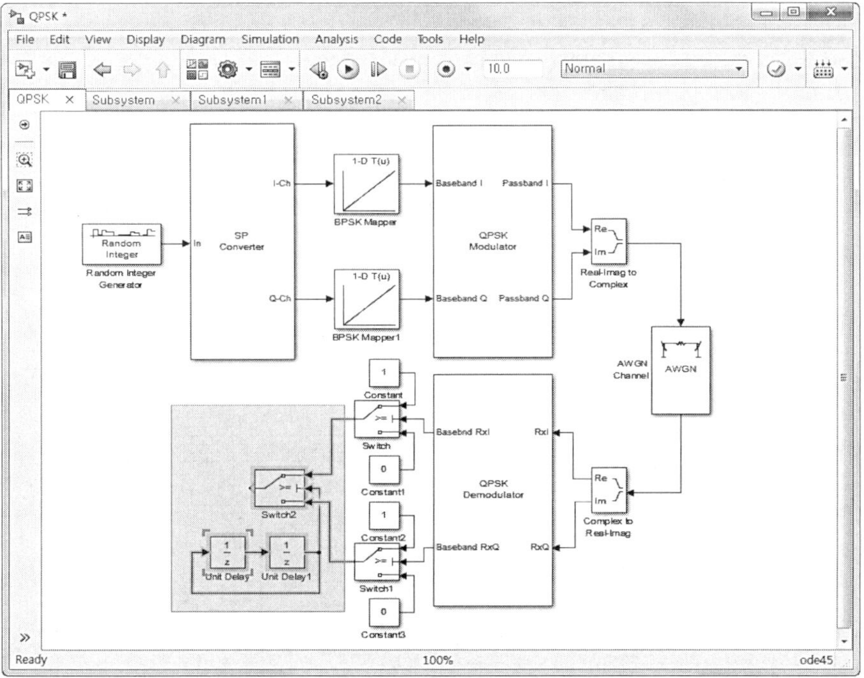

[그림 24]

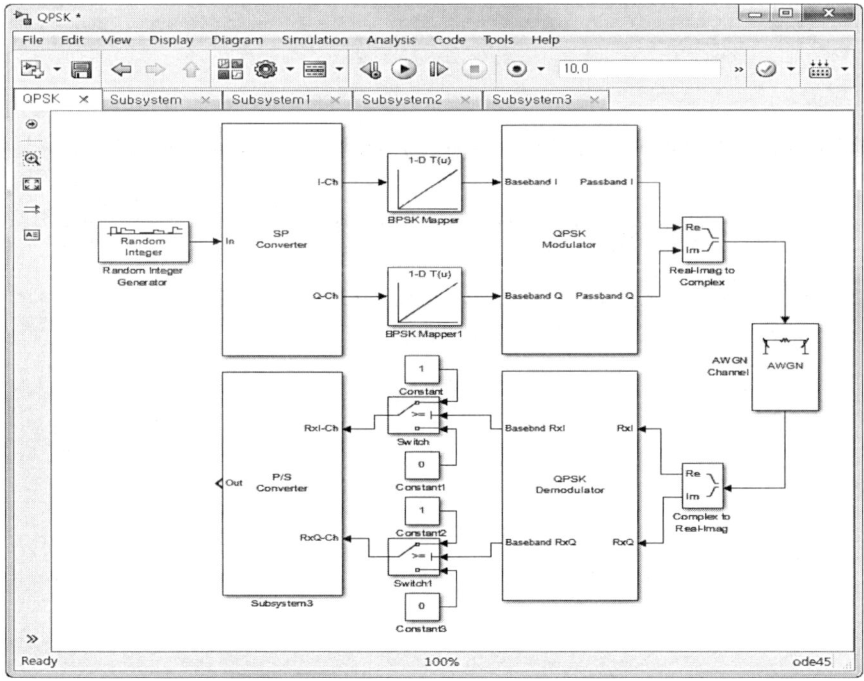

[그림 25]

(22) 신호 파형을 관찰하기 위하여 Simulink/Sinks/Scope를 [그림 26]과 같이 연결한다.

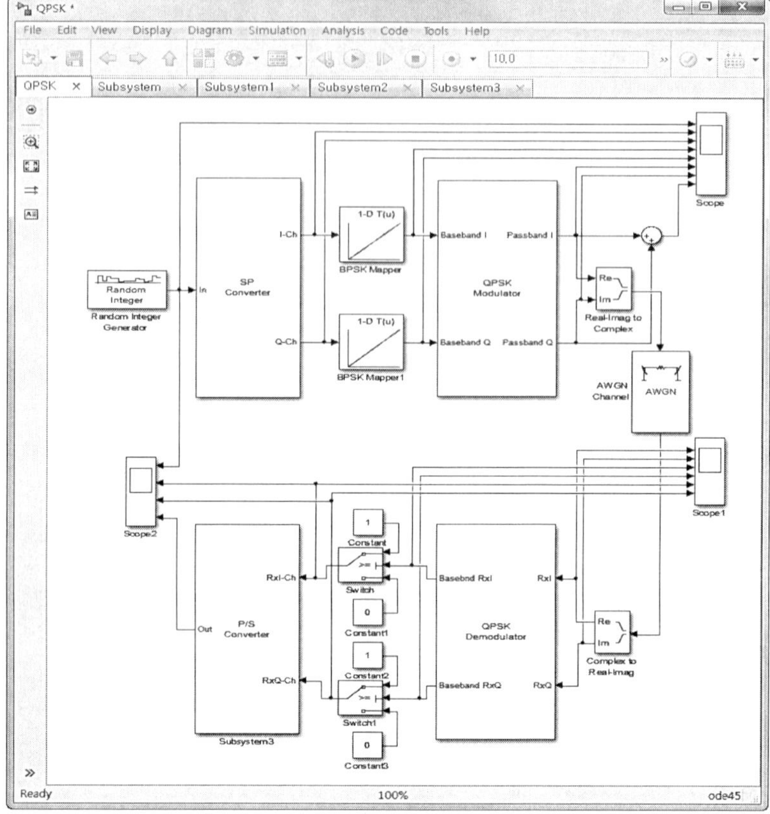

[그림 26]

(23) Matlab Command window 상에서 [그림 27]과 같이 변수 T_s, oversample 값을 지정한다.

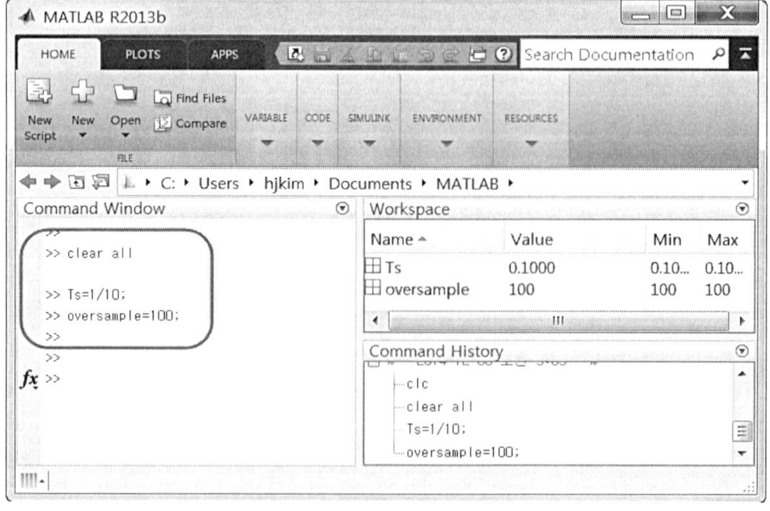

[그림 27]

(24) QPSK 창의 Simulation/Configuration Parameters를 선택한 후, Stop time을 1초로 설정하고, Start Simulation 버튼을 누른 후 Scope 버튼을 클릭하면 [그림 28]와 같은 결과를 얻는다. 이때 최소값과 최대값을 -2와 2로 선택한다.

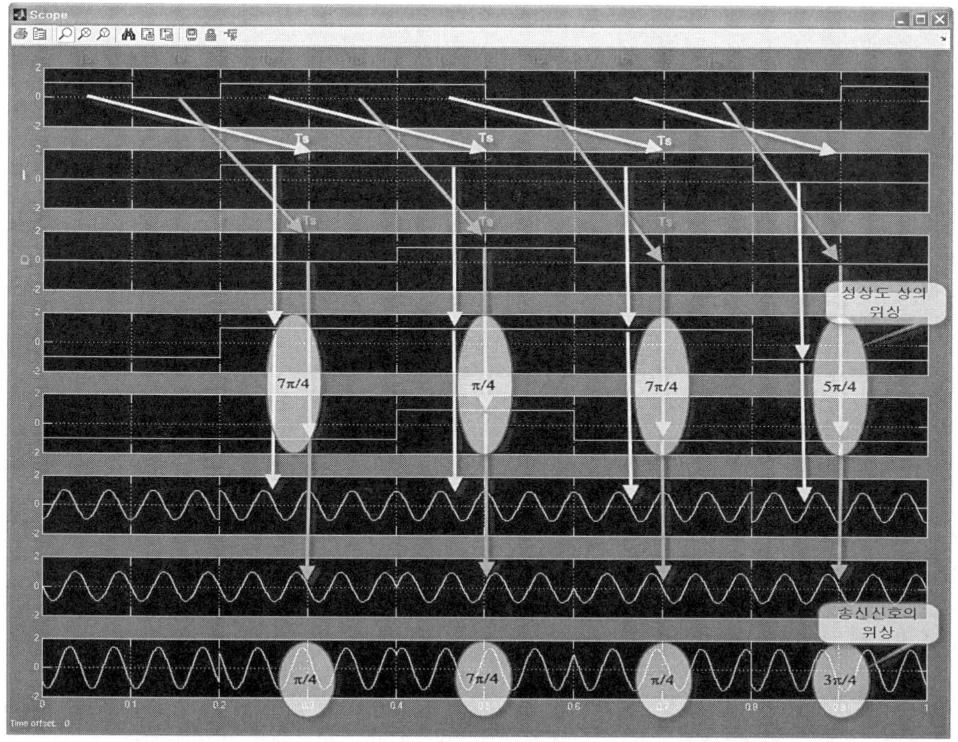

[그림 28]

실습 #8-2 : 시간/주파수 영역에서 신호 관찰

1. 시간 영역에서 신호 파형 관찰

(1) [그림 26]에서 Scope 블록을 두 번 클릭하면 [그림 28]과 같은 결과를 얻는다.

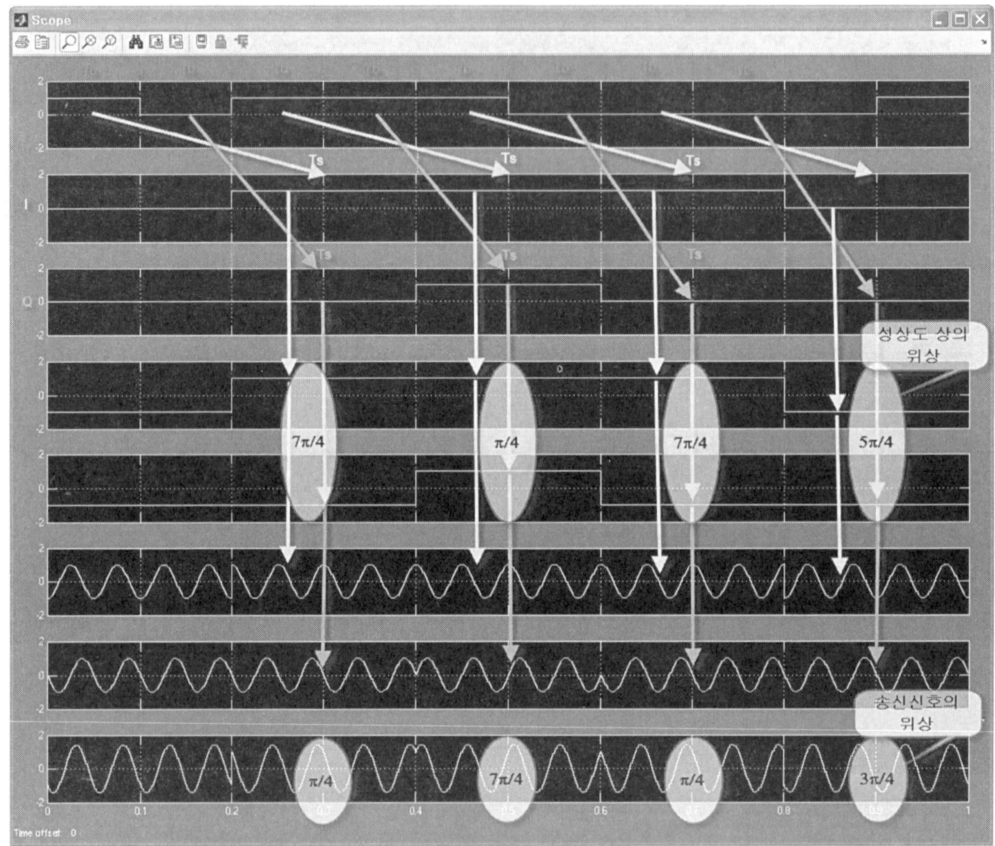

[그림 28]

(2) Scope1을 두 번 클릭하면 [그림 29]와 같은 결과를 얻는다.

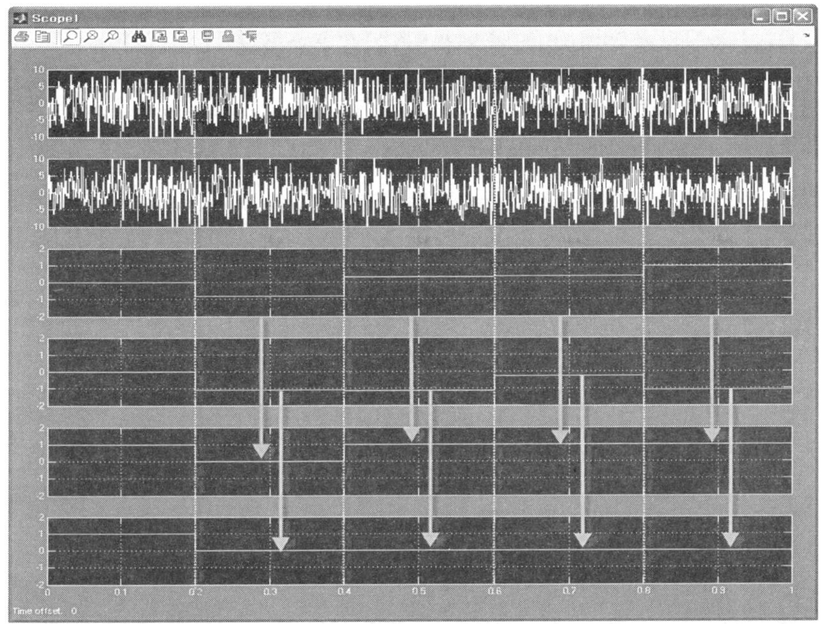

[그림 29]

(3) 또한 Scope2을 두 번 클릭하면 [그림 30]과 같은 결과를 얻는다.

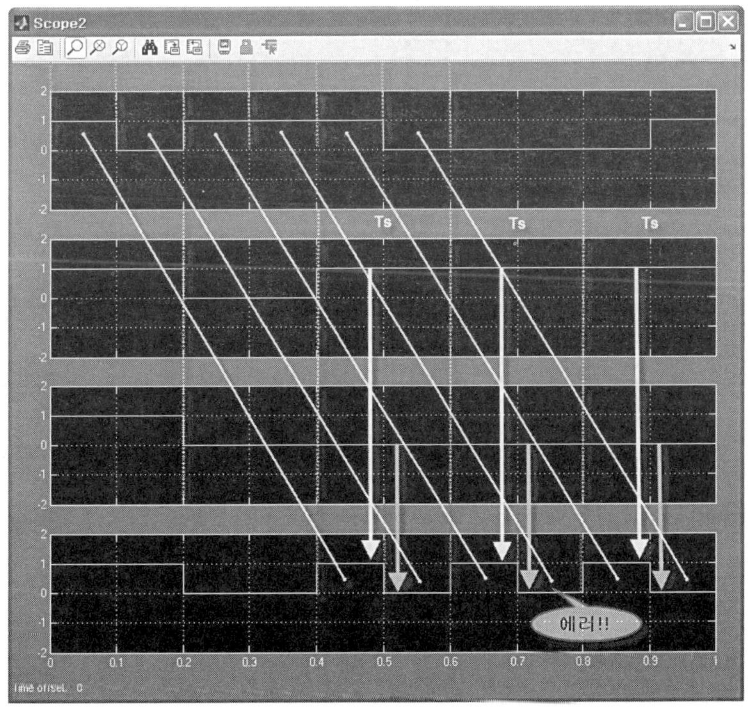

[그림 30]

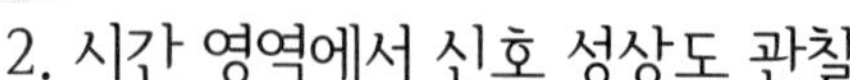

2. 시간 영역에서 신호 성상도 관찰

(1) 신호 성상도를 관찰하기 위하여 [그림 31]과 같이 블록들을 가지고 와서 연결을 한다. 이때 사용되는 블록의 위치는 다음과 같다.

Simulink/Math Operations/Real-Imag to Complex

Communications System Toolbox/Comm Sinks/Constellation Diagram

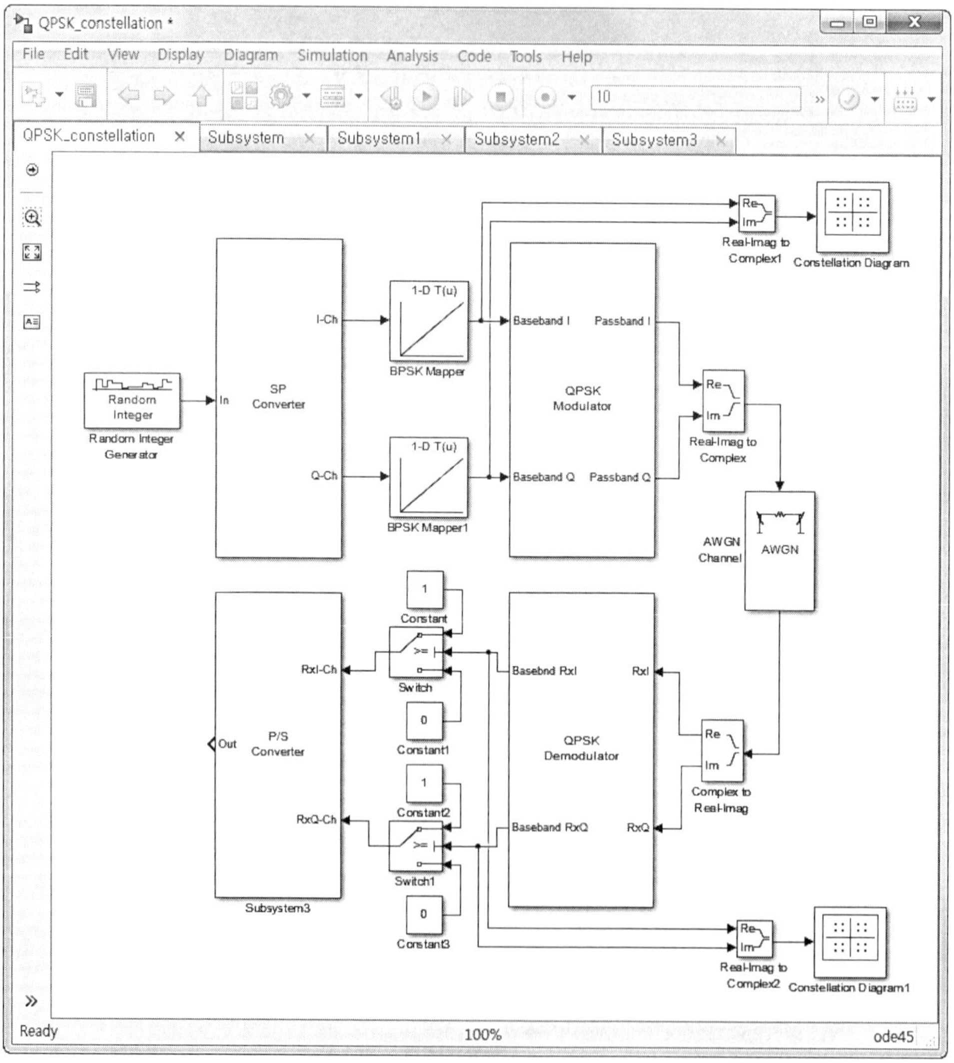

[그림 31]

(2) Constellation Diagram와 Constellation Diagram을 클릭한 후 [그림 32]와 같이 파라미터 값들을 입력한다.

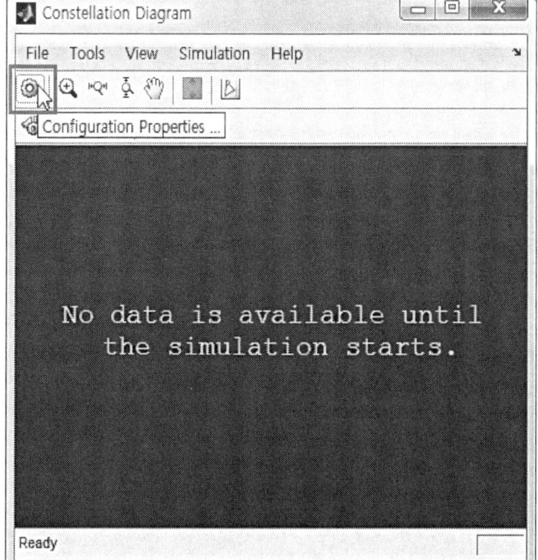

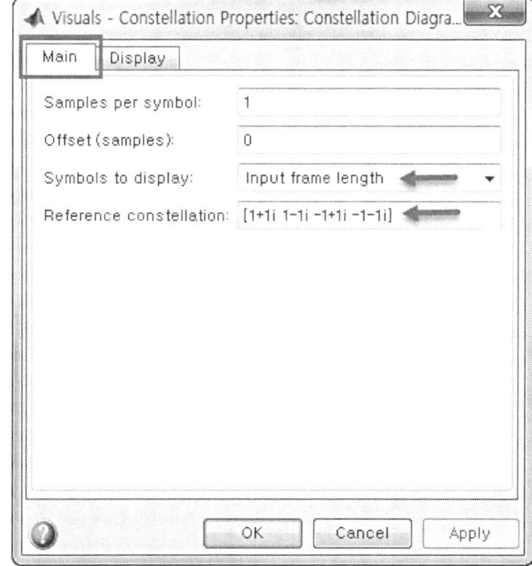

(a) Constellation Diagram

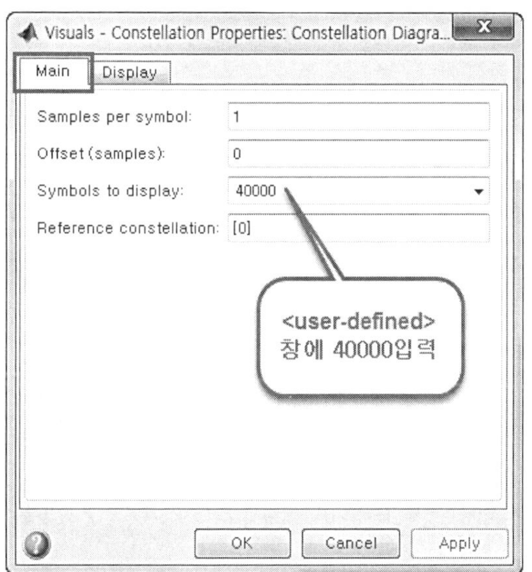

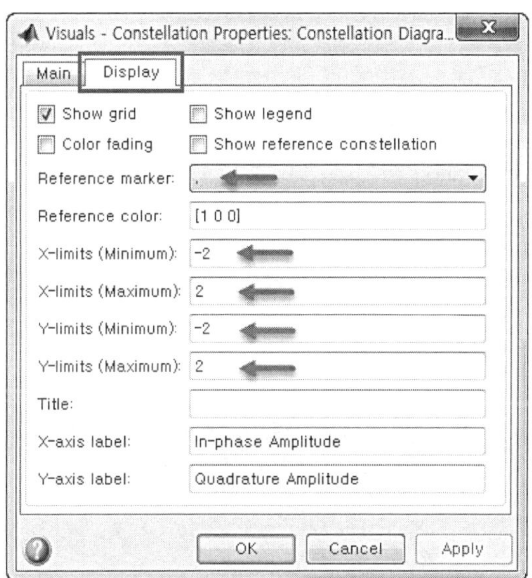

(b) Constellation Diagram1

[그림 32]

(3) Matlab Command window 상에서 [그림 33]과 같이 변수 T_s 및 oversample에 값을 지정한다.

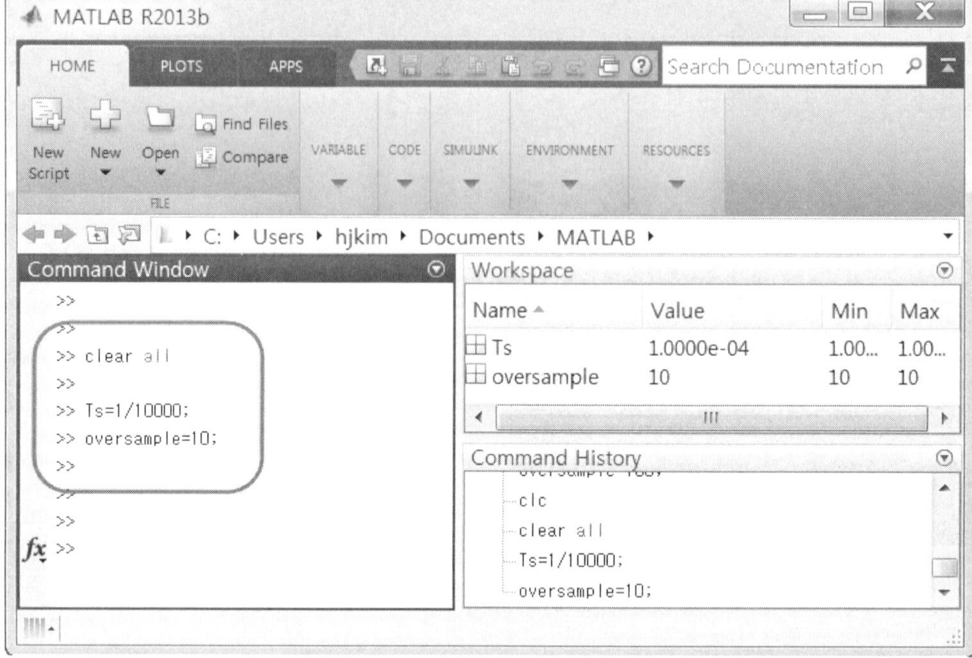

[그림 33]

(4) Simulation/Configuration Parameters를 선택한 후, Stop time을 10초로 설정하고, Start Simulation 버튼을 클릭하면 [그림 34]과 같은 결과를 얻는다. [그림 34]는 [그림 17]에서와 같이 E_b/N_0 값이 5dB인 경우이다.

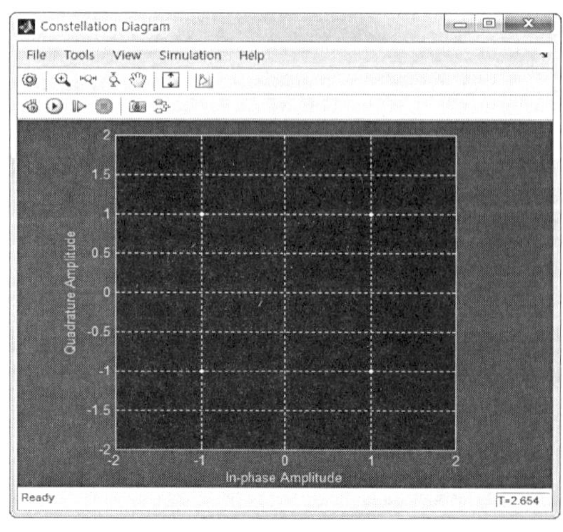

(a) Constellation Diagram

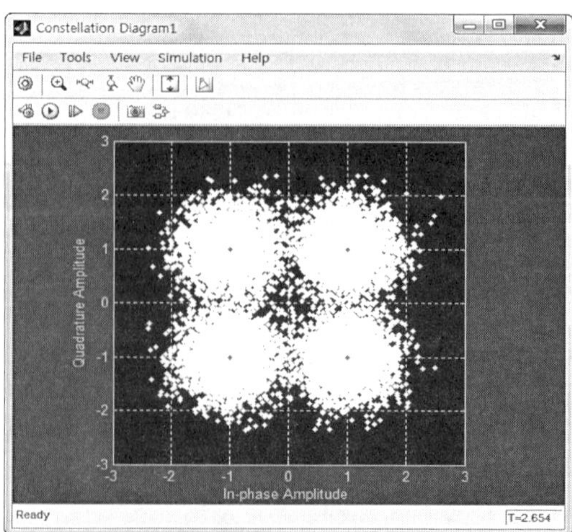

(b) Constellation Diagram1

[그림 34]

3. 주파수 영역에서 신호 관찰

(1) Simulink Library Browser의 왼쪽 면에서, DSP System Toolbox/Sinks을 선택하고, 오른쪽 면에서 Spectrum Analyzer를 [그림 35]와 같이 연결한다.

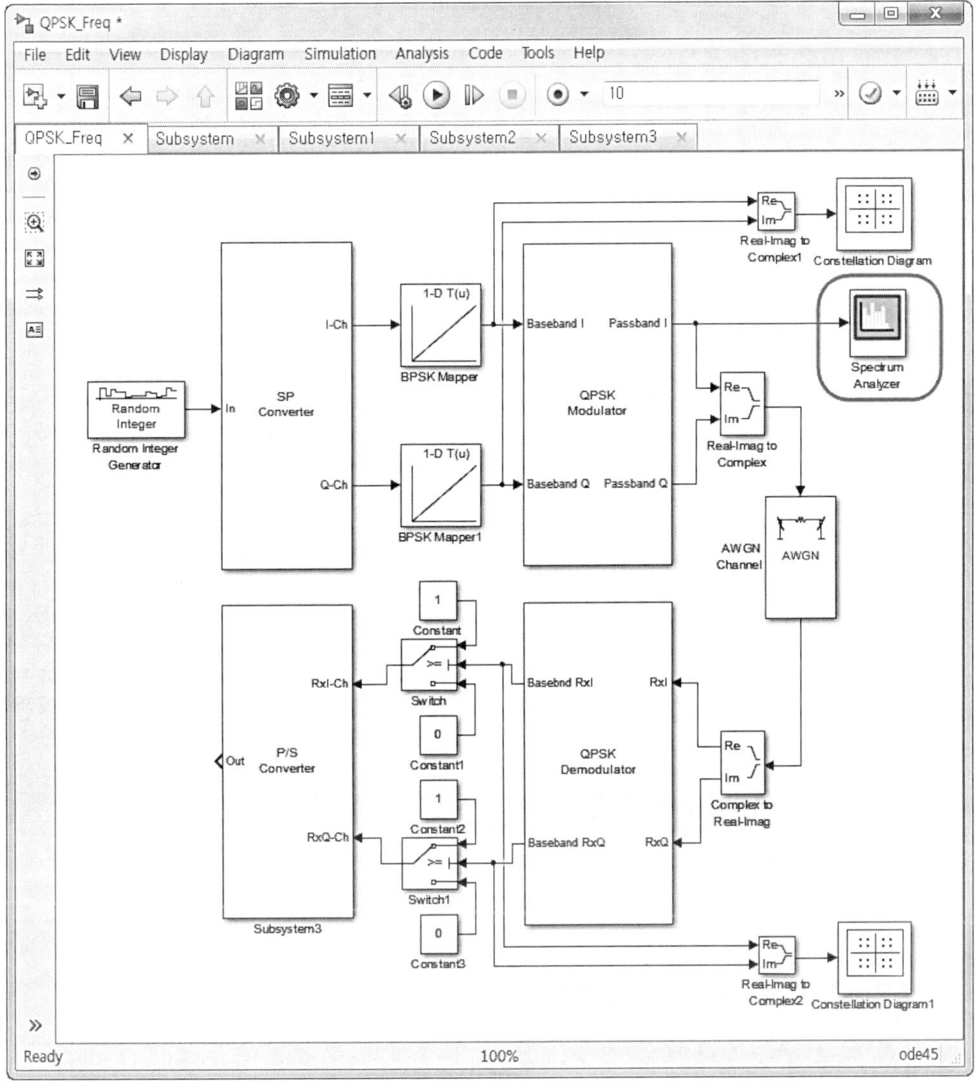

[그림 35]

(2) 또한 "QPSK Modulator" subsystem을 연 후 Spectrum Analyzer를 [그림 36]과 같이 연결한다.

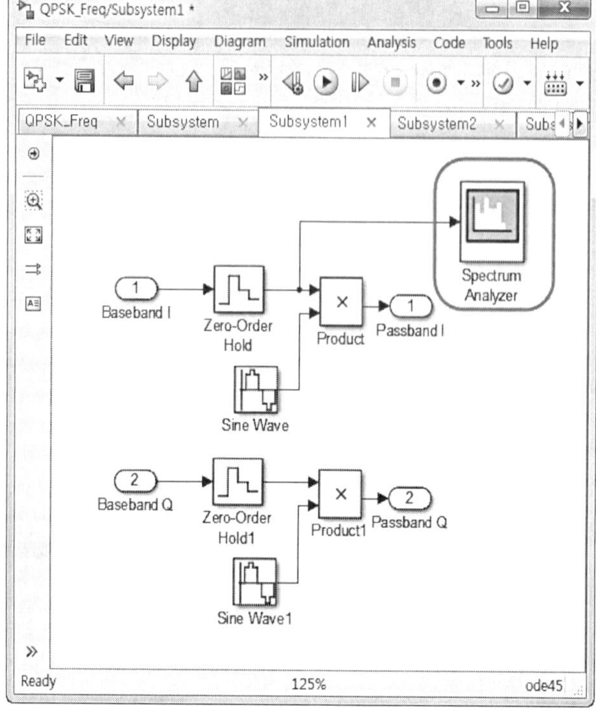

[그림 36]

(3) Matlab Command window 상에서 [그림 37]과 같이 $T_s = 1/10000$ 및 oversample 값을 입력한다.

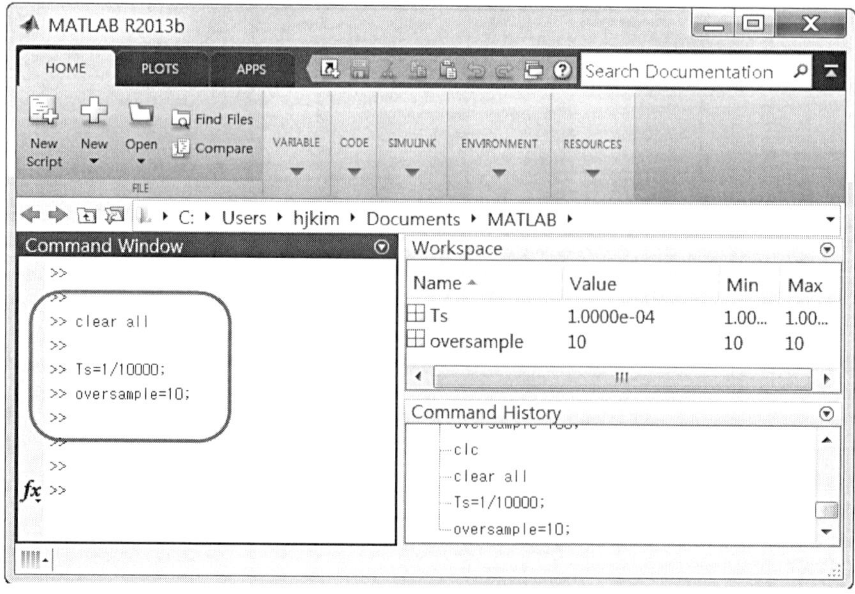

[그림 37]

(4) Simulation/Configuration Parameters를 선택한 후, Stop time을 10초로 설정하고, Start Simulation 버튼을 클릭하면 [그림 38]과 같은 결과를 얻는다.

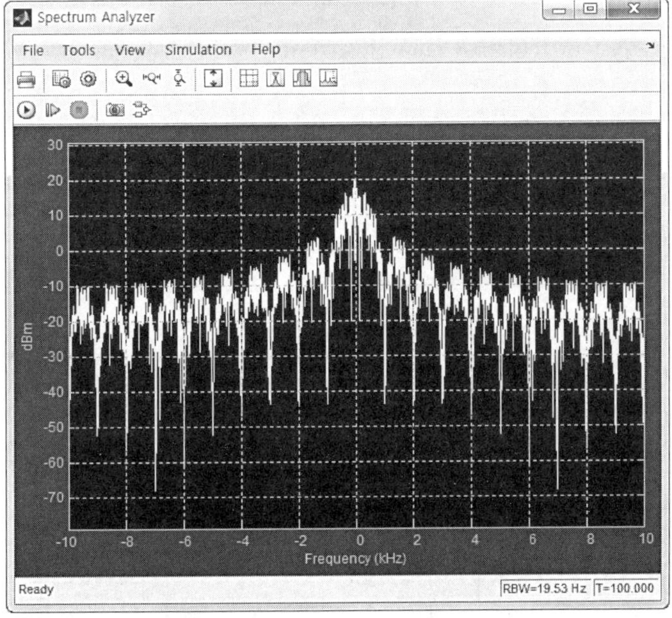

(a) QPSK Modulator subsystem에 있는 scope

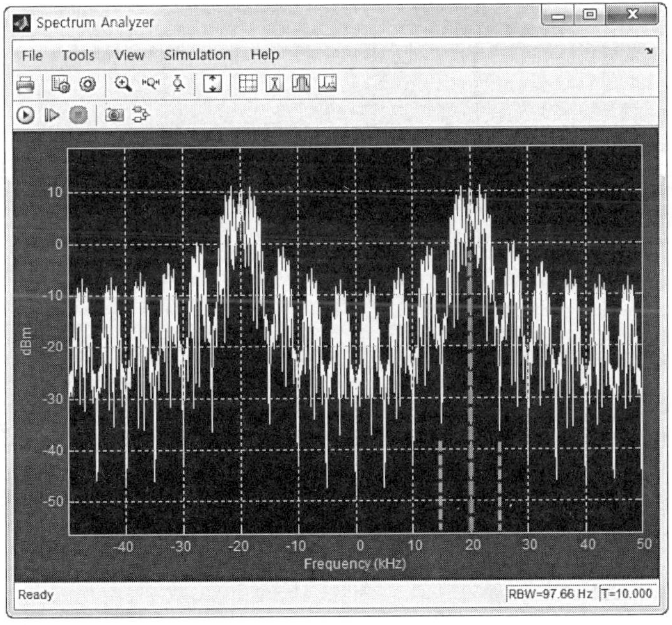

(b) QPSK 창에 있는 scope

[그림 38]

실습 #8-3 : 비트에러율(BER) 측정

(1) QPSK 신호를 AWGN 채널로 전송 시, E_b/N_0 값에 따른 비트에러율(BER)을 측정하기 위하여 Communications System Toolbox/Comm Sinks/Error Rate Calculation 블록을 [그림 39]와 같이 연결하시오.

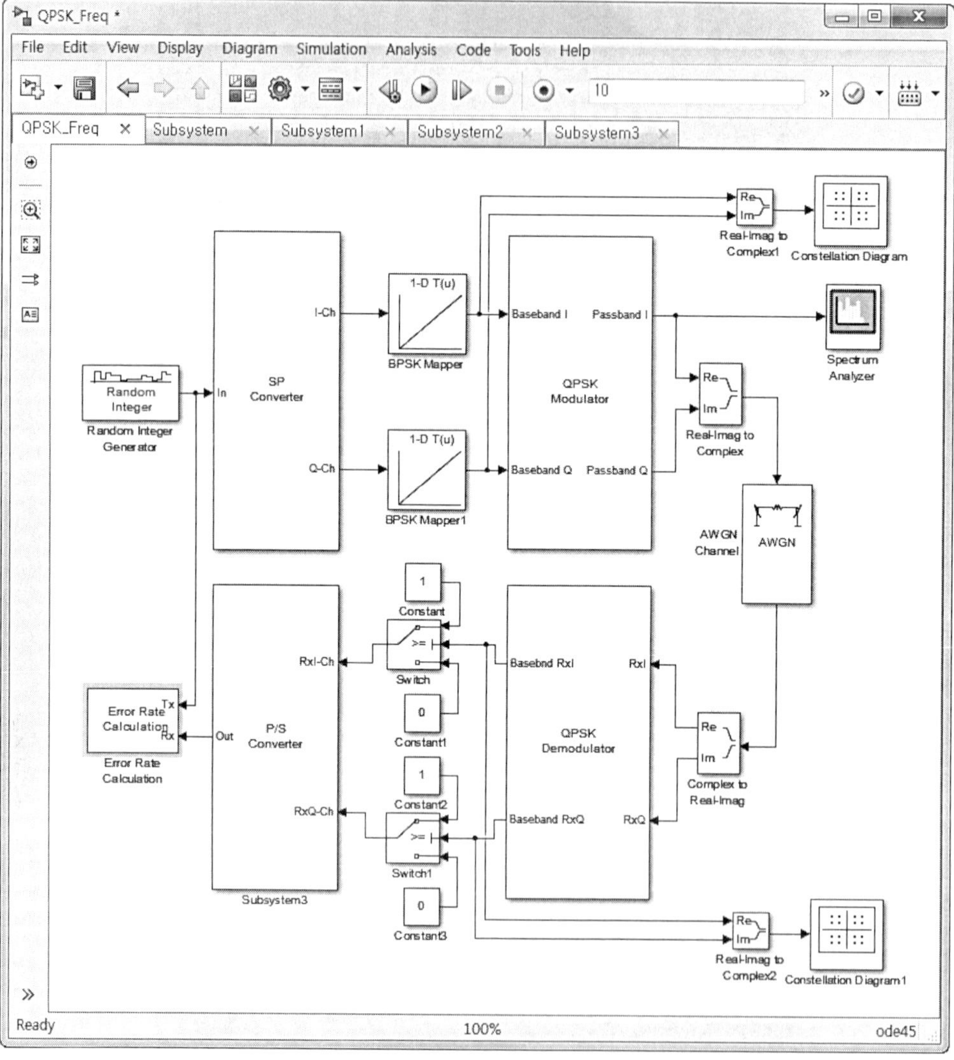

[그림 39]

(2) Error Rate Calculation 블록을 2번 클릭한 후 [그림 40]과 같이 파라미터 값들을 입력한다.

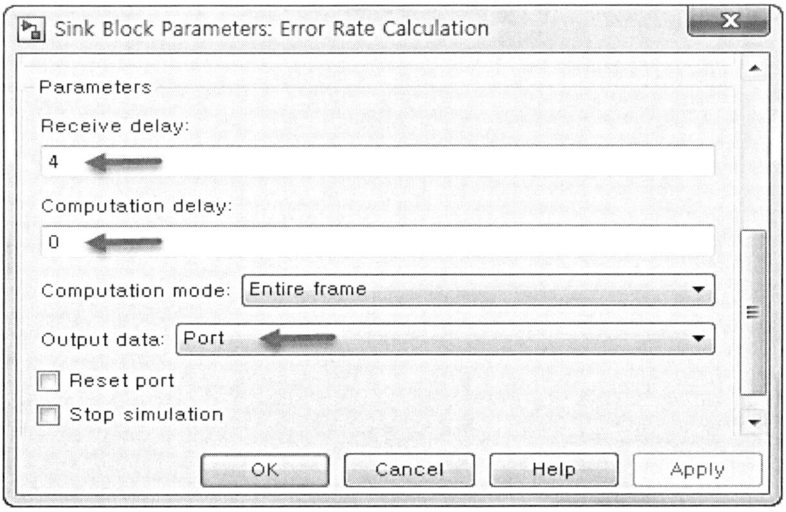

Sink Block Parameters: Error Rate Calculation

Parameters

Receive delay:

4

Computation delay:

0

Computation mode: Entire frame

Output data: Port

Reset port

Stop simulation

OK Cancel Help Apply

[그림 40]

(3) 에러율을 표시하기 위하여 Simulink/Sinks/Display 블록을 [그림 41]과 같이 연결한다.

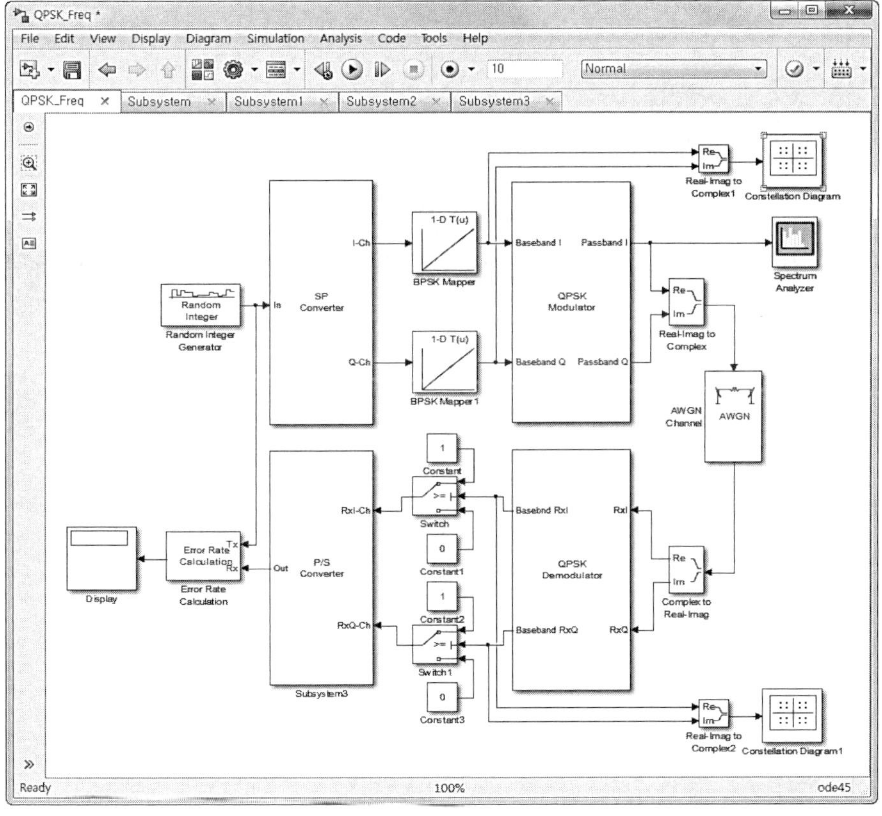

[그림 41]

(4) Matlab Command window 상에서 [그림 37]과 같이 T_s = 1/10000 및 oversample=10 값을 입력한다.

(5) Simulation/Configuration Parameters를 선택한 후, Stop time을 100초로 설정하고, Start Simulation 버튼을 클릭하면 [그림 42]와 같은 결과를 얻는다.

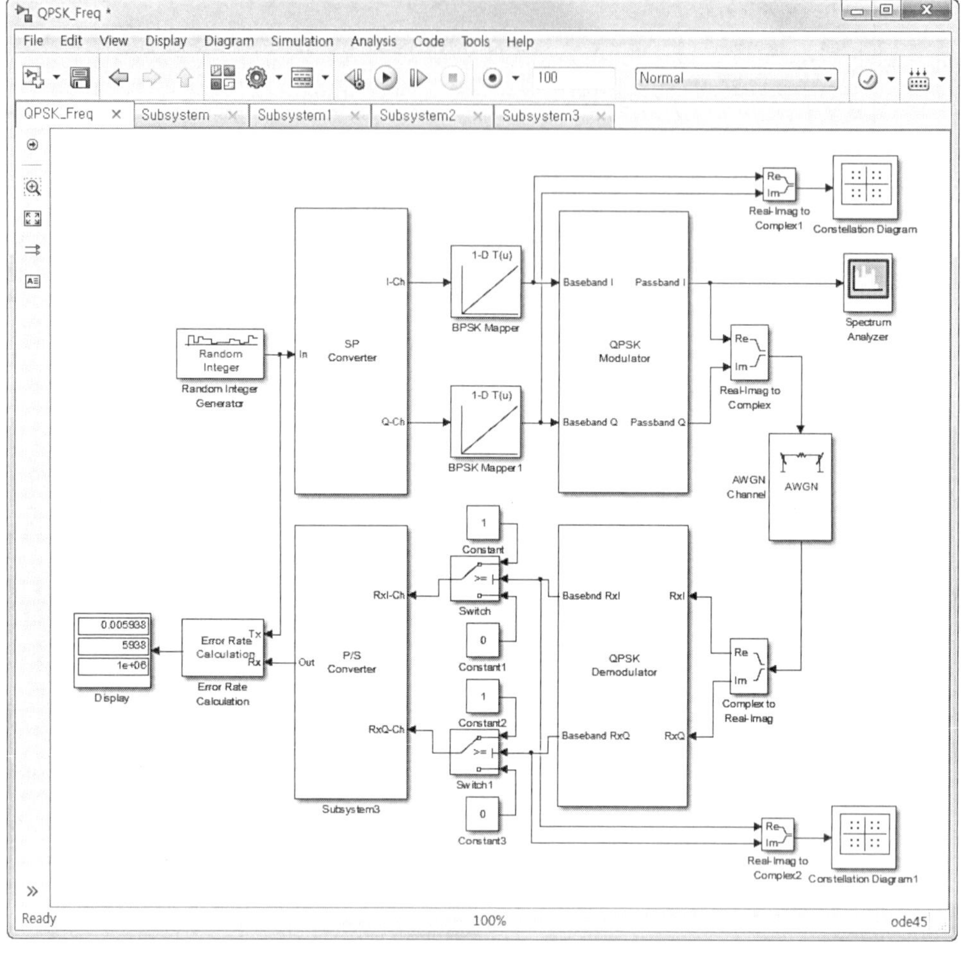

[그림 42]

실습과제 #8 : 실험 결과 및 고찰 보고서

1. [그림 28]에서 직병렬 변환 과정을 설명하시오.

2. [그림 28]에서 성상도 상의 위상과 송신신호의 위상 값이 어떻게 구해졌는지 설명하시오.

3. [그림 30]의 송신 데이터와 검파된 데이터에서 검파된 데이터가 4비트 지연이 발생한 이유를 설명하시오.

4. E_b/N_0 =10dB인 경우 수신된 신호의 신호 성상도[그림 34 (b)]를 아래에 나타내시오.

5. [그림 38] (a)scope 그림에서 대역폭을 구하시오. 또한 (b) scope에서 반송파주파수와 대역폭을 구하시오.

6. 동기 QPSK신호를 AWGN 채널로 전송 하였을 때 이론적인 BER 값은 무엇인가? 에러율을 E_b/N_0 항으로 표현하시오.

7. T_s = 1/10000, oversample=10, Stop time을 100초로 설정한 후 [그림 41]을 이용하여 E_b/N_0 값에 따른 시뮬레이션 BER 값을 [표 1]에 기록한다.

[표 1]

E_b/N_0	이론 BER 값	시뮬레이션 BER 값
0 dB		
1 dB		
2 dB		
3 dB		
4 dB		
5 dB		
6 dB		
7 dB		

8. 다음의 m 파일을 이용하여 [표 1]의 값을 그려보자. (Box 안에 시뮬레이션 BER 값을 입력한다.)

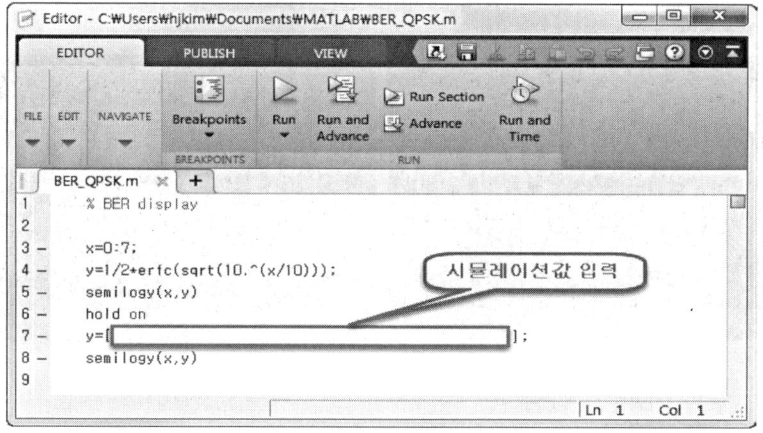

9. 위의 8의 성능곡선의 결과를 도시하시오.

실습과제 #8 설계 보고서

학습목표 :

디지털신호를 무선채널로 전송하기 위한 방법 중에서 동기 BPSK 변 · 복조 시스템에 대하여 살펴본다. 송신단에서는 BPSK 변조 후 AWGN 채널을 통해 전송하며 수신단에서는 동기 BPSK 복조를 통해 디지털 신호를 검파한다. 이러한 동기 BPSK 변조와 복조를 수행하는 Simulink Block을 구성한 후 신호를 분석하고 고찰한다.

주어진 조건 :

① 변조 : QPSK

② 샘플링 시간 (T_s) : 가변

③ 스펙트럼

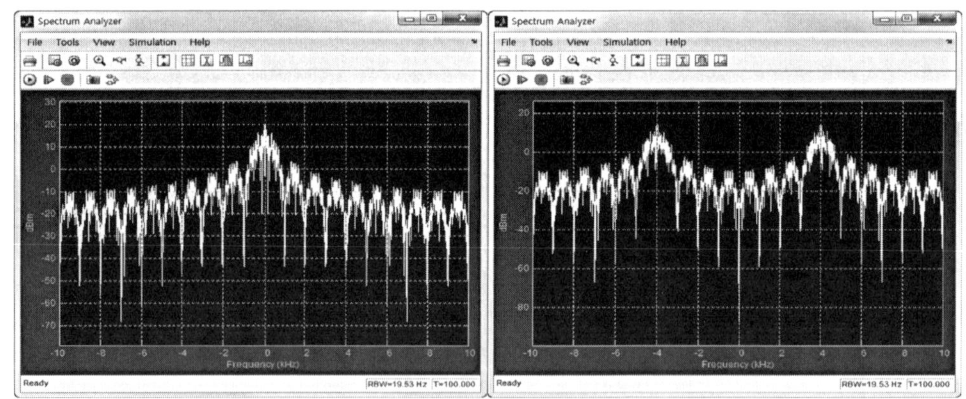

〈기저대역 스펙트럼〉 〈대역통과 스펙트럼〉

④ 채널 : AWGN

⑤ 복조 : 동기 BPSK

⑥ 검파 : 최대가능도(ML:Maximum Likelihood)

설계 :

동기 QPSK 신호의 전송과 검파를 수행하는 Simulink Block을 설계하고 파라미터 값을 입력

분석 및 고찰 :

1. 샘플링 시간 (T_s) 값을 결정하시오

2. 반송파 주파수와 대역통과 신호의 대역폭을 결정하시오.

3. E_b/N_0 = 8dB인 경우 수신된 신호의 신호 성상도를 아래에 나타내시오.

4. E_b/N_0 = 20dB인 경우 수신된 신호의 신호 성상도를 아래에 나타내시오.

5. 반송파주파수 (f_c)를 비트율의 1.5배 ($f_c = (1/T_s) \times 1.5$)로 설정하였을 때 대역통과 스펙트럼을 나타내시오.

제9장 DPSK (Differential PSK)

9.1 DPSK 변복조 시스템

차동 위상전이키잉(DPSK)는 PSK의 비동기 형태로 송신기에서 기본적인 두 동작을 조합함으로서 수신기에서 동기 기준신호에 대한 필요성을 배제한다. 이 두 동작은 (1) 입력 2진 데이터의 차동 부호화(Differential encoding)와 (2) 위상전이 키잉(BPSK)이며 따라서, 차동 위상전이키잉(DPSK)이라 한다. 심볼 0을 송신하기 위해 현재의 신호 파형의 위상을 180°빠르게 하고, 심볼 1을 송신하기 위해 현재 신호 파형의 위상을 변화시키지 않는다. 수신기에는 저장 능력이 있어, 연속된 두 비트 간격 동안 수신된 파형의 상대적 위상차를 측정할 수 있다. 수신신호에 포함되어 있는 미지의 위상 θ가 천천히 변한다면(즉, 두 비트 간격에 걸쳐 일정하다고 할 수 있을 만큼 천천히 변한다면) 연속된 두 비트 간격 동안 수신된 파형간의 위상차는 θ에 대해 독립이다.

송신 DPSK 신호가 $0 \leqq t \leqq T_b$에 대해 $\sqrt{E_b/2T_b}cos(2\pi f_c t)$라 하자. 여기서 T_b는 비트 주기이고 E_b는 비트 당 신호에너지이다. 다음 시간 $T_b \leqq t \leqq 7T_b$ 간격에서 송신기 입력으로 심볼 1을 가지는 경우에 대해 $s_1(t)$를 $0 \leqq t \leqq 2T_b$ 간격에 대해 송신된 DPSK신호라 하자. 심볼 1의 전송은 반송파 위상을 변화시키지 않으므로 $s_1(t)$를 다음과 같이 정의한다.

$$s_1(t) = \begin{cases} \sqrt{\dfrac{E_b}{2T_b}}cos(2\pi f_c t), & 0 \leqq t \leqq T_b \\ \sqrt{\dfrac{E_b}{2T_b}}cos(2\pi f_c t), & T_b \leqq t \leqq 2T_b \end{cases} \tag{9.1}$$

$T_b \leqq t \leqq 2T_b$ 간격에서 송신기 입력으로 심볼 0을 가지는 경우에 대해 $s_2(t)$를 $0 \leqq t \leqq 2T_b$ 간격에 대해 송신된 DPSK신호라 하자. 심볼 0의 전송은 위상을 180°만큼 빠르게 하므로 $s_2(t)$를 다음과 같이 정의한다.

$$s_2(t) = \begin{cases} \sqrt{\dfrac{E_b}{2T_b}}cos(2\pi f_c t), & 0 \leqq t \leqq T_b \\ -\sqrt{\dfrac{E_b}{2T_b}}cos(2\pi f_c t), & T_b \leqq t \leqq 2T_b \end{cases} \tag{9.2}$$

식 (9.1)과 (9.2)로부터 $s_1(t)$와 $s_2(t)$가 두 비트 간격 $0 \leqq t \leqq 2T_b$에 걸쳐 직교임을 쉽게 알 수 있다. DPSK에 대한 평균 에러확률 또는 동일하게, 비트 에러율은 다음과 같이 구할 수 있다.

$$P_e = \frac{1}{2} exp\left(-\frac{E_b}{N_0}\right) \quad (9.3)$$

이 결과는 동일한 E_b/N_0에 대해 비동기 FSK보다 3dB의 이득을 나타낸다.

9.2 DPSK의 생성과 검파

DPSK 신호의 생성과 관련하여 송신기에서 차동 부호화 과정은 기준으로 작용하는 임의의 첫 번째 비트를 기준으로 차동부화열 $\{d_k\}$는 다음과 같은 논리식을 사용하여 얻어진다.

$$d_k = d_{k-1}b_k \bigoplus \bar{d}_{k-1}\bar{b}_k \quad (9.4)$$

여기서 b_k는 입력 2진 심볼이고 d_{k-1}은 차동 부호화된 심볼의 이전 값이다. 식 (9.4)를 사용한 예를 표 9.1에 나타내었다. 차동부호화된 심볼 d_k에 따라 반송파의 위상을 0 또는 π에 대응시키면 표 9.1에 보인 바와 같이 위상이 송출된다. 수신측에서는 위상 비교 회로에 의하여 만약 인접신호의 위상이 동일하면 1이고 그와 반대로 서로 다른 위상이면 그 결과는 0을 얻는다. 이러한 DPSK 신호를 생성하고 검파하는 블록도를 그림 9.1에 나타내었다.

표 9.1 DPSK 신호의 발생

$\{b_k\}$		1	0	0	1	0	0	1	1
$\{\bar{b}_k\}$		0	1	1	0	1	1	0	0
$\{d_{k-1}\}$		1	1	0	1	1	0	1	1
$\{\bar{d}_{k-1}\}$		0	0	1	0	0	1	0	0
$\{b_k d_{k-1}\}$		1	0	0	1	0	0	1	1
$\{\bar{b}_k \bar{d}_{k-1}\}$		0	0	1	0	0	1	0	0
차동 부호화된 심볼 $\{d_k\}$	1	1	0	1	1	0	1	1	1
전송된 위상	0	0	π	0	0	π	0	0	0
위상 비교 출력		+	-	-	+	-	-	+	+
검출된 2진 심볼		1	0	0	1	0	0	1	1

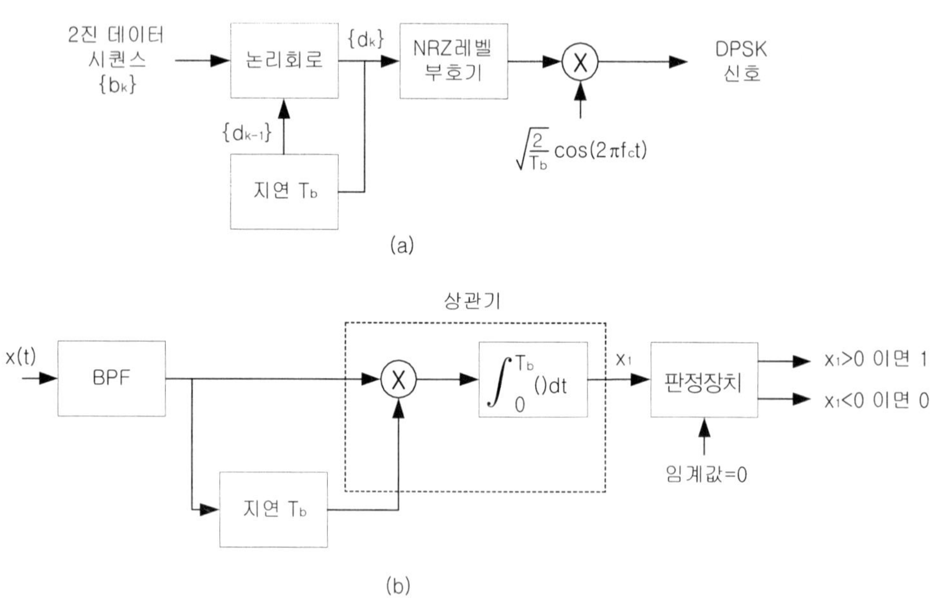

그림 9.1 (a) DPSK 송신기 (b) DPSK 수신기

#9. DPSK (Differential PSK) 실습

학습목표 :

디지털신호를 무선채널로 전송하기 위한 방법 중에서 동기 BPSK의 비동기 형태인 DPSK 변 · 복조 시스템에 대하여 살펴본다. 송신단에서는 DPSK 변조 후 AWGN 채널을 통해 전송하며 수신단에서는 DPSK 복조를 통해 디지털 신호를 검파한다. 이러한 비동기 DPSK 변조와 복조를 수행하는 Simulink Block을 구성한 후 신호를 분석하고 고찰한다.

실습과제 :

실습 #9-1 : 동기 QPSK 변조와 복조를 수행하는 Simulink Block을 구성

실습 #9-2 : 시간/주파수 영역에서 신호 관찰

실습 #9-3 : 비트에러율(BER : Bit Error Rate) 측정

주어진 조건 :

① 변조 : BPSK

② 샘플링 시간 (T_s) : 가변

③ 반송파주파수 (f_s) : 비트율의 3배 ($fc = (1/T_s) \times 3$)

④ 채널 : AWGN

⑤ 복조 : 동기 BPSK

⑥ 검파 : 최대가능도(ML:Maximum Likelihood)

실습 #9-1 : 비동기 DPSK 변조와 복조를 수행하는 Simulink Block 구성

[실험절차]

(1) Matlab을 실행한다.

(2) [그림 1]과 같이 메뉴 바에서 Simulink Library 버튼을 click하면 [그림 2]와 같이 Simulink Library Browser가 나타난다.

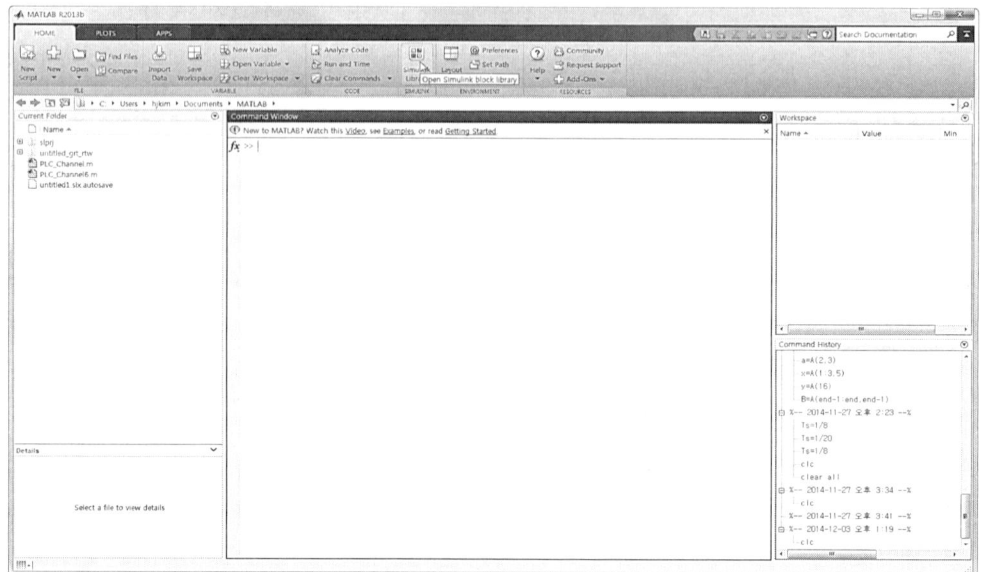

[그림 1]

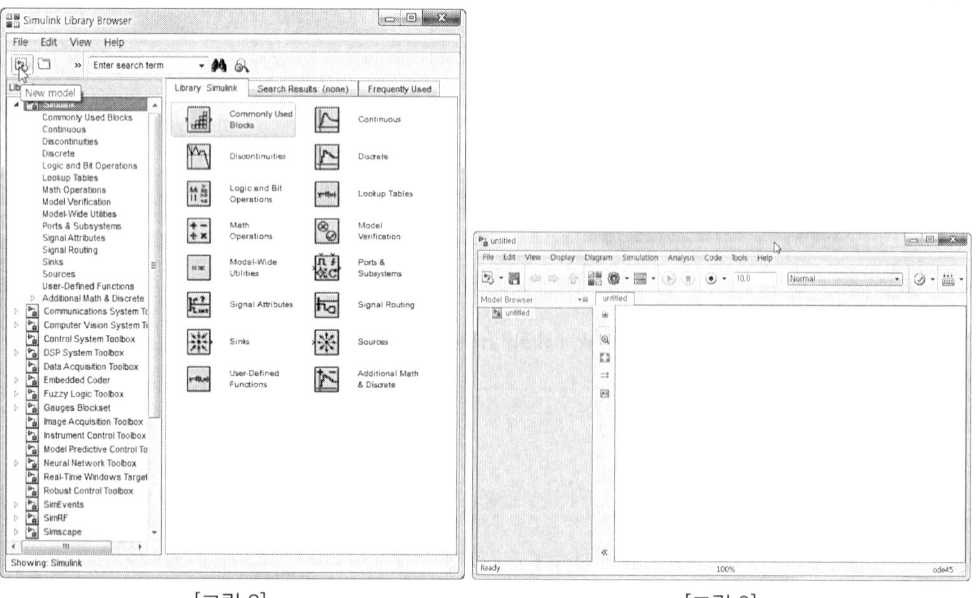

[그림 2] [그림 3]

(3) Simulink Library Browser의 menu 바에서, FILE/NEW/MODEL 을 선택하게 되면 [그림3]과 같이 untitled window 창이 나타난다.

(4) [그림 4]와 같이 Simulink Library Browser의 왼쪽 면에서, Communications System Toolbox/Comm Sources/Random Data Sources를 선택한다. [그림 5]와 같이 Simulink Library Browser의 오른쪽 면에서 Random Integer Generator를 왼쪽 마우스로 누른다.

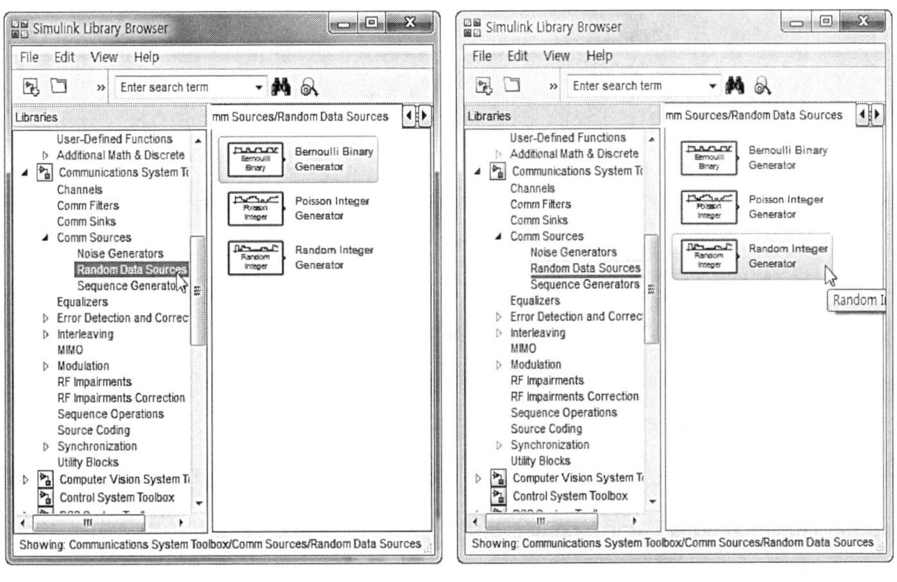

[그림 4] [그림 5]

(5) [그림 6]과 같이 untitled window 창에 Random Integer Generator를 끌고 와서 내려놓는다.

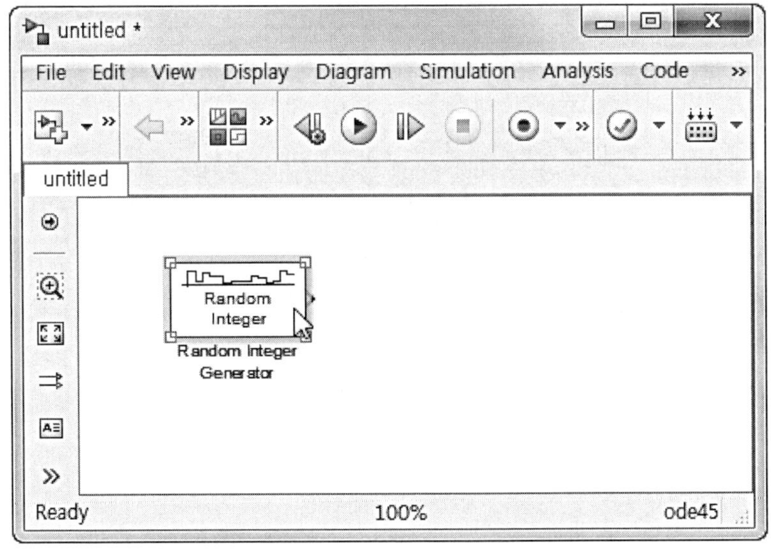

[그림 6]

(6) Random Integer Generator 블록을 2번 클릭한 후 [그림 7]과 같이 입력한다.

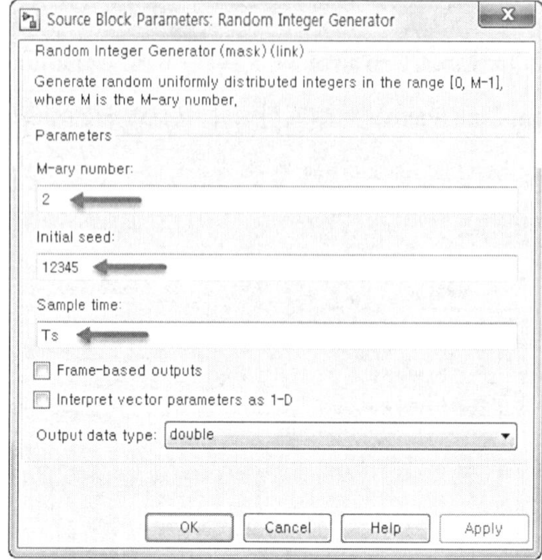

[그림 7]

(7) Untitled window를 DPSK라는 이름으로 저장한다.

(8) 차동부호화를 수행하는 블록을 만들기 위하여 Simulink/Discrete/Unit Delay 블록과 Simulink/Logic and Bit Operations/Logic Operator 블록을 가지고 와서 [그림 8]과 같이 연결 및 파라미터 값을 입력한다.

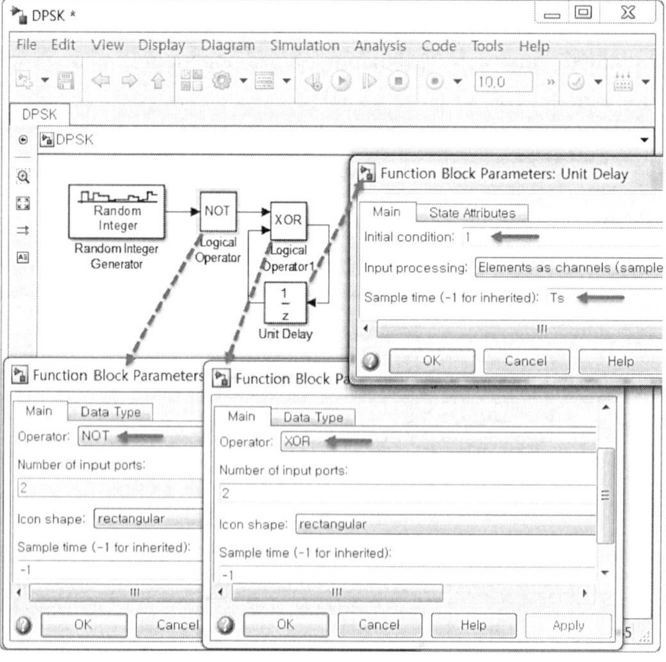

[그림 8]

(9) 차동부호화를 수행하는 블록은 비트처리에 의한 비트 출력이므로 이를 실수로 변환시키기 위하여 Simulink/Commonly Used Blocks/Data Type Conversion 블록을 가지고 와서 [그림 9]와 같이 연결 및 파라미터 값을 선택한다.

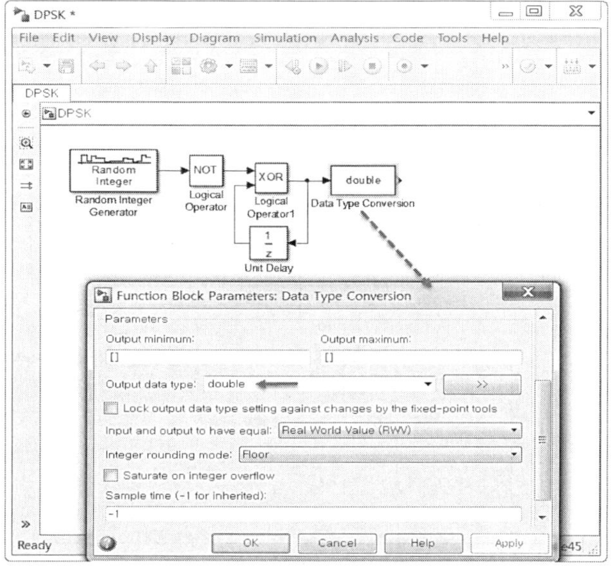

[그림 9]

(10) NRZ 파형으로 변환하기 위하여 Simulink Library Browser의 왼쪽 면에서, Simulink/Lookup Tables를 선택하고, 오른쪽 면에서 1-D Lookup Table을 DPSK 창에 내려놓고 [그림 10]과 같이 두 블록을 연결한다. 1-D Lookup Table 블록을 2번 클릭하고 파라미터 값들을 입력한다.

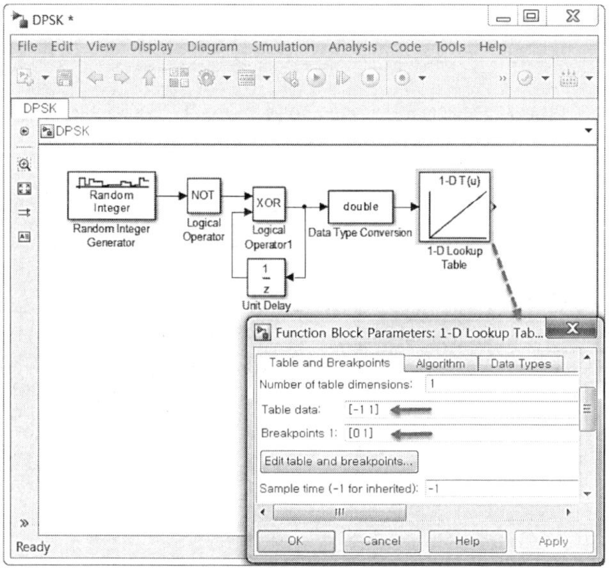

[그림 10]

(11) Oversampling을 하기 위하여 Simulink/Discrete/Zero-Order Hold 블록을 DPSK 창에 내려놓고 [그림 11]과 같이 두 블록을 연결한다. Zero-Order Hold 블록을 2번 클릭한 후 파라미터 값들을 입력한다.

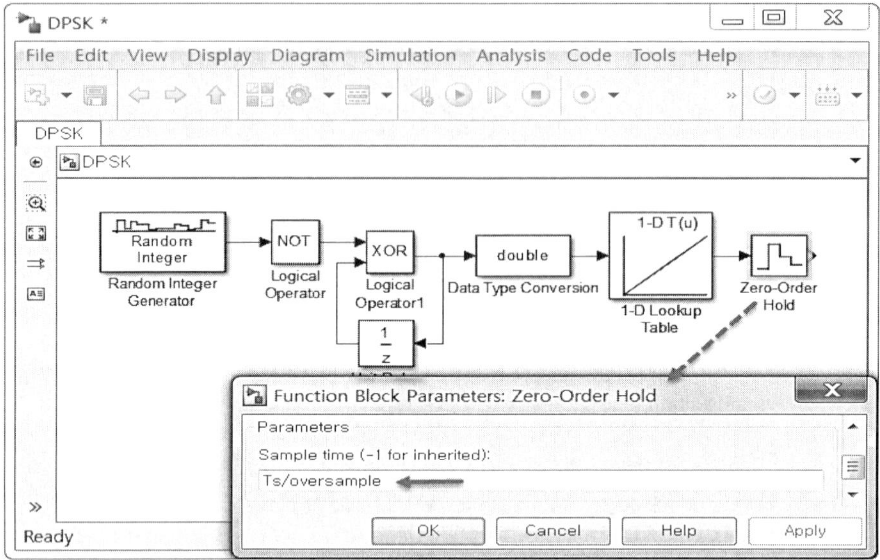

[그림 11]

(12) 차동부호화된 데이터를 반송파에 실어 보내기 위한 변조 과정은 [그림 12]와 같으며 다음의 블록들을 가지고 와서 연결을 한다. 이때 사용되는 블록의 위치는 다음과 같다.

Simulink/Math Operations/Product

Simulink/Sources/Sine Wave

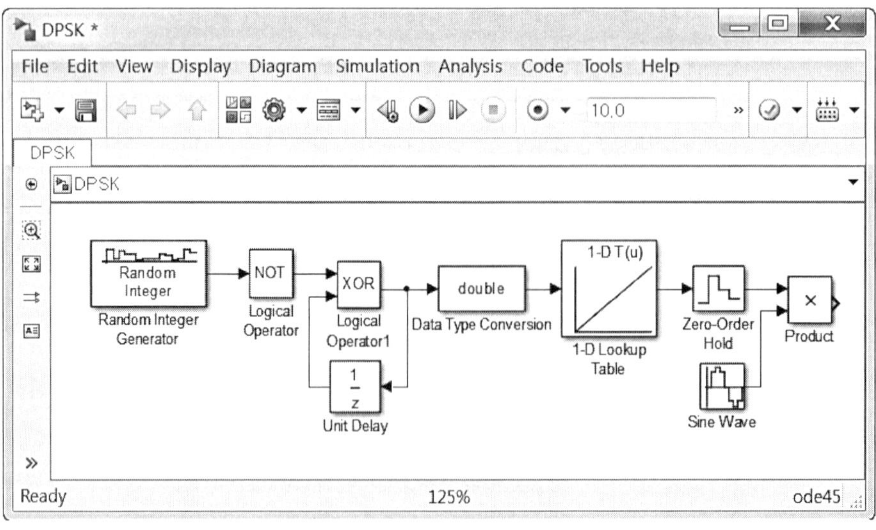

[그림 12]

(13) [그림 12]에서 Sine Wave 블록을 2번 클릭한 후 [그림 13]과같이 파라미터 값들을 입력한다.

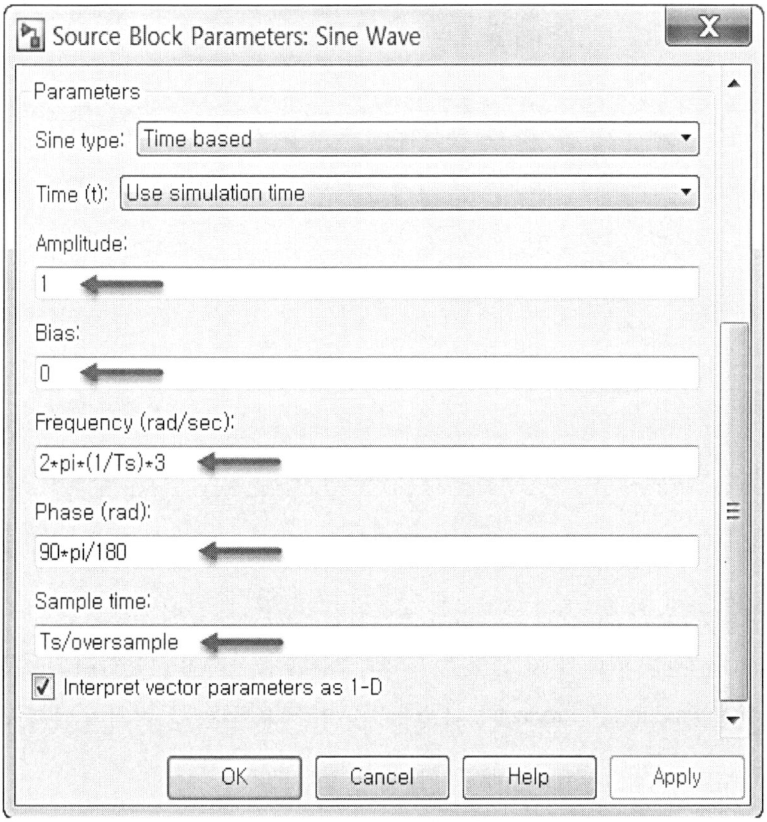

Source Block Parameters: Sine Wave

Parameters

Sine type: Time based

Time (t): Use simulation time

Amplitude:

1

Bias:

0

Frequency (rad/sec):

2*pi*(1/Ts)*3

Phase (rad):

90*pi/180

Sample time:

Ts/oversample

☑ Interpret vector parameters as 1-D

OK | Cancel | Help | Apply

[그림 13]

(14) Communications System Toolbox/Channels/AWGN Channel 블록을 [그림 14]와 같이 연결을 한다.

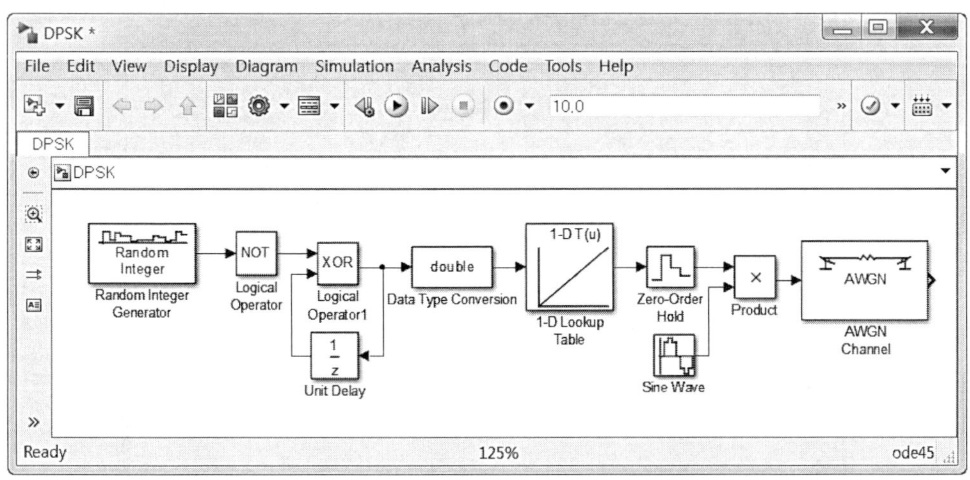

[그림 14]

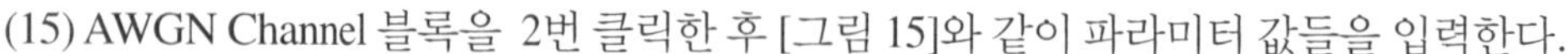

(15) AWGN Channel 블록을 2번 클릭한 후 [그림 15]와 같이 파라미터 값들을 입력한다.

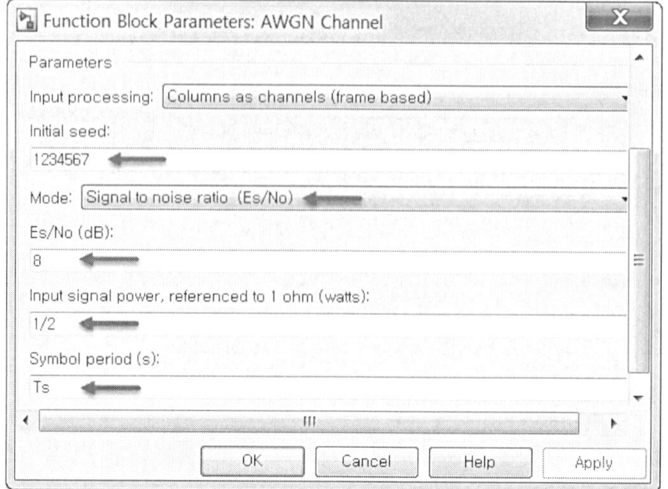

[그림 15]

(16) 차동 검파를 수행하는 블록을 구성하기 위하여 [그림 16]과 같이 블록들을 가지고 와서 연결을 한다. 이때 Zero-Order Hold1은 Zero-Order Hold을 복사하여 사용하며 Sine Wave 1은 Sine Wave 블록을 Product1은 Product 블록을 복사하여 사용한다. 그 이외의 블록 위치는 다음과 같다.

Simulink/Continuous/Transport Delay

DSP System Toolbox/Signal Management/Switches and Counters/N-Sample Switch

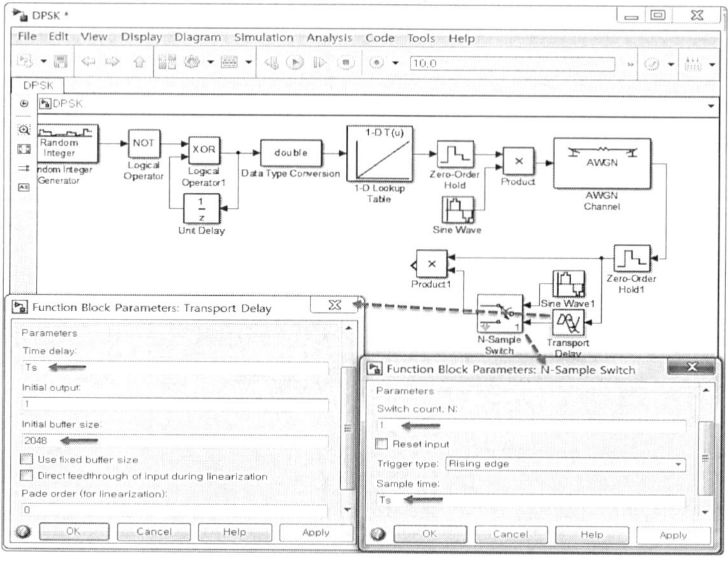

[그림 16]

(17) 적분을 수행하는 부분을 구성하기 위하여 Communications System Toolbox/Comm Filters/Integrate and Dump 블록 및 Simulink/Math Operations/Gain 블록을 가지고 와서 연결을 하고 [그림 17]과같이 파라미터 값을 입력한다. 이때 Zero-Order Hold 2는 Zero-Order Hold 1을 복사하여 사용한다.

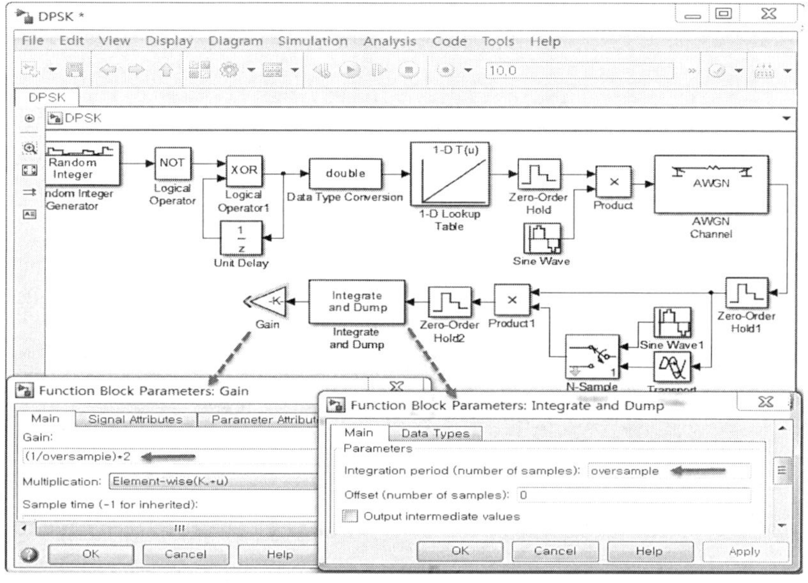

[그림 17]

(18) [그림 18]과 같이 Simulink/Discrete/Zero-Order Hold 블록을 가지고 와서 연결을 하고, 블록을 2번 클릭한 후 파라미터 값들을 입력한다.

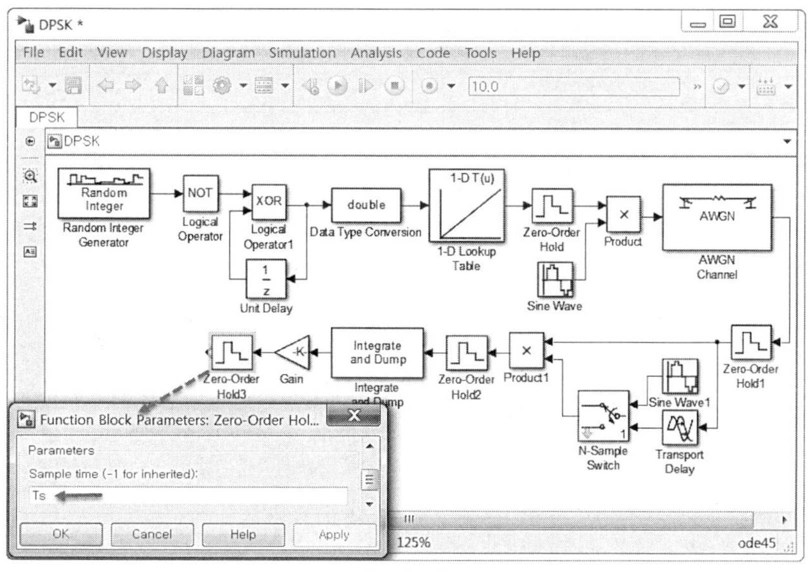

[그림 18]

(19) 최대가능도 검파기를 구성하기 위하여 [그림 19]와 같이 블록들을 가지고 와서 연결을 한다. 이때 사용되는 블록의 위치는 다음과 같다. 또한 각 블록들을 2번 클릭한 후 파라미터 값들을 입력한다.

Simulink/Signal Routing/Switch

Simulink/Sources/Constant

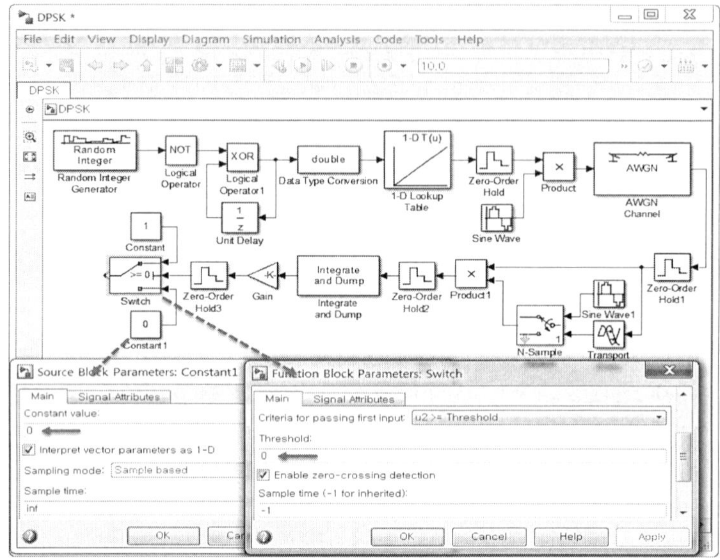

[그림 19]

(20) 신호 파형을 관찰하기 위하여 Simulink/Sinks/Scope를 [그림 20]과 같이 연결한다.

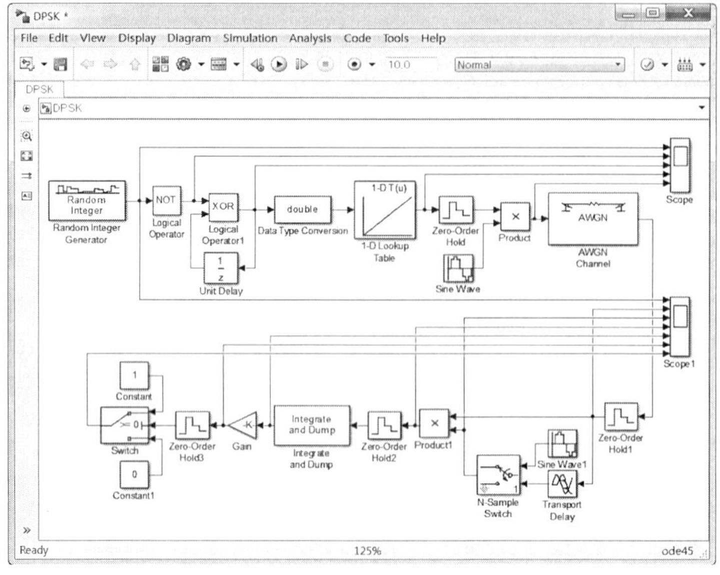

[그림 20]

(21) Matlab Command window 상에서 [그림 21]과 같이 변수 T_s 및 oversample에 값을 지정한다.

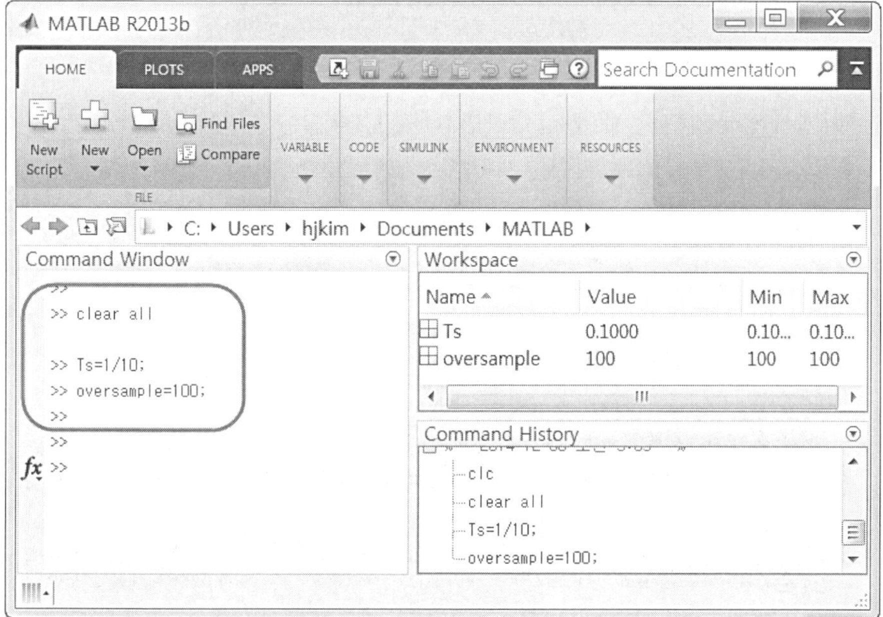

[그림 21]

(22) DPSK 창의 Simulation/Configuration Parameters를 선택한 후, Stop time을 1초로 설정하고, Start Simulation 버튼을 누른 후 Scope 버튼을 클릭하면 [그림 22]와 같은 결과를 얻는다. 이때 최소값과 최대값을 -2와 2로 선택한다.

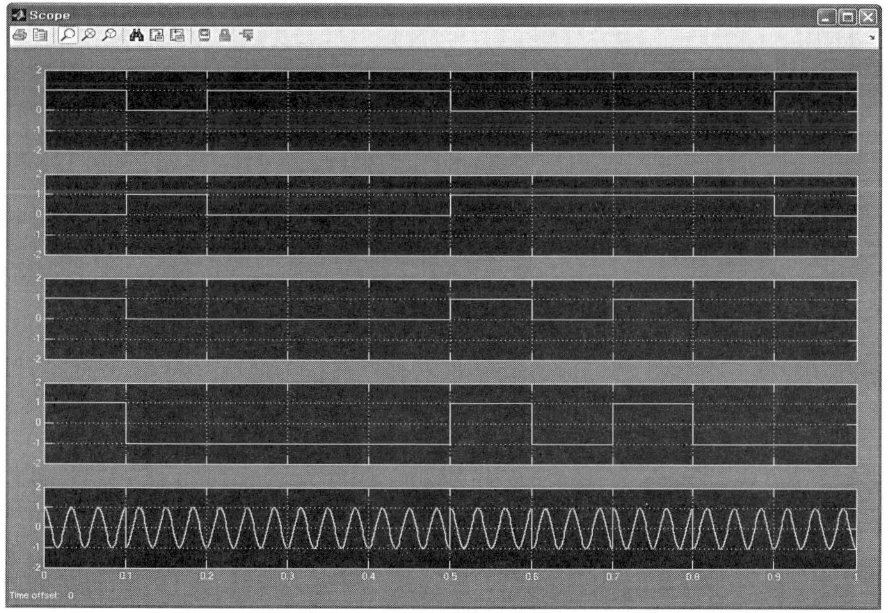

[그림 22]

실습 #9-2 : 시간/주파수 영역에서 신호 관찰

1. 시간 영역에서 신호 파형 관찰

(1) [그림 20]에서 Scope 블록을 두 번 클릭하면 [그림 23]과 같은 결과를 얻는다.

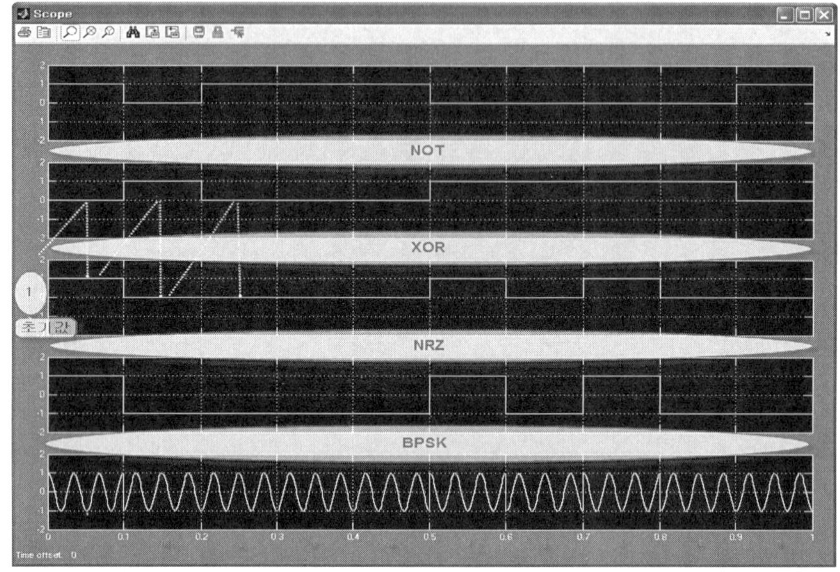

[그림 23]

(2) 또한 Scope1을 두 번 클릭하면 [그림 24]와 같은 결과를 얻는다.

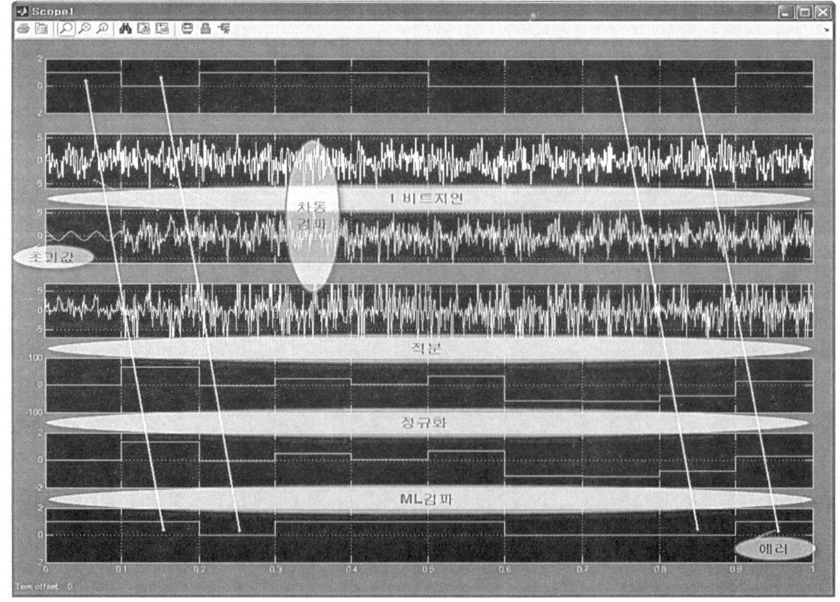

[그림 24]

2. 주파수 영역에서 신호 관찰

(1) Simulink Library Browser의 왼쪽 면에서, DSP System Toolbox/Sinks를 선택하고, 오른쪽 면에서 Spectrum Analyze를 [그림 25]와 같이 연결한다.

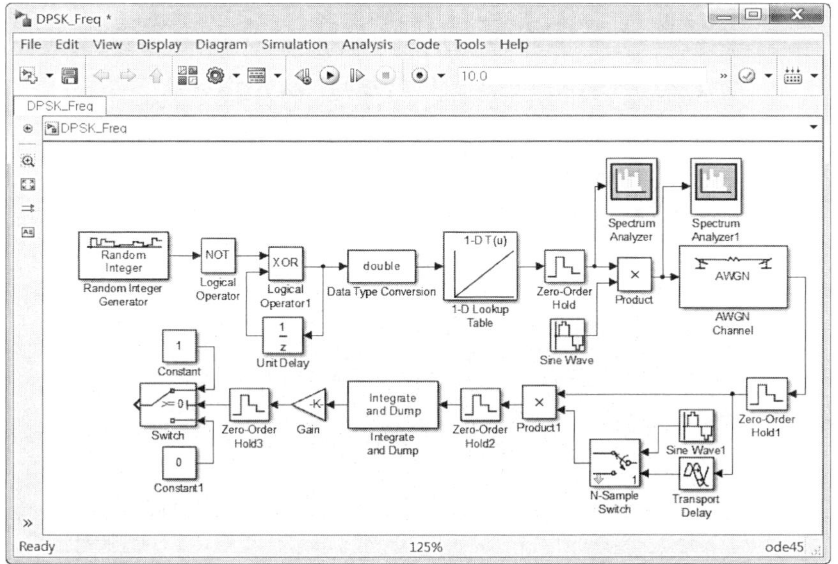

[그림 25]

(2) Matlab Command window 상에서 [그림 26]과 같이 $T_s = 1/10000$ 및 oversample 값을 입력한다.

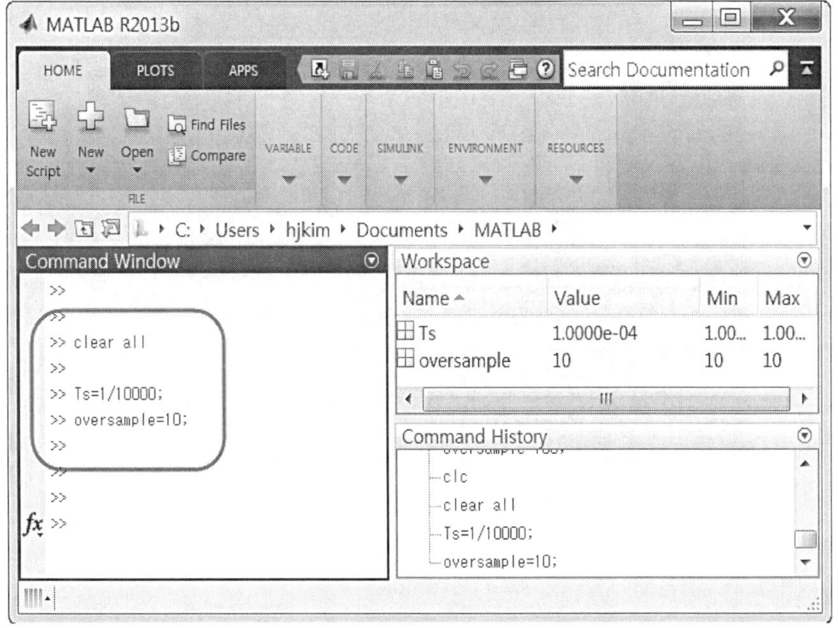

[그림 26]

(4) Simulation/Configuration Parameters를 선택한 후, Stop time을 100초로 설정하고, Start Simulation 버튼을 클릭하면 [그림 27]과 같은 결과를 얻는다.

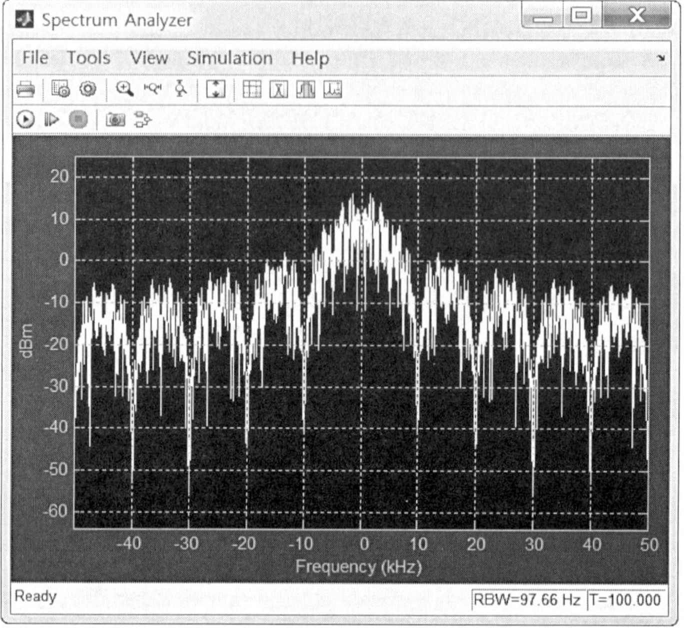

(a) scope

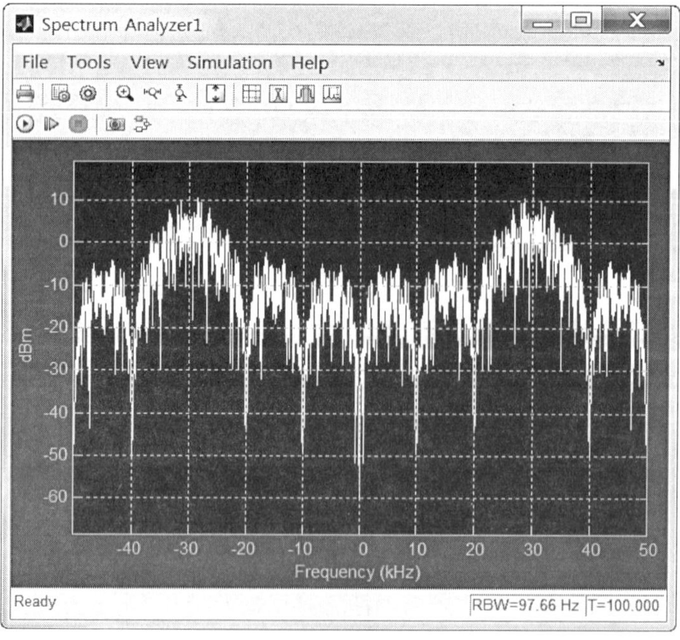

(b) scope 1

[그림 27]

실습 #9-3 : 비트에러율(BER) 측정

(1) DPSK 신호를 AWGN 채널로 전송 시, E_b/N_0 값에 따른 비트에러율(BER)을 측정하기 위하여 Communications System Toolbox/Comm Sinks/Error Rate Calculation 블록을 [그림 28]과 같이 연결하시오.

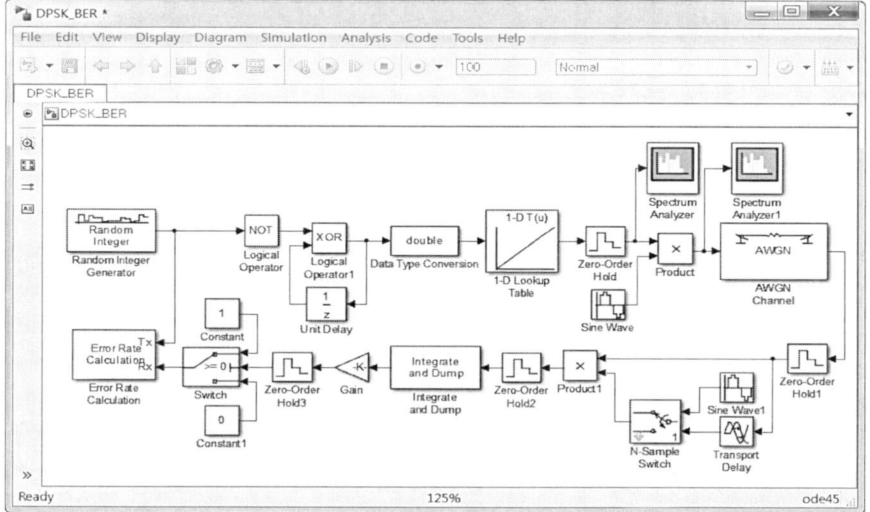

[그림 28]

(2) Error Rate Calculation 블록을 2번 클릭한 후 [그림 29]와 같이 파라미터 값들을 입력한다.

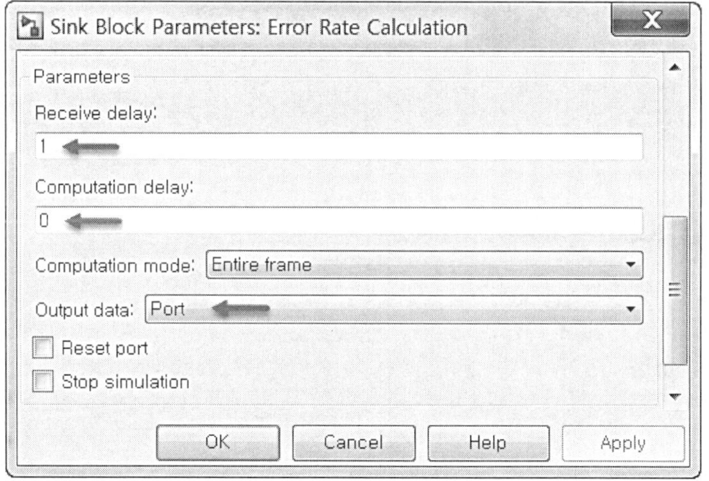

[그림 29]

(3) 에러율을 표시하기 위하여 Simulink/Sinks/Display 블록을 [그림 30]과 같이 연결한다.

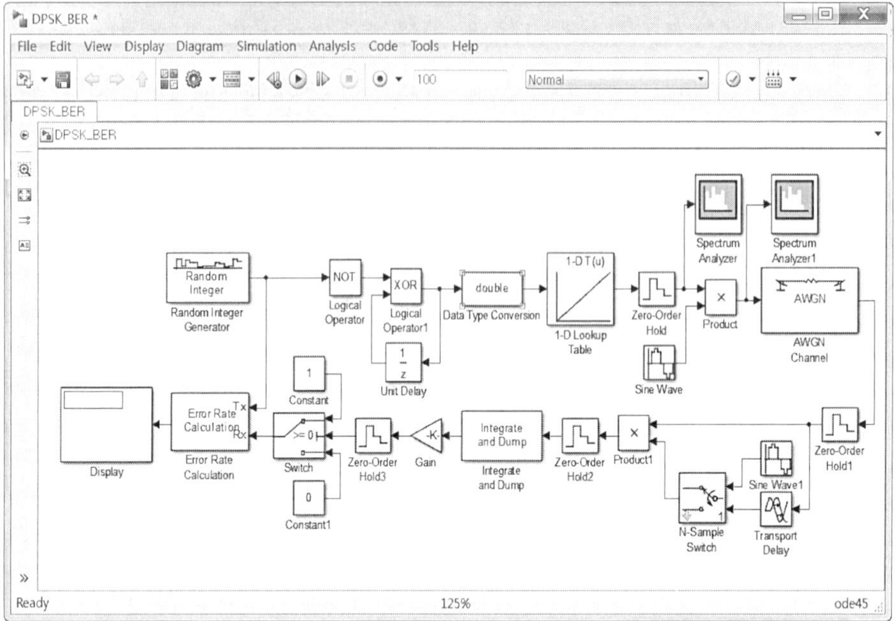

[그림 30]

(3) Matlab Command window 상에서 [그림 31]과 같이 T_s= 1/10000 및 oversample 값을 입력한다.

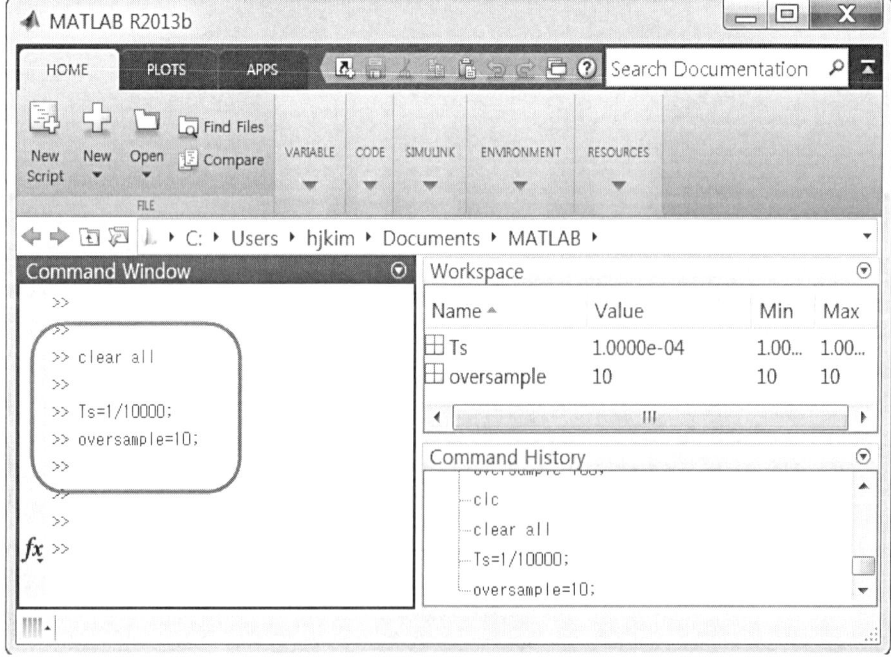

[그림 31]

(4) DPSK창의 Simulation/Configuration Parameters를 선택한 후, Stop time을 100초로 설정하고, Start Simulation 버튼을 클릭하면 [그림 32]와 같은 결과를 얻는다.

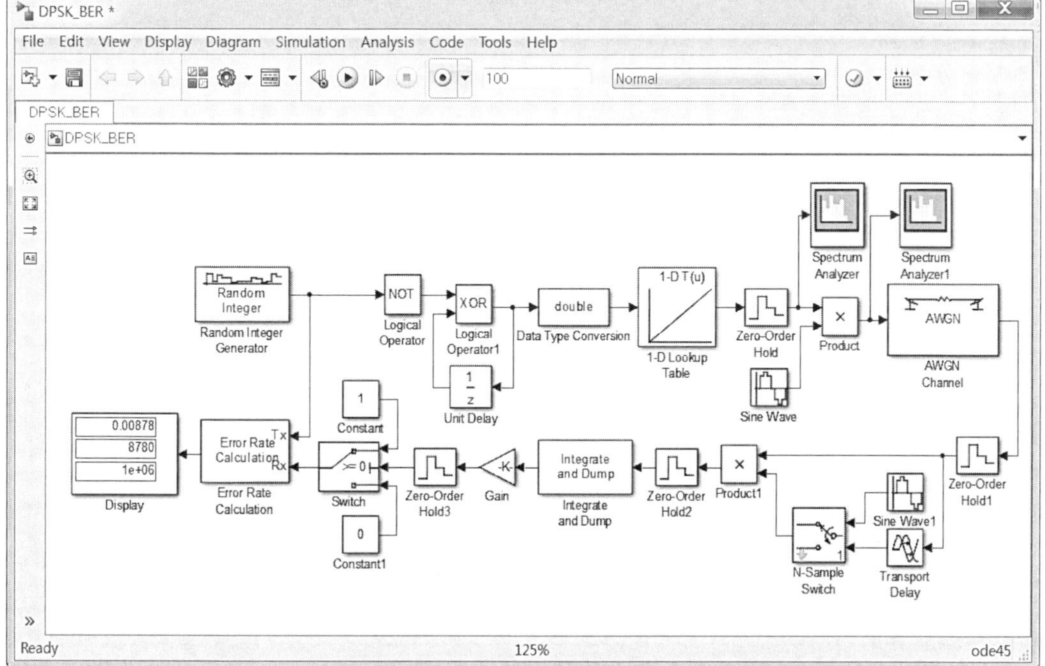

[그림 32]

실습과제 #9 : 실험 결과 및 고찰 보고서

1. [그림 23]에서 DPSK 신호의 생성과정에 대하여 설명하시오.

2. [그림 24]에서 DPSK 신호의 검파과정을 설명하시오. 또한 송신 데이터와 검파된 데이터에서 검파된 데이터가 1비트 지연이 발생한 이유를 설명하시오.

3. [그림 27] (a) scope 그림에서 대역폭을 구하시오. 또한 (b) scope1에서 반송파주파수와 대역폭을 구하시오.

4. DPSK신호를 AWGN 채널로 전송 하였을 때 이론적인 BER 값은 무엇인가?
에러율을 E_b/N_0 항으로 표현하시오.

5. T_s = 1/10000, Stop time을 100초로 설정한 후 [그림 32]을 이용하여 E_b/N_0 값에 따른 시뮬레이션 BER 값을 [표 1]에 기록한다.

[표 1]

E_b/N_0	이론 BER 값	시뮬레이션 BER 값
0 dB		
1 dB		
2 dB		
3 dB		
4 dB		
5 dB		
6 dB		
7 dB		
8 dB		
9 dB		
10 dB		

6. 다음의 m 파일을 이용하여 [표 1]의 값을 그려보자. (Box 안에 시뮬레이션 BER 값을 입력한다.)

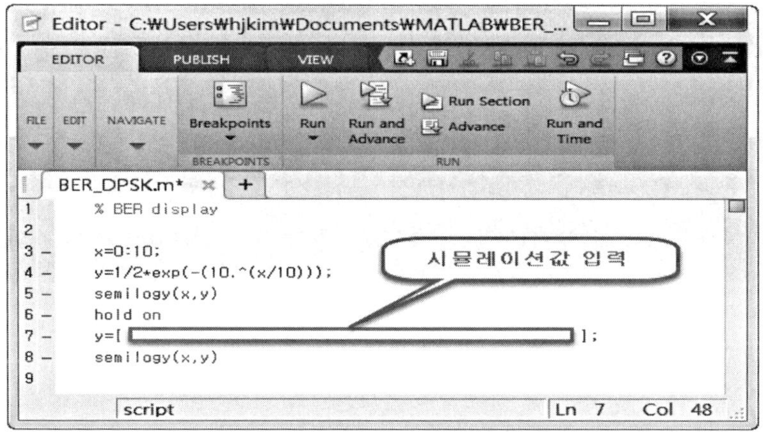

7. 위의 6의 성능곡선의 결과를 도시하시오.

실습과제 #9 설계 보고서

학습목표 :

디지털신호를 무선채널로 전송하기 위한 방법 중에서 동기 BPSK의 비동기 형태인 DPSK 변 · 복조 시스템에 대하여 살펴본다. 송신단에서는 DPSK 변조 후 AWGN 채널을 통해 전송하며 수신단에서는 DPSK 복조를 통해 디지털 신호를 검파한다. 이러한 비동기 DPSK 변조와 복조를 수행하는 Simulink Block을 구성한 후 신호를 분석하고 고찰한다.

주어진 조건 :

① 변조 : DPSK

② 샘플링 시간 (T_s) : 가변

③ 스펙트럼

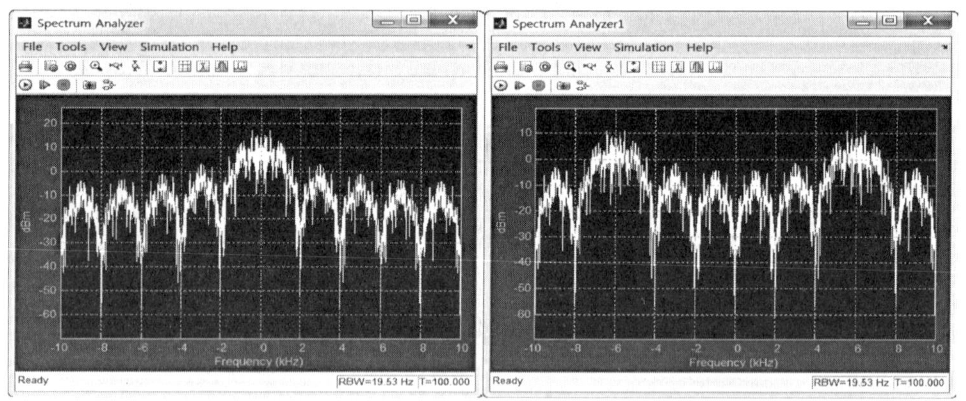

〈기저대역 스펙트럼〉 〈대역통과 스펙트럼〉

④ 채널 : AWGN

⑤ 복조 : 차동복조

⑥ 검파 : 최대가능도(ML:Maximum Likelihood)

설계 :

비동기 DPSK 신호의 전송과 검파를 수행하는 Simulink Block을 설계하고 파라미터 값을 입력

분석 및 고찰 :

1. 샘플링 시간 (T_s) 값을 결정하시오

2. 반송파 주파수와 대역통과 신호의 대역폭을 결정하시오.

3. [그림 15]의 AWGN 채널 블록의 Initial Seed 값을 "4321"로 설정하고, T_s=1/10, oversample=100, Stop time을 1로 설정하고 [그림 20]의 scope를 클릭하면 나타나는 DPSK 신호의 생성 과정을 도시하고 차동부호화 과정을 설명하시오.

4. 동기 BPSK 변조와 비동기 DPSK 변조 신호를 AWGN 채널로 전송하였을 때 이론적인 BER 값을 제시하고 성능을 비교 분석하여 보시오. 에러율을 E_b/N_0 항으로 표현하시오.

제10장 동기 BFSK

10.1 동기 FSK 변·복조 시스템

FSK는 주파수가 다른 반송파를 대응시키는 방식으로 2진 FSK시스템에서, 1과 0은 주파수가 일정한 양만큼 차이나는 두 정현파 중 하나를 송신함으로서 서로 구별된다. 전형적인 정현파 쌍은 다음 식과 같다.

$$s_i(t) = \begin{cases} \sqrt{\dfrac{2E_b}{T_b}} cos(2\pi f_i t), & 0 \le t \le T_b \\ 0, & \text{기타} \end{cases} \tag{10.1}$$

여기서, $i = 1, 2$ 이고 E_b는 비트당 송신신호에너지이다. 송신 주파수는

$$f_i = \frac{n_c + i}{T_b} \quad \text{고정 정수 } n_c \text{ 와 } i = 1,2 \tag{10.2}$$

이다. 따라서, 심볼 1은 $s_1(t)$로 표현되고 심볼 0은 $s_2(t)$로 표현된다. 비트간 전환시간 (switching times)을 포함한 모든 시간에서 위상이 연속적이라는 의미에서 이 신호는 연속위상 신호(continuous-phase signal)이다.

식 (10.1)과 (10.2)로부터 신호 $s_1(t)$와 $s_2(t)$는 직교함을 바로 알 수 있다. 그러나, 단위에너지를 찾도록 정규화 되지 않았다. 따라서, 가장 유용한 형태의 직교정규 기준함수는 다음 식과 같음을 유추해 낼 수 있다.

$$\phi_i(t) = \begin{cases} \sqrt{\dfrac{2}{T_b}} cos(2\pi f_i t), & 0 \le t \le T_b \\ 0, & \text{기타} \end{cases} \tag{10.3}$$

여기서, $i = 1,2$이다. 따라서 $i = 1,2$와 $j = 1,2$에 대한 계수 s_{ij}는 다음 식과 같이 정의된다.

$$
\begin{aligned}
s_{ij} &= \int_0^{T_b} s_i(t)\phi_j(t)dt \\
&= \int_0^{T_b} \sqrt{\frac{2E_b}{T_b}} cos(2\pi f_i t) \sqrt{\frac{2}{T_b}} cos(2\pi f_j t)dt \\
&= \begin{cases} \sqrt{E_b} & i=j \\ 0, & i \neq j \end{cases}
\end{aligned}
\tag{10.4}
$$

이상의 결과로부터 동기 2진 PSK와는 달리, 동기 2진 FSK 시스템은 그림 10.1과 같이 2차원의 신호공간 (즉, $N=2$)과 두 개의 메시지점을 갖는 (즉, $M=2$) 시스템으로 특성 지워진다.

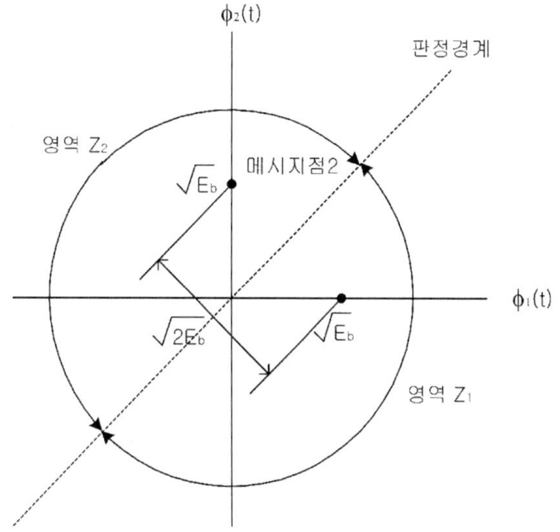

그림 10.1 동기 2진 FSK 시스템에 대한 신호 성상도

두 메시지점은 신호벡터

$$
\mathrm{s}_1 = \begin{bmatrix} \sqrt{\mathrm{E_b}} \\ 0 \end{bmatrix} \tag{10.5}
$$

$$
\mathrm{s}_2 = \begin{bmatrix} 0 \\ \sqrt{\mathrm{E_b}} \end{bmatrix} \tag{10.6}
$$

에 의해 정의된다. 위의 두 메시지점 사이의 유클리드(Euclide) 거리는 $\sqrt{2E_b}$ 임을 주목하라. 관측벡터 x는 두 개의 요소 x_1과 x_2를 갖으며, 다음과 같이 정의된다.

$$x_2 = \int_0^{T_b} x(t)\phi_1(t)dt \tag{10.7}$$

$$x_2 = \int_0^{T_b} x(t)\phi_2(t)dt \tag{10.8}$$

여기서 $x(t)$는 수신된 신호이고 그 형태는 어느 심볼이 송신되었느냐에 따라 결정된다. 심볼 1이 송신되었을 때 $x(t)$는 $s_1(t) + w(t)$이다. 여기서, $w(t)$는 평균이 0이고 전력 스펙트럼밀도가 $N_0/2$인 백색가우시안잡음의 표본함수이다. 반면, 심볼 0이 송신되었을 때 $x(t)$는 $s_2(t) + w(t)$와 같다. 이제, 부록 식 (A.1.27)의 판정규칙을 적용하면 관측공간은 그림 10.1과 같이 Z_1과 Z_2로 표시된 두 개의 판정 영역으로 나누어짐을 알 수 있다. 영역 Z_1과 Z_2를 구분하는 판정 경계는 두 개의 메시지점을 잇는 선의 수직 이등분선이다. 수신기는 관측벡터 x로 표현되는 수신 신호점이 영역 Z_1에 위치하면 심볼 1이 송신된 것으로 판정하며 이것은 $x_1 > x_2$일 때 발생한다. 반면, 만약 $x_1 < x_2$이면 수신신호는 영역 Z_2에 있게 되며 수신기는 심볼 0이 송신된 것으로 판정하게 된다. 판정 경계에서 $x_1 = x_2$이며 이 경우, 수신기는 심볼 1과 0 중 랜덤한 판정을 한다.

표본값 l 이 x_1과 x_2의 차이로 새로운 가우시안 랜덤변수 L을 정의한다. 즉,

$$l = x_1 - x_2 \tag{10.9}$$

랜덤변수 L의 평균값은 어떤 2진 심볼이 송신되었느냐에 따라 결정된다. 심볼 1이 송신되었을 때, 표본값이 각각 x_1과 x_2인 가우시안 랜덤변수 X_1과 X_2는 각각 $\sqrt{E_b}$와 0의 평균값을 갖는다. 따라서 심볼 1이 송신되었을 경우에 대한 랜덤변수 L의 조건부 평균값은 다음과 같다.

$$\begin{aligned} E[L \mid 1] &= E[X_1 \mid 1] - E[X_2 \mid 1] \\ &= +\sqrt{E_b} \end{aligned} \tag{10.10}$$

반면, 심볼 0이 송신되었을 때 랜덤변수 X_1과 X_2는 각각 0과 $\sqrt{E_b}$의 평균값을 가진다. 따라서, 심볼 0이 송신되었을 때 랜덤 변수 L의 조건부 평균은 다음과 같다.

$$\begin{aligned} E[L \mid 0] &= E[X_1 \mid 0] - E[X_2 \mid 0] \\ &= -\sqrt{E_b} \end{aligned} \tag{10.11}$$

랜덤 변수 L의 분산은 어떤 심볼이 송신되었느냐에 무관하다. 랜덤변수 X_1과 X_2가 통계적으로 독립이고, 각각은 $N_0/2$ 인 분산을 가지므로 다음과 같은 식을 얻을 수 있다.

$$\begin{aligned} var[L] &= var[X_1] + var[X_2] \\ &= N_0 \end{aligned} \tag{10.12}$$

심볼 0이 송신되었다고 가정하자. 이때, 랜덤 변수 L의 조건부확률 밀도함수는 다음과 같이 주어진다.

$$f_L(l \mid 0) = \frac{1}{\sqrt{2\pi N_0}} exp\left[-\frac{(l+\sqrt{E_b})^2}{2N_0}\right] \tag{10.13}$$

조건 $x_1 > x_2$ 또는 동일하게, $l > 0$은 수신기가 심볼 1이 송신된 것으로 판정하는 경우에 해당하므로 심볼 0이 송신되었을 경우에 대한 조건부 에러확률을 다음과 같이 유추해 낼 수 있다.

$$\begin{aligned} P_{e0} &= P(l > 0 \mid \text{ 심볼 0이 전송}) \\ &= \int_0^\infty f_L(l \mid 0) dl \\ &= \frac{1}{\sqrt{2\pi N_0}} \int_0^\infty exp\left[-\frac{(l+\sqrt{E_b})^2}{2N_0}\right] dl \end{aligned} \tag{10.14}$$

여기서

$$\frac{l+\sqrt{E_b}}{\sqrt{2N_0}} = z$$

을 대입하고, 적분변수를 l 에서 z로 바꾸면 식 (10.14)는 다음과 같이 다시 쓸 수 있다.

$$P_{e0} = \frac{1}{\sqrt{\pi}}\int_{\sqrt{E_b/2N_0}}^{\infty} exp(-z)^2 dz$$
$$= \frac{1}{2}erfc\left(\sqrt{\frac{E_b}{2N_0}}\right) \quad (10.15)$$

비슷하게, 심볼 1이 송신되었을 경우에 대한 조건부 에러확률 P_{e1}은 식 (10.15)와 같은 값을 가짐을 보일 수 있다. 결과적으로, P_{e0}와 P_{e1}을 평균함으로서 다음과 같이 동기 2진 FSK에 대한 평균심볼 에러확률 또는 동일하게 비트 에러율을 구할 수 있다.

$$P_e = \frac{1}{2}erfc\left(\sqrt{\frac{E_b}{2N_0}}\right) \quad (10.16)$$

7장의 식 (7.14)와 식 (10.16)을 비교해 보면, 동기 2진 PSK 시스템의 비트 에러율과 동일한 비트 에러율을 유지하기 위해 동기 2진 FSK 시스템에서는 두 배의 비트 에너지대 잡음밀도율 E_b/N_0를 필요하다는 것을 알 수 있다. 이 결과는 7장의 그림 7.1과 그림 10.1의 신호공간 그림이 나타내는 결과와 완전히 일치한다. 그림에서 2진 PSK 시스템의 두 메시지점간의 거리가 $2\sqrt{E_b}$인 것에 반해, 2진 FSK 의 경우는 $\sqrt{2E_b}$ 임을 알 수 있다. 이 결과로부터, AWGN 채널에서 동일한 에너지를 갖는 2진 신호의 검출 성능은 신호공간상의 관련된 두 메시지점 간의 "거리"에만 관계됨을 알 수 있다. 이 거리를 크게 하면 할수록 평균 에러확률은 작아진다. 이것은 직관적으로도 타당한 결과이다. 즉, 메시지점들 간의 거리가 크면 클수록 한 신호를 다른 신호로 오판할 확률은 작아지게 된다.

10.2 동기 FSK 신호의 생성과 검파

(1) 첫 번째 방법

2진 FSK 신호를 발생시키기 위해 그림 10.2(a)의 방법을 쓸 수 있다. 입력 2진 데이터 시퀀스는 먼저 온-오프 레벨 부호기 (on-off level encoder)로 인가된다. 이 부호기의 출력에서 심볼 1은 $\sqrt{E_b}$ volt의 상수값을 가지며, 심볼 0은 0 volt의 값을 갖는다. 그림 10.2(a)의 아래 채널의 인버터(inverter)를 이용하여 심볼 1이 입력으로 들어올 때, 위 채널의 주파수 f_1을 갖는 발진기는 켜지게 하고 아래 채널의 주파수 f_2를 갖는 발진기는 꺼지게 하여, 주파수 f_1 이 송신되도록 한다. 반대로 입력이 심볼 0 일 때, 위 채널의 발진기는 꺼지게 하고 아래 채널의 발진기는 켜지게 하여 주파수 f_2가 송신되도록 한다. 두 주파수 f_1과 f_2는 식 (10.2)와 같이 비트율 $1/T_b$의 정수배가 되도록 선택되어진다.

그림 10.2(a)의 송신기에서 두 개의 직교정규 기준함수 $\phi_1(t)$와 $\phi_2(t)$가 식 (10.3)을 만족하도록 하기 위해 두 발진기가 동기되어 있다고 가정한다. 또는 한 개의 전압제어 발진기 (voltage-controlled oscillator)를 사용할 수도 있다. 어떠한 경우이든 변조된 파의 주파수는 입력 2진 파형에 따라 연속적인 위상으로 전환된다. 잡음이 섞인 수신신호 $x(t)$로부터 원래의 2진 시퀀스를 검출하기 위해 그림 10.2(b)와 같은 수신기를 쓸 수 있다. 이 수신기는 국부적으로 생성된 동기 기준신호 $\phi_1(t)$와 $\phi_2(t)$를 갖고, 한 개의 공통 입력을 갖는 두 개의 상관기로 구성된다. 윗 상관기의 출력에서 아래 상관기의 출력을 뺀 차인 l은 임계값 "0"과 비교된다. 만약, $l > 0$ 이면 수신기는 심볼 1이 송신된 것으로 판정하고 반대로, $l < 0$ 이면 심볼 0이 송신된 것을 판정한다. l이 정확히 0이면 수신기는 심볼 1 또는 0 중 랜덤한 판정을 내린다.

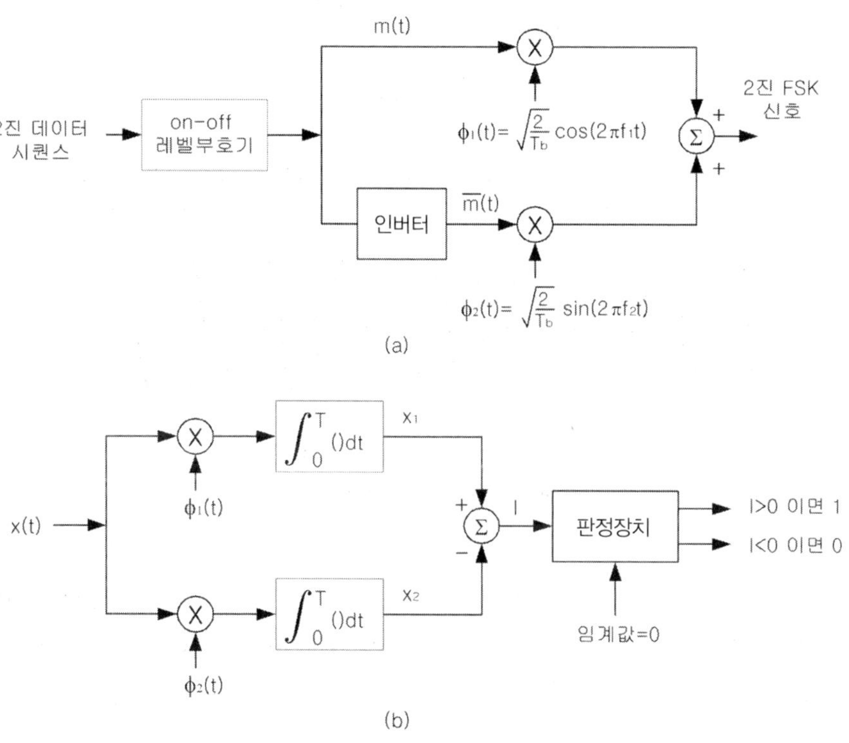

그림 10.2 (a) 동기 FSK 송신기 블록도 (a) 동기 FSK 수신기 블록도

(2) 두 번째 방법

2진 FSK는 부호 1과 부호 0에 각각 반송 주파수 f_1과 f_2를 대응시켜

$$\begin{cases} s_1(t) = Acos2\pi f_1 t, & \text{부호 1일 때} \\ s_2(t) = Acos2\pi f_2 t, & \text{부호 0일 때} \end{cases} \quad 0 \le t < T$$

와 같이 전송한다. FSK 송신기와 신호 파형의 예를 그림 10.3에 보인다. 두 주파수 사이의 최소 톤 간격(minimum tone spacing)은 동기 검파의 경우 $\frac{1}{2T_b}$이고, 비동기 검파의 경우 $\frac{1}{T_b}$이면 두 심벌 사이에 직교성이 유지된다. 특히, FSK경우 연속적으로 들어오는 데이터가 1또는 0으로 변화할 때 급격한 위상 변화가 발생할 수도 있다.

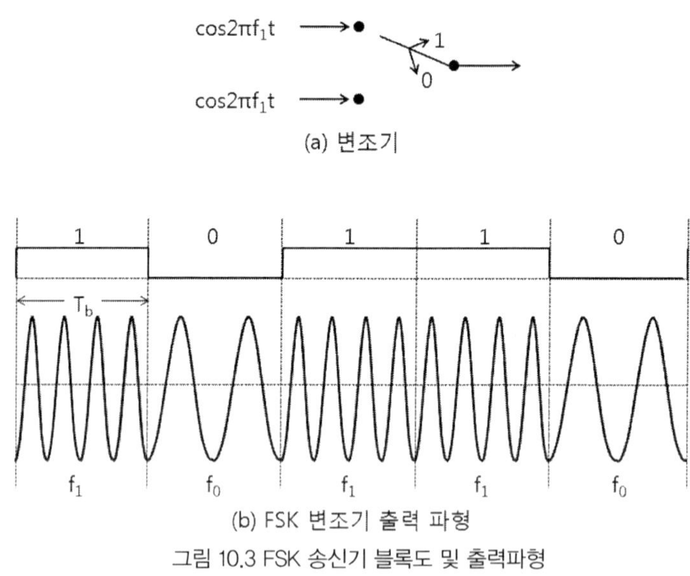

그림 10.3 FSK 송신기 블록도 및 출력파형

FSK의 동기 검파에서는 반송파 주파수 f_1, f_2주파수를 중심 주파수로 하는 한 쌍의 BPF를 통과시킨 후 변조기에서 사용한 반송파와 동일한 반송파인 $\cos 2f_1t$와 $\cos 2f_2t$가 수신된 신호와 곱해지고 적분되어(LPF를 거쳐) 출력된 두 개의 상관기 출력 값을 비교하여 1과 0의 데이터를 판별한다. 동기검파에 대한 블록도는 그림 10.4와 같다.

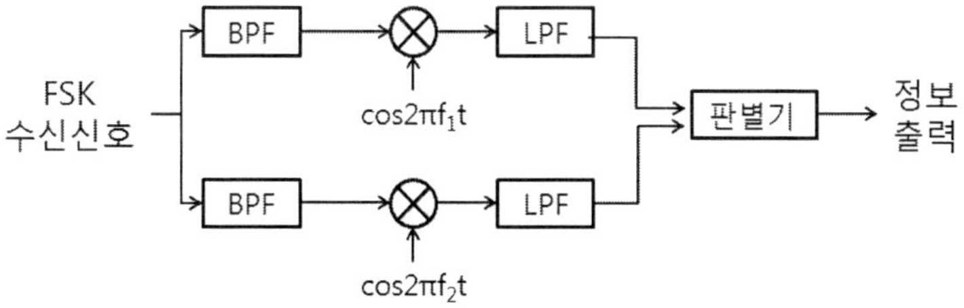

FSK
수신신호
BPF
BPF
$\cos 2\pi f_1 t$
$\cos 2\pi f_2 t$
LPF
LPF
판별기
정보
출력

그림 10.4 FSK 동기검파 블록도

#10. 동기 BFSK 실습

학습목표 :

디지털신호를 무선채널로 전송하기 위한 방법 중에서 동기 BFSK 변·복조 시스템에 대하여 살펴본다. 송신단에서는 BFSK 변조 후 AWGN 채널을 통해 전송하며 수신단에서는 동기 BFSK 복조를 통해 디지털 신호를 검파한다. 이러한 동기 BFPSK 변조와 복조를 수행하는 Simulink Block을 구성한 후 신호를 분석하고 고찰한다.

실습과제 :

실습 #10-1 : 동기 BFSK 변조와 복조를 수행하는 Simulink Block을 구성

실습 #10-2 : 시간/주파수 영역에서 신호 관찰

실습 #10-3 : 비트에러율(BER : Bit Error Rate) 측정

주어진 조건 :

① 변조 : BPSK

② 샘플링 시간 (T_s) : 가변

③ 반송파주파수 (f_c) : 비트율의 3배 ($f_c = (1/T_s) \times 3$)

데이터 "1" : $f_1 = f_c + \frac{1}{4T_s} \times n$

데이터 "0" : $f_2 = f_c - \frac{1}{4T_s} \times n$

④ 채널 : AWGN

⑤ 복조 : 동기 BPSK

⑥ 검파 : 최대가능도(ML:Maximum Likelihood)

실습 #10-1 : 동기 BFSK 변조와 복조를 수행하는 Simulink Block 구성

[실험절차]

(1) Matlab을 실행한다.

(2) [그림 1]과 같이 메뉴 바에서 Simulink Library 버튼을 click하면 [그림 2]와 같이 Simulink Library Browser가 나타난다.

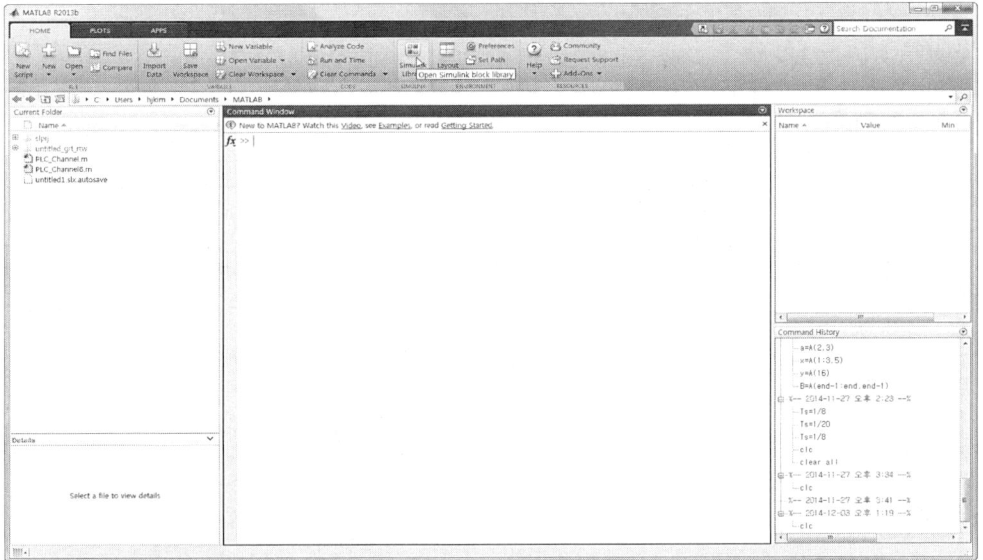

[그림 1]

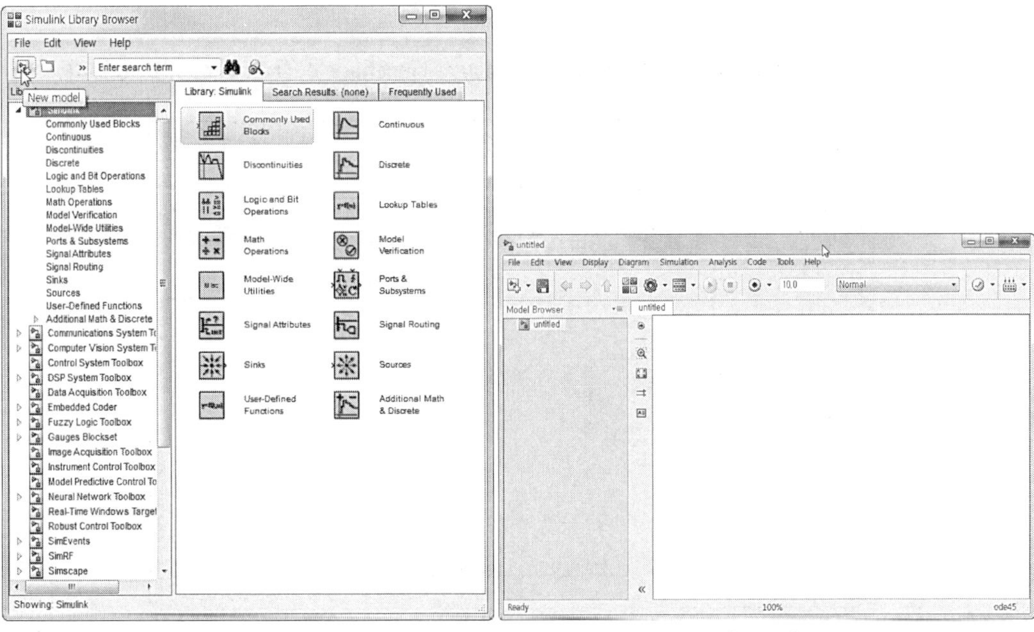

[그림 2]

[그림 3]

(3) Simulink Library Browser의 menu 바에서, FILE/NEW/MODEL 을 선택하게 되면 [그림3]과 같이 untitled window 창이 나타난다.

(4) [그림 4]와 같이 Simulink Library Browser의 왼쪽 면에서, Communications System Toolbox/Comm Sources/Random Data Sources를 선택한다. [그림 5]와 같이 Simulink Library Browser의 오른쪽 면에서 Random Integer Generator를 왼쪽 마우스로 누른다.

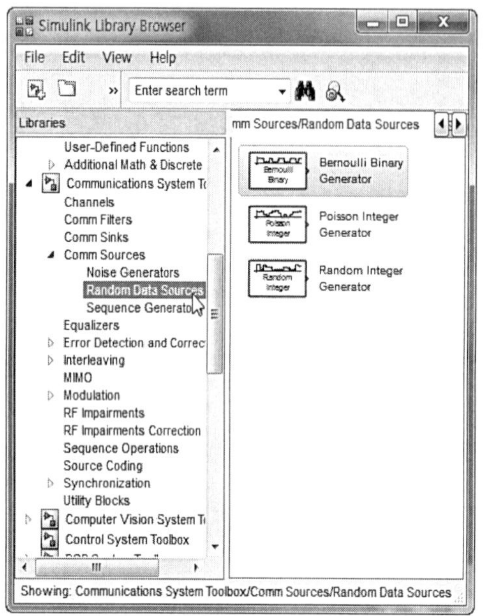

[그림 4]

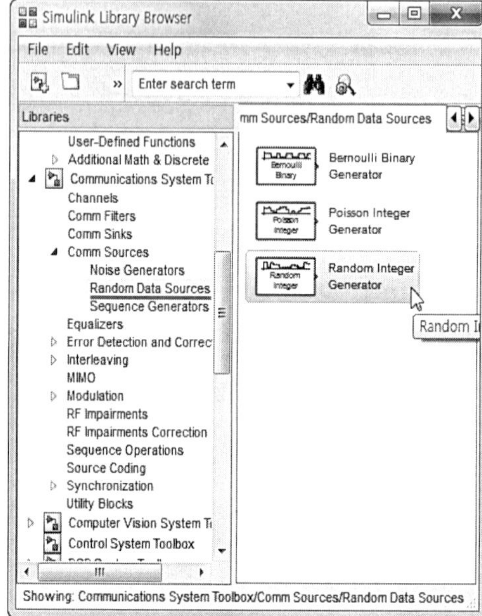

[그림 5]

(5) [그림 6]과 같이 untitled window 창에 Random Integer Generator를 끌고 와서 내려놓는다.

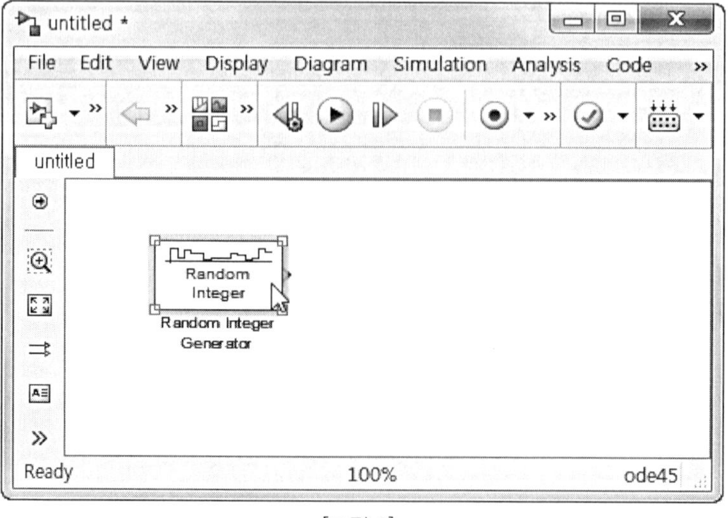

[그림 6]

(6) Random Integer Generator 블록을 2번 클릭한 후 [그림 7]과 같이 입력한다.

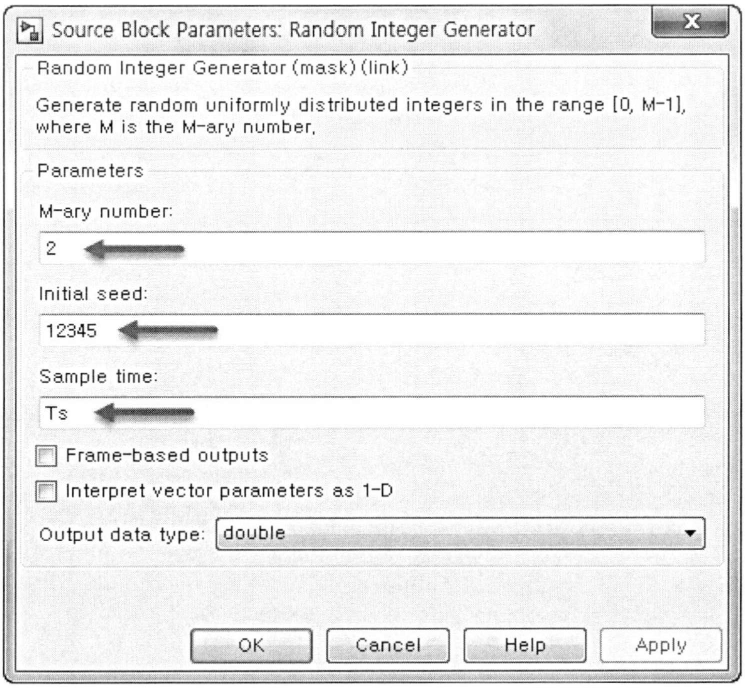

Source Block Parameters: Random Integer Generator

Random Integer Generator (mask) (link)

Generate random uniformly distributed integers in the range [0, M-1], where M is the M-ary number.

Parameters

M-ary number:

2

Initial seed:

12345

Sample time:

Ts

☐ Frame-based outputs

☐ Interpret vector parameters as 1-D

Output data type: double

OK Cancel Help Apply

[그림 7]

(7) Untitled window를 BFSK라는 이름으로 저장한다.

(8) [그림 8]과 같이 블록들을 가지고 와서 연결을 한다. 이때 사용되는 블록의 위치는 다음과 같다. 또한 각 블록들을 2번 클릭한 후 파라미터 값들을 입력한다.

Simulink/Signal Routing/Switch

Simulink/Sources/Sine Wave

(9) Communications System Toolbox/Channels/AWGN Channel 블록을 [그림 9]와 같이 연결을 한다.

(10) AWGN Channel 블록을 2번 클릭한 후 [그림 10]과같이 파라미터 값들을 입력한다.

(11) [그림 11]와 같이 Sine Wave블록, Product 블록, Integrate and Dump 블록, Gain 블록을 가지고 와서 연결을 한다. 이때 Sine Wave2는 Sine Wave 블록을 복사하여 사용하고 Sine Wave3는 Sine Wave1 블록을 복사하여 사용한다. 또한 사용되는 블록의 위치는 다음과 같다.

Simulink/Math Operations/Product

Simulink/Math Operations/Gain

Communications System Toolbox/Comm Filters/Integrate and Dump

(12) [그림 11]의 Integrate and Dump 블록을 2번 클릭한 후 [그림 12]와 같이 파라미터 값들을 입력한다.

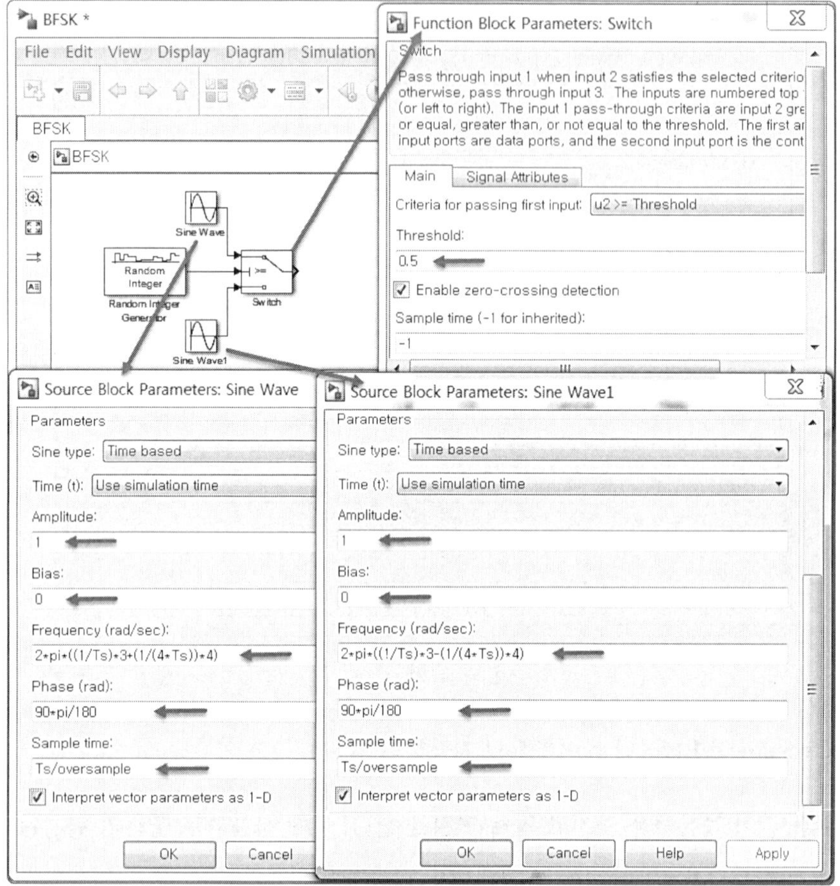

[그림 8]

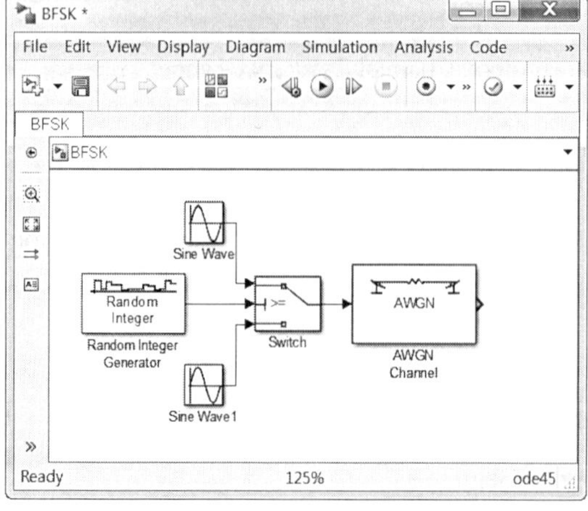

[그림 9]

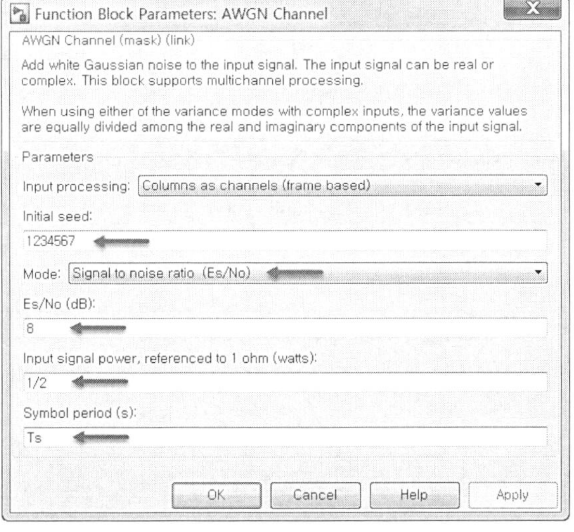

[그림 10]

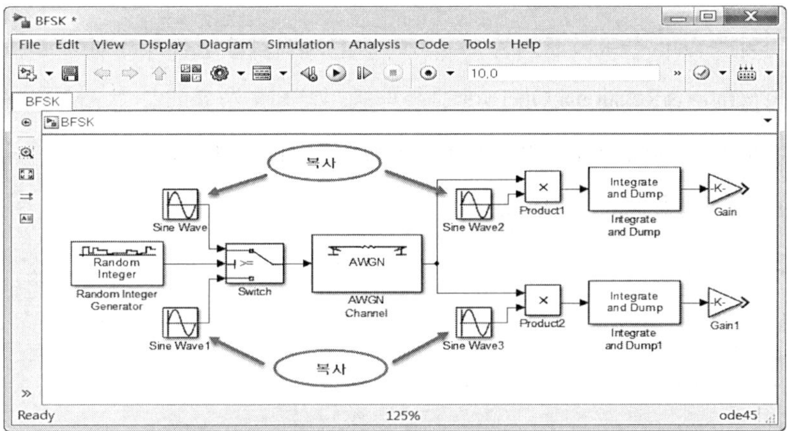

[그림 11]

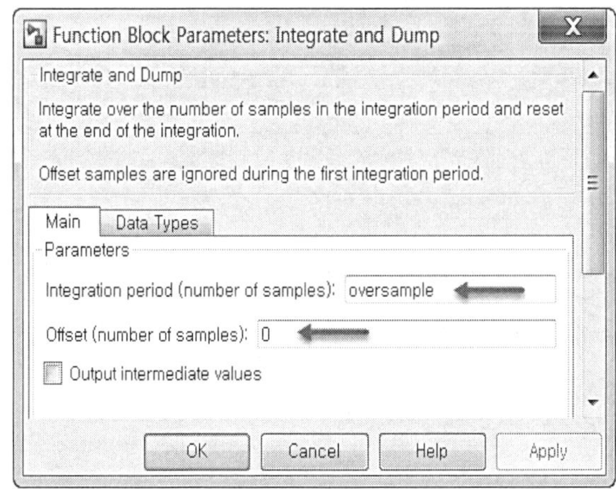

[그림 12]

(13) [그림 11]의 Gain 블록을 2번 클릭한 후 [그림 13]과 같이 파라미터 값들을 입력한다.

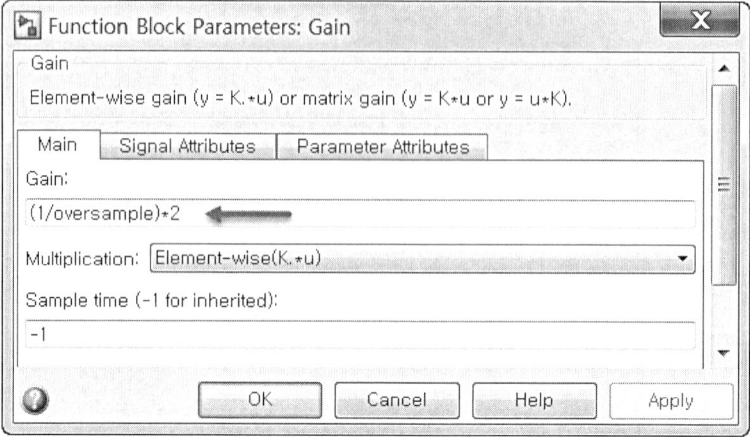

[그림 13]

(14) [그림 11]의 두 Gain 블록의 출력을 비교하여 송신 데이터를 검파하기 위하여 Simulink/Logic and Bit Operations/Relational Operator 블록과 데이터 타입을 double 형으로 변환시키기 위하여 Simulink/Commonly Used Blocks/Data Type Conversion을 가지고 와서 [그림 14]와 같이 연결한 후 파라미터 값들을 입력한다.

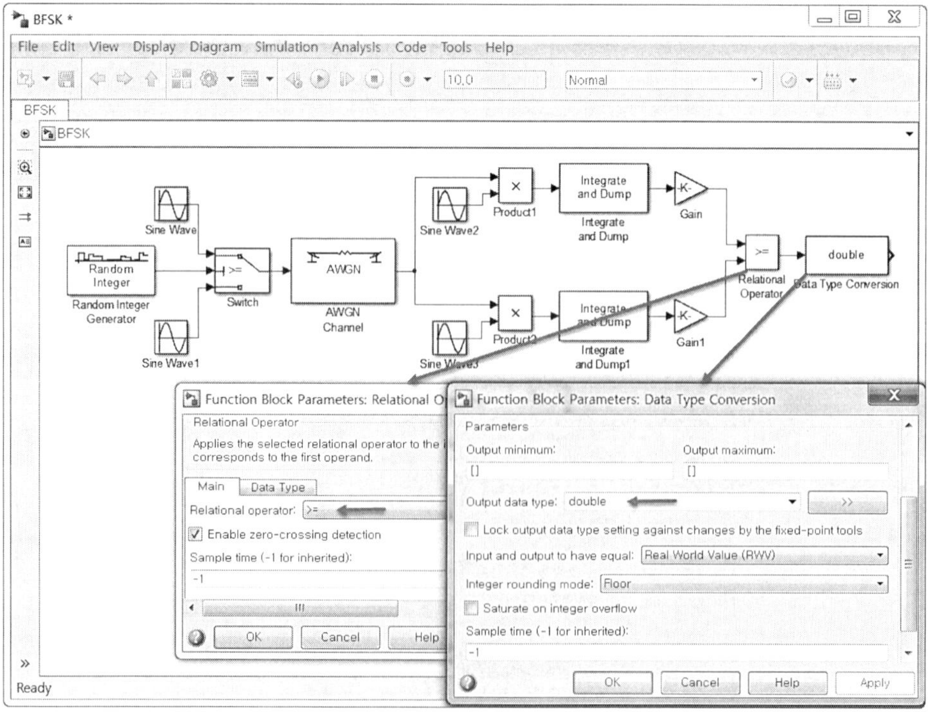

[그림 14]

(15) 신호 파형을 관찰하기위하여 Simulink/Sinks/Scope를 [그림 15]와 같이 연결한다.

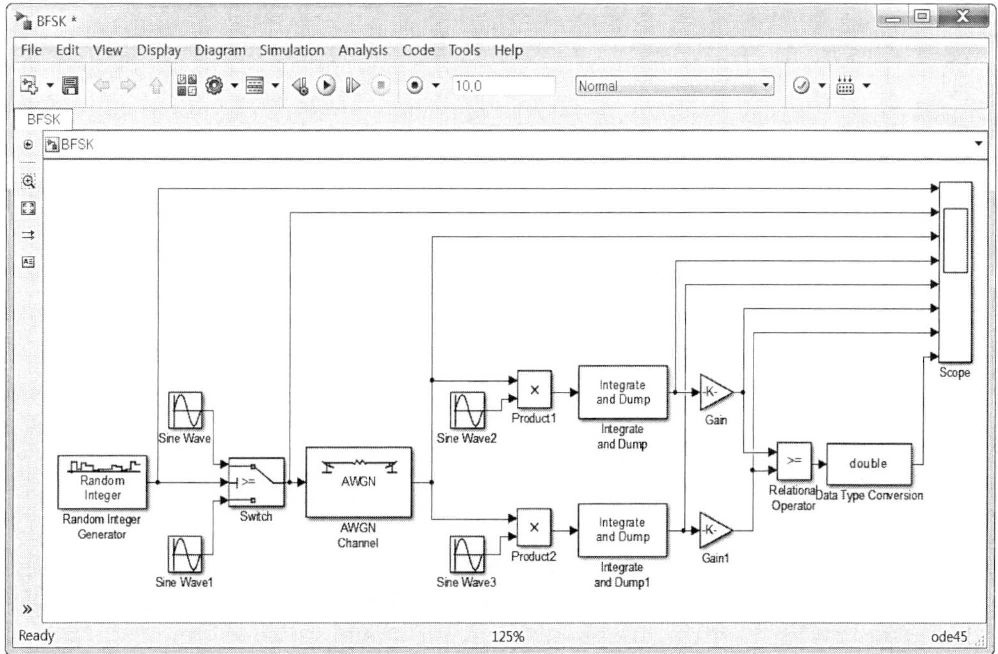

[그림 15]

(16) Matlab Command window 상에서 [그림 16]과 같이 변수 T_s에 값을 지정한다.

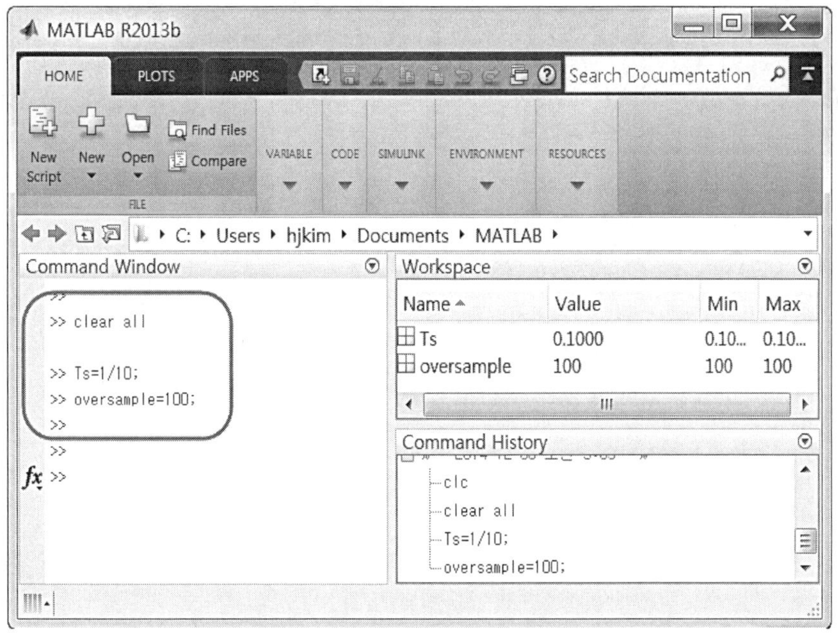

[그림 16]

(17) BFSK 창의 Simulation/Configuration Parameters를 선택한 후, Stop time을 1초로 설정하고, Start Simulation 버튼을 누른 후 Scope 버튼을 클릭하면 [그림 17]와 같은 결과를 얻는다.

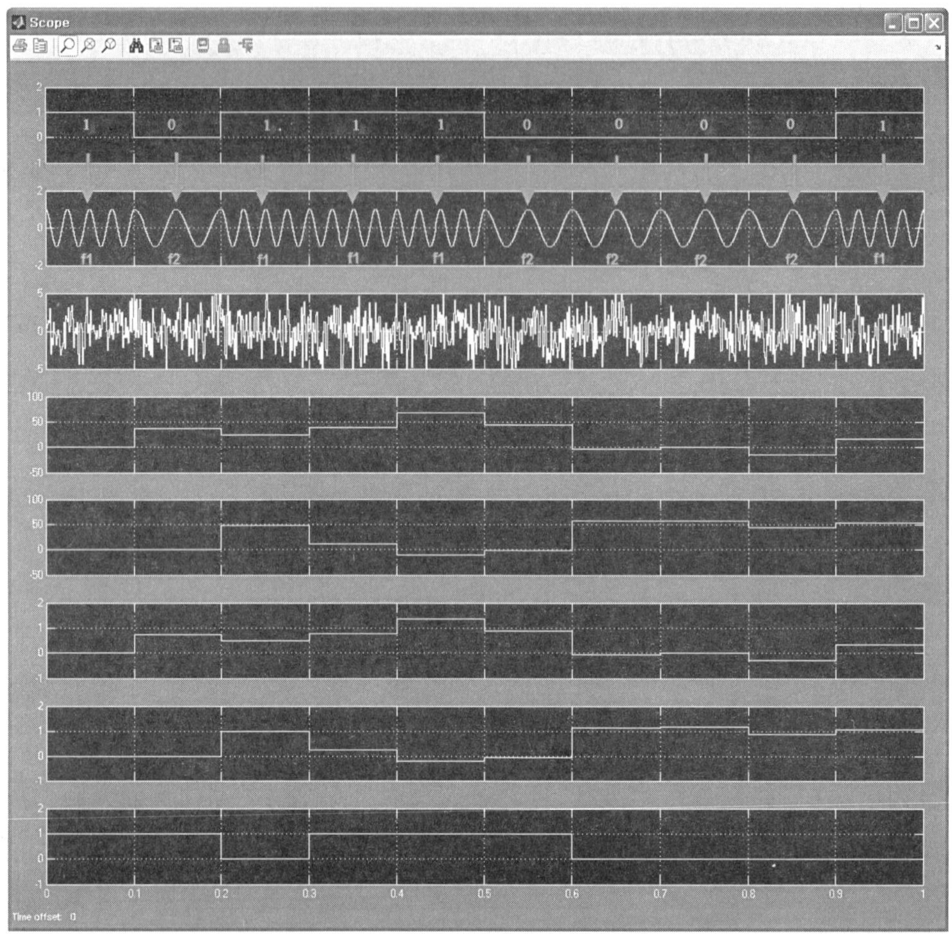

[그림 17]

실습 #10-2 : 시간/주파수 영역에서 신호 관찰

1. 시간 영역에서 신호 파형 관찰

(1) [그림 15]에서 Scope 블록을 두 번 클릭하면 [그림 18]과 같은 결과를 얻는다.

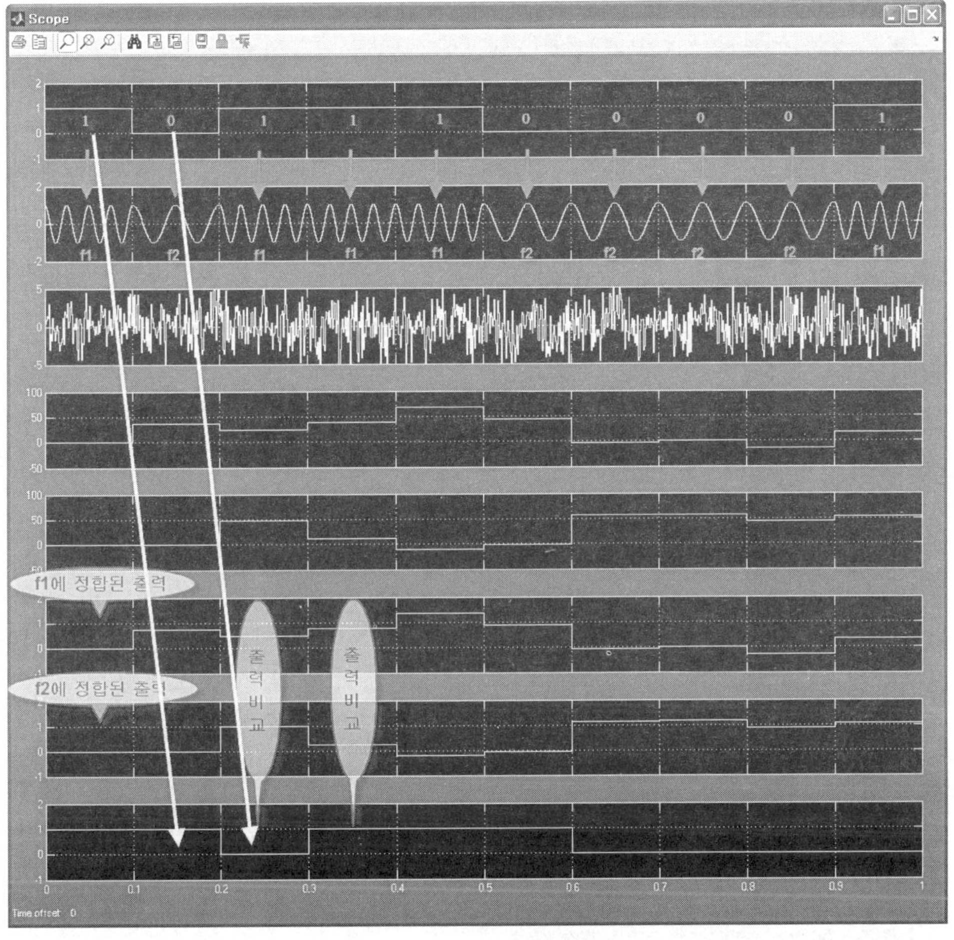

[그림 18]

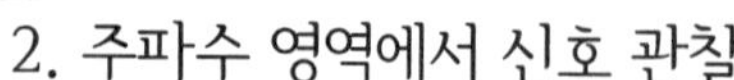

2. 주파수 영역에서 신호 관찰

(1) Simulink Library Browser의 왼쪽 면에서, DSP System Toolbox/Sinks을 선택하고, 오른쪽 면에서 Spectrum Analyzer를 [그림 19]와 같이 연결한다.

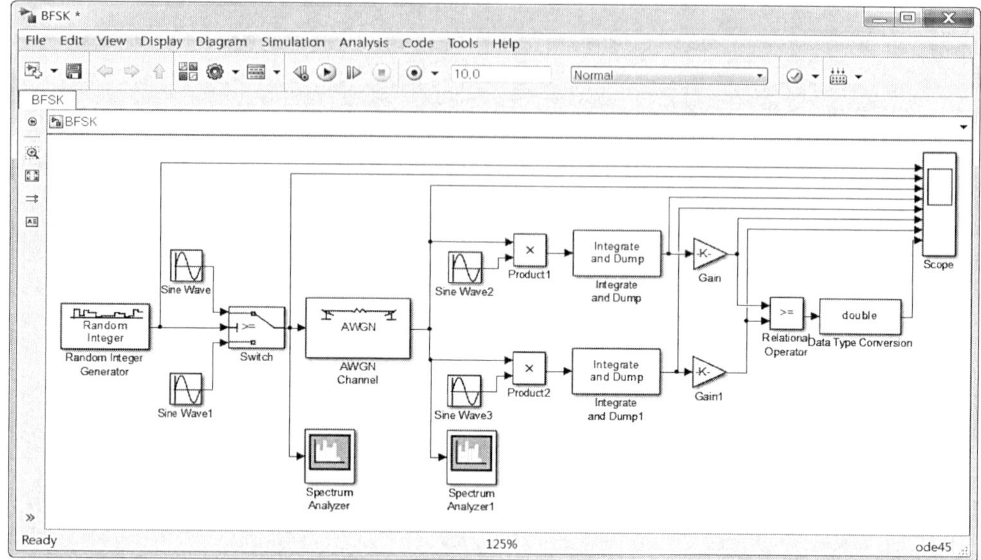

[그림 19]

(2) Matlab Command window 상에서 [그림 20]과 같이 T_s= 1/10000 및 oversample 값을 입력한다.

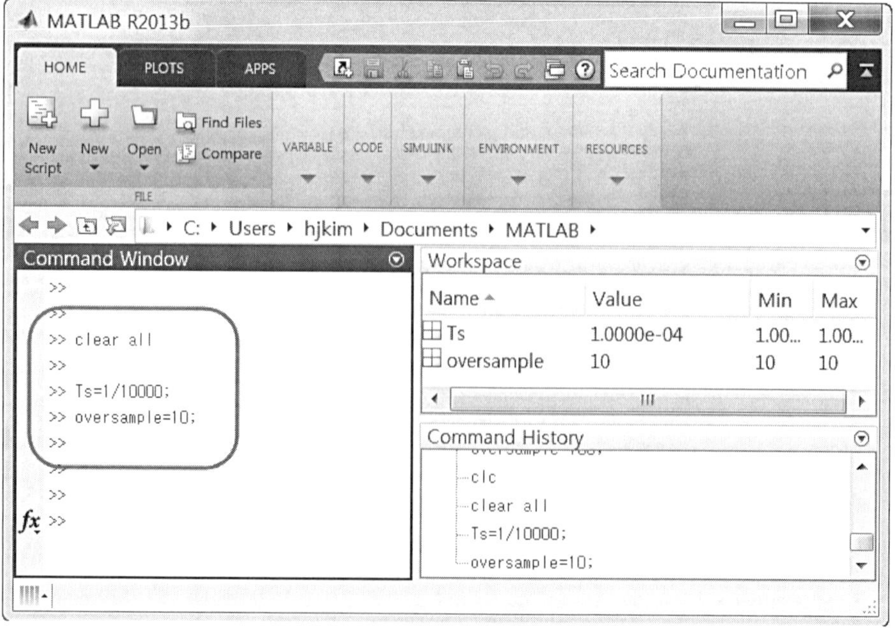

[그림 20]

(3) Simulation/Configuration Parameters를 선택한 후, Stop time을 100초로 설정하고, Start Simulation 버튼을 클릭하면 [그림 21]과 같은 결과를 얻는다.

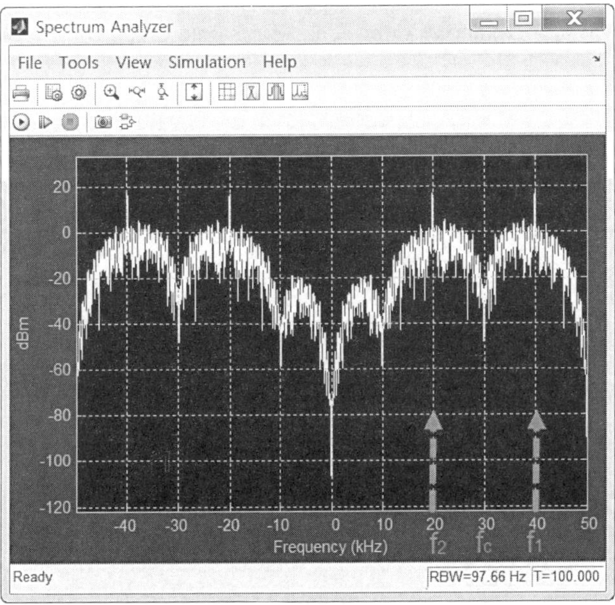

(a) scope

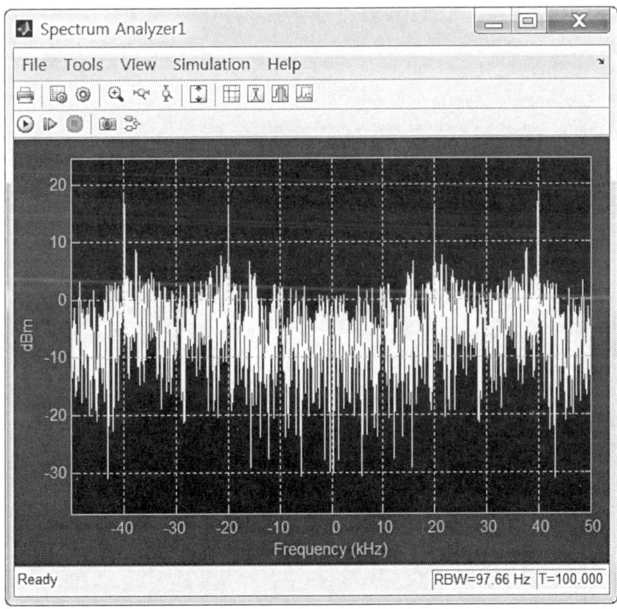

(b) scope 1

[그림21]

실습 #10-3 : 비트에러율(BER) 측정

(1) BFSK 신호를 AWGN 채널로 전송 시, 값에 따른 비트에러율(BER)을 측정하기 위하여 Communications System Toolbox/Comm Sinks/Error Rate Calculation 블록을 [그림 22]와 같이 연결하시오.

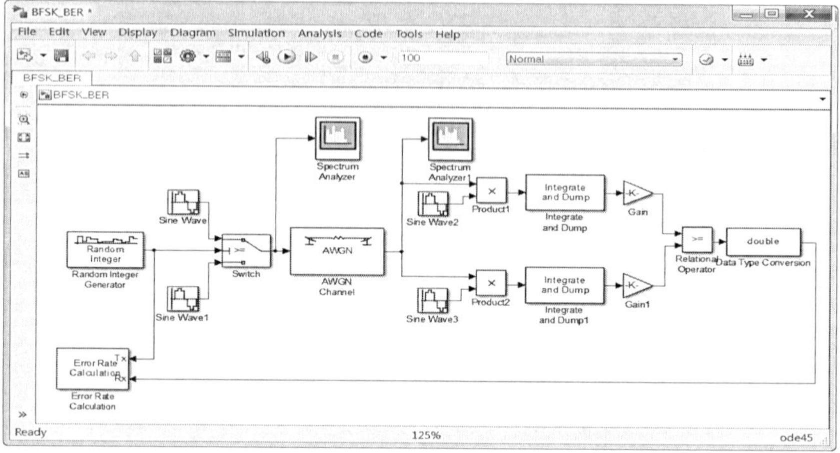

[그림 22]

(2) Error Rate Calculation 블록을 2번 클릭한 후 [그림 23]와 같이 파라미터 값들을 입력한다.

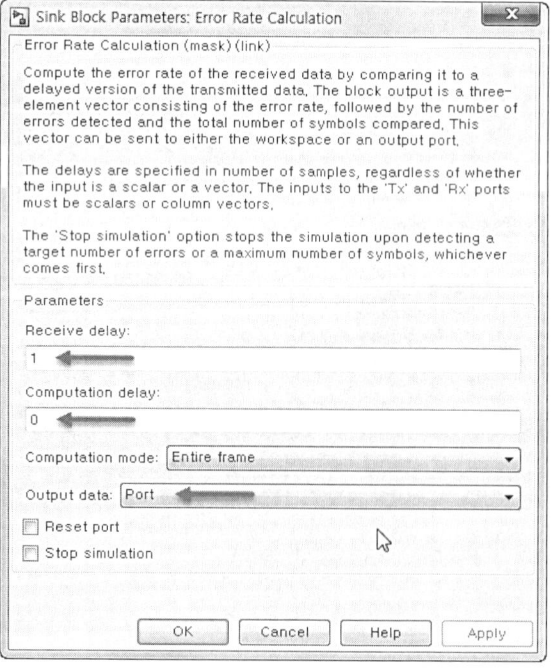

[그림 23]

(3) 에러율을 표시하기 위하여 Simulink/Sinks/Display 블록을 [그림 24]와 같이 연결한다.

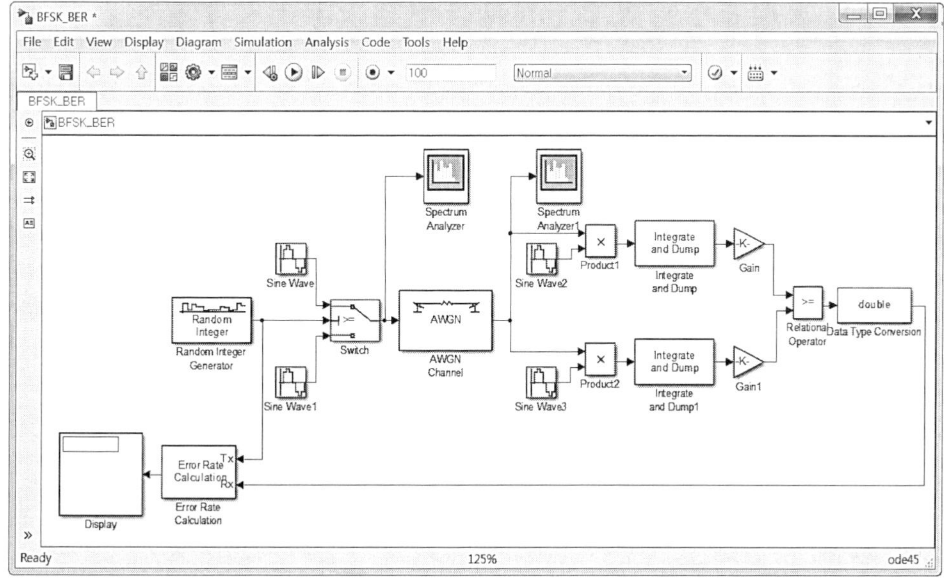

[그림 24]

(3) Matlab Command window 상에서 [그림 25]와 같이 $T_s = 1/10000$ 및 oversample 값을 입력한다.

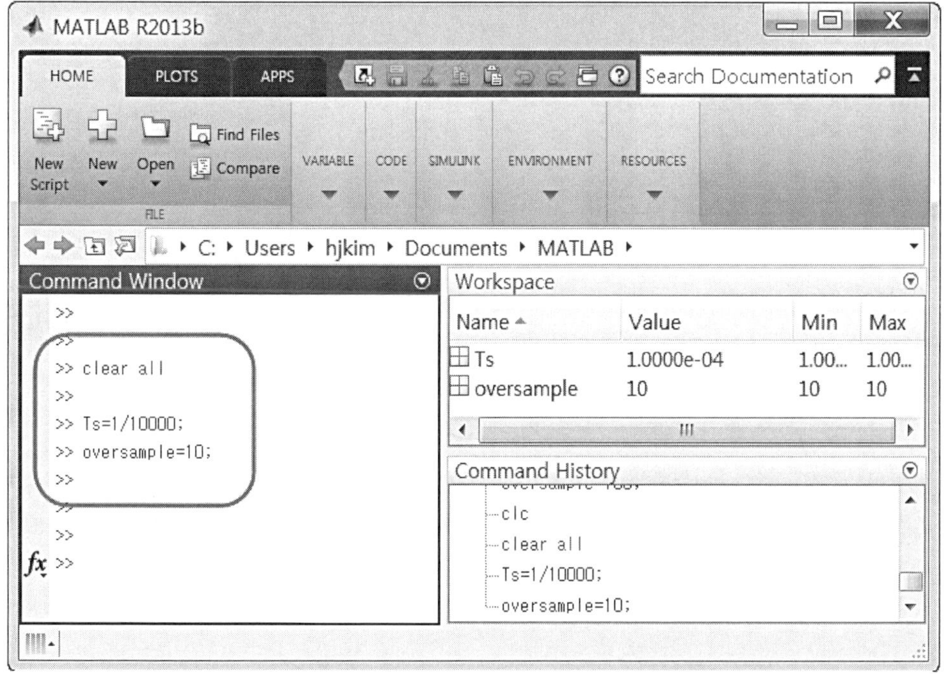

[그림 25]

(4) BFSK창의 Simulation/Configuration Parameters를 선택한 후, Stop time을 100초로 설정하고, Start Simulation 버튼을 클릭하면 [그림 26]과 같은 결과를 얻는다.

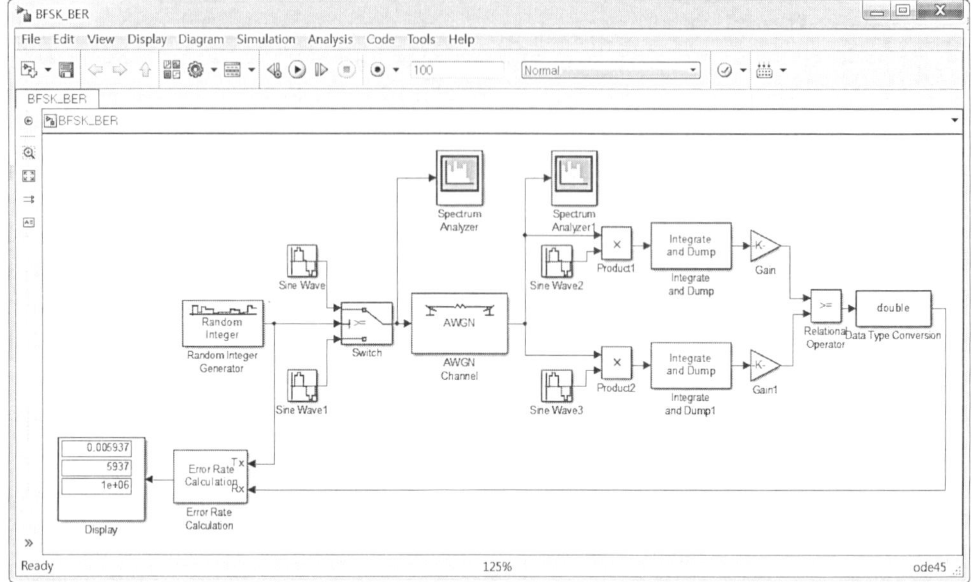

[그림 26]

실습과제 #10 : 실험 결과 및 고찰 보고서

1. [그림 18]의 Scope 출력에서 동기 BFSK 신호의 생성과정에 대하여 설명하시오.

2. [그림 18]에서 동기 BFSK 신호의 검파과정을 설명하시오. 또한 송신 데이터와 검파된 데이터에서 검파된 데이터가 1비트 지연이 발생한 이유를 설명하시오.

3. [그림 21] (a) scope 그림에서 반송파주파수 (f_c), 송신주파수 (f_1,f_2) 및 대역폭을 구하시오.

4. 동기 BFSK 신호를 AWGN 채널로 전송 하였을 때 이론적인 BER 값은 무엇인가? 에러율을 E_b/N_0 항으로 표현하시오.

5. T_s = 1/10000, Stop time을 100초로 설정한 후 [그림 24]를 이용하여 E_b/N_0 값에 따른 시뮬레이션 BER 값을 [표 1]에 기록한다.

[표 1]

E_b/N_0	이론 BER 값	시뮬레이션 BER 값
0 dB		
1 dB		
2 dB		
3 dB		
4 dB		
5 dB		
6 dB		
7 dB		

6. 다음의 m 파일을 이용하여 [표 1]의 값을 그려보자. (Box 안에 시뮬레이션 BER 값을 입력한다.)

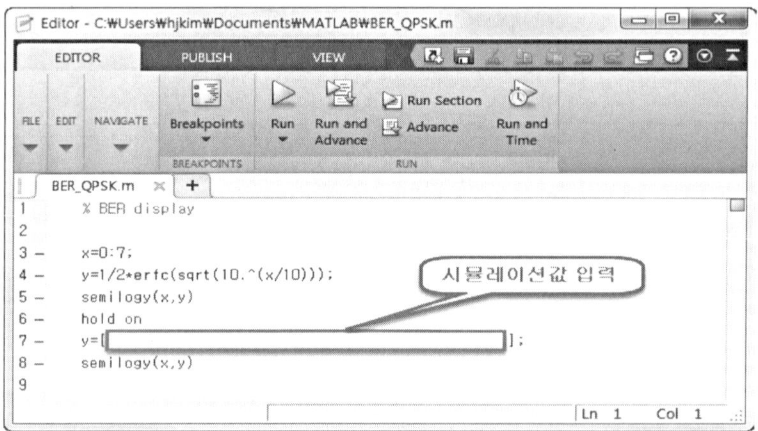

7. 위의 8의 성능곡선의 결과를 도시하시오.

실습과제 #10 설계 보고서

학습목표 :

디지털신호를 무선채널로 전송하기 위한 방법 중에서 동기 BFSK 변·복조 시스템에 대하여 살펴본다. 송신단에서는 BFSK 변조 후 AWGN 채널을 통해 전송하며 수신단에서는 동기 BFSK 복조를 통해 디지털 신호를 검파한다. 이러한 동기 BFSK 변조와 복조를 수행하는 Simulink Block을 구성한 후 신호를 분석하고 고찰한다.

주어진 조건 :

① 변조 : BFSK

② 샘플링 시간 (T_s) : 가변

③ oversample : 10

④ 반송파주파수 (f_c) : $f_c = (1/T_s) \times 2.5$

⑤ 스펙트럼

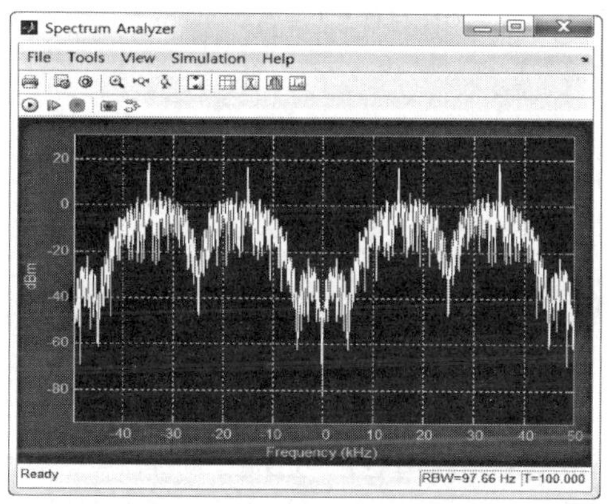

〈대역통과 스펙트럼〉

⑥ 채널 : AWGN

⑦ 복조 : 동기 BFSK

⑧ 검파 : 최대가능도(ML:Maximum Likelihood)

설계 :

동기 BFSK 신호의 전송과 검파를 수행하는 Simulink Block을 설계하고 파라미터 값을 입력

분석 및 고찰 :

1. 샘플링 시간 (T_s) 값을 결정하시오

2. 반송파 주파수(f_c) 와 대역폭을 결정하시오.

3. 송신주파수 (f_1,f_2) 및 n값을 결정하시오.

데이터 "1" : $f_1 = f_c + \frac{1}{4T_s} \times m$ 데이터 "0" : $f_2 = f_c - \frac{1}{4T_s} \times n$

4. 동기 BPSK신호를 AWGN 채널로 전송 하였을 때 이론적인 BER 값과 동기 BFSK 신호를 AWGN 채널로 전송 하였을 때 이론적인 BER 값은 무엇인가? 에러율을 E_b/N_0 항으로 표현하고 성능곡선의 결과를 도시하시오. 10^{-3} BER에서 어떤 시스템이 몇 dB 성능이 우수하며 왜 그런 현상이 일어나는지 설명하시오.

제11장 비동기(Noncoherent) BFSK

11.1 비동기 FSK 변 · 복조 시스템

FSK 신호에 대하여 수신기에서 송신 반송파의 위상과 위상동기가 이루어져 동작을 하는 동기검파(Coherent Detection)에 대하여 전장에서 살펴보았다. 수신기에서 송신 반송파의 위상과 위상동기를 이루기 위해서는 많은 비용이 소요되므로 성능 저하를 감수하고 수신신호의 위상을 배제하는 비동기검파(Noncoherent Detection)방법에 대하여 이장에서 살펴보자.

2진 FSK의 경우 송신신호는 다음과 같이 정의된다.

$$s_i(t) = \begin{cases} \sqrt{\dfrac{2E}{T}} cos(2\pi f_i t), & 0 \leqq t \leqq T \\ 0, & \text{기타} \end{cases} \tag{11.1}$$

여기서, E는 신호에너지이며 T는 신호 지속시간을 나타낸다. 그리고 반송파 주파수 f_i는 $1/2T$의 정수배 주파수를 택한다. 송신기 위상에 수신기 위상을 동기시킬 준비가 되어 있지 않은 경우, 수신신호는 AWGN 채널에 대해 다음과 같은 형식으로 표현할 수 있다.

$$x(t) = \sqrt{\frac{2E}{T}} cos(2\pi f_i t + \theta) + w(t), \quad 0 \leqq t \leqq T \tag{11.2}$$

$w(t)$는 평균이 0이고 전력 스펙트럼밀도가 $N_0/2$인 백색가우시안잡음의 표본함수이며 위상θ는 알려져 있지 않으며 $[0, 2\pi]$ 사이에 균일하게 분포되어 있는 랜덤변수의 표본값으로 간주한다. 이러한 가정은 위상에 대하여 전혀 모르는 상황을 반영한다.

식 (11.2)를 전개하면 다음과 같다.

$$x(t) = \sqrt{\frac{2E}{T}} \left[cos\theta cos(2\pi f_i t) - sin\theta sin(2\pi f_i t)\right] + w(t), \quad 0 \leqq t \leqq T \tag{11.3}$$

수신신호 $x(t)$가 한쌍의 상관기에 인가된다고 가정하자. 하나의 상관기는 $\sqrt{2/T}cos(2\pi f_i t)$인 기준신호를 갖으며, 다른 하나의 상관기는 $\sqrt{2/T}sin(2\pi f_i t)$인 기준신호를 갖는다. 두 상관기에 대해 관측구간은 $0 \leqq t \leqq T$이다. 잡음이 없는 경우, 첫 번째 상관기 출력은 $\sqrt{E}\,cos\theta$이고, 두 번째 상관기 출력은 $-\sqrt{E}\,cos\theta$이다. 미지의 위상 θ는 두 상관기 출력을 제곱하여 더하고, 여기에 제곱근을 취하면 제거 된다. 따라서, 잡음 $w(t)$가 0일 때. 이 연산의 결과는 단순히 $\sqrt{E}$이며 미지의 위상θ에 무관하다. 이러한 사실로부터 식 (11.2)와 같이 랜덤한 위상을 갖는 경우 신호를 검파하기 위하여 그림 11.1(a)와 같은 쿼드러츄어(Quadrature) 수신기를 이용할 수 있다. 실제로, 이 수신기는 최소 에러 확률로 이러한 형태의 검파를 실현한다는 의미에서 최적이다.

다음으로 쿼드러츄어 수신기의 두 가지 등가 형태를 구해보자. 첫 번째 형태는 그림 11.1(a) 각각의 상관기를 그에 상응하는 등가의 정합여파기로 대치함으로써 쉽게 구현된다. 따라서 그림 11.1(b)와 같이 다른 형태의 쿼드러츄어 수신기를 구할 수 있다. 이 수신기의 한 경로에는 신호 $\sqrt{2/T}cos(2\pi f_i t)$에 정합된 여파기가 있으며 다른 한 경로에는 $\sqrt{2/T}sin(2\pi f_i t)$에 정합된 여파기가 있다. 두 정합여파기는 모두 시간간격 $0 \leqq t \leqq T$에서 정의 되며 두 여파기 출력은 시간 $t = T$에서 표본화되고 제곱되고 더해진다.

쿼드러츄어 수신기의 두 번째 등가 형태를 얻기 위해 $s(t) = \sqrt{2/E}cos(2\pi f_i t + \theta)$ 에 정합된 여파기를 고려하여보자. 정합여파기의 포락선은 명백히 위상값 θ에 영향을 받지 않는다. 따라서, 편의를 위해 $\theta = 0$에 해당하는 정합여파기의 임펄스 응답 $\sqrt{2/E}cos[2\pi f_i(T-t)]$를 고려하자. 이 여파기의 수신신호 $x(t)$에 대한 출력은 다음과 같다.

$$
\begin{aligned}
y(t) &= \sqrt{\frac{2}{T}}\int_0^T x(\tau)cos[2\pi f_i(T-t+\tau)]d\tau \\
&= \sqrt{\frac{2}{T}}cos[2\pi f_i(T-t)]\int_0^T x(\tau)cos(2\pi f_i t)d\tau \\
&\quad - \sqrt{\frac{2}{T}}sin[2\pi f_i(T-t)]\int_0^T x(\tau)sin(2\pi f_i t)d\tau
\end{aligned}
\qquad (11.4)
$$

여파기 출력의 포락선은 식 (11.4)의 적분항들을 제곱하고 합한 것에 제곱근을 취한 것이므로 시간 $t = T$의 포락선은 다음과 같다.

$$
l_i = \left\{\left[\int_0^T x(\tau)\sqrt{\frac{2}{T}}cos(2\pi f_i\tau)d\tau\right]^2 + \left[\int_0^T x(\tau)\sqrt{\frac{2}{T}}sin(2\pi f_i\tau)d\tau\right]^2\right\}^{1/2} \qquad (11.5)
$$

이 결과는 그림 11.1(a)의 쿼드러츄어 수신기의 출력과 동일하다. 이러한 형태의 수신기를 그림 11.1(c)에 나타내었다. 정합여파기와 포락선 검파기가 조합된 형태의 여파기를 비동기 정합여파기라 한다.

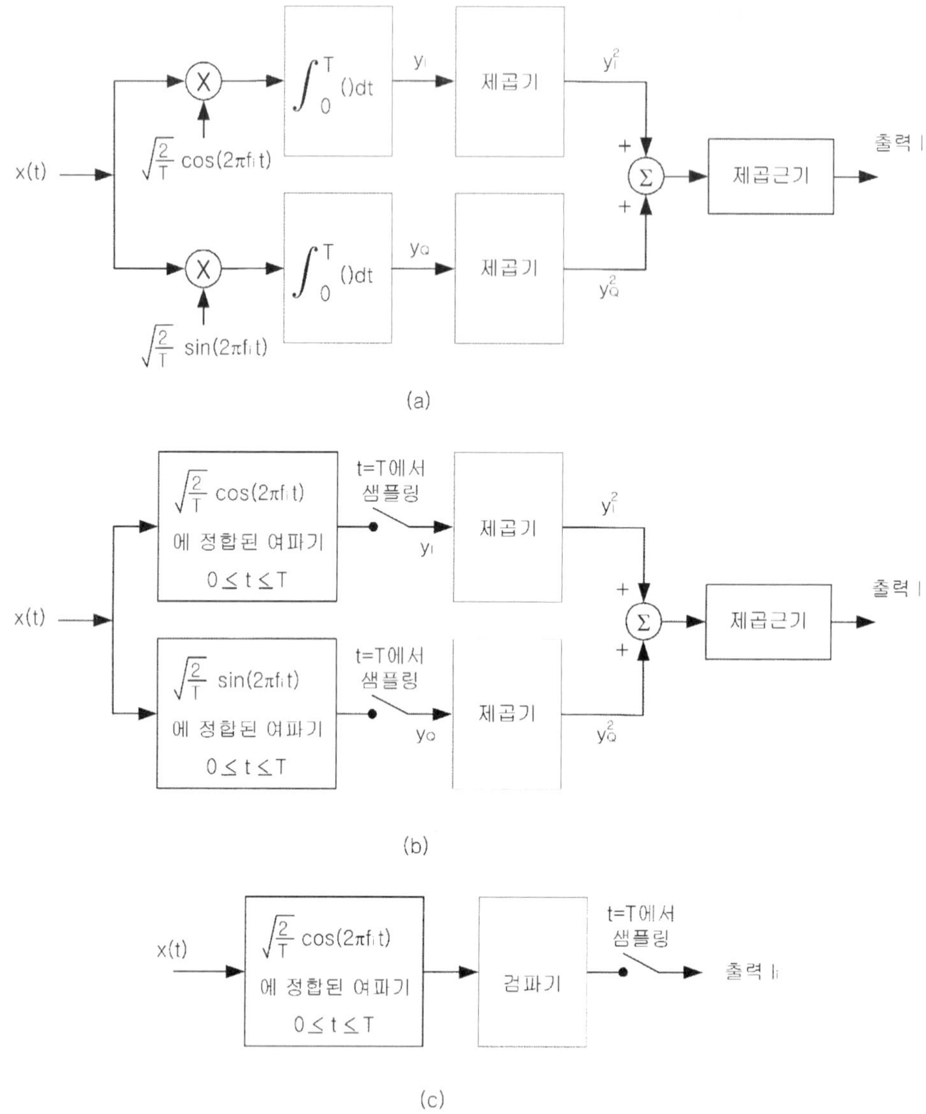

그림 11.1 (a) 상관기를 이용한 쿼드러츄어 수신기
(b) 정합여파기를 이용한 쿼드러츄어 수신기 (c) 비동기 정합여파기

11.2 비동기 2진 FSK 변·복조 시스템

상관기를 이용한 비동기 쿼드러츄어 수신기 및 비동기 정합여파기를 이용한 비동기 2진 FSK 검파에 대하여 살펴보자. 식 (11.1)과 같이 주파수 f_1의 전송은 심볼 1을 나타내고, 주파수 f_2의 전송은 심볼 0을 나타낸다. 이런 주파수 변조된 파의 비동기 검파를 위한 에너지 검파기를 그림 11.2에 비동기 여파기 구조를 그림 11.3에 나타내었다. 그림 11.3에서 수신기의 상위 경로 여파기는 $\sqrt{2/T_b}cos(2\pi f_1 t)$에 정합되어 있으며, 하위 경로 여파기는 $\sqrt{2/T_b}cos(2\pi f_2 t)$에 정합되어 있다. 그리고 $0 \leq t \leq T$이다. 포락선 검파기 출력들은 $t = T$에서 표본화되고, 이들 표본값들은 서로 비교된다. 그림 11.3의 상위 경로와 하위 경로의 포락선 표본값은 각각 l_1과 l_2로 표시되었다. $l_1 > l_2$이면 수신기는 심볼 1을 판정하고, $l_1 < l_2$이면 심볼 0을 판정한다. 만약 $l_1 = l_2$이면 심볼 1과 심볼 0중 랜덤한 판정을 한다. 비동기 2진 FSK에 대한 평균 에러확률 또는 동일하게 비트 에러율은 다음과 같다.

$$P_e = \frac{1}{2}exp\left(-\frac{E_b}{2N_0}\right) \tag{11.6}$$

유사하게 MFSK인 경우에서도 M개의 에너지 검파기 또는 포락선 검파기중 최대의 출력을 가지는 것을 선택한다.

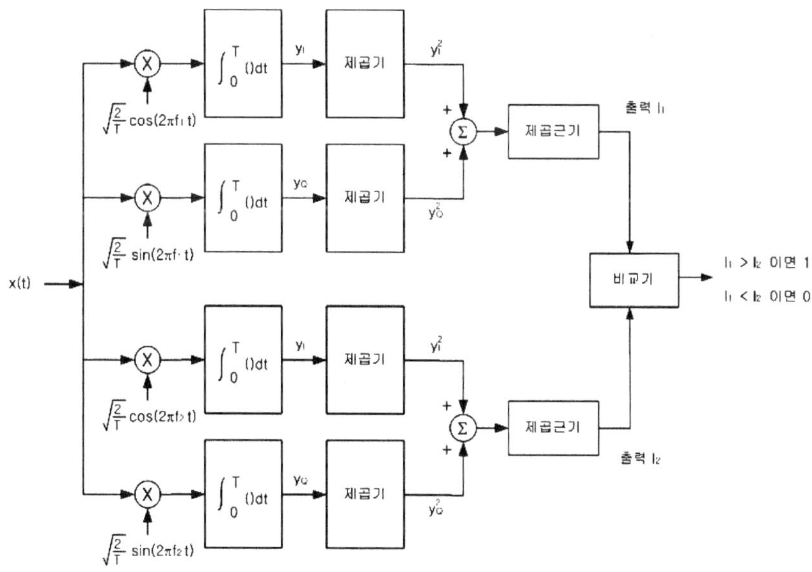

그림 11.2 쿼드러츄어 수신기

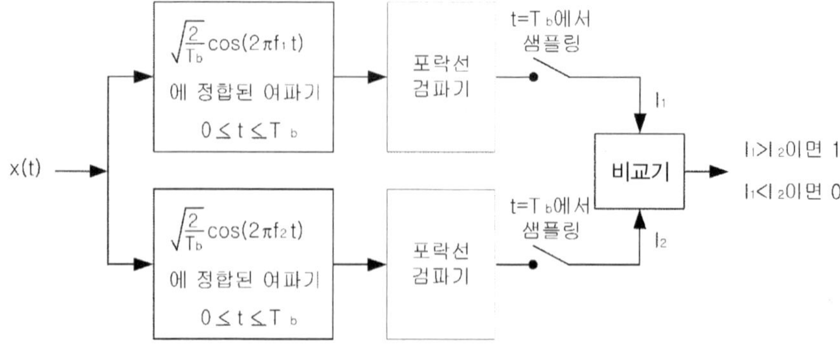

x(t)
$\sqrt{\frac{2}{T_b}}\cos(2\pi f_1 t)$
에 정합된 여파기
$0 \le t \le T_b$
포락선
검파기
t=T b에서
샘플링
l_1
비교기
$l_1 > l_2$이면 1
$l_1 < l_2$이면 0
$\sqrt{\frac{2}{T_b}}\cos(2\pi f_2 t)$
에 정합된 여파기
$0 \le t \le T_b$
포락선
검파기
t=T b에서
샘플링
l_2

[실험절차]

#11. 비동기 BFSK 실습

학습목표 :

디지털신호를 무선채널로 전송하기 위한 방법 중에서 비동기 BFSK 변·복조 시스템에 대하여 살펴본다. 송신단에서는 BFSK 변조 후 AWGN 채널을 통해 전송하며 수신단에서는 비동기 BFSK 복조를 통해 디지털 신호를 검파한다. 이러한 비동기 BFSK 변조와 복조를 수행하는 Simulink Block을 구성한 후 신호를 분석하고 고찰한다.

실습과제 :

실습 #11-1 : 비동기 BFSK 변조와 복조를 수행하는 Simulink Block을 구성

실습 #11-2 : 시간/주파수 영역에서 신호 관찰

실습 #11-3 : 비트에러율(BER : Bit Error Rate) 측정

주어진 조건 :

① 변조 : BPSK

② 샘플링 시간 (T_s) : 가변

③ 반송파주파수 (f_c) : 비트율의 3배 ($f_c = (1/T_s) \times 3$)

④ 송신주파수 (f_1, f_2) : n = 2

데이터 “1” : $f_1 = f_c + \frac{1}{2T_s} \times n$

데이터 “0” : $f_2 = f_c - \frac{1}{2T_s} \times n$

⑤ 채널 : AWGN

⑥ 복조 : 비동기 BFSK

실습 #11-1 : 비동기 BFSK 변조와 복조를 수행하는 Simulink Block 구성

(1) Matlab을 실행한다.

(2) [그림 1]과 같이 메뉴 바에서 Simulink Library 버튼을 click하면 [그림 2]와 같이 Simulink Library Browser가 나타난다.

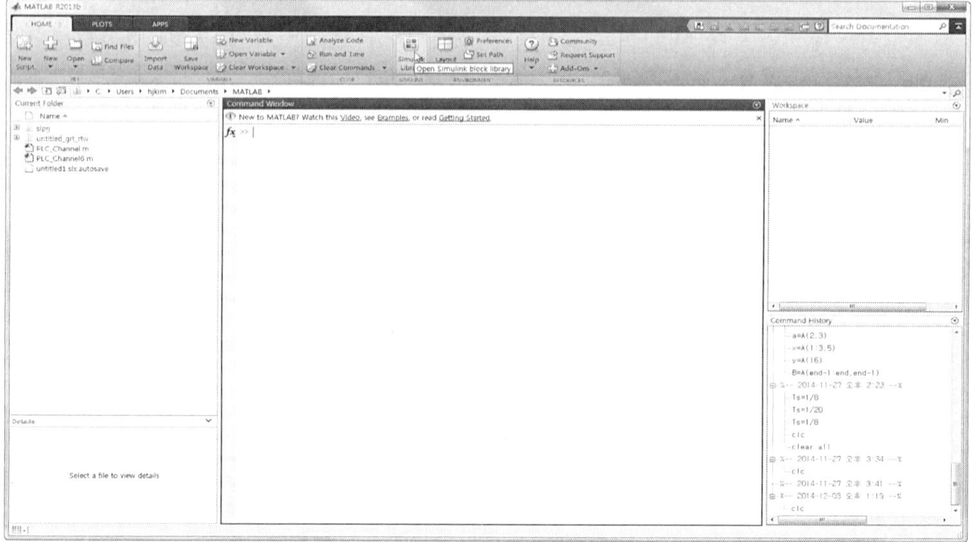

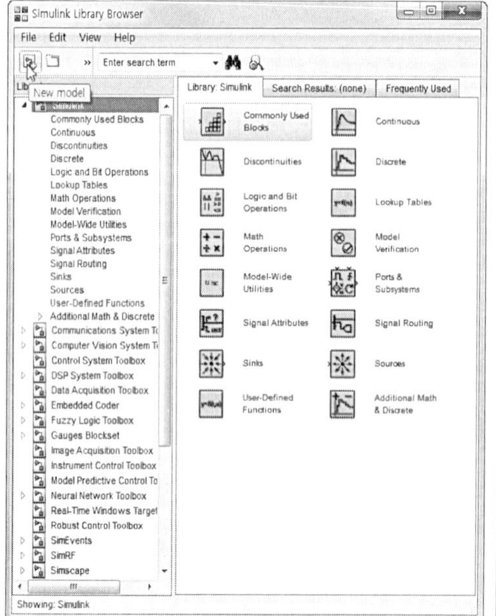

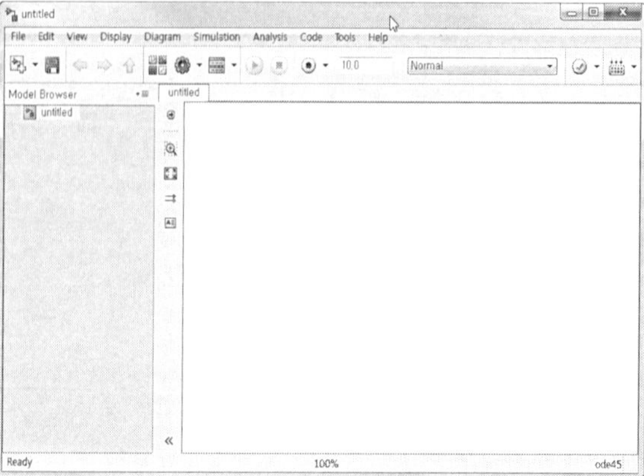

(3) Simulink Library Browser의 menu 바에서, FILE/NEW/MODEL 을 선택하게 되면 [그림3]과 같이 untitled window 창이 나타난다.

(4) [그림 4]와 같이 Simulink Library Browser의 왼쪽 면에서, Communications System Toolbox/Comm Sources/Random Data Source를 선택한다. [그림 5]와 같이 Simulink Library Browser의 오른쪽 면에서 Random Integer Generator를 왼쪽 마우스로 누른다.

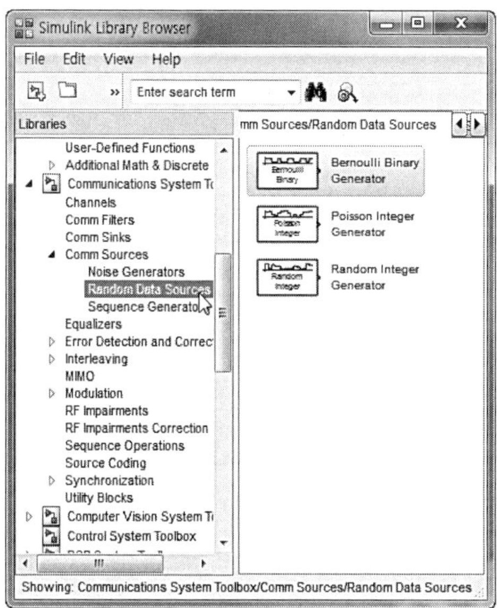

[그림 4]

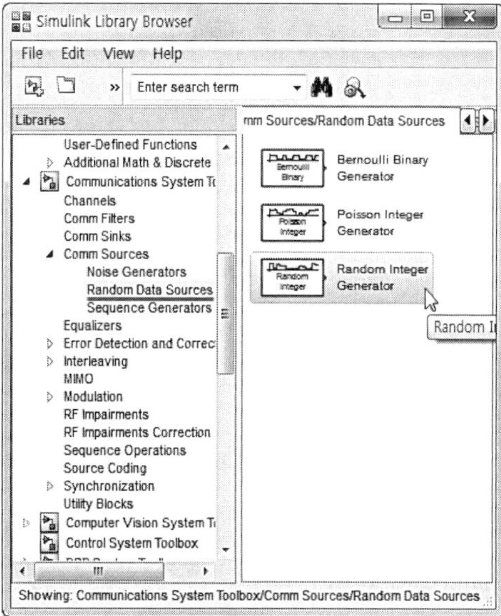

[그림 5]

(5) [그림 6]과 같이 untitled window 창에 Random Integer Generator를 끌고 와서 내려놓는다.

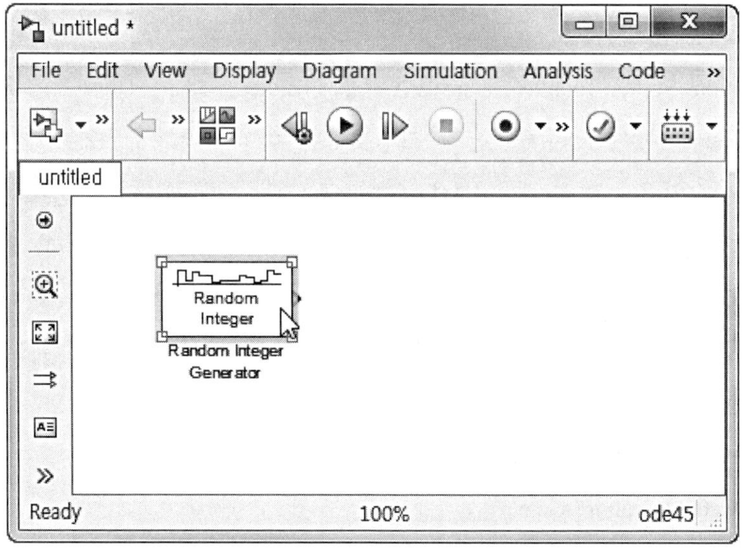

[그림 6]

(6) Random Integer Generator 블록을 2번 클릭한 후 [그림 7]과 같이 입력한다.

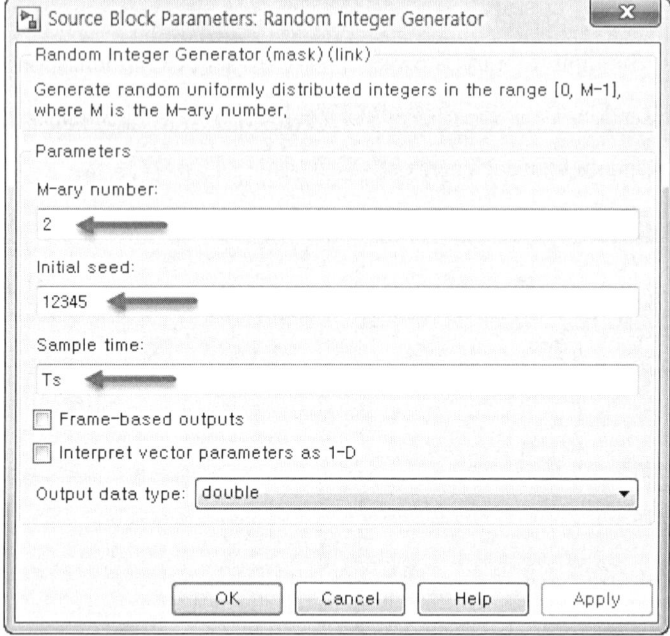

[그림 7]

(7) Untitled window를 NonCoBFSK라는 이름으로 저장한다.

(8) [그림 8]과 같이 블록들을 가지고 와서 연결을 한다. 이때 사용되는 블록의 위치는 다음과 같다. 또한 각 블록들을 2번 클릭한 후 파라미터 값들을 입력한다.

Simulink/Signal Routing/Switch

Simulink/Sources/Sine Wave

(9) Communications System Toolbox/Channels/AWGN Channel 블록을 [그림 9]와 같이 연결을 한다.

(10) AWGN Channel 블록을 2번 클릭한 후 [그림 10]과같이 파라미터 값들을 입력한다.

(11) [그림 11]와 같이 Sine Wave블록, Product 블록, Integrate and Dump 블록, Gain 블록을 가지고 와서 연결을 한다. 이때 Sine Wave2는 Sine Wave 블록을 복사하여 사용하고 Sine Wave3은 Sine Wave와 주파수는 동일하나 위상을 0(sin 파형)으로 만든다. Sine Wave4는 Sine Wave1 블록을 복사하여 사용하고 Sine Wave5는 Sine Wave1과 주파수는 동일하나 위상을 0(sin 파형)으로 설정한다. 또한 사용되는 블록의 위치는 다음과 같다.

Simulink/Math Operations/Product

Simulink/Math Operations/Gain

Communications Blockset/Comm Filters/Integrate and Dump

(12) [그림 11]의 Integrate and Dump 블록을 2번 클릭한 후 [그림 12]와 같이 파라미터 값들을 입력한다.

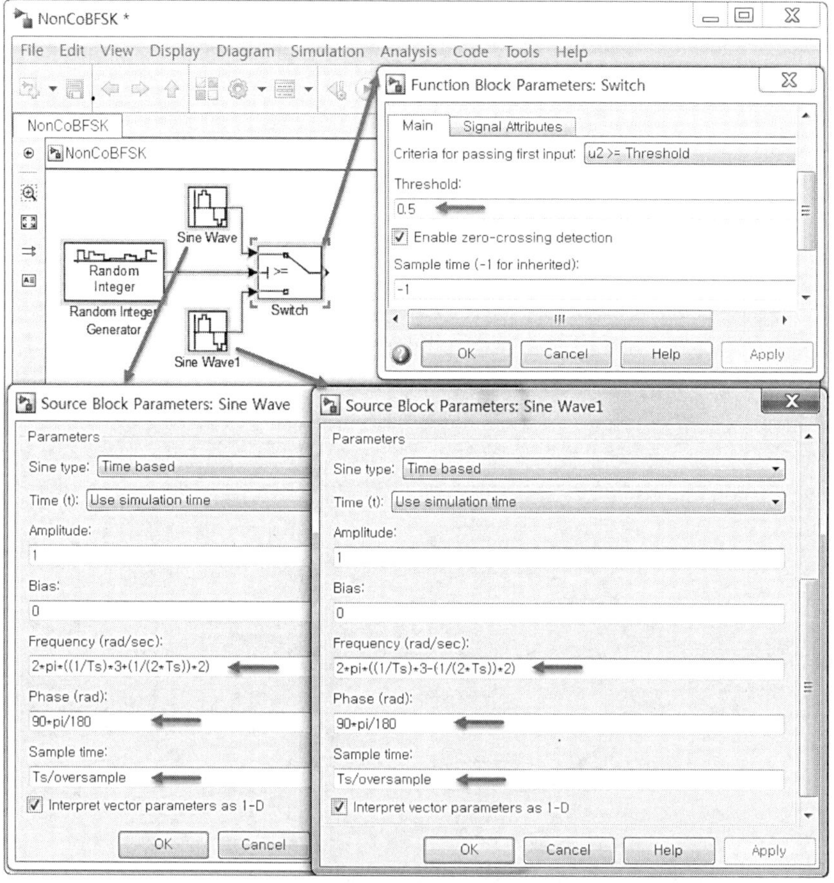

[그림 8]

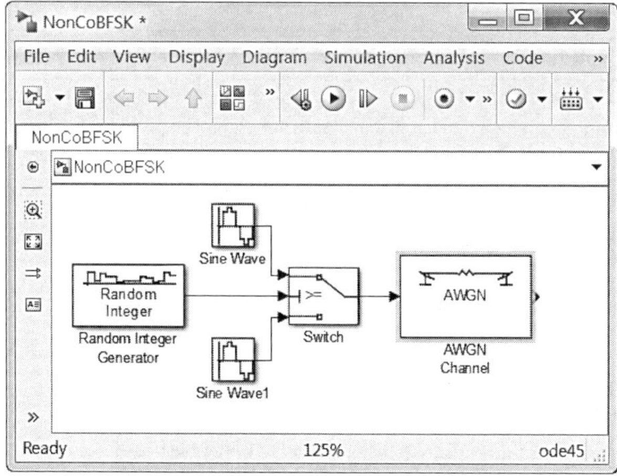

[그림 9]

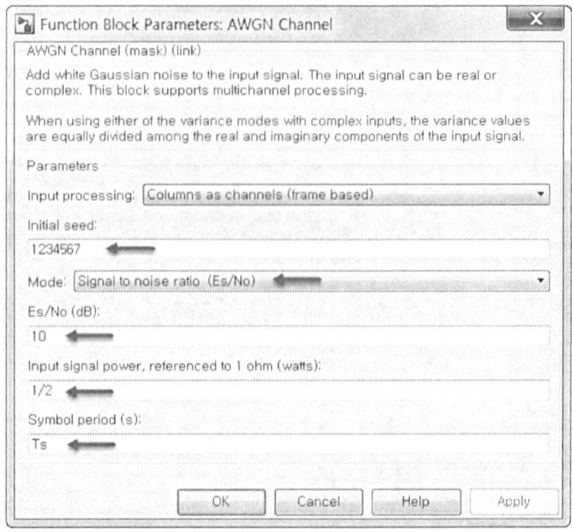

[그림 10]

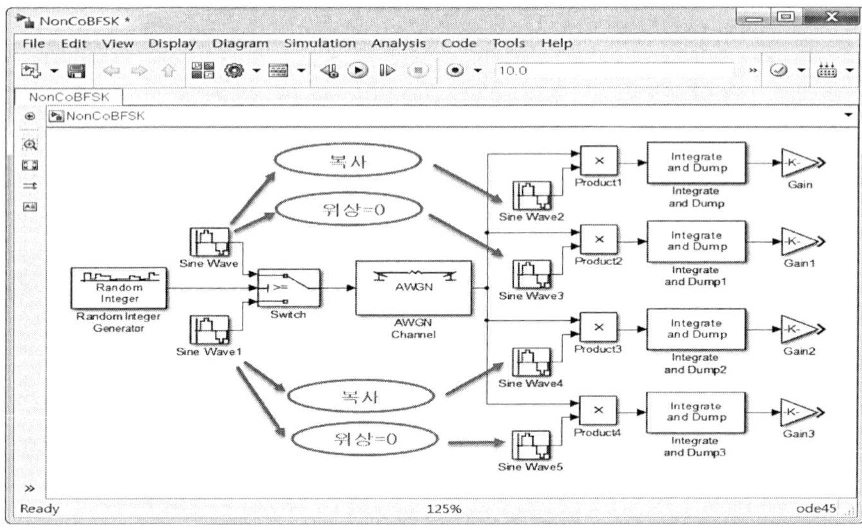

[그림 11]

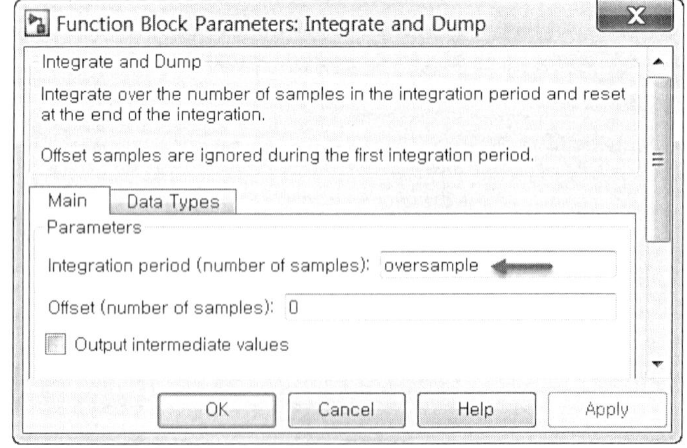

[그림 12]

(13) [그림 11]의 Gain 블록을 2번 클릭한 후 [그림 13]과 같이 파라미터 값들을 입력한다.

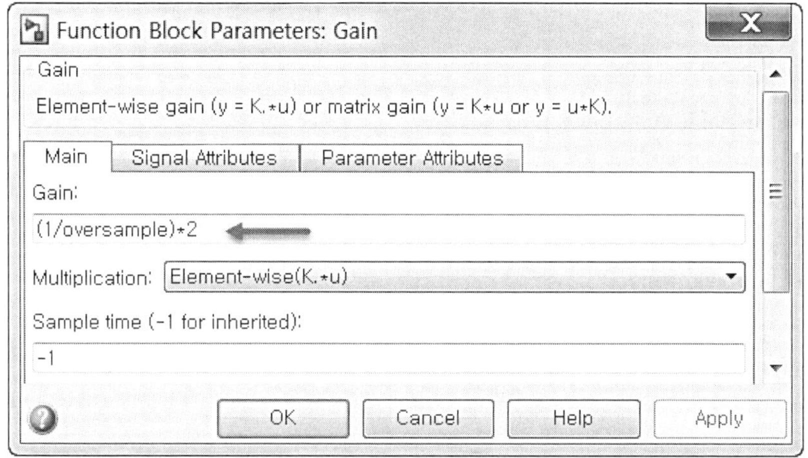

[그림 13]

(14) [그림 11]의 Gain 블록들에서 I와 Q의 에너지 합을 구하기 위하여 Simulink/Commonly Used Blocks/MUX 블록과 Simulink/User-Defined Functions/Fcn 블록을 가지고 와서 [그림 14]와 같이 연결한 후 파라미터 값들을 입력한다.

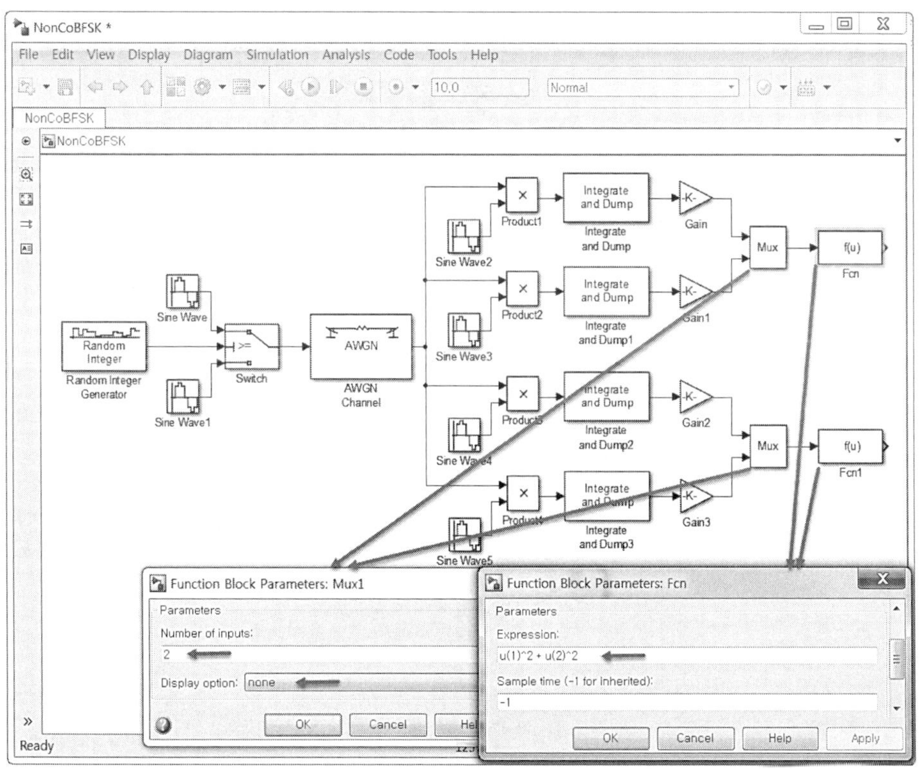

[그림 14]

(15) [그림 14]의 두 Fcn 블록의 출력을 비교하여 송신 데이터를 검파하기 위하여 아래의 블록들을 가지고 와서 [그림 15]와 같이 연결한 후 파라미터 값들을 입력한다.

Simulink/Math Operations/Sum

Simulink/Signal Routing/Switch

Simulink/Sources/Constant

(16) 신호 파형을 관찰하기위하여 Simulink/Sinks/Scope를 [그림 16]과 같이 연결한다.

(17) Matlab Command window 상에서 [그림 17]과 같이 변수 T_s에 값을 지정한다.

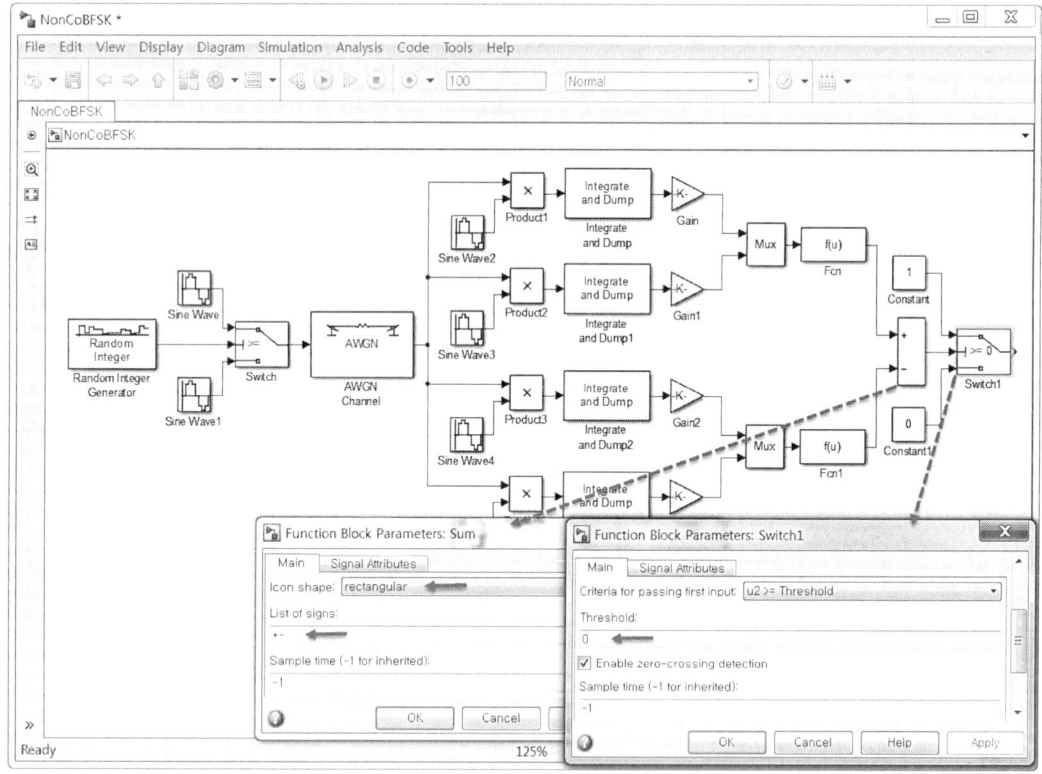

[그림 15]

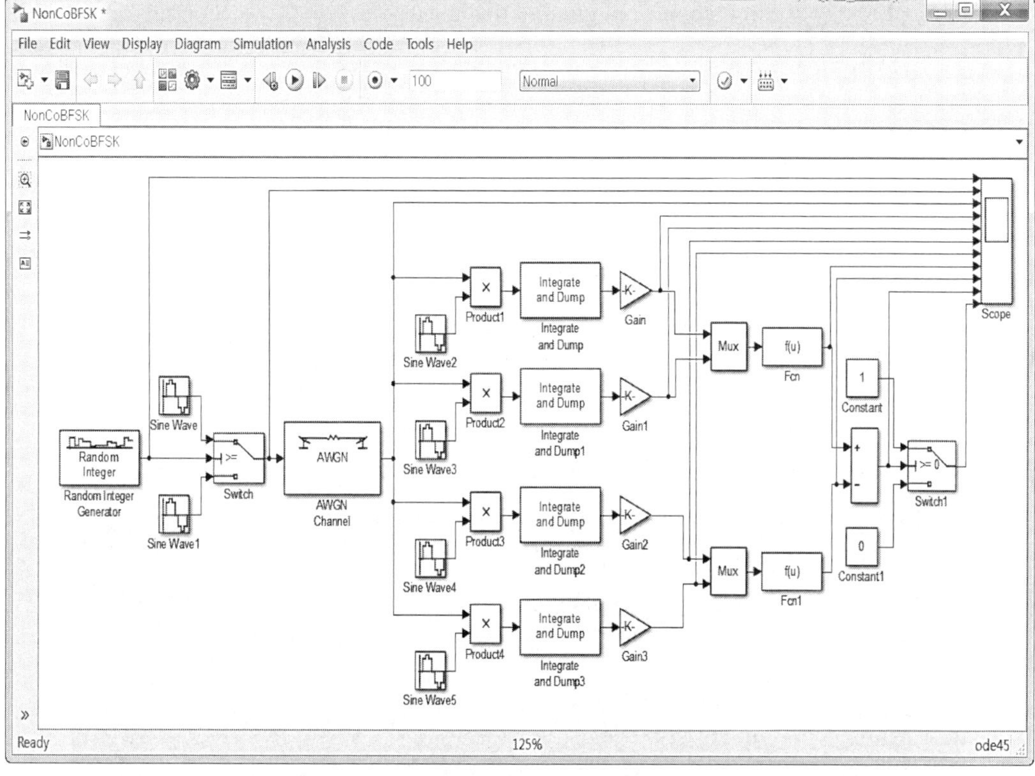
NonCoBFSK *
File Edit View Display Diagram Simulation Analysis Code Tools Help
Random Integer
Random Integer Generator
Sine Wave
Sine Wave1
Switch
AWGN
AWGN Channel
Product1
Product2
Product3
Product4
Sine Wave2
Sine Wave3
Sine Wave4
Sine Wave5
Integrate and Dump
Integrate and Dump1
Integrate and Dump2
Integrate and Dump3
Gain
Gain1
Gain2
Gain3
Mux
f(u)
Fcn
Fcn1
Constant
Constant1
Switch1
Scope
Ready
125%
ode45

[그림 16]

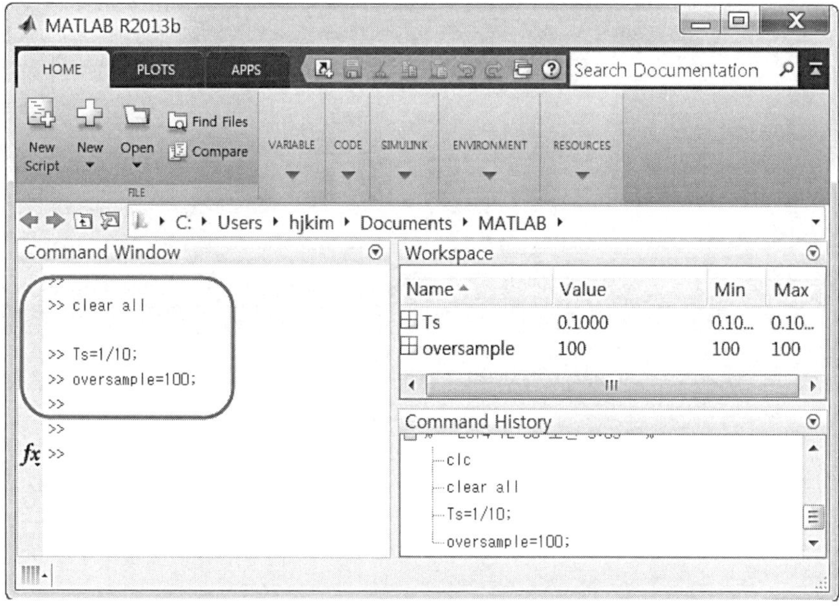
MATLAB R2013b
HOME PLOTS APPS
Search Documentation
New Script
New
Open
Find Files
Compare
FILE
VARIABLE
CODE
SIMULINK
ENVIRONMENT
RESOURCES
C: ▸ Users ▸ hjkim ▸ Documents ▸ MATLAB ▸
Command Window
>> clear all
>> Ts=1/10;
>> oversample=100;
>>
Workspace
Name Value Min Max
Ts 0.1000 0.10... 0.10...
oversample 100 100 100
Command History
clc
clear all
Ts=1/10;
oversample=100;

[그림 17]

(17) NonCoBFSK 창의 Simulation/Configuration Parameters를 선택한 후, Stop time을 1초로 설정하고, Start Simulation 버튼을 누른 후 Scope 버튼을 클릭하면 [그림 18]과 같은 결과를 얻는다.

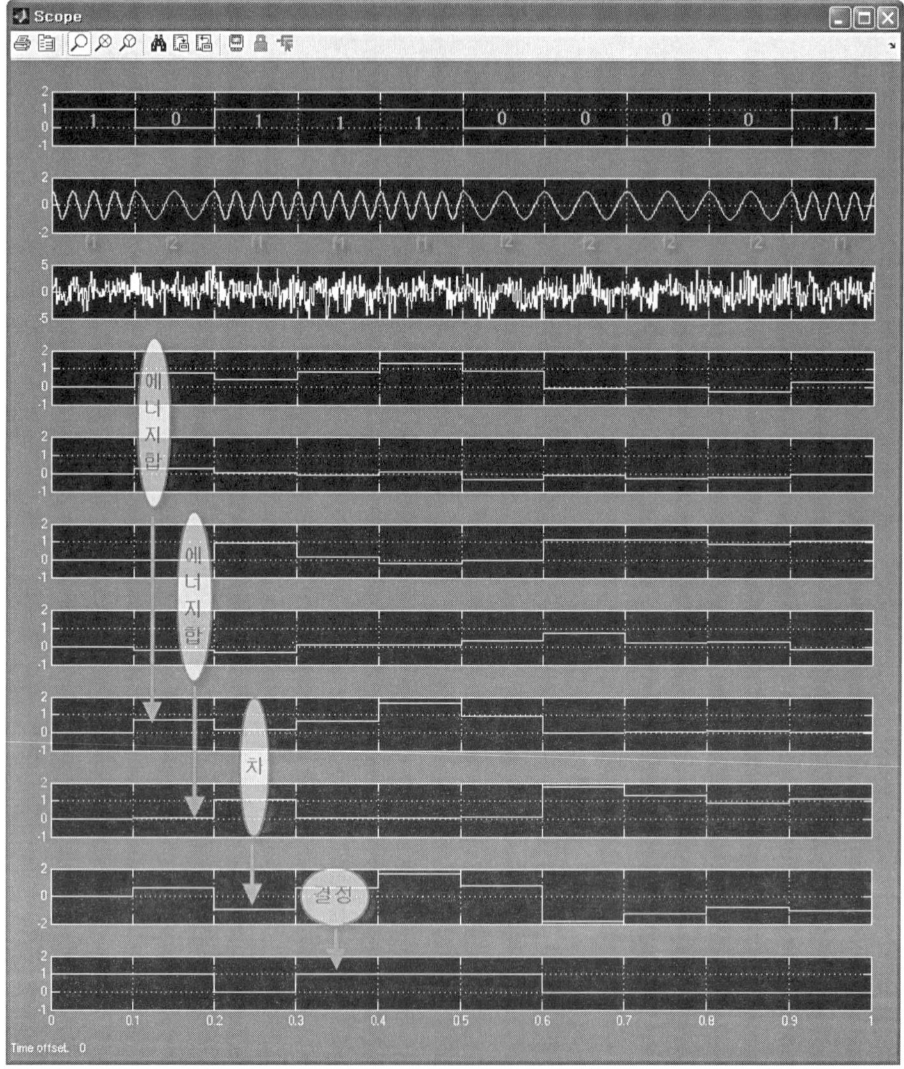

[그림 18]

실습 #11-2 : 시간/주파수 영역에서 신호 관찰

1. 시간 영역에서 신호 파형 관찰

(1) [그림 16]에서 Scope 블록을 두 번 클릭하면 [그림 19]와 같은 결과를 얻는다.

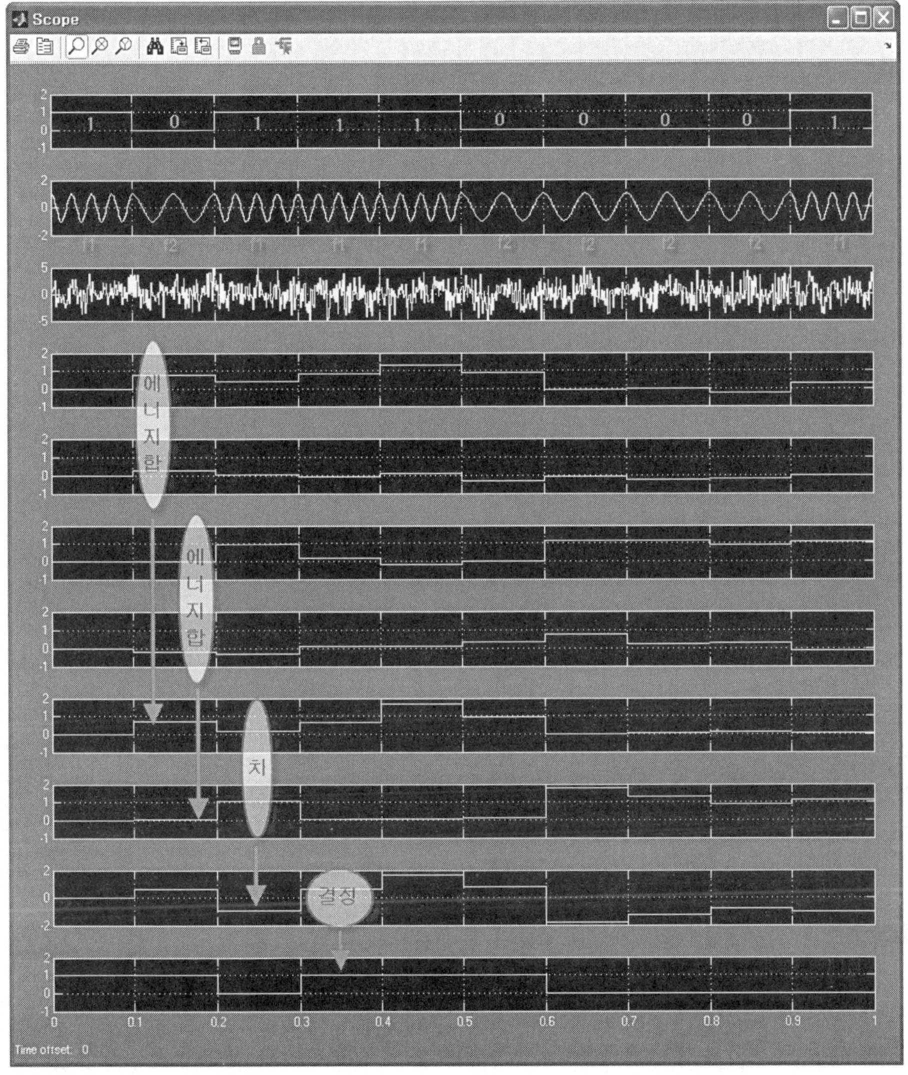

2. 주파수 영역에서 신호 관찰

(1) Simulink Library Browser의 왼쪽 면에서, DSP System Toolbox/Sinks을 선택하고, 오른쪽 면에서 Spectrum Analyzer를 [그림 20]과 같이 연결한다.

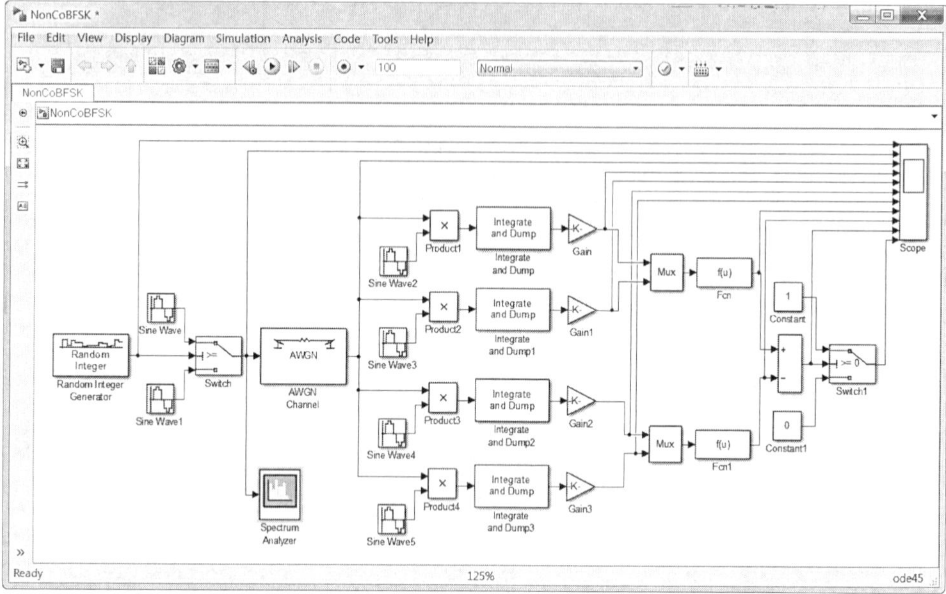

[그림 20]

(2) Matlab Command window 상에서 [그림 21]과 같이 $T_s = 1/10000$ 및 oversample 값을 입력한다.

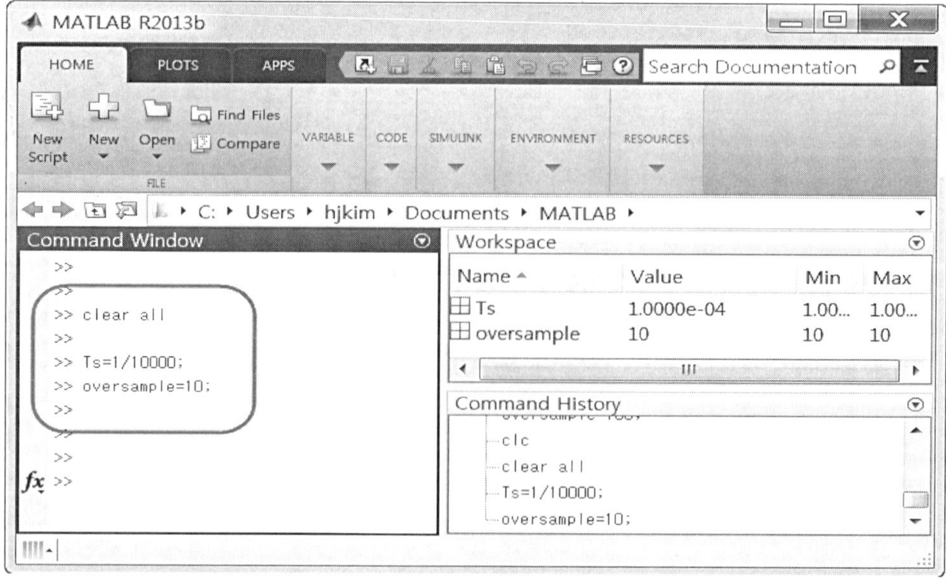

[그림 21]

(3) Simulation/Configuration Parameters를 선택한 후, Stop time을 100초로 설정하고, Start Simulation 버튼을 클릭하면 [그림 22]와 같은 결과를 얻는다.

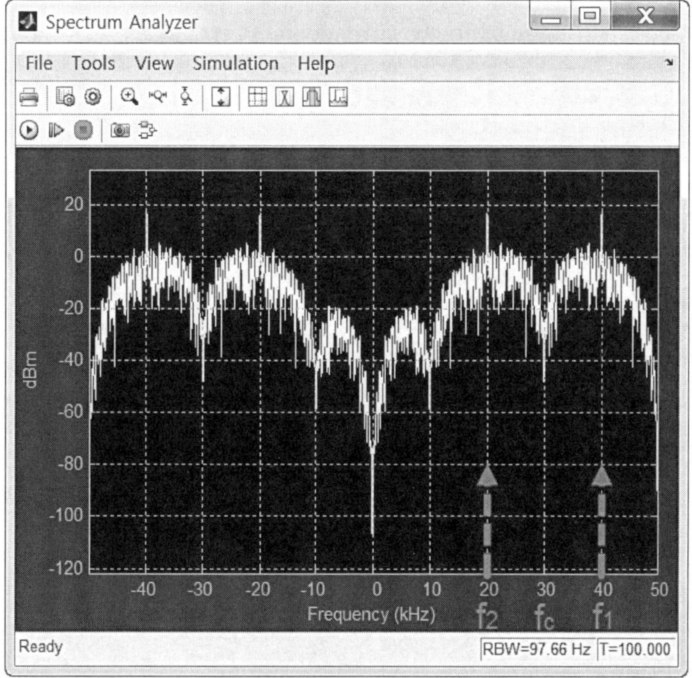

[그림22] Spectrum Scope

실습 #11-3 : 비트에러율(BER) 측정

(1) 비동기 BFSK 신호를 AWGN 채널로 전송 시, E_b/N_0 값에 따른 비트에러율(BER)을 측정하기 위하여 Communications System Toolbox/Comm Sinks/Error Rate Calculation 블록을 [그림 23]

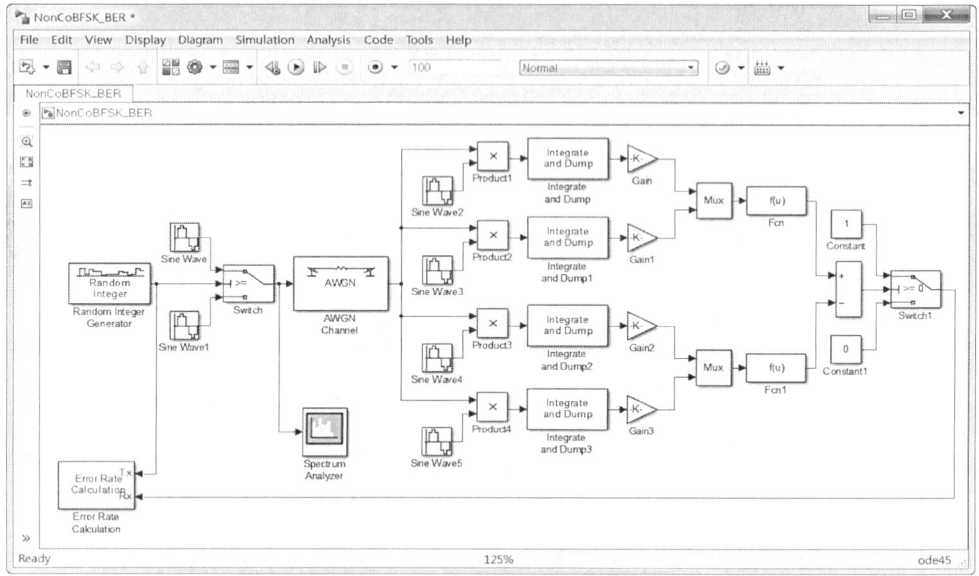

[그림 23]

(2) Error Rate Calculation 블록을 2번 클릭한 후 [그림 24]와 같이 파라미터 값들을 입력한다.

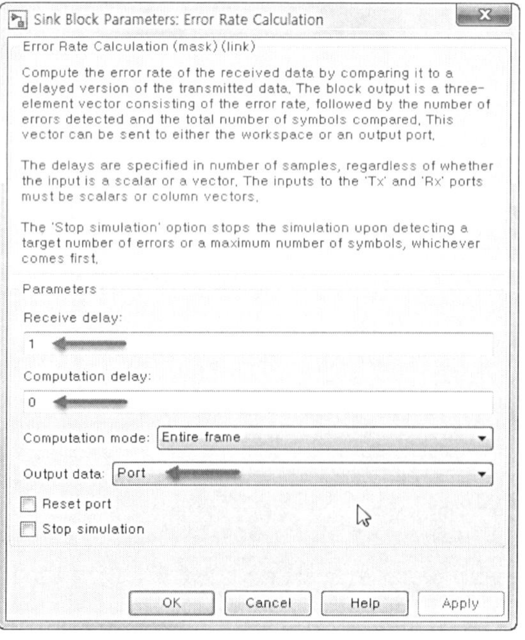

[그림 24]

(3) 에러율을 표시하기 위하여 Simulink/Sinks/Display 블록을 [그림 25]와 같이 연결한다.

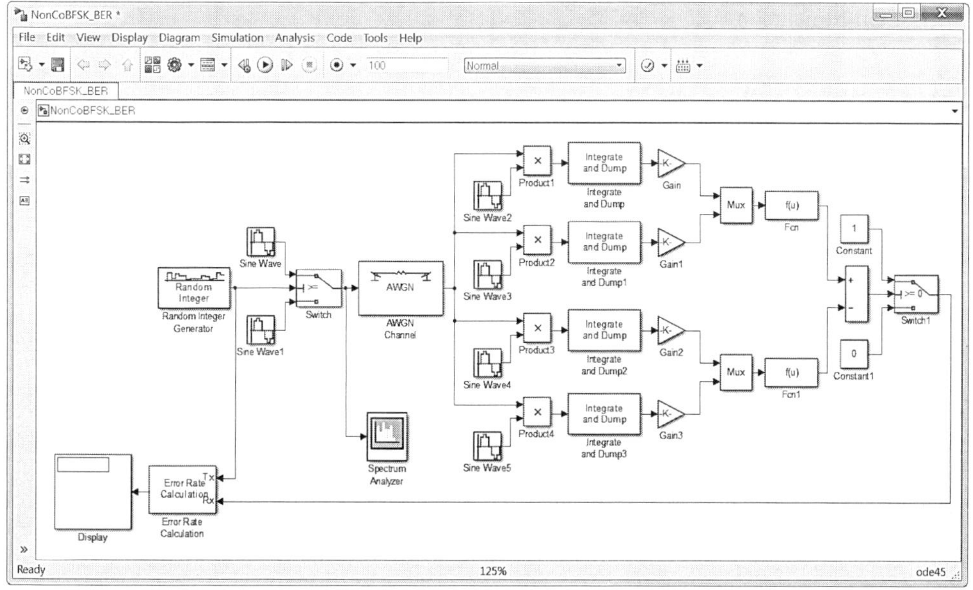

[그림 25]

(4) Matlab Command window 상에서 [그림 26]과 같이 $T_s = 1/10000$ 및 oversample 값을 입력한다.

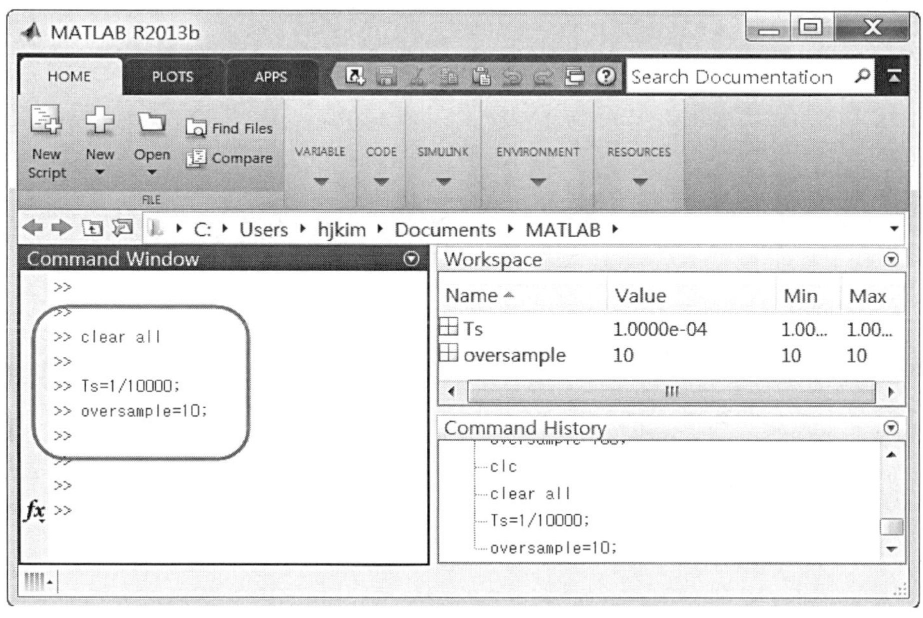

[그림 26]

(5) NonCoBFSK창의 Simulation/Configuration Parameters를 선택한 후, Stop time을 100초로 설정하고, Start Simulation 버튼을 클릭하면 [그림 27]과 같은 결과를 얻는다.

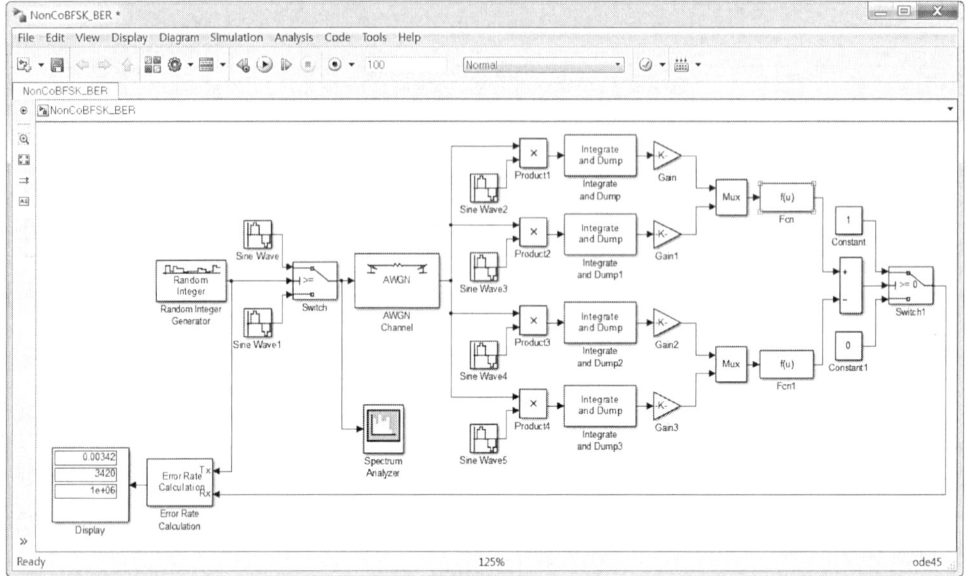

[그림 27]

실습과제 #11 : 실험 결과 및 고찰 보고서

1. [그림 19]의 Scope 출력에서 비동기 BFSK 신호의 생성과정에 대하여 설명하시오.

2. [그림 19]에서 비동기 BFSK 신호의 검파과정을 설명하시오. 또한 송신 데이터와 검파된 데이터에서 검파된 데이터가 1비트 지연이 발생한 이유를 설명하시오.

3. [그림 22] Spectrum Scope 그림에서 반송파주파수 (f_c), 송신주파수 (f_1,f_2) 및 대역폭을 구하시오.

4. 비동기 BFSK 신호를 AWGN 채널로 전송 하였을 때 이론적인 BER 값은 무엇인가? 에러율을 E_b/N_0 항으로 표현하시오.

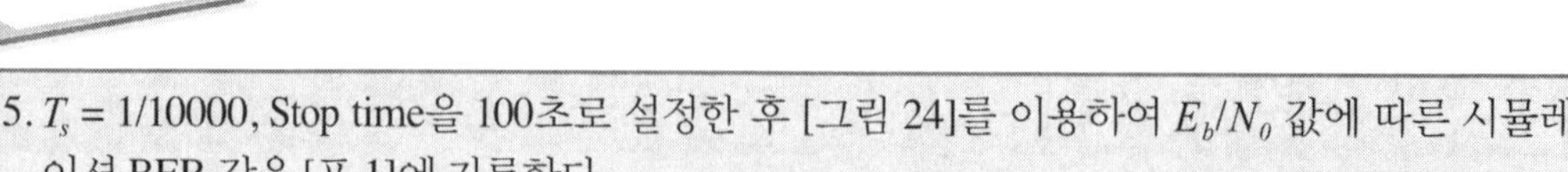

5. T_s = 1/10000, Stop time을 100초로 설정한 후 [그림 24]를 이용하여 E_b/N_0 값에 따른 시뮬레이션 BER 값을 [표 1]에 기록한다.

[표 1]

E_b/N_0	이론 BER 값	시뮬레이션 BER 값
0 dB		
1 dB		
2 dB		
3 dB		
4 dB		
5 dB		
6 dB		
7 dB		
8 dB		
9 dB		
10 dB		
11 dB		
12 dB		

6. 다음의 m 파일을 이용하여 [표 1]의 값을 그려보자. (Box 안에 시뮬레이션 BER 값을 입력한다.)

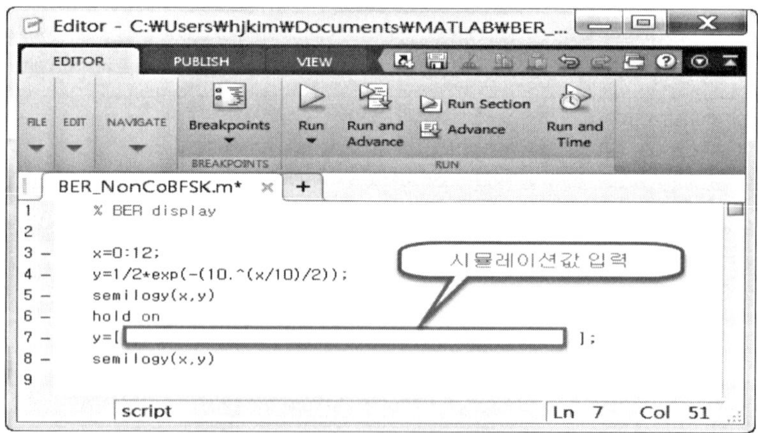

7. 위의 6의 성능곡선의 결과를 도시하시오.

실습과제 #11 설계 보고서 (1)

학습목표 :

디지털신호를 무선채널로 전송하기 위한 방법 중에서 비동기 BFSK 변 · 복조 시스템에 대하여 살펴본다. 송신단에서는 BFSK 변조 후 AWGN 채널을 통해 전송하며 수신단에서는 비동기 BFSK 복조를 통해 디지털 신호를 검파한다. 이러한 비동기 BFSK 변조와 복조를 수행하는 Simulink Block을 구성한 후 신호를 분석하고 고찰한다.

주어진 조건 :

① 변조 : BFSK

② 샘플링 시간 (T_s) : 가변

③ oversample : 10

④ 반송파주파수 (f_c) : $f_c = (1/T_s) \times 2.5$

⑤ 스펙트럼

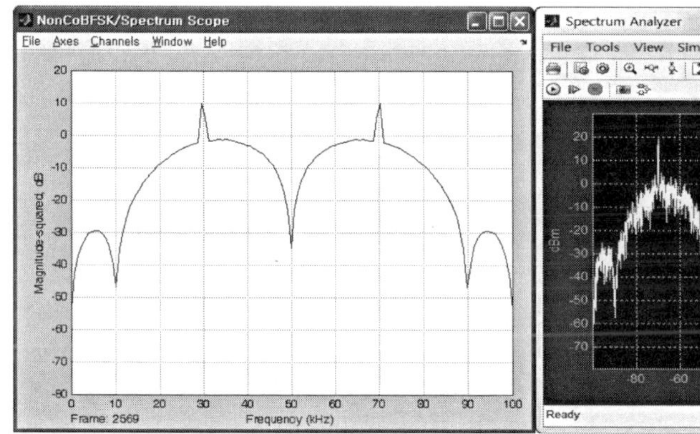

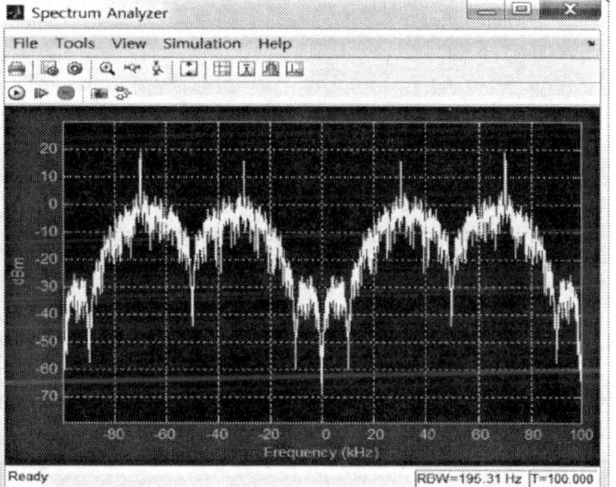

〈대역통과 스펙트럼〉

⑥ 채널 : AWGN

⑦ 복조 : 동기 BFSK

설계 :

비동기 BFSK 신호의 전송과 검파를 수행하는 Simulink Block을 설계하고 파라미터 값을 입력

분석 및 고찰 :

1. 샘플링 시간 (T_s) 값을 결정하시오

2. 반송파 주파수(f_c) 와 대역폭을 결정하시오.

3. 송신주파수 (f_1, f_2) 및 n값을 결정하시오.

데이터 "1" : $f_1 = f_c + \frac{1}{2T_s} \times m$ 데이터 "0" : $f_2 = f_c - \frac{1}{2T_s} \times n$

4. 동기 BFSK신호를 AWGN 채널로 전송 하였을 때 이론적인 BER 값과 비동기 BFSK 신호를 AWGN 채널로 전송 하였을 때 이론적인 BER 값은 각각 무엇인가? 에러율을 E_b/N_0 항으로 표현하고 성능곡선의 결과를 도시하시오. 10^{-3} BER에서 어떤 시스템이 몇 dB 성능이 우수하며 왜 그런 현상이 일어나는지 설명하시오.

실습과제 #11 설계 보고서 (2)

주어진 조건 :

① 변조 : 4FSK

② 샘플링 시간 (T_s) : $T_s = 1/10000$

③ oversample : 10

④ 반송파주파수 (f_c) : 비트율의 3배 ($f_c = (1/T_s) \times 3$)

⑤ 송신주파수 (f_1, f_2, f_3, f_4) : n = 2

데이터 "00" : $f_1 = f_c - \frac{3}{2T_s} \times n$

데이터 "01" : $f_2 = f_c - \frac{1}{2T_s} \times n$

데이터 "10" : $f_3 = f_c + \frac{1}{2T_s} \times n$

데이터 "11" : $f_4 = f_c + \frac{3}{2T_s} \times n$

⑥ 채널 : AWGN

⑦ 복조 : 동기 BFSK

설계 :

비동기 4FSK 신호의 전송과 검파를 수행하는 Simulink Block을 설계하고 파라미터 값을 입력

분석 및 고찰 :

1. 비동기 4FSK 시스템의 시뮬링크 모델

2. Stop time을 100초로 설정한 후 E_b/N_0 값에 따른 시뮬레이션 BER 값을 [표 2]에 기록한다.

[표 2]

E_b/N_0	이론 BER 값	시뮬레이션 BER 값
0 dB		
1 dB		
2 dB		
3 dB		
4 dB		
5 dB		
6 dB		
7 dB		
8 dB		
9 dB		
10 dB		
11 dB		
12 dB		
13 dB		
14 dB		
15 dB		
16 dB		

3. 위의 비동기 4FSK와 비동기 BFSK의 성능곡선의 결과를 도시하시오.

4. 10^{-3} BER에서 어떤 시스템이 몇 dB 성능이 우수한가?

제12장 16QAM

12.1 *M*진 변조기법

12.2 *M*진 PSK

12.3 *M*진 FSK

12.4 *M*진 QAM

12.5 *M*진 디지털 변조 기법의 비교

12.1 M진 변조기법

M진 신호방식(signaling) 구조에서는 T시간에 M개의 가능한 신호들, 즉, $s_1(t), s_2(t), \cdots, s_M(t)$를 보낼 수 있다. 대부분의 응용에서 가능한 신호 $M = 2^n$(n은 정수)이며 신호 지속시간 $T = nT_b$(T_b는 비트의 지속기간)이다. 이러한 신호들은 진폭, 위상 또는 주파수를 M개의 이산단계로 변화시키므로 얻어질 수 있다. 따라서 M진 ASK, M진 PSK, 진 FSK 변조방법을 사용할 수 있다. QPSK는 $M = 4$인 M진 PSK의 한 종류이다.

M진 신호를 만들어 내는 또 다른 하나의 방법은 혼합형태로 다른 변조방법을 결합하는 것이다. 예를 들어, M진 진폭위상 키잉(APK)을 만들어 내기 위하여 반송파의 진폭과 위상에 이산변화를 줄 수 있다. 이러한 혼합 형태의 특수한 모습인 M진 QAM은 여러 가지의 이점을 가지고 있다.

M진 신호 구조는 전송전력을 대가로 전송대역폭을 줄이는 것이 요구되어지는 신호 구조에서 선호된다. 실제적으로 정보원에서 2진 형태로 정보를 전송할 때, 요구되어지는 대역폭을 정확히 갖는 통신채널은 드물다. 따라서, 채널의 대역폭이 요구되어지는 값보다 작을 때, 채널을 보다 효과적으로 사용하기 위해서 사용된다.

M진 신호구조에서 대역폭을 줄일 수 있는 능력을 보여주기 위해서, 비트 지속기간이 T_b인 2진 시퀀스로 구성된 정보의 전송을 고려해 보자. 이 정보들을 2진 PSK로 전송을 한다면, T_b의 역수에 비례하는 대역폭이 필요하게 된다. 그러나 만약에 n비트로 이루어진 블록들을 전송정보로 선택하고 변조방법을 신호 지속시간 $T = nT_b$이고 $M = 2^n$인 M진 PSK를 사용한다면, 요구되어지는 대역폭은 에 $1/nT_b$비례하게 된다. 이것은 M진 PSK가 2진 PSK에 비해 $n = \log_2 M$만큼 전송대역폭을 절약하게 된다.

이 장에서는 세 가지의 다른 M진 신호방식을 고려하게 된다. M진 PSK, M진 QAM 그리고 M진 FSK이다. 이 각각의 구조는 그들만의 장점을 가지고 있다.

12.2 M진 PSK법

M진 PSK에서는 반송파의 위상이 M개의 가능한 값 중 하나를 가지게 된다. 즉, $\theta = 2(i-1)\pi/M$, $(i = 1, 2, \cdots, M)$이다. 그러므로, 각 신호 지속시간 T 동안에 M개의 가능한 신호 중 하나는 아래와 같은 식이 된다.

$$s_i(t) = \sqrt{\frac{2E}{T}} cos\left[2\pi f_c t + \frac{2\pi}{M}(i-1)\right], \qquad i = 1,2,\cdots,M \tag{12.1}$$

여기서 E는 심볼당 에너지이며 반송파 주파수 $f_c = n_c/T$이다. 이때 n_c는 어떤 정수값이다. 각각의 $s_i(t)$는 두 개의 기준함수 $\phi_1(t)$와 $\phi_2(t)$로 확장되어질 수 있고 아래와 같이 정의된다.

$$\phi_1(t) \;=\; \sqrt{\frac{2}{T}} cos(2\pi f_c t), \qquad 0 \leqq t \leqq T \tag{12.2}$$

$$\phi_2(t) \;=\; \sqrt{\frac{2}{T}} sin(2\pi f_c t), \qquad 0 \leqq t \leqq T \tag{12.3}$$

모두 단위에너지를 가지고 있다. 따라서 M진 PSK의 신호성상도는 2차원이다. M개의 메시지점들은 $M = 8$인 8위상전이 키잉의 경우, 그림 12.1(a)에서처럼 원점을 중심으로 반지름이 $\sqrt{E}$인 원위에 똑같은 간격으로 분포된다.

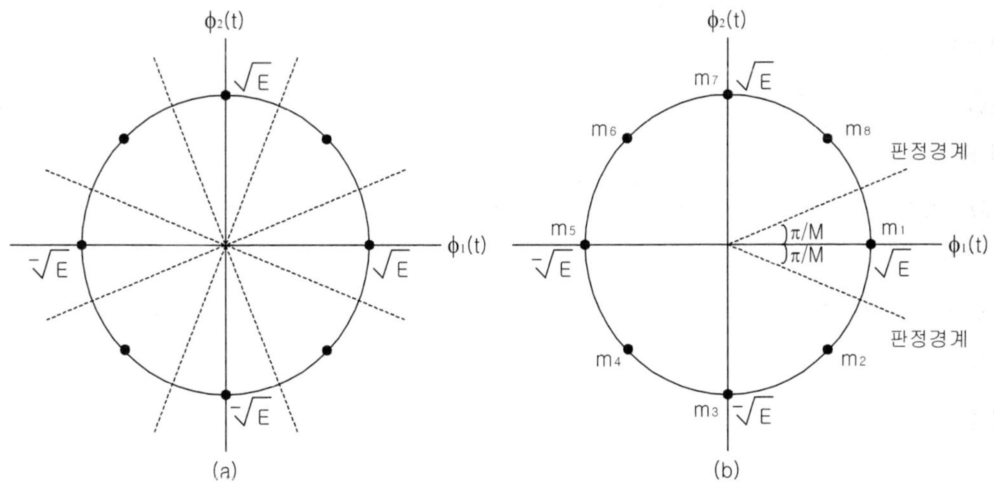

그림 12.1 (a) 8PSK의 성상도 (b) 8PSK을 합경계에 적용한 신호성상도

12.3 *M*진 FSK

*M*진 FSK 구조에서 전송된 신호는 아래와 같이 정의된다.

$$s_i(t) \;=\; \sqrt{\frac{2E}{T}}\,cos[\frac{\pi}{T}(n_c+i)t], \qquad 0 \le t \le T \tag{12.4}$$

여기서, i = 1,2,$\cdots$, M이고 반송주파수 $f_c = n_c/2T$이다 (n_c는 어떤 정해진 정수이다). 전송된 신호들은 같은 지속기간 T와 같은 에너지 E를 갖는다. 각각의 신호 주파수는 $1/2T$로 분리되기 때문에 식 (12.4)의 신호는 직교한다. 즉, 다시 말해서

$$\int_0^T s_i(t)s_j(t)dt \;=\; 0, \qquad i \neq j \tag{12.5}$$

이다. 동기 *M*진 FSK에서 최적 수신기는 *M*개의 상관기나 정합여파기의 열로 구성되고 $t = k$T의 표본시간에서 수신기는 가장 큰 정합여파기의 출력에 따라 판단을 내리게 된다.

12.4 *M*진 QAM

*M*진 PSK 시스템에서, 변조된 신호의 I와 Q 성분은 포락선이 일정하게 되도록 서로 관계되어 있다. 이러한 제약 조건은 신호점들이 하나의 원상에 찍히도록 한다. 그러나 이러한 제한조건을 제거하면, I와 Q 성분은 서로 독립적이 되고 *M*진 쿼드러츄어진폭변조(QAM)라 불리는 새로운 방법을 얻을 수가 있게 된다. 이러한 변조 구조에서는 반송파는 위상뿐만 아니라 진폭에도 관계하게 된다.

*M*진 QAM의 신호 성산도의 모양은 M =16인 경우의 그림 12.2에 보여 진 것처럼 신호점들이 사각격자형태로 구성된다. 진폭-위상 변조된 신호의 I와 Q 성분의 모양은 그림 12.3(a),(b)와 같다. 그림 12.3에 보여진 신호모양들의 기본형태는 L = 4인 경우의 L진 ASK신호의 것이다. 따라서, 일반적으로 *M*진 QAM은 L진 ASK에서 필요한 대역폭과 같은 크기의 대역폭으로 $M = L^2$의 독립적인 심볼들을 보낼 수가 있게 된다.

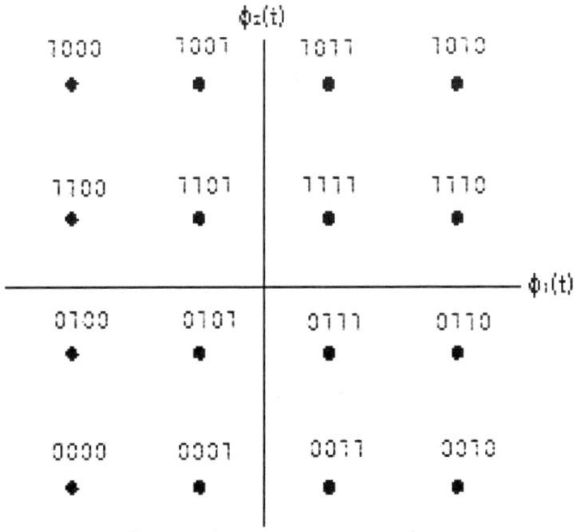

그림 12.2 16진 QAM 신호 성상도

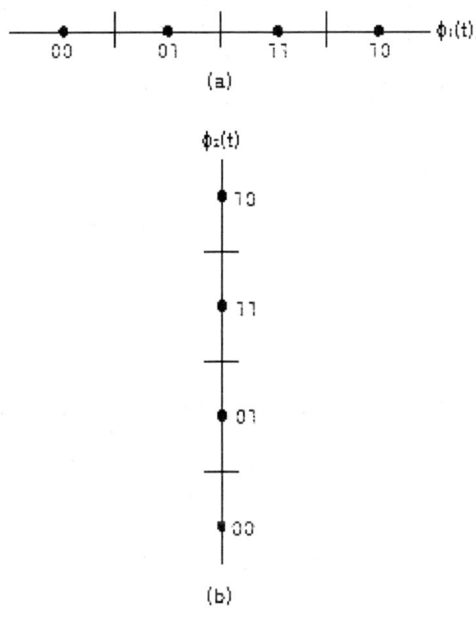

그림 12.3 16진 QAM의 분해 (a) I 채널 (b) Q 채널

M진 QAM의 전송신호의 일반적 형태는 다음과 같이 정의된다.

$$s_i(t) = \sqrt{\frac{2E_0}{T}}\, a_i cos(2\pi f_c t) + \sqrt{\frac{2E_0}{T}}\, b_i sin(2\pi f_c t), \quad 0 \leq t \leq T \tag{12.6}$$

이때, E_0는 가장 작은 진폭을 가진 신호의 에너지이다. 그리고 a_i와 b_i는 적절한 신호점들의 위치에 따라 선택되어지는 독립적인 정수의 쌍이다. 신호 $s_i(t)$는 두 개의 위상 쿼드러츄어(phasequadrature) 반송파로 구성되는데, 각각은 이산적인 진폭의 집합에 의해 변조되어진다. 따라서 쿼드러츄어진폭변조 (quadrature amplitude modulation)라 한다.

신호 $s_i(t)$는 한 쌍의 기준함수들로 확장되어질 수 있다.

$$\phi_1(t) = \sqrt{\frac{2}{T}} cos(2\pi f_c t), \quad 0 \leq t \leq T \tag{12.7}$$

$$\phi_2(t) = \sqrt{\frac{2}{T}} sin(2\pi f_c t), \quad 0 \leq t \leq T \tag{12.8}$$

i번째 메시지점의 좌표는 $a_i\sqrt{E_0}$와 $b_i\sqrt{E_0}$이고, 이때 (a_i,b_i)는 L대 L행렬의 요소이다.

$$(a_i,b_i) = \begin{bmatrix} (-L-1,L-1) & (-L+3,L-1) & \cdots & (L-1,L-1) \\ (-L-1,L-3) & (-L+3,L-3) & \cdots & (L-1,L-3) \\ \vdots & \vdots & \vdots & \vdots \\ (-L-1,-L+1) & (-L+3,-L+1) & \cdots & (L-1,-L+1) \end{bmatrix} \tag{12.9}$$

여기서

$$L = \sqrt{M} \tag{12.10}$$

예를 들어, 그림 12.3에 보여진 16-QAM의 경우에는 $L = 4$인 아래와 같은 행렬을 얻을 수 있다.

$$(a_i,b_i) = \begin{bmatrix} (-3,3) & (-1,3) & (1,3) & (3,3) \\ (-3,1) & (-1,1) & (1,1) & (3,1) \\ (-3,-1) & (-1,-1) & (1,-1) & (3,-1) \\ (-3,-3) & (-1,-3) & (1,-3) & (3,-3) \end{bmatrix} \tag{12.11}$$

이러한 16-QAM의 변복조 블록도를 그림 12.4에 나타내었다.

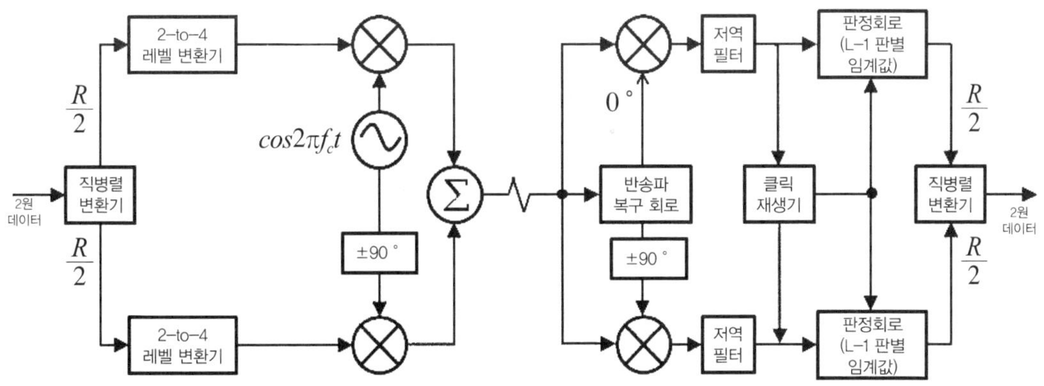

그림 12.4 16진 QAM 변복조기

12.5 M진 디지털 변조 기법의 비교

이 장에서 고려되어진 세 가지의 M진 변조 구조의 장점과 성능을 비교해 보면 다음과 같다.

표 12.1에서 10^{-4}의 평균 에러확률에서 동기 2진 PSK와 M진 PSK의 전형적인 전력-대역폭의 요구값들을 요약해 놓았다. 이 표에서 여러 M진 PSK 신호들 중에서 QPSK($M = 4$)는 전력과 대역폭을 가장 잘 절충하고 있다. QPSK가 실제에서 많이 쓰여지는 이유가 바로 이런 까닭이다. $M > 8$이면, 전력이 너무 많이 필요하게 되고 따라서 $M > 8$인 M진 PSK 시스템은 실제에서 널리 사용되고 있지 않다. 또한 동기 M진 PSK 구조(특히 $M > 8$)는 2진 PSK 구조보다 신호 발생이나 검파에서 복잡하다.

표 12.1 10^{-4}의 에러율을 갖기 위해 2진 PSK와 진 PSK의 필요한 전력대역폭

값	$\dfrac{(\text{대역폭})_{M진}}{(\text{대역폭})_{2진}}$	$\dfrac{(\text{평균간격})_{M진}}{(\text{평균간격})_{2진}}$
4	0.5	0.34 dB
8	0.333	3.97 dB
16	0.25	8.52 dB
32	0.2	13.52 dB

기본적으로 M진 PSK와 M진 QAM은 유사한 스펙트럼과 대역폭 특성을 갖는다. 그러나 $M > 4$인 경우에, 두 구조는 다른 신호 위치를 갖는다. M진 PSK의 신호위치는 원형을 갖는데 비해 M진 QAM은 사각형이다. 게다가 이 두 신호성상도의 비교는 전송전력이 고정된 최대치를 가질 때, M진 PSK의 메시지점들의 거리가 M진 QAM의 것보다 작다는 것을 보여준다. 두 구조 사이의 기본

적인 차이가 $M = 16$인 경우에 대하여 그림 12.5에 나와 있다. 따라서, AWGN 채널 하에서 $M > 4$인 QAM은 같은 M진 PSK보다 오율 성능에서 더 좋은 특성을 보인다. 그러나 M진 QAM의 이러한 우월한 특성은 채널이 비선형적이지 않을 때에만 가능하게 된다.

M진 FSK에 대해서, 고정된 에러확률에서 M을 증가시키면 필요한 전력은 감소하게 된다. 그러나 이러한 전송전력의 감소는 채널대역폭의 증가를 가져오게 된다.

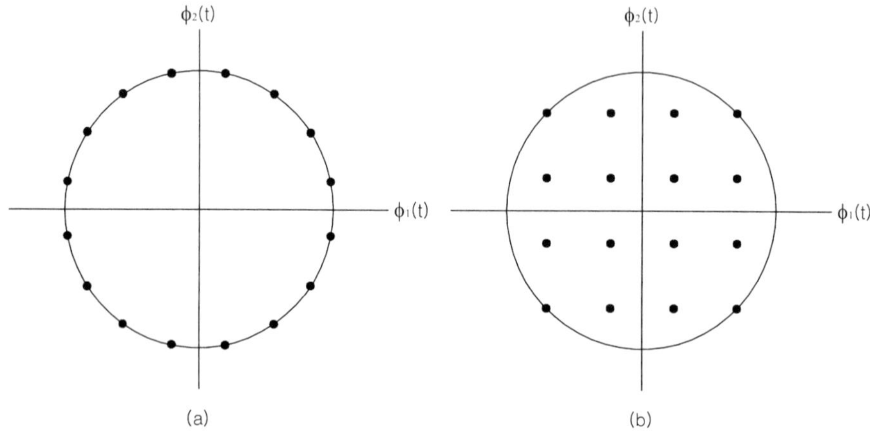

그림 12.5 $M = 16$인 (a) 16진 PSK (b) 16진 QAM

#12. 16QAM 실습

학습목표 :

디지털신호를 무선채널로 전송하기 위한 방법 중에서 16QAM 변 · 복조 시스템에 대하여 살펴본다. 송신단에서는 16QAM 변조 후 AWGN 채널을 통해 전송하며 수신단에서는 16QAM 복조를 통해 디지털 신호를 검파한다. 이러한 16QAM 변조와 복조를 수행하는 Simulink Block을 구성한 후 신호를 분석하고 고찰한다.

실습과제 :

실습 #12-1 : 16QAM 변조와 복조를 수행하는 Simulink Block을 구성

실습 #12-2 : 시간/주파수 영역에서 신호 관찰

실습 #12-3 : 비트에러율(BER : Bit Error Rate) 측정

주어진 조건 :

① 변조 : 16QAM

② 샘플링 시간 (T_s) : 가변

③ 반송파주파수 (f_c) : 비트율의 2배 ($f_c = (1/T_s) \times 2$)

④ 채널 : AWGN

⑤ 복조 : 동기복조

⑥ 검파 : 최대가능도(ML:Maximum Likelihood)

실습 #12-1 : 16QAM 변조와 복조를 수행하는 Simulink Block 구성

[실험절차]

(1) Matlab을 실행한다.

(2) [그림 1]과 같이 메뉴 바에서 Simulink 버튼을 click하면 [그림 2]와 같이 Simulink Library Browser가 나타난다.

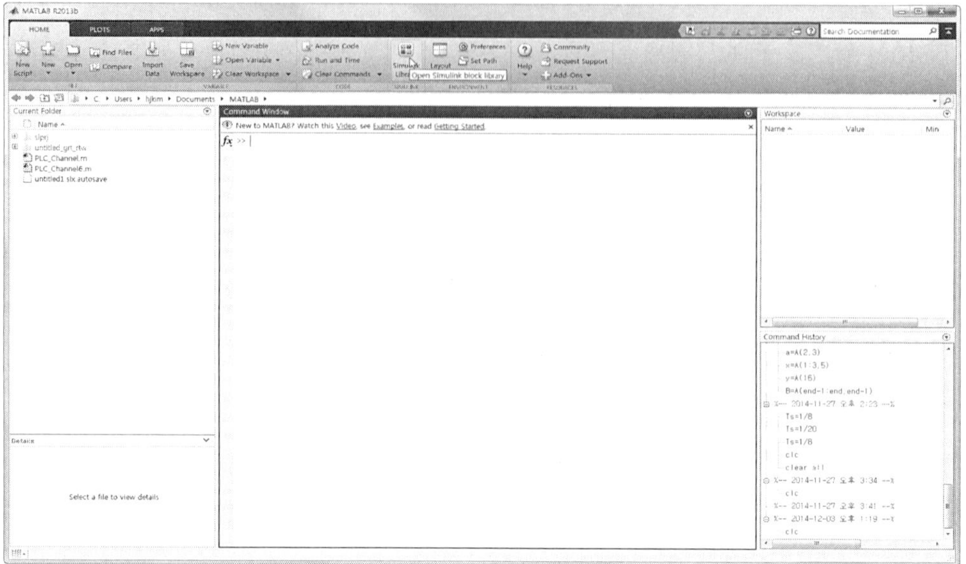

[그림 1]

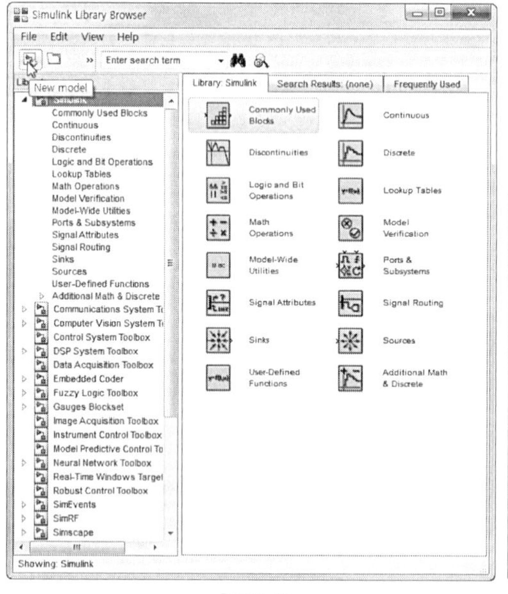

[그림 2]

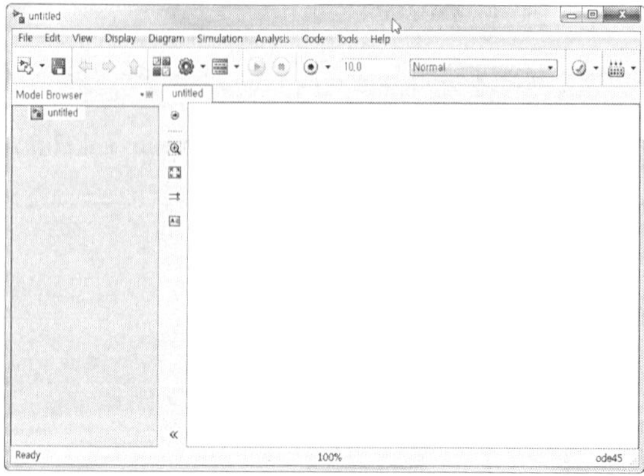

[그림 3]

(3) Simulink Library Browser의 menu 바에서, FILE/NEW/MODEL 을 선택하게 되면 [그림3]과 같이 untitled window 창이 나타난다.

(4) [그림 4]와 같이 Simulink Library Browser의 왼쪽 면에서, Communications System Toolbox/Comm Sources/Random Data Sources를 선택한다. [그림 5]와 같이 Simulink Library Browser의 오른쪽 면에서 Random Integer Generator를 왼쪽 마우스로 누른다.

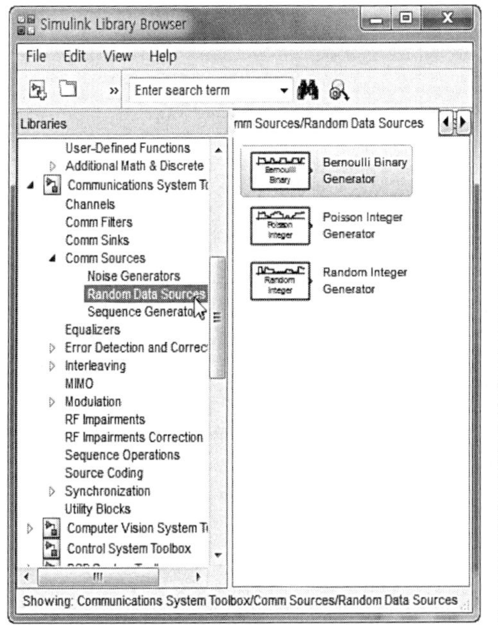

[그림 4]

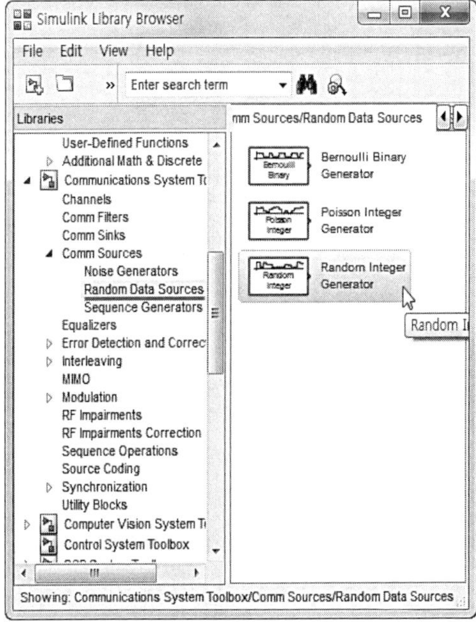

[그림 5]

(5) [그림 6]과 같이 untitled window 창에 Random Integer Generator를 끌고 와서 내려놓는다.

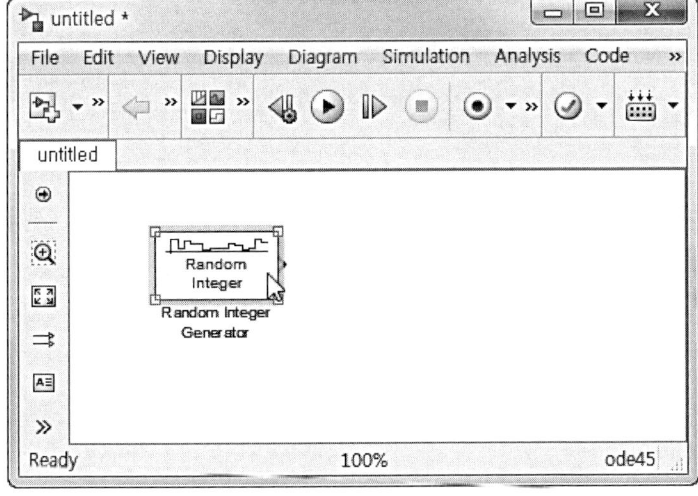

[그림 6]

(6) Random Integer Generator 블록을 2번 클릭한 후 [그림 7]과 같이 입력한다.

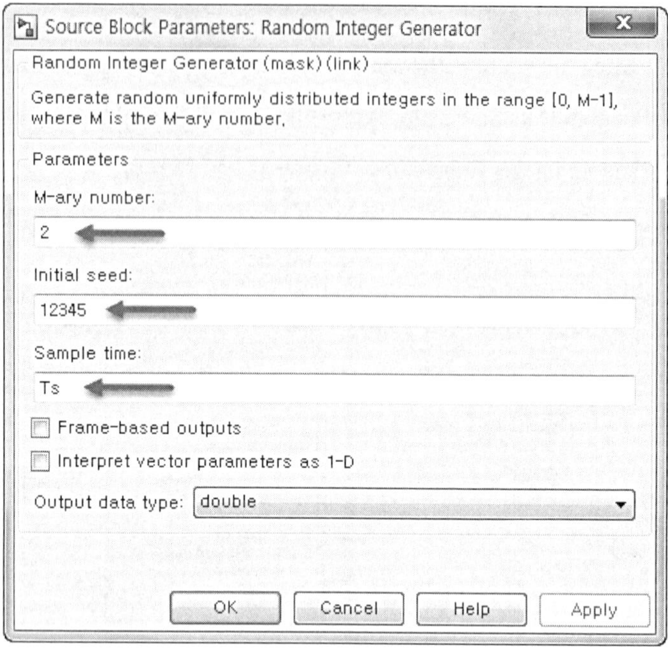

[그림 7]

(7) Untitled window를 QAM16이라는 이름으로 저장한다.

(8) 직병렬변환기 블록을 만들기 위하여 Simulink/Ports & Subsystems/Subsystem 블록을 가지고 와서 [그림 8]과 같이 블록들을 연결한다.

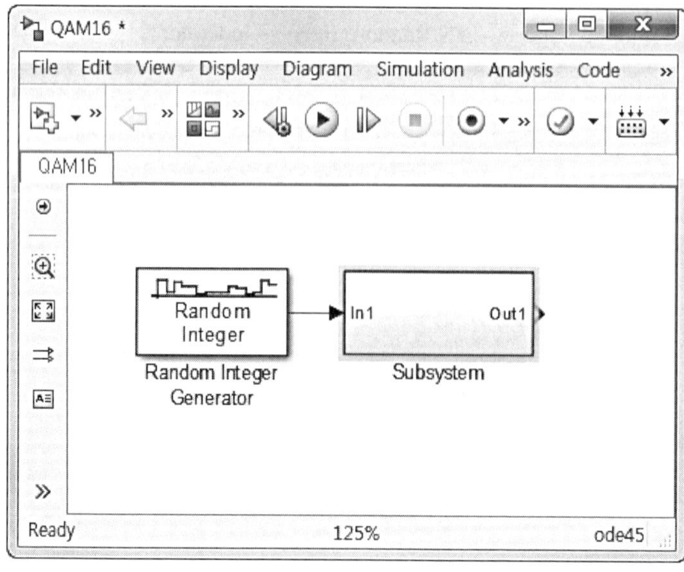

[그림 8]

(9) [그림 8]의 Subsystem 블록을 2번 클릭하고 직병렬변환 기능을 수행하는 블록을 [그림 9]와 같이 구성한다. 이때 Discrete/Unit Delay Simulink/Discrete/Unit Delay 와 Simulink/Discrete/Zero-Order Hold 블록을 가지고 와서 블록들을 연결하고 파라미터 값들을 입력한다.

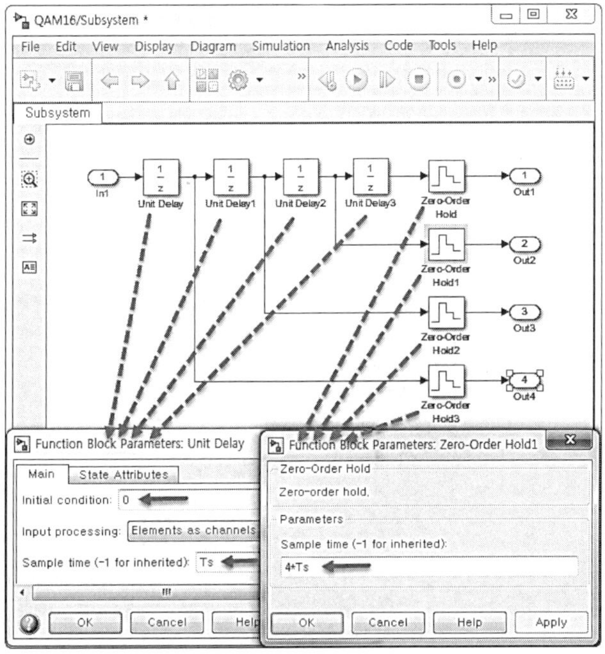

[그림 9]

(10) Subsystem 블록에 마우스를 대고 오른 마우스를 누르면 창이 하나 나타나며 [그림 10]과 같이 Mask/Create Mask를 선택한다.

(11) Mask Editor 창이 나타나면 [그림 11]과 같이 입력을 한다.

(12) I 채널과 Q채널에 2비트에 해당하는 매퍼를 설계하기 위하여 Simulink/Ports & Subsystems/Subsystem 블록을 가지고 와서 [그림 12]와 같이 내려 놓는다.

(13) [그림 12]의 Subsystem1 블록을 2번 클릭하고 I 채널 매퍼의 기능을 수행하는 블록을 [그림 13]과 같이 구성한다. 이때 사용되는 블록의 위치는 다음과 같다. 또한 각 블록들을 2번 클릭한 후 파라미터 값들을 입력한다.

Simulink/Signal Routing/Switch

Simulink/Sources/Constant

Simulink/Math Operations/Product

(14) [그림 13]의 Subsystem1 블록을 복사하여 Subsystem2를 구성하고 [그림 14]와 같이 블록들을 연결하시오

(15) 위의 (10)과 (11)번 과정을 통하여 [그림 15][와 같이 각 Subsystem 블록 이름을 I-Ch Mapper, Q-Ch Mapper로 설정한다.

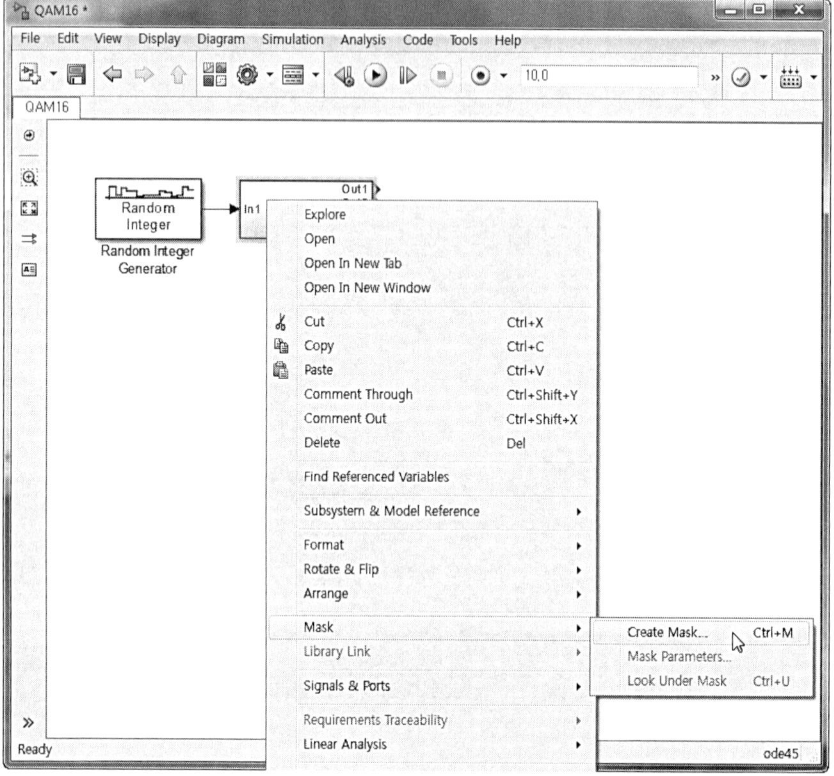

[그림 10]

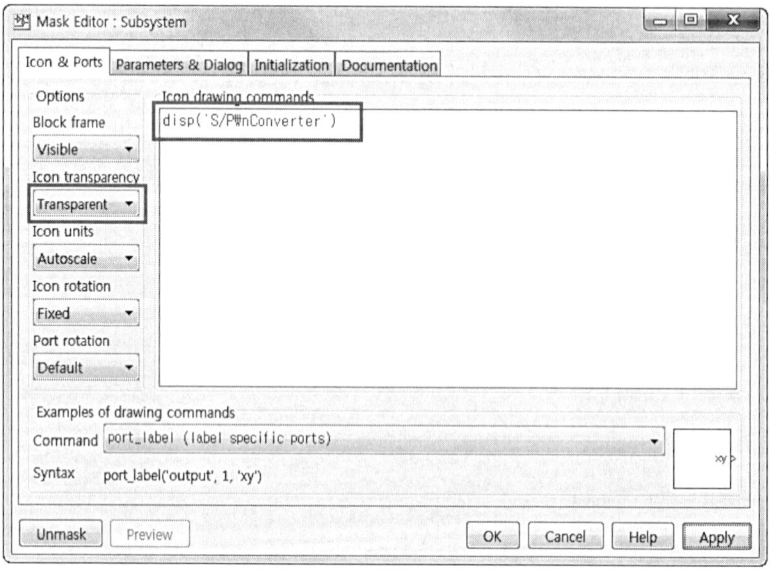

[그림 11]

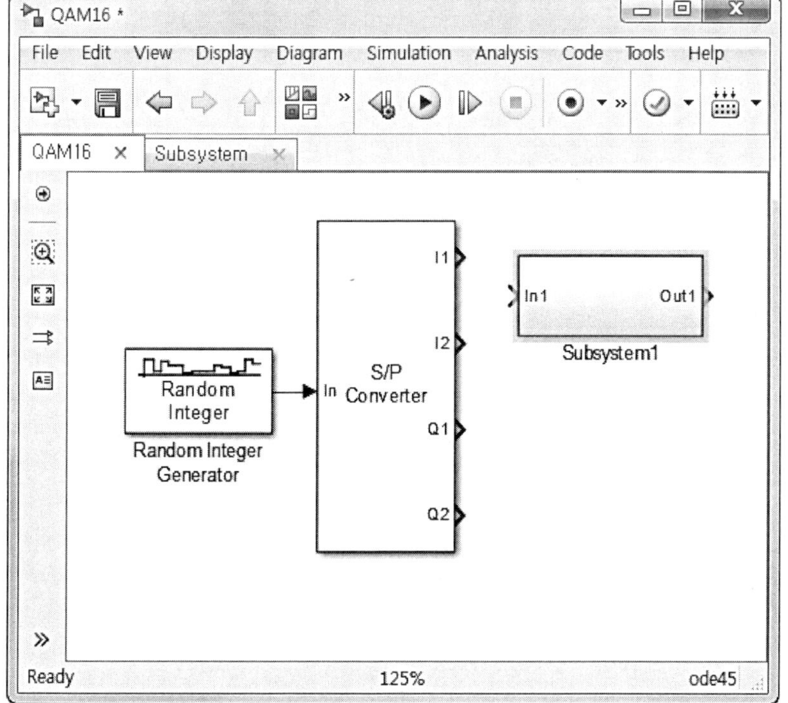
QAM16 *
File Edit View Display Diagram Simulation Analysis Code Tools Help
QAM16
Subsystem
I1
I2
Q1
Q2
In
S/P
Converter
In1
Out1
Subsystem1
Random
Integer
Random Integer
Generator
Ready
125%
ode45

[그림 12]

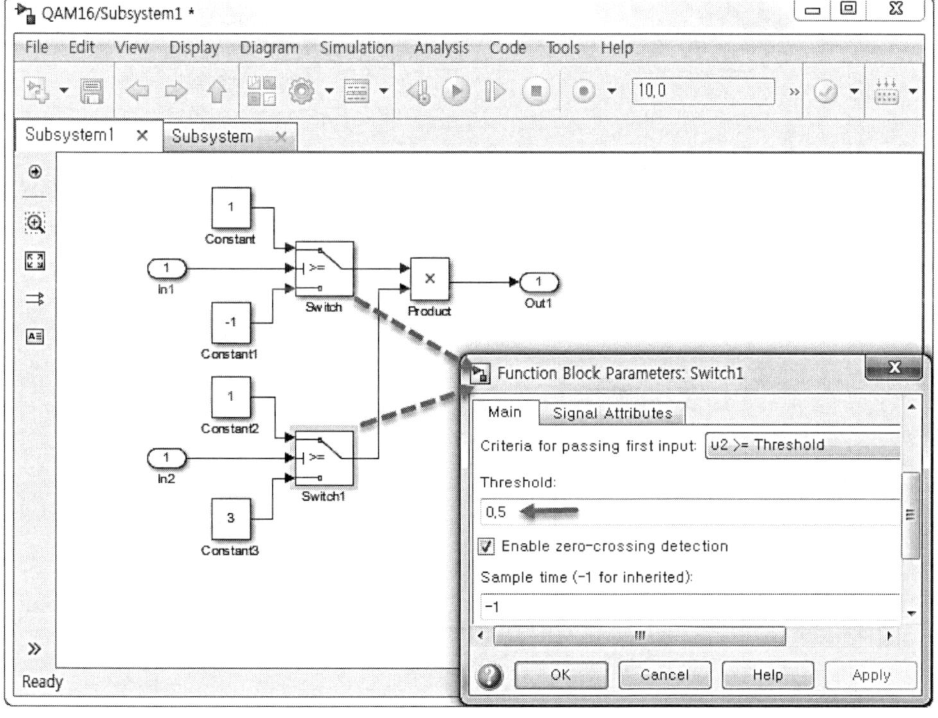
QAM16/Subsystem1 *
File Edit View Display Diagram Simulation Analysis Code Tools Help
10.0
Subsystem1
Subsystem
1
Constant
1
In1
Switch
Product
1
Out1
-1
Constant1
1
Constant2
1
In2
Switch1
3
Constant3
Ready
Function Block Parameters: Switch1
Main
Signal Attributes
Criteria for passing first input:
u2 >= Threshold
Threshold:
0.5
Enable zero-crossing detection
Sample time (-1 for inherited):
-1
OK
Cancel
Help
Apply

[그림 13]

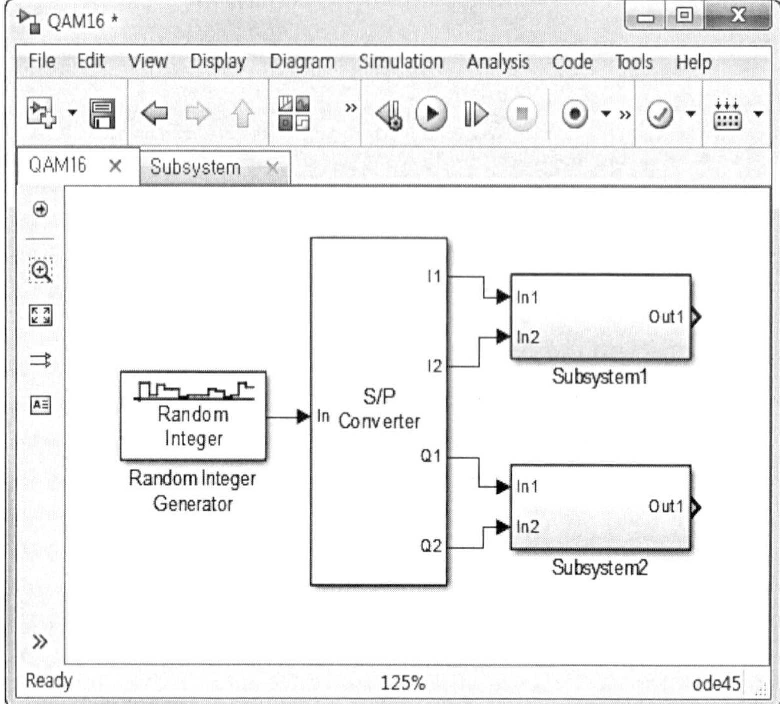
QAM16 *
File Edit View Display Diagram Simulation Analysis Code Tools Help
QAM16
Subsystem
Random Integer
Random Integer Generator
In
S/P Converter
I1
I2
Q1
Q2
In1
In2
Out1
Subsystem1
In1
In2
Out1
Subsystem2
Ready
125%
ode45

[그림 14]

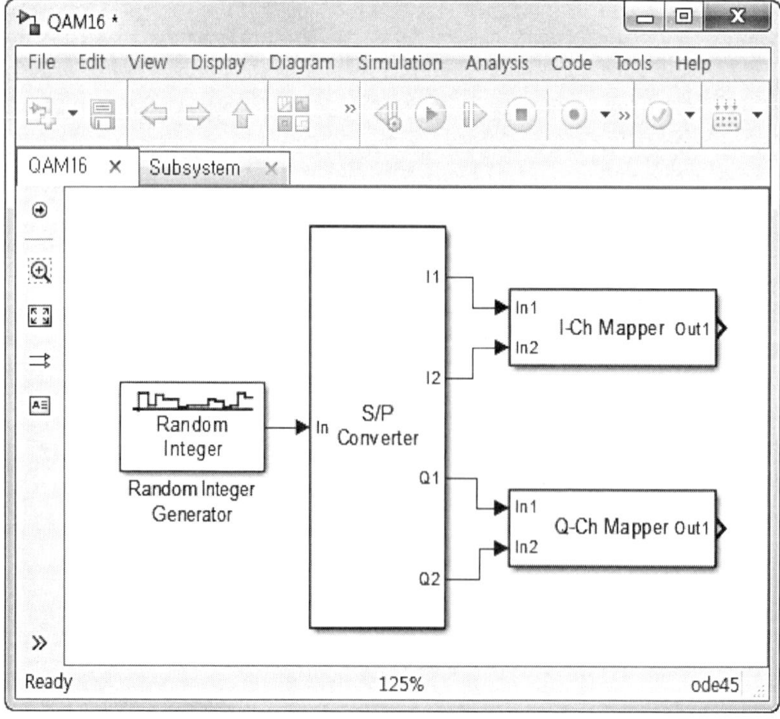
QAM16 *
File Edit View Display Diagram Simulation Analysis Code Tools Help
QAM16
Subsystem
Random Integer
Random Integer Generator
In
S/P Converter
I1
I2
Q1
Q2
In1
In2
I-Ch Mapper
Out1
In1
In2
Q-Ch Mapper
Out1
Ready
125%
ode45

[그림 15]

(16) I-Ch과 Q-Ch 신호에 직교 반송파를 곱하여 변조 과정을 수행하기 위하여 [그림 16]과 같이 Simulink/Ports & Subsystems/Subsystem 블록을 가지고 온다.

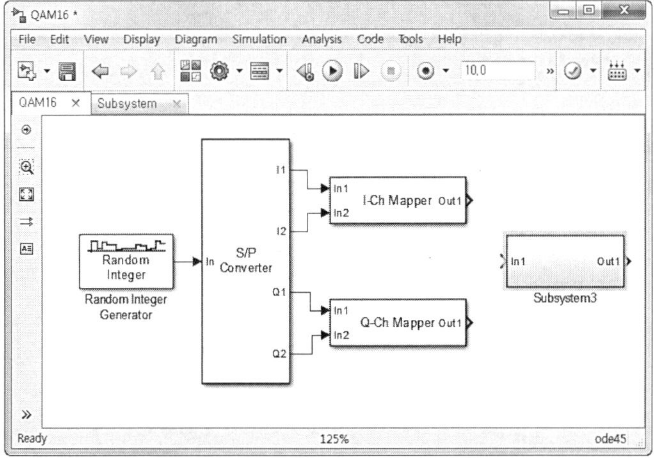

[그림 16]

(17) [그림 16]의 Subsystem3 블록을 2번 클릭하고 블록들을 가지고 와서 연결을 한다. 이때 사용되는 블록의 위치는 다음과 같다.

Simulink/Discrete/Zero-Order Hold　　Simulink/Math Operations/Product

Simulink/Sources/Sine Wave

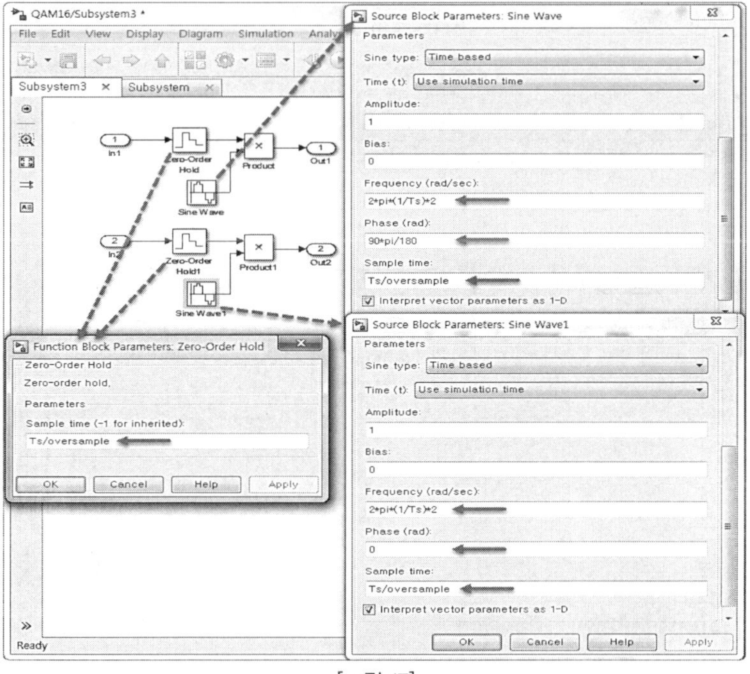

[그림 17]

(18) [그림 18]과 같이 Subsystem3 블록을 16QAM Modulator 블록으로 설정한다.

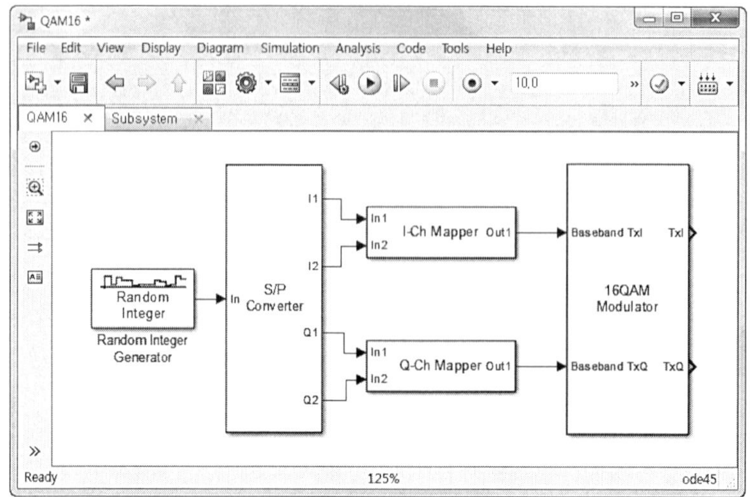

[그림 18]

(19) [그림 19]와 같이 AWGN 채널을 구성하기 위하여 블록들을 가지고 와서 연결을 한다. 이때 사용되는 블록의 위치는 다음과 같다.

Simulink/Math Operations/Real-Imag to Complex

Communications System Toolbox/Channels/AWGN Channel

Simulink/Math Operations/Complex to Real-Imag

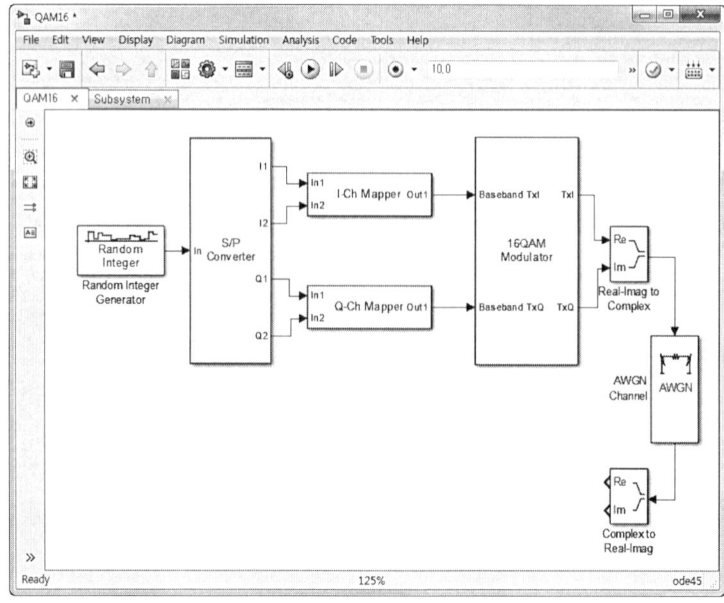

[그림 19]

(20) AWGN Channel 블록을 2번 클릭한 후 [그림 20]과같이 파라미터 값들을 입력한다.

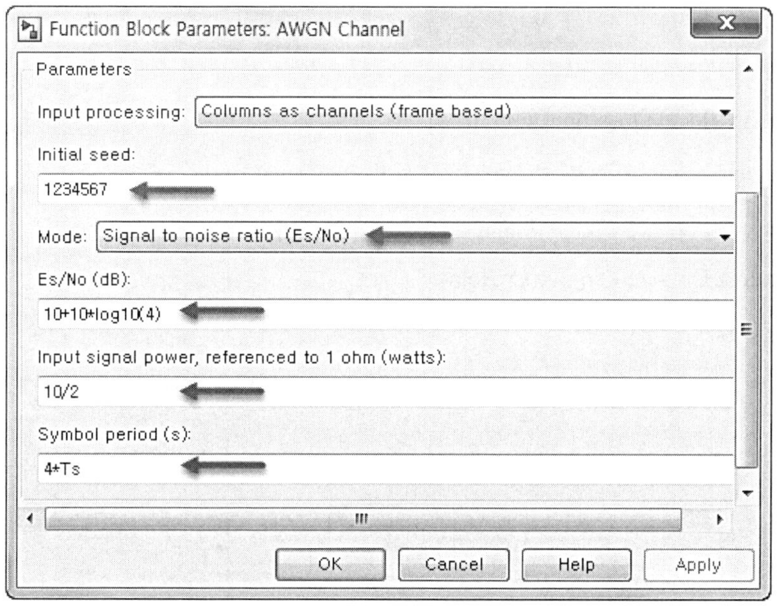

[그림 20]

(21) 16QAM 복조를 수행하는 블록을 구성하기 위하여 [그림 21]과 같이 Simulink/Ports & Subsystems/ Subsystem 블록을 가지고 와서 입출력의 방향을 반대로 하기 위하여 블록을 돌린다.

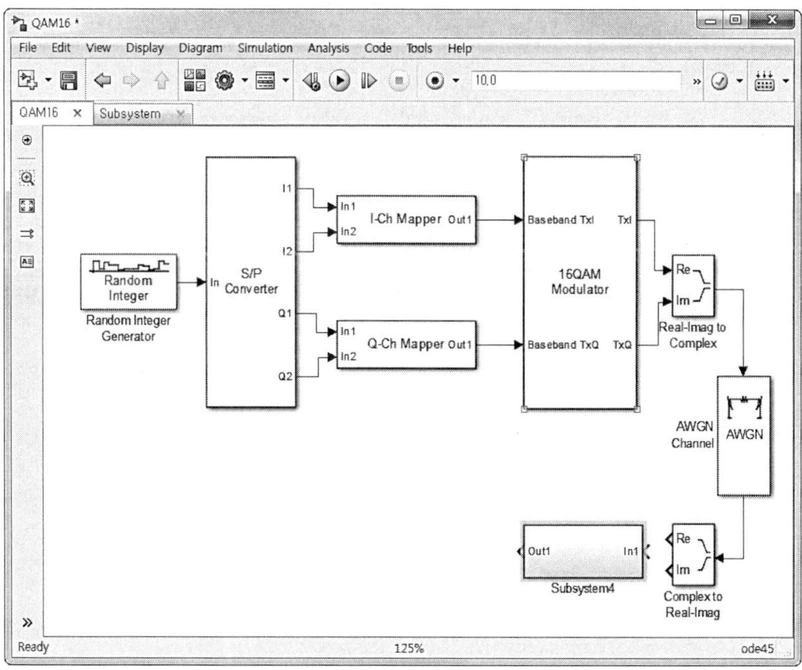

[그림 21]

(22) [그림 21]의 Subsystem4 블록을 2번 클릭하고 복조를 수행하는 블록을 구성하기 위하여 아래의 블록들을 가지고 와서 [그림 22]와 같이 연결을 한다. 이때 사용되는 블록의 위치는 다음과 같다. 이때 Sin Wave와 Cos Wave 블록은 이미 [그림 17]에서 설정한 블록을 복사하여 사용한다.

Simulink/Math Operations/Product

Communications Blockset/Comm Filters/Integrate and Dump

Simulink/Math Operations/Gain

Simulink/Discrete/Zero-Order Hold

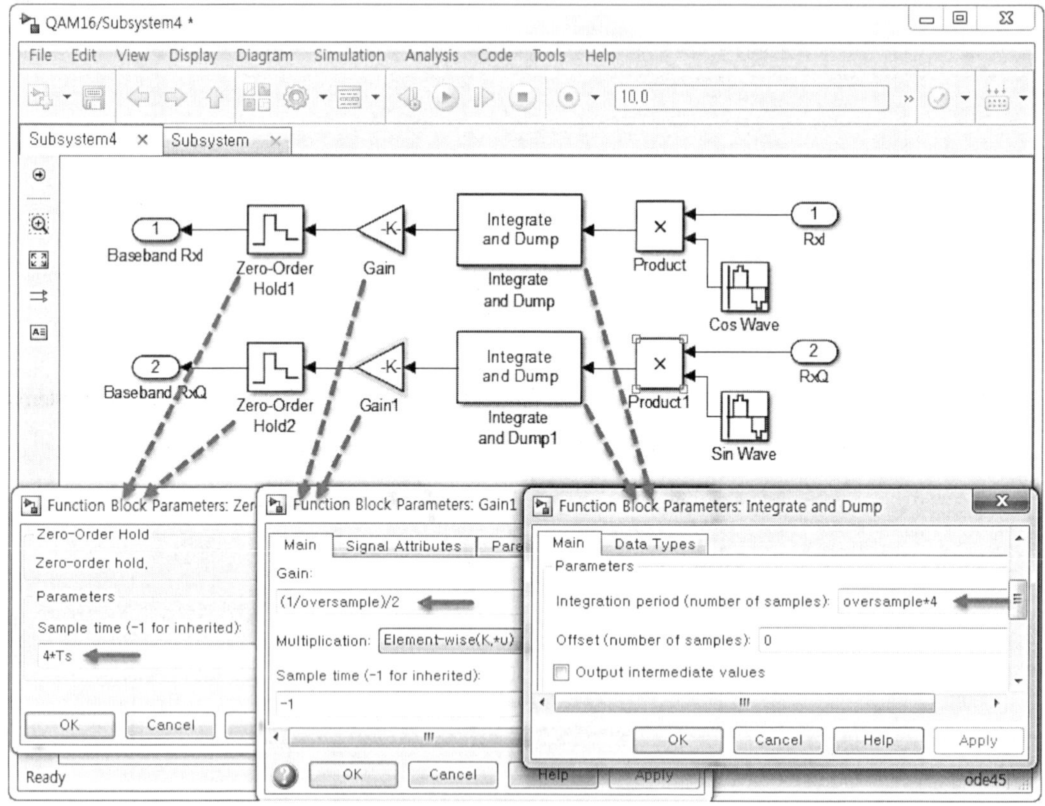

[그림 22]

(23) [그림 23]과 같이 Subsystem4 블록을 16QAM Demodulator 블록으로 설정한다.

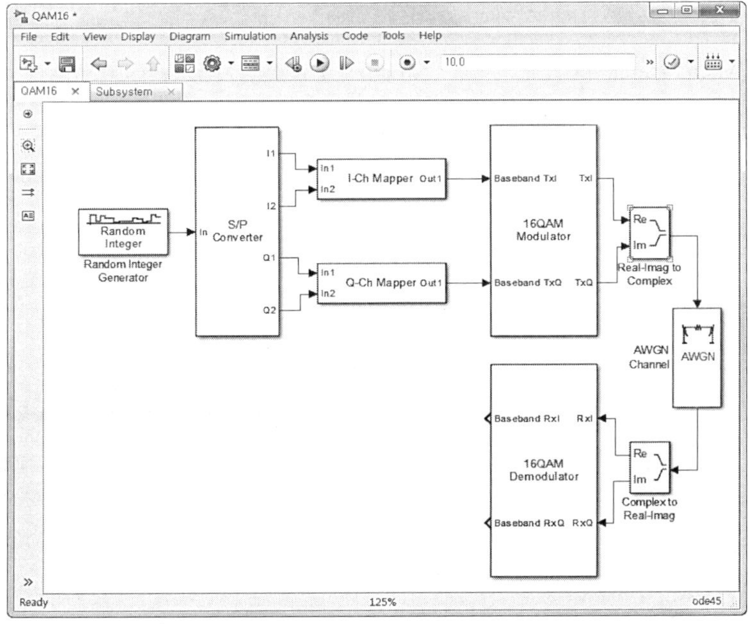

[그림 23]

(24) 송신단에서 수행한 매퍼 기능의 역과정을 수행하는 디매퍼 블록을 구성하기 위하여 [그림 24]와 같이 Simulink/Ports & Subsystems/Subsystem 블록을 가지고 와서 입출력의 방향을 반대로 하기 위하여 블록을 돌린다.

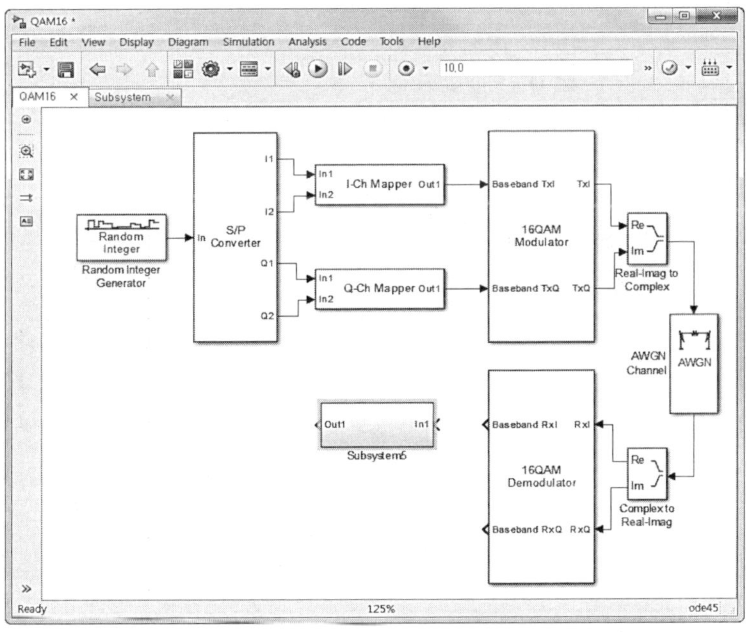

[그림 24]

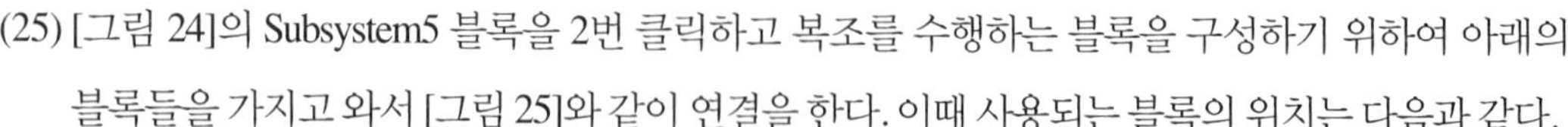

(25) [그림 24]의 Subsystem5 블록을 2번 클릭하고 복조를 수행하는 블록을 구성하기 위하여 아래의 블록들을 가지고 와서 [그림 25]와 같이 연결을 한다. 이때 사용되는 블록의 위치는 다음과 같다.

Simulink/Math Operations/Abs　　Simulink/Discrete/Zero-Order Hold

Simulink/Signal Routing/Switch　　Simulink/Sources/Constant

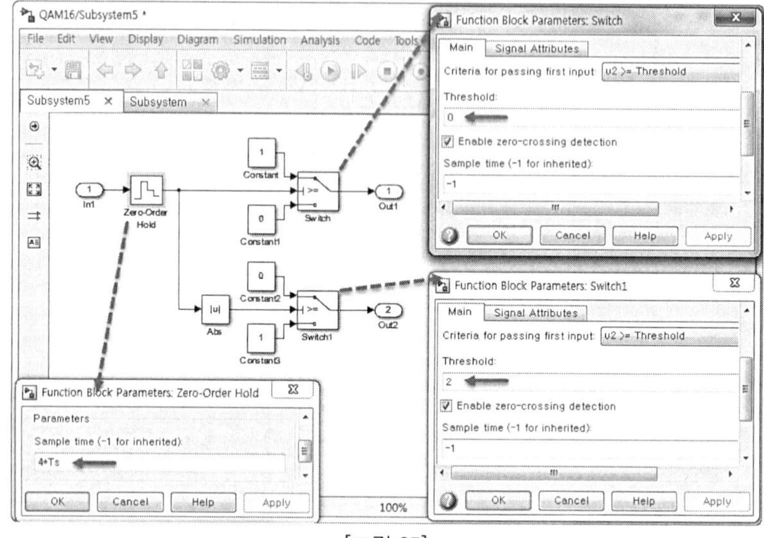

[그림 25]

(26) [그림 24]의 Subsystem5 블록을 복사하여 Subsystem6을 구성하고 [그림 26]과 같이 블록들을 연결하시오

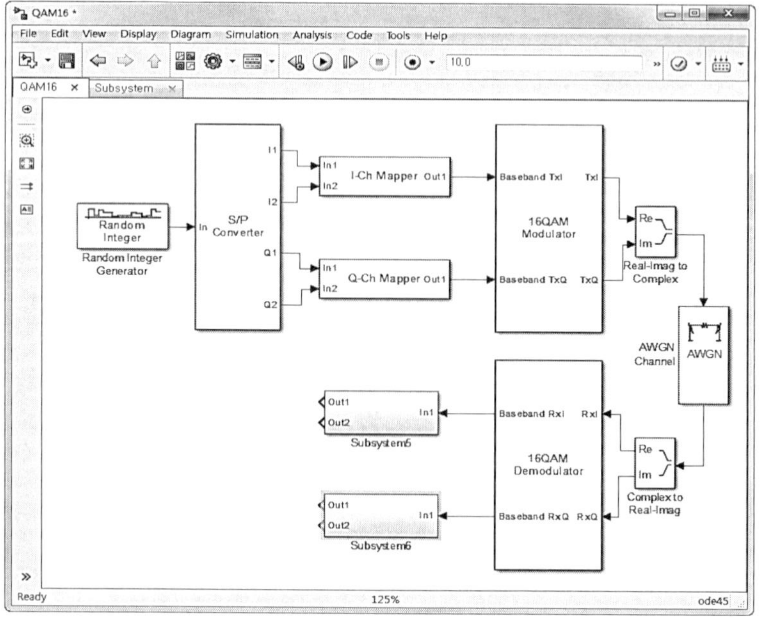

[그림 26]

(27) [그림 27]과 같이 각 Subsystem 블록 이름을 I-Ch DeMapper, Q-Ch DeMapper로 설정한다.

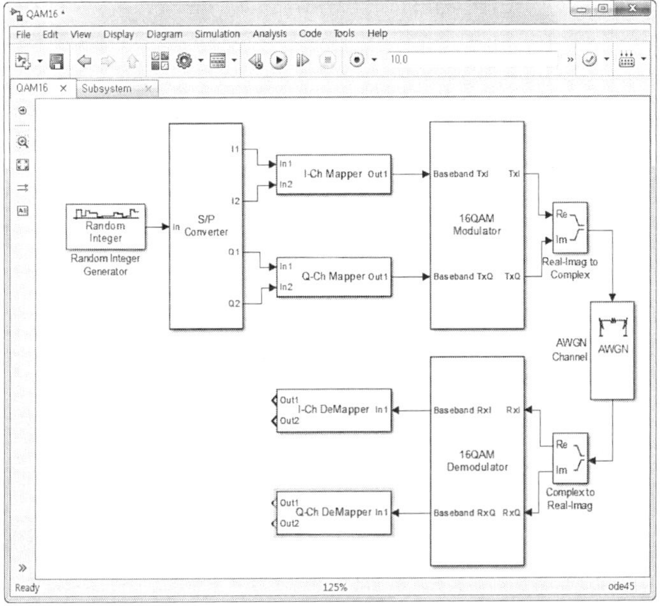

[그림 27]

(28) 송신단에서 수행한 직병렬변환의 역과정을 수행하는 병직렬변환 기능을 수행하는 블록을 구성하기 위하여 [그림 28]과 같이 Simulink/Ports & Subsystems/Subsystem 블록을 가지고 와서 입출력의 방향을 반대로 하기 위하여 블록을 돌린다.

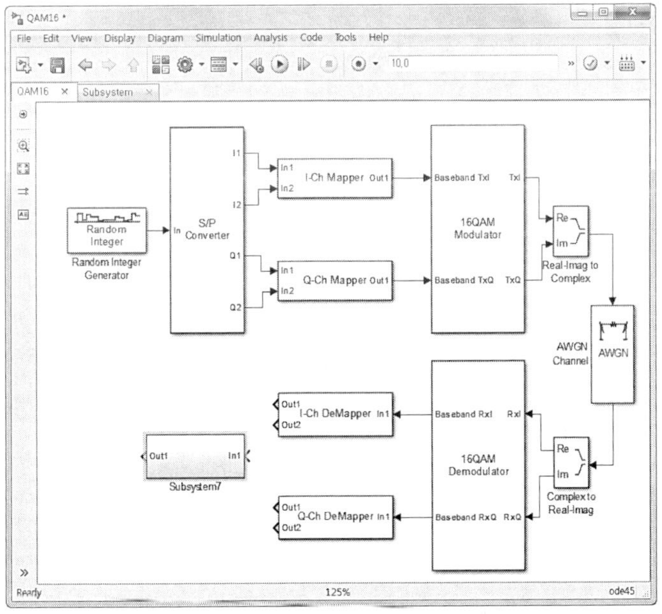

[그림 28]

(29) [그림 28]의 Subsystem7 블록을 2번 클릭하고 병직렬변환 기능을 수행하는 블록을 구성하기 위하여 아래의 블록들을 가지고 와서 [그림 29]와 같이 연결을 한다. 이때 사용되는 블록의 위치는 다음과 같다.

Simulink/Discrete/Unit Delay　　Simulink/Math Operations/Sum

Simulink/Signal Routing/Switch　　Simulink/Sources/Constant

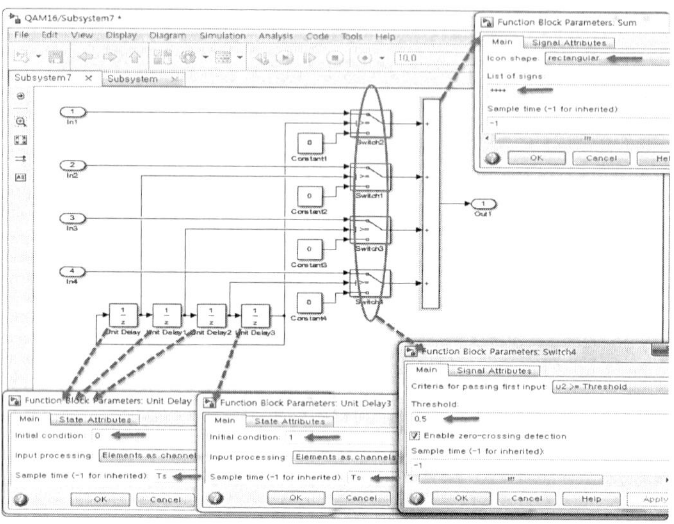

[그림 29]

(30) [그림 30]과 같이 Subsystem7 블록을 P/S Converter 블록으로 설정한다.

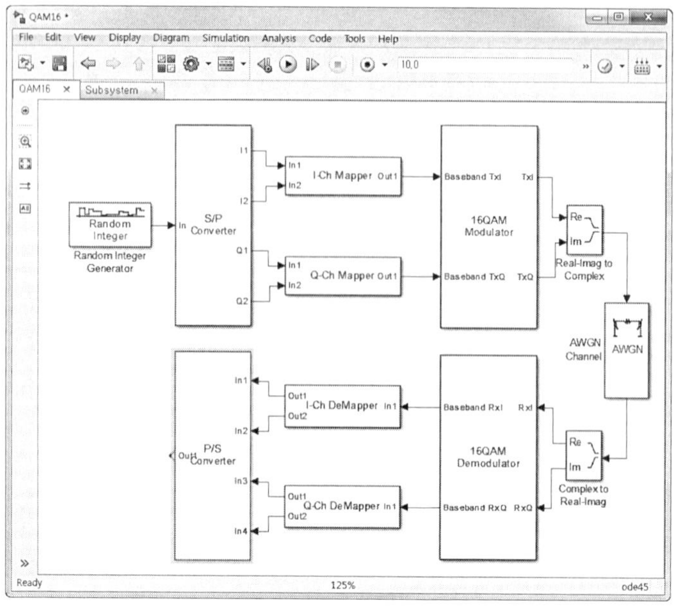

[그림 30]

(31) 신호 파형을 관찰하기 위하여 아래와 같은 Scope 블록을 [그림 31]과 같이 연결한다.

Simulink/Sinks/Scope

Communications System Toolbox/Comm Sinks/Constellation Diagram

DSP System Toolbox/Sinks/Spectrum Analyzer

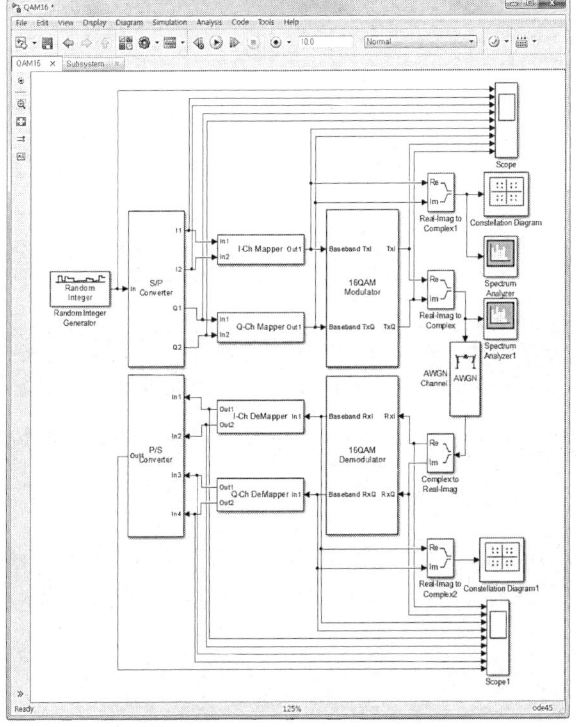

[그림 31]

(32) Matlab Command window 상에서 [그림 32]과 같이 변수 T_s, oversample 값을 지정한다.

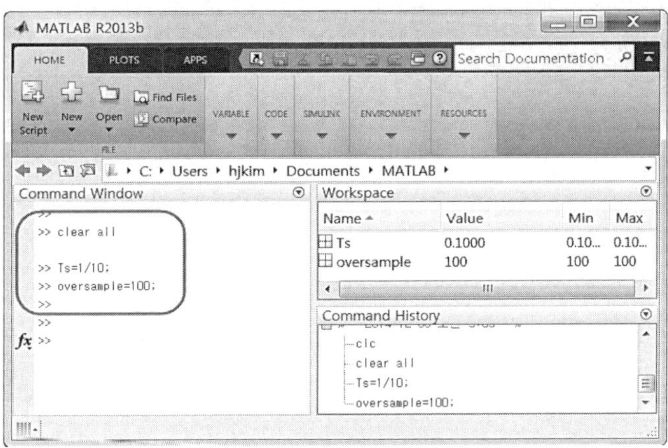

[그림 32]

(33) QAM16 창의 Simulation/Configuration Parameters를 선택한 후, Stop time을 2초로 설정하고, Start Simulation 버튼을 누른 후 Scope 버튼을 클릭하면 [그림 33]와 같은 결과를 얻는다.

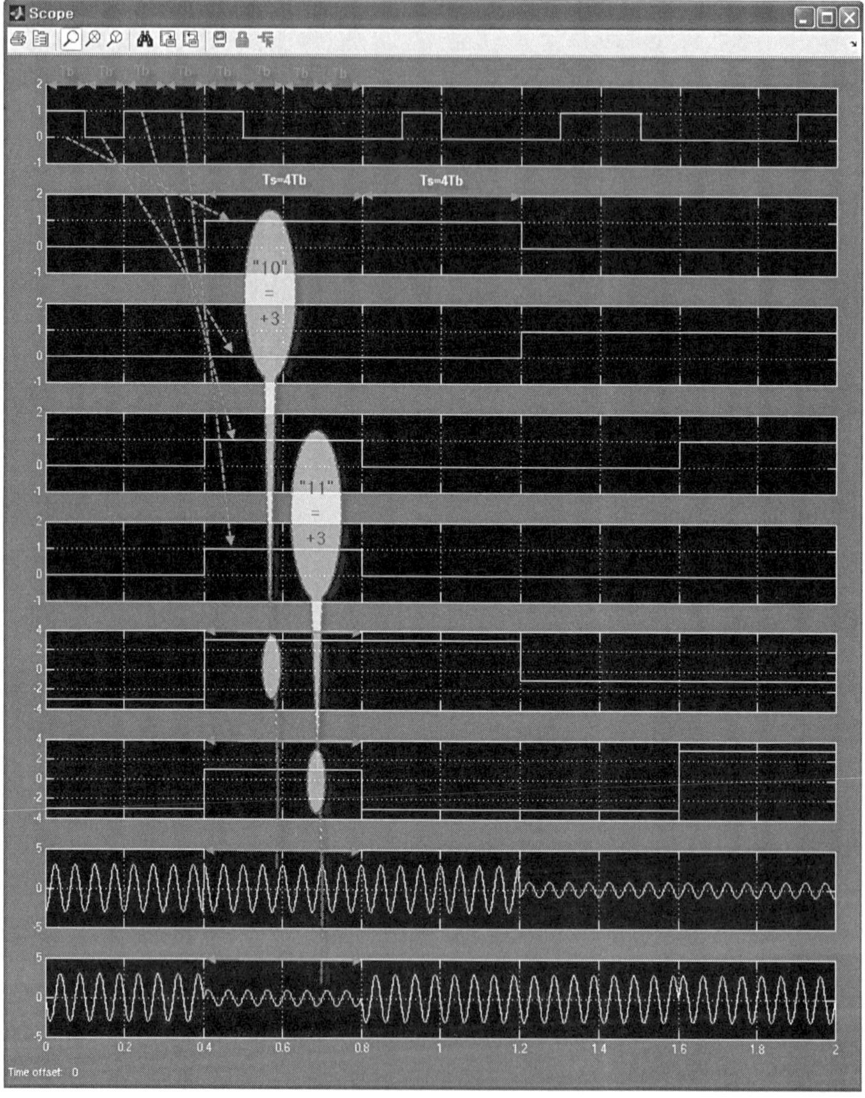

[그림 33]

실습 #12-2 : 시간/주파수 영역에서 신호 관찰

1. 시간 영역에서 신호 파형 관찰

(1) [그림 31]에서 Scope 블록을 두 번 클릭하면 [그림 34]와 같은 결과를 얻는다.

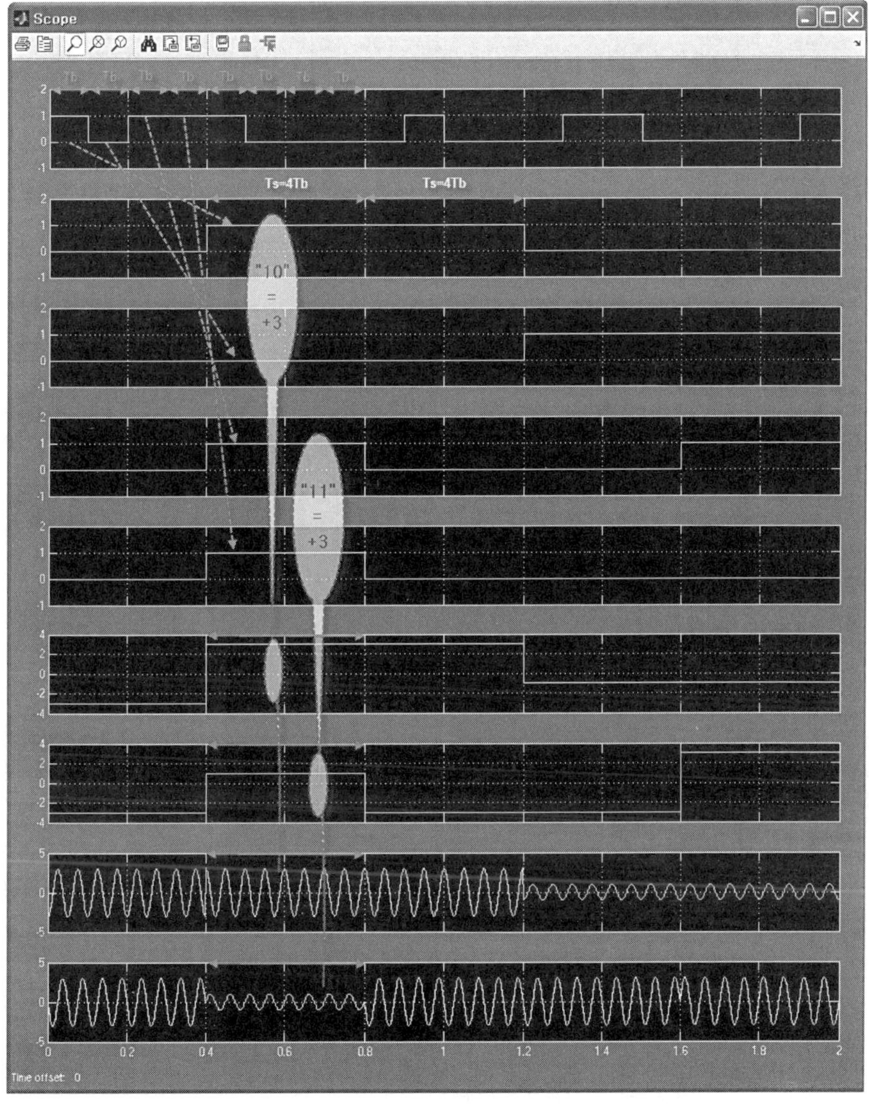

[그림 34]

(2) Scope1을 두 번 클릭하면 [그림 35]와 같은 결과를 얻는다.

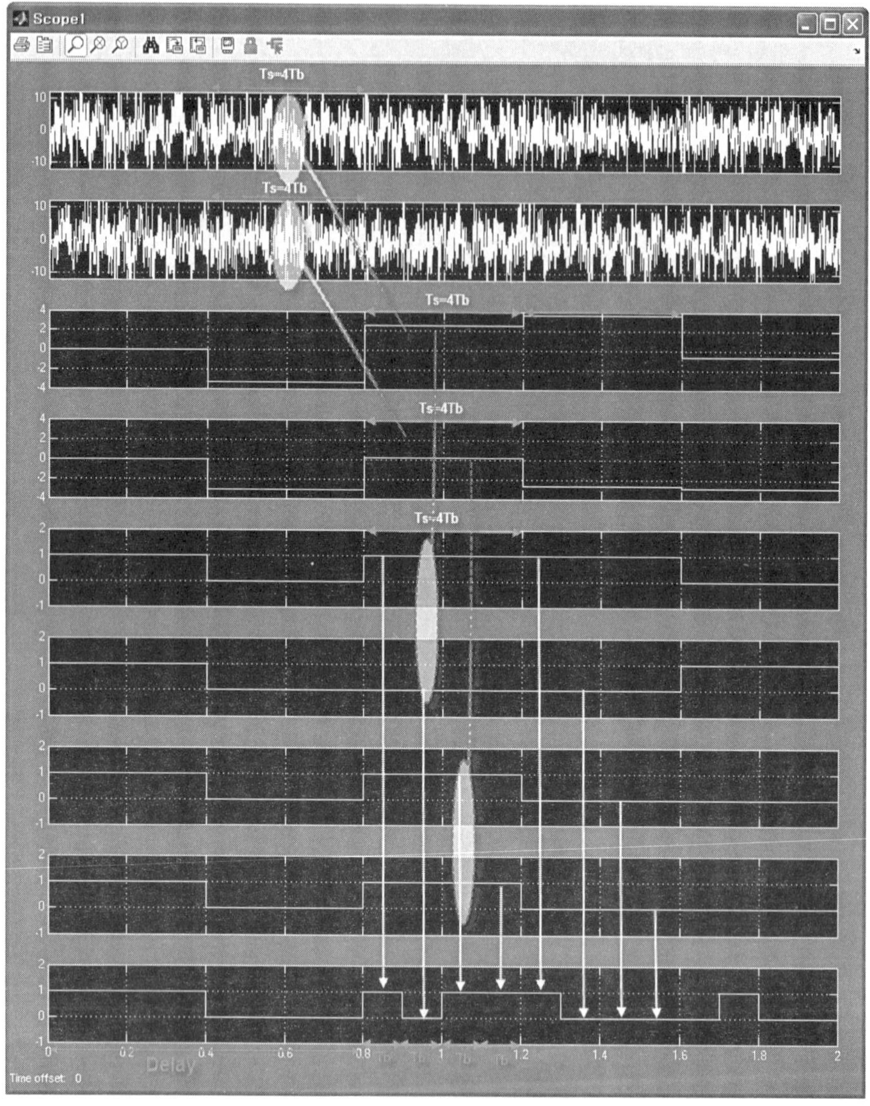

[그림 35]

2. 시간 영역에서 신호 성상도 관찰

(1) 신호 성상도를 관찰하기 위하여 [그림 31]과 같이 블록들을 가지고 와서 연결을 한다. 이때 사용되는 블록의 위치는 다음과 같다.

Simulink/Math Operations/Real-Imag to Complex

Communications System Toolbox/Comm Sinks/Constellation Diagram

(2) Constellation Diagram와 Constellation Diagram1을 클릭한 후 [그림 36]과 같이 파라미터 값들을 입력한다.

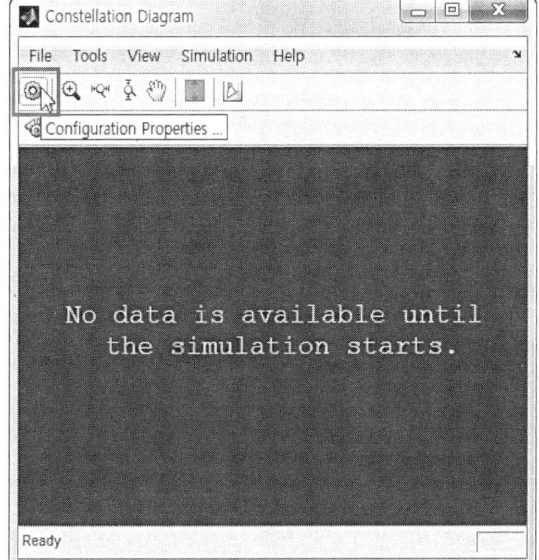

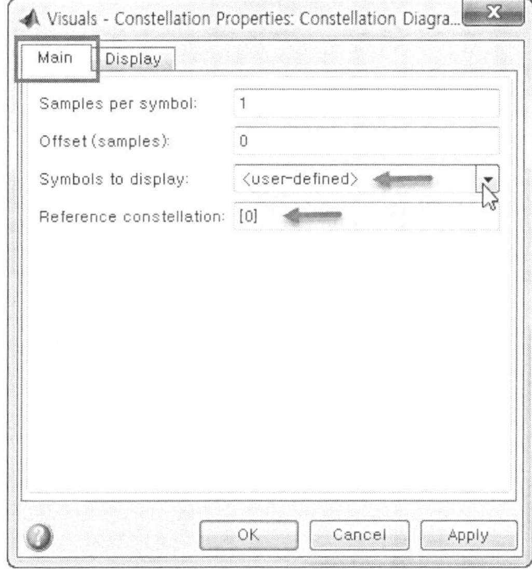

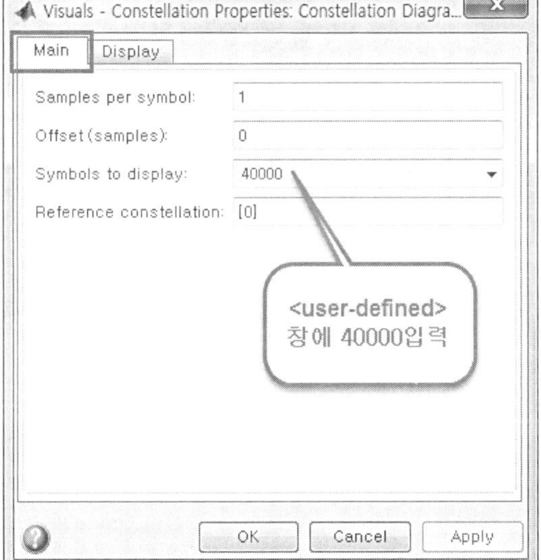

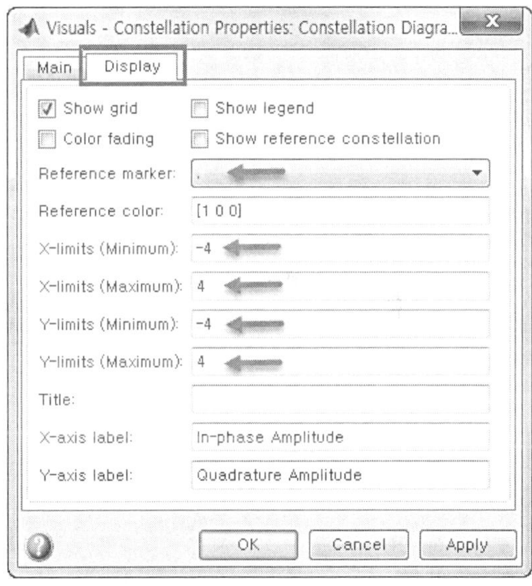

(a) Constellation Diagram

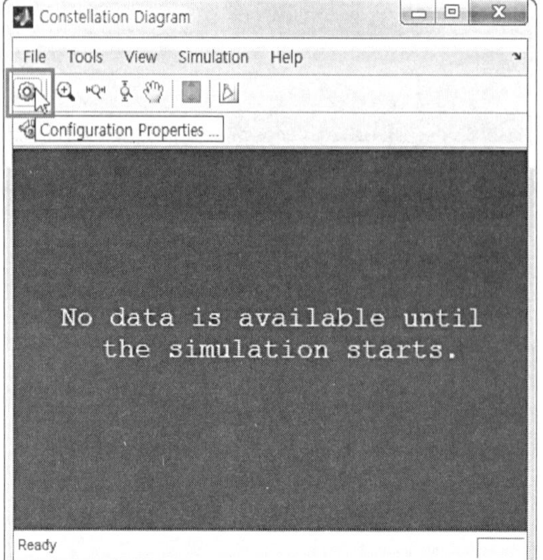

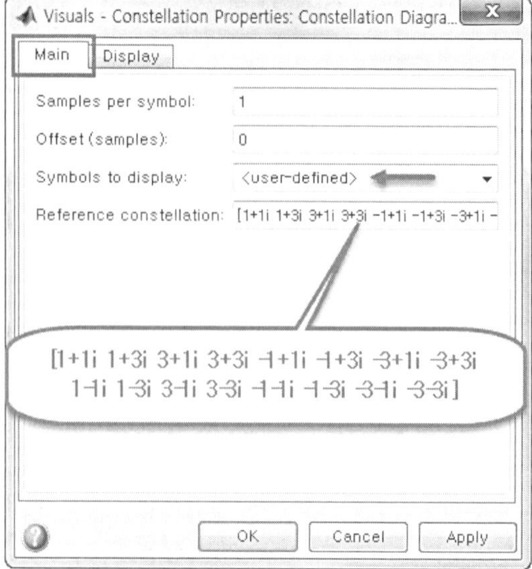

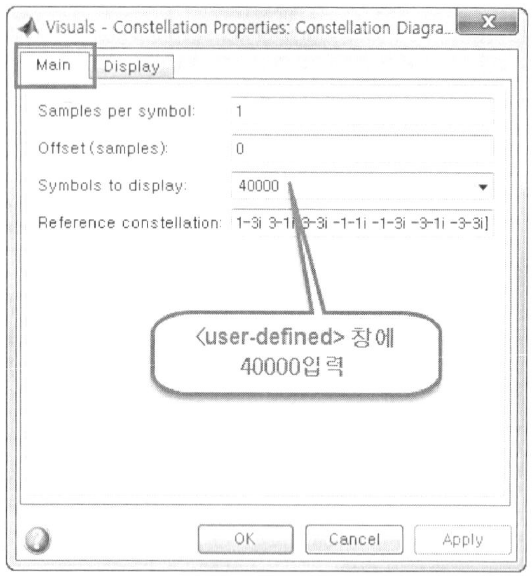

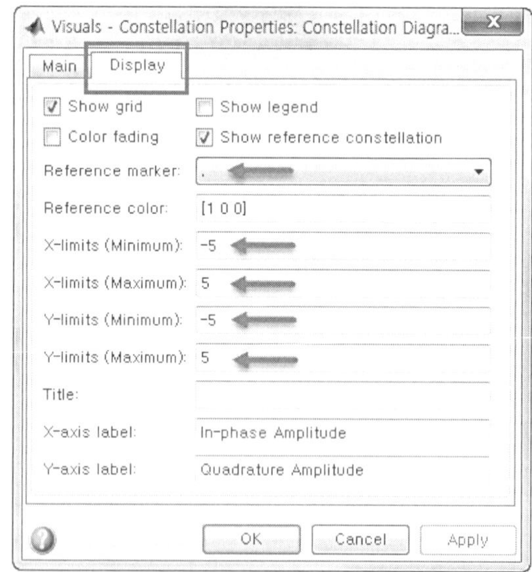

(b) Constellation Diagram1

[그림 36]

(3) Matlab Command window 상에서 [그림 37]과 같이 변수 T_s 및 oversample에 값을 지정한다.

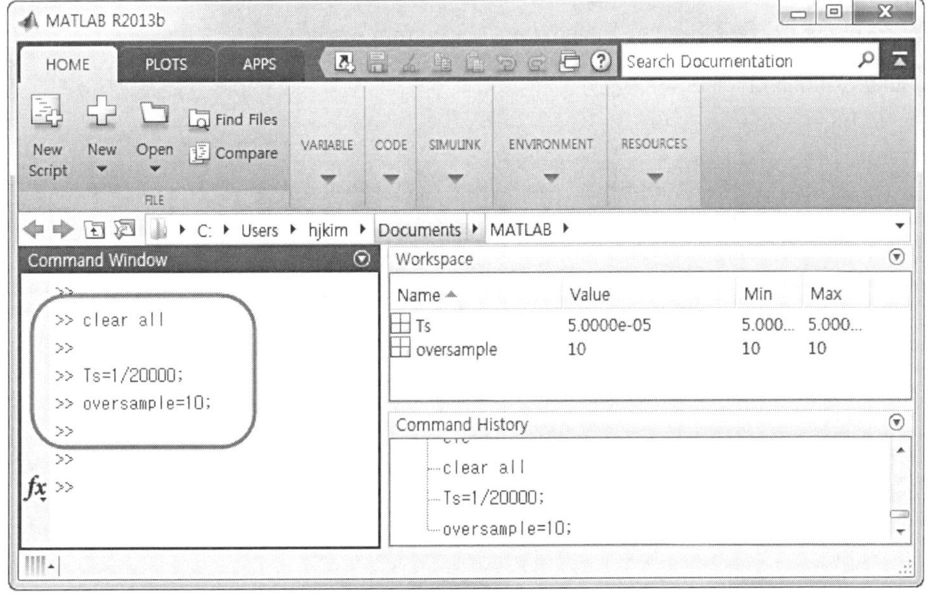

[그림 37]

(4) Simulation/Configuration Parameters를 선택한 후, Stop time을 2초로 설정하고, Start Simulation 버튼을 클릭하면 [그림 38]과 같은 결과를 얻는다. [그림 38]은 N_b/N_0 값이 10dB인 경우이다.

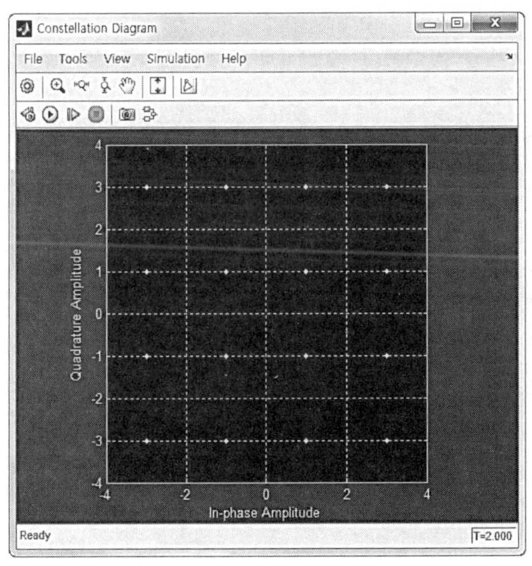

(a) Discrete-Time Scatter Plot Scope

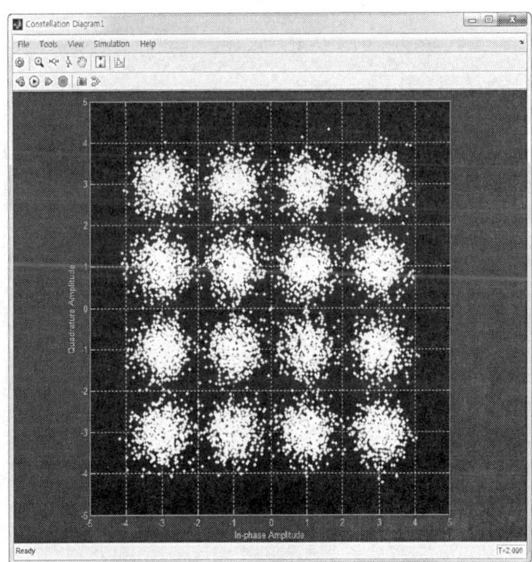

(b) Discrete-Time Scatter Plot Scope1

[그림 38]

3. 주파수 영역에서 신호 관찰

(1) [그림 31]과 같이 DSP System Toolbox/Sinks/Spectrum Analyzer를 연결한다.

(2) Matlab Command window 상에서 [그림 39]와 같이 T_s 및 oversample 값을 입력한다.

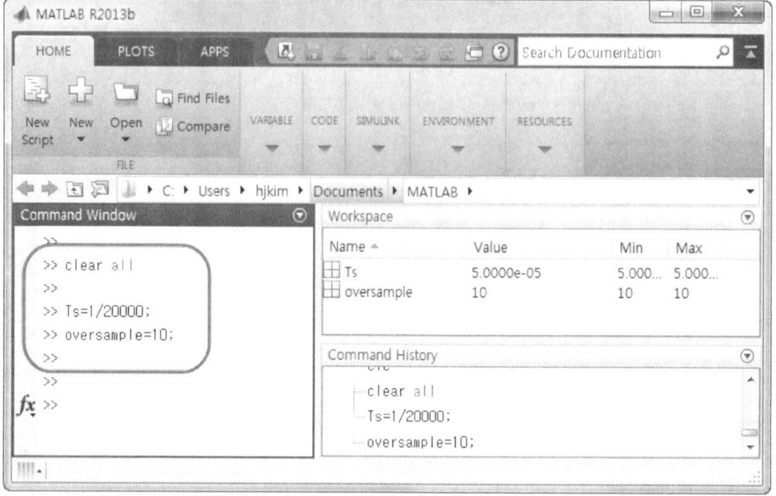

[그림 39]

(3) Simulation/Configuration Parameters를 선택한 후, Stop time을 2초로 설정하고, Start Simulation 버튼을 클릭하면 [그림 40]과 같은 결과를 얻는다.

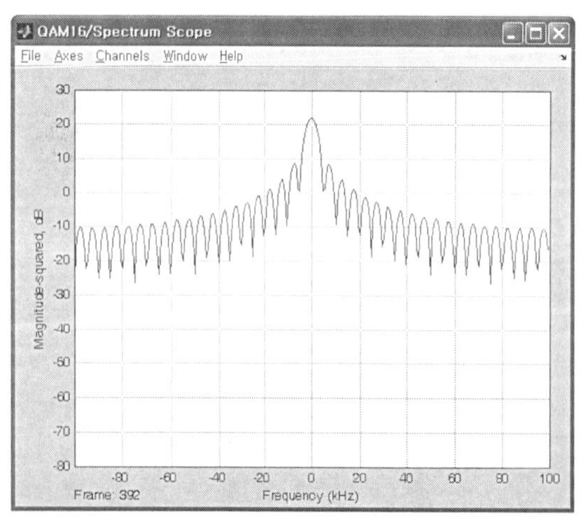

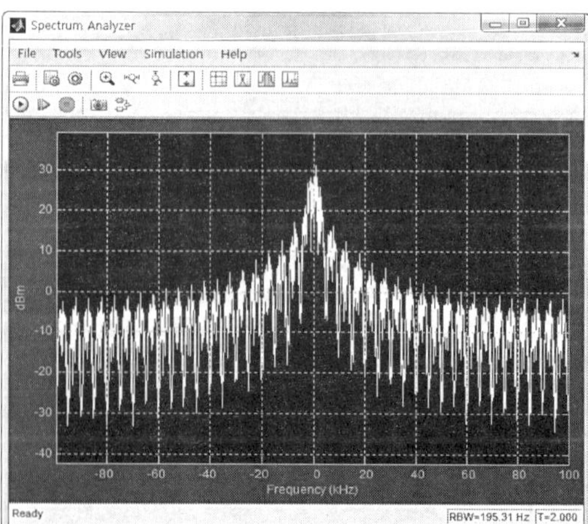

(a) Spectrum Analyzer

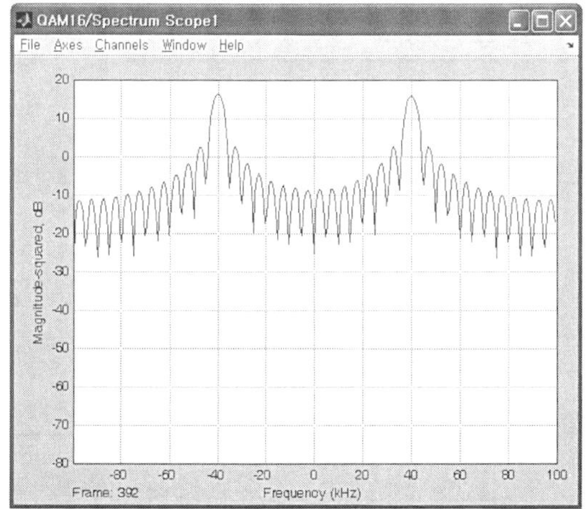

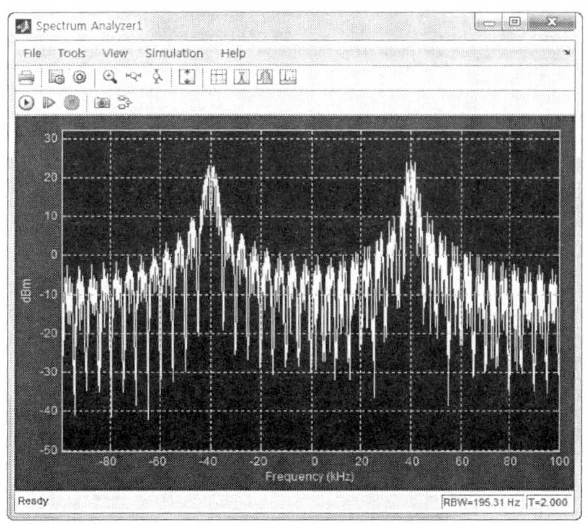

(b) Spectrum Analyzer1

[그림 40]

실습 #12-3 : 비트에러율(BER) 측정

(1) 16QAM 신호를 AWGN 채널로 전송 시, E_b/N_0 값에 따른 비트에러율(BER)을 측정하기 위하여 Communications Blockset/Comm Sinks/Error Rate Calculation 블록을 [그림 41]과 같이 연결하시오.

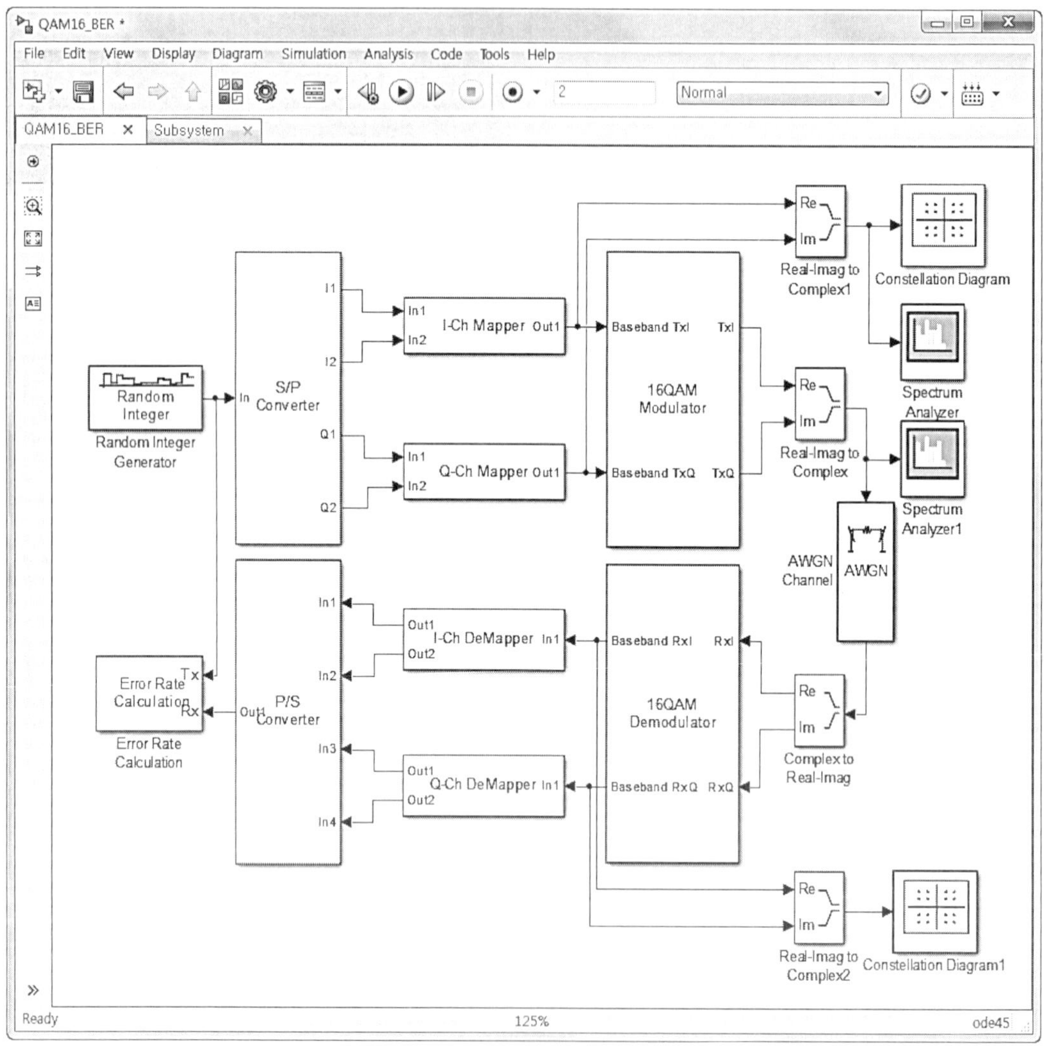

[그림 41]

(2) Error Rate Calculation 블록을 2번 클릭한 후 [그림 42]과 같이 파라미터 값들을 입력한다.

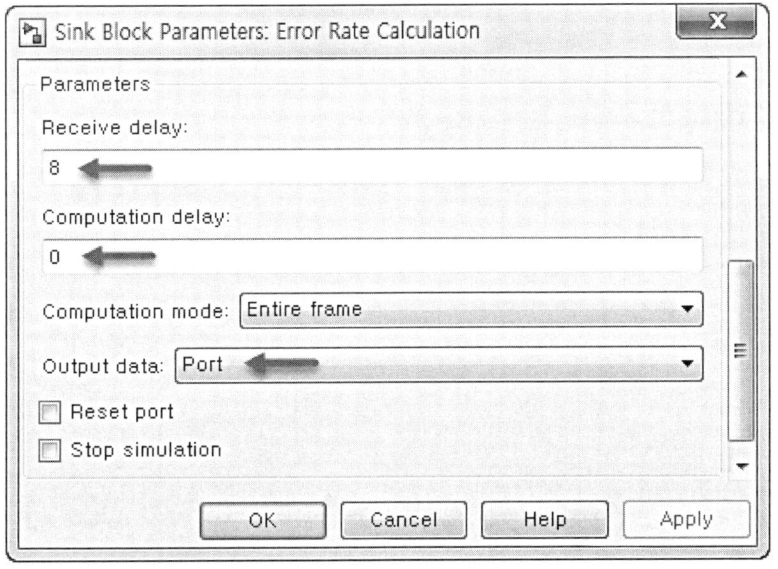

[그림 42]

(3) 에러율을 표시하기 위하여 Simulink/Sinks/Display 블록을 [그림 43]과 같이 연결한다.

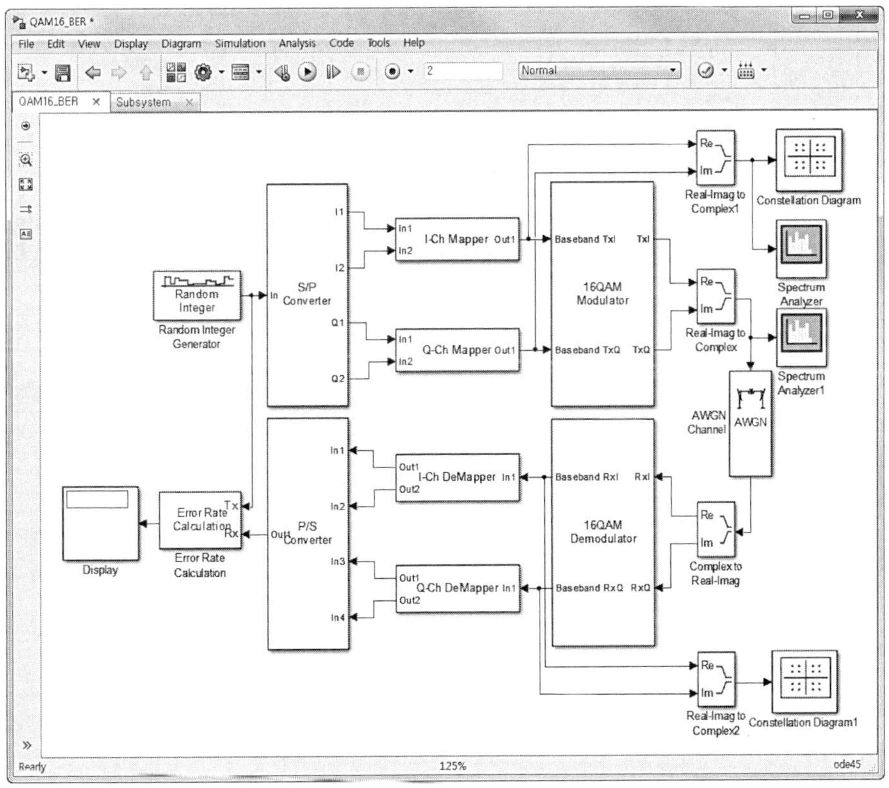

[그림 43]

(4) Matlab Command window 상에서 [그림 39]와 같이 T_s = 1/20000 및 oversample=10 값을 입력한다.

(5) Simulation/Configuration Parameters를 선택한 후, Stop time을 10초로 설정하고, Start Simulation 버튼을 클릭하면 [그림 44]와 같은 결과를 얻는다.

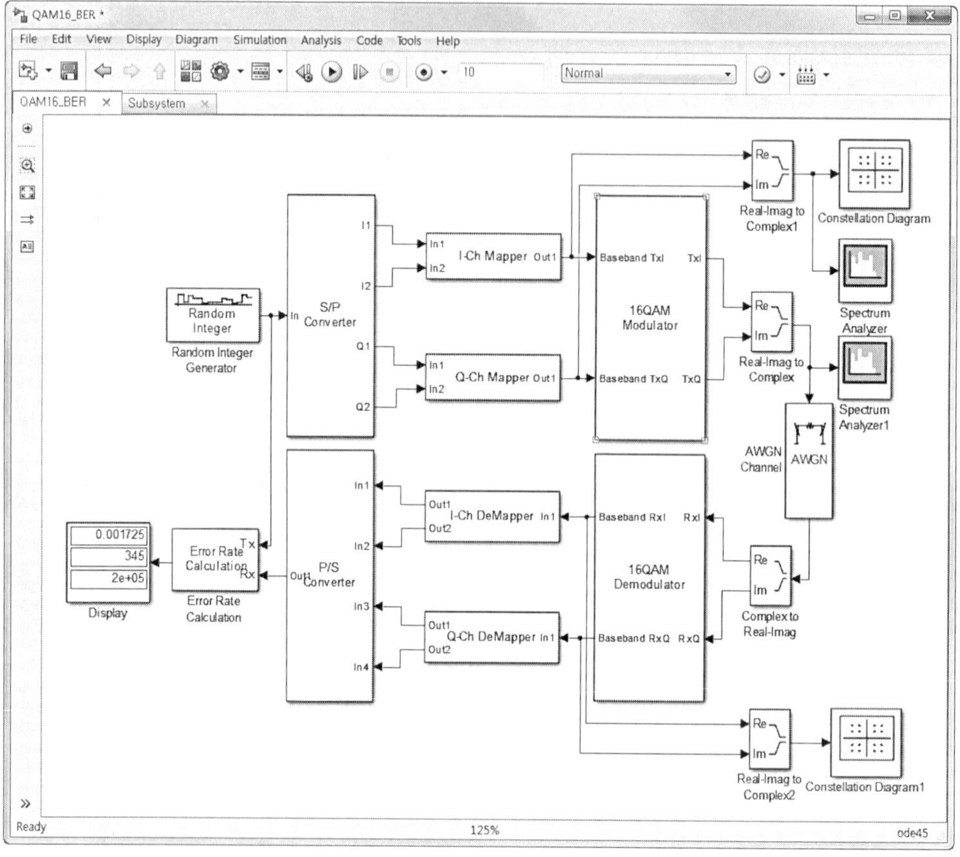

[그림 44]

실습과제 #12 : 실험 결과 및 고찰 보고서

1. [그림 34]에서 직병렬 변환 과정을 설명하시오.

2. [그림 34]에서 2번째 16QAM 심볼부터 성상도 상의 위상과 진폭값을 결정하여 보시오.

3. [그림 35]에서 병직렬과정에 대하여 설명하고 송신 데이터와 검파된 데이터에서 검파된 데이터가 8비트 지연이 발생한 이유를 설명하시오.

4. E_b/N_0 = 20dB인 경우 수신된 신호의 신호 성상도[그림 37 (b)]를 아래에 나타내시오.

5. [그림 40] (a)scope 그림에서 첫 번째 널이 5KHz에서 발생한 이유에 대하여 설명하시오. 또한 (b) scope에서 반송파주파수와 대역폭을 구하시오.

6. 16QAM신호를 AWGN 채널로 전송 하였을 때 이론적인 BER 값은 무엇인가? 에러율을 E_b/N_0 항으로 표현하시오.

7. T_s = 1/20000, oversample=10, Stop time을 10초로 설정한 후 [그림 43]을 이용하여 E_b/N_0 값에 따른 시뮬레이션 BER 값을 [표 1]에 기록한다.

[표 1]

E_b/N_0	이론 BER 값	시뮬레이션 BER 값
0 dB		
1 dB		
2 dB		
3 dB		
4 dB		
5 dB		
6 dB		
7 dB		
8 dB		
9 dB		
10 dB		
11 dB		
12 dB		

8. 위의 7의 성능곡선 결과를 도시하시오.

실습과제 #12 설계 보고서 (1)

학습목표 :

디지털신호를 무선채널로 전송하기 위한 방법 중에서 16QAM 변 · 복조 시스템에 대하여 살펴본다. 송신단에서는 16QAM 변조 후 AWGN 채널을 통해 전송하며 수신단에서는 16QAM 복조를 통해 디지털 신호를 검파한다. 이러한 16QAM 변조와 복조를 수행하는 Simulink Block을 구성한 후 신호를 분석하고 고찰한다.

주어진 조건 :

① 변조 : 16QAM

② 샘플링 시간 (T_s) : 가변

③ oversample : 10

④ 반송파주파수 (f_c) : $f_c = (1/T_s) \times n$

⑤ 스펙트럼

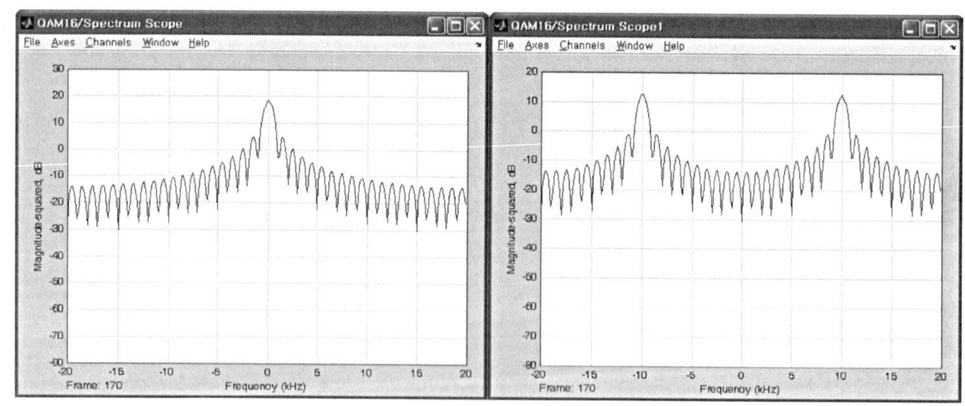

〈기저대역 스펙트럼〉 〈대역통과 스펙트럼〉

⑥ 채널 : AWGN

⑦ 복조 : 동기복조

⑧ 검파 : 최대가능도(ML:Maximum Likelihood)

설계 :

동기 16QAM 신호의 전송과 검파를 수행하는 Simulink Block을 설계하고 파라미터 값을 입력

분석 및 고찰 :

1. 샘플링 시간 (T_s) 값을 결정하시오

2. 반송파 주파수에서 n값 및 대역통과 신호의 대역폭을 결정하시오.

3. E_b/N_0 = 15dB인 경우 수신된 신호의 신호 성상도를 아래에 나타내시오.

4. E_b/N_0 = 30dB인 경우 수신된 신호의 신호 성상도를 아래에 나타내시오.

5. 반송파주파수 (f_c)를 비트율의 2배 ($f_c = (1/T_s) \times 2$)로 설정하였을 때 대역통과 스펙트럼을 나타내시오.

실습과제 #12 설계 보고서 (2)

주어진 조건 :

① 변조 : 16QAM

② 샘플링 시간 (T_s) : $T_s = 1/30000$

③ oversample : 10

④ 반송파주파수 (f_c) : 비트율의 2배 ($f_c = (1/T_s) \times 2$)

⑤ 신호성상도 :

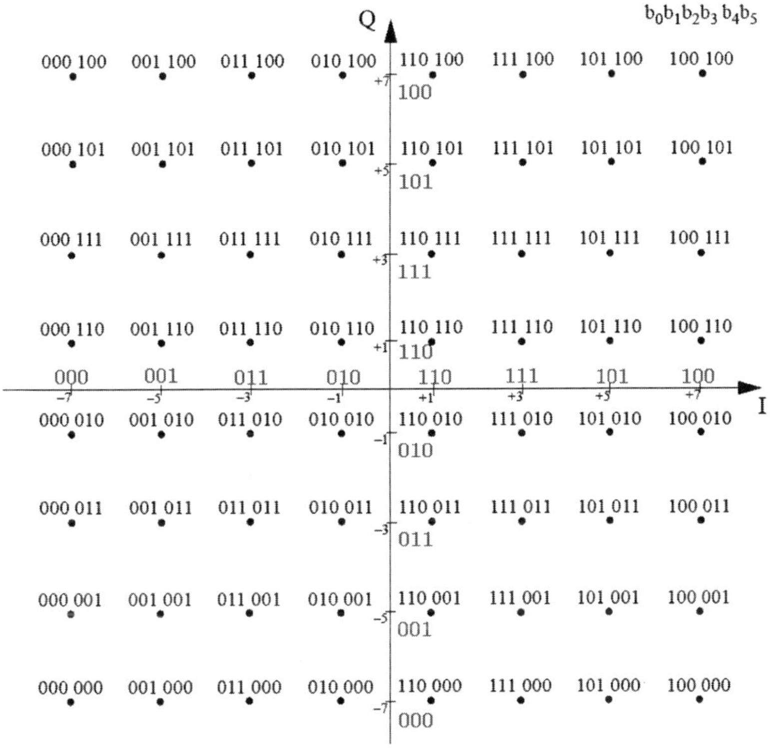

⑥ 채널 : AWGN

⑦ 복조 : 동기 64QAM복조

⑧ 검파 : 최대가능도(ML:Maximum Likelihood)

설계 :

동기 64QAM 신호의 전송과 검파를 수행하는 Simulink Block을 설계하고 파라미터 값을 입력

분석 및 고찰 :

1. 동기 64QAM 시스템의 시뮬링크 모델

2. Stop time을 10초로 설정한 후 E_b/N_0 값에 따른 시뮬레이션 BER 값을 [표 2]에 기록한다.

[표 2]

E_b/N_0	시뮬레이션 BER 값
0 dB	
1 dB	
2 dB	
3 dB	
4 dB	
5 dB	
6 dB	
7 dB	
8 dB	
9 dB	
10 dB	
11 dB	
12 dB	
13 dB	
14 dB	
15 dB	
16 dB	

3. 위의 동기 64QAM과 동기 16QAM의 성능곡선의 결과를 도시하시오.

4. MQAM에서 M값이 증가함에 따라 성능곡선이 어떻게 되는가? 그 이유를 설명하시오.

부 록

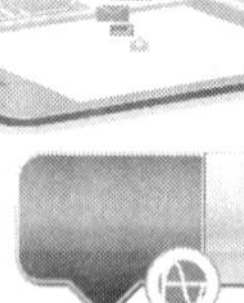

제 A.1 장 디지털 변조 및 복조

A.1.1 서론

기저대역(baseband) 펄스 전송이 아닌 디지털 대역통과 전송에서 입력데이터 시퀀스는 대역통과 채널에 의해 결정되는 특정 주파수를 갖는 반송파(보통 정현파)에 의해 변조된다. 대역통과 전송 채널로 마이크로파 무선링크, 위성채널 등이 있다. 어느 경우든, 전송을 가능하게 하기 위한 변조과정에는 들어오는 데이터에 맞추어 정해진 방식에 따라 정현반송파의 진폭, 주파수, 혹은 위상을 전환(switching 또는 keying)하는 동작이 포함된다. 이러한 각각의 동작에 따라 진폭전이 키잉(amplitude shift keying:ASK), 주파수전이 키잉(frequency shift keying:FSK), 그리고 위상전이 키잉(phase shift keying:PSK)으로 알려진 기본적인 신호 방식이 사용되며, 이들은 각각 진폭변조, 주파수변조 그리고 위상변조의 특별한 경우에 해당한다. FSK와 PSK신호의 주목할 만한 특징은 이 두 신호가 모두 일정한 포락선을 갖는다는 것이다. 이 특징은 마이크로파 무선 링크나 위성채널에서 일반적으로 생기는 진폭 비선형성에 대해 FSK 신호와 PSK 신호가 영향을 받지 않도록 해준다. 이러한 이유 때문에 비선형 채널로의 디지털 대역통과 전송에 있어 실제적으로 ASK 신호보다는 FSK나 PSK 신호가 더 선호된다.

이 장에서는 다음에 열거한 사항에 중점을 두어 디지털 대역통과 전송 기술에 대해 설명하도록 한다.

(1) 보다 적은 에러를 위한 수신기의 최적 설계

(2) 수신기의 평균심볼 에러확률의 계산

(3) 변조된 신호들의 특별한 성질

이러한 내용을 설명함에 있어, 동기(coherent) 수신기와 비동기(noncoherent) 수신기의 두 가지 다른 경우로 나누어 살펴보도록 한다. 동기 수신기에서는 수신기의 위상이 송신기의 위상과 동기를 이루어야 한다. 반면, 비동기 수신기에서는 복조를 위한 수신기의 국부 발진기와 변조 반송파를 생성하는 송신기의 발진기 사이에 위상동기가 필요치 않다.

A1.2 대역통과 전송 모델

그림 A1.1에 디지털 대역통과 전송시스템의 모델을 나타내었다. 먼저, 매 T초마다 한 개의 심볼(symbol)을 발생시키는 메시지원(message source)을 가정한다. 이때, 발생되는 심볼들은 M개의 심볼들로 이루어지며 $m_1, m_2, \ldots, m_M$으로 표시된다. 예를 들어, 멀리 떨어진 두 대의 디지털

컴퓨터를 가정하자. 컴퓨터의 출력은 0과 1로서 표현되며 다른 컴퓨터로 전송된다. 이 예에서 심볼집합은 0과 1의 2진 심볼로 이루어진다. 두 번째 예로서, 00, 01, 10 그리고 11로 구성되는 심볼집합을 갖는 4진 PCM부호기(encoder)를 들 수 있다. 어느 경우에든 각 심볼의 발생 확률 $P(m_1)$, $P(m_2),\cdots,P(m_M)$은 메시지원의 출력을 결정한다. 따로 제시된 발생확률에 대한 정보가 없을 경우 M개의 심볼들은 동일한 발생확률을 갖는 것으로 가정한다. 이 경우

$$\begin{aligned} p_i &= P(m_i) \\ &= \frac{1}{M} \qquad \text{모든 } i\text{에 대해} \end{aligned} \tag{A.1.1}$$

메시지원의 M진 출력은 신호전송 부호기로 전해져 각각의 심볼에 대해 N개의 실수 요소로 이루어진 벡터 s_i를 생성한다. N은 M보다 작거나 같다. 벡터s_i를 입력으로 변조기는 메시지원에 의해 생성되는 심볼 m_i에 대해 T초의 지속시간을 갖는 신호 $si(t)$를 출력한다. 신호 $si(t)$는 유한한 에너지를 가지며, 다음과 같이 표현된다.

$$E_i = \int_0^T s_i^2(t)dt, \qquad i = 1,2,\cdots,M \tag{A.1.2}$$

$si(t)$는 실수치를 갖으며, 매 T초마다 전송된다. 전송을 위한 특정 신호의 선택은 들어오는 메시지의 형태에 달려 있으며, 선행 시간슬롯에서 전송된 신호에 의해서도 선택될 수 있다. 정현반송파의 경우 변조기에서 한 신호를 다른 신호와 구별하기 위해 반송파의 진폭, 주파수 혹은 위상을 단계적으로 변화 시킨다(종종 진폭과 위상을 결합하여 함께 변화시키거나 혹은 진폭과 주파수를 함께 변화시킨다). 이러한 변조를 그림 A.1.2에 나타내었으며 각각 진폭전이 키잉(ASK), 주파수전이 키잉(FSK), 그리고 위상전이 키잉(PSK)에 해당한다. 그림 A.1.2에서 데이터는 심볼 지속시간 T가 비트 지속시간 T_b와 같은 2진 데이터이다. 일반적으로 주파수변조 신호와 위상변조 신호를 구별하기는 쉽지 않지만 FSK와 PSK신호는 쉽게 구별할 수 있다 (그림 A.1.2b와 A.1.2c).

그림 A.1.1의 모델로 돌아가서, 송신기와 수신기를 연결하는 대역통과 통신채널은 다음 두 가지 특징을 갖는다고 가정한다.

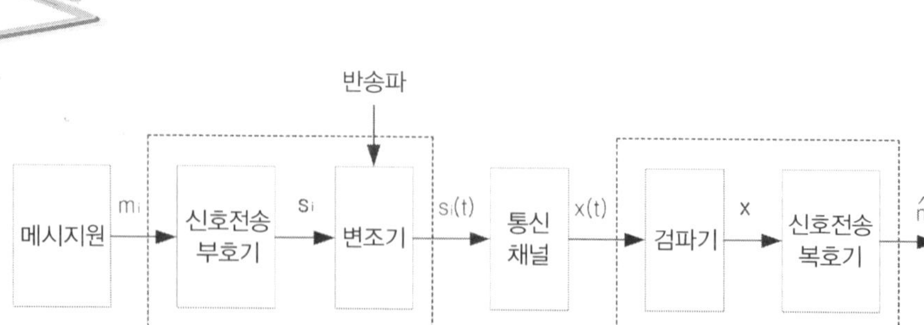

그림 A.1.1 디지털 대역통과 전송시스템 모델

1) 채널은 선형이며 대역폭은 변조된 신호 $s_i(t)$를 무시할 수 있는 정도의 왜곡으로, 혹은 왜곡 없이 전송할 수 있을 정도로 넓다.
2) 전송되는 신호 $s_i(t)$는 평균이 0인 부가 백색가우시안잡음에 의해 영향을 받으며, 잡음의 표본함수를 $w(t)$로 표시한다. 위와 같은 가우시안잡음을 가정하는 이유는 계산이 용이하고, 많은 실제적인 통신시스템의 잡음을 잘 기술하기 때문이다.

이러한 채널을 부가 백색가우시안잡음(AWGN) 채널이라 한다. 가정에 따라, 수신되는 신호를 식 (A.1.3)과 같이 표현할 수 있으며, 따라서 채널을 그림 A.1.3과 같이 모델링할 수 있다.

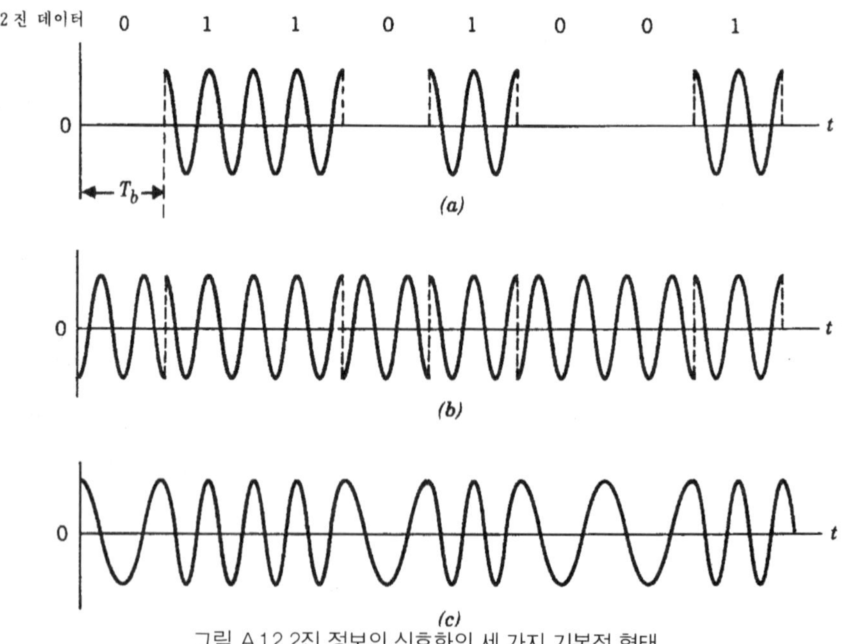

그림 A.1.2 2진 정보의 신호화의 세 가지 기본적 형태.
(a) 진폭전이 키잉 (b) 위상전이 키잉 (c) 연속적 위상을 갖는 주파수전이 키잉

$$x(t) = s_i(t) + w(t), \quad \begin{cases} 0 \le t \le T \\ i = 1,2,\cdots,M \end{cases} \tag{A.1.3}$$

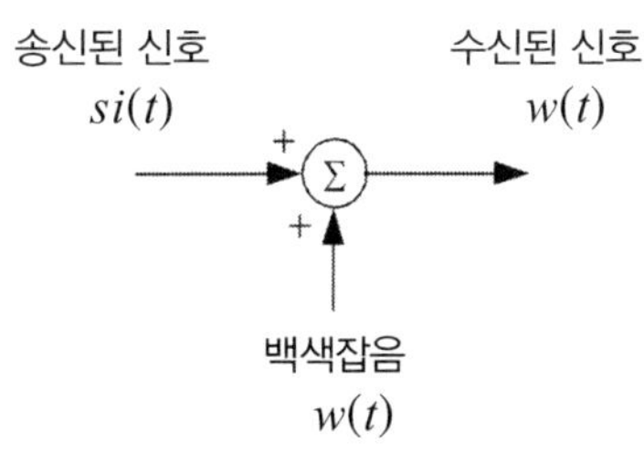

그림 A.1.3 부가 백색가우시안잡음 채널 모델

수신기는 수신된 신호 $x(t)$를 신호 지속시간 T동안에 걸쳐 관측한 후 전송된 신호 $s_i(t)$, 혹은 심볼 m_i를 최대한 맞게 추정하는 일을 한다. 이 일은 두 단계로 이루어진다. 첫 번째 단계는 검출기로서 수신신호 $x(t)$에 대해 관측벡터x를 생성한다. 관측벡터x와 송신기의 변조 방법에 대한 정보 그리고 심볼 발생확률$P(m_i)$를 이용하여 두 번째 단계를 구성하는 신호전송 복호기는 심볼 추정치 $\hat{m}$을 생성한다. 그러나, 수신기 입력에서의 부가 잡음의 존재로 인해 판단 과정은 통계적 성격을 띠며, 결과적으로 종종 에러가 발생한다. 따라서, 식 (A.1.4)로 주어지는 평균심볼 에러확률을 최소화하도록 수신기를 설계해야 한다.

$$P_e = \sum_{i=1}^{M} P(\hat{m} \neq m_i) P(m_i) \tag{A.1.4}$$

식 (A.1.4)에서, m_i는 전송된 심볼이고 $\hat{m}$는 판정장치에 의해 생성되는 추정치이며, $P(\hat{m} \neq m_i)$은 i번째 심볼이 전송되었을 경우에 대한 조건부 에러확률이다. 결과적인 수신기는 에러확률이 최소라는 관점에서 최적이다.

일반적으로 수신기는 송신기와 시간적으로 동기되었다고 가정하며, 이것은 수신기가 송신기 변조의 상태 변화 시점을 정확히 알고 있음을 뜻한다. 종종, 수신기가 송신기에 위상동기(phase locked)이 되었음을 가정하는데, 이와 같은 경우를 동기(coherent) 검파라 하며, 이때의 수신기를 동기 수신기라 한다. 반면, 송신기와 수신기 사이에 아무런 위상동기가 없는 경우를 비동기(noncoherent)검파라 하며, 이때의 수신기를 비동기 수신기라 한다. 이 장에서는 시간동기를 가정하며, 동기와 비동기 검파를 구별하여 다루기로 한다. 이상에서 기술된 모델은 최적 수신기 설계에 대한 기초를 제공한다. 결정된 전송신호의 집합 $\{s_i(t)\}$는 기하학적으로 표현할 것이며, 이 방법

은 직관적 이해에 많은 도움이 된다.

A.1.3 신호의 기하학적 표현

일단 직교정규 기준함수 집합 $\{\phi_j(t) \mid j = 1,2,\cdots,N\}$을 구하면 신호집합 $\{s_i(t) \mid i = 1,2,\cdots,M\}$의 각각의 신호는 다음과 같이 전개될 수 있다.

$$s_i(t) = \sum_{j=1}^{N} s_{ij}\phi_j(t), \quad \begin{cases} 0 \leq t \leq T \\ i = 1,2,\cdots,M \end{cases} \tag{A.1.5}$$

전개식의 계수 sij는 아래와 같이 정의된다.

$$s_{ij} = \int_0^T s_i(t)\phi_j(t)dt, \quad \begin{cases} i = 1,2,\cdots,M \\ j = 1,2,\cdots,N \end{cases} \tag{A.1.6}$$

결과적으로 신호집합 $\{s_i(t)\}$의 각각의 신호는 각 신호의 계수들의 벡터로서 완벽하게 정해진다.

$$\mathrm{s_i} = \begin{bmatrix} s_{i1} \\ s_{i2} \\ \vdots \\ s_{iN} \end{bmatrix}, \quad i = 1,2,\cdots,M \tag{A.1.7}$$

벡터 $\mathrm{s_i}$를 신호벡터(signal vector)라 한다. 만약 2차원 및 3차원 유클리드(Euclide) 공간을 N차원의 유클리드(Euclide) 공간으로 개념적으로 확장하면, 신호벡터 집합 $\{\mathrm{s_i} \mid i = 1,2,\cdots,M\}$은 N개의 수직축 $1,2,\cdots,N$으로 이루어진 N차원 유클리드(Euclide) 공간에서 상응하는 M개의 점의 집합을 정의할 수 있다. 이러한 N차원 유클리드(Euclide) 공간을 신호공간(signal space)이라 한다.

일단의 에너지신호 집합을 기하학적으로 묘사하는 일은 매우 중요한 의미를 가진다. 이것은 에너지신호의 기하학적 표현에 대한 수학적 기반을 제공하며, 디지털 대역통과 전송시스템에서 개념적으로 만족스러운 잡음 해석을 가능하게 한다. 이와 같은 형태의 신호 표현을 그림 A.1.4에 3개의 신호를 갖는 2차원 공간, 즉, N=2, M=3인 경우에 대해 나타내었다.

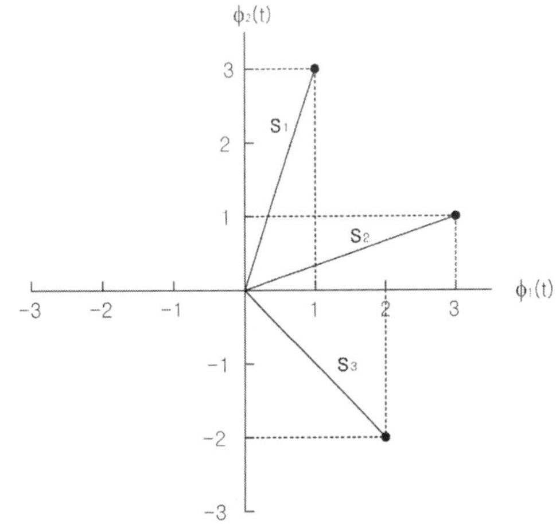

그림 A.1.4 N=2, M=3인 경우에 대한 신호의 기하학적 예시

N차원 유클리드(Euclide) 공간에서 벡터의 길이와 벡터간의 각을 정의한다. 신호벡터s_i의 길이(절대값 또는 노옴(norm)이라고도 한다)를 보통 $\| s_i \|$라는 심볼을 사용하여 나타낸다. 신호벡터 s_i의 길이의 제곱을 내적, 또는 도트곱(dot product)이라 정의하며, 아래의 식과 같다.

$$\begin{aligned} \| s_i \| &= s_i^T s_i \\ &= \sum_{j=1}^{N} s_{ij}^2 \end{aligned} \tag{A.1.8}$$

여기서, s_{ij}는 s_i의 j번째 요소이며, 첨자 T는 행렬의 전치(transposition)를 나타낸다. 두 벡터간의 각의 코사인은 두 벡터의 내적을 각각의 벡터의 노옴의 곱으로 나눈 것으로 정의한다. θ_{ij}를 벡터 s_i와 s_j 사이의 각이라 하면, 이 각의 코사인은

$$cos\theta_{ij} = \frac{s_i^T s_j}{\| s_i \| \ \| s_j \|} \tag{A.1.9}$$

이다. 따라서 두 벡터 s_i와 s_j의 내적이 영이면 두 벡터는 서로 직교, 또는 수직이며, 이때 $\theta_{ij} = 90°$이다.

한 신호의 에너지와 그 에너지의 벡터 표현간에는 흥미로운 관계가 있다. 정의에 의해서 지속시간이 T초인 신호 $s_i(t)$의 에너지는

$$E_i = \int_0^T s_i^2(t)dt \quad \text{(A.1.10)}$$

이다. 따라서 식 (A.1.5)를 식 (A.1.10)에 대입하면

$$E_i = \int_0^T \left[\sum_{j=1}^{N} s_{ij}\phi_j(t)\right]\left[\sum_{k=1}^{N} s_{ik}\phi_k(t)\right]dt$$

이며, 적분과 합산의 순서를 바꾸고 항들을 재배열하면

$$E_i = \sum_{j=1}^{N} s_{ij} \sum_{k=1}^{N} s_{ik} \int_0^T \phi_j(t)\phi_k(t)dt \quad \text{(A.1.11)}$$

이 된다. 식 (A.1.11)에서 $\phi_j(t)$는 직교정규 집합을 이루므로 식 (A.1.11)은

$$E_i = \sum_{j=1}^{N} s_{ij}^2 \quad \text{(A.1.12)}$$

로 간소화된다. 따라서, 식 (A.1.10)과 (A.1.12)로부터 신호 $s_i(t)$의 에너지는 그것을 표현하는 신호벡터s_i의 길이를 제곱한 결과와 같음을 알 수 있다.

신호벡터 s_i와 s_k로 표현되는 한 쌍의 신호 $s_i(t)$와 $s_k(t)$에 대해

$$\begin{aligned} \| \mathrm{s_i} - \mathrm{s_k} \|^2 &= \sum_{j=1}^{N} (\mathrm{s_{ij}} - \mathrm{s_{kj}})^2 \\ &= \int_0^T [s_i(t) - s_k(t)]^2 dt \end{aligned} \quad \text{(A.1.13)}$$

이며, 여기서 $\| \mathrm{s}_i - \mathrm{s}_k \|$는 신호벡터 s_i와 s_k로 나타내어지는 두 점 사이의 유클리드(Euclide) 거리 d_{ik}이다.

A.1.4 잡음환경에서의 신호의 동기 검파

지속시간이 T초인 각각의 시간슬롯에서 M개의 가능한 신호 $s_1(t), s_2(t), \cdots, s_M(t)$가 1/M의 동일한 확률로 전송된다고 가정하자. 그러면 그림 A.1.3의 AWGN 채널 모델에 대해 수신신호 $x(t)$는 식

(A.1.14)로 정의된다.

$$x(t) = s_i(t) + w(t), \quad \begin{cases} 0 \leq t \leq T \\ i = 1,2,\cdots,M \end{cases} \tag{A.1.14}$$

여기서, $w(t)$는 평균이 0이고 전력 스펙트럼밀도가 $N_0/2$인 백색가우시안 프로세서의 표본함수이다. 수신신호 $x(t)$가 주어졌을 때 수신기는 전송된 신호 $s_i(t)$, 또는 동일하게 심볼 m_i의 최적 추정치를 만들어야 한다.

적절한 N개의 직교정규 기준함수 집합과 한 개의 공통입력을 갖는 상관기열에 전송신호 $s_i(t)$, i=1,2,...,M가 인가 되었을 때, 결과적인 상관기 출력은 신호벡터 $\mathrm{s_i}$를 정의한다는 사실을 알았다[식 (A.1.7) 참조]. 신호벡터 $\mathrm{s_i}$를 아는 것은 전송신호 $s_i(t)$ 자체를 아는 것 만큼 유용하고, 또는 그 반대도 유용하므로 $s_i(t)$를 $N \leqq M$인 N차원 유클리드(Euclide) 공간상의 한 점으로 표현할 수 있다. 이 점을 전송신호점, 또는 메시지점이라 한다. 전송신호 집합 $\{s_i(t) \mid i = 1,2,\cdots,M\}$에 상응하는 메시지 점들의 집합을 신호성상도(signal constellation)라 한다. 그러나 수신신호 $x(t)$의 표현은 부가잡음 $w(t)$의 존재로 인해 복잡하다. 수신신호 $x(t)$가 N개의 상관기열에 인가될 때 상관기 출력은 관측벡터 x를 정의한다는 사실을 이미 살펴보았다. 벡터 x는 잡음벡터 w에 의해 신호벡터 $\mathrm{s_i}$와 다르며, 이 잡음벡터의 방향은 완전하게 랜덤하다. 결국,

$$\mathrm{x} = \mathrm{s_i} + \mathrm{w}, \quad i = 1,2,\cdots,M \tag{A.1.15}$$

임을 알 수 있으며 이 식은 식 (A.1.14)에 대한 벡터식으로 볼 수 있다. 잡음벡터 w는 잡음 $w(t)$에 의해 완전하게 특성지워진다. 잡음벡터 w는 잡음 $w(t)$중 검파과정에 간섭을 주는 부분만을 나타내며, $w'(t)$로 표시되는 잡음의 나머지 부분은 상관기열에 의해 제거된다.

이제, 관측벡터 x에 근거하여 수신신호 $x(t)$를, 전송신호를 표현하기 위해 이용했던 동일한 유클리드(Euclide) 공간상에 한 점으로서 나타내도록 하며, 이 점을 수신신호점이라 일컫는다. 수신신호점은 메시지점 근처에 완전히 랜덤하게 분포되어 있으며, 메시지점에 중심을 둔 가우시안 분포를 갖는 "구름(cloud)" 내 어디에나 위치할 수 있다. 그림 A.1.5(a)에 3차원 신호공간에 대해 이러한 설명이 예시되어 있다. 하나의 특정한 잡음벡터 w에 대하여(즉, 그림 A.1.5(a)의 랜덤구름 안의 한 개의 점) 관측벡터 x와 신호벡터 $\mathrm{s_i}$의 관계가 그림 A.1.5(b)에 예시되어 있다.

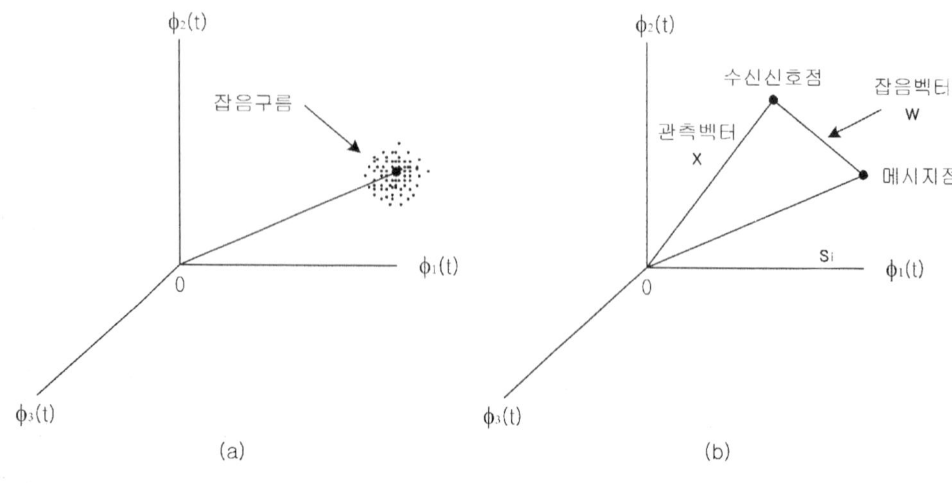

그림 A.1.5 수신된 신호점의 위치

이제, 검파문제에 대해 논의할 준비가 되었다. 관측벡터 x가 주어졌을 때 판정과정(decision-making process)상에서 에러확률을 최소화하도록, x로부터 전송심볼 m_i의 추정치 $\hat{m}$으로의 사상(mapping)을 수행해야 한다. 모든 M개의 전송신호의 발생확률이 동일하다고 할 때, 다음에 논의될 최대가능도복호기(maximum likelilhood decoder)는 이러한 기본적인 신호처리 문제에 대한 해결방안을 제시한다.

A.1.5 최대가능도복호기

관측벡터 x가 주어지고, $\hat{m} = m_i$인 판정을 한다고 가정하자. 이 판정에 대한 에러확률 $P_e(m_i,x)$는

$$\begin{aligned} P_e(m_i,x) &= p(m_i \text{ 전송되지 않음} \mid \mathrm{x}) \\ &= 1 - p(m_i \text{ 전송} \mid \mathrm{x}) \end{aligned} \tag{A.1.16}$$

이다. 판정기준(decision-making criterion)은 주어진 각각의 관측벡터x의 판정과정으로 에러확률을 최소화하는 것이다. 따라서, 식 (A.1.16)에 근거한 최적 판정규칙은

$$\begin{aligned} &\text{모든 } k \neq i\text{에 대해 } P(m_i \text{ 전송} \mid \mathrm{x}) \geq P(m_k \text{ 전송} \mid \mathrm{x}) \text{ 이면} \\ &\hat{m} = m_i\text{로 놓는다.} \end{aligned} \tag{A.1.17}$$

여기서, k=1,2,..,M 이다. 이 판정 규칙은 최대사후확률(maximum a posteriori probability(MAP)) 규칙이다. 식 (A.1.17)의 조건은 전송신호의 사전확률(a priori probabilities)과 가능도함수

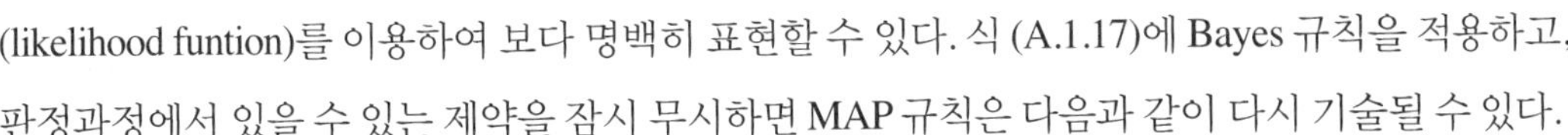

(likelihood funtion)를 이용하여 보다 명백히 표현할 수 있다. 식 (A.1.17)에 Bayes 규칙을 적용하고, 판정과정에서 있을 수 있는 제약을 잠시 무시하면 MAP 규칙은 다음과 같이 다시 기술될 수 있다.

$$\frac{P_k f_x(\mathbf{x} \mid m_k)}{f_x(\mathbf{x})} \text{가 } k=i \text{에서 최대이면} \quad \text{(A.1.18)}$$
$$\hat{m}=m_i \text{로 놓는다.}$$

여기서, P_k는 심볼 m_k가 발생할 사전확률이고 $f_x(\mathrm{x} \mid m_k)$는 심볼 m_k가 전송되었을 경우에 대한 가능도함수 이며, $f_x(\mathrm{x})$는 램덤벡터 x의 비조건부 결합 확률밀도 함수이다. 식 (A.1.18)의 분모항 $f_x(\mathrm{x})$가 전송신호에 대해 독립이고, 모든 신호들이 동일한 확률로 전송될 때 사전확률 $P_k = P_i$이므로 식 (A.1.18)의 판정규칙을 다음과 같이 간소화 할 수 있다.

$$f_x(\mathrm{x} \mid m_k) \text{가 } k=i \text{에서 최대이면} \quad \text{(A.1.19)}$$
$$\hat{m}=m_i \text{로 놓는다.}$$

통상, 가능도함수 그 자체를 사용하기 보다는, 자연대수를 취하여 사용하는 것이 더 편리하다. 무기억 채널에서 가능도함수의 대수(logarithm)는 보통 메트릭(metric)이라 부른다. 가능도함수 $f_x(\mathrm{x} \mid m_k)$는 항상 양의 값을 갖고, 대수함수는 그것의 독립변수에 대한 단조증가하므로, 식 (A.1.19)의 판정규칙을 메트릭을 이용하여 다음과 같이 다시 쓸 수 있다.

$$\ln[f_x(\mathrm{x} \mid m_k)] \text{가 } k=i \text{에서 최대이면} \quad \text{(A.1.20)}$$
$$\hat{m}=m_i \text{로 놓는다.}$$

여기서, ln은 자연대수를 나타낸다. 이 판정규칙을 최대가능도규칙(maximum-likelihood rule)이라 하며, 이를 위한 장치를 최대가능도복호기 (maximum-likelihood decoder)라 한다. 식 (A.1.20)에 따라 최대 복호기는 전송된 모든 메시지들에 대한 메트릭(metrics)을 계산하고, 그 결과들을 비교하여 최대값을 선택하여 판정하게 된다.

최대 판정규칙을 도식적으로 나타내는 것은 유용하다. Z를 모든 가능한 관측백터x의 N 차원 공간이라 하자. 이 공간을 관측공간이라 한다. 판정규칙에 의해 $\hat{m} = m_i$, $i = 1,2,...,M$이 결정되어야 함을 가정했으므로, 전체 관측공간 Z는 $Z_1, Z_2, \ldots, Z_M$의 M 개의 판정영역으로 나누어진다. 따라서, 식 (A.1.20)의 판정규칙을 아래와 같이 다시 나타낼 수 있다.

만약 $\ln[f_x(\mathrm{x} \mid m_k)]$가 $k = i$에서 최대이면
관측벡터 x는 영역 Z_i에 위치한다. (A.1.21)

판정영역 $Z_1, Z_2, \cdots, Z_M$들 간의 경계를 별도로 하고, 이 영역들의 집합은 가능한 관측벡터들 x가 어느 두 판정영역 Z_i와 Z_k간의 경계상에 있게 될 경우, 두 개의 가능한 판정 $\hat{m} = m_i$와 $\hat{m} = m_k$간의 선택은, 앞면과 뒷면의 확률이 동일한 동전을 던지는 것과 같은 문제로 귀착된다. 이러한 사건의 결과는 궁국적인 에러확률에 영향을 주지 않으며, 이 경계에서 식 (A.1.17)의 조건은 등호에 의해 만족이 된다.

식 (A.1.21)로 기술되는 최대가능도 판정규칙(maximum likelihood decision rule)의 예시를 위해, AWGN 채널을 가정하자, 이 경우에 대해

$$f_x(\mathrm{x} \mid m_k) = (\pi N_0)^{-N/2} exp\left[-\frac{1}{N_0}\sum_{j=1}^{N}(x_j - s_{kj})^2\right], k = 1,2,\cdots,M \quad \text{(A.1.22)}$$

와 같이 쓸 수 있으며, 따라서 이에 대한 메트릭은 아래와 같다.

$$ln[f_x(\mathrm{x} \mid m_k)] = -\frac{N}{2} ln(\pi N_0) - \frac{1}{N_0}\sum_{j=1}^{N}(x_j - s_{kj})^2, k = 1,2,\cdots,M \quad \text{(A.1.23)}$$

식 (A.1.23)의 우변과 상수항 $-(N/2)\ln(\pi N_0)$는 판정규칙에의 응용에 있어서는 전혀 중요하지 않다. 따라서, 이 상수항을 무시하고, 식 (A.1.23)의 나머지 부분을 식 (A.1.21)에 대입하면, AWGN채널에 대한 최대가능도 판정규칙을 얻을 수 있다.

만약 $-\frac{1}{N_0}\sum_{j=1}^{N}(x_j - s_{kj})^2$이 $k = i$에 대해 최대이면
관측벡터 x는 영역 Z_i에 위치한다. (A.1.24)

또는, 동일하게 아래와 같이 쓸 수 있다.

만약 $\sum_{j=1}^{N}(x_j - s_{kj})^2$이 $k = i$에 대해 최소이면
관측벡터 x는 영역 Z_i에 위치한다. (A.1.25)

이전의 논의로부터

$$\sum_{j=1}^{N}(x_j - s_{kj})^2 = \| \mathrm{x} - \mathrm{s_k} \|^2 \quad \text{(A.1.26)}$$

이고, 여기서 $\| \mathrm{x} - \mathrm{s}_k \|$는 벡터 x와 s_k로 표현되는, 수신신호점과 메시지점 사이의 유클리드 (Euclide) 거리이다. 따라서 식 (A.1.25)의 판정규칙을 다음과 같이 다시 쓸 수 있다.

만약 유클리드 거리 $\| \mathrm{x} - \mathrm{s}_k \|$가 $k = i$에 대해 최소이면
관측벡터 x는 영역 Z_i에 위치한다. (A.1.27)

식 (A.1.27)은 최대가능도 판정규칙이 단순히 수신신호점에 가장 가까운 메시지점을 선택하는 것이라는 사실을 나타내며, 이것은 직관적으로 타당하다.

식 (A.1.27)의 판정규칙에서 제곱과정의 필요성은 다음 식을 고려함으로서 제거된다.

$$\sum_{j=1}^{N}(x_j - s_{kj})^2 = \sum_{j=1}^{N}x_j^2 - 2\sum_{j=1}^{N}x_j s_{kj} + \sum_{j=1}^{N}s_{kj}^2 \tag{A.1.28}$$

위 전개식에서 첫 번째 합산항은 지수(index) k에 무관하므로 무시할 수 있다. 두 번째 합산항은 관측벡터 x와 신호벡터 s_k의 내적이고, 세 번째 합산항은 전송신호 $s_k(t)$의 에너지에 해당된다. 따라서, 식 (A.1.27)의 판정규칙을 다음과 같이 바꾸어 쓸 수 있다.

만약 $\sum_{j=1}^{N}x_j s_{kj} - \frac{1}{2}E_k$가 $k = i$에 대해 최대이면
관측벡터 x는 영역 Z_i에 위치한다. (A.1.29)

여기서, E_k는 전송신호 $s_k(t)$의 에너지이다.

$$E_k = \sum_{j=1}^{N}s_{kj}^2 \tag{A.1.30}$$

식 (A.1.29)로부터 AWGN 채널에 대해 판정영역은 (N-1)차원의 선형 hyperplane 경계에 의해 경계 지워지는 N차원 관측공간 Z의 영역임을 추론할 수 있다. 그림 A.1.6은 동일한 에너지 E와 동일한 확률을 갖는 신호들에 대해 $M = 4$이고 $N = 2$ 차원인 경우에 대한 판정영역의 예를 보여주고 있다.

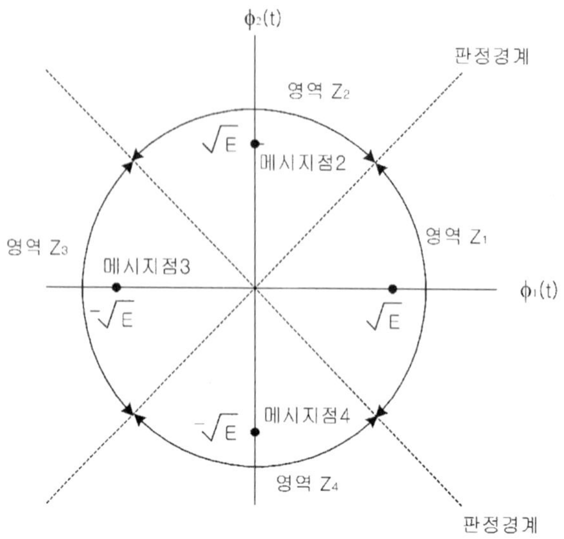

그림 A.1.6 M = 4이고 N =2인 경우에 대해 관측공간 판정영역

A.1.6 상관 수신기

채널이 AWGN이고, 전송신호$s_1(t), s_2(t), \cdots, s_M(t)$의 발생확률이 동일한 경우, 최적 수신기는 두 개의 부시스템(subsystem)으로 구성된다. 그림 A.1.7에 상세한 구성도를 나타내었다.

1) 그림 A.1.7(a)는 수신기의 검파기부를 나타낸다. 이 검파기는 국부적으로 발생된 동기 기준신호 또는 직교정규 기준함수 $\phi_1(t), \phi_2(t), \cdots, \phi_N(t)$를 가진 M개의 곱셈-적분기, 또는 상관기열로 구성되어 있다. 이 상관기열은 수신신호 $x(t)$, $0 \le t \le T$를 입력받아 관측벡터 x를 출력한다.

2) 그림 A.1.7(b)는 수신기의 두 번째 부분인 신호전송 복호기를 나타낸다. 이 복호기는 평균 심볼 에러확률을 최소화하도록 전송심볼 m_i, i = 1,2,...,M의 추정치 $\hat{m}$ 을 출력하기 위해 관측벡터x에 동작하는 최대가능도복호기 형태이다. 식 (A.1.29)에 따라, 관측벡터x의 N개의 요소는 먼저, M개의 신호벡터$s_1, s_2, \cdots, s_M$들의 각각의 상응하는 N개의 요소와 곱해지고, 결과적인 곱셈치는 누적기에 의해 합산되어 상응하는 내적집합 $\{x^T s_k \mid k = 1,2,\cdots,M\}$을 만들어 낸다. 다음, 내적치들은 전송신호들의 에너지가 다를 경우에 대해 일정한 인자에 의해 정정되고, 마지막으로 결과치들을 비교해 최대치를 선택함으로서 전송 메시지에 대한 판정이 이루어진다. 그림 A.1.7의 최적 수신기는 보통 상관수신기(correlation receiver)라 일컬어진다. 그림 A.1.7(a)의 검파기는 일련의 상관기들을 포함한다. 이 상관기들 대신에 일련의 정합여파기(matched filter)를 이용하여 검파기를 구성할 수도 있다. 정합여파기와 그 성질은 이미 살펴보았다. 결

과적으로, 최적 수신기의 검파기부는 그림 A.1.8에 보인 바와 같이 일련의 정합여파기를 이용하여 구성할 수 있다. 하지만, 한 가지 주목해야 할 사항은 그림 A.1.7(a)의 각각의 상관기의 출력은 그림 A.1.8의 상응하는 정합여파기의 출력의 시간 t = T에서의 표본값과 등가라는 사실이다.

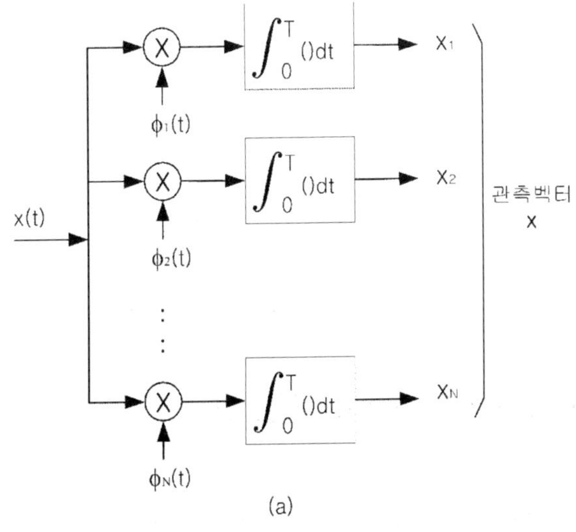

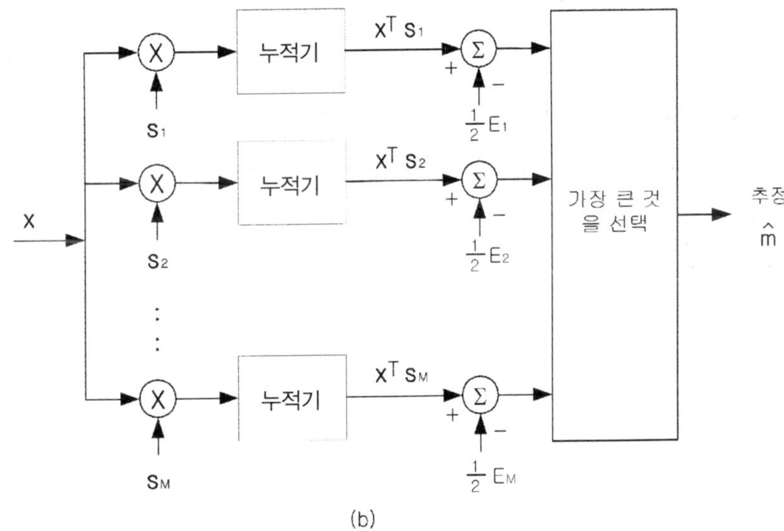

그림 A.1.7 (a) 검파기 혹은 복조기 (b) 신호전송 복호기

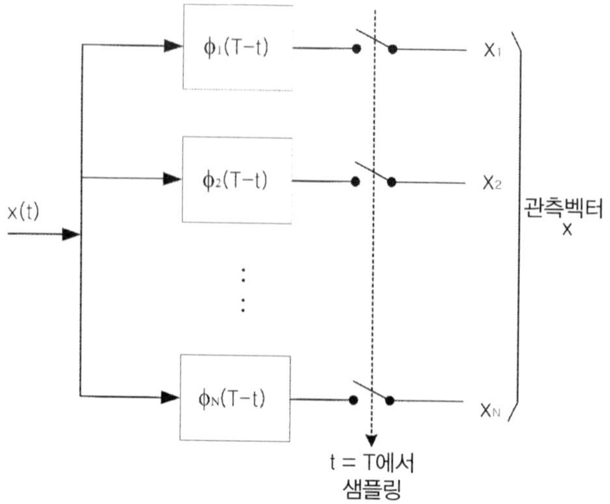

그림 A.1.8 정합여파기 수신기의 검파기부

제 A.2 장 Gram-Schmidt 직교화

그림 A.1.1의 모델에 대해 입력메시지 m_i, $i = 1,2,\cdots,M$를 변조된 신호 $s_i(t)$로 변환하는 일은 이산시간 동작과 연속시간 동작으로 나누어질 수 있다. 이와 같이 나눌 수 있는 근거는 Gram-Schmidt 직교화에 있다. 이 직교화는 M개의 에너지신호 $\{s_i(t)\}$를 $N \leq M$인 N개의 직교정규 기준함수(orthonormal basis function)의 선형 조합으로 표현하는 것이다. 즉, 실수값을 갖고 지속시간이 T인 주어진 에너지신호 $s_1(t), s_2(t), \ldots, s_M(t)$를 다음과 같이 표현할 수 있다.

$$s_i(t) = \sum_{j=1}^{N} s_{ij}\phi_j(t), \quad \begin{cases} 0 \leq t \leq T \\ i = 1,2,\cdots,M \end{cases} \tag{A.2.1}$$

식 (A.2.1)의 전개식에 대한 계수는 다음과 같이 정의된다.

$$s_{ij} = \int_0^T s_i(t)\phi_j(t)dt, \quad \begin{cases} i = 1,2,\cdots,M \\ j = 1,2,\cdots,N \end{cases} \tag{A.2.2}$$

실수값을 갖는 기준함수 $\phi_1(t), \phi_2(t), \cdots, \phi_N(t)$는 직교정규(orthonormal)이다. 즉,

$$\int_0^T \phi_i(t)\phi_j(t)dt = \begin{cases} 1 & i = j\text{일 때} \\ 0 & i \neq j\text{일 때} \end{cases} \tag{A.2.3}$$

식 (A.2.3)의 첫 번째 조건은, 각각의 기준함수는 단위에너지를 갖도록 정규화되었음을 의미하며, 두 번째 조건은 $0 \le t \le T$에서 기준함수 $\phi_1(t), \phi_2(t), \cdots, \phi_N(t)$는 각각에 대해 서로 직교함을 의미한다.

계수 s_{ij}는 N차원 벡터$\mathbf{s}_i$의 j번째 요소로 볼 수 있다. 벡터$\mathbf{s}_i$의 N개의 요소가 주어졌을 때, 즉 $s_{i1}, s_{i2}, \ldots, s_{iN}$이 입력으로서 동작할 때 식 (A.2.1)과 같은 신호 $s_i(t)$를 그림 A.2.1과 같은 방법으로 생성해 낼 수 있다. 그림 A.2.1은 각각 고유한 기준함수를 갖는 N개의 곱셈기로 이루어져 있으며, 합산기가 따른다. 이 구조는 그림 A.1.1의 송신기의 두 번째 단인 변조기와 유사한 역할을 하는 것으로 볼 수 있다.

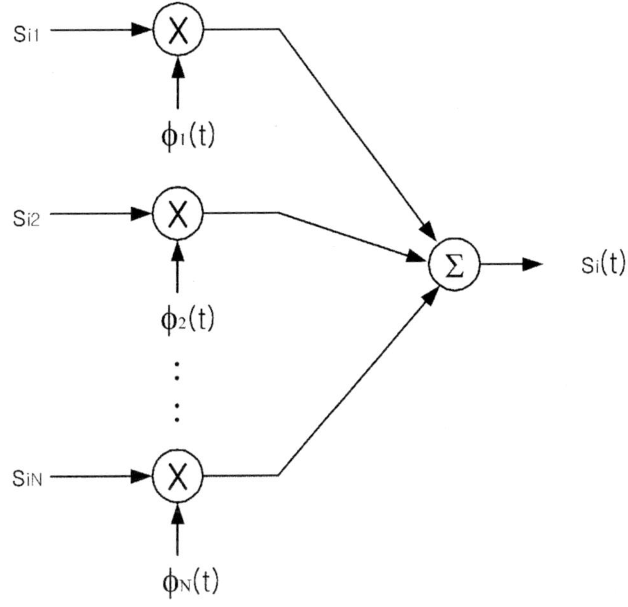

그림 A.2.1 신호 $s_i(t)$를 생성하기 위한 장치

반대로, 입력으로서 동작하는 신호 $s_i(t), i = 1,2,...,M$가 주어졌을 때 식 (A.2.2)로 주어지는 계수 $s_{i1}, s_{i2}, \ldots, s_{iN}$을 계산하기 위해 그림 A.2.2와 같은 구조를 이용할 수 있다. 이 구조는 N개의 곱셈-적분기(또는 상관기)로 이루어져 있으며 각각의 상관기는 고유한 기준함수(basis function)를 갖는다. 후에, 이와 같은 상관기 열은 그림 A.1.1의 수신기의 첫째 단 혹은 검출기로서 사용됨을 보일 것이다.

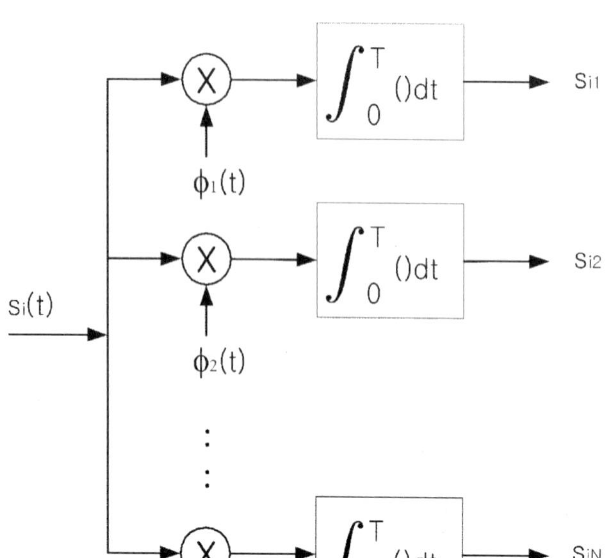

그림 A.2.2 계수들의 집합 $\{s_i\}$를 생성하기 위한 장치

Gram-Schmidt 직교화 과정을 증명하기 위하여 다음과 같은 첫 번째 기준함수를 정의 한다.

$$\phi_1(t) = \frac{s_1(t)}{\sqrt{E_1}} \tag{A.2.4}$$

여기서 E_1은 신호 $s_1(t)$의 에너지이며 이로부터 다음 식을 얻는다.

$$\begin{aligned} s_1(t) &= \sqrt{E_1}\,\phi_1(t) \\ &= s_{11}\phi_1(t) \end{aligned} \tag{A.2.5}$$

여기서 계수 $s_{11} = \sqrt{E_1}$과 $\phi_1(t)$는 단위에너지를 갖는다.
다음 신호 $s_2(t)$를 이용하여 계수 s_{21}을 다음과 같이 정의한다.

$$s_{21} = \int_0^T s_2(t)\phi_1(t)dt \tag{A.2.6}$$

새로운 중간함수를 식 (A.2.7)과 같이 정의할 수 있으며 $\phi_1(t)$는 구간 $0 \le t \le T$에서 직교이다.

$$g_2(t) = s_2(t) - s_{21}\phi_1(t) \tag{A.2.7}$$

위 식을 이용하여 두 번째 기준함수를 정의할 수 있다.

$$\phi_2(t) = \frac{g_2(t)}{\sqrt{\int_0^T g_2^2(t)dt}} \tag{A.2.8}$$

식 (A.2.7)을 식 (A.2.8)에 대입하여 간소화하면

$$\phi_2(t) = \frac{s_2(t) - s_{21}\phi_1(t)}{\sqrt{E_2 - s_{21}^2}} \tag{A.2.9}$$

이 된다. 여기서, E_2는 신호$s_2(t)$ 의 에너지 이다. 식 (A.2.8)로부터

$$\int_0^T \phi_2^2(t)dt = 1$$

이고, 식 (A.2.9)으로부터

$$\int_0^T \phi_1(t)\phi_2(t)dt = 0$$

이다. 즉, $\phi_1(t)$와 $\phi_2(t)$는 직교정규 집합을 이룬다. 위와 같은 방법을 계속하면 다음과 같은 일반식을 정의할 수 있다.

$$g_i(t) = s_i(t) - \sum_{j=1}^{i-1} s_{ij}\phi_{j(t)} \tag{A.2.10}$$

여기서, 계수 s_{ij}는 다음과 같이 정의된다.

$$s_{ij} = \int_0^T s_i(t)\phi_j(t)dt, \quad j = 1,2,\cdots,i-1 \tag{A.2.11}$$

이제, $g_i(t)$가 주어졌을 때 기준함수들을 다음과 같이 정의할 수 있으며, 이것들은 직교정규 집

합을 이룬다.

$$\phi_i(t) = \frac{g_i(t)}{\sqrt{\int_0^T g_i^2(t)dt}} \tag{A.2.12}$$

차원 N은 주어진 신호의 수 M보다 작거나 같으며, 다음 두 가지 경우로 분리된다.

- 신호 $s_1(t), s_2(t), \ldots, s_M(t)$들이 선형독립인 집합을 이룰 경우 N=M이다.
- 신호 $s_1(t), s_2(t), \ldots, s_M(t)$들이 선형독립이 아닐 경우 N<M이고, 이때 함수 $g_i(t)$는 $i > N$에 대해 0 이다.

예제 A.2.1

그림 A.2.3(a)와 같은 신호 $s_1(t), s_2(t), s_3(t), s_4(t)$에 대해 직교정교 기준함수를 찾기 위해 Gram-Schmidt 직교화를 이용하여 보자.

〈단계1〉 신호 $s_1(t)$의 에너지는

$$\begin{aligned} E_1 &= \int_0^T s_1^2(t)dt \\ &= \int_0^{T/3} (1)^2 dt \\ &= T/3 \end{aligned}$$

이므로, 첫번째 기준함수 $\phi_1(t)$는 [식 (A.2.4) 참조]

$$\begin{aligned} \phi_1(t) &= \frac{s_1(t)}{\sqrt{E_1}} \\ &= \begin{cases} \sqrt{3/T}, & 0 \le t \le T/3 \\ 0, & 기타 \end{cases} \end{aligned}$$

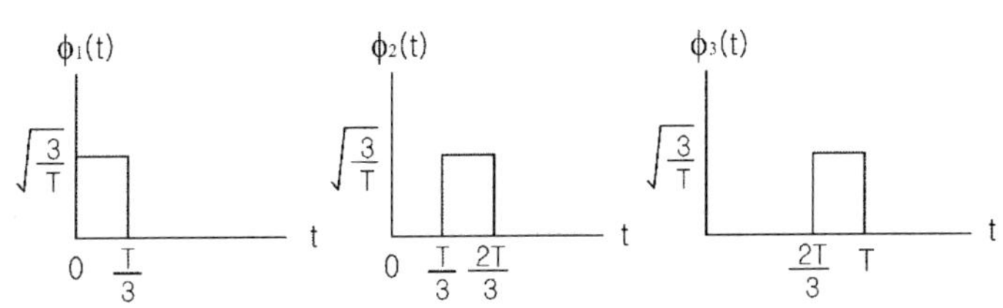

그림 A.2.3 (a) 직교정규화될 신호들의 집합 (b) 결과적인 직교정규 함수들의 집합

〈단계2〉 식 (A.2.6)으로부터

$$s_{21} = \int_0^T s_2(t)\phi_1(t)dt$$

$$= \int_0^{T/3} (1)\left(\sqrt{\frac{3}{T}}\right)dt$$

$$= \sqrt{\frac{T}{3}}$$

신호 $s_2(t)$의 에너지는

$$E_2 = \int_0^T s_2^2(t)dt$$

$$= \int_0^{2T/3} (1)^2 dt$$

$$= \frac{2T}{3}$$

따라서, 두 번째 기준함수 $\phi_2(t)$는 [식 (A.2.9)참조]

$$\phi_2(t) = \frac{s_2(t) - s_{21}\phi_1(t)}{\sqrt{E_2 - s_{21}^2}}$$

$$= \begin{cases} \sqrt{3/T}, & T/3 \leqq t \leqq 2T/3 \\ 0, & \text{기타} \end{cases}$$

〈단계3〉 식 (A.2.11)를 이용하면

$$s_{31} = \int_0^T s_3(t)\phi_1(t)dt$$

$$= 0$$

이고, 계수 s_{32}는

$$s_{32} = \int_0^T s_3(t)\phi_2(t)dt$$

$$= \int_{T/3}^{2T/3} (1)\left(\sqrt{\frac{3}{T}}\right)dt$$

$$= \sqrt{\frac{T}{3}}$$

따라서, 함수 $g_3(t)$의 값은 [식 (A.2.10) 참조]

$$g_3(t) = s_3(t) - s_{31}\phi_1(t) - s_{32}\phi_2(t)$$

$$= \begin{cases} 1, & 2T/3 \leq t \leq T \\ 0, & \text{기타} \end{cases}$$

식 (A.2.12)로부터 세 번째 기준함수 $\phi_3(t)$는

$$\phi_3(t) = \frac{g_3(t)}{\sqrt{\int_0^T g_3^2(t)dt}}$$

$$= \begin{cases} \sqrt{3/T}, & 2T/3 \leq t \leq T \\ 0, & \text{기타} \end{cases}$$

마지막으로, 식 (A.2.10)으로부터 $g_4(t)=0$임을 알 수 있다. 이상으로 직교화 과정이 끝난다. 세 개의 기준함수 $\phi_1(t), \phi_2(t), \phi_3(t)$는 그림 A.2.3(b)에 보인 바와 같이 직교정규 집합을 이룬다. 이 예제

에서 $M = 4$이고 $N = 3$이며, 이것은 곧 그림 A.2.3(a)에 기술된 네 개의 신호 $s_1(t), s_2(t), s_3(t), s_4(t)$가 선형독립이 아님을 뜻한다. 이 사실은 $s_4(t) = s_1(t) + s_3(t)$라는 사실로부터 쉽게 확인이 된다. 이 예제의 네 개의 신호들 중 어느 것도 세 개의 기준함수들의 선형조합으로 표현될 수 있다. 이것은 곧 Gram-Schmidt 직교화의 본질이다.

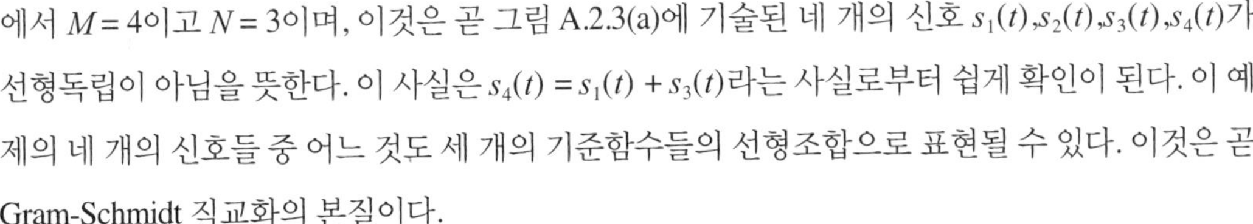

제 A.3 장 M진 PSK와 M진 FSK의 대역폭 효율

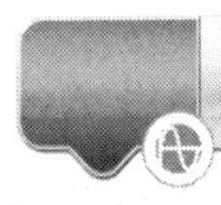

A.3.1 대역폭 효율

채널대역폭과 전송전력은 두 가지 주요한 통신자원을 구성하는데, 그것의 효과적인 이용은 스펙트럼적으로 효율적인 방법을 조사하는 동기를 제공한다. 스펙트럼적으로 효율적인 변조의 주요목적은 대역폭 효율을 최대화시키는 것인데, 대역폭 효율은 채널대역폭에 대한 데이터율로서 정의되고, 단위는 bit/second/hertz 이다. 두 번째 목적은 평균 신호전력을 최소로 소비하고 대역폭 효율을 얻기 위한 것인데, 달리 말하면 부가 백색가우시안잡음이 있는 채널에서 평균 신호대잡음비를 최소로 하는 대역폭 효율(bandwidth efficiency)을 얻기 위한 것이다. 대역폭 효율을 스펙트럼 효율이라고도 한다. 데이터율을 R_b라 하고, 채널대역을 B라 할 때 대역폭 효율 ρ를 다음과 같이 정의한다.

$$\rho = \frac{R_b}{B} \qquad b/s/Hz \tag{A.3.1}$$

데이터율 R_b는 쉽게 구할 수 있다. 그러나 불행히도 대역 B에 대한 일반적으로 만족할 수 있는 정의는 없다. 이것은 디지털 변조 구조의 대역폭 효율이 변조신호 대역에 대한 특별한 정의에 의존한다는 것을 의미한다.

A.3.2 M진 PSK 신호의 대역폭 효율

M진 PSK 신호의 전력스펙트럼은 잘 정의된 주파수 널(즉 전력스펙트럼 밀도가 0이 되는 주파수)에 의해 제한된 주엽을 갖는다. 따라서 주엽의 스펙트럼 폭은 간단하고, 많이 사용되는 M진 PSK 신호의 대역 측정을 제공한다. 이러한 정의는 영점대 영점 대역폭(null-to-null bandwidth)이라 불린다. 이러한 M진 신호의 전력스펙트럼의 주엽을 포함하는 영점대 영점 대역폭은 이 안에 신호전력의 대부분을 포함하고 있다.

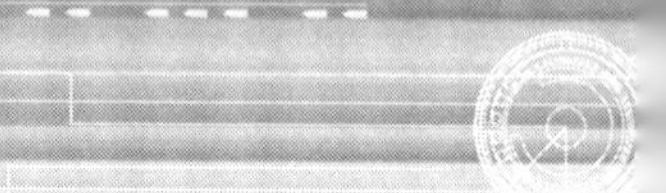

M진 PSK 신호(좀 더 정확하게 말하면 M진 PSK 신호의 주엽)를 통과시키기 위해 요구되는 채널대역은

$$B = \frac{2}{T} \quad \text{(A.3.2)}$$

으로 주어진다. 여기서 T는 심볼 지속시간이다. 그러나 심볼 지속시간 T는 비트 지속기간 T_b에 관계되어지고 더욱이 R_b=1/T_b이다. 그러므로, 비트율 R_b에 관하여 식 (A.3.2)의 채널대역은 다음과 같이 다시 정의될 수 있다.

$$B = \frac{2R_b}{log_2 M} \quad \text{(A.3.3)}$$

똑같이, M진 PSK 신호의 대역폭 효율을 다음과 같이 표현할 수 있다.

$$\rho = \frac{R_b}{B} = \frac{log_2 M}{2} \quad \text{(A.3.4)}$$

표 A.3.1은 변화하는 M값에 따라 식 (A.3.4)로부터 계산되는 ρ값을 나타낸다.

표 A.3.1 M진 PSK의 대역폭 효율

M	2	4	8	16	32	64
ρ(bits/s/Hz)	0.5	1	1.5	2	2.5	3

A.3.3 M진 FSK 신호의 대역폭 효율

다음으로 M진 주파수전이 신호의 직교집합으로 구성되어 있는 M진 FSK신호에 대하여 살펴보자. 직교신호들이 동기 검파될 때, 가까이 있는 신호들은 직교성을 유지하기 위해 1/2T만큼 주파수 차이에 의해 서로 떨어져 있기만 하면 된다. 그러므로 M진 FSK 신호를 통과시키기 위해 요구되는 채널대역폭은

$$B = \frac{M}{2T} \quad \text{(A.3.5)}$$

저자소개

김한종(KIM HAN JONG)

1982-1986 : 한양대학교 전자공학과 공학사

1986-1988 : 연세대학교 전자공학과 공학석사

1988-1994 : 연세대학교 전자공학과 공학박사

1994-현재 : 한국기술교육대학교 정보기술공학부 교수

관심분야 : 이동통신, 방송통신, 부호이론, 변복조기술, 디지털신호처리 등

본 결과물은 교육과학기술부의 재원으로 지원을 받아 수행된 산학협력 선도대학(LINC) 육성사업의 연구결과입니다.

매트랩/시뮬링크 기반 **디지털통신 실습**

초판인쇄 | 2015년 2월 21일
초판발행 | 2015년 2월 28일

지 은 이 | 김한종
발 행 인 | 현영덕
발 행 처 | 도서출판 YOUNG
등록번호 | 105-90-67568

주 소 | 경기도 고양시 일산동구 호수로 358-25 (동문굿모닝타워2차 1005호)
전 화 | 031) 904-7905~6
팩 스 | 031) 904-7907
E-mail | youngpub@naver.com

ISBN 978-89-92843-76-8 93560 [정가 28,000원]

이 도서의 국립중앙도서관 출판예정도서목록(CIP)은 서지정보유통지원시스템 홈페이지(http://seoji.nl.go.kr)와 국가자료공동목록시스템(http://www.nl.go.kr/kolisnet)에서 이용하실 수 있습니다. (CIP제어번호: CIP2015002596)

로 나타내어진다. 주파수 간격을 일정하게 $1/2T$로 만드는 주파수 할당을 하는 다중레벨에 대하여, 식 (A.3.5)의 대역폭 B는 신호전력의 대부분을 포함하고 있다. 따라서 $R_b = 1/T_b$임을 이용하여, M진 FSK 신호에 대한 채널대역폭 B를 다음과 같이 다시 정의할 수 있다.

$$B = \frac{R_b M}{2\ log_2 M} \tag{A.3.6}$$

이것은 M진 FSK 신호의 대역폭 효율이 다음과 같음을 의미한다.

$$\begin{aligned} \rho &= \frac{R_b}{B} \\ &= \frac{2log_2 M}{M} \end{aligned} \tag{A.3.7}$$

표 A.3.2는 변화하는 M에 대해 식 (A.3.7)로부터 계산된 ρ값을 표시해준다.

표 A.3.2 M진 FSK의 대역폭 효율

M	2	4	8	16	32	64
ρ(bits/s/Hz)	1	1	0.75	0.5	0.3125	0.1875

표 A.3.1과 A.3.2를 비교하면 M값이 증가하면 M진 PSK 신호의 대역폭 효율은 증가하나, M진 FSK 신호의 대역폭 효율은 감소함을 볼 수 있다. 다른 말로 M진 FSK 신호는 주파수적으로 비효율적이고, PSK 신호는 주파수적으로 효율적이라 할 수 있다.